HYDROMECHANISCHE PROBLEME DES SCHIFFSANTRIEBS.

Hydromechanische Probleme des Schiffsantriebs

Veröffentlichung der
Vorträge und Erörterungen der Konferenz über
hydromechanische Probleme des
Schiffsantriebs
am 18. und 19. Mai 1932 in
Hamburg

Herausgegeben unter Mitarbeit
der Konferenz-Teilnehmer von

Dr.-Ing. G. Kempf und Dr.-Ing. E. Foerster

1 9 3 2

Springer-Verlag Berlin Heidelberg GmbH

Springer-Verlag Berlin Heidelberg
Ursprünglich erschienen bei Gesellschaft
der Freunde und Förderer der
Hamburgischen Schiffbau -Versuchsanstalt 1932
Softcover reprint of the hardcover 1st edition 1932

ISBN 978-3-642-47206-0 ISBN 978-3-642-47554-2 (eBook)
DOI 10.1007/978-3-642-47554-2

Gedruckt bei Paul Meißner, Hamburg 33

Vorwort.

Die Konferenz über hydromechanische Probleme des Schiffsantriebs wurde von der Hamburgischen Schiffbau-Versuchsanstalt gemeinsam mit der Gesellschaft der Freunde und Förderer dieses Instituts nach Hamburg einberufen, um im Kreise derjenigen, welche an diesen Problemen arbeiten, eine Aussprache herbeizuführen. Eine solche Aussprache und die persönliche Fühlungnahme der Forscher untereinander sollte dazu dienen, einen Überblick über den Stand der Wissenschaft auf den behandelten Gebieten mit Hilfe von Referaten zu gewinnen und im Anschluß daran durch Korreferate und Erörterungsbeiträge die neuesten Arbeiten und Gedanken der einzelnen Forscher kennen zu lernen, sowie auch die Verbindung zwischen den verschiedenen Instituten herzustellen, in welchen an diesen Problemen gearbeitet wird.

Die Verhandlungen dieser Konferenz haben einen nahezu vollständigen Überblick über das in letzter Zeit Geleistete geboten. Deshalb entschlossen sich die Unterzeichneten, die Verhandlungen im vollen Umfange, teilweise sogar mit wesentlichen von den Referenten vorgenommenen Erweiterungen, gedruckt herauszugeben, — als einen Markstein der Entwicklung und als eine Grundlage für die Weiterarbeit.

Den in deutscher und französischer Sprache gehaltenen Vorträgen sind in einem Anhang Auszüge in englischer Sprache angefügt, um den englisch sprechenden Lesern das Studium und die Benutzung des Materials zu erleichtern. Die Bearbeitung der englischen Auszüge hat der englische Schiffbausachverständige Dr. Telfer, Newcastle-on-Tyne, der schon während der Konferenz willkommene Dienste als Dolmetscher geleistet hat, in dankenswerter Weise vorgenommen.

Die zahlreichen Figuren waren größtenteils umzuzeichnen und neu zu beschriften, worauf besondere Sorgfalt verwendet wurde in der Erwägung, daß gerade in diesem Material ein wesentlicher Teil des Wertes der Mitteilungen beruht, — sei es als Naturdokument oder zur anschaulichen Vermittlung theoretischer Betrachtungen und Erkenntnisse.

Wir danken allen, welche zu dem vorliegenden Werke beigetragen haben, vor allem den aktiven Konferenz-Teilnehmern selbst, sodann auch den Sachbearbeitern des Buches in der Hamburgischen Versuchsanstalt und in der Gesellschaft der Freunde. Wir wollen auch der wertvollen Mitarbeit der Druckerei von Paul Meißner, Hamburg, und der Lithographischen Kunstanstalt von G. Griffel, Hamburg, gedenken. Nicht unerwähnt lassen möchten wir ferner die willkommene Beratung durch die Verlagsbuchhandlung Julius Springer, Berlin, auf deren Erfahrung wir uns bei dem verlagstechnischen Teil unserer Arbeit stützen konnten.

Wir übergeben das Werk der Öffentlichkeit in dem Bewußtsein, daß sein Inhalt dem Fortschritt des Schiffsantriebs dient. Jede verkehrstechnisch ausnutzbare Verbesserung gerade auf diesem Gebiete trägt dazu bei, die kulturellen Beziehungen der Völker, — und auch besonders der durch Weltmeere getrennten, — zu fördern.

HAMBURG, im November 1932.

Dr.-Ing. G. Kempf. Dr.-Ing. E. Foerster.

INHALTSVERZEICHNIS.

Gruppe III: **Flügelantrieb.**

Gruppe IV: **Kavitation.**

Berichtigung von Druckfehlern.

(Correction of Misprints)

Seite 52, in Fußnote „[3])" muß es heißen „1904" statt „1914".

Seite 69, in Gleichung (46) muß es heißen „log C_2" statt „log c_2".

Seite 137, in der 10. Zeile v. u. muß die Gleichung lauten:

$$C_W = \frac{78{,}08\, R_W}{D^{2\,3} \cdot v^2}$$

Seite 142, in Gleichung (17), Seite 143, in Gleichung (6) et (16), Seite 144, in Gleichung (17), Seite 148, oben und im 2. Absatz sowie Seite 155, in der Gleichung für W_I muß statt des hyperbolischen Cos der trigonometrische cos stehen.

Seite 144, Gleichung (17) muß heißen:

$$R = \frac{\varrho\, v^4\, tg^2\, \alpha}{4\, g \cos^2 \frac{gl}{v^2}}$$

Seite 195, in der 6. Zeile v. o. muß stehen „Bedingung R" statt „Bedingung $\mathfrak{R}$".

Seite 257, Mitte, muß die Gleichung lauten:

$$\Delta\alpha = \frac{\pi}{96} \left(\frac{t}{H}\right)^2 \cdot c_a$$

Seite 274, Fig. 4—7: die Worte „Fig. 5" und „Fig. 6" müssen gegeneinander ausgetauscht werden; dann ist für Fig. 4 $\lambda = 2{,}48$; für Fig. 5 $\lambda = 2{,}15$; für Fig. 6 $\lambda = 1{,}50$; für Fig. 7 $\lambda = 0{,}65$.

GRUPPE I

Reibungswiderstand.

Reibungswiderstand.

Von F. Eisner, Berlin.
Preußische Versuchsanstalt für Wasserbau und Schiffbau, Berlin.

Im Vordergrund der theoretischen Diskussionen betr. Reibungswiderstand von Schiffen stand bis noch vor etwa 2 Jahren die folgende Frage[1]: Darf man die bei mäßigen Reynolds'schen Zahlen experimentell und theoretisch gefundenen Reibungsbeiwerte ebener glatter Platten auf die bei naturgroßen Schiffen vorhandenen Längen und Geschwindigkeiten extrapolieren, oder in welcher Weise ändert sich die Gesetzmäßigkeit des Verlaufs der Reibungsbeiwerte für höhere Reynolds'sche Zahlen? Als nächst wichtigstes Problem galt die quantitative Erfassung einerseits der bei Schleppversuchen mit Platten durch die Längskante bzw. bei geschleppten Rohren durch die Querkrümmung, andererseits der durch Oberflächenrauhigkeit bedingten Widerstandserhöhung gegenüber der zweidimensional beströmten glatten Platte.

Während trotz zweifellos wichtiger Fortschritte die beiden letzten Fragen, wenigstens quantitativ, auch heute noch ungelöst sind und ihre Beantwortung als dringend zu gelten hat, sind hinsichtlich des ersten Problems so erhebliche neue Erkenntnisse erzielt worden, daß heute das Hauptinteresse für eine andere konkretere Fragestellung frei werden konnte. Zwar sind, wie angedeutet werden soll, vom Standpunkt streng theoretischer Erfordernisse aus auch die Verhältnisse an der glatten, zweidimensional angeströmten ebenen Platte im Bereich turbulenter Grenzschichten noch keineswegs befriedigend erfaßt; es muß bewußt an einigen Stellen noch mit unstrengen, genial erfühlten Schlußfolgerungen gearbeitet werden, so daß das formal-mathematische Gewand und seine feinere Begründung im einzelnen wohl noch nicht die endgültige Fassung erhalten haben dürfte. Trotzdem darf mit Gewißheit behauptet werden, daß sich an den abgeleiteten quantitativen Aussagen kaum noch wesentliches ändern wird (höchstens innerhalb ganz geringer Prozentbeträge); für die anwendende Praxis ist diese wichtige Frage damit genügend beantwortet.

---

[1]) s. etwa: v. Kármán: Die Schleppversuche mit langen Versuchsflächen und das Ähnlichkeitsgesetz der Oberflächenreibungen, W.R.H. 1928; Prandtl-Telfer: Frictional Resistance and Ship Resistance Similarity, N. East Coast Inst. Trans. XLV 1928/29; Kempf: Neuere Ergebnisse der Widerstandsforschung, W.R.H. 1929 und: New Results Obtained in Measuring Frictional Resistance, J.N.A. Frühjahr 1929 u. a.

Die neue, heute vordringlichste Fragestellung leitet sich aus der Erkenntnis her, daß es für Aussagen über den Reibungswiderstand eines Schiffskörpers (als Resultante aller auf die Schiffshaut wirksamen Tangentialkräfte in Fahrt- = Schiffslängs-Richtung) mit der Beherrschung des Reibungswiderstandes gleich großer ebenflächiger Platten noch nicht getan ist; man weiß heute, daß auch der Reibungswiderstand (in der genannten Begriffsbestimmung) in starkem Maße formbedingt ist[2]). Die ersten, schon recht beachtlichen Schritte zur Erfassung dieses Formeinflusses sind unlängst getan worden.

Die nachstehenden Ausführungen beschränken sich gemäß ihrer Aufgabe, ein Referat zu sein, im wesentlichen auf eine zusammenfassende kritische Darstellung der angedeuteten, an sich bekannten Zusammenhänge; es ist dabei angestrebt worden, die von uns allen miterlebte Entwicklung etwa der letzten 10 Jahre bis zur jüngsten Gegenwart unter Fortlassung der jetzt als Irrwege erkannten Gedankengänge vom heutigen Standpunkt aus darzustellen. Wenn auch vieles noch unbefriedigend, fast alles noch in lebhaftem Flusse ist, so läßt sich bei solchen, von Zeit zu Zeit angebrachten Rückblicken manche Ableitung, anders als es ihrer wahren Entstehungsgeschichte entspricht, abkürzen oder richtigstellen und aus der gewonnenen Übersicht wohl auch für die zukünftige Entwicklung einiger Nutzen erhoffen.

I.

Zum Begriff des Reibungswiderstandes als Anteil des gesamten Widerstandes. Über die Bezeichnungen der Widerstandsanteile.

Es ist eine physikalische Tatsache, daß bei der Bewegung eines vollkommen untergetauchten festen Körpers in einer mit (kleiner) Zähigkeit ausgestatteten Flüssigkeit die Haftbedingung an der Körperoberfläche außer der durch die Umströmung veranlaßten Druckverteilung eine mit der Entfernung vom Körper (rasch) abklingende, durch die Zähigkeit hervorgerufene Beeinflussung der umgebenden Flüssigkeit (Grenzschicht plus Kielwasser) zur Folge hat. Hieraus erklärt sich das Auftreten eines Widerstandes. Diese Beeinflussung besteht in einer Schubspannungsübertragung und einer Änderung der auch in idealer Flüssigkeit bei der Umströmung des Körpers auftretenden Druckverteilung. Bei der Bewegung eines Körpers an oder in der Nähe einer freien Oberfläche (Bedingung: Druck p = const. = Atmosphärendruck) treten infolge der sich bei der Umströmung im Innern einstellenden Druckverteilung, also auch in idealer Flüssigkeit, Niveauänderungen auf, die

---

[2]) Da mit dieser Feststellung die Berechtigung entfällt, lediglich den Druckwiderstand als Formwiderstand zu bezeichnen, wie es üblich ist; da ferner Begriffsbildungen wie: Wirbelablösungswiderstand, Wirbelwiderstand usw. zum Teil unscharf sind und vielfach zu unrichtigen Vorstellungen Anlaß gegeben haben, wird anschließend zuerst eine kurze kritische Stellungnahme zu den Widerstandsdefinitionen gegeben.

sich bei der Bewegung als Wellen fortpflanzen; von der Änderung des Wellenbildes und der Wellenenergie infolge der geschilderten, in wirklichen Flüssigkeiten gegenüber idealen auftretenden Änderung der Druckverteilung sei abgesehen. Der von den Wellen fortgetragenen Energie entspricht (in gewisser Analogie zum induzierten Widerstand endlich langer Tragflügel) ein Wellenwiderstand. Diesen wollen wir uns im folgenden vom Gesamtwiderstand bereits abgezogen denken[3]). Dann ist aller Widerstand, der verbleibt, reibungsbedingt (gehorcht dem Reynolds'schen Ähnlichkeitsgesetz), während der Wellenwiderstand (von der erwähnten Abänderung abgesehen) schwerkraftbedingt ist (Froudesches Ähnlichkeitsgesetz). Die in Fahrtrichtung genommene Resultante aller normal an der ganzen Schiffshaut wirksamen Druckspannungen nennen wir: Druckwiderstand, die der tangential wirkenden Schubspannungen: Reibungswiderstand. Diese beiden Widerstände sind also durch Flüssigkeitsreibung bedingt. Bei schiffsförmigen Körpern macht bei normalen Fahrgeschwindigkeiten der Reibungswiderstand etwa 50 bis 75% des Gesamtwiderstandes aus, seine Kenntnis ist daher besonders wichtig. In idealer Flüssigkeit (Schubspannungen gleich Null) würde nicht nur der Reibungswiderstand, sondern auch der Druckwiderstand zu Null werden (nicht der Wellenwiderstand), da am Heck (im hinteren Staupunkt) der Druck wieder auf den ungestörten Betrag, wie er vor dem Körper vorhanden ist, ansteigt und, wie sich allgemein nachweisen läßt, die Resultante in Bewegungsrichtung zu Null wird. In wirklicher Flüssigkeit wird nun der Druckwiderstand[4]) erheblich, wenn die Grenzschicht sich vom Körper ablöst und die aus ihr entspringende Gleit- oder Diskontinuitätsschicht, ihrem Rotorgehalt (bei Turbulenz: ihrem Durchmischungsgrad) an der Ablösungsstelle entsprechend, in zunächst mehr oder weniger konzentrierte Wirbel zerfällt (bzw. einen „Windschatten" ergibt). Schon die der Ablösung vorhergehende Verdickung der Grenzschicht ändert die Strömungsverhältnisse und die Druckverteilung stark ab; insbesondere aber verhindern die Verhältnisse hinter der Ablösungsstelle den Druckwiederanstieg und führen damit zu einer Druckresultanten d. i. einem Druckwiderstand. Die Bedingungen für das Auftreten einer Ablösung hängen, abgesehen vom laminaren oder turbulenten Zustand der Grenzschicht und der Oberflächenbeschaffenheit, eng mit der Körperform und der durch sie bestimmten (zunächst Potential-) Druckverteilung zusammen. Aus solcher Erwägung heraus leitete sich die bisherige Berechtigung ab,

[3]) Experimentell recht gut durch Föttingers Verfahren tief getauchter Doppelmodelle, theoretisch etwa durch Weinblums oder Wigleys Rechnungen ermöglicht. — Wenn nachstehend von „Druckwd." gesprochen wird, so ist der auf den Niveauänderungen der Oberfläche (infolge Druckdifferenzen) beruhende Wellenwd., der also auch normaldruckbedingt ist, nicht mitgemeint, sondern nur die Resultante der unmittelbar am Körper wirkenden Normaldrücke.

[4]) Jede (bei Abwesenheit äußerer Kräfte letzten Endes stets durch Zähigkeitswirkung bedingte) Abänderung der zur „Verdrängungsströmung in idealer Flüssigkeit" gehörigen Druckverteilung ergibt einen Druckwiderstand; der gesamte Druckwiderstand muß aus der Abänderung der zur idealen Verdrängungsströmung gehörigen Druckverteilung bestimmt werden können.

den Druckwiderstand vielfach als Formwiderstand oder Ablösungswiderstand (gemeint ist also: Grenzschichtablösung) zu bezeichnen. Der Impuls des Nachlaufs ist dann bei gedrungenen Körpern ein Äquivalent vor allem für den Druckwiderstand und umfaßt außerdem nur so viel, hier im Verhältnis zum Druckwiderstand im allgemeinen kleinen, Reibungswiderstand, als etwa längs der Körperoberfläche bis zur Ablösungsstelle aufgetreten ist.[5])

Bei schlanken Körpern mit weit hinten liegender Ablösungsstelle kann jedoch der Reibungsanteil leicht von mindestens derselben Größenordnung wie der Druckwiderstand werden. Die relative Größe der Widerstandsanteile kehrt sich sogar völlig um bei schiffsähnlichen Körpern und namentlich bei ganz schlanken Körpern ohne Grenzschichtablösung, also bei ganz allmählichem Druckwiederanstieg. Auch bei letzteren, wo die Grenzschicht hinten am Körper glatt als rotorbehaftetes Kielwasser abfließt, verhindert diese „Körperhülle", wenn auch in sehr geringem Maße, einen vollständigen Druckwiederanstieg und bedingt dadurch einen, allerdings sehr kleinen Druckwiderstand. Der Impuls der (ungeordneten) Kielwasserwirbel bildet in diesem Falle das Äquivalent des hier relativ viel größeren Reibungswiderstandes und des genannten nur kleinen Druckwiderstandes. Bei ebenflächigen, ganz dünnen längsbeströmten Platten tritt nur Reibungswiderstand auf.

Allgemein steckt in jedem Falle im Impuls des Kielwassers (Nachlauf) einschließlich des dieses berandenden, unmittelbar aus abgelöstem Grenzschichtmaterial stammenden Windschattens der gesamte Druck- plus Reibungswiderstand; diese Summe heißt also folgerichtig: Kielwasserwiderstand.[6])

Wenn vielfach von Wirbelablösungswiderstand oder einfach Wirbelwiderstand gesprochen wird, so ist diese Bezeichnung unscharf, denn es kommt dabei nicht deutlich genug zum Ausdruck, ob

[5]) Auf die hinter der Ablösungsstelle, bei Rückströmung in Wandungsnähe auftretenden Verhältnisse, wenn also die sich ablösende Diskontinuitätsschicht durch Zusammenfluß aus der von vorn kommenden und einer viel weniger stark ausgeprägten, von hinten kommenden Grenzschicht entsteht, soll hier nicht näher eingegangen werden. Übrigens kann auch, insbesondere bei turbulenter Grenzschicht, das ganze Gebiet zwischen abgelöster, von vorn kommender Grenzschicht und Körperwandung „im Mittel" (d. h. von Austausch- und inneren Bewegungen abgesehen) relativ zum Körper ruhen, so daß das Kielwasser bis hier hinein reicht und nirgends ein Mitstrom von über 100% auftritt; oder es können, entsprechend der räumlich gekrümmten Schiffsform, räumliche Grenzschichtströmungen auftreten, indem die hintere Grenzschicht z. B. auch von unten her kommen kann. Nähere Angaben können hierüber zur Zeit noch nicht gemacht werden; jedenfalls dürfte der Reibungswiderstandsanteil der Körperoberfläche hinter der Ablösung nur sehr klein, wenn nicht sogar negativ sein.

[6]) Vgl. das Betz'sche Verfahren der Widerstandsmessung aus dem Nachlauf bzw. Kielwasserimpuls Z.F.M. 1925, S. 42, und Prandtl-Tietjens: Hydro- und Aeromechanik, 2. Band, S. 141 ff. (Originalbeitrag von Prandtl.)

der erste Fall mit Grenzschichtablösung (und den aus ihr entstehenden Wirbeln) vorliegen soll, also im wesentlichen Druckwiderstand gemeint ist, oder der zweite Fall, bei dem vor allem Reibungswiderstand auftritt, welcher ohne (wesentliche) Ablösung einfach aus dem Rotorgehalt der zum Kielwasser gewordenen Grenzschicht, d. h. aus Wirbelbildung (nicht -ablösung) entspringt. Jedenfalls sollte man sich dahin einigen, da der Begriff der Ablösung allgemein für Grenzschichtablösung eingebürgert ist, daß bei der Bezeichnung: Ablösungswiderstand an den ersten Fall gedacht wird, bei dem der Druckwiderstand den Hauptanteil ausmacht;[7]) dagegen sollte man das Wort: Wirbelablösungswiderstand möglichst ganz vermeiden.

Ebenso darf die Bezeichnung: Formwiderstand nicht mehr lediglich mit Druckwiderstand identifiziert werden.[8]) Wie bei den Erörterungen unter Nr. II C des Referates gezeigt wird, beeinflußt nämlich die Druckverteilung (d. h. in erster Linie die Körperform) auch den Geschwindigkeitsverlauf in der Grenzschicht bzw. ihre Impulsdicke und damit in hohem Maße den Reibungswiderstand. Also ist auch der Reibungswiderstand wesentlich formbedingt, sodaß nicht lediglich der Druckwiderstand als Formwiderstand bezeichnet werden darf. Die bisherige Berechnung des Reibungswiderstandes von Körpern als Widerstand ebenflächiger Platten gleicher Größe, mit Fahrgeschwindigkeit angeströmt (weitere Abweichungen von der Wirklichkeit s. unter Nr. II C des Referates), erfaßt also nicht den ganzen Reibungswiderstand im Sinne der oben gegebenen Begriffsbestimmung. Daher ist auch das im Modellversuchswesen übliche Verfahren der Restwiderstandsumrechnung, d. h. der Differenz des Gesamtwiderstandes einschl. Wellenwiderstand und des entsprechenden Plattenreibungswiderstandes, nicht ganz richtig; denn der so verbleibende Rest enthält mit allen Anteilen, die nicht reiner Wellenwiderstand sind, reibungsbedingte Widerstandsanteile,[9]) die bei Umrechnung vom Modell auf die Natur nach Reynolds und nicht im Verhältnis der Massen umgerechnet werden müßten. Dies darf allein mit dem reinen Wellenwiderstandsanteil geschehen; allerdings darf in vielen Fällen vor der Umrechnung dem Wellenwiderstand doch der Hauptteil des Druck-(Ablösungs-)widerstandes zugeschlagen und ohne Fehler für das Ergebnis diese Summe im Verhältnis der Massen umgerechnet werden,[10])

[7]) Dies empfiehlt sich auch deshalb, weil, vgl. oben, der Wellenwiderstand auch normaldruckbedingt ist; man hätte dann also die drei Widerstandsanteile: Reibungswiderstand, Wellenwiderstand, Ablösungswiderstand und bei ganz getauchten Körpern einfacher und eindeutig die zwei Anteile: Reibungswiderstand und Druckwiderstand.

[8]) Früher war es üblich, den Restwiderstand (s. u.) als Formwiderstand zu bezeichnen; auch diese Bezeichnungsweise muß aus dem gleichen Grunde als überholt gelten.

[9]) Druck-(Ablösungs)-widerstand plus formbedingter Reibungswiderstandsanteil.

[10]) s. Horn: Schiffsschleppversuche, Handb. der Exp. Phys. (Wien-Harms) IV 3, S. 31.

insofern sich dieser Druckwiderstand häufig (z. B. bei festliegenden Ablösungsstellen) in dem in Frage stehenden Bereich Reynolds'scher Zahlen als unabhängig von $\mathfrak{R}$ erweist.[11])

Aus den vorstehenden, generellen Überlegungen geht hervor, wie sehr sich alle drei Widerstandsanteile: Reibungs-, Wellen-, Druck-(Ablösungs-)widerstand gegenseitig beeinflussen.[12]) Im nachstehenden Referat ist mit Reibungswiderstand stets die Resultante aller Schubkräfte am Körper in Fahrtrichtung gemeint.

II.
Reibungswiderstand glatter Körper.

Überblickt man die Entwicklung der letzten 10 Jahre, so finden sich gleich am Anfang dieser Zeitspanne zwei Gedankengänge von grundlegender Bedeutung.

Der eine[13]) bezieht sich, ausgehend von Prandtl's Theorie der laminaren Grenzschicht, auf die längs der Wand bewirkte Impulsabnahme in der beeinflußten Flüssigkeit neben dem Körper. Die strengen Beziehungen werden für praktische Anwendungen durch die gut zutreffende Näherungsannahme leicht verwertbar gemacht, daß schon in einem endlichen kleinen Abstand $y = \delta(x)$ von der Wand, dessen Größe zunächst noch offen gelassen wird, kein merklicher Unterschied gegen die äußere, reine Verdrängungsströmung bestehe. Es lassen sich dann auch schwierige, der strengen Theorie bisher gar nicht oder nur unter Aufwendung erheblicher Rechenarbeit zugängliche Fälle mathematisch einfach angenähert behandeln, wenn gewisse Anhalte theoretisch oder experimentell schon gegeben sind. Denn in der erwähnten Fassung der Grenzschichtgleichung ist die Einführung einer mathematisch einfach angenommenen, der wirklichen beliebig genau anzunähernden Gesetzmäßigkeit für die Geschwindigkeitsverteilung quer zur Schicht, $u(y)$, bei zunächst offen gelassener (als Parameter auftretender) Schichtdicke bzw. Schichtdickenänderung längs der Wand möglich. Natürlich sind nur

---

[11]) Es liegt dann der (s. Eisner: Offene Gerinne, Hdb. d. Exp. Phys. (Wien-Harms) IV, 4 in Fig. 1 a) günstigste Sonderfall für die hinsichtlich der Übertragbarkeit von Modellversuchen auftretende „Zusammenwirkungsgrenze" vor.

[12]) s. z. B. Horn: Hdb. der Phys. u. Techn. Mechanik (Auerbach-Hort) Bd. V; auch Eisner: die einschlägigen Artikel im: Handwörterbuch der Physik, J. Springer, 2. Auflage 1931, insbesondere: Ablösung, Bewegungswiderstand von Körpern in Flüssigkeiten, Reibungswiderstand. Für allgemeinere theoretische Fragen s. Eisner: Das Widerstandsproblem, Verh. III. Intern. Kongr. Techn. Mech. Stockholm 1930, auch als Sonderdruck im Verlag R. Kiepert, Charlottenburg.

[13]) s. v. Kármán: „Über laminare und turbulente Reibung", Z.A.M.M. 1921, S. 233 ff.; Prandtl: Ergebnisse A.V.A. Göttingen I 1921, S. 136; ferner v. Kármán: Über die Oberflächenreibung von Flüssigkeiten, Innsbrucker Vorträge 1922 über Hydro- und Aerodynamik, Berlin 1924, S. 146.

solche Geschwindigkeitsverteilungen brauchbar, deren Geschwindigkeitsanstieg unmittelbar an der Wand hier die wirkliche Schubspannungsverteilung gut anzunähern gestattet; ob dies zutrifft, kann nur aus Versuchen oder strengen Lösungen der Grenzschichtgleichung, sofern solche bekannt sind, beurteilt werden.

In allen Fällen ergibt dann die in Integralform mit den Integralgrenzen Null und δ als Impulssatz erscheinende Bewegungsgleichung der Grenzschicht eine aus den jeweils eingeführten Annahmen (und zwar nicht aus der Verteilung im einzelnen, sondern nur aus gewissen integralen Beziehungen) folgende Aussage über den dazu passenden Parameter δ (x) und damit über den angenäherten Verlauf der Strömung längs der Körperwand. Sofern die wirkliche Geschwindigkeitsverteilung einem solchen gesetzmäßigen Verlauf mit nur einem Parameter δ gehorcht, genügen in der zu erreichenden Annäherung derartige „integrale" Betrachtungen. Bei ebenen Platten in unbegrenzter Strömung und in gewissen anderen Sonderfällen (z. B. in der Nähe eines Staupunktes) ist diese Voraussetzung erfüllt; bei gekrümmten Wänden bzw. ebenen Wänden mit einem aufgezwungenen, bestimmten Druckverlauf der Außenströmung, also wenn es sich um die Bestimmung der Formabhängigkeit des Reibungswiderstandes handelt, kommt man aber mit der Impulsgleichung allein, wie wir sehen werden, im allgemeinen nicht mehr aus.

Der zweite Gedankengang[14]) brachte, als Folge des ersten, eine Übertragung der experimentell erhaltenen turbulenten Geschwindigkeitsverteilung und Wandschubspannung in Kreisrohren auf die Strömung an Wänden, insbesondere an ebenflächigen dünnen Platten, die in zweidimensionaler unbegrenzter Strömung in der Längsrichtung umflossen werden. Denn als Verteilungsgesetz (mit zunächst offen gelassenem δ) kann ohne weiteres auch ein solches gewählt werden, wie man es zur Beschreibung turbulenter Strömungsvorgänge für die „mittlere" Bewegung auf Grund heutiger Kenntnis ansetzt, sofern man gleichzeitig die hierzu nach experimentell ermittelten Zusammenhängen passende örtliche Wandschubspannung einführt. Damit war das Problem des Reibungswiderstandes von Platten eng an das des Druckverlustes in Rohren angeschlossen und hat alle Entwicklungsstufen der Kenntnis der Rohrströmung mitgemacht. Die erst in den letzten 2 Jahren nach einem Interregnum der sog. Potenzgesetze erzielten Errungenschaften hinsichtlich der Verhältnisse bei hohen Reynolds'schen Zahlen, die mindestens im Quantitativen, bei sehr hohen Reynolds'schen Zahlen vielleicht auch schon formal, endgültige zu sein scheinen, haben auch die Frage nach dem Reibungswiderstand sehr langer glatter Platten einer praktisch vollkommen ausreichenden Lösung zugeführt; die Kempf'schen Messungen[15]) des lokalen Widerstandsbeiwertes bei hohen Reynolds'schen Zahlen sind mit diesen Ableitungen in bester Übereinstimmung. Experi-

[14]) Von denselben Verfassern an gleicher Stelle.

[15]) s. Kempf: Neuere Ergebnisse der Widerstandsforschung, W.R.H. 1929.

ment und (halbempirische) Theorie stützen sich in ihren Ergebnissen damit gegenseitig.

In der jüngsten Gegenwart beschäftigt man sich mit schon beachtlichen Erfolgen mit dem Reibungswiderstand an eben oder räumlich gekrümmten Wandungen, also mit der Formabhängigkeit des Reibungswiderstandes. Im ebenen Fall, d. h. bei quer zur Erzeugenden angeströmten zylindrischen Körpern etwa mit Tragflügel- oder Schiffslinien-Querschnitt kann statt dessen auch die Strömung an einer geraden Wand untersucht werden, wenn man z. B. durch bestimmte Formung einer gegenüberliegenden Wand längs der zu untersuchenden Wandung einen bestimmten Druckverlauf vorgibt. Derartige Messungen[16]) im Verein mit teils soeben abgeschlossenen, teils noch laufenden in der V.W.S. Berlin unternommenen Untersuchungen[17]) an einem Rotationskörper und einem Schiffsmodell gaben bereits wichtige Aufschlüsse über die Stärke und Art der Formabhängigkeit des Reibungswiderstandes und ermutigen, auf dem begonnenen Wege weiterzuschreiten.

A. Der strenge Impulssatz der Grenzschichttheorie bei stationärer ebener Strömung.

Bei der Bewegung von Körpern in Flüssigkeiten mit kleiner Reibung (z. B. Wasser, aber auch noch Luft[18]) sind bei der Größe der in der Technik üblichen Körper und Geschwindigkeiten die Reynolds'schen Zahlen $\mathfrak{R}$ so groß und an der Wandung, wo die Flüssigkeit haftet und wo an jedem Flächenelement Schubspannungen übertragen werden, die Energieverhältnisse derart, daß, sofern nicht schon Turbulenz einsetzt, hier die Navier-Stokes'schen Bewegungsgleichungen in der von Prandtl[19]) angegebenen Weise zur sog. Grenzschichtgleichung vereinfacht werden dürfen. Bis zu einer ev. Ablösungsstelle gibt es danach neben der Körperwandung ein von der Zähigkeit beeinflußtes, in Strömungsrichtung anwachsendes Gebiet (in der Querrichtung im Verhältnis zur Längserstreckung von der Größenordnung $\frac{1}{\sqrt{\mathfrak{R}}}$), die „Grenzschicht", innerhalb deren sich im wesentlichen (theoretisch allerdings erst im Unendlichen) der Übergang von der an der Wandung mit der Körpergeschwindigkeit übereinstimmenden Bewegung auf die der praktisch von der Zähigkeit unbeeinflußt gebliebenen Außenströmung (gleich

---

[16]) s. Gruschwitz: Die turbulente Reibungsschicht in ebener Strömung bei Druckabfall und Druckanstieg, Ing.-Arch. 1931.

[17]) Auf Veranlassung von Prof. Horn.

[18]) Kinematische Zähigkeit Z bei 13,2° C für Wasser 0,012 cm²/sec, für Luft rd. 0,155 cm²/sec.

[19]) Verh. d. III. Intern. Math. Kongr. Heidelberg 1904; wieder abgedruckt in: Vier Abhandl. z. Hydrodynamik und Aerodynamik, Göttingen 1927.

der zur Körperform[20]) gehörigen Potential- oder Verdrängungsströmung) vollzieht. Wo wir die „Schicht“ nach außen zu praktisch begrenzen wollen, bleibt noch der Vereinbarung überlassen. Der Anstieg der in Wandungsnähe wesentlich parallel zur Wand gerichteten Geschwindigkeit u, genommen in Richtung y quer zur Schicht, d. h. normal zur Wand, geht recht steil vor sich, so daß die Schubspannung

$$\tau = Z \cdot \gamma/g \cdot \frac{\partial u}{\partial y}, \text{ mit } \gamma/g = \text{Dichte},$$

beträchtlich wird; die Querkomponente v der Geschwindigkeit ist klein. Die Druckänderung quer zur Schicht, $\frac{\partial p}{\partial y}$, wird vernachlässigbar klein, sodaß in der ganzen Schicht in jedem Schnitt x = konst. (x = Koordinate längs der Wand) ein der Außenströmung hier entsprechender Druck p (x) herrscht. Wir denken uns, in üblicher Weise, den Körper festgehalten und die sehr weit vor dem Körper gleichförmige Außenströmung (relativ zu ihm) mit U_0, den Druck mit p_0, den Staudruck $\frac{\gamma U^2_0}{2g}$ mit q_0, den Gesamtdruck $p_0 + q_0$ mit g_0 bezeichnet; im Querschnitt x = const. sollen die entsprechenden Größen der (rechnerisch oder experimentell ermittelten) Außenströmung dicht neben dem Körper den Index x erhalten. Dann lautet die Grenzschichtgleichung bei stationärer ebener Bewegung:

$$u \cdot \frac{\partial u}{\partial x} + v \cdot \frac{\partial u}{\partial y} = Z \cdot \frac{\partial^2 u}{\partial y^2} - \frac{1}{\gamma/g} \cdot \frac{\partial p(x)}{\partial x}; \tag{1}$$

dazu kommt die Kontinuitätsgleichung: $\frac{\partial u}{\partial x} + \frac{\partial v}{\partial y} = 0$ (1a)

und aus dem Bernoulli'schen Theorem, angewendet auf die bis an die Wand reichend gedachte Außenströmung:

$$-\frac{1}{\gamma/g}\,\frac{\partial p(x)}{\partial x} = U(x) \,.\, \frac{\partial U(x)}{\partial x}\,. \tag{1b}$$

Wir interessieren uns vor allem in jedem Querschnitt x = const. für den Verlauf der (Längs)-Geschwindigkeit in der Querrichtung, also für u(y), bezw. seine Abweichung von U; für y = 0 ist:

$$u = 0,\ v = 0,\ \text{für } y = \infty \text{ ist } u = U.$$

Integrieren wir (1) nach y und berücksichtigen dabei (1a) und (1b), so

[20]) Strenger: Zu der durch die dünne Grenzschicht ein wenig modifizierten Körperform.

erhalten wir die als „Impulssatz der laminaren Grenzschichttheorie" deutbare Gleichung[21]):

$$-\int_0^\infty U(x)\cdot\frac{\partial U(x)}{\partial x}\cdot dy-\int_0^\infty U(x)\cdot\frac{\partial u}{\partial x}\cdot dy+2\cdot\int_0^\infty u\,\frac{\partial u}{\partial x}\,dy \tag{2}$$

$$=-Z\cdot\left(\frac{\partial u}{\partial y}\right)_{y=0}=-\frac{\tau_{Wand}}{\gamma/g}.$$

Wir führen nun an einer Stelle x = const. die folgenden beiden „Dickenmaße" ein: Die „Verdrängungsdicke" δ^*:

$$\delta^*(x)=\int_0^\infty\left(1-\frac{u}{U(x)}\right)dy, \tag{3}$$

entsprechend der Entfernung, um die die „gesunde" Potentialströmung durch das Vorhandensein der Grenzschicht vom Körper abgedrängt wird, wenn sie durchweg die Geschwindigkeit U (x) hätte, und die

„Impulsdicke"[22]) ϑ: $$\vartheta(x)=\int_0^\infty\left(1-\frac{u}{U(x)}\right)\cdot\frac{u}{U(x)}\cdot dy, \tag{4}$$

entsprechend einer, den bis hierhin aufgetretenen Impulsverlust in der Grenzschicht messenden Schichtdicke: Wenn die in Wirklichkeit hier durchtretende sekundliche Masse $\int_0^\infty \gamma/g\,.\,u\,.\,dy$ durchweg die ungestörte Geschwindigkeit U(x) der Potentialströmung an der Körperoberfläche

---

[21]) s. v. Kármán l. c. 1921; benutzt man (1 b) nicht, so erhält man, wenn man auch schon an dieser Stelle zur Vereinfachung der Deutung noch für $y \geq \delta$ keine merkliche Abweichung von der Potentialströmung annimmt:

$$\frac{\partial}{\partial x}\int_0^\delta \gamma/g\cdot u^2\,dy-U(x)\cdot\frac{\partial}{\partial x}\int_0^\delta \gamma/g\,u\,dy=-\delta(x)\cdot\frac{\partial p(x)}{\partial x}-\tau_w.$$

Das erste Glied links ist die Impulsdifferenz der durch die in gegenseitiger Entfernung dx durch die Schicht von der Dicke δ (x) gelegten Querschnitte ein- und austretenden Mengen, das zweite der durch den freien Rand zwischen beiden Querschnitten von der eintretenden Menge mitgebrachte Impuls, während rechts die Kräfte stehen (alles je Flächeneinheit angesetzt).

[22]) s. Gruschwitz l. c.; angedeutet schon bei v. Mises: Bemerkung zur Hydrodynamik; Z.A.M.M. 1927, S. 431; s. auch Prandtl-v. Mises: Z.A.M.M. 1928.

(an der Stelle x) bezw. am vereinbarten „Rande“ der Grenzschicht im Schnitt x = const. besäße, so ergibt ϑ die Differenz zwischen dem dann vorhandenen und dem wirklich vorhandenen Impuls, bezogen auf $\gamma/g \cdot U^2(x)$ als Einheit:

$$\int_0^\infty \gamma/g \, \frac{U(x) \cdot u \, dy}{\gamma/g \, U^2(x)} - \int_0^\infty \frac{\gamma/g \, u^2 dy}{\gamma/g \cdot U^2(x)} = \vartheta.$$

Der Impulssatz (2) schreibt sich dann:

$$\frac{d\,\vartheta(x)}{d\,x} + \left(\frac{\delta^*(x)}{2q(x)} + \frac{\vartheta(x)}{q(x)}\right) \cdot \frac{dq(x)}{dx} = \frac{\tau(x)_{Wand}}{2 \cdot q(x)}. \tag{5}$$

Der Reibungswiderstand W_R des Körpers ist durch:

$$W_R = \int \tau_w \cdot df \cdot \cos\alpha \tag{6}$$

gegeben, wobei α den Winkel zwischen dem Wandflächenelement df und der Fahrt- = Anströmungsrichtung bezeichnet. In der Form (5) bleibt der Satz auch bei turbulenter Strömung in der Grenzschicht gültig, sofern man zueinander gehörige „mittlere“ Geschwindigkeitsverteilungen $\frac{u}{U(x)} = f(y)$ und örtliche Wandschubspannungen $\tau(x)_w$ einführt; dies kann, wie am Beispiel der graden Platte gezeigt werden wird, auf Grund experimenteller und halbempirisch-theoretischer Unterlagen mit offenbar genügender Annäherung an die Wirklichkeit geschehen.

B. Die Grenzschicht an einer dünnen, längs angeströmten ebenflächigen glatten Platte in zweidimensionaler unbegrenzter Strömung.

In diesem einfachsten Falle bleibt die gleichförmige Anströmung U_0 neben der Platte ungeändert erhalten; es ist:

$$U(x) = U_0 = \text{const}; \quad \frac{d\,U_0}{dx} = 0; \quad \frac{d\,p(x)}{d\,x} = 0; \quad \frac{d\,q(x)}{dx} = 0 \quad \text{und}$$

die Impulsgleichungen (2) bezw. (5) vereinfachen sich zu:

$$U_0 \frac{d}{dx} \int_0^\infty u \cdot dy - \frac{d}{dx} \int_0^\infty u^2 \cdot dy = \frac{\tau(x)_w}{\gamma/g} \tag{2a}$$

$$\text{bezw.} \quad \frac{d\,\vartheta(x)}{d\,x} = \frac{\tau(x)_w}{2 \cdot q_0} \tag{5a}$$

α) Laminare Grenzschicht.

Dieser Fall ist von Blasius[23]) streng durch Reihenentwicklungen gelöst und numerisch ausgewertet worden. Die von ihm erhaltene Geschwindigkeitsverteilung zeigt Fig. 1[24]).

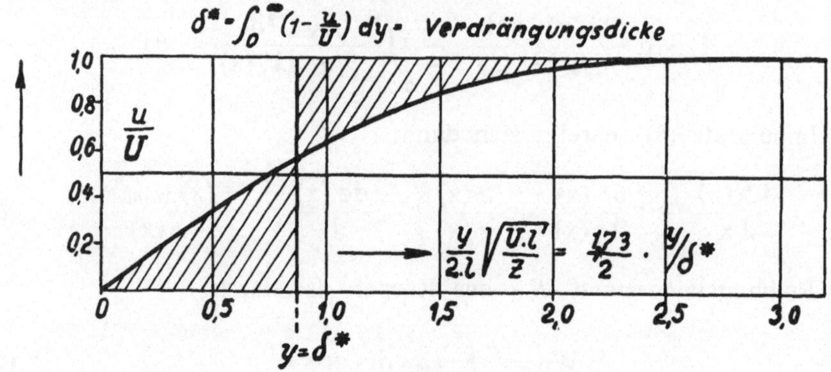

Fig. 1.
Geschwindigkeitsverteilung und Verdrängungsdicke der laminaren Grenzschicht neben einer glatten ebenen Platte nach Blasius 1908.

[23]) s. Blasius: Grenzschichten in Flüssigkeiten mit kleiner Reibung, Diss. Göttingen 1907, auch Z. f. Math. u. Phys. 56, 1908, S. 1; s. ferner: Töpfer: Bemerk. . . . . zu Blasius, Z. f. Math. u. Phys. 60, 1912, S. 397; Bairstow: Skin Friction, Journ. of the R. Aeron. Soc. 19, 1925, S. 3; Goldstein: Concerning some solutions of the boundary layer equations in hydrodynamics, Proc. Cambr. Phil. Soc. XXVI, I, 1930; allgemein über laminare Grenzschichttheorie s. Tollmien: Hdb. d. Exp. Phys. (Wien und Harms) IV, 1; Noether: Integrationsprobleme der Navier - Stokes'schen Gleichungen, Hdb. d. phys. u. techn. Mechanik (Auerbach-Hort) V. Wegen der von Bairstow, Miß Cave und Miß Lang, Phil. Trans. Lond. A. 223, 1923, ferner von Burgers: Proc. Amsterd. Akad. XXXIII Nr. 6, 1930 im Anschluß an Oseen gegebenen Lösungen s. Eisner: Das Widerstandsproblem, Stockholm 1930, Fig. 2 in der in Fußnote [12]) angegebenen Quelle.

[24]) Diese Abbildung legt für die vereinfachte Näherungsrechnung mit laminarer Grenzschicht von passend zu bestimmender, endlicher Dicke δ (x) Ansätze für die Geschwindigkeitsverteilung innerhalb der Schicht von der einparametrigen Gesetzmäßigkeit nahe:

$$\frac{u}{U_0} = f\left(\frac{y}{\delta(x)}\right) = a \cdot y/\delta(x) + b \cdot \left(\frac{y}{\delta(x)}\right)^2 + c \,.\, \left(\frac{y}{\delta(x)}\right)^3 + \ldots.,$$

wobei die a, b, c, ... als konstante Koeffizienten z. B. aus Randbedingungen oder so bestimmt werden, daß man sich vermuteten bezw. gemessenen Verteilungen möglichst gut angepaßt (vergl. K. Pohlhausen: Zur näherungsweisen Integration der Differentialgleichung der laminaren Grenzschicht, Z.A.M.M. 1921 S. 252.) Damit wird die Schubspannung an der Wand:

$$\tau_w = Z \cdot \gamma/g \cdot \left(\frac{\partial u}{\partial y}\right)_{y=0} = Z \cdot \gamma/g \cdot \frac{U_0}{\delta(x)} \cdot \left(\frac{\partial (u/U_0)}{\partial (y/\delta(x))}\right)_{y=0}$$

$$= Z \cdot \gamma/g \cdot \frac{U_0 \cdot a}{\delta(x)}$$

Die Verdrängungsdicke δ^* am Plattenende ergibt sich zu:

$$\frac{\delta_1^*}{l} = \frac{1{,}73}{\sqrt{U_0\, l/Z}} = \frac{1{,}73}{\sqrt{\Re_l}},$$

der beiderseitige Reibungswiderstand einer Platte von der Länge l zu:

$$W_R = 2 \cdot 1{,}327 \cdot l \cdot b \cdot \gamma\, \frac{U_0^2}{2g}\, \frac{1}{\sqrt{\Re_l}},$$

---

und der beiderseitige Reibungswiderstand:

$$W_R = 2 \cdot b \int_0^l \tau_w \cdot dx = 2\, b\, U_0 \cdot Z \cdot \gamma/g \cdot a \cdot \int_0^l \frac{dx}{\delta(x)}.$$

Die Impulsgleichung liefert dann stets:

$$\frac{d\,(\delta\,(x))}{d\,x} \cdot f_1\,(a, b, c, \ldots.) = \frac{Z \cdot a}{U_0 \cdot \delta(x)} \quad \text{oder}$$

$$\delta(x) = f_2\,(a, b, c, \ldots.) \cdot \sqrt{\frac{Z \cdot x}{U_0}},$$

$$\text{also: } W_R \sim f_3\,(a, b, c, \ldots.) \cdot b \cdot l : \frac{\gamma\, U_0^2}{2g} \cdot \frac{1}{\sqrt{\Re_l}}$$

$$\text{mit } \Re_l = \frac{U_0 \cdot l}{Z}.$$

Die mit dem Zweck guter Anpassung an die wirklichen Verhältnisse, sonst aber willkürlich gewählten Koeffizienten a, b, c, ... gehen außer a, dem bei l a m i n a r e r Grenzschicht wegen der Wandschubspannung außerdem noch besondere Bedeutung zukommt, nur in derjenigen Kombination ein, mit der sie in dem Integral ϑ vorkommen. — Bei der Übertragung auf t u r b u l e n t e Verteilungen wird τ_w gemäß einem experimentell oder doch halb empirisch ermittelten Zusammenhang mit U_0 oder:

$$\frac{u_{\text{mittel}}}{U_0} = \int_0^1 \left(\frac{u}{U_0}\right) \cdot d\,(y/\delta(x))$$

(bei der ebenen Plattenströmung) eingeführt; die angenommene, δ (x) wieder als Parameter enthaltende Gesetzmäßigkeit für die Geschwindigkeits v e r t e i - l u n g geht dann in die Impulsgleichung n u r in dem in ϑ vorkommenden Integralausdruck, und gegebenenfalls in dem für den Ansatz für τ_w benutzten Integral, d. h. in $\delta^*(x)$ ein. Man darf bekanntlich die turbulente Verteilung nicht bis unmittelbar an die Wand, vielfach auch nicht ganz bis an den äußeren Grenzschichtrand in der meist angesetzten Form fortsetzen; das ist aber auch für die hier vorliegenden Betrachtungen garnicht erforderlich, das Geschwindigkeitsgesetz muß nur so angesetzt werden, daß dadurch das wirkliche ϑ bzw. ϑ und δ^* gut angenähert wird.

d. h. der Widerstandsbeiwert:

$$c_{w_R} = \frac{W_R}{2\,b\,l \cdot \gamma \frac{U_0^2}{2g}} = \frac{1{,}327}{\sqrt{\Re_l}} \cong \frac{2{,}3}{\Re_{\delta_l^*}} \quad \text{mit } \Re_{\delta_l^*} = \frac{U_0 \cdot \delta^*_l}{Z}\text{[25]}. \qquad (6)$$

Dieser Widerstandsbeiwert stimmt mit Plattenversuchen von Blasius (nach Vornahme einer Korrektur durch Prandtl)[26] gut überein, s. Fig. 6. Die laminare Geschwindigkeitsverteilung neben glatten Platten ist von Burgers und von der Hegge-Zijnen[27] sowie von Hansen[28] gemessen worden.

β) Turbulente Grenzschicht.

Die Berechtigung des von Prandtl und von v. Kármán 1921 unternommenen, für die Lösung des Problems des Plattenreibungswiderstandes bei mittleren und hohen Reynolds'schen Zahlen entscheidenden Schrittes[29] einer Einführung der für Geschwindigkeitsverteilung und Widerstand an der Wand im Kreisrohr empirisch oder halbempirisch gefundenen Gesetzmäßigkeiten in die vereinfachte[30] Impulsgleichung (2a) bezw. (5a) der ebenen unbegrenzten Plattenströmung $\left(\frac{\partial\, p(x)}{\partial x} = 0;\ \frac{\partial\, U x}{\partial x} = 0\right)$ kann in vollem Umfange nur aus der damaligen Kenntnis der turbulenten Rohrströmung begriffen werden. Dies Vorgehen bleibt aber auch nach heutiger Kenntnis in gleichem Umfange wie damals berechtigt, wenn die dabei der Rohrströmung „entsprechende" Reynolds'sche Zahl der Plattenströmung (s. u. S. 28) eingeführt wird; dadurch ändert sich an dem entdeckten grundlegenden Zusammenhang formal nichts, nur ändern sich die Zahlenfaktoren bei höheren Reynolds'schen Zahlen, als sie damals durch Messungen belegt waren, etwas ab. Zum Verständnis dieser

---

[25]) $\Re_{\delta_l^*}$ ist die auf die Verdrängungsdicke der Grenzschicht am Plattenende bezogene „Breiten-Reynoldszahl", wie sie zweckmäßig bei allen Widerstandsproblemen umströmter Körper eingeführt wird, z. B. beim Kreiszylinder: $\Re_{2a} = Uo\,.\,2a/Z$ mit $2a$ = Zylinderdurchmesser; $\Re_{2b} = Uo \cdot 2b/Z$ bei Schiffskörpern mit $2b$ = größter Schiffsbreite; genauer wäre zur Körperbreite noch die Grenzschichtdicke dazuzunehmen.

[26]) s. Prandtl: Ergebnisse A.V.A. Göttingen III, 1927.

[27]) s. Burgers: Verhandl. d. I. Intern. Kongr. f. Angew. Mech. Delft 1924, ferner Burgers und van der Hegge-Zijnen: Verhandl. Koninkl. Akad. Wet. Amsterdam I, Teil XIII Nr. 3, 1924 und van der Hegge-Zijnen: Thesis Delft 1924 (Mitteil. Nr. 5 und 6 des Aerodyn. Labor. der Techn. Hochschule Delft).

[28]) s. Hansen, Z.A.M.M. 1928, S. 185.

[29]) s. Fußnote 14).

[30]) Vereinfacht durch Beschränkung des Integrationsbereiches auf das Gebiet zwischen Null und einer im Einklang mit den eingeführten Annahmen noch zu bestimmenden „Schichtdicke" $\delta(x)$, s. S. 6/7.

Zusammenhänge und zur Beurteilung des Bereiches ihrer Anwendbarkeit in bestimmten Fällen empfiehlt es sich, erst die Ergebnisse der turbulenten Rohrströmung kurz darzulegen.

1. Ergebnisse im Rohr.

Um die folgenden Darlegungen abzukürzen, wird in den Fig. 2 und 3[31]) das bis jetzt erhaltene, wohl als unbedingt gesichert anzusehende Gesamtergebnis der experimentellen Forschung betreffend turbulente Strömung in geraden glatten Kreisrohren vorangestellt. Bezeichnet a den Rohrradius, $y = a - r$ den Wandabstand, x die Längserstreckung; ferner u die Geschwindigkeit im Wandabstand y, u_m die mittlere, U die größte Querschnittsgeschwindigkeit, schließlich $\frac{dp}{dx}$ das Druckgefälle, so ist der im Hinblick auf das folgende auf den Rohrradius und üblicherweise auf die mittlere Geschwindigkeit bezogene Widerstandsbeiwert oder — was dasselbe ist — das dimensionslos gemachte Druckgefälle:

$$\lambda_a = \frac{dp}{dx} \cdot \frac{a}{\gamma \cdot \frac{u_m^2}{2g}}$$

und die auf die mittlere Geschwindigkeit und den Radius bezogene Reynolds'sche Zahl $\mathfrak{R}_a = \frac{u_m \cdot a}{Z}$. — Wegen:

$$a^2 \cdot \pi \cdot dp = 2\pi a\, dx \cdot \tau_w \text{ ist } \tau_w = \frac{\lambda_a}{2} \cdot \frac{\gamma u_m^2}{2g}; \quad \frac{\tau_w}{\varrho} = \frac{\lambda_a}{4} \cdot u_m^2 .$$

Will man die Geschwindigkeitsverteilung in der Nähe einer Wand, d. h. u(y) beschreiben und macht[32]) die plausible Annahme, daß beim Fortschreiten von der Wand her in die Flüssigkeit hinein ein Einfluß *anderer* Wände (z. B. der gegenüberliegenden Rohrwand, d. i. also der Einfluß der Größe 2 a bezw. a) auf die Ausbildung der Geschwindigkeitsverteilung zunächst nicht besteht, so führen Dimensionsüberlegungen dazu, $\frac{u}{\sqrt{\frac{\tau_w}{\varrho}}}$ als Funktion von $\frac{y \cdot \sqrt{\frac{\tau_w}{\varrho}}}{Z}$ zu betrachten.

---

31) Die Abbildung 3 verdanke ich einer brieflichen Mitteilung von Herrn *Nikuradse*, „Wegen des großen Abszissenbereiches ..... sind drei verschiedene Maßstäbe benutzt. Die eingezeichneten Punkte sind Meßergebnisse. .... Hierbei soll erwähnt werden, daß die Versuchspunkte bis zur Rohrmitte reichen ....“ aus *Nikuradse*: „Gesetzmäßigkeit der turbulenten Strömungen in glatten Rohren“ (in Vorbereitung).

32) s. *Prandtl* und v. *Kârmân* l. c. Fußnote 14.

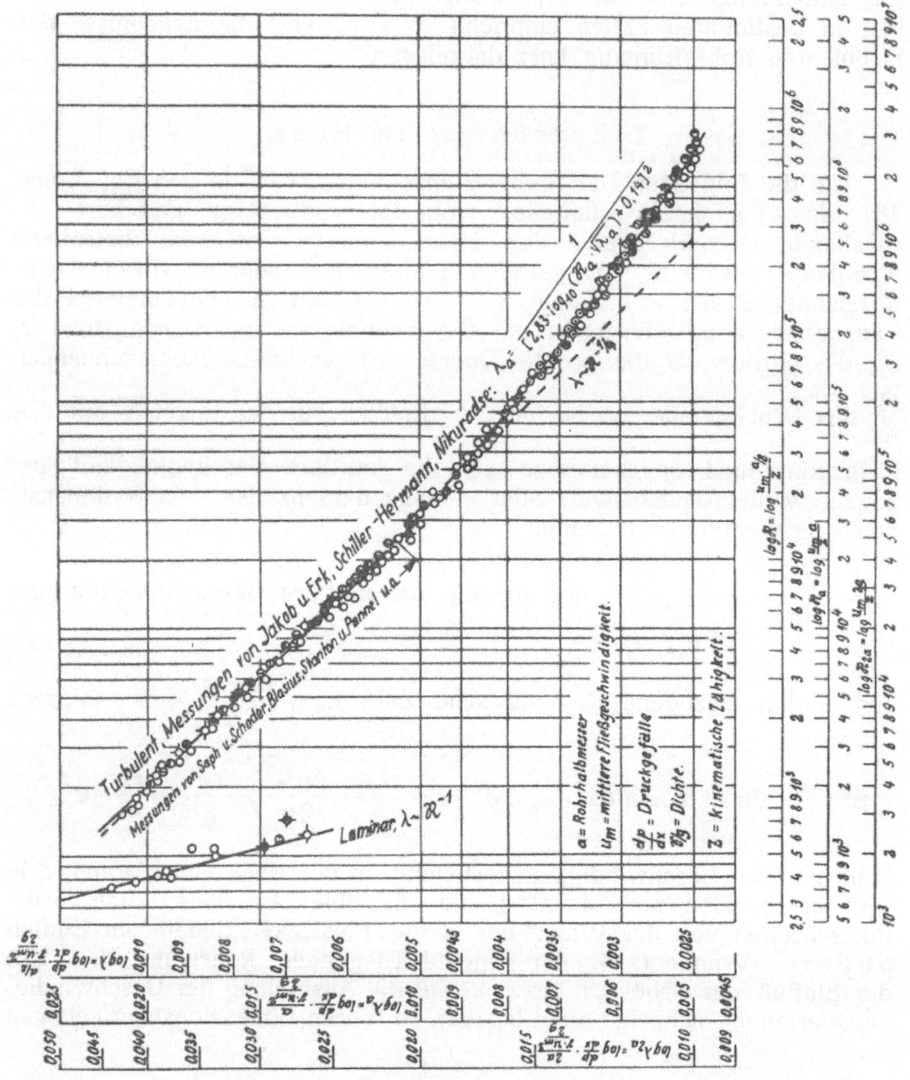

Fig. 2.
Widerstandsbeiwert der Rohrströmung in Abhängigkeit von der Reynolds'schen Zahl.

Fig. 2 zeigt den experimentell ermittelten Zusammenhang zwischen λ_a und $\mathfrak{R}_a$ in doppeltlogarithmischer Darstellung, Fig. 3 zeigt den Zusammenhang von $\frac{u}{\sqrt{\frac{\tau_w}{\varrho}}}$ mit $\frac{y \cdot \sqrt{\frac{\tau_w}{\varrho}}}{Z}$ (sogenannte: universale Geschwindigkeitsverteilung in Wandnähe).

Es lassen sich nun im wesentlichen drei Entwicklungsstadien unterscheiden, die sich in der Entwicklung der Kenntnis des Plattenreibungswiderstandes wiederfinden.

a) Blasius hat in der Preußischen Versuchsanstalt für Wasserbau und Schiffbau, Berlin, 1913 [33]) unter Ergänzung durch eigene Versuche als Erster das damals an glatten Rohren bekannte Versuchsmaterial, insbesondere von Saph und Schoder (1903), das bis zu $\mathfrak{R}_a$ = 50 000 reichte, nach den maßgebenden Dimensionslosen λ und $\mathfrak{R}$ ausgewertet. In der doppeltlogarithmischen Darstellung ordneten sich die dem turbulenten Bereich zugehörigen Versuchspunkte so gut zu einer geraden, unter 1:4 fallenden Linie, daß Blasius die Formel aufstellte:

$$\lambda_{a_{turb.}} = \frac{0{,}1582}{\sqrt[4]{2 \cdot \mathfrak{R}_a}} \quad \text{d. h. } \tau_w \text{ prop. } (u_m)^{7/4} \tag{7}$$

In dem ersten Entwicklungsstadium war also von Fig. 2 nur ein geradlinig erscheinendes Teilstück bis $\mathfrak{R}_a$ = 50 000 bekannt.

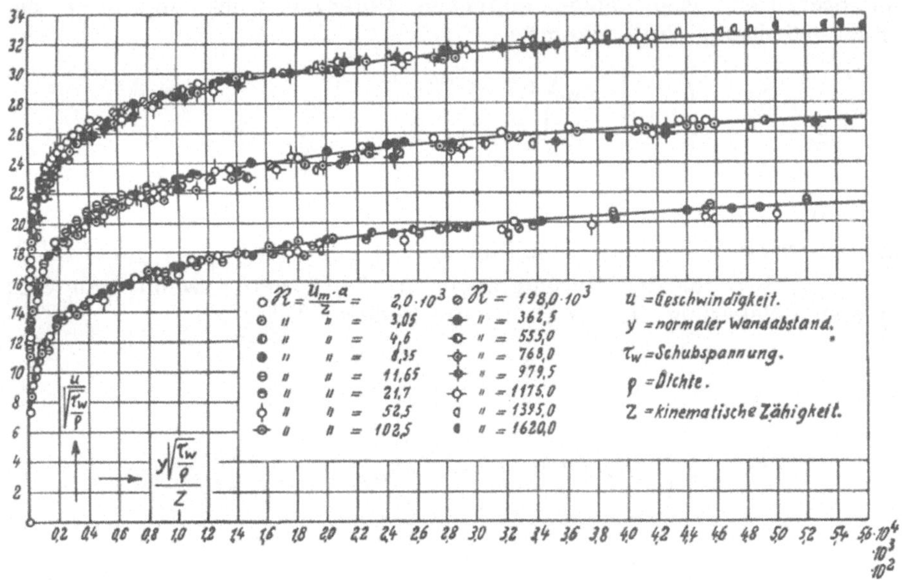

Fig. 3.
Geschwindigkeitsverteilung in der Nähe einer Wand bei verschieden großen Reynolds'schen Zahlen (dimensionslose Auftragung.)

[33]) Es sei hier erwähnt, daß Blasius in der gleichen Arbeit als Erster auch die Gebers'schen Plattenreibungsversuche, soweit sie damals vorlagen (bis $\mathfrak{R}_l = U \cdot l/Z = 2{,}5 \cdot 10^7$), dimensionsrichtig auswertete und im turbulenten Bereich hierfür die Beziehung

$$c_W = \frac{W}{\varrho/_2 \cdot F \cdot U^2} = 0{,}0246 \cdot (\mathfrak{R}_l)^{-0{,}136},$$

in doppelt-logarithmischer Darstellung also ebenfalls eine Gerade erhielt.

Der Zusammenhang gemäß Fig. 3 wurde von Prandtl-Kármán 1921 (l. c.) zunächst nur formal aus einer Dimensionsbetrachtung vermutet; die zuverlässigen, noch nicht sehr zahlreichen Meßpunkte waren jedenfalls noch nicht in dieser Weise dimensionsfrei ausgewertet.

Es lag auf Grund dieser Tatsachen damals nahe, in der Beziehung (7) eine allgemeine, einheitliche Gesetzmäßigkeit der turbulenten Rohrströmung zu sehen. Setzt man dann für den Funktionszusammenhang von $\frac{u}{\sqrt{\frac{\tau_w}{\varrho}}}$ mit $\frac{y \cdot \sqrt{\frac{\tau_w}{\varrho}}}{Z}$ in der Annahme, daß die hierin zum Ausdruck gebrachte Unabhängigkeit vom Rohrdurchmesser auch am Ort y_m der mittleren Geschwindigkeit u_m gültig ist, die ja bei turbulenter Verteilung schon ziemlich dicht an der Wand durchschritten wird, einen einfachen Potenzausdruck an, etwa als erstes Glied einer Entwicklung [34]):

$$\frac{u_m}{\sqrt{\frac{\tau_w}{\varrho}}} = B \cdot \left(\frac{y_m \sqrt{\frac{\tau_w}{\varrho}}}{Z} \right)^{\varkappa}, \text{ so folgt: } u_m = B \cdot \frac{y_m^{\varkappa} \cdot \left(\frac{\tau_w}{\varrho}\right)^{\frac{1+\varkappa}{2}}}{Z^{\varkappa}}$$

und durch Umkehrung unmittelbar wegen (7) : $\frac{2}{1+\varkappa} = 7/4$, $\varkappa = 1/7$, also für den Verlauf $u(y)$: $u \sim y^{1/7}$ und, wenn man dies in erster Näherung bis zur Rohrmitte gelten läßt [35]):

$$\frac{u}{U} = \left(\frac{y}{a}\right)^{1/7} ;$$

$$\frac{\tau_w}{\varrho} = C_1 \cdot u^2_m \left(2 \Re_a\right)^{-1/4} = C_2 \cdot Z^{1/4} \cdot \frac{[u(y)]^{7/4}}{y^{1/4}} = \qquad (8)$$

$$= C_2 \cdot Z^{1/4} \frac{U^{7/4}}{a^{1/4}} .$$

C_1 ist ein Viertel des in (7) auftretenden Zahlenfaktors, also bei

---

[34]) In heutiger Kenntnis des von der Reynolds'schen Zahl unabhängig erscheinenden Zusammenhanges gemäß Fig. 3 würden wir sagen: Man beschreibt in dem fraglichen Gebiet den Verlauf in erster Näherung durch ein Potenzgesetz.

[35]) Die sich in der Mitte auf diese Weise ergebende Spitze muß „abgerundet" werden, s. v. Kármán l. c. 1921. Hier schließt sich im Rohr die Strömung von allen Seiten zusammen, sodaß die Voraussetzung der Unabhängigkeit von den „anderen" Wänden beim Rohr in Rohrmitte wohl nicht mehr zutrifft, s. auch v. Kármán, Götting. Nachr. 1930, S. 68. Zwischen der Wand und dem Bereich mit turbulenter Geschwindigkeitsverteilung gemäß

Blasius = 0,03955; C_2 ist auch von $\varkappa$ bezw. der in (7) vorkommenden Potenz von $\mathfrak{R}$ abhängig, ist also nur im Bereich der Blasius'schen Formel, für den allein auch die Potenzen in (8) gelten, eine Konstante.

Dies ist das bekannte Siebentel-Potenz-Gesetz, das Prandtl und v. Kârmân 1921 ihrer Berechnung des Reibungswiderstandes von Platten zugrunde legten (s. u.).

b) Innerhalb des folgenden Zeitabschnittes wurden bei den Rohrversuchen höhere Reynolds'sche Zahlen als $\mathfrak{R}_a$ = 50 000 erreicht und es erwies sich, gemäß Fig. 2, daß die Neigung der λ—$\mathfrak{R}$-„Kurve" mit zunehmenden Reynolds'schen Zahlen immer flacher wurde; dies Verhalten beschrieb man zunächst durch Angabe der (Tangenten)-Neigung der Versuchskurve: aus $-{}^1/_4$ wurde $-{}^1/_5$, $-{}^1/_6 \ldots\ldots -{}^1/\mu$. Ebenso zeigten ausgemessene Geschwindigkeitsprofile bei höheren Rey-

---

(8) liegt eine laminare Randschicht (inzwischen experimentell nachgewiesen), die einen Geschwindigkeitsanstieg $\left(\frac{du}{dy}\right)_{y=0}$ gemäß dem gemessenen τ_w vermittelt; das Gesetz (8) ergäbe an der Wand unendlich steilen Anstieg. In (8) müßte im vorletzten Ausdruck strenger geschrieben werden:

$$\frac{\tau_w}{\varrho} = C_2 \cdot Z^{1/4} \cdot \lim_{y \to 0} \left[\frac{u(y)^{7/4}}{y^{1/4}}\right].$$

Es muß also sowohl an der Wand wie in Rohrmitte ein Stück von der Verteilung gemäß (8) ausgeschlossen werden.

Bei all diesen Überlegungen betr. Geschwindigkeits verteilung zeigt sich darin eine Erschwerung, daß das empirische Widerstandsgesetz in der Form λ bezw. $\tau_w = f\ (u_m;\ a)$ ermittelt worden ist; „Wandabstand" a und mittlere Geschwindigkeit gehören nicht unmittelbar zusammen, da sich u_m im Wandabstand y_m und nicht im Abstand a vorfindet. Läge das empirische Gesetz in der Form λ bezw. $\tau_w = f'\ (U;\ a)$ vor, s. bei v. Kârmân 1930 l. c. Fußnote 37 und unten Formel (13), wobei U die (maximale) Geschwindigkeit im Wandabstand a ist, so wäre das in mancher Hinsicht von unmittelbarem Vorteil. Im Verhältnis u_m/U kommt die Form der Verteilungskurve in gewissem Sinne noch einmal zum Ausdruck. Solange das Siebentelpotenzgesetz als brauchbare Näherung angesehen werden darf, d. h. für $\mathfrak{R}_a \leq 5 \cdot 10^4$, ist u_m/U = const., darüber hinaus (bezw. streng genommen: immer) ist es aber eine Funktion der Reynolds'schen Zahl. Die Wahl von u_m und a beim Widerstandsgesetz ist natürlich meßtechnisch begründet, da die Messung des Rohrdurchmessers und der Durchflußmenge am einfachsten ist. Wie man allgemein von $\frac{u}{\sqrt{\frac{\tau_w}{\varrho}}} = \varphi\left(\frac{y \cdot \sqrt{\frac{\tau_w}{\varrho}}}{Z}\right)$ zu $\lambda = f\ (u_m,\ a)$ gelangen kann, d. h. von φ zu f, hat Tollmien: Handb.Exp. Phys. (Wien und Harms) IV 1, S. 329/30 gezeigt.

nolds'schen Zahlen bessere Anpassung an $^1/_8$, $^1/_9$ usw. „Potenzgesetze", also eine Abhängigkeit ihrer Form von der Reynolds'schen Zahl.

Das „Interregnum" der Potenzgesetze[36]) war ein an sich wohl notwendiger Umweg in der Entwicklung, der heute aber nicht mehr weiter diskutiert werden sollte.

c) Heute liegt der ganze Verlauf der λ—$\mathfrak{R}$-Kurve gemäß Fig. 2 vor. Für ihn geben Schiller-Hermann (1930, l. c. Fußnote 36) die einheitliche empirische Formel (von an sich bekannter Bauweise):

$$\lambda_a = 0{,}00270 + 0{,}161\ \mathfrak{R}_a^{-0{,}300} \tag{9}$$

---

[36]) Aus dieser Zeit (etwa 1926) stammt der Versuch des Verf. (unveröffentlichter Habilitationsvortr. 1927; z. T. veröffentlicht im Schiffbau 1930 in: „Der Widerstand von dünnen, längs angeströmten glatten Platten bei hohen Reynolds'schen Zahlen — eine halbempirische Betrachtung"), die oben angedeutete Ableitung mit dem Näherungsansatz: λ prop. $\mathfrak{R}^{-1/\mu}$ mit $\mu \neq 4$ für höhere Reynolds'sche Zahlen zu wiederholen. Lerbs hat in W.R.H. 1930, Heft 17: „Die neueren Messungen des Druckverlustes in Rohren und das Gesetz der Oberflächenreibung bei großen R. Z.", unabhängig dasselbe getan. Um einen ersten Anhalt zu gewinnen, wurde hier für $1/\mu$ die Tangentenneigung der doppeltlogarithmischen λ—$\mathfrak{R}$-Kurve eingeführt; es hat sich aber gezeigt, daß diese Näherung nicht ganz ausreicht, indem die auf diese Weise gefundenen Potenzen für die Geschwindigkeitsverteilung mit gemessenen nicht besonders übereinstimmen. Man müßte, um eine bessere Näherung zu erhalten, den ganzen jeweils in Frage stehenden Teil der λ—$\mathfrak{R}$-Kurve einheitlich durch eine Gerade mit der Neigung — $1/\mu'$ ersetzen, nicht nur durch die Tangentenneigung in ihrem unteren Stück; dies wäre aber recht ungeschickt. Mit mehr Glück haben indessen Schiller-Hermann in ihrer noch zu besprechenden Arbeit: „Widerstand bei hohen R.Z." im Ing.-Arch. I 1930, Heft 4, da ihnen eine Anzahl genau gemessener Geschwindigkeitsprofile bei höheren R.Z. zur Verfügung stand, unmittelbar die hierbei gemessene, d. h. den gemessenen Profilen angepaßte Potenz $1/(2\mu - 1)$ in Abhängigkeit von den zugehörigen R.Z. in ihre Betrachtungen einführen können. Die damit erreichten Ergebnisse sind offenbar sehr gute. Doch sagt mit Recht Prandtl in einer Diskussion zu Schiller: „Rohrwiderstand bei hohen R.Z." (s. Gilles-Hopf-Kármán, Aachener Vorträge 1929 über Aerodynamik und verwandte Gebiete, Berlin 1930, S. 79): „Es handelt sich überhaupt um kein genaues Potenzgesetz .... Man könnte allenfalls die Geschwindigkeitsverteilung in einem bestimmten Bereich von Wandabständen in Beziehung setzen zu dem Verlauf der Widerstandskurve bei solchen Reynolds'schen Zahlen U.a/Z, die einen Mittelwert der Reynolds'schen Zahl u . y/Z der Geschwindigkeitsverteilung darstellen (y = Wandabstand)". Wie man allgemein die Beziehung zwischen dem Gesetz der Geschwindigkeitsverteilung und einem beliebigen Verlauf für die λ—$\mathfrak{R}$-Kurve erhalten kann, hat Prandtl 1925: „Bericht über Untersuchungen zur ausgebildeten Turbulenz", Z.A.M.M. S. 136 gezeigt; doch ergäben sich wenig handliche Ausdrücke. — Für eine, rauhe Wandung betreffende, zunächst nur formale Ableitung, abgedruckt in: „Offene Gerinne", Handb. d. Exp. Phys. (Wien und Harms), Bd. IV, 4 hat Verf. sich nicht gescheut, die ursprünglich (1926) auch hierfür durchgeführte Ableitung mit der Tangentenneigung zunächst bewußt beizubehalten, bis, wie es inzwischen allerdings den Anschein hat, für rauhe Gerinne zuverlässigere Geschwindigkeitsverteilungs- und Widerstandsmessungen in Abhängigkeit von der relativen Rauhigkeit vorliegen; bei zahlenmäßiger Auswertung müßte natürlich die inzwischen aufgefundene „bessere" Annänerung benutzt werden.

Andererseits hat v. Kármán[37]) für sehr hohe Reynolds'sche Zahlen, d. h. bei verschwindendem Zähigkeitseinfluß auf Grund gewisser für die turbulenten Schwankungsbewegungen aufgestellter Ähnlichkeitsforderungen für die turbulente Mischweglänge[38]) die folgende Beziehung erhalten:

$$l = \sqrt{\frac{\tau}{\varrho \cdot \left|\frac{du}{dy}\right| \cdot \frac{du}{dy}}} = k \cdot \frac{\frac{du}{dy}}{\frac{d^2u}{dy^2}} \tag{10}$$

mit τ = gesamter Schubspannung, oder auch nur gleich turbulentem (infolge Impulsaustausch, sogen. scheinbarem) Schubspannungsanteil, demgegenüber bei sehr großen Reynolds'schen Zahlen die molekulare Schubspannung verschwindet; dies hat, wie gleich gezeigt wird, dazu geführt, in dem Zusammenhang der Fig. 3 — wenigstens bei hohen Reynolds'schen Zahlen — eine logarithmische Abhängigkeit zu sehen, und daraus folgt eine entsprechende, einheitliche (besonders gut natürlich für höchste Reynolds'sche Zahlen zutreffende) Gesetzmäßigkeit auch für die λ—$\mathfrak{R}$-Kurve.

Für die Strömung im gleichförmigen Rohr gilt bekanntlich[39]) die lineare Abhängigkeit $\frac{\tau}{\tau_w} = (1 - y/a)$, wobei y = Wandabstand, a = Rohrradius. Daher gilt hier[40]):

$$k^2 \cdot \frac{\left(\frac{du}{dy}\right)^4}{\left(\frac{d^2u}{dy^2}\right)^2} = \frac{\tau_w}{\varrho} \cdot \frac{a-y}{a}$$

und nach zweimaliger Integration bei passender Wahl der Integrationskonstanten:

$$\frac{U - u(y)}{\sqrt{\frac{\tau_w}{\varrho}}} = -\frac{1}{k}\left[\ln\left(1 - \sqrt{\frac{a-y}{a}}\right) + \sqrt{\frac{a-y}{a}}\right] = -\frac{1}{k} \cdot f_1(y/a). \tag{11a}$$

---

[37]) s. Göttinger Nachr. 1930, S. 58 u. Verh. III. Intern. Kongr. Techn. Mech. Stockholm 1930, Bd. I, S. 85; die Ähnlichkeitsforderung läuft auf die einer Ortsunabhängigkeit der Korrelation zwischen den Schwankungskomponenten in den zwei zu einander senkrechten Richtungen einer ebenen oder rotationssymmetrischen Strömung hinaus.

[38]) s. Prandtl: Verh. II. Intern. Kongr. Techn. Mech. Zürich 1926, S. 62.

[39]) s. z. B. Tollmien: Handb. d. Exp. Phys. (Wien und Harms) IV 1, Seite 297.

[40]) In Gebieten, in denen die scheinbare Schubspannung τ als konstant angesehen werden darf, z. B. angenähert in unmittelbarer Wandnähe (briefl. Mitteilg. an Verf.), folgt einfach, vergl. Prandtl: Abriß der Strömungslehre, Braunschweig 1931, S. 97: $u/\sqrt{\frac{\tau_w}{\varrho}} = 1/k \cdot \ln(y + C_1) + C_2'$.

Setzt man diese Verteilung[41]), obwohl man dann sicher schon in einen Bereich mit Zähigkeitswirkungen von gleicher Größenordnung wie die Trägheitswirkungen gelangt ist, bis zur (inneren) Grenze der laminaren Randschicht fort (in der die Zähigkeit überwiegt bezw. allein wirksam ist), so ergibt sich, wenn die (dimensionslose) Randschichtdicke:

$$\frac{\delta_{Rand} \cdot \sqrt{\frac{\tau_w}{\varrho}}}{Z} = \beta$$

und die (dimensionslose) Geschwindigkeit in dieser Wandentfernung: $\frac{u\,\delta_{Rand}}{\sqrt{\frac{\tau_w}{\varrho}}} = \alpha$ gesetzt und beide Werte als Konstante angesehen werden dürfen[42]), wegen der bei $\delta_{Rand} \ll a$ in (11 a) möglichen Entwicklung:

$$\frac{U}{\sqrt{\frac{\tau_w}{\varrho}}} = + \frac{1}{k}\left[\ln\left(\frac{a.\sqrt{\frac{\tau_w}{\varrho}}}{Z}\right) + C\right]; \quad C = (k\,\alpha + \ln 2 - 1 - \ln\beta) \tag{11b}$$

und für kleine $y > \delta_R$ aber $\ll a$ (vergl. etwa Tollmien l. c. S. 337/339):

$$\frac{u}{\sqrt{\frac{\tau_w}{\varrho}}} = \frac{1}{k}\left[\ln\left(\frac{y\cdot\sqrt{\frac{\tau_w}{\varrho}}}{Z}\right) + C'\right]. \tag{11c}$$

Dies bedeutet also für den Zusammenhang von Ordinate und Abzisse in Fig. 3 eine logarithmische Beziehung, sodaß bei Darstellung in einfachlogarithmischem Netz (s. Fig. 4) eine Gerade herauskommen

---

41) Als erster hat Stanton: Proc. Roy. Soc. LXXXV, 1911, S. 366 die Geschwindigkeitsverteilung von der Mitte aus betrachtet. — Für den Mischungsweg erhält man übrigens aus obigen Beziehungen: $l = k \cdot y \cdot f\,[(a-y)/a]$, s. Kármán l. c. In diesem Zusammenhange muß auch die Arbeit von Koroku Wada: „Frictional Resistance of Fluids of Small Viscosity", Spring Meeting Japanese Soc. Nav. Arch. 1927; Abstract in: The Shipbuilder, 1927, S. 501/2 erwähnt werden.

42) Dies ist bei sehr hohen Reynolds'schen Zahlen sicher näherungsweise zulässig.

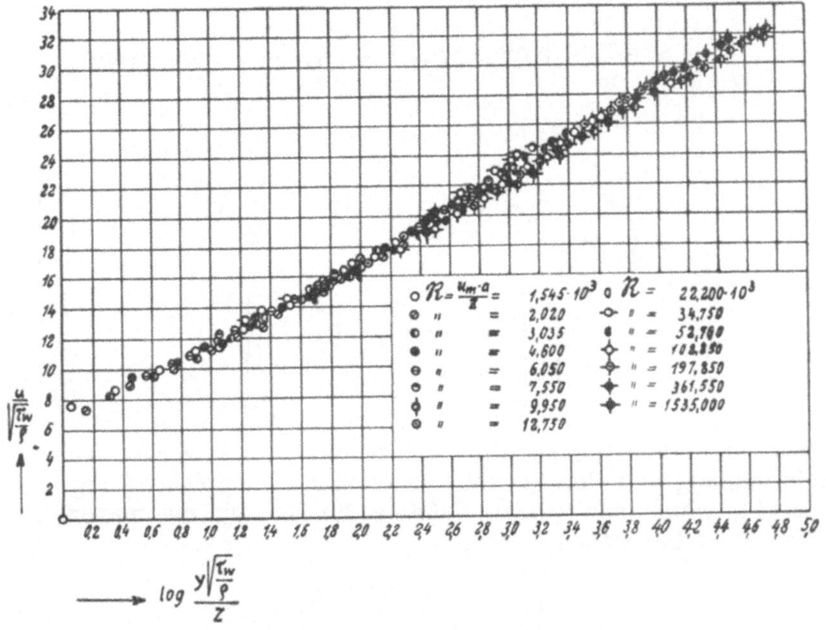

Fig. 4.
Geschwindigkeitsverteilung in der Nähe einer Wand bei verschieden großen Reynolds'schen Zahlen.
(Dimensionslose Auftragung wie Fig. 3, jedoch mit logarithmischer Abszisseneinteilung).

müßte. Man sieht, daß dies recht gut erfüllt ist, und erhält unter Berücksichtigung von Rand und Mitte bei mäßigen Reynolds'schen Zahlen aus den rein empirisch gewonnenen Unterlagen der Abbildung:

$$\frac{u}{\sqrt{\frac{\tau_w}{\varrho}}} = 5{,}50 + 5{,}75 \cdot \log_{10} \left(\frac{y \cdot \sqrt{\frac{\tau_w}{\varrho}}}{Z} \right), \text{ d. h. für die} \tag{12a}$$

universelle Konstante $k \sim 0{,}40$; dagegen ergibt sich für sehr große Reynolds'sche Zahlen bei Zusammenfassung der wandnahen Punkte, wie es aus mehreren Gründen für die weiteren Betrachtungen z. B. zur Extrapolation auf noch größere, nicht mehr gemessene Reynoldssche Zahlen zweckmäßiger ist:[43])

[43]) Briefliche Mitteilungen von Prof. P r a n d t l und N i k u r a d s e an Verf., vergl. Fußnote 31. Inzwischen durfte ich durch freundl. Mitteilung von Prof. P r a n d t l die Fahne zu „Zur turbulenten Strömung in Rohren und längs Platten" (Ergebn. A.V.A. Göttingen IV) einsehen. — Zusatz bei der Korrektur: Ist soeben erschienen; die hier angegebenen Zahlenwerte weichen von den in (12a), (12b), (13b) und Fig. 2 wohl infolge inzwischen nochmals vorgenommener Mittelbildungen etwas ab. Die Unterschiede im Ergebnis sind aber sehr gering.

$$\frac{u}{\sqrt{\frac{\tau_w}{\varrho}}} = 5{,}77 + 5{,}52 \cdot \log_{10}\left(\frac{y \cdot \sqrt{\frac{\tau_w}{\varrho}}}{Z}\right), \text{ allgemein:} \tag{12b}$$

$$\left.\begin{aligned} \frac{u}{\sqrt{\frac{\tau_w}{\varrho}}} &= B + A \cdot \log_{10}\left(\frac{y \cdot \sqrt{\frac{\tau_w}{\varrho}}}{Z}\right) \\ &= a \cdot \ln\left[1 + b \cdot \left(\frac{y \cdot \sqrt{\frac{\tau_w}{\varrho}}}{Z}\right)\right]^{50)} . \end{aligned}\right\} \tag{12}$$

Für die Abhängigkeit des Rohrwiderstandsbeiwertes bezw. der Schubspannung von der Reynolds'schen Zahl entsprechend Fig. 2 folgt aus (11 b), wenn man (vergl. Fußnote 35) die auf die maximale Geschwindigkeit bezogenen Größen

$$\mathfrak{R}_{a,\,Max} = \frac{U \cdot a}{Z}\,; \quad \lambda_{a,\,Max} = \frac{dp}{dx} \cdot \frac{a}{\gamma \frac{U^2}{2g}} \text{ oder}$$

$$\sqrt{\frac{\tau_w}{\varrho}} = \frac{U}{2}\sqrt{\lambda_{a,\,Max}} \text{ einführt:}$$

$$\left\{\begin{aligned} \frac{1}{\sqrt{\lambda_{a,\,Max}}} &= \frac{1}{2k}\left[\ln\left(\mathfrak{R}_{a,\,Max} \cdot \sqrt{\lambda_{a,\,Max}}\right) - \ln 2 + C'\right] \\ \lambda_{a,\,Max} &= \frac{4k^2}{\left[\ln\left(\mathfrak{R}_{a,\,Max} \cdot \sqrt{\lambda_{a,\,Max}}\right) + C''\right]^2} . \end{aligned}\right. \tag{13}$$

Umrechnung auf mittlere Geschwindigkeit.

Indem wir aus Fig. 4 für die Stelle y_m der mittleren Geschwindigkeit u_m ansetzen:

$$\frac{u_m}{\sqrt{\frac{\tau_w}{\varrho}}} = B + A \cdot \log_{10}\left(\frac{y_m \cdot \sqrt{\frac{\tau_w}{\varrho}}}{Z}\right), \text{ ergibt sich mit}$$

$$\mathfrak{R}_a = \frac{u_m \cdot a}{Z}\,; \lambda_a = \frac{dp}{dx} \cdot \frac{a}{\gamma \frac{u_m^2}{2g}} .$$

$$\lambda_a = \frac{1}{\left[\frac{B}{2} + \frac{A}{2} \cdot \log_{10}\left(\Re_a \cdot \sqrt{\lambda_a}\right) + \frac{A}{2} \cdot \log_{10}\left(\frac{y_m}{2a}\right)\right]^2} \qquad (13')$$

$$= \frac{1}{\left[B' + A' \cdot \log_{10}\left(\Re_a \cdot \sqrt{\lambda_a}\right)\right]^2}, \text{ wenn wir}$$

$\left(\frac{y_m}{2a}\right)$ als Konstante ansehen [42]) und aus Messungen einführen.

Einen etwas anderen Weg schlägt Prandtl ein: Den Messungen wird hier [44]) $\frac{u_m}{U} = 1 - \frac{\alpha_1}{U/\sqrt{\frac{\tau_w}{\varrho}}}$; $\alpha_1 = 4{,}07$ entnommen; nimmt man dazu aus Fig. 4, was theoretisch (11b) entspricht:

$$\frac{U}{\sqrt{\frac{\tau_w}{\varrho}}} = B + A \cdot \log_{10}\left(\frac{a \cdot \sqrt{\frac{\tau_w}{\varrho}}}{Z}\right),$$ so folgt durch Einsetzen von α_1

eine entsprechende Gleichung wie (13'), wobei man den Zahlenwert von B' noch etwas abändern kann, um die Übereinstimmung nicht nur in Rohrmitte, sondern auch für das Gebiet zwischen Rohrmitte und Wand besser zu gestalten. Zahlenmäßig ergibt sich auf diese Weise:

$$\lambda_a = \frac{1}{\left[2{,}83 \cdot \log_{10}\left(\Re_a \cdot \sqrt{\lambda_a}\right) + 0{,}14\right]^2} \qquad (13b)$$

Zusammenfassung. In den Formeln (12) und (13) hat das bis heute bekannte, in geraden glatten Kreisrohren bei turbulenter Strömung gefundene Tatsachenmaterial seinen modernsten Ausdruck gefunden und zwar in (12) und (13) bzw. (13') in allgemeiner, bzw. in (12b) besonders gut für sehr hohe Reynolds'sche Zahlen zutreffender Formulierung, in (12a) und (13b) in einer, gleichzeitig auch das Gebiet mittlerer Reynolds'scher Zahlen zahlenmäßig genügend genau überdeckenden Fassung.

Von besonderem Interesse im Hinblick auf die Ausführungen unter 1b) S. 19 ist die von Kármán 1930 l. c. gegebene Gegenüberstellung der „Potenzgesetze" und der neuen Form:

---

[44]) Nach Schiller: Handb. d. Ex. Phys. (Wien und Harms) IV, 4, S. 98 und 104, auf Grund einer brieflichen Mitteilung von Prandtl an Schiller.

Widerstandsgesetz

bisher: $\lambda = \frac{\text{const.}}{\mathfrak{R}^{1/\mu}}$ oder $\frac{1}{\sqrt{\lambda}} = C'_1 \cdot (\mathfrak{R} \cdot \sqrt{\lambda})^{\frac{1}{2\mu - 1}}$; $\mu = f(\mathfrak{R})$

jetzt: $\frac{1}{\sqrt{\lambda}} = C''_1 + C'''_1 \cdot \log(\mathfrak{R} \cdot \sqrt{\lambda})$

Geschwindigkeitsverteilung

bisher: $$\frac{u}{\sqrt{\frac{\tau_w}{\varrho}}} = C'_2 \cdot \left(\frac{y \cdot \sqrt{\frac{\tau_w}{\varrho}}}{Z}\right)^{\frac{1}{2\mu - 1}}; \quad \mu = f(\mathfrak{R})$$

jetzt: $$\frac{u}{\sqrt{\frac{\tau_w}{\varrho}}} = C''_2 + C'''_2 \cdot \log\left(y \cdot \frac{\sqrt{\frac{\tau_w}{\varrho}}}{Z}\right)$$

2. Der Übergang von den Rohrwiderstandsergebnissen auf den Plattenwiderstand.

Der leitende Gedanke für den Übergang von der Rohrströmung zur Strömung längs einer Platte[45]) läßt sich heute wie folgt aussprechen: Fig. 3 gilt als „universale Geschwindigkeitsverteilung in Wandnähe" auch neben der Platte und daher muß bei gleichem Verlauf u(y) auch die Wandschubspannung dieselbe sein; in einem

[45]) s. Prandtl und v. Kármán 1921, l. c. Fußnote 13 und 14. Die in dem zu Fußnote 32 gehörenden Text (S. 15) genannte Annahme, die sich wie gezeigt, bei der Rohrströmung bis nahezu unmittelbar in Rohrmitte als gut zutreffend erwiesen hat, gilt streng für die unbegrenzte Strömung längs einer einzelnen Platte, sodaß eine „Abrundungskorrektur" (s. Fußnote 35) in der beim Rohr erforderlichen Weise nicht nötig ist und die bis in Rohrmitte ohne Korrektur fortgesetzte Geschwindigkeitsverteilung auf die Plattenströmung übertragen werden kann. Daß andererseits bei der Platte diese Verteilung im allgemeinen keinen, wie es in Wirklichkeit der Fall ist, stetigen Anschluß ohne Knick (streng theoretisch jedoch asymptotisch) an die Außenströmung ergibt und auch nicht bis unmittelbar an die Wand fortgesetzt werden darf, ist für Impuls- und Widerstandsbetrachtungen deshalb nicht so wichtig, weil die Grenzschichtdicke δ(x) erst durch die Impulsgleichung (2) oder (5) bezw. (2 a) oder (5 a) „passend" zu der eingeführten Geschwindigkeitsverteilung und dazugehörigen Wandschubspannung bestimmt wird; die völligeren turbulenten Profile dürften bei vernünftiger Wahl der Verteilung u(y) und des zugehörigen τ_w sogar im allgemeinen unempfindlicher gegen eine Beeinflussung des Betrages der Impulsdicke ϑ(x) bzw. der Verdrängungsdicke δ*(x), auf die es in diesem Falle allein ankommt, sein als die laminaren; (s. Fußnote 24 am Ende).

Schnitt $x = \text{const.}$ der Platte (etwa von der Eintrittskante ab gerechnet) erfolgt aber der Anstieg von der (Relativ-) Geschwindigkeit Null an der Wand auf den in einer gewissen endlichen Wandentfernung erreichten Betrag $U(x)$ der ungestörten Potentialströmung in derselben Weise wie in einem Rohr, bei dem in derselben Wandentfernung

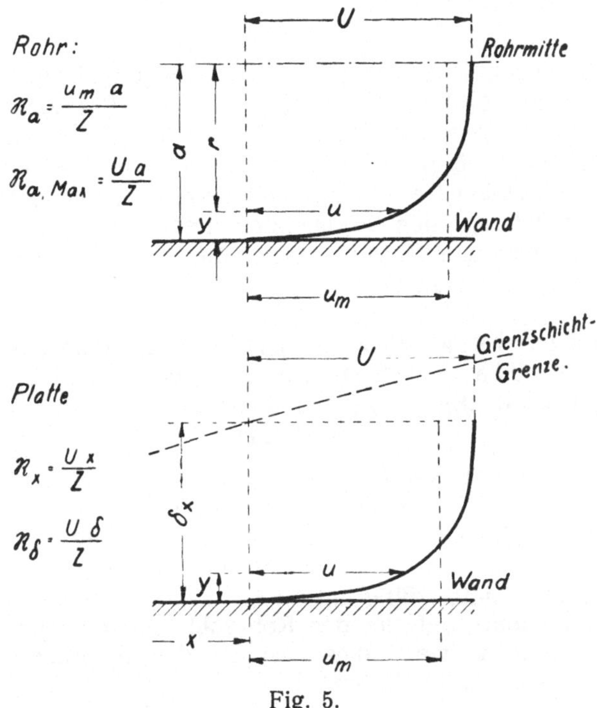

Fig. 5.
Zur Definition von Rohr- und Platten-Reynoldszahl.

die Geschwindigkeit $U(x)$ erreicht wird (s. Fig. 5), also bei passend bestimmter Grenzschichtdicke $\delta(x)$ wie in einem Rohr mit der maximalen Geschwindigkeit $U(x)$ (ohne Korrektur für „Abrundung“, s. Fußnote 45 und 35) und mit dem Radius $a = \delta(x)$. Damit verläuft die Strömung längs der Platte wie in einem Rohr von mit x veränderlichem (wachsendem) Radius $a(x) = \delta(x)$, aber einer gemäß dem Verlauf von $U(x)$ geregelten Maximalgeschwindigkeit, also bei gerader Platte in unbegrenzter Flüssigkeit mit $U(x) = U_0 = \text{const.}$ — Da nun die Reynolds'sche Zahl der Rohrströmung $\mathfrak{R}_a$ auf die mittlere Geschwindigkeit u_m der (rotationssymmetrischen) Rohrströmung bezogen zu werden pflegt ($\mathfrak{R}_a = u_m\, a/Z$), die Reynolds'sche Zahl bei der Platte aber auf die Geschwindigkeit U (Längen-Reynolds-Zahl $\mathfrak{R}_l = \frac{U_0 \,.\, l}{Z}$, Breiten-Reynolds-Zahl $\mathfrak{R}_{\delta(x)} = \frac{U(x) \,.\, \delta(x)}{Z}$), so gibt es an jeder Stelle x einander entsprechende Rohr- und Platten-Reynolds-Zahlen, deren Verhältnis aus der Geschwindigkeitsverteilung folgt[46]):

$$\frac{\mathfrak{R}_{Platte}}{\mathfrak{R}_{Rohr}} = \frac{\dfrac{U(x)\cdot\delta(x)}{Z}}{\dfrac{u(x)_m\cdot a(x)}{Z}} = \frac{\dfrac{U(x)\cdot a(x)}{Z}}{\dfrac{u(x)_m\cdot a(x)}{Z}} = \frac{\mathfrak{R}_{a(x);\,Max.}}{\mathfrak{R}_{a(x)}}.$$

Damit ist alles Wesentliche gesagt und es bleibt nur übrig, entsprechend den drei Entwicklungsstadien der Kenntnis der Rohrströmung (s. o. 1a, b, c), die bei der Platte (zunächst der graden Platte mit $U = U_0 =$ const.; Gl. (2a) bzw. (5a)) durch Einsetzen der für die entsprechende Rohrströmung geltenden Geschwindigkeitsverteilung und Schubspannung in die Impulsgleichung sich ergebenden Resultate mitzuteilen; dabei wollen wir aus den oben (S. 20) angegebenen Gründen das Stadium b) von der Betrachtung ausschließen.

a) Plattenwiderstand bei mittleren Reynolds'schen Zahlen, d. h. die solchen entsprechen, bei denen im Rohr Gl. (7) und (8) genügend genau zutreffen (Stand von 1921).

In diesem Falle hat der Wert von C_2 in (8) die stets gleiche Größe 0,0233.[47]) Es lassen sich sowohl Geschwindigkeitsverteilung wie Schubspannung gemäß (8) ohne Bezugnahme auf eine Reynolds'sche Zahl darstellen, sodaß, solange man diese Gesetzmäßigkeiten noch als einheitlich und stets gültig ansah (erstes Entwicklungsstadium), auch eine Bezugnahme auf die der Rohrzahl „entsprechende" Platten-Reynolds-Zahl unnötig war; diese ist in diesem Falle einfach ein stets gleiches Vielfaches der Rohrzahl.[46])

Führt man das Siebentelpotenzgesetz und die Wandschubspannung gemäß (8) in (2a) ein, so erhält man:

$$\left\{\begin{aligned} &\delta_{(x)} = 0{,}3815\cdot x\cdot(\mathfrak{R}_x)^{-1/5} \text{ mit } \mathfrak{R}_x = \frac{U_0\cdot x}{Z} \text{ und wie in (6)}\\ &\qquad\qquad \text{mit } \mathfrak{R}_l = \frac{U_0\cdot l}{Z}: \\ &c_{w_R} = 0{,}074\cdot(\mathfrak{R}_l)^{-1/5} = 0{,}05815\cdot(\mathfrak{R}_{\delta_l})^{-1/4} \end{aligned}\right. \tag{14}$$

für eine Platte von der Länge l. Wie man aus Fig. 6 ersieht, deckt

[46]) Näheres hierüber: a) in grundsätzlicher Hinsicht und spez. auf die „Potenzgesetze" zugeschnitten s. bei Eisner: Schiffbau 1930 l. c. Fußnote 36 (man beachte die in der Fußnote ausgesprochenen Einschränkungen); b) unter Anwendung graphisch-numerischer Auswertung auf empirisch erhaltene Daten s. bei: Schiller-Hermann 1930 l. c. Ing. Arch. I.

[47]) Ohne „Mittenkorrektur"; Kármán l. c. 1921 errechnet unter Ausrundung des Geschwindigkeitsprofiles in Rohrmitte: 0,0225 und behält diesen Wert für die Plattenrechnung bei; Prandtl l. c. 1921 scheint mit 0,0233 gerechnet zu haben.

diese Beziehung gut die W i e s e l s b e r g e r'schen[48]) Versuchsergebnisse; die noch von der laminaren Anlaufzone (s. unten, γ) beeinflußten G e b e r s'schen[49]) Werte nähern sich für größere Reynolds'sche Zahlen bzw. Plattenlängen, bei denen der Anlaufzoneneffekt relativ immer geringer wird, dem durch (14) angegebenen Verlauf.

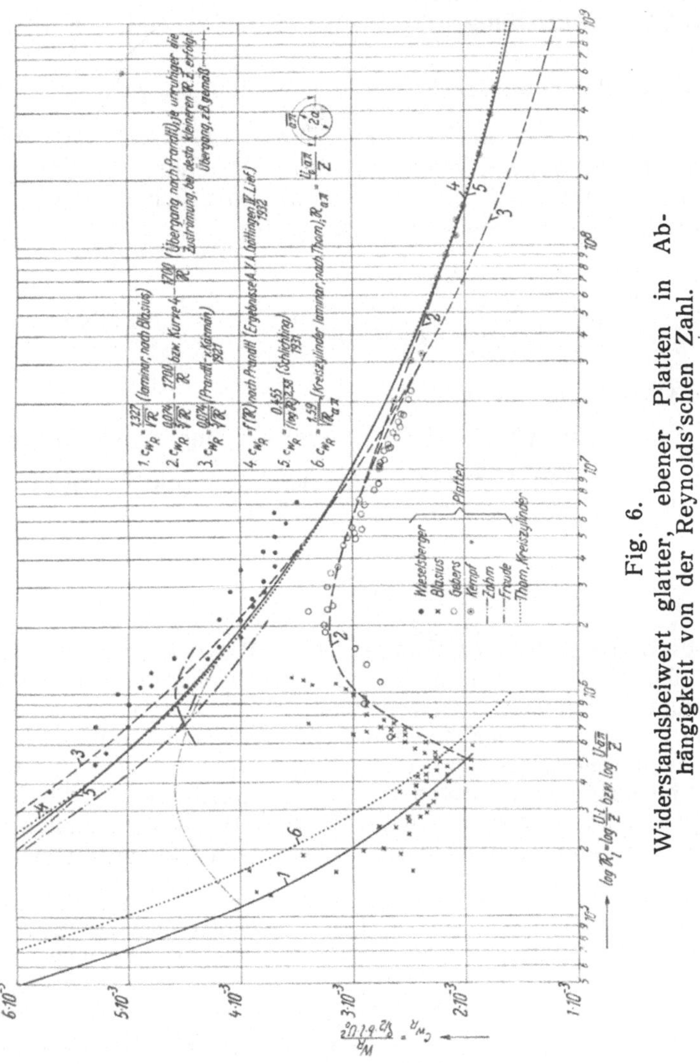

Fig. 6. Widerstandsbeiwert glatter, ebener Platten in Abhängigkeit von der Reynolds'schen Zahl.

[48]) s. Ergebnisse A.V.A. Göttingen III. Lieferung.

[49]) s. „Beitrag z. exper. Ermittl. d. Wasserwiderstandes gegen bewegte Körper“, Schiffbau 1908 u. „Das Ähnl. Gesetz f. d. Flächenwiderstand gradlinig fortbewegter politierter Platten“ ebenda 1921 (Versuche v. 1904 u. 1916); s. auch P e r r i n g: „Some Experiments Upon the Skin Friction of Smooth Surfaces“, Trans. Nav. Arch. 1926; vergl. ferner Fußnote 33.

c) Plattenwiderstand bei hohen Reynolds'schen Zahlen (Stand 1932).

Durch Anwendung ihrer empirisch gefundenen Formel (9) unter Hinzunahme der ebenfalls aus Versuchen ermittelten „Potenzen μ der Geschwindigkeitsverteilung $\left(\frac{u}{U}\right) = \left(\frac{y}{a}\right)^{\frac{1}{2\mu - 1}}$" und des Verhältnisses $\frac{u_m}{U}$ in Abhängigkeit von der Reynolds'schen Zahl $\Re_a$ gelangten Schiller und Hermann 1930 in ihrer in Fußnote 36 genannten Arbeit auf graphisch rechnerischem Wege zu einer Beziehung zwischen Platten- und Rohr-Reynolds-Zahl und zu einem Ausdruck für den örtlichen (spezifischen) Widerstandsbeiwert, d. h. für

$$c'_{w_R} = \frac{dW_R}{\gamma \frac{U^2}{2g} \cdot d\Omega} = c_{w_R} + (\Re_x) \cdot \frac{d\, c_{w_R}}{d\,(\Re_x)}$$

mit Ω = Oberfläche; sie erhielten:

(15) $c'_{w_R} = 0{,}0206 \cdot (\Re_x)^{-0{,}1294}$, woraus man durch Integration für eine von x = 0 an turbulente Strömung mit einer von Prandtl, „Abriß" 1931, S. 139 angegebenen Konstanten unter leichter Abrundung erhält:

$$c_{w_R} = 0{,}024 \cdot \Re^{-0{,}13} + \frac{850}{\Re} \tag{15a}$$

Die Einführung der Beziehungen (11) oder (12) für die Geschwindigkeitsverteilung und von (13) für die Schubspannung in die Gl. (2a) bietet grundsätzlich keine Schwierigkeiten, die Durchführung der Rechnung gestaltet sich aber umständlich. Es macht einige Mühe, τ_w und u voneinander zu trennen; dies gelingt nur durch eine Parameterdarstellung, die ausgehend entweder von dem Ausdruck für die Geschwindigkeit (Prandtl) oder von dem für den Widerstandsbeiwert (Kármán) unternommen werden kann.[50]) Im ersten Fall ergibt sich für die

[50]) s. Prandtl: „Zur turbulenten Strömung in Röhren und längs Platten", Erg. A.V.A. Göttingen IV. Lief., erscheint demnächst (vergl. Fußnote 43). Die Rechnung ist hier zunächst allgemein für einen beliebigen Zusammenhang $\frac{u}{\sqrt{\frac{\tau_w}{\varrho}}} = \varphi\left(\frac{y \cdot \sqrt{\frac{\tau_w}{\varrho}}}{Z}\right)$ durchgeführt und dann spez. für Fall der Gl. (12) ausgewertet worden. — v. Kármán: „Mech. Ähnlichkeit und Turbulenz", Verh. III. Intern. Kongr. f. Techn. Mech. Stockholm 1930 (erschienen 1931), Bd. 1, S. 85; leider ist hier nicht näher mitgeteilt, wie die Zahlenwerte gefunden wurden (offenbar durch Anpassung der „Rinnenformel" an Meßergebnisse).

Durchführung noch eine weitere Schwierigkeit, die durch den Kunstgriff überwunden werden kann, Formel (12) in der angegebenen zweiten Fassung anzuschreiben; dem (natürlichen) Logarithmus ist eine „Eins hinzugefügt, die numerisch in dem in Betracht kommenden Bereich praktisch nichts ändert, aber für die Integrationen Vorteile bietet“ (Prandtl, l. c.). Prandtl wählt zunächst $\frac{\delta_{(x)} \cdot \sqrt{\frac{\tau_w}{\varrho}}}{Z}$,

nach der Integration über die Plattenlänge: $\frac{\delta_l \cdot \sqrt{\frac{\tau_w}{\varrho}}}{Z}$

bzw. $\zeta_p = 1 + b \cdot \left(\frac{\delta_l \cdot \sqrt{\frac{\tau_w}{\varrho}}}{Z}\right)$ als Parameter und erhält:

$$\left\{\begin{aligned} \Re_l &= a^3 \left(\ln^2 \zeta_p - 2 \cdot \ln \zeta_p + 2 - \frac{2}{\zeta_p}\right) \qquad (16a) \\ c_{w_R} &= \frac{2 \cdot a/b\,[\zeta_p + 1 - 2 \cdot (\zeta_p - 1)/\ln \zeta_p]}{\frac{a^3}{b}(\zeta_p \cdot \ln^2 \zeta_p - 4a \cdot \ln \zeta_p - 2 \ln \zeta_p + 6\,\zeta_p - 6) + K_{\text{anlauf}}}. \end{aligned}\right.$$

Numerische Auswertung und Auftragung (wegen der näheren Diskussion muß auf die Quelle verwiesen werden) zeigt, daß es für praktische Zwecke vollkommen ausreicht, eine Näherungsformel zu benutzen, die nach Schlichting lautet: $c_w = \frac{0{,}455}{(\log \Re_l)^{2{,}58}}$ (16b)

und zwischen $\Re_l = 10^6$ bis 10^9 ohne größeren Fehler gilt.

v. Kármán verwendet $\zeta_K = \frac{2\,k}{\sqrt{\lambda_{a;\,\text{Max}}}}$ als Parameter und erhält mit dem aus (11) stammenden C':

$$\left.\begin{aligned} \Re_l &= \frac{5 \cdot e^{-C'}}{6 k^3 \sqrt{2}} \cdot (\zeta_K)^2 \cdot e^{\zeta_K} \left[1 - \frac{58}{15} \cdot \frac{1}{\zeta_K} + \frac{86}{15} \cdot \frac{1}{(\zeta_K)^2}\right] \\ c_{w_R} &= \frac{2\,k^2}{(\zeta_K)^2} \cdot \frac{1 - \frac{28}{15} \cdot \frac{1}{\zeta_K}}{1 - \frac{58}{15} \cdot \frac{1}{\zeta_K} + \frac{86}{15} \cdot \frac{1}{(\zeta_K)^2}}. \end{aligned}\right\} \qquad (16c)$$

Beschreibt man die mit den Ausgangsgleichungen darzustellenden Rohrergebnisse zahlenmäßig in geeigneter Weise, so erhält man auch für die Platte ausgezeichnete Übereinstimmung der Formelergebnisse mit den Kempf'schen Versuchen (s. Fig. 6). Die Abweichung von der Geraden nach (14) liegt in demselben Sinne wie beim Rohr die Abweichung der Formeln (9) und (13) von der Geraden gemäß (7).

γ) Übergang von laminarer zu turbulenter Grenzschicht.

Die unter α) betrachtete laminare Grenzschicht geht, wie Versuche insbesondere von Burgers und van der Hegge-Zyinen und von Hansen[51]) gezeigt haben, etwa bei Reynolds'schen Zahlen von der Größenordnung $\mathfrak{R}_l$ rd. 10^5 bis $5 . 10^5$ je nach der in der ankommenden Strömung vorhandenen Unruhe in den turbulenten Zustand über; die diesem $\mathfrak{R}_l$ entsprechende Breiten-Reynolds-Zahl $\mathfrak{R}_{\delta_l}$ hat dann etwa die Größenordnung der entsprechenden kritischen Rohr-Reynolds-Zahl. Die unter β) angegebenen Formeln gelten zunächst unter Voraussetzung einer von der Vorderkante der Platte (x = O) an turbulenten Strömung. Zur Berücksichtigung des laminaren Anlaufzoneneffektes hat Prandtl 1921 von den Werten c_{w_R} gemäß Formel (14) den Abzug $\frac{1700}{\mathfrak{R}_l}$ vorgeschlagen, wobei die Konstante nach der bei den Gebers'schen Versuchen mit im Wassertank gezogenen, zugeschärften Platten kaum vorhandenen (relativen) Zustromstörung bemessen wurde und gegebenenfalls abzuändern ist. Die Ergebnisse A.V.A. Göttingen, IV (s. Fußnote 43 und 50) enthalten ausführlichere Angaben über die in (16a) für K_{anlauf} einzuführenden Beziehungen; „will man" — für praktische Zwecke — „den laminaren Anlauf berücksichtigen, was natürlich nur bei kleineren Reynolds'schen Zahlen nötig ist, so kann man genügend genau gemäß der in der III. Lieferung gegebenen Darstellung für c_{w_R} nach Gl. (16b)" — oder auch (14), (15), (16) — „den Betrag von $\frac{1700}{\mathfrak{R}}$ abziehen" (zitiert aus der IV. Lieferung).

δ) Zusammenfassung.

Fig. 6 zeigt, was heute über den Reibungswiderstand dünner ebener, glatter längs angeströmter Platten in unbegrenztem Medium bekannt ist.

C. Die Gründe für das Abweichen des Reibungswiderstandes glatter Körper von dem gleichflächiger, gleich langer, ebener Rechteck-Platten.

(Formbeeinflussung des Reibungswiderstandes.)

α) Allgemeines.

Der Verlauf der Strömung neben einem verdrängenden Körper weicht in mehrfacher Hinsicht von dem Strömungsverlauf neben einer

[51]) s. l. c. l. c. Fußnote 27 und 28.

ebenen, dünnen Platte von gleicher Länge und gleich großer Oberfläche ab. Man ist daher nicht berechtigt, wie vielfach üblich, den Reibungswiderstand des Körpers dem einer zweidimensional angeströmten gleich langen, gleichflächigen ebenen Rechteckplatte in unbegrenztem Medium gleichzusetzen. Es bestehen im wesentlichen folgende Unterschiede:[52]

1) Die Außenströmung (außerhalb der Grenzschicht) besitzt beim umströmten Körper längs der Grenzschichtgrenze nicht mehr überall die unveränderlichen Werte U_0, p_0 usw. der ungestörten Anströmung. Im allgemeinen zeigt schon die Potential- = Verdrängungsströmung um den Körper (über die Abänderung infolge ev. „Ablösung" der Grenzschicht s. unter 2) am Vor- und Hinterende Gebiete verringerter Geschwindigkeit mit entsprechendem Überdruck (vorderer Staupunkt, mehr oder minder vollkommener Druckwiederanstieg hinten) und Übergeschwindigkeiten mit verringertem Druck in dem dazwischen liegenden Bereich. Die Druckänderung $\frac{\partial p}{\partial s}$ längs der Stromlinien in Wandungsnähe und der örtliche Betrag der Außengeschwindigkeit an der Grenzschichtgrenze U ist auf den Anstieg der Geschwindigkeit in der Grenzschicht normal zur Oberfläche, u (n), von Null auf U von starkem Einfluß; wir werden versuchen, aus diesen Bestimmungsstücken und, wie bisher, aus der örtlichen Grenzschichtdicke (etwa Impulsdicke ϑ oder Verdrängungsdicke δ^*) „Formparameter" für das Geschwindigkeitsprofil zu ermitteln. Für den Verlauf der Grenzschichtdicke und der Geschwindigkeitsprofilform längs der Wand können, selbst im ebenen Fall z. B. eines Ruderblattes, nicht mehr die Vereinfachungen gemacht werden, die zu (2a) und (5a) führten. Die einzelnen Flächenelemente tragen infolge der örtlich wechselnden Reibungskräfte (Geschwindigkeitsanstiege) in verschiedener und jedenfalls anderer Weise als bei der Platte zum gesamten Reibungswiderstand bei. Das kann sich je nach den Verhältnissen örtlich in erhöhendem oder abschwächendem Sinne auswirken, wobei auch die Richtung des Flächenelementes zur Fahrtrichtung zu beachten ist; doch überwiegt vielfach das Gebiet der Übergeschwindigkeiten und gibt eine Erhöhung gegenüber dem Plattenwiderstand. Mit dem Druckwiederanstieg (Körperform) und der Grenzschichtenergie steht im engsten Zusammenhange das nur bei ganz schlanken Körpern fehlende Auftreten der

2) Grenzschichtablösung. Eine solche ändert den gesamten Strömungs- und Druckverlauf und beeinflußt auch schon den bis zur Ablösungsstelle auftretenden Reibungswiderstand stark und in rechnerisch bisher so wenig zu übersehender Weise, daß demgegenüber dessen genauere rechnerische Ermittlung auf Grund der reinen Potentialströmung (die als in Wirklichkeit dreidimensionale Strömung meist gar nicht streng ermittelt werden kann) vielfach nur theoretisches

[52]) Seine ursprüngliche, nicht ganz so umfassende Einteilung konnte Verf. auf Grund der Einsichtnahme in eine unter Prof. Horn entstandene Dissertation ergänzen bezw. verschärfen.

Interesse hat;[53]) man muß der Rechnung, um einigermaßen zutreffende Ergebnisse zu erhalten, die gemessene Druck- und Außengeschwindigkeitsverteilung zugrunde legen und kann zuverlässig überhaupt nur bis zur Stelle der Ablösung rechnen; wegen der Verhältnisse hinter der Ablösungsstelle s. Fußnote 5. Die „wirksame" Oberfläche ist jedenfalls dadurch wesentlich abgeändert (verkleinert). Die Platte von gleicher Gesamtoberfläche und gleichbleibender Außengeschwindigkeit an jeder Stelle als „Ersatzkörper" gestattet in keiner Weise, diese Verhältnisse zu beschreiben; doch können sich Einflüsse entgegengesetzter Richtung zuweilen gerade aufheben. Es ist in jedem Falle wichtig festzustellen, ob und, wenn möglich, wo Ablösung eintritt. — Dieser Einfluß wird im allgemeinen den Reibungswiderstand vermindern, die dabei auftretende Ablösung ergibt aber dafür einen Ablösungs- = Druckwiderstand.

3.) Die Flächengröße ist längs des Schiffes anders verteilt als bei der rechteckigen gleich langen Platte gleichen Flächeninhaltes; da ein hinteres Flächenelement von einer durch das Vorbeiströmen an allen weiter vorn gelegenen Flächenelementen schon beeinflußten Strömung bestrichen wird, gibt dies einen Unterschied,[54]) der zu dem Einfluß der Geschwindigkeitsverteilung der Außenströmung längs des Körpers, also ebenfalls einer Ungleichwertigkeit der einzelnen Flächenelemente bezgl. des Reibungswiderstandes, hinzukommt. Dieser Einfluß wirkt meist auf geringe Erhöhung des Reibungswiderstandes.

4.) Eine Krümmung der Oberfläche (Näheres s. u.) wirkt bei nach außen konvexer Krümmung schon aus Kontinuitätsgründen auf Auseinanderziehung (Verdünnung) der Grenzschicht, also auf Widerstandserhöhung[55]) (bei konkaver Krümmung umgekehrt); ferner

5.) wirkt sie stabilisierend,[55]) also gegebenenfalls die Übergangsstelle von laminarer zu turbulenter Grenzschichtströmung hinausschiebend. In jedem Falle hemmt sie den Impulsaustausch, da die wandferneren Teile die schnelleren sind und daher stärkerer Zentrifugalwirkung unterliegen (konkav umgekehrt).

---

[53]) Doch läßt sich vielfach schon auf Grund der Potentialströmung entscheiden, ob Neigung zu Ablösung vorhanden ist oder nicht.

[54]) Jones: „Skin Friction and Drag of Streamline Bodies", Rep. & Mem. Nr. 1199, 1928, nähert mit einer Platte „entsprechender" Flächenverteilung über die Länge hin, aber mit konstanter Außengeschwindigkeit die Verhältnisse bei seinem Umdrehungskörper an, Dryden & Kuethe: „Effect of Turbulence in Windtunnel Measurements", Nat. Adv. Comm. for Aeronautics Nr. 342, 1930 gehen noch einen Schritt weiter und ändern auch U längs ihrer „Ersatzplatte".

[55]) s. Prandtl-Telfer l. c. Fußnote 1; ferner Prandtl: „Einfluß stabilisierender Kräfte auf die Turbulenz", Aachener Vorträge 1929 über Aerodynamik und verwandte Gebiete, Berlin 1930, S. 1; Betz: „Über turbulente Reibungsschichten an gekrümmten Wänden", ebenda S. 10; Wilcken: „Turbulente Grenzschichten an gewölbten Flächen", Ing.-Arch. I, 1930, S. 357.

6.) Die räumliche Strömung, insbesondere im Vor- und Hinterschiff eines schiffsähnlichen Körpers (sog. Sentenströmung), bewirkt hier, daß die Stromfäden vielfach nicht den kürzesten Weg nehmen, (wie sie dies bei der Maier-Form tun sollen); diese Stromfadenverlängerung wirkt nicht notwendig auf Widerstandserhöhung.

7.) Die Schiffswellen wirken in dreifacher Weise:

a) durch Änderung der benetzten Oberfläche

b) durch örtliche Geschwindigkeitsänderungen infolge der Orbitalbewegung (Mehrgeschwindigkeit im Tal, Mindergeschwindigkeit im Berg)

c) durch Wellung, also Verlängerung der Stromfäden.

Die näheren Ausführungen erfolgen zweckmäßig in 2 Stufen:

β) Zylindrische Körper, die in ebener Strömung quer zur Erzeugenden angeströmt werden (z. B. Ruderprofile); nur Längskrümmung.

Die Impulsgleichung (2) bzw. (5), eine totale Differentialgleichung, die aber viel komplizierter ist als (2a) bzw. (5a), gilt auch hier, sofern man x krummlinig längs und äquidistant zur Oberfläche und y normal dazu rechnet.[56])

1. Laminare Grenzschicht.

Auf die hier vorliegenden strengen Lösungsversuche von Blasius, Hiemenz und neuerdings Thom und Green,[57]) die meist die Strömung um einen Kreiszylinder betreffen und (mit Ausnahme von Thom) weniger den Widerstand, als vor allem die Ablösungsstelle zu

---

56) Ableitung s. z. B. in Lamb: Hydrodynamik, Deutsche Ausgabe von 1931, Zusatz von R. v. Mises, S. 845 ff.

57) s. Blasius: „Grenzschichten in Flüssigkeiten mit kleiner Reibung", Zeitschr. f. Math. u. Phys. 1908, S. 1; Hiemenz: „Die Grenzschicht an einem in den gleichförmigen Flüssigkeitsstrom eingetauchten Kreiszylinder", Dingler's Polyt. Journ. 326, 1911, S. 321; Thom: The Boundary Layer of the Front Part of a Cylinder", Rep. u. Mem. Nr. 1176, 1928 und Nr. 1194, 1929, London; auf Grund experimenteller Unterlagen wird hier im Vorderteil u/U nur als Funktion von y angesetzt und v . du/dy vernachlässigt. Es ergibt sich gute Übereinstimmung zwischen Messung und Rechnung, bis zu Winkeln $\Theta = 60^0$.

$\frac{\tau_w}{\frac{\varrho U_0^2}{2}}$ wird in diesem Bereich

bestimmen suchen, sei an dieser Stelle nur verwiesen. Experimente liegen von Hiemenz l. c., Fage und Linke[58]) vor.

2. Turbulente Grenzschicht.

Ohne in der Nähe der gekrümmten Körperwandung oder in besonders geformten Konusdüsen sorgfältige Druck- und Geschwindigkeits- (bzw. statische und Gesamtdruck-) messungen zu Hilfe zu nehmen, die unter Berücksichtigung der Fadenkrümmung ausgewertet werden müssen, kann heute noch keinerlei Aussage z. B. über das Geschwindigkeitsprofil an der Wand gemacht werden.[59]) Eine aufschlußreiche, sorgfältige

---

$$= \sqrt{\frac{1}{\mathfrak{R}_{2a}} \cdot \psi \left[\frac{p - p_0}{\frac{\varrho\, U_0^2}{2}};\ \frac{\partial \left(\frac{p - p_0}{\frac{\varrho \cdot U_0^2}{2}}\right)}{\partial \Theta};\ \frac{\partial^2 \left(\frac{p - p_0}{\frac{\varrho \cdot U_0^2}{2}}\right)}{\partial \Theta^2} \right]};$$

mit experimentellen Daten zwischen $\Theta = 60$ bis 90^0 und einer Abschätzung für die Rückseite wird c_{w_R} bezogen auf die Oberfläche $2\pi a l$ (s. Fig. 6):

$$c_{w_R} = \frac{4}{\pi} \cdot \frac{1}{\sqrt{\mathfrak{R}_{2a}}},\ \text{also} = 1{,}59 \,/\, \sqrt{\mathfrak{R}_{a\pi}}$$

(oben, S. 14 erhielt Blasius für die Platte $1{,}327/\sqrt{\mathfrak{R}_l}$); inwieweit sich diese Lösung mit der für die Strömung in einer geradlinigen Konusdüse als verwandt erweist (U (x) prop. $^1/_x$), darauf kann hier nicht eingegangen werden (vgl. z. B. Tollmien: Hdb. Exp. Phys. (Wien und Harms) IV, 1 S. 266; s. ferner Green: „The Viscous Layer Associated With a Circular Cylinder", Phil. Mag. London XII Nr. 75, p. 1—41, 1931; diese Ergebnisse sind in Fig. 9 zum Vergleich mit eingetragen worden (s. u. S. 43).

[58]) s. Fage: „The Airflow Around a Circular Cylinder . . . ." Phil. Mag. 7, 1929, S. 253; noch bei $U_0 . a/Z \sim 1{,}5 . 10^5$ war in der Gegend von $\Theta = 50^0$ die Grenzschicht laminar; — s. Linke: „Neue Messungen zur Aerodynamik des Zylinders, insbesondere seines reinen Reibungswiderstandes", Phys. Z. XXXII, 1931, S. 900; die Arbeit bringt auch gute Messungen über Geschwindigkeits- und Druckverteilung in verschiedenen Abständen hinter dem Zylinder (Windschatten- und Kielwasserverlauf).

[59]) Es kann nur als eine allererste Näherung für kurze Streben oder Flügelprofile ohne wesentliche Ablösung, bei mittleren Reynolds'schen Zahlen und von vorn ab gesicherter turbulenter Strömung angesehen werden, wenn auch hier als Geschwindigkeitsverteilung das Siebentelpotenzgesetz (oder ein anderes „Potenzgesetz" mit „entsprechender" Schubkraft- = d. h. $\lambda - \mathfrak{R}$ = Beziehung (einheitlich gradlinig) gemäß Fig. 2) unverändert, und ohne sich um eine Änderung dieses Profilcharakters längs des Körpers durch den äußeren Druckverlauf zu kümmern, angesetzt wird (s. Horst-Müller: „Der Reibungswiderstand umströmter Körper", Werft, Reederei, Hafen 1932, S. 54; Cuno: „Experimentelle Untersuchungen der Grenzschichtdicke und Verlauf längs eines Flügelschnittes" (Messung im Fluge), Z. F. M. 1932, S. 189 glaubt die H. Müller'sche Rechnung durch Messung bestätigt zu

und mit Vorsicht ausgewertete Versuchsreihe liegt seit kurzem vor: Gruschwitz[60]) maß zunächst an der Saugseite eines Tragflügels (Göttingen Nr. 387) das Gesamtdruck- und Geschwindigkeitsfeld und den statischen Druck an der Wand; er berechnete hieraus das ganze Stromlinien- und Schubspannungsfeld unter Berücksichtigung der Krümmung der Stromlinien. Ferner untersuchte er mit einer auf einen Vorschlag von Peters zurückgehenden Anordnung die Strömung an einer geraden Windkanalwand, der aber durch bestimmte Formung der gegenüberliegenden Wand ein gewünschter Druckverlauf aufgezwungen werden konnte (s. Fig. 8); durch Anordnung von Absaugespalten war dafür Sorge getragen, daß einmal die Strömung vorn an der Meßplatte unbeeinflußt begann und daß ferner zwischen beiden Wänden und den ihnen anliegenden Reibungsschichten stets eine von den Rändern nicht beeinflußte Potential-Zwischenströmung vorhanden war. Aus den Geschwindigkeitsprofilen, von denen wir die aus Meßreihe 3 in Fig. 8 wiedergeben, ersieht man hier ohne weiteres, daß man deren Form

---

haben, s. Fig. 7. Wir haben hier darzustellen versucht, daß diese Rech-

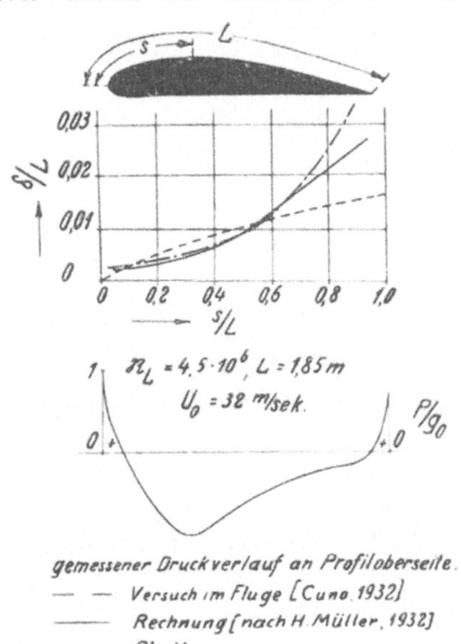

Fig. 7.
Grenzschichtverlauf an der Saugseite eines Tragflächenprofils nach Messung und Rechnung, verglichen mit dem Grenzschichtverlauf an gleich langer Platte. (Turbulente Grenzschichten.)

nung von der für die Platte jedenfalls im richtigen Sinne Abweichungen bringt und, wenn obige Voraussetzungen erfüllt sind, schon einigermaßen brauchbare, erste Näherungswerte geben kann. In anderen Fällen, insbesondere für längere Körper, dürfte sie aber sicher versagen, da die eingeführten Annahmen allzu wenig verfeinert sind.

[60]) „Die turbulente Reibungsschicht in ebener Strömung bei Druckabfall und Druckanstieg", Ingenieurarchiv II, 1931, S. 321.

keinesfalls einheitlich beschreiben und die Absolutgröße allein mit Hilfe des aus der Impulsgleichung zu ermittelnden Wertes der Grenzschichtdicke (δ bzw. ϑ bzw. δ^*) als einzigem Parameter festlegen kann, wie in

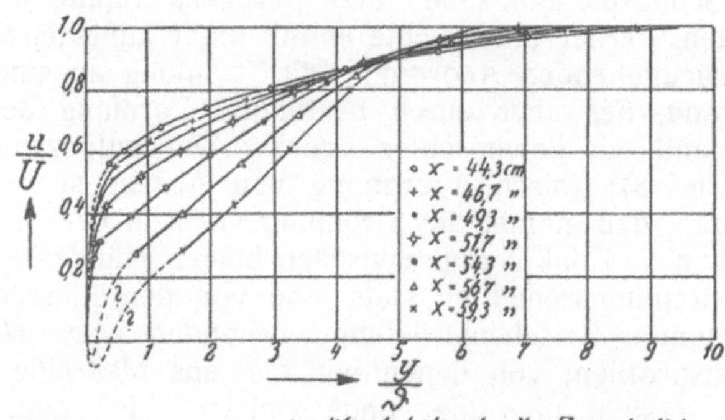

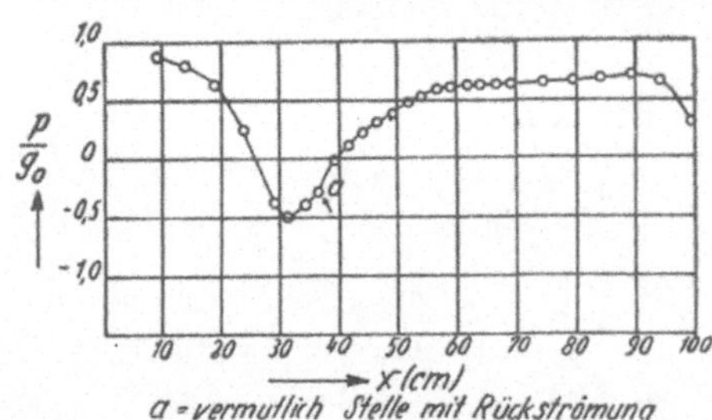

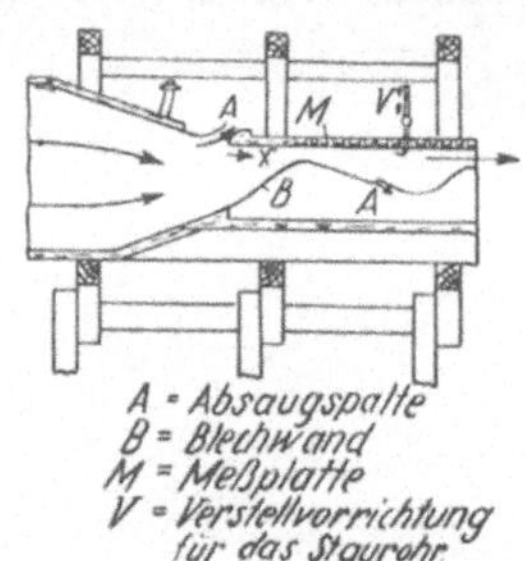

Fig. 8.
Messungen von Gruschwitz 1931.

Abschnitt B). Gruschwitz glaubt, mit einem weiteren Formparameter: $\eta = 1 - \left[\frac{u_{y=\vartheta}}{U}\right]^2$ die von ihm erhaltenen Geschwindigkeitsprofile bis in die Gegend der Ablösungsstelle der Grenzschicht von der Wand beschreiben zu können und setzt η (x) als Funktion an: von der Grenzschichtdicke (Impulsdicke) ϑ (x), der Außengeschwindigkeit U (x) bzw. von $q(x) = \varrho \frac{U^2(x)}{2}$, dem (Gesamt-) Druckgefälle $\frac{d(g_{y=\vartheta})}{dx}$ und der Reynolds'schen Zahl $\Re_\vartheta = U(x) \cdot \vartheta(x)/Z$, die er allerdings auf Grund seiner Experimente hier als ohne merklichen Einfluß ansieht. Aus Dimensionsgründen wird

$$\eta = f\left[\frac{\vartheta}{q} \cdot \frac{d(g_{y=\vartheta})}{dx};\ \frac{U(x) \cdot \vartheta(x)}{Z}\right],$$

wobei der erste Ausdruck als ein „dimensionslos gemachtes" Druckgefälle (vgl. S. 15) aufzufassen ist.

Tollmien[61]) empfiehlt, $\frac{(dp/dx)\cdot\vartheta}{\mu\cdot U/\vartheta} = \frac{\Re_\vartheta}{2}\cdot\frac{dp}{dx}\cdot\frac{\vartheta}{q}$ zu wählen,

während Buri[62]) $\frac{\vartheta}{\tau_w}\cdot\frac{dp}{dx}$ benutzt. Es ist nun außerordentlich beachtenswert, daß Gruschwitz aus seinen Messungen keine Abhängigkeit von $\Re$ und eine einfache lineare Beziehung zwischen

$$\eta \text{ und } \frac{\vartheta}{q}\cdot\frac{d(g_{y=\vartheta})}{d\,x}$$

erhält, die er dann als zweite (empirische) Gleichung neben (5) benutzt, um durch eine Näherungslösung der beiden simultanen Gleichungen seine Grenzschichtdicke auch rechnerisch zu verfolgen, bzw. die Ablösungsstelle zu bestimmen; dies gelingt ihm mit gutem Erfolg.

Da aber weitere derartige Versuchsreihen heute noch nicht vorliegen, wäre es vorerst zum mindesten gewagt, zu behaupten, daß der gefundenen linearen Beziehung allgemeinerer gesetzmäßiger Charakter zukommt; an jeder theoretischen oder praktischen tieferen Begründung dafür fehlt es bisher und es ist, auch abgesehen von der formalen Gestaltung der Beziehung, nicht recht einzusehen, weshalb gerade im Wandabstand $y = \vartheta$ das hier herrschende Gesamtdruckgefälle und das Verhältnis $\frac{u_{y=\vartheta}}{U}$ maßgebend sein soll. Nach den oben erwähnten Rechnungen und Messungen von Thom (l. c. Fußnote 57 und 58) scheint auch die zweite Ableitung des Druckes längs der Wand nicht ohne Einfluß zu sein. Ist es also noch eine offene Frage, ob man überhaupt für den beabsichtigten Zweck mit nur einem Formparameter η (neben ϑ) auskommt, und weiter, ob dieser die gefundene einfache lineare Abhängigkeit vom dimensionslosen Druckgradienten besitzt, so ist doch ein wesentlicher Schritt vorwärts getan. Für den weiteren Fortschritt sind erstens weitere sorgfältige Versuche ähnlicher Art bei ähnlicher Auswertung erforderlich, zweitens kann aber auch die reine Rechnung (auch ohne sich zunächst um die natürlich sehr erwünschte Klärung des grundlegenden physikalischen Zusammenhanges zu bekümmern) rein heuristisch Lösungen mit anderen als einfach linearen

---

[61]) s. Hdb. d. Exp. Phys. (Wien und Harms) IV, 1, S. 284.

[62]) „Eine Berechnungsgrundlage für die turbulente Grenzschicht bei beschleunigter und verzögerter Grundströmung", Diss. Zürich 1931; vergl. hierzu die Bemerkung v. Gruschwitz l. c. S. 342, Fußnote 2.

Abhängigkeiten versuchen[63]) und am Ergebnis ihre physikalische Wahrscheinlichkeit diskutieren.

Soweit heute durchgerechnete Beispiele vorliegen, scheint sich für den zylindrischen Körper (zweidimensionaler Fall) bei den üblichen schlanken Formen ein bis zu 10 bis 20% (im Mittel etwa 15%) größerer Reibungswiderstand ergeben zu können als für die gleich lange, dünne ebene Platte.

3. Turbulenzübergang, Lage der Ablösungsstelle.

Hier werde Gruschwitz (l. c. S. 345 und 346) wörtlich zitiert: „Eine Abhängigkeit der kritischen Reynolds'schen Zahlen von der für das Druckgefälle charakteristischen dimensionslosen Zahl $\frac{\vartheta}{q} \cdot \frac{dp}{dx}$, die man vermuten könnte, ließ sich nicht feststellen. Eine Abhängigkeit der Reibungsschicht von der mit einer bestimmten Länge des beströmten Körpers und der Anströmgeschwindigkeit gebildeten Reynolds'schen Zahl besteht also nur insofern, als sich die Stelle des Turbulenzüberganges und der Wert von ϑ an dieser Stelle ändert. Im allgemeinen wird der Turbulenzübergang mit wachsender Reynolds'scher Zahl nach vorn wandern, während der zugehörige Wert von ϑ entsprechend dem Verhalten der laminaren Grenzschicht mit wachsender Reynolds'scher Zahl relativ kleiner wird. Findet der Turbulenzübergang z. B. an einem Tragflügel auf der Saugseite hinter dem Druckminimum statt, so werden beide Einflüsse einander entgegen wirken. Wenn die (— Turbulenz der[64]) —) Reibungsschicht weiter vorn beginnt, hat diese auch einen größeren Druckanstieg zu überwinden und wird daher eher in Gefahr kommen, sich abzulösen. Der Beginn mit einem relativ kleineren Wert von ϑ begünstigt indessen längeres Anliegen . . . Bei den Messungen am Tragflügel zeigt sich denn auch, daß sowohl die Übergangsstelle wie auch die Ablösungsstelle mit wachsender Reynolds'scher Zahl nach vorn rücken. Bei weiterem Anwachsen der Reynolds'schen Zahl muß schließlich die Übergangsstelle in das Druckminimum fallen, und es ist nach den bei den Messungen am Gebläse" (— Platte mit aufgezwungenem Druckverlauf —) „gemachten Erfahrungen kaum anzunehmen, daß

[63]) Diese Aufgabe erscheint auch rein mathematisch nicht ohne Reiz. Da im Druckgefälle (vor der Ablösungsstelle) gemäß dem Bernoulli'schen Theorem die Körperform ihren Ausdruck findet, so könnte man in Weiterverfolgung dieses rein theoretischen Weges, ähnlich wie bei gewissen modernen Fragestellungen der Theorie des Schiffswellenwiderstandes (vergl. Weinblum: „Schiffe geringsten Widerstandes", Verhandl. d. III. Intern. Kongr. f. Techn. Mech. Stockholm 1930, Bd. I, S. 449, erschienen 1931) Körperformen geringsten Reibungswiderstandes (— bis zur Ablösungsstelle!) suchen; doch dürfte die Durchführung dieser „grauen" Theorie durch die Tatsache der Ablösung (höherer Druckwiderstand) sich als ziemlich zwecklos erweisen.

[64]) Diese zwei Worte stehen bei Gruschwitz nicht.

selbst bei ziemlich großen Reynolds'schen Zahlen die Übergangsstelle vor das Druckminimum wandert. Sie bliebe also dann an dieser Stelle und es wäre nur noch der Einfluß der Verkleinerung von ϑ vorhanden, sodaß dann wieder ein etwas längeres Anliegen der Reibungsschicht zu erwarten wäre.“

γ) Rotations- u. Schiffskörper (räumliche Krümmung).

Während das von Levi-Cività[65]) für beliebige (räumliche) Körperform und Strömung aufgestellte Gleichungssystem der Prandtl'schen Grenzschichttheorie eine Anwendung noch nicht gefunden hat, sind für den rotationssymmetrischen Fall entsprechende angenäherte Lösungen wie im ebenen Fall verhältnismäßig leicht möglich. Nachdem schon 1908 Boltze[66]) ähnliche Lösungswege versucht hatte wie Blasius im ebenen Fall (l. c. Fußnote 23), hat neuerdings Cl. B. Millikan[67]) das Problem in geschickter Weise behandelt.

Rotationskörper. Die Impulsgleichung nimmt hier dadurch eine etwas veränderte Gestalt gegenüber dem Fall ebener Strömung an, daß naturgemäß in der Kontinuitätsgleichung der Achsabstand r der betrachteten Stelle eingeht; wir haben an Stelle von (1a) jetzt:

$$(1a') \quad \frac{\partial (ru)}{\partial x} + \frac{\partial (rv)}{\partial y} = 0$$

und behalten, wegen der bei Millikan gemachten Voraussetzungen über die Größenordnungsverhältnisse der Longitudinal- und Querkrümmung des Körpers im Verhältnis zum betrachteten Normalabstand y von der Wand ($r_{Wand} = r_0$) auch in der Bewegungsgleichung der Grenzschicht (1') auf der rechten Seite noch ein weiteres Glied: $Z \cdot \frac{1}{r} \cdot \frac{\partial r}{\partial y} \cdot \frac{\partial u}{\partial y}$ übrig. Der Impulssatz der δ-dicken Schicht wird dann:

$$(2b) \quad \frac{d}{dx} \int_0^\delta r u^2 dy - U(x) \cdot \frac{d}{dx} \int_0^\delta r u\, dy = -\frac{1}{\varrho} \cdot \frac{dp}{dx} \int_0^\delta r \cdot dy - r_0 \cdot \frac{\tau_{wand}}{\varrho}$$

oder mit $r = r_0 + y \cdot \sqrt{1 - \left(\frac{dr_0}{dx}\right)^2}$

---

[65]) „Allgemeine Folgerungen aus der Prandtl'schen Grenzschichttheorie“, Aachener Vorträge 1929 über Aerodynamik und verwandte Gebiete, Berlin 1930, S. 30.

[66]) „Grenzschichten an Rotationskörpern bei kleiner Reibung“, Diss. Göttingen 1908; behandelt insbesondere auch die zeitliche Entwicklung an der Kugel. Wesentlich ergänzt und ausgebaut durch Tollmien, Diss. Göttingen 1924, s. a. Handb. d. Exper. Phys. (Wien u. Harms) IV, 1, S. 275/85.

[67]) „The Boundary Layer and Skin Friction for a Figure of Revolution“ Trans. Amer. Soc. Mech. Eng.; Applied Mechanics, 1932, S. 29.

unter den gemachten Voraussetzungen und wegen (1b):

$$(2b') \quad \frac{d}{dx}\int_0^\delta u^2 dy - U\cdot\frac{d}{dx}\int_0^\delta u\,dy + \frac{dr_o/dx}{r_0}\left[\int_0^\delta u^2 dy - U\cdot\int_0^\delta u\,dy\right]$$

$$= -U\cdot\frac{dU}{dx}\cdot\delta - \frac{\tau_w}{\varrho}.$$

In dem letzten Glied der linken Seite zeigt sich der Unterschied gegenüber dem ebenen Problem (vergl. (2)) [68]).

1) Laminare Grenzschicht.

Für laminare Grenzschicht macht Millikan den Ansatz (vergl. Fußnote 24) : $\frac{u}{U} = 2 \,.\, y/\delta - (y/\delta)^2$ und erhält mit: L = Körperlänge, a (x) = Abstand auf der Achse, x = Abstand längs der Oberfläche, d a = β · dx, r_0 = Querkrümmungsradius der Körperoberfläche,

$$\mathfrak{R}_{oL} = \frac{U_o\cdot L}{Z},\quad \mathfrak{R}_\delta = \frac{U(x)\cdot\delta(x)}{Z} = f(a):$$

$$\left.\begin{aligned}
&\frac{\delta_{lam}}{L} = \frac{\sqrt{30}}{\sqrt{\mathfrak{R}_{oL}}}\cdot M\left(\frac{a}{L}\right);\\
&c_{W_{R\,lam}} = \frac{4{,}59}{\sqrt{\mathfrak{R}_{o,L}}}\cdot\frac{L^2}{(Vol)^{2/3}}\cdot\int_0^{\text{Übergang}}\frac{U(a/L)\cdot r_0\left(\frac{a}{L}\right)}{U_0\cdot L\cdot M\left(\frac{a}{L}\right)}\cdot d\left(\frac{a}{L}\right)\\
&\text{mit } M\left(\frac{a}{L}\right) = \frac{1}{\left(\frac{U}{U_o}\right)^{9/2}\cdot\frac{r_o}{L}}\int_0^{a/L}\frac{1}{\beta}\left(\frac{U}{U_o}\right)^8\cdot\left(\frac{r_o}{L}\right)^2\cdot d\left(\frac{a}{L}\right)
\end{aligned}\right\}(17)$$

Zahlenbeispiel s. Fig. 9.

---

[68]) Für den Fall sowohl einer Innenströmung in einem, wie einer Außenströmung um ein langes Kreisrohr gleichbleibenden Durchmessers (r_0 = const.; $r = r_0 \mp y$) fällt dies Glied fort und die Impulsgleichung lautet genau wie im ebenen Fall. Diese beiden Strömungen sind jedoch u. a. dadurch voneinander verschieden, daß 1. bei der Innenströmung die Grenzschicht nicht dicker werden kann als der Rohrradius, während sie bei der Außenströmung beliebig wachsen kann; aber auch bis zur Erreichung solcher Grenzschichtdicke sind beide Fälle nicht gleichwertig, weil sich 2. die Impulsverzögerung je Längeneinheit in beiden Fällen auf Ringquerschnitte mit verschiedenen Halbmessern bezieht (bei der Innenströmung kleiner, bei der Außenströmung größer als r_0), was die Dickenausbildung natürlich beeinflußt; ferner findet bei turbulenter Schicht der Impulsqueraustausch in beiden Fällen in anderer Weise statt, weil bei der Rohrinnenströmung die mittlere Längsgeschwindigkeit von Null an der Wand in Richtung abnehmender Ringradien wächst, bei der Außenströmung umgekehrt.

Auch für die Strömung um eine Kugel gibt es eine, eng an den von Pohlhausen (l. c. Fußnote 24) eingeschlagenen Lösungsweg anschließende Rechnung von Miyadzu, Kôgakushi[69]); er setzt

$$\frac{u}{U} = \alpha_1 \cdot \frac{y}{\delta} + \alpha_2 \left(\frac{y}{\delta}\right)^2 + \cdots \alpha_4 \left(\frac{y}{\delta}\right)^4$$

und errechnet, leider unter Zugrundelegung der Potentialdruckverteilung[70]), für $U_0 = 5$ m/sec, $2a = 12$ cm und Wasser von 15° C, also $\mathfrak{R}_{2a} = 5{,}26 \cdot 10^5$, die Ablösungsstelle bei $\Theta = 107^0\ 24'$ und bis hierhin den laminaren Grenzschichtverlauf; wenn auch (l. c.): „die Potentialdruckverteilung im überkritischen Gebiet (also bei turbulent gewordener Grenzschicht) bis zu „größeren" Θ „etwa" mit der gemessenen (s. Flachsbart, Phys. Zeitschr. 1927, S. 468) beschreibbar ist", so wurde doch Ab-

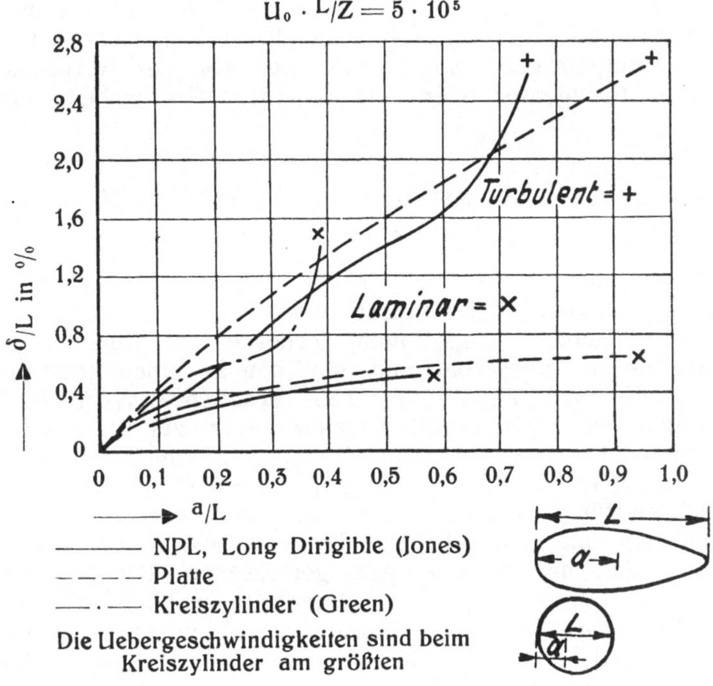

Fig. 9.

Laminarer und turbulenter Grenzschichtverlauf bei Platte, Kreiszylinder und Rotationskörper.

---

[69]) „Laminar „Grenzschicht" along a Spherical Boundary in an Uniform Flow of Water", Technol. Rep. of the Tohoku Imp. University, Sendai, Japan Vol. IX, 2, 1930, S. 215; Verf. verdankt diesen Quellenhinweis Herrn Prof. Reißner.

[70]) Über Potentialströmungen an Rotationskörpern s. u. a. Weinig: Z. f. Techn. Phys. 1928, S. 89; Lerbs: Werft, Reederei, Hafen 1928, S. 263.

stand davon genommen, diesen Grenzschichtverlauf in Fig. 9 mit darzustellen, ehe nicht die Rechnung mit einer zutreffenderen Druckverteilung wiederholt worden ist.[71])

2) Turbulente Grenzschicht.

Millikan hat (l. c.) für den N. P. L. Long Dirigible ebenfalls im Anschluß an Pohlhausen (l. c.) mit dem Siebentelpotenzgesetz und der entsprechenden Schubspannung an der Wand [72]) gerechnet und erhielt hier c_w prop. $\mathfrak{R}_{oL}^{-1/5}$, wobei sowohl in den Ausdruck für die Grenzschichtdicke, wie in den für c_w ein entsprechender Integralausdruck eingeht, wie M im laminaren Fall (s. o.).

In Fig. 9 ist Millikans Ergebnis zusammen sowohl mit dem für die ebene Platte bei der angegebenen Reynolds'schen Zahl sich ergebenden, wie mit dem laminaren Grenzschichtverlauf am Kreiszylinder nach Green (l. c. Fußnote 57) bei nahezu gleicher Reynolds'scher Zahl (auf Durchmesser bezw. Körperlänge längs der Achse bezogen) so aufgetragen, wie er sich bei von der Körpernase her entweder nur turbulenter oder nur laminarer Grenzschicht einstellen würde.

3) Messungen an Rotations- und Schiffskörpern (mit laminarer Anlaufzone).

In Fig. 10 sind die an einem N. A. P. Luftschiffkörper im Windkanal erhaltenen Widerstandsbeiwerte, die nahezu reiner Reibungswiderstand sind [73]), eingetragen, ferner die im Tank der Berliner Versuchsanstalt für Wasserbau und Schiffbau an einem Rotationskörper (Breite und Länge = 1 : 7,35) erhaltenen Werte [74]), für die wahrscheinlich das gleiche gilt. Letzterer war zur Hauptspantebene nicht symmetrisch. In umgekehrter Richtung geschleppt zeigte er die ebenfalls angegebenen höheren Gesamtwiderstandsbeiwerte; dies bedeutet, daß hierfür schon ein ziemliches Stück vor dem Körperende (Bug) Ablösung und damit Druckwiderstand auftrat, der durch Integration aus den an Anbohrungen gemessenen Drücken bestimmt werden konnte. Für die eigentliche Wandreibung bliebe also nur eine kleinere Oberfläche (bis zur Ablösungsstelle) wirksam, sodaß man bei Berechnung des Reibungswiderstandes durch Differenzbildung aus Gesamt- und Druckwiderstand einen kleineren Wert c_{w_R} als bei der

[71]) Die zur Vorbereitung des vorliegenden Referats verfügbare Zeit reichte nicht aus, diese „Uebungsaufgabe praktischer Mathematik" rechnerisch durchzuführen; das soll bei Gelegenheit nachgeholt werden.

[72]) Hiergegen sind also die gleichen Einwände zu machen, wie bei H. Müller, vergl. Fußnote 59).

[73]) s. Jones, l. c. Fußnote 54.

[74]) Auf Veranlassung von Herrn Prof. Horn untersucht; diese Messungen sind Gegenstand einer noch im Entstehen begriffenen Dissertationsarbeit (Arbeit Graff).

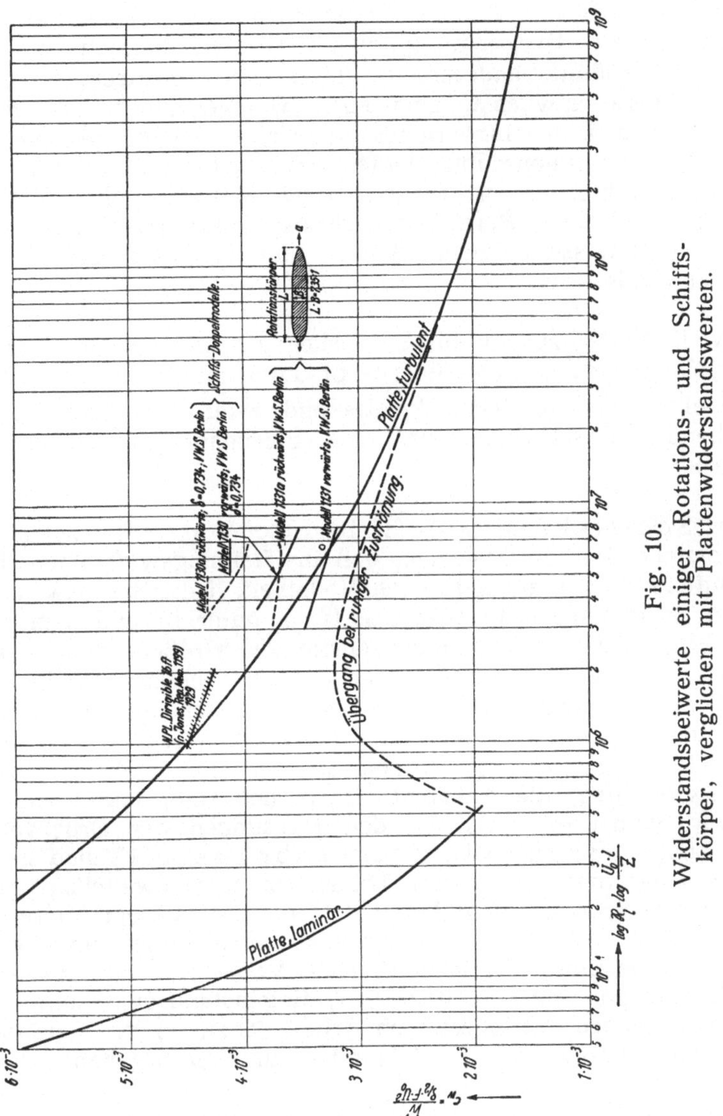

Fig. 10. Widerstandsbeiwerte einiger Rotations- und Schiffskörper, verglichen mit Plattenwiderstandswerten.

Platte erhalten würde, falls man die gesamte Körperoberfläche einführen wollte. Aus der Millikan-Gleichung ((17) für den laminaren Fall und der entsprechenden für turbulente Grenzschicht) erhält man übrigens, da hier die Größe β entsprechend der Zunahme der Körperdicke je Längeneinheit, dr_0/dx, eingeht, eine gute Übersicht über den Zusammenhang zwischen dem durch die Körperdicke bedingten Radiuszuwachs des Grenzschichtringes, der Ring- = Grenzschichtdicke, der jeweils neu in die Grenzschicht eintretenden, d. h. zusätzlich verzögerten Flüssigkeitsmenge und dem äußeren Druckverlauf. Dies ergibt für die Körpervorderseite, d. h. solange der Körper seine größte Breite noch nicht erreicht hat, daß die Grenzschicht sich beim Entlangströmen einerseits in der Querrichtung ausweitet und dadurch auseinanderzieht, also verdünnt, andererseits durch neu hinzutretende sich verzögernde Masse anwächst, aber eben weniger stark, als wenn die Körperbreite, d. i. der Innenradius des Grenzschichtringes, gleich groß bliebe. Da der Innenradius hinter der Stelle größter Körperbreite abnimmt, sind hier für die Dicken- bezw. Massenzunahme der Grenzschicht je nach dem Betrag des Druckgefälles oder -anstieges besondere Verhältnisse möglich, die die auf der Vorderseite zum Teil wieder kompensieren.

Soweit Abschätzungen bisher vorliegen, wird für einen schlanken Rotationskörper c_{w_R} wenn überhaupt, etwa nur 3 bis 5% größer als für die entsprechende Rechteckplatte und zwar wesentlich wegen der abweichenden Geschwindigkeits- und Flächengrößenverteilung längs des Körpers.

Für Schiffskörper[75]) (z. B. Unter-Wasser-Doppelkörper) ist nach vorstehendem zu erwarten, daß ihr Reibungswiderstand je nach der Schiffsform, vor allem je nach Völligkeit, B/L, B/T usw. zwischen dem der zylindrischen Profilkörper (s. o. unter β) und dem der Rotationskörper liegen wird; daher dürfte die Größenordnung der Abweichung von dem Widerstand der ebenen rechteckigen Platte richtiger Gesamtflächengröße je nach den angegebenen Daten größenordnungsmäßig etwa 10% nach oben betragen, wozu beim naturgroßen Schiff der Rauhigkeitseinfluß noch hinzukommt. Einwandfreie Messungen und Auswertungen, die dringend erforderlich sind, liegen leider noch nicht vor, wobei es meist an den Messungen der Druckverteilung hapert. Einige Gesamtwiderstandsbeiwerte[76]) sind in Fig. 10 ebenfalls eingetragen; an ihrer hohen Lage ist zweifellos auch ein erheblicher Druckwiderstand beteiligt. Von besonderem Interesse sind in diesem Zusammenhange die Ergebnisse einer Druck- und Geschwindigkeitsverteilungsmessung in der Berliner Versuchsanstalt für Wasserbau und Schiffbau an einem Schiffskörper, Gegenstand einer unter Leitung von Horn soeben fertiggestellten Arbeit (Laute)[77]). Ohne der Veröffentlichung vorzugreifen, sei folgendes kurz hervorgehoben:

---

[75]) Der von Telfer: „Frictional Res. and Ship Resistance Similarity", Trans. North East Coast Inst. Eng. & Shipbuilders, Vol. 45, 1928/9 zur Berücksichtigung der Querkrümmung bezw. Längskantenkrümmung vom Radius r angegebenen Formel $c_{w_R} = 0{,}0003 + 0{,}0175\,(\mathfrak{R}_r)^{-1/3} + 0{,}085\,(\mathfrak{R}_l)^{-1/3}$ kommt nur interpolatorischer Wert im Rahmen der zugrundeliegenden Versuchsdaten zu, wie dies schon Prandtl l. c. Fußnote 1, dessen Meinung nichts hinzuzufügen ist, bemerkt hat. Auf die Wichtigkeit bezw. Berechtigung einer Breiten-Reynoldszahl (s. auch von Kármán l. c. Fußnote 1) ist oben mehrfach hingewiesen worden, s. z. B. Fußnote 25; s. auch die Abschätzung durch Kempf, W. R. H. 1930, S. 438.

[76]) Verf. verdankt diese Angaben seinem Kollegen Weinblum.

[77]) Vergl. auch Fußnote 52.

Am Vorschiff ist die Strömung vielfach schräg nach abwärts gerichtet und umfließt von den Seiten nach der Mitte unten zu die Kimm; die Grenzschicht, die sich hierbei nach zwei Richtungen ausbreiten kann, ist hier dünner als am Boden und an den Seiten, der Geschwindigkeitsabfall steiler, der lokale Widerstand also größer; am Boden zeigen sich Grenzschichtverdickungen, die anscheinend aus örtlichen Ablösungen hinter der Kimm (in Strömungsrichtung) bei ihrer Umströmung stammen, wobei der Kimmradius meist von der Größenordnung der lokalen Grenzschichtdicke ist. „Im Hinterschiff führt die vom Boden aufwärts gerichtete Strömung und das Schwinden des Spantumfanges schon bald einen gewissen Ausgleich der Grenzschichtdicken im Bereich der Kimm und der benachbarten Wandteile herbei". Man erkennt im Hinterschiff deutlich, daß, „zuerst ganz allmählich, das unter dem Boden befindliche Grenzschichtmaterial nach den Seiten zu aufschwimmt; später löst sich die Grenzschicht ganz von den unteren Teilen des Totholzes ab und wird von der nachdrängenden gesunden Strömung immer mehr an die Oberfläche gebracht. . . . Beim V-Spant ist der Mitstrom oben konzentriert."

Von weiteren derartigen Versuchen, ausgewertet etwa wie es bei Gruschwitz (l. c.) geschehen ist, kann für die Zukunft mit Sicherheit eine Klärung der Formbeeinflussung des Reibungswiderstandes erhofft werden.

III.

Kurze Bemerkung über Rauhigkeit.

Ein Referat über Reibungswiderstand wäre unvollständig, wenn nicht auch über den starken, den Widerstand erhöhenden Einfluß der Oberflächenrauhigkeit einiges gesagt würde. Raumgründe zwingen dazu, Einzelheiten einer späteren Mitteilung vorzubehalten und an dieser Stelle auf die modernen experimentellen Arbeiten an Platten von Gebers, Perring, Kempf, Sottorf, Hoppe, van der Hegge-Zijnen, Abell und Lamble[78]), in Rohren bzw. geschlossenen Gerinnen von K. Fromm, Fritsch, Nikuradse,

[78]) s. Gebers: Schiffbau 1921; Kempf-Sottorf: Werft, Reederei, Hafen 1925; Perring: Trans. Nav. Arch. 1926; Dahlmann, Hoppe, Schäfer: Werft, Reederei, Hafen 1926; Kempf: Schiffbautechn. Ges. 1927 und l. c. Fußnote 1; Hoppe: Werft, Reederei, Hafen 1929; van der Hegge-Zijnen: „Exp. on the Velocity Distribution in the Boundary Layer along a Rough Surface, Determination of the Resistance Experienced by This Surface", Amsterdam Proc. Koninkl. Akad. van Wetenschappen XXXI 1928, Nr. 4/5, S. 499; ders.: „Measurements on the Distribution of the Velocity, the Shearing Stress and the Characteristic Length in the Boundary Layer along a Series of Bars (Grating)", ebenda, XXXIV 1931, Nr. 6, S. 847; Abell und Lamble: „The Resistance of Lapped Butt Joints of Ships Shell Plating to Motion Through Water", Liverpool 1931; Auszug von Gutsche, s. Zeitschr. d. V. D. I. 1931, S. 1431.

Schiller[79]) nur hinzuweisen. Der Theorie, insbesondere in der von Kármán-Treer'schen Fassung[80]), die von der Rohrmitte aus entwickelt ist, erscheint die Rauhigkeit als eine die Wandschubspannung bestimmende Randbedingung, die im Rohr zu einem Widerstandsgesetz: $\lambda_{a,\,Max} = \frac{4\,k^2}{\ln a/\varepsilon + C}$ mit ε = mittlerer Rauhigkeitserhebung, also ε/a = relativer Wandrauhigkeit, Anlaß gibt (vgl. Formel (13) S. 24). Von ganz besonderer Bedeutung ist eine geringe Rauhigkeit des Vorschiffs, wo die Grenzschicht noch dünn ist; bei wachsender Grenzschichtdicke und gleichbleibender absoluter Rauhigkeit der Wand wird die relative Rauhigkeit nach hinten zu bald kleiner, sodaß das Schiff sich wie ein Schiff mit nach hinten abnehmender relativer Rauhigkeit verhält; bei der Rohrinnenströmung bleibt dagegen die relative Rauhigkeit stets dieselbe. Es ist daher anzunehmen, daß in einer Darstellung des Widerstandsbeiwertes in Abhängigkeit von der Reynolds'schen Zahl mit der relativen Rauhigkeit als Parameter die Kurven mit wachsender Reynolds'scher Zahl nicht so leicht unabhängig von ihr werden wie im Rohr (quadratisches Widerstandsgesetz), sondern noch langsam abfallen.

Allgemein kommt es aber vor allem auf die Beeinflussung der sehr dünnen laminaren Wandschicht mit steilem Geschwindigkeitsgradienten durch die Rauhigkeitsvorsprünge an; die Verhältnisse in dieser Schicht wirken dann als Randbedingung auf die wandfernere Strömung bestimmend ein. Über die Größe des Rauhigkeitseinflusses sind heute zuverlässig nur die bei Kempf l. c. 1929 angegebenen Werte bekannt.

IV.

Experimentelle Verfahren zur Bestimmung des Reibungswiderstandes.

Das übliche Verfahren ist die Ermittlung des reinen Reibungswiderstandes am Unterwasser-Doppelmodell als (halbe) Differenz des Gesamtwiderstandes und des Druckwiderstandes (durch Messung der statischen Druckverteilung an der Körperoberfläche mittels Anbohrungen; letzteres ist im dreidimensionalen Fall schwierig und kann vielfach nur durch systematische Aenderung des Bohrlochdurchmessers mit Extrapolation auf den Durchmesser Null geschehen), oder durch Messung des Gesamtwiderstandes und Druckwiderstandes am Schiff (der hier den Wellenwiderstand einschließt), und Differenzbildung.

---

[79]) K. Fromm: Z. A. M. M. III, 1923, S. 339; Fritsch: Z. A. M. M. VIII, 1928, S. 199. Nikuradse: Z. A. M. M. XI, 1931, S. 409; Schiller: noch unveröffentlicht.

[80]) s. o. S. 21 ff. und: Göttinger Nachrichten 1930 l. c. Fußnote 35; Treer: Phys. Zeitschr. 1929, S. 539; Verh. III. Intern. Kongr. f. Techn. Mech. Stockholm 1930, Bd. I, S. 77 (erschienen 1931).

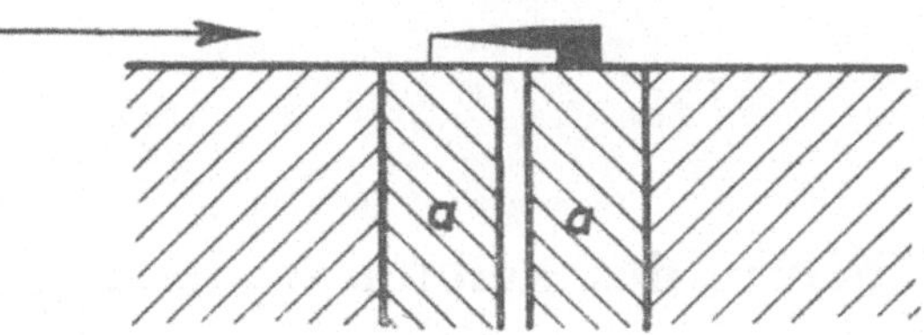

Fig. 11.
Gerät zur Messung des Geschwindigkeitsanstieges unmittelbar an einer Wand (nach Fage u. Falkner 1930)

Eine Messung des unmittelbaren Geschwindigkeitsanstieges in der laminaren Schicht an der Wand (etwa von Null bis zu $^1/_{20}$ mm Abstand) und damit der örtlichen Schubspannung, die integriert den Reibungswiderstand ergibt, kann neuerdings nach Fage und Falkner[81]) geschehen (s. Fig. 11); die stromauf gerichtete taschenartige Oeffnung ist etwas herausschraubbar; sie wird vorher in einem engen Kanal mit bekannter laminarer Strömung unter den gleichen Umständen geeicht, unter denen sie nachher am Versuchskörper Verwendung findet.

---

[81]) s. Proc. Roy. Soc. A. 129, 1930, S. 378; kurz beschrieben in Prandtl's „Abriß“ 1931, S. 179, von wo auch die obige Fig. 11 entnommen ist.

Theorie des Reibungswiderstandes

Von

Th. v. Kármán, z. Zt. in Pasadena.

1. Begriffliches. Wir verstehen unter Reibungswiderstand die Resultierende der Tangentialkräfte, die auf einen in einer Flüssigkeit bewegten Körper wirken. Diese Begriffsbestimmung ist allerdings nur im Falle eines ideal glatten Körpers genau zutreffend. Bei einem Körper mit rauher Oberfläche läßt sich der Reibungswiderstand nicht so einwandfrei definieren, da wir doch die Druckkräfte, die auf die Erhebungen der rauhen Oberfläche wirken, sinngemäß zu dem Reibungswiderstand rechnen müssen. Wir können uns in folgender Weise helfen: Wir betrachten das Gleichgewicht der Flüssigkeitsschicht, die zwischen der rauhen Oberfläche und einer außerhalb der Rauhigkeitserhebungen durchgelegten Kontrollfläche eingeschlossen ist. Alsdann ersetzen wir die rauhe Oberfläche durch eine glatte und lassen an dieser Ersatzfläche Tangentialkräfte von solcher Größe wirken, daß das Gleichgewicht aufrechterhalten bleibt. Diese Tangentialkräfte bezeichnen wir als „Reibungskräfte an der rauhen Fläche" und ihre Resultierende als Reibungswiderstand.[1])

Wir beziehen den Reibungswiderstand auf die Oberfläche F des bewegten Körpers und setzen

$$W_r = c_r F \frac{\varrho V^2}{2} \tag{1}$$

wobei $\underline{V}$ die Geschwindigkeit des Körpers, ϱ die Dichte der Flüssigkeit bezeichnen. Aus Dimensionsbetrachtungen folgt, daß der Reibungskoeffizient c_r für geometrisch ähnliche Körper nur von der Kennzahl $R = \frac{V \cdot l}{\nu}$ abhängen kann. In dieser Formel ist l eine passend gewählte lineare Abmessung des Körpers, ν die kinematische Zähigkeit der Flüssigkeit.

[1]) Über den Begriff des Reibungswiderstandes und über das allgemeine Ähnlichkeitsgesetz: W. Froude, British ass. for adv. of science 1872. p. 118., 1874 p. 249. — O. Reynolds, Proc. Roy. Soc. 1883 Vol. 35 p. 84, Phil. Trans. 1895 Vol. 186 A. p. 123. — Lord Rayleigh, T. E. Stanton, zusammengefaßt Friction, London 1923.

Ferner Phil. Trans. 1914. Vol. 214 (A) p. 199, mit J. R. Pannell.

Betrachten wir Körper mit rauher Oberfläche, so gilt die Beziehung $c_r = f\left(\frac{V \cdot l}{\nu}\right)$ nur dann, wenn alle Erhebungen der Oberfläche proportional mit den Abmessungen des Körpers vergrößert oder verkleinert werden. Für Körper mit gleicher Oberflächenbeschaffenheit wird c_r außer von der Kennzahl auch von der relativen Rauhigkeit abhängen, d. h. von dem Verhältnis $\frac{h}{l}$, wobei h eine für die Rauhigkeitserhebungen charakteristische Länge ist. Setzen wir für Körper mit ähnlicher Gestalt und ähnlicher Oberflächenbeschaffenheit $c_r = f\left(\frac{V \cdot l}{\nu}, \frac{h}{l}\right)$, so ist die Gültigkeit dieser Formel eine weitere als die der früheren Formel, da sie die Fälle einschließt, in denen lineare Abmessungen des Körpers und die Rauhigkeitserhebungen zur Beibehaltung der geometrischen Ähnlichkeit der Gestalt für sich und der Oberflächenbeschaffenheit für sich in verschiedenem Maße vergrößert oder verkleinert werden.

Die Verteilung der Reibungskräfte über die Oberfläche kennzeichnen wir durch Angabe der lokalen Reibungskraft pro Flächeneinheit, d. h. der auf die Oberfläche wirkenden Tangentialspannung (Schubspannung) τ. Wir setzen

$$\tau = c_r' \frac{\varrho V^2}{2} \tag{2}$$

und bezeichnen c_r' als den lokalen Reibungskoeffizienten.

2. Theorie des laminaren Reibungswiderstandes. Die ersten Untersuchungen über Reibungswiderstand von Körpern, die in einer zähen Flüssigkeit bewegt werden, sind unter Vernachlässigung der in der Flüssigkeit durch die Bewegung hervorgerufenen Trägheitskräfte durchgeführt worden. Mit dieser Vernachlässigung erscheint der Gesamtwiderstand des Körpers proportional der Geschwindigkeit, den linearen Abmessungen des Körpers und der Reibungszahl μ, unabhängig von der Dichte der Flüssigkeit. Wir können daher für diesen Fall setzen

$$c_w = \text{const.} \frac{\nu}{V \cdot l} \tag{3}$$

wobei c_w den Koeffizienten des Gesamtwiderstandes darstellt. Als charakteristisches Beispiel sei der Widerstand einer Kugel vom Halbmesser r erwähnt, die von Stokes[2]) zu

$$W = 6 \pi \mu r V \tag{4}$$

gefunden wurde.

[2]) G. Stokes. — Trans. Cambr. phil. soc. 1850 vol. 9. p. 8. Ueber die Weiterentwicklung der Theorie vgl. F. Nöther, — Integrationsprobleme der Navier-Stokesschen Differentialgleichungen, aus Handbuch der phys. und techn. Mechanik (herausg. von F. Auerbach und W. Hort), Band 5.

Aus dem Rechnungsgang geht hervor, daß die Hälfte des Widerstandes den Reibungskräften, die andere Hälfte der Druckdifferenz zwischen Vorder- und Hinterfläche zuzuschreiben ist. Durch sukzessive Approximation kann dieser Wert verbessert werden, wobei man für den Widerstandskoeffizienten eine nach Potenzen der Kennzahl steigende Reihe erhält. Sowohl die Formel (4) als ihre Verbesserungen gelten indessen nur für ganz kleine Werte der Kennzahl, die für technische Anwendungen nur dann in Betracht kommen, wenn es sich um winzige Widerstandskörper, ganz minimale Geschwindigkeiten oder um sehr zähe Flüssigkeiten handelt. Es ist nicht bekannt, bei welcher Kennzahl die Konvergenz einer solchen Reihenentwicklung für den Widerstand aufhört; indessen ist es ganz sicher, daß sie als Annäherung praktisch auch für die kleinsten der in schiffbautechnischen oder aerodynamischen Versuchsanstalten benutzten Modelle unbrauchbar ist. Wir müssen vielmehr von einer asymptotischen Annäherung für sehr große Kennzahlen ausgehen. Eine solche wurde zuerst von L. Prandtl[3]) in einer grundlegenden Arbeit über die „Flüssigkeitsbewegung bei sehr kleiner Reibung" im Jahre 1904 angegeben und von H. Blasius[4]) auf den Fall des Reibungswiderstandes einer ebenen Platte angewendet.

Die der Prandtl'schen Annäherung entsprechenden physikalischen Annahmen sind die folgenden:

a) die Strömung kann außerhalb eines entlang des Widerstandskörpers erstreckten schmalen Bereiches als Strömung einer reibungslosen Flüssigkeit angesehen werden.

b) der Druckgradient senkrecht zur Oberfläche des Körpers kann in dem erwähnten schmalen Bereich vernachlässigt werden.

Den durch die Reibung beeinflußten schmalen Bereich wollen wir als „Grenzschicht" bezeichnen. Aus Annahme a) folgt, daß außerhalb der Grenzschicht zwischen Druck und Geschwindigkeit die Bernoulli'sche Beziehung besteht; aus Annahme b) folgt, daß der Druck innerhalb der Grenzschicht durch die Geschwindigkeitsverteilung außerhalb der Grenzschicht bedingt ist. Wenn wir also diese Geschwindigkeitsverteilung kennen oder z. B. annehmen dürfen, daß sie angenähert dieselbe ist, als wenn der Körper in einer reibungslosen Flüssigkeit bewegt würde, so kennen wir auch die Druckverteilung innerhalb der Grenzschicht. Der Druck erscheint in den Gleichungen der Strömung innerhalb der Grenzschicht als eine gegebene Funktion des Ortes. Dies führt zu einer wesentlichen Vereinfachung der Integration der Gleichungen der zähen Flüssigkeit, insbesondere wenn wir die verschiedene Größenordnung der Ableitungen in der Längs- und

[3]) L. Prandtl. — Verhandlungen des internat. Mathematikerkongresses in Heidelberg, 1914; auch vier Abhandlungen zur Hydrodynamik und Aerodynamik. Göttingen 1927.

[4]) H. Blasius. — Zeitschrift f. Math. und Physik, 1908, Vol. 56 p. 1.

Querrichtung berücksichtigen und Größen höherer Ordnung vernachlässigen. Der Grad der Annäherung entspricht etwa der Vernachlässigung von Größen von der Ordnung $\frac{1}{\sqrt{R}}$ neben der Einheit, wobei R die Kennzahl des Körpers bezeichnet.[5])

Wir wollen den einfachsten Fall einer Strömung entlang einer ebenen Platte mit scharfer Kante im Punkte $x=0$ betrachten. Die Strömung erfolge in der x-Richtung, die zur Platte senkrechte Koordinate sei y; wir wollen die Reibungskräfte berechnen, die auf einen Streifen, dessen Länge l und dessen Breite nach der x-Richtung gleich Eins sind, wirken. Die Geschwindigkeit außerhalb der Grenzschicht sei als konstant angenommen und mit V bezeichnet. Um die Reibungskraft W_r auszudrücken, genügt es, die Verteilung der x Komponenten v_x innerhalb der Grenzschicht zu kennen. Wir nehmen an, daß die Verteilung von v_x über alle Querschnitte $x = \text{const.}$ ähnlich ist, und setzen dementsprechend

$$v_x = V\, g\left(\frac{y}{\delta}\right) \tag{5}$$

wobei die Funktion $g\left(\frac{y}{\delta}\right)$ so beschaffen sei, daß sie für $y>\delta$ praktisch von Eins sich nicht mehr unterscheidet. Ferner ist $g(0)=0$; δ ist als eine Funktion von x anzusehen.

Vergleichen wir zwei Querschnitte, und zwar einen so weit vor der Anströmungskante, daß die Flüssigkeit durch die Anwesenheit der Platte ungestört ist, einen in der Entfernung x von der Vorderkante, so ist der Verlust an Bewegungsgröße, den die durch den zweiten Querschnitt durchströmende Flüssigkeit in der Zeiteinheit erlitten hat,

$$\frac{dB}{dt} = \int_0^\delta \varrho\, v_x (V - v_x)\, dy \tag{6}$$

oder

$$\frac{dB}{dt} = \varrho V^2 \delta \cdot \int_0^1 g\left(\frac{y}{\delta}\right)\left\{1 - g\left(\frac{y}{\delta}\right)\right\} d\left(\frac{y}{\delta}\right) = \alpha\, \varrho\, V^2 \delta \tag{7}$$

wobei α ein von der Verteilungsfunktion g abhängiger reiner Zahlenwert ist. Die Größe $\frac{dB}{dt}$ ist offenbar gleich der Reibungskraft W_r.

---

[5]) Zur mathematischen Begründung der Grenzschichttheorie vergleiche Th. v. Kármán Zeitschrift f. angew. Math. und Mech. 1921 Vol. 1 p. 233 (auch Aachener Abhandlungen, Heft 1) R. v. Mises Z. f. angew. Math. u. Mech. 1927 Vol. 7. p. 425.

Andererseits ist die Reibungskraft gleich dem Integral über die Schubspannungen entlang der Platte, d. h.

$$W_r = \int_0^x \tau(x) \cdot dx \tag{8}$$

und die Schubspannung selbst

$$\tau = \mu \frac{\delta v_x}{\delta y} = \mu \frac{V}{\delta} g'\left(\frac{y}{\delta}\right) = \mu \beta \frac{V}{\delta}, \tag{9}$$

wobei β ein zweiter von der Verteilungsfunktion abhängiger Zahlenwert ist. Folglich erhalten wir die Differentialgleichung

$$\frac{d W_r}{dx} = \alpha \varrho V^2 \frac{d\delta}{dx} = \mu \beta \frac{V}{\delta} \tag{10}$$

woraus

$$\delta = \sqrt{\frac{\beta}{\alpha} \cdot \frac{\nu x}{V}} = x \sqrt{\frac{\beta}{\alpha}} \cdot \frac{1}{\sqrt{\frac{Vx}{\nu}}} \tag{11}$$

und

$$W_r = \sqrt{\alpha \beta}\, \varrho V^2 x \frac{1}{\sqrt{\frac{Vx}{\nu}}} \tag{12}$$

folgt.

Der Reibungskoeffizient ergibt sich zu

$$c_r = \frac{W_r}{\varrho \frac{V^2}{2} l} = \frac{2\sqrt{\alpha \beta}}{\sqrt{R_l}} \tag{13}$$

wobei $R_l = \frac{V \cdot l}{\nu}$ die Kennzahl der Platte von der Länge l bedeutet.

Durch Integration der Strömungsgleichung erhält man den Zahlenfaktor zu $2\sqrt{\alpha\beta} = 1.327$.

Die lokale Reibungsziffer beträgt:

$$c_r' = \frac{0{,}664}{\sqrt{\frac{Vx}{\nu}}}, \tag{14}$$

so daß die Schubspannung an der Vorderkante unendlich ist und dann proportional zu $\frac{1}{\sqrt{\alpha}}$ abnimmt.

3. Folgerungen aus der Laminartheorie. Die Ergebnisse der hier skizzierten Laminartheorie lassen sich etwa wie folgt zusammenfassen:

a) Die Oberflächenreibung einer ebenen Platte ist proportional mit der 1·5ten Potenz der Geschwindigkeit, mit der Quadratwurzel aus der benetzten Fläche, der Dichte und dem Reibungskoeffizienten der Flüssigkeit.

b) Der Beitrag der gleichen Flächenelemente zur Oberflächenreibung nimmt umgekehrt proportional der Wurzel aus ihrer Entfernung von der Vorderkante ab.

Die Anwendung der Laminartheorie ist beschränkt auf die Fälle, in welchen wir die Strömung außerhalb der Grenzschicht kennen, insbesondere auf die Fälle, in welchen wir annehmen können, daß die Gesamtströmung durch die Wirkung der Reibung nicht geändert wird. Dies trifft bei sehr schlanken Widerstandskörpern mit glattem Abfluß angenähert zu, so daß für solche Körper die Druckverteilung aus der Potentialströmung entnommen werden kann. Die Berechnung der Geschwindigkeitsverteilung innerhalb der Grenzschicht führt dann zu einer Berechnung des Reibungswiderstandes, der mit den Experimenten verglichen werden kann. Allerdings ist die Durchführung der Berechnung sehr mühsam und verlangt im allgemeinen sehr verwickelte numerische Rechnungen. Eine angenäherte Berechnung läßt sich in der Weise durchführen, daß wir die Geschwindigkeitsverteilungsfunktion g durch eine Anzahl von Parametern festlegen und diese Parameter mit Hilfe des Impulssatzes und der Randbedingungen als Funktionen von x ermitteln.[6])

Die Aussage des Impulssatzes haben wir oben für den Fall konstanter Strömungsgeschwindigkeit V außerhalb der Grenzschicht, d. h. für den Fall verschwindenden Druckgefälles $\frac{dp}{dx}$ durch Gl. (6) bzw. (7) angegeben. Für den allgemeinen Fall erhalten wir

$$\varrho \frac{d}{dx}\left\{V^2 \int_0^\delta g(1-g)\,dy\right\} - \varrho V \frac{d}{dx}\left\{V \int_0^\delta g\,dy\right\} = \frac{dp}{dx} + \tau, \quad (15)$$

wobei nach dem Bernoullischen Satz $\frac{dp}{dx} = -\varrho V \frac{dV}{dx}$ zu setzen ist.

[6]) Th. v. Kármán, Z. f. angew. Math. u. Mech. 1921, Bd. 1 S. 233. K. Pohlhausen daselbst, beide Arbeiten auch Aachener Abhandlungen Heft 1. — Ueber Integration der Grenzschichtgleichungen vgl. K. Hiemenz, Dinglers polyt. Journal 1911. Vol. 326. p. 321, ferner L. Bairstow, Royal Aeronaut. Soc. 1925. Vol. 29. p. 3, Phil. Trans. Roy. Soc. 1923. Vol. 223 A p. 283. S. Goldstein, Proc. Cambr. phil. soc. 1930. Vol. 26. p. 1. V. M. Falkner und S. W. Skan, British. Aeron. Res. Comm., Rep. and Memor. 1314. A. Thom, Rep. and Mem. Nr. 1177 (1928).

Die Randbedingungen lauten:

für y = 0 (an der Wand)

$$\left.\begin{aligned} g(0) &= 0 \\ \mu V g'(0) &= \tau \\ \mu V g''(0) &= -\frac{dp}{dx} \end{aligned}\right\} \qquad (16)$$

für y = δ (am äußeren Rand der Grenzschicht)

$$\left.\begin{aligned} g(1) &= 1 \\ g'(1) &= 0 \end{aligned}\right\} \qquad (17)$$

Die fünf Randbedingungen und Gleichung (15) stellen sechs Beziehungen dar. Wenn daher $g\left(\frac{y}{\delta}\right)$ z. B. als eine ganze Funktion vierten Grades angesetzt wird, so können die 5 Koeffizienten und die Grenzschichtdicke δ als Funktionen von x berechnet werden.

Die praktische Bedeutung dieser Rechnung ist auf Modelle mit verhältnismäßig geringen Abmessungen beschränkt, da bei Widerstandskörpern mit größeren Kennzahlen die Bewegung innerhalb der Grenzschicht turbulent wird. Für die weitere Entwicklung der Theorie behält indessen Gleichung (15) ihre grundlegende Bedeutung, da sie eine von der Art der Strömung unabhängige Aussage enthält und so auch auf den Fall der turbulenten Bewegung angewendet werden kann.

4. Turbulente Grenzschicht. Das charakteristische Merkmal einer turbulenten Strömung besteht darin, daß die Geschwindigkeitskomponenten verhältnismäßig raschen Schwankungen unterworfen sind, die einen Impulstransport durch Flächen, die parallel zu den Stromlinien, oder exakter gesagt, zu den Stromlinien der mittleren Strömung bewerkstelligen. Betrachten wir zunächst eine sog. Stromlinienröhre in der Laminarströmung. Auf die Mantelfläche einer solchen Röhre wirken Normaldrücke und Tangentialspannungen; die letzteren nennen wir schlechthin Reibungskräfte; sie sind proportional dem Reibungskoeffizienten μ und gewissen Ableitungen der Geschwindigkeitskomponenten, z. B. im Falle einer geradlinigen Stromröhre dem Geschwindigkeitsgefälle senkrecht zur Mantelfläche der Stromröhre. In der stationären, oder exakter quasistationären turbulenten Strömung können wir nur von Stromlinien bzw. Stromröhren der mittleren Strömung sprechen. Diese Stromlinien zeigen die Richtung des zeitlichen Mittelwertes der Geschwindigkeit an. Durch jedes Flächenelement der Mantelfläche einer solchen Stromröhre tritt in einem Zeitraum, der einigermaßen gegen die Schwankungsperiode groß ist, ebenso viel Flüssigkeit aus der Röhre aus als in die Röhre ein; ein Massentransport durch die Mantelfläche tritt also nicht auf. Wenn wir indessen die Bewegungsgröße betrachten, so werden wir finden, daß im allgemeinen ein einseitiger Impulstransport stattfindet. Der Betrag des Impulstransportes läßt sich einfach berechnen.

Betrachten wir z. B. den Impulstransport durch ein Flächenelement, das parallel zur xz Ebene, d. h. normal zur y-Achse gerichtet ist. Die mittlere Stromrichtung soll mit der x-Richtung zusammenfallen. Jedes Flüssigkeitselement, welches mit der Geschwindigkeit v_y durch dieses Flächenelement hindurchtritt, transportiert Bewegungsgröße. Die durch die Flächeneinheit durchtretende Bewegungsgröße beträgt — zerlegt in Komponenten — $\varrho v_x v_y$, ϱv_y^2, $\varrho v_y v_z$. In der Zeit zwischen t=0 und t=t findet somit ein Impulstransport statt, dessen Betrag durch die Integrale

$$B_x = \varrho \int_0^t v_x v_y \, dt = \varrho \overline{v_x v_y} \, t$$

$$B_y = \varrho \int_0^t v_y^2 \, dt = \varrho \overline{v_y v_y} \, t \qquad (18)$$

$$B_z = \varrho \int_0^t v_y v_z \, dt = \varrho \overline{v_y v_z} \, t$$

angegeben wird. Die überstrichenen Größen bezeichnen zeitliche Mittelwerte der Produkte. Wenn wir nun die mittlere Strömung als stationäre Strömung betrachten, so müssen wir gemäß den Prinzipien der Mechanik die negativ genommenen Impulstransportgrößen als zusätzliche Spannungen zu den sonstigen Kräften hinzufügen. Wir nennen sie die turbulenten Spannungen. Die Größe $-\varrho \overline{v_y^2}$ wirkt auf das Flächenelement als Normaldruck, die Größen $-\varrho \overline{v_x v_y}$ und $-\varrho \overline{v_y v_z}$ stellen zusätzliche Tangentialspannungen dar. Wir nennen die letzteren schlechthin Komponenten der turbulenten Reibung. Es ist die Frage, in welchen Fällen werden die Mittelwerte $\overline{v_x v_y}$ und $\overline{v_z v_y}$ von Null verschieden sein. Es ist leicht einzusehen, daß z. B. $\overline{v_x v_y}$ von Null verschieden wird, wenn die mittlere Strömungsgeschwindigkeit $\overline{v_x}$ in der y-Richtung ein von Null verschiedenes Gefälle besitzt, da in diesem Falle anzunehmen ist, daß Teilchen, die von Gebieten geringerer mittlerer Geschwindigkeit kommen, in der x-Richtung geringere Geschwindigkeit besitzen als jene, die von einer Stelle höherer Geschwindigkeit an das Flächenelement gelangen. Positiven und negativen Werten von v_y entsprechen daher entgegengesetzte Schwankungen von v_x, wodurch der zeitliche Mittelwert $\overline{v_y v_z}$ von Null verschieden sein muß. Einem Geschwindigkeitsgefälle senkrecht zur mittleren Strömungsrichtung entspricht daher eine turbulente Reibung ebenso wie eine laminare durch den molekularen Impulsaustausch.

Wir werden später versuchen, rationelle Ansätze für den turbulenten Impulsaustausch aufzustellen. Zunächst wollen wir uns mit der Aussage begnügen, daß wir im Falle turbulenter Reibung das Reibungsglied $\mu \frac{d v_x}{dy}$ durch den Ausdruck $-\varrho \overline{v_x v_y}$ ergänzen müssen, so daß die „gesamte Schubspannung“ $\tau = \mu \frac{d v_x}{d y} - \varrho \overline{v_x v_y}$ beträgt. Nähern wir uns der Wand, so wird $\mu \frac{d v_x}{d y}$ vorwiegen, da v_x und v_y an der Wand verschwinden; über den größten Teil der Grenzschicht wird indessen $-\varrho \overline{v_x v_y}$ weitaus größer sein, als das laminare Glied. Wir unterscheiden daher drei Gebiete:[7])

a) das Gebiet außer der Grenzschicht, dadurch gekennzeichnet, daß die Reibung auf die Strömung keinen merklichen Einfluß ausübt: in diesem Gebiet können wir $\tau = 0$ setzen.

b) das turbulente Gebiet der Grenzschicht; in diesem Bereich kann $\tau = -\varrho \overline{v_x v_y}$ gesetzt werden.

c) die laminare Wandschicht; in diesem Bereich ist annähernd $\tau = \mu \frac{d v_x}{d y}$.

Die Existenz der laminaren Wandschicht ist experimentell nachweisbar, ihre Dicke ist in den meisten praktischen Fällen sehr gering, zumeist ist sie nur ein Bruchteil eines Millimeters. Eine Abschätzung hierfür werden wir später kennen lernen.

5 Potenzgesetze für die turbulente Geschwindigkeitsverteilung.[8]) In dem turbulenten Bereich ist das „laminare Reibungsglied“ nur ein geringer Bruchteil der Gesamtschubspannung; unmittelbar an der Wand ist es gleich der Schubspannung. Dementsprechend ist das Geschwindigkeitsgefälle $\frac{d v_x}{d y}$ an der Wand sehr groß gegen die Werte des Gefälles im vorwiegend turbulenten Bereich. Man kann daher das Geschwindigkeitsgefälle an der Wand unendlich setzen und die Geschwindigkeitsverteilung durch den Gesamtbereich der Grenzschicht durch eine Potenzformel $v_x = V \left(\frac{y}{\delta}\right)^n$ annähern, wobei $n < 1$ ist. Der Vergleich mit dem Versuch zeigt, daß eine solche Annäherung sehr gut brauchbar ist. Wesentliche Abweichungen vom Potenzgesetz

[7]) T. E. Stanton, Phil. Trans. 1914. Vol. 214 A p. 199.; ferner Rep. and Mem. Nr. 631 (1920).

[8]) Vgl. L. Prandtl, Göttinger Ergebnisse, 3. Lieferung. Th. v. Kármán, Aachener Abhandlungen, Heft 1; ferner Innsbrucker Vorträge (herausg. v. Kármán, T. Levi-Civita) p. 146.

kommen nur im inneren Teile der Grenzschicht vor; was die unmittelbare Wandnähe anbelangt, so können wir natürlich die unendliche Tangente vermeiden und den letzten Teil der Kurve durch eine gerade Linie ersetzen, doch ist dies für die folgenden Anwendungen praktisch ohne Bedeutung.

Halten wir zunächst an der Potenzformel für die Geschwindigkeitsverteilung fest, so gelangen wir mit Hilfe einer einfachen Dimensionsbetrachtung und durch Anwendung des Impulssatzes zu einer brauchbaren semiempirischen Theorie des Reibungswiderstandes, die in der letzten Zeit vielfach mit Erfolg verwendet wurde.

Um die Impulsgleichung anwenden zu können, brauchen wir außer dem Ansatz für die Geschwindigkeitsverteilung einen Ansatz für die Wandreibung τ. Zu einem solchen verhilft uns die folgende Betrachtung. Ist die Geschwindigkeit v_x proportional y^n (y = Abstand von der Wand), so ist anzunehmen, daß der Proportionalitätsfaktor $\frac{v_x}{y^n}$ nur von der Wandreibung und von den physikalischen Parametern ϱ und ν abhängen kann. Der Vergleich der Dimensionen liefert nun, als den einzigen dimensionsrichtigen Ansatz

$$v_x = \text{const.} \left(\frac{\tau}{\varrho}\right)^{\frac{1}{2}+\frac{n}{2}} \left(\frac{y}{\nu}\right)^n \tag{19}$$

Aufgelöst auf τ erhalten wir

$$\tau = \text{const.}\, \varrho\, v_x^{\frac{2}{n+1}} \left(\frac{\nu}{y}\right)^{\frac{2n}{n+1}} \tag{20}$$

oder

$$\tau = \text{const.}\, \varrho\, v_x^{2} \left(\frac{\nu}{y \cdot v_x}\right)^{\frac{2n}{n+1}}. \tag{21}$$

Wenn wir diese Formel bis zum Punkte $y = \delta$, d. h. bis $v_x = V$ als gültig annehmen, so erhalten wir

$$\tau = A\, \varrho\, V^2 \left(\frac{\nu}{V\delta}\right)^{\frac{2n}{n+1}} \tag{22}$$

wobei A einen konstanten Zahlenwert bedeutet.

Nun können wir die beiden Ansätze

$$\left.\begin{aligned} v_x &= V\left(\frac{y}{\delta}\right)^n \\ \text{und} \qquad & \\ \tau &= A\, \varrho\, V^2 \left(\frac{\nu}{V\delta}\right)^{\frac{2n}{n+1}} \end{aligned}\right\} \tag{23}$$

in die Impulsgleichung einführen und erhalten für den einfachen Fall $\frac{dp}{dx} = 0$, $V = \text{const.}$

$$\frac{n}{(n+1)(2n+1)} \varrho V^2 \frac{d\delta}{dx} = A \varrho V^2 \left(\frac{\nu}{V\delta}\right)^{\frac{2n}{n+1}}. \tag{24}$$

Die Gl. (24) stellt eine Differentialgleichung für die turbulente Grenzschichtdicke dar. Integriert erhalten wir

$$\delta = \text{const.}\; x \left(\frac{\nu}{V x}\right)^{\frac{2n}{3n+1}} \tag{25}$$

und für den Reibungskoeffizienten c_r

$$c_r = \text{const.} \left(\frac{\nu}{V x}\right)^{\frac{2n}{3n+1}} \tag{26}$$

Bezüglich der praktischen Anwendbarkeit dieser Formel ist folgendes zu bemerken:

a) Der Exponent n ist veränderlich mit der Kennzahl, kann aber in ziemlich weiten Bereichen annähernd durch einen Mittelwert ersetzt werden. So gilt z. B. für[9])

$$n = 1/7, \quad \frac{2n}{3n+1} = 0{,}2, \quad n = 1/8, \quad \frac{2n}{3n+1} = 0{,}182$$

und für

$$n = 1/10, \quad \frac{2n}{3n+1} = 0{,}154.$$

Dementsprechend ist der Reibungswiderstand in den entsprechenden Bereichen der 1.8, 1.818, 1.846-ten Potenz der Geschwindigkeit proportional.

b) Die Konstanten in den Formeln (25) und (26) können am besten aus den Messungen über Strömungswiderstand in Rohren entnommen werden. Für den Gültigkeitsbereich des $\frac{1}{7}$ – Potenzgesetzes können wir setzen

$$\delta = 0{,}37 \frac{x}{R_x^{\,0{,}2}} \tag{25a}$$

$$c_r = 0{,}074 \frac{1}{R_x^{\,0{,}2}} \tag{26a}$$

[9]) Über den Gültigkeitsbereich der Potenzgesetze vgl. L. Schiller und R. Hermann, Ingenieurarchiv Vol. I. p. 391 (1930). H. Lerbs W.R.H. Vol. 11 p. 365, (1930). F. Eisner, Schiffbau und Schiffahrt Vol. 31 p. 563 (1930), ferner J. Nikuradse, Aachener Vorträge (1930) und Verhandl. des Intern. Kongresses f. Mech. Stockholm (1930).

Die meisten Berechnungen sind mit diesem Exponenten durchgeführt worden. Eine Extrapolation auf den Fall eines aktuellen Schiffes ist indessen nicht statthaft und führt nur zu geringen Werten für den Widerstand.

6. Übergang zwischen laminarer und turbulenter Grenzschicht. Der Übergang zwischen laminarer und turbulenter Grenzschicht ist wichtig für die Deutung der Modellversuche, da zahlreiche Experimente gerade in den Übergangsbereich fallen. Dies ist vielleicht der Hauptgrund, daß trotz sorgfältiger Versuchstechnik die Versuchsergebnisse über Reibungswiderstand vielfach widersprechend sind und schwer in ein System eingeordnet werden können. Der Übergang zwischen den beiden Strömungszuständen hängt eben von sehr vielen Nebenumständen ab.

In erster Linie ist die „Kennzahl der Grenzschicht" $\frac{V\delta}{\nu}$ maßgebend. Der Übergang findet scheinbar bei Kennzahlen statt, die der Größenordnung nach mit den Kennzahlen übereinstimmen, bei welchen die Strömung z. B. in einem Rohr von Laminarströmung zu turbulenter Strömung überschlägt.[10]) Die Kennzahlen sind im Falle der Grenzschicht im allgemeinen höher. Man kann als Grenzwerte $R_\delta = 1600$ und $R_\delta = 6000$ annehmen. Bei Platten mit scharfer Anströmkante erfolgt der Übergang später als bei Platten mit runder Nase; in dem letzteren Falle ist die Strömung oft unmittelbar hinter der Nase bereits turbulent. Der Übergang hängt aber bei ein und demselben Körper auch von dem Turbulenzzustand der äußeren Strömung, d. h. der Strömung außerhalb der Grenzschicht ab. Wenigstens ist dies der Fall, wenn die Messung am stehenden Modell im künstlichen Flüssigkeits- oder Luftstrom vorgenommen wird. So sind die Widerstandskurven von Luftschiffmodellen (Widerstand als Funktion der Kennzahl) in dem Übergangsgebiet in erster Linie charakteristisch für den Windkanal, in welchem die Messung vorgenommen wurde, und nur in zweiter Linie für den wirklichen Widerstand des in ruhender Luft bewegten Körpers.

Die Berechnung des Überganges kann unter der Annahme erfolgen, daß die Geschwindigkeitsverteilung in einem Querschnitte mit bestimmter Kennzahl $R_\delta = \frac{V\delta}{\nu}$ vom laminaren Charakter plötzlich zum turbulenten Typus überspringt.

---

[10]) M. Hansen, Z. f. angew. Math. u. Mech. 1928. Vol. 8. p. 185. A. Fage, Phil. Mag. 7. p. 253 (1929). J. M. Burgers, Proceedings Int. Congr. for appl. mechanics Delft 1925. J. M. Burgers und B. G. van der Hegge-Zijnen, K. Akademie Amsterdam 1924, B. G. van der Hegge-Zijnen, Thesis Delft 1924, ferner Rijksstudiedienst Amsterdam 1926, Proc. 4. Internat. Congress of aerial navigation Rome 1927.

L. Prandtl[11]) hat unter Benutzung des $^1/_7$ Potenzgesetzes für die turbulente Grenzschicht den Übergang für den Fall einer ebenen Platte gerechnet und für den Koeffizienten der Gesamtreibung den Ausdruck

$$c_r = 0{,}074 \frac{1}{R_x{}^{0,2}} - \frac{1700}{R_x} \tag{27}$$

gefunden.

Für Stromlinienkörper, z. B. Luftschiffkörper, haben M. Jones[12]), H. L. Dryden[13]) und C. B. Millikan[14]) den Übergang berechnet und dadurch die scheinbaren Widersprüche in den Widerstandsmessungen weitgehend geklärt.

7. Versuche zu einer rationellen Theorie der Turbulenz. In den Berechnungen, die im Paragraph (5) wiedergegeben sind, haben wir einfache Interpolationsformeln für die Geschwindigkeitsverteilung in einem turbulenten Flüssigkeitsstrom benutzt, welche mit dem Mechanismus der turbulenten Bewegung, namentlich mit dem Mechanismus des turbulenten Impulsaustausches, eigentlich nichts zu tun hatten. Die Verbindung mit dem Widerstandsgesetz wurde in einer halbempirischen Weise durch eine Dimensionsbetrachtung hergestellt. Die so gewonnenen Formeln sind in einzelnen Fällen recht brauchbar, doch erlauben sie keine Extrapolation, wie es insbesondere für die Aufgaben des Schiffbaues erwünscht ist, um aus den Modellversuchen auf die Ausführung im großen Maßstab schließen zu können. Wie wir gesehen haben, muß man für jeden weiteren Kennzahlbereich neue Formeln mit verschiedenen Potenzen aufstellen.

Es ist klar, daß eine Formel von allgemeinerer Gültigkeit nur dann gewonnen werden kann, wenn wir das Wesen des turbulenten Impulsaustausches näher berücksichtigen.

Betrachten wir die Strömung in einem kreiszylindrischen Rohre — die uns besser bekannt und insbesondere der direkten Beobachtung leichter zugänglich ist als die Strömung entlang einer Platte —, so ist die folgende grundlegende Tatsache zu erwähnen:

Es sei V die maximale Geschwindigkeit, die in der Rohrachse auftritt, v die Geschwindigkeit in einem Punkte, dessen Abstand von der Achse gleich r ist, τ die an der Wand übertragene Schubspannung. Alsdann läßt sich (V—v) im rein turbulenten Bereich, d. h. abgesehen

---

[11]) Göttinger Ergebnisse, 3. Lieferung. p. 1 (1927).

[12]) B. M. Jones, Rep. u. Mem. Nr. 1199 (1928).

[13]) H. L. Dryden, A. M. Kuethe, U. S. Nat. Adv. Comm. Rep. Nr. 342 (1930).

[14]) C. B. Millikan, Trans. Am. Soc. Mech. Eng. Applied Mech. (1932).

von der unmittelbaren Wandnähe, in folgender Weise ausdrücken

$$V - v = \sqrt{\frac{\tau}{\varrho}}\, f\left(\frac{r}{a}\right),\ ^{15)} \qquad (28)$$

wobei a den Halbmesser des Rohres bezeichnet. Es ist bemerkenswert, daß die Funktion $f(\frac{r}{a})$ unabhängig ist von der Kennzahl und von der Beschaffenheit der Wand. Vergleichen wir z. B. die Strömung in einem glatten und in einem rauhen Rohr, so decken sich die Geschwindigkeitsprofile — ausgehend von der Maximalgeschwindigkeit —, wenn die Wandreibung den gleichen Wert hat.

Die Darstellung der Geschwindigkeitsverteilung nach Gl. (28) erscheint viel logischer und natürlicher als z. B. die Darstellung durch Potenzgesetze oder andere Interpolationsformeln, die von der Wand ausgehen. Die Gl. (28) drückt die physikalische Tatsache aus, daß die Geschwindigkeitsverteilung in dem rein turbulenten Bereich nur von der übertragenen Schubspannung und vom Abstand von der Wand abhängen kann, unabhängig von Viskosität und insbesondere von der Art, wie die Turbulenz erzeugt wurde. Wir schließen daraus, daß das Strömungsbild und der Mechanismus des Impulsaustausches an einer bestimmten Stelle, z. B. in einem bestimmten Abstand von der Wand unabhängig ist davon, ob die den Impulsaustausch ausführenden Schwankungsbewegungen oder Wirbelungen durch eine rauhe oder durch eine glatte Wand erzeugt worden sind. Im glatten Rohr ist die derselben Wandreibung entsprechende Geschwindigkeitsdifferenz zwischen Wand und Rohrachse naturgemäß größer als im Falle eines rauhwandigen Rohres. Der Vorgang im rein turbulenten Gebiet ist aber augenscheinlich hiervon unbeeinflußt und ist in beiden Fällen der gleiche, falls nur das Kräftespiel im Innern der Flüssigkeit dasselbe ist.

Auf Grund der Gleichung (28) läßt sich auch etwas über das Ähnlichkeitsgesetz aussagen: die Zusatzgeschwindigkeiten v'_x, v'_y, die durch den Mittelwert $-\overline{v_x v_y}$ die turbulente Reibung erzeugen, wachsen proportional mit $\sqrt{\frac{\tau}{\varrho}}$, falls wir ähnliche Stellen, d. h. gleiche Werte von $\frac{r}{a}$ betrachten, aber verschiedene Werte von τ annehmen. Dies führte uns zu der folgenden Fragestellung:

[15]) Ich habe die Gleichung (28) in einer in den Göttinger Nachrichten erschienenen Arbeit T. E. Stanton zugeschrieben. Herr Prandtl hat mich darauf aufmerksam gemacht, daß Stanton zwar die Beziehung (28) zur Darstellung der Geschwindigkeitsverteilung in Einzelfällen benutzt, aber die allgemeine Gültigkeit der Gesetzmäßigkeit nicht erkannt hat. Diese wird vielmehr zuerst in einer Arbeit von W. Fritsch (Aachener Abhandlungen Heft 8) ausgesprochen. Herr Fritsch hat die Gültigkeit der Beziehung auf meine Anregung untersucht.

Eine Flüssigkeit ströme entlang einer ebenen Fläche; wie ist die Geschwindigkeitsverteilung der mittleren Strömung, wenn wir weiter voraussetzen, daß das Strömungsbild in jedem Punkte ähnlich ist und die der Wandreibung entsprechende Schubspannung von Schicht zu Schicht durch Impulsaustausch übertragen wird.

Die analoge Fragestellung führt bei Annahme laminarer Reibungsübertragung zu einer linearen Geschwindigkeitsverteilung, d. h. zum konstanten Geschwindigkeitsgefälle senkrecht zur Wand. Bei turbulenter Reibungsübertragung erhalten wir eine logarithmische Kurve, d. h. ein mit dem Wandabstand umgekehrt proportionales Geschwindigkeitsgefälle.

Man kann dies aus den hydrodynamischen Bewegungsgleichungen schließen. Entwickeln wir die mittlere Geschwindigkeit v(y) in der Nähe eines bestimmten Wertes y, so führt die Ähnlichkeitsbetrachtung zu den Schlußfolgerungen

a) daß die Zusatzgeschwindigkeiten v'_x, v'_y proportional einer Länge l und dem Geschwindigkeitsgefälle $\frac{dU}{dy}$ sein müssen,

b) daß diese charakteristische Länge l durch das Verhältnis der Differentialquotienten der Geschwindigkeit v in folgender Weise bestimmt wird:

$$l \cong \left| \frac{v'}{v''} \right| \cong \left| \frac{v''}{v'''} \right| \cong \left| \frac{v'''}{v^{IV}} \right| \cong . \tag{29}$$

Diesen Forderungen kann man durch den Ansatz

$$v = \frac{1}{K} \sqrt{\frac{\tau}{\varrho}} \log \frac{y}{y_0} \tag{30}$$

genügen, wobei $\underline{K}$ und y_0 zwei Konstanten darstellen. Die erste Konstante $\underline{K}$ betrachten wir als eine für den turbulenten Impulsaustausch charakteristische dimensionslose Konstante. Es ist offenbar

$$\frac{dv}{dy} = \frac{1}{K} \sqrt{\frac{\tau}{\varrho}} \frac{1}{y} \tag{31}$$

und

$$\tau = -\varrho \overline{v'_x v'_y} = \varrho K^2 y^2 \left(\frac{dv}{dy}\right)^2 \tag{32}$$

Wir können also so sagen, daß bei geometrischer Ähnlichkeit die Zusatzgeschwindigkeiten v'_x, v'_y proportional $y \left(\frac{dv}{dy}\right)$ werden. Die für den Austausch charakteristische Länge l ist mithin proportional y.

Setzen wir

$$\tau = \varrho\, l^2 \left(\frac{dv}{dy}\right)^2 \qquad (33)$$

so wird

$$l = K\, y \qquad (34)$$

Die Konstante K ist somit der Proportionalitätsfaktor der charakteristischen Länge, die man nach einer von L. Prandtl eingeführten Bezeichnung Mischweg nennen kann.[16])

[16]) Über Versuche einer rationellen Theorie der Turbulenz vergl. L. Prandtl, Z. f. angew. Math. u. Mech. Bd. 5 p. 138 (1925), Verhandlungen des 2. internat. Kongresses f. Mech., Zürich (1926), World engineering congress Tokyo (1929), Th. v. Kármán, Göttinger Nachrichten 1930, S. 58, Verhandlungen des 3. internat. Kongresses für Mech. Stockholm (1930).

Die hier gegebene Ableitung der Gleichung (33) ist etwas verschieden von der Art, wie sie zuerst von L. Prandtl gegeben wurde. Prandtl geht von dem folgenden Mechanismus des Impulsaustausches aus:

Die Flüssigkeitsteilchen bewegen sich mit wechselnder Geschwindigkeit v'_y in der Richtung quer zur Hauptströmungsrichtung und legen Wege vom Betrage λ zurück, ohne ihren Impuls in der Hauptrichtung wesentlich zu ändern. Folglich kann man für den Impulstransport in der Zeit zwischen t=0 und t=t setzen

$$B = -\varrho \int_0^t v'_y \left(v + \lambda \frac{dv}{dy}\right) dt$$

und für den mittleren Transport pro Zeiteinheit wegen $\overline{v'_y} = 0$

$$\frac{dB}{dt} = \tau = -\varrho\, \overline{v'_y \lambda}\, \frac{dv}{dy} \quad .$$

Über diesen Ansatz hinaus kann man nur schließen, wenn man über die mittlere Größe von v'_y besondere Annahmen macht. Die Annahme Prandtl's daß v'_y proportional $l \frac{dv}{dy}$ gesetzt werden kann, wenn l den Mittelwert von λ darstellt, enthält eigentlich eine Annahme über Ähnlichkeit des Mechanismus, analog wie wir sie von vornhinein angenommen haben.

Die Ableitung — wie sie hier gegeben wurde — hat meiner Ansicht nach den Vorteil, daß sie keine spezifische Annahme über die Art des Impulsaustausches enthält. G. J. Taylor hat hervorgehoben, daß man keinen zwingenden Grund hat, anzunehmen, daß Flüssigkeitsteilchen eine Querbewegung unter Beibehaltung ihrer Bewegungsgröße ausführen. Im Falle des molekularen Impulsaustausches ist dies eine Folge der Konstanz der Molekülmasse. In einer Flüssigkeitsbewegung kann man seiner Ansicht nach die „Transportgleichung“ für die Wirbelgröße mit Berechtigung anschreiben. Ich glaube, daß man in einer wirklich erfolgreichen Theorie der Turbulenz beide Arten des Austausches, den „Impulsaustausch“ und den „Wirbelaustausch“, zu betrachten haben wird. Bis dahin scheint mir eine Ableitung, die nur die Gültigkeit der hydrodynamischen Gleichungen und die Ähnlichkeit der Vorgänge voraussetzt, vorzuziehen zu sein. Ich habe in der Arbeit „Mechanische Ähnlichkeit und Turbulenz“ versucht, die Aehnlichkeitsbetrachtung für beliebige Parallelströmung zu verallgemeinern, vielleicht über die erlaubten Grenzen hinaus; in dem oben betrachteten Falle ist jedoch die Ähnlichkeit wohl begründet, so daß das logarithmische Verteilungsgesetz und alle weiteren Konsequenzen als sichergestellt gelten können.

Eine Änderung der Konstanten y_0 bewirkt eine Vergrößerung oder Verkleinerung der Geschwindigkeit v um einen konstanten Betrag, da wir offenbar auch schreiben können

$$v = \frac{1}{K}\sqrt{\frac{\tau}{\varrho}}\,(\log y + C) \tag{35}$$

Die Formel (30) liefert für $y = 0$ $v = -\infty$, so daß ihre Gültigkeit naturgemäß aufhört, wenn wir zu nahe zur Wand gelangen. Die Konstante y_0 oder die Konstante C bleibt daher bei unserer Fragestellung unbestimmt, und ohne Betrachtung der laminaren Wandschicht können wir nichts darüber aussagen.

Ferner wird die Gültigkeit der Formel (35) beschränkt sein, wenn wir uns dem äußeren Rand der turbulenten Grenzschicht nähern, da die Tangentialspannung nicht ihren konstanten Wert behält, vielmehr allmählich zu Null abnimmt.

Diese beiden Abweichungen vom logarithmischen Gesetz wollen wir in folgender Weise berücksichtigen:

a) In der Nähe der Wand, d. h. für kleine Werte von y, kann die Gleichung (35) nur angewendet werden, bis die laminare Reibung $\mu \frac{dv}{dy}$ klein ist gegen den Gesamtwert der Tangentialspannung τ. Nun ist nach (35) $\mu \frac{dv}{dy} = \frac{\mu}{K}\sqrt{\frac{\tau}{\varrho}}\frac{1}{y}$, so daß das Verhältnis beider Größen

$$\frac{\tau_{\text{lam.}}}{\tau_{\text{ges.}}} = \frac{\mu}{K\sqrt{\tau\varrho}}\,\frac{1}{y} = \frac{\nu}{K\sqrt{\frac{\tau}{\varrho}}\,y} \tag{36}$$

beträgt. Mithin hört die Gültigkeit der logarithmischen Formel auf, wenn die dimensionslose Größe $\frac{\nu}{K\sqrt{\frac{\tau}{\varrho}}\,y}$ nicht mehr klein gegen Eins, oder die dimensionslose Größe $\frac{K\sqrt{\frac{\tau}{\varrho}}\,y}{\nu}$ nicht mehr genügend groß gegen Eins ist. Die Größe $\sqrt{\frac{\tau}{\varrho}}$ hat die Dimension einer Geschwindigkeit; wir wollen $\sqrt{\frac{2\tau}{\varrho}} = V_r$ setzen und die „Reibungsgeschwindigkeit" bezeichnen. Offenbar ist τ gleich dem Staudruck, der V_r entspricht. Der lokale Reibungskoeffizient $c'_r = \frac{\tau}{\varrho\frac{V^2}{2}}$ erscheint dann gleich der Verhältniszahl $c'_r = \left(\frac{V_r}{V}\right)^2$. Nennen wir δ^x die Dicke der Wandschicht, d. h. der Schicht, in welcher die laminare Reibung neben dem turbulenten Impulsaustausch nicht mehr vernachlässigbar ist, so ist δ^x nach Gl. (36) bestimmt durch eine Bedingung von der Form

$$\frac{V_r \delta^x}{\nu} = R^x \qquad (37)$$

wobei R^x eine charakteristische feste Konstante darstellt. Bezeichnen wir den Wert der Geschwindigkeit in der Wandentfernung δ^x mit V^x, so folgt aus einfacher Dimensionsbetrachtung, daß für eine glatte Wand V^x proportional zu V_r sein muß. Es ist nämlich anzunehmen, daß der Übergang von dem turbulenten Zustand zu dem laminaren und die Geschwindigkeitsverteilung in der Laminarschicht in der Nähe einer glatten Wand nur von den Größen δ, ϱ, μ und vom Abstand y abhängen kann, so daß V^x die Form $V^x = V_r\ f\left(\frac{V_r \delta^x}{\nu}\right)$ haben kann. Da aber für den Übergangspunkt $\frac{V_r \delta^x}{\nu}$ den festen Wert R^x haben soll, so muß V^x proportional zu V_r sein. Wir setzen daher $V^x = \text{const.} \cdot V_r$ und schreiben für $y > \delta^x$

$$v_{(y)} = \text{const.}\, V_r + \frac{1}{K\sqrt{2}} V_r \log \frac{y}{\delta^x} \qquad (38)$$

oder

$$v_{(y)} = \frac{1}{K\sqrt{2}} V_r \left\{ \log \frac{y\, V_r}{\nu} + \text{const.} \right\} \qquad (39)$$

Diese Beziehung wird durch Messungen von N i k u r a d s e sehr gut bestätigt. Wenn diese mit $\log\left(\frac{y\, V_r}{\nu\sqrt{2}}\right)$ als Abszisse und $\frac{V}{V_r}\sqrt{2}$ als Ordinate aufgetragen werden, erkennt man, daß für $\frac{V_r \cdot y}{\nu\sqrt{2}} > 100$ (rein turbulentes Gebiet) die lineare Beziehung zwischen beiden Größen gut erfüllt ist. Als Wert für K ergibt sich K = 0.39—0.40.

b) Nähern wir uns dem äußeren Rand der turbulenten Grenzschicht, so wird Formel (39) nicht mehr genau gelten, da die Schubspannung τ veränderlich ist. Nehmen wir aber an, daß das Änderungsgesetz von τ in allen Querschnitten ähnlich ist, was abgesehen von der Gegend der Anströmkante wohl zutrifft, so können wir wie im Falle des Rohres annehmen, daß V—v, d. h. die Differenz zwischen der Maximalgeschwindigkeit $V = v(\delta)$ und zwischen der Geschwindigkeit $v = v\ (y)$ an einem beliebigen Punkte in der Form $V - v = \sqrt{\frac{\tau}{\varrho}} \cdot g\left(\frac{y}{\delta}\right)$ ausgedrückt werden kann. Die Formel (39) kann daher nur in der Weise geändert werden, daß die Konstante in der Klammer durch eine Funktion von $\frac{y}{\delta}$ ersetzt wird. Wir schreiben daher (für $y > \delta^x$)

$$v_{(x)} = \frac{1}{K\sqrt{2}} V_r \left\{ \log \frac{y V_r}{\nu} + h\left(\frac{y}{\delta}\right) \right\} \tag{40}$$

Wir bezeichnen den Wert von $h\left(\frac{y}{\delta}\right)$ für $y = \delta^x$ mit $\log C_1$ für $y = \delta$ mit $\log C_2$. Es wird somit

$$V^x = \frac{1}{K\sqrt{2}} V_r \left\{ \log \frac{V_r \delta^x}{\nu} + \log C_1 \right\} \tag{41}$$

und

$$V = \frac{1}{K\sqrt{2}} V_r \left\{ \log \frac{V_r \delta}{\nu} + \log C_2 \right\}. \tag{42}$$

Die Gleichung (42) kann in der einfachen Form geschrieben werden

$$\frac{V_r \delta}{\nu} = \frac{e^{\frac{K\sqrt{2}}{V_r} V}}{C_2} \tag{43}$$

Wir betrachten diese Beziehung als grundlegend für die Theorie der turbulenten Grenzschicht. Es ist interessant zu zeigen, daß sie im Einklang steht mit den früheren Potenzformeln, daß die letzteren als Annäherungen sich ergeben, die für verschiedene Kennzahlbereiche gelten.

Das Argument der Exponentialfunktion $z = K\sqrt{2}\frac{V}{V_r}$ ist gleich

$z = K\sqrt{2}\frac{1}{\sqrt{c'_r}}$, somit für große Kennzahlen eine große Zahl, da c'_r von der Größenordnung 10^{-3} ist. Wir können daher e^z durch const. $z^{\frac{1}{n}}$ ersetzen, wobei n eine kleine Zahl ist, die mit wachsendem z abnimmt. Mit anderen Worten, wir nähern die Exponentialfunktion durch Parabeln höherer Ordnung an, die in einem gewissen Bereich sich am besten anschmiegen. Alsdann erhalten wir

$$\frac{V_r \delta}{\nu} = \text{const.} \left(\frac{V}{V_r}\right)^{\frac{1}{n}}$$

oder (44)

$$\tau = \frac{\varrho V_r^2}{2} = \text{const.} \frac{\varrho V^2}{2} \left(\frac{\nu}{V\delta}\right)^{\frac{2n}{n+1}}$$

in voller Übereinstimmung mit den benutzten Potenzansätzen. Es ist hiermit gezeigt, daß der Exponent des Reibungsgesetzes mit wachsender Kennzahl abnimmt und für $R = \infty$ n zu Null sich nähert. Das Gesetz nähert sich also allmählich zu dem quadratischen Widerstandsgesetz, d. h. zu dem Zustand, daß der Reibungswiderstand dem Staudruck proportional und der Beitrag aller Flächenelemente zur Gesamtreibung gleich wird. Dieser Zustand wird aber bei einer ideal glatten Fläche nie erreicht, der Grenzwert $\frac{\tau}{\varrho \frac{V^2}{2}}$ wird vielmehr beliebig klein, wenn die Kennzahl über alle Grenzen wächst.

8. Anwendung der Turbulenztheorie auf die Berechnung des Reibungswiderstandes. Die in dem letzten Punkt entwickelten Ansätze für eine rationelle Turbulenztheorie liefern in Verbindung mit dem Impulssatz die Möglichkeit, für den Reibungswiderstand eine Formel aufzustellen, die für den gesamten Bereich hoher Kennzahlen Gültigkeit hat. Wir fassen erst die Folgerungen aus der Turbulenztheorie zusammen:

a) Für die Geschwindigkeitsverteilung im turbulenten Bereich der Grenzschicht haben wir zwei Entwicklungen. Es gilt zunächst

$$v = \frac{1}{K\sqrt{2}} V_r \left\{ \log \frac{V_r\, y}{\nu} + h\left(\frac{y}{\delta}\right) \right\} \tag{45}$$

Andererseits erhalten wir, wenn wir Gl. (40) und (42) vergleichen,

$$v = V - \frac{1}{K\sqrt{2}} V_r \left\{ \log \frac{\delta}{y} + \log c_2 - h\left(\frac{y}{\delta}\right) \right\} \tag{46}$$

Für $y = \delta$, $\log C_2 = h\,(1)$ und $v = V$.

b) Zwischen der Geschwindigkeit am äußeren Rande der Grenzschicht V, zwischen der Grenzschichtdicke δ und der Wandreibung τ besteht die Beziehung

$$\tau = \varrho \frac{V_r^{\,2}}{2} \quad \text{wobei} \quad V_r = \frac{\nu}{C_2\,\delta} \cdot e^{K\sqrt{2} \cdot \frac{V}{V_r}} \tag{47}$$

In allen diesen Formeln sind K und C_2 von der Kennzahl unabhängige Konstanten, $h\left(\frac{y}{\delta}\right)$ ist eine von der Kennzahl unabhängige Funktion.

Zu diesen Ansätzen reiht sich die Aussage des Impulssatzes in der folgenden Form:

c) Die Gesamtreibung einer Platte von der Länge x ist gleich

$$W_r = \int_0^x \tau \, dx = \varrho \int_0^\delta v (V - v) \, dy \tag{48}$$

oder

$$\tau = \varrho \frac{d}{dx} \int_0^\delta v (V - v) \, dy \tag{49}$$

Zunächst berechnen wir das Impulsintegral, welches in den Gleichungen (48) und (49) vorkommt, mit Benutzung der Formel (46). Diese Formel gilt zwar nur für $y > \delta^x$, d. h. im turbulenten Bereich. Im allgemeinen ist aber der Beitrag der Laminarschicht $0 < y < \delta^x$ so gering, daß wir die Integration bis $y = 0$ erstrecken können, ohne einen merklichen Fehler zu begehen. In dieser Weise erhalten wir

$$\int_0^\delta v (V - v) \, dy = (c_1 V_r V + c_2 V_r^{\,2}) \, \delta \tag{50}$$

wobei c_1 und c_2 zwei numerische Konstanten sind.

Nach (49) haben wir zu setzen:

$$\tau = \frac{\varrho}{2} V_r^{\,2} = \varrho \frac{d}{dx} \{ c_1 V_r V \delta + c_2 V_r^{\,2} \delta \} \tag{51}$$

Unter Benutzung von Gl. (47) setzen wir $V_r \delta = \frac{\nu}{C_2} e^z$, wobei $z = K\sqrt{2}\frac{V}{V_r}$ gesetzt wurde, und erhalten mit

$$V_r = \frac{K\sqrt{2}}{z} \cdot V, \qquad c_3 = K \, c_2 \sqrt{2}$$

$$\frac{C_2}{\nu} K^2 V = z^2 \frac{d}{dx} \left(c_1 e^z + \frac{c_3}{z} e^z \right) \tag{52}$$

$$\frac{V_x}{\nu} = \frac{1}{K^2 C_2} \left[c_1 z^2 + (c_3 - 2c_1) z + 2 (c_1 - c_3) \right] e^z . \tag{53}$$

Die Gl. (53) liefert uns die Beziehung zwischen $z = K \sqrt{\frac{2}{c_r'}}$ und der Kennzahl $R_x = \frac{V \cdot x}{\nu}$. Für große Reynolds'sche Kennzahlen gilt mit genügender Genauigkeit

$$R_x = \frac{c_1}{K^2 C_2} z^2 e^z \tag{54}$$

und schließlich

$$\frac{K\sqrt{2}}{\sqrt{c_r'}} - \log c_r' = \log \frac{R_x}{R_o} \tag{55}$$

wobei die Konstanten in log R_o zusammengefaßt wurden.

Hiermit haben wir eine Beziehung zwischen den lokalen Reibungskoeffizienten c_r' und der Kennzahl R_x erhalten, die zwei Konstanten enthält. Die eine Konstante K ist eine universelle Konstante der turbulenten Impulsübertragung, die wir z. B. aus den Rohrversuchen entnehmen können. Die zweite Konstante R_o ist abhängig von der Geschwindigkeitsverteilung innerhalb der Grenzschicht, und zwar sowohl von dem Übergang zwischen der laminaren Wandschicht zum turbulenten Bereich als von dem Übergang am Außenrande der turbulenten Grenzschicht. Da diese Übergänge nicht gut bekannt sind, können wir R_o nicht theoretisch ermitteln; wir benutzen sie, um die Gl. (55) an die experimentellen Ergebnisse anzupassen. R_o ist aber die einzige Konstante, die unbestimmt ist und uns zur Anpassung zur Verfügung steht.

Wir können z. B. so verfahren, daß wir die Gültigkeit der früher auf Grund des sog. $^1/_7$ Potenzgesetzes abgeleiteten Gleichungen:[17])

$$c_r' = 0{,}059 \frac{1}{\sqrt[5]{R_x}} \tag{56}$$

bis zu $R_x = 10^6$ voraussetzen und dann die Fortsetzung nach der neu gewonnenen Gleichung (55) ansetzen. Die Formel (55) gibt die Ergebnisse der Versuche, insbesondere der schönen Kempf'schen Versuche mit sehr langen Körpern sehr gut wieder, indem der für glatte Flächen theoretisch errechnete Wert als untere Grenze für die Messungen an Flächen mit verschiedener Rauhigkeit erscheint.

Zur Berechnung der Gesamtreibung benutzen wir Gl. (48) und erhalten nach kurzer Umrechnung

$$c_r = \frac{W}{\frac{\varrho V^2}{2} \cdot x} = \frac{2}{K C_2} \frac{1}{R_x} \left(c_1 + \frac{c_3}{z}\right) e^z . \tag{57}$$

---

[17]) Der Zahlenwert 0,059 für den lokalen Reibungskoeffizienten entspricht 0,074 für den Koeffizienten c_r der Gesamtreibung.

Setzen wir R_x aus Gl. (54) ein, so erhalten wir mit guter Annäherung

$$c_r = c_r' \left(1 + \frac{\sqrt{2}}{\varkappa} \sqrt{c_r'}\right). \tag{58}$$

Die beiden Gleichungen (55) und (58) stellen das endgültige Ergebnis unserer Berechnungen über den Reibungswiderstand ebener glatter Flächen dar.[18])

9. Anwendung auf den Fall rauher Flächen. Die rationelle Turbulenztheorie gestattet auch gewisse Schlüsse auf die Gesetzmäßigkeiten der Reibung an rauhen Flächen. Die wichtigsten experimentellen Tatsachen, die lediglich aus Versuchen an rauhen Rohren und Rinnen entnommen sind, sind die folgenden:[19])

a) Der Einfluß der Rauhigkeit wird nur oberhalb einer gewissen Kennzahl stark bemerklich, die von der Rauhigkeit abhängt und mit wachsender Rauhigkeit abnimmt.

b) Jenseits dieser Grenze geht das Widerstandsgesetz mit wachsender Kennzahl nach einem kürzeren oder längeren Übergangsbereich in das quadratische Gesetz über, so daß der Reibungskoeffizient unabhängig von der Kennzahl wird.

Man kann sich diese beiden Tatsachen in folgender Weise verständlich machen:

a) Der Einfluß der Rauhigkeit beginnt stark bemerkbar zu werden, wenn die Erhebungen sich aus der laminaren Schicht herausheben, während sie wenig Einfluß hat, wenn die Dicke der laminaren Wandschicht größer ist als die Rauhigkeitserhebungen.

b) Der konstante Reibungskoeffizient deutet darauf hin, daß der Impulsaustausch unabhängig ist von der Kennzahl. Im Falle der glatten Wand haben wir den Austauschkoeffizienten proportional der Wandentfernung y gesetzt, und außerdem haben wir angenommen, daß die Dicke δ^x der laminaren Wandschicht veränderlich ist. Folglich beginnt in dem Falle der glatten Wand der Impulsaustausch mit einem veränderlichen Austauschkoeffizienten, der proportional δ^x und somit Funktion der Kennzahl ist. Im Falle einer rauhen Wand scheint es richtiger zu sein, den Anfangswert des Impulsaustausches unabhängig von der Kennzahl und proportional den Rauhigkeitserhebungen zu setzen. Physi-

---

[18]) Die hier durchgeführten Berechnungen beziehen sich nur auf den Fall konstanter Geschwindigkeit entlang des Widerstandskörpers. Grenzschichtberechnungen bei veränderlichen Druckgradienten sind neuerlich von Gruschwitz, Ingenieurarchiv Bd. 2 p. 321 (1931) und A. Buri, Diss. Zürich 1931 durchgeführt worden. Die Schwierigkeit besteht darin, daß wir die Verzerrung der Geschwindigkeitsverteilung durch den Druckgradienten nicht theoretisch rechnen können. Die halbempirischen Methoden der beiden Verfasser sind interessant, aber mit ziemlicher Unsicherheit behaftet.

[19]) Vgl. K. Fromm, Z. f. angew. Math. u. Mech. Vol. 3 (1923) p. 339, M. F. Treer, Phys. Z. Vol. 30 (1929) p. 542 und Verhandlungen des 3. internat. Kongreß f. Mech. Stockholm (1930) p. 77. J. Nikuradse, daselbst, p. 239. Über Geschwindigkeitsverteilung in der Nähe rauher Wände M. Hansen, W. Fritsch (Aachener Abhandlungen, Heft 8).

kalisch ist dies dadurch begründet, daß im Falle der glatten Wand (und auch im Falle der rauhen Wand, solange die Laminarschicht die Rauhigkeit überdeckt) die Wirbel, die den Impulsaustausch besorgen, wahrscheinlich durch Zerfall der Laminarschicht entstehen, während sie an der rauhen Wand durch Ablösung an den Erhebungen erzeugt werden. Wir setzen daher statt Gl (41)

$$V^x = \frac{1}{K}\sqrt{\frac{\tau}{\varrho}}\left\{\log\frac{\delta}{h} + \log C_1\right\}, \tag{59}$$

wobei h ein der mittleren Erhebung proportionales Längenmaß bedeutet.

Wenn wir für diesen Fall die entsprechende Berechnung ähnlich wie im letzten Punkte durchführen, erhalten wir zwischen „relativer Rauhigkeit“ $\frac{h}{x}$ und dem Reibungskoeffizienten c_r' die folgende Beziehung

$$-\log c_r' + \frac{K\sqrt{2}}{\sqrt{c_r'}} = \log\frac{x}{h} + \text{const.} \tag{60}$$

Diese Gleichung enthält zwei Aussagen, deren Richtigkeit durch praktische Versuche kontrolliert werden kann: erstens gibt sie die Abhängigkeit der Reibung von der Länge der rauhen Platte bei konstanter Rauhigkeit; zweitens gibt sie das Maß, nach welchem die Reibung mit wachsender Rauhigkeit zunimmt. Systematische Messungen Nikuradses[20]) an rauhen Rohren scheinen die hier dargelegten Gesetze zu bestätigen; es wäre wichtig, an rauhen Platten ähnliche systematische Untersuchungen durchzuführen.

Eine theoretische Berechnung des Überganges zwischen den unter a) und b) erwähnten Kennzahlbereichen ist bisher nicht versucht worden. Die Versuche zeigen, daß der Übergang in manchen Fällen bei ständig fallenden Reibungszahlen vor sich geht, während in anderen Fällen, insbesondere bei sehr großer Rauhigkeit, die Reibungszahl im Übergangsgebiet ansteigt. Fernerhin ist der Einfluß des mittleren Abstandes der Rauhigkeitserhebungen auf die Reibung fast völlig unbekannt. L. Hopf[21]) hat die Begriffe Welligkeit und Rauhigkeit einzuführen versucht, doch scheinen solche Unterscheidungen die Sachlage mehr zu verwirren als zu klären. Es scheint dem Referenten, daß man eine Meßmethode und einen Meßapparat ausfindig machen sollte, welcher ermöglicht, das relative Maß der Rauhigkeit, welches für den Widerstand maßgebend ist, festzulegen. Ohne ein festgelegtes Rauhigkeitsmaß ist es außerordentlich schwer, die Versuche systematisch durchzuführen und systematisch zu deuten. Für die praktischen Aufgaben des Schiffbaues und vieler anderer Zweige der Ingenieurkunst ist aber die Kenntnis der Reibung an rauhen Flächen vielleicht wichtiger als die des theoretischen Grenzfalles der Reibung an der idealen glatten Fläche. Auf diesem Gebiet harren daher noch zahlreiche Probleme der Lösung.

---

20) J. Nikuradse, Z.a.M.M. Bd. 11 (1931) p. 409.

21) L. Hopf, Z. f. angew. Math. u. Mech. Bd. 3. p. 329 (1923).

Weitere Reibungsergebnisse an ebenen glatten und rauhen Flächen.

Von Günther Kempf, Hamburg.
Hamburgische Schiffbau-Versuchsanstalt.

I. Die früheren Reibungsmessungen, welche an dem ebenen glatten Boden eines 77 m langen Pontons in der Hamburgischen Schiffbau-Versuchsanstalt bis zu Geschwindigkeiten von $9^1/_2$ m/sec. seinerzeit ausgeführt worden sind, und über deren Ergebnisse ich vor 3 Jahren berichtet habe, haben inzwischen auch theoretisch nach Verfeinerung der Theorie ihre volle Bestätigung gefunden und zwar einmal durch die von Schiller, Eisner und Lerbs vorgenommene Ableitung des Reibungswiderstandes einer ebenen Fläche aus Rohrreibungsversuchen und dann durch einen neuen theoretischen Ansatz von v. Kármán.

Aus diesem Grunde lag also an sich kein Bedürfnis vor, die früheren Reibungsmessungen zu wiederholen. Wenn wir dieses dennoch taten, so geschah es aus verschiedenen anderen Gründen.

Zunächst sollte versucht werden, die Geschwindigkeitsverteilung in der Grenzschicht, die damals nur schwankende, unsichere Ablesungen geliefert hatte, erneut zu messen, es sollten ferner einige gegen die damaligen Versuche vorgebrachte Einwände geprüft werden, und schließlich sollte die neue Reibungsmessung des glatten Pontons als Ausgangspunkt für weitere Rauhigkeitsmessungen dienen.

II. Die neuen Reibungsmessungen an dem ebenen glatten Ponton, dessen Boden neu gespachtelt, lackiert und sorgfältig glatt geschliffen wurde, sodaß seine größten Unebenheiten höchstens die Größenordnung von $^1/_{10}$ mm hatten, ergaben innerhalb der Grenzen der Meßgenauigkeit, welche etwa $\pm$ 2% betrug, vollkommene Uebereinstimmung mit den früheren Messungen.

Der Reibungswiderstand einer ebenen, technisch glatten Fläche ist also bis zu Reynolds'schen Zahlen von $5 \cdot 10^8$ versuchstechnisch völlig einwandfrei sichergestellt.

Dieser Reibungswiderstand wird daher zweckmäßig künftig als Grundlage auch für die Reibungsberechnung von Schiffen zu verwenden sein, indem man zunächst den Reibungswiderstand der technisch glatten ebenen Oberfläche errechnet und dann hierzu einen Zuschlag macht, welcher einerseits die Form des Schiffskörpers und andererseits seine individuelle Rauhigkeit berücksichtigt. Die genaue Größe dieses Zuschlages, dessen Größenordnung auf Grund unserer früheren Messungen an der Seitenwand zweier Schiffe, der „Hamburg" und der „Bremen", ziemlich übereinstimmend sich ergeben hat, ist der Gegenstand weiterer Forschungen, von denen wir bisher den Einfluß der Plattenstufen und der allgemeinen Granulierung in Angriff genommen haben.

Ueber den Einfluß der Plattenstufen ist früher berichtet worden. Bevor ich heute über unsere weiteren Versuche mit allgemeiner Granulierung der Fläche berichte, möchte ich über die Wiederholung der Versuche mit dem glatten Ponton berichten.

Um sicherzustellen, daß kein Druckunterschied an der vorderen und hinteren Plattenkante der Meßplatten auftreten kann, wurden beide Kanten nach Vorschlag von Prof. Horn mit Anbohrungen versehen und ihre Druckrohre gegeneinander geschaltet. Die Meßplatten waren so einreguliert, daß kein Druckunterschied auftrat.

Um den Einfluß etwaiger Querströmungen unter dem Boden zu ermitteln, waren im hintersten Pontonteil 2 Meßplatten nebeneinander angeordnet, die eine in der Mitte, die andere seitlich von ihr. Die Widerstände beider Platten zeigten keine merkbaren Unterschiede, sodaß mit gleichförmiger Strömung unter dem Boden im Bereich der Meßplatten zu rechnen ist.

III. Um die Geschwindigkeitsverteilung an glatter und rauher Wand zu messen, wurden zu beiden Seiten einer Meßplatte einfache Staurohre eingebaut von flachgedrücktem Querschnitt, der aus einem Messingrohr von 2 mm lichtem Durchmesser bis auf $^1/_2$ mm horizontale Spaltbreite an der Spitze zusammengedrückt worden war. Auf der einen Seite wurde ein Doppelstaurohr bis zu genügender Tiefe von 700 mm in die ungestörte Strömung unter dem Ponton hinausgesteckt, auf der anderen Seite ein Kamm mit 7 verschiedenen Staurohren von obiger Form, der nach jeder Meßfahrt tiefer gesteckt wurde, bis das unterste Rohr ungestörte Strömung anzeigte. Die Druckanzeigen der Rohre wurden photographiert. Es ergab sich bei den Messungen dieselbe Beobachtung wie bei den früheren Versuchen, daß die außerhalb der Grenzschicht liegenden Rohre eine ruhige Anzeige lieferten, während die in der Grenzschicht liegenden Rohre schwankende Menisken ihrer Wassersäulen zeigten, was offenbar durch die Turbulenz der Grenzschichtströmung zu erklären ist. Durch geeignete Dämpfung, also verringerte Empfindlichkeit durch Einschaltung kurzer Kapillarstücke, gelang es auch, die Menisken der in der Grenzschicht liegenden Rohre in ihren Schwankungen so zu begrenzen, daß photographisch scharfe Ablesungen erzielt wurden.

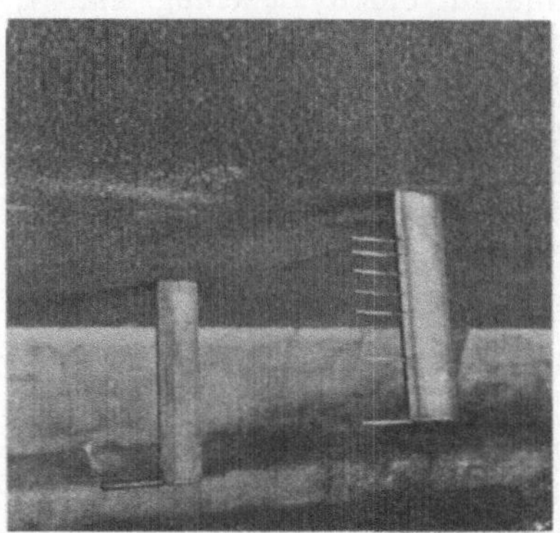

Fig. 1
Die aus der rauhen Bodenfläche des Pontons nach unten herausragenden Meßrohre.

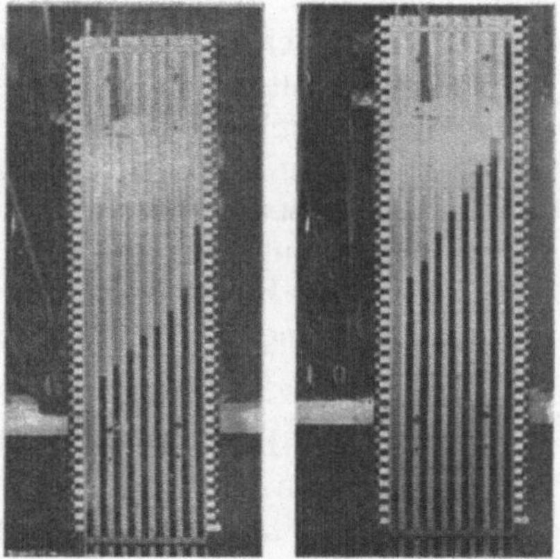

Fig. 2
Photographierte Druckanzeigen der in Fig. 1 dargestellten Meßrohre.

Durch diese Geschwindigkeitsmessungen bestätigte sich auch einwandfrei, was bereits früher aus der Konstanz der Widerstandsmessungen zu schließen war, daß die Gleichförmigkeit der Geschwindigkeit des Pontons sowohl als auch die der voll ausgebildeten Grenzschichtströmung auf genügend langer Meßstrecke erzielt worden ist.

Die Geschwindigkeitsverteilung in der Grenzschicht wurde in verschiedenen Längenabständen von der Spitze des Pontons gemessen und an mehreren Stellen auch bei verschiedenen Geschwindigkeiten, so daß Vergleiche bei g l e i c h e n Reynolds'schen Zahlen, aber bei v e r s c h i e d e n e n Längen und Geschwindigkeiten möglich wurden. Unter den gleichen Verhältnissen wurde dann später auch die Geschwindigkeitsverteilung am r a u h e n Ponton gemessen.

Errechnet man die Geschwindigkeitsverteilung in der Grenzschicht für eine ebene glatte Fläche nach dem Potenzgesetz mit dem Exponenten $^1/_9$ unter Zugrundelegung der theoretischen Grenzschichtdicke für die einzelnen Versuche und trägt dann die gemessenen Werte als Punkte ein, so zeigt sich, daß in der Tat die Übereinstimmung im großen und ganzen recht gut ist, indem sich die gemessenen Werte um die theoretische Kurve herumschlängeln derart, daß im allgemeinen größere Geschwindigkeiten in großer Nähe der Wandung gemessen werden, in größerer Entfernung jedoch kleinere Geschwindigkeiten, als den theoretisch zu erwartenden entspricht. Diese Beobachtung ist nicht nur auf die hier mitgeteilten Messungen beschränkt, sie ist ganz allgemein bisher gemacht worden, besonders ausgeprägt z. B. auch an der Seitenwand großer Schiffe. Ob die Erklärung hierfür in den zusätzlichen Umfangsgeschwindigkeiten zweier entgegengesetzt drehender größerer

Wirbelsysteme zu suchen ist, scheint nach Beobachtungen nicht ausgeschlossen zu sein.

Man kann nun natürlich auf Grund dieser Grenzschichtmessungen nach dem Impulsgesetz den Widerstand errechnen. Da aber die Widerstandsmessungen genauer sind als die Geschwindigkeitsmessungen, ergibt die Berechnung nichts Neues.

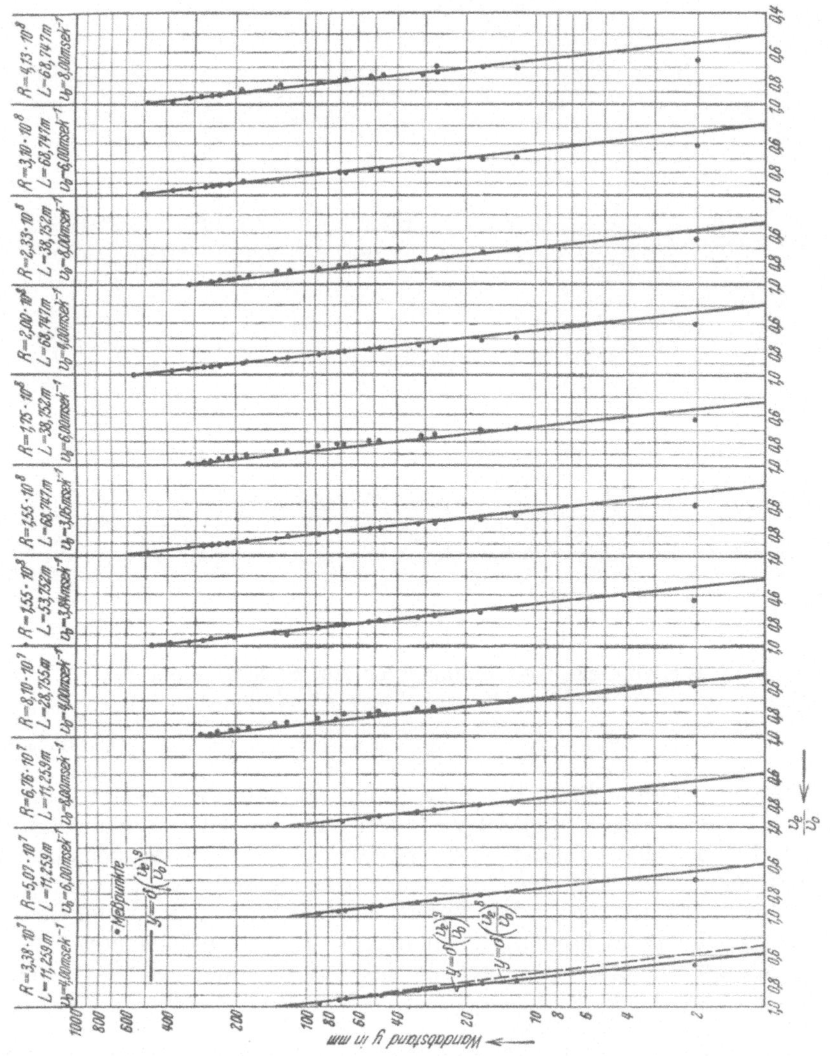

Fig. 3
Geschwindigkeitsverteilung quer zur glatten Wand für verschiedene Reynolds'sche Zahlen.

Bei **gleichen** Reynolds'schen Zahlen zeigen die Messungen an der glatten Fläche, daß die Geschwindigkeitsverteilung in der Grenzschicht dieselbe bleibt, auch wenn Anlauflänge und Geschwindigkeit verschieden sind, an der rauhen Fläche ergeben sich dagegen im gleichen Fall erhebliche Unterschiede in der Geschwindigkeitsverteilung, wie auch bei der (Fig. 4) Abhängigkeit von der relativen Rauhigkeit anzunehmen ist.

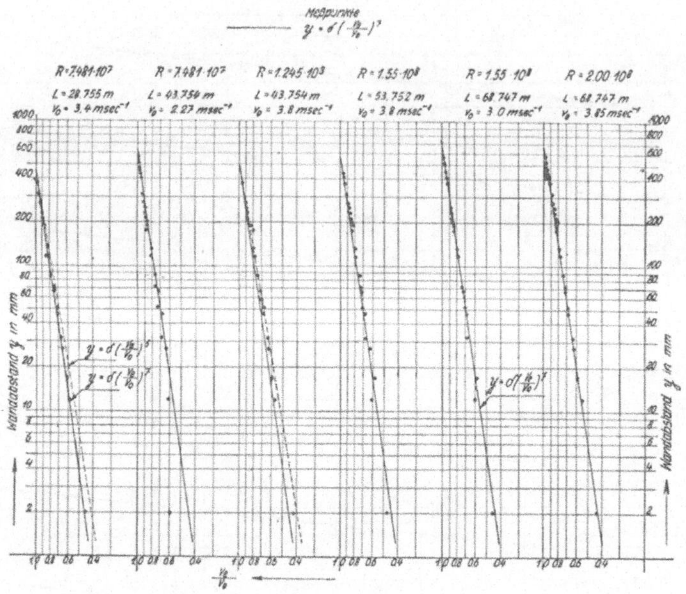

Fig. 4
Geschwindigkeitsverteilung quer zur rauhen Wand für verschiedene Reynolds'sche Zahlen.

Bei den untersuchten Reynolds'schen Zahlen im Bereich von 10^8 entspricht die Geschwindigkeitsverteilung in der Grenzschicht an der rauhen Fläche dem Potentialexponenten $^1/_7$; ihre Grenzschichtdicke, die man empirisch aus der Kurve der Geschwindigkeitsverteilung ermitteln kann, ist entsprechend größer als die der glatten Fläche. Der Gesamtwiderstand der 77 m langen, 1,6 m breiten rauhen Fläche von 1,25 mm Korngröße ist um etwa 40% größer als derjenige der technisch glatten Fläche.

Zur Schaffung einer bestimmten gleichförmigen Rauhigkeit wurde die ganze Bodenfläche des Pontons mit einer gleichmäßigen Körnung aus doppelt gesiebtem Elbsand bestreut, nachdem die Fläche vorher mit Spirituslack angestrichen war. Zur besseren Befestigung der Sandkörner

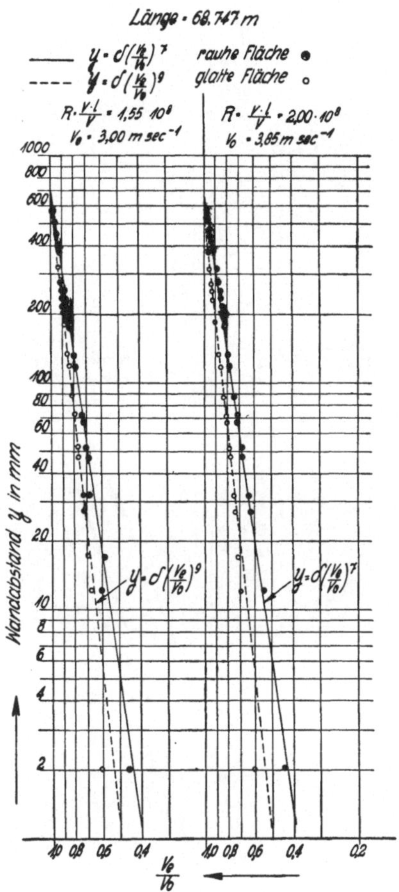

Fig. 5
Geschwindigkeitsverteilung bei gleicher Entfernung von der Eintrittskante an glatter und rauher Wand.

wurde die Fläche nachträglich nochmals mit Spirituslack gestrichen. Die dadurch entstandene Rauhigkeit ist eine ziemlich gleichmäßige Körnung, bei der der Durchmesser der Körner, d. h. die Höhe der Erhebungen etwa 1,25 mm beträgt bzw. etwa 60 Körner auf einer Fläche von 1 cm^2 verteilt sind.

IV. Die Schubspannungen an rauher Wand, die ebenso wie bei dem glatten Ponton an verschiedenen im Boden verteilten beweglichen Platten gemessen wurden, ergaben Werte, welche etwa 40% über denjenigen der technisch glatten Fläche liegen, während die an der Seitenwand von Schiffen gemessenen Schubspannungen etwa 30% höher liegen (Fig. 6).

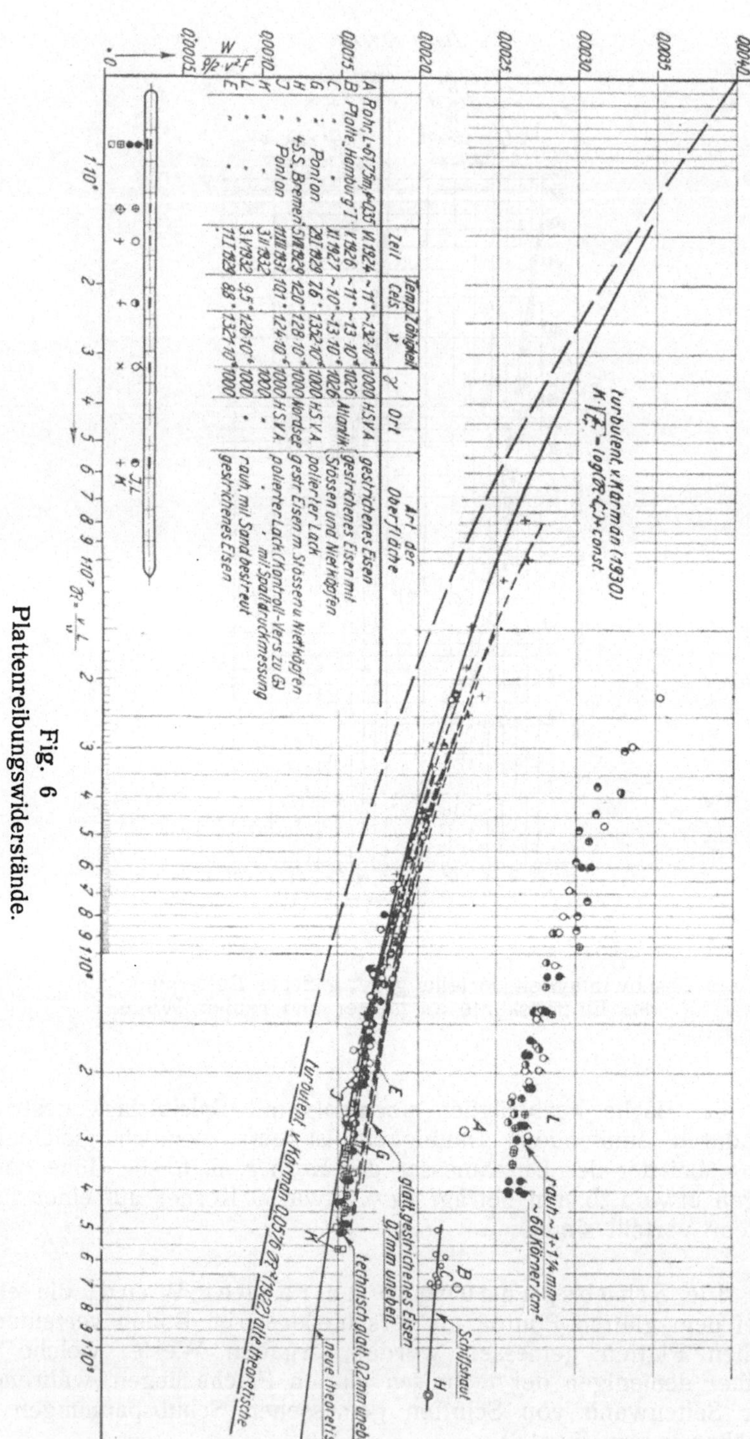

Fig. 6
Plattenreibungswiderstände.

Für die verschiedenen bisher gemessenen Oberflächenzustände ergeben sich vergleichsweise folgende Schubspannungswerte:

für die technisch glatte Fläche ($^1/_{10}$—$^2/_{10}$ mm uneben) = 100
für glatt gestrichenes Eisen ($^5/_{10}$—$^7/_{10}$ mm uneben) = 104
für die Schiffshaut (gestrichenes Eisen + Nähte, Stöße, Niete) = 130
für die gleichmäßig rauhe Fläche (1.25 mm Körner 60 cm²) = 140

Die Meßwerte, deren Streuungen ± 2% betrugen, reichen bis zu Reynolds'schen Zahlen von 4.10^8. An einer Stelle des Pontons waren zwei Meßplatten nebeneinander angebracht, von denen die eine die gleiche Rauhigkeit besaß wie die Bodenfläche, während die andere technisch glatt war. Die an ihnen gemessenen Schubspannungen sind, wie zu erwarten war, gleich groß.

Die durch diese Widerstandsmessungen an einer ebenen Fläche von verschiedenen Rauhigkeitsgraden ermittelten Schubspannungen liefern die Grundlage für die Berechnung der Reibung der Schiffsoberfläche ohne Berücksichtigung des Formeinflusses.

V. Um nun auch über die Art des Einflusses der Schiffsform zunächst wenigstens einen rohen Aufschluß zu erhalten, haben wir Widerstandsmessungen an einer schlanken Schiffsmodellform ausgeführt. Nachdem ihr Widerstand für den Zustand der glatten Paraffinoberfläche gemessen war, wurde stückweise vom Vorsteven beginnend die Oberfläche mit einer bestimmten Rauhigkeit versehen, indem mit einer ausgezackten Ziehklinge feine gleichmäßige Rillen senkrecht zur Fahrtrichtung von etwa $^2/_{10}$ mm Tiefe eingeritzt wurden. Dadurch konnte der Widerstandsanteil gemessen werden, den jedes weitere Stückchen Aufrauhung erbrachte, bis schließlich das Modell vollkommen aufgerauht war und der gesamte Widerstandszuwachs gemessen wurde. (Fig. 7).

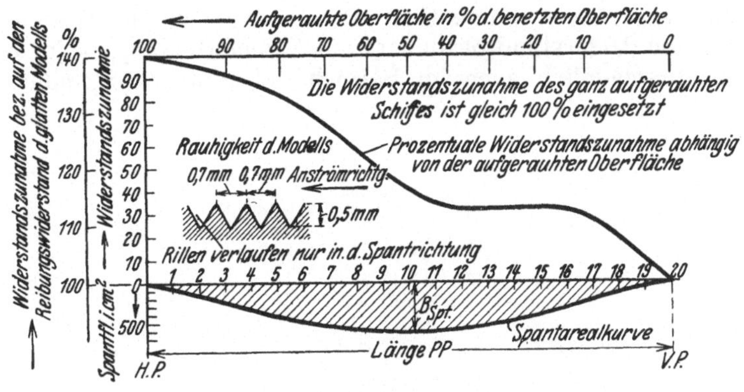

Fig. 7
Widerstandszunahme eines Schiffsmodells, dessen Oberfläche fortschreitend von vorn rechts nach hinten links stückweise aufgerauht ist.

Auch bei einer ebenen Fläche, welche allmählich von vorn an aufgerauht wird, erzeugt nicht jeder Oberflächenanteil den gleichen Widerstandsanteil, vielmehr steigert sich der Einfluß eines Oberflächenanteiles auf die Widerstandsbildung, je weiter nach vorn er liegt, und sinkt, je weiter nach hinten er liegt, da die relative Rauhigkeit von hinten nach vorn anwächst.

Bei der Schiffsform gilt das gleiche für den verhältnismäßig größeren Einfluß, den das Vorschiff auf die Widerstandsbildung ausübt. Während aber bei der ebenen Fläche mit zunehmender Entfernung von der Vorkante der Einfluß auf die Widerstandsbildung sich stetig verringert, wurde bei der Schiffsform im Bereich der hinteren Schulter wiederum ein steigender Einfluß der dort vorhandenen Rauhigkeit auf die Widerstandsbildung festgestellt. Diese Beobachtung, die wir mehrfach gemacht haben, möge hier vorläufig nur als solche mitgeteilt werden, indem darauf hingewiesen wird, daß es sich bei der untersuchten Modellform um eine besonders schlanke gehandelt hat, so daß kritische Ablösungserscheinungen kaum in Frage gekommen sein dürften. Es muß wohl weiterer Forschung überlassen werden, diese Erscheinung weiter zu verfolgen und zu ergründen.

VI. Die praktischen Auswirkungen der in diesem Referat über „Reibungsmessungen an glatten und rauhen Flächen" mitgeteilten Ergebnisse der Hamburgischen Schiffbau-Versuchsanstalt, an denen als Mitarbeiter besonders die Herren Hoppe, Hinterthan, Lerbs und Helm beteiligt waren, liegen in folgenden Feststellungen:

1. Der Reibungswiderstand einer Schiffshaut kann auf der Grundlage der exakten Berechnung der technisch glatten ebenen Fläche mit einem Zuschlag für Form und Oberflächenbeschaffenheit des betreffenden Schiffes mit praktisch guter Annäherung berechnet werden.

2. Bereits geringe Rauhigkeiten können den Gesamtwiderstand erheblich vergrößern namentlich dann, wenn sie an Stellen liegen, wo sie den Widerstand besonders stark beeinflussen, wie im Vorschiff und wahrscheinlich auch im Bereich der hinteren Schulter.

The Influence of Temperature on the Frictional Resistance Experienced by Plane Surfaces Moving in a Fluid.

by Karl E. Schoenherr.[1])

It is well known, that theory requires that the mean specific resistance c_f of a plane surface moving edgewise through a fluid be a function of Reynolds' number R, where:

$$c_f = \frac{F}{\frac{\varrho}{2} A v^2}$$

$$R = \frac{v\,L}{\nu}$$

F = Resistance in lbs.

A = Area in square ft.

v = Speed of advance in ft. per second.

L = A characteristic length, assumed to be equal to the length of the surface.

ϱ = The density of the medium.

ν = The coefficient of kinematic viscosity of the medium.

From the above relationship it is apparent, that the mean specific resistance should be affected equally by like increases in the speed or the length, or a like decrease in the viscosity of the medium. Blasius and Gebers verified this law experimentally for two of the three variables, viz., the speed and the length, but not for the third variable, the kinematic viscosity. Inasmuch as, the viscosity of the water in most model basins is subject to appreciable seasonal changes, caused by temperature variation, it has seemed worth while to test the validity of the above relationship also by experiments in which the viscosity and the speed were varied systematically.

Suitable for these tests the U. S. Experimental Model Basin possessed a small towing tank, 35 feet long, by 4 feet wide, by 22 inches deep. Objects are towed in this tank by means of a gravity dynamometer

---

[1]) Assistant Engineer, U. S. Experimental Model Basin, Washington.

which has a sensitivity of one ten thousandth of a pound and a maximum capacity of about one half pound towline pull. The speed is measured by recording on a strip of paper driven by a constant speed motor, the distance travelled by the body, and the time.

With this apparatus, of course, thin single plates could not be towed for lack of stability. The difficulty was overcome by Captain Eggert's suggestion to use two parallel plates of equal dimensions rigidly tied together above the water-line. Such a body will be designated hereafter by the term „catamaran friction plane".

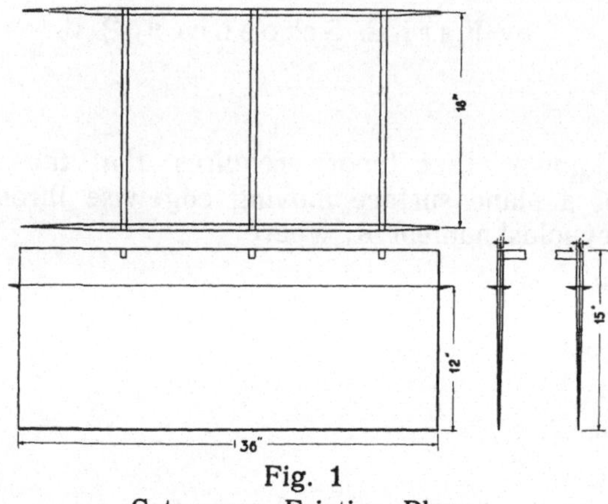

Fig. 1
Catamaran Friction Plane.

Following this suggestion, the catamaran plane shown in Fig. 1 was made, which had the following principal dimensions: Length 36 inches, depth 15 inches, thickness $^1/_2$ inch at the waterline tapering to $^1/_8$ inch at the bottom edges. The two individual plates were spaced 18 inches apart which left a clear space of 15 inches between each plate and the side wall of the tank. It was made of clear white pine, carefully smoothed, and finally covered with several coats of paint and varnish. When completed, it was ballasted to float at a draft of 12 inches in water.

The initial test results brought out two important points. First, it was found inadvisable to exceed speeds of 2,7 to 3,0 feet per second on account of appreciable wave making at these speeds. Secondly, it was found that in spite of the rounded entering edges of the plates mixed flow, i. e. part laminar and part turbulent flow prevailed to almost the highest practical speed. In order to overcome this latter difficulty and to produce artificially turbulent flow, a strip of each plate extending from the leading edge four inches backward was covered with fresh varnish and then coated with fine sand. Finally, „Fixatif", a gum varnish preparation was sprayed over the sand. This method, which has occasionally been used by other experimenters, proved entirely successful in rendering the flow turbulent at a speed well below the maximum practical speed.

The catamaran plane, with the leading edges roughened as described, was tested at nine different temperatures, ranging from 43,5 degrees to 110 degrees Fahrenheit, and at each temperature over a speed range of from 0,30 to 3,0 feet per second. For the high temperatures the tank water was heated by means of a steam pipe installed in the bottom of the tank. To minimize radiation, and to avoid troublesome convection currents, the tests at the highest temperatures were made in summer on days when the temperature of the surrounding air was 95 to 100 degrees Fahrenheit. For similar reasons, the tests at the low temperatures were made in winter on days when the temperatures of the surrounding air and the water were about equal.

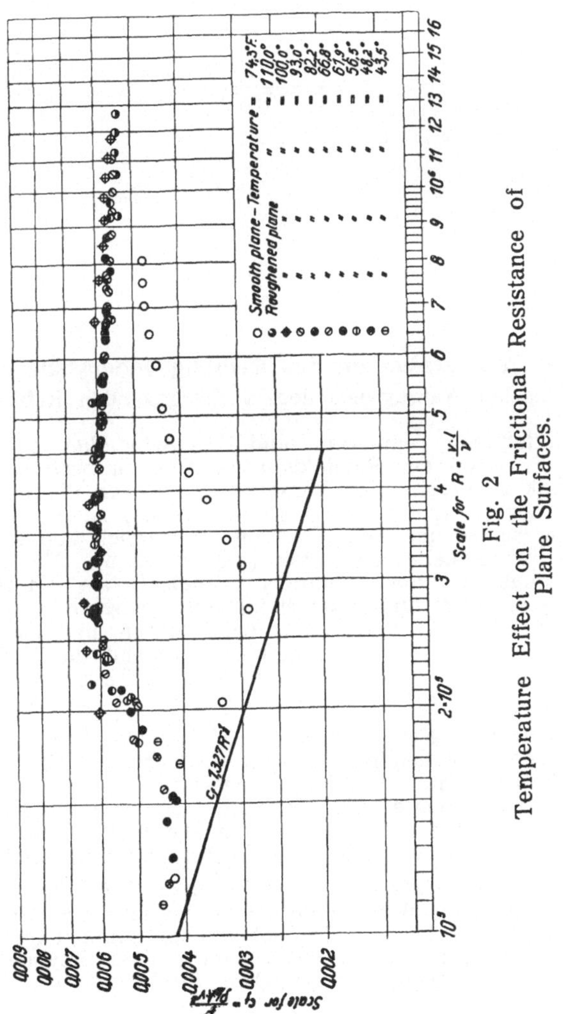

Fig. 2

Temperature Effect on the Frictional Resistance of Plane Surfaces.

The results of the tests were plotted, as shown in Fig. 2, in the form of the previously defined non-dimensional coefficients of mean specific resistance c_f against values of Reynolds' number R. The coefficients of kinematic viscosity corresponding to the different temperatures were taken from data published in the Smithsonian Tables, 7th Edition, 1923.

It is seen from Fig. 2 that the spots from all the tests define very closely a mean line. Hence, we may claim to have shown by direct experiment that the interrelationship of speed and viscosity of the medium, expressed by Reynolds' number, and their influence on the mean specific resistance of plane surfaces is substantially that required by theory.

Der Einfluß der Temperatur auf den Reibungswiderstand ebener Platten.

(Deutscher Auszug aus dem vorhergehenden Referat.)

Um den Einfluß von Temperatur und Geschwindigkeit auf den Reibungswiderstand als Funktion der Reynolds'schen Zahl zu bestimmen, wurden im USA-Versuchstank zu Washington Versuche mit ebenen Platten vorgenommen. Die Anordnung der Platten ist aus Fig. 1 (s. S. 84) zu ersehen. Die Platten wurden bei 9 verschiedenen Temperaturen im Bereich von 6^0 bis 43^0 C geschleppt in Geschwindigkeitsgrenzen von je 0,1 bis 1 m/s. Die hohen Temperaturen des Tankwassers wurden mittels in den Boden eingebauter Dampfheizungsrohre erzielt. Um die Ausstrahlung auf ein Minimum zu beschränken, wurden die Versuche mit den Höchsttemperaturen im Sommer bei Lufttemperaturen von 35^0 bis 37^0 C ausgeführt, während die Versuche mit den niedrigsten Temperaturen im Winter stattfanden an Tagen, an denen die Luft- und Wassertemperaturen annähernd gleich waren.

Die Vorversuche zeigten, daß man Geschwindigkeiten von 1 m/s aus Gründen auftretender Wellenbildung nicht überschreiten darf, und daß trotz abgerundeter Eintrittskante die Platte gemischte, d. h. teils laminare teils turbulente Strömung erzeugte. Um eine rein turbulente Strömung zu sichern, wurden die in einem Abstand von 380 mm senkrecht stehenden Platten an ihren vorderen Enden lackiert und durch Überstreuen von Sand aufgerauht.

Die Ergebnisse dieser Versuche zeigt Fig. 2 (s. S. 85), der man entnehmen kann, daß die Meßpunkte aller Versuche mit der aufgerauhten Platte eng um eine Mittelkurve herum liegen. Schoenherr hat somit experimentell nachgewiesen, daß das für den Reibungswiderstand geltende Reynolds'sche Ähnlichkeitsgesetz auch bei Änderung der Zähigkeit durch Änderung der Temperatur Gültigkeit hat.

Erörterungsbeiträge

zu Gruppe I „Reibungswiderstand".

L. Prandtl (bei der Niederschrift mit Zusätzen versehen): 1. Wie aus dem eben Vorgetragenen hervorgeht, scheint es unvermeidlich zu sein, daß aus der Kármánschen Werkstatt zur gleichen Zeit immer ganz gleichartige Arbeiten hervorgehen wie aus dem von mir geleiteten Göttinger Institut. So war es 1921, als wir nahezu gleichzeitig auf Grund des Blasiusschen Gesetzes für den Rohrwiderstand den Widerstand einer glatten Platte in gleicher Weise berechneten, und so ist es jetzt, 10 Jahre später, wieder gekommen, auf Grund der inzwischen gewonnenen neueren Einsichten über das Verhalten des glatten Rohres. Was Herr Eisner über die letzten Göttinger Arbeiten vorgetragen hat, findet sich in wenig veränderter Gestalt wieder in dem Kármánschen Vortrag. Bis zu einem gewissen Grade kann dieser Parallelismus dadurch erklärt werden, daß Kármán und ich, wenn wir uns sehen, uns immer über die ungelösten Fragen zu unterhalten pflegen und durch diese Gespräche den Ansporn erhalten, gerade über diese Dinge stärker nachzudenken. Bei unserer offenbar ziemlich ähnlichen Geistesverfassung — gewisse Unterschiede sind allerdings unverkennbar — kommen dann solche Ergebnisse wie hier zustande.

Die theoretischen Formeln für den Reibungswiderstand der glatten Platte sind etwas unhandlich. In der in Kürze erscheinenden IV. Lieferung der „Ergebnisse der Aerodynamischen Versuchsanstalt zu Göttingen" werden Sie eine Tabelle für die hiernach berechneten c_r-Werte finden. Außerdem ist dort eine, übrigens von Herrn Dr. Eisner schon erwähnte Interpolationsformel angegeben, die ich Ihnen für die praktische Anwendung empfehlen möchte. Sie lautet:

$$c_r = \frac{0{,}455}{(\log \mathfrak{R}_l)^{2{,}58}}$$

$\mathfrak{R}_l$ bedeutet dabei die Reynoldssche Zahl $\frac{v\,l}{\nu}$.

2. Ich möchte Ihnen nun noch von einigen Fortschritten bezüglich des Rauhigkeitsproblems berichten, die wir in letzter Zeit in Göttingen erzielt haben. Wir haben als erstes Versuchsobjekt dabei das durchströmte Rohr gewählt, da hier die Versuchstechnik wesentlich einfacher ist als bei der Platte. Aus Messungen von Nikuradse an einer Anzahl von rauhen Rohren haben wir das aus Fig. 1 ersichtliche Bild über den Verlauf der Widerstandszahl λ mit der Reynoldsschen Zahl $\mathfrak{R}_d = \frac{\bar{u}\,d}{\nu}$ erhalten ($\bar{u}$ = mittlere Geschwindigkeit, d = Rohrdurchmesser). Jede einzelne Kurve entspricht einer anderen relativen Rauhigkeit $\frac{k}{r}$ (k = Korngröße, r = Rohrradius). Wir haben die verschiedenen Rauhigkeiten in der Weise erzeugt, daß wir die

Rohre innen lackiert haben und auf den noch klebrigen Lack Sand gebracht haben. Nach dem Trocknen wurde dann noch einmal überlackiert, so daß

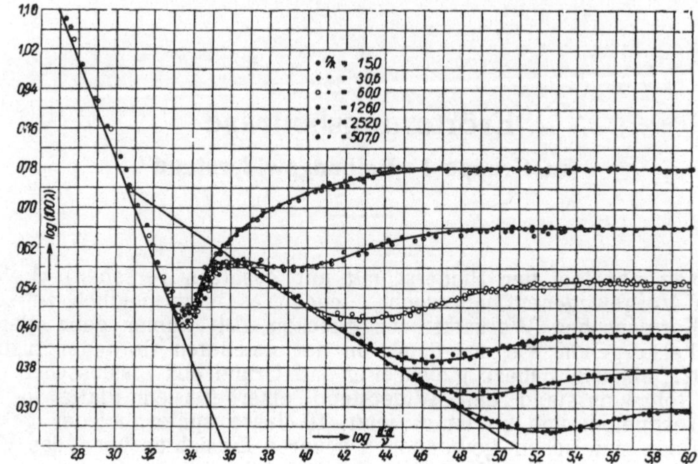

Fig. 1

Abhängigkeit der Rohrreibungsziffer λ von der Reynolds'schen Zahl $\frac{\bar{u} \cdot d}{\nu}$ für Rohre relativer verschiedener Rauhigkeit $\frac{k}{r}$.

die Sandkörner festgebunden waren und auch durch einen starken Wasserstrom nicht herausgespült wurden. Es wurde dabei Sand von verschiedenen durch Aussieben hergestellten Körnungen verwendet. Die Rauhigkeiten, die man auf diese Weise erhält, sind natürlich von einem ganz bestimmten Typus, und nur diesem Umstand ist es zuzuschreiben, daß die einzelnen Widerstandskurven so schön gesetzmäßig verlaufen. Mit Rauhigkeiten von anderer Gestalt würde wahrscheinlich auch die Gestalt der Kurve wechseln. Aus dem Diagramm erkennt man, daß so gut wie kein Rauhigkeitseffekt vorhanden ist, wenn die Strömung laminar ist. Bei der kritischen Geschwindigkeit gehen alle Kurven ziemlich gemeinsam in die Höhe, um sich von dort aus, beginnend mit der gröbsten Rauhigkeit, einzeln von der Kurve des glatten Rohres abzulösen. Wir erkennen auch, daß sich die Widerstandszahl eines Rohres mit kleiner relativer Rauhigkeit bei der turbulenten Strömung auf einer beträchtlichen Strecke nicht von derjenigen des glatten Rohres unterscheidet. Dann folgt ein Übergangsgebiet, in dem die Widerstandszahl in charakteristischer Weise steigt. Schließlich wird sie konstant. Dieses letztere Gebiet zeigt besonders einfache Verhältnisse. Die Widerstandszahl ist hier auch wieder durch eine von Herrn v. Kármán und von uns in Göttingen auf verschiedenem Wege gefundene Formel

$$\lambda = \frac{1}{\left(A \log \frac{r}{k} + B\right)^2}$$

gegeben, die von den Versuchen recht gut bestätigt wird. Das eigenartige Verhalten, daß eine geringe Rauhigkeit sich bei den kleineren Reynoldsschen Zahlen gar nicht und erst von einer gewissen Stelle an in wachsendem Maß durch Widerstandsvermehrung bemerkbar macht, läßt sich so erklären, daß die Rauhigkeit so lange einflußlos bleibt, als sie von der laminaren Grenzschicht eingehüllt ist, die unmittelbar an der Wand auch in der turbulenten Strömung vorhanden ist. Erst wenn die Erhebungen über diese herausragen und durch Ablösung der Strömung an ihnen selbst zur Wirbelbildung beitragen, werden sie hydraulisch fühlbar.

Man bekommt nun eine besonders übersichtliche Darstellung der mit der Oberflächenrauhigkeit zusammenhängenden Verhältnisse, wenn man aus der obigen Formel die Größe B ausrechnet

$$B = \frac{1}{\sqrt{\lambda}} - A \log \frac{r}{k}$$

und dieser Rechnung nun auch diejenigen Versuchspunkte unterwirft, die dem Übergangsgebiet und dem Gebiet des glatten Rohres angehören, wo B nun keine Konstante mehr ist. Wenn man nun diese Größe aufträgt zu einer Reynoldsschen Zahl, die aus den charakteristischen Größen der Strömung an der Rauhigkeit selbst gebildet wird, nämlich aus dem mittleren Korndurchmesser k und aus der aus der Wandschubspannung abgeleiteten Geschwindigkeit

$$v_* = \sqrt{\frac{\tau_{wand}}{\varrho}}\ ^{1)},$$

so fallen die Werte von B auch für die Übergangszustände und für das hydraulisch glatte Rohr in einen einzigen Linienzug zusammen, der in Figur 2 dargestellt ist.[2]) Nach einer Betrachtung, die Sie u. a. in der erwähn-

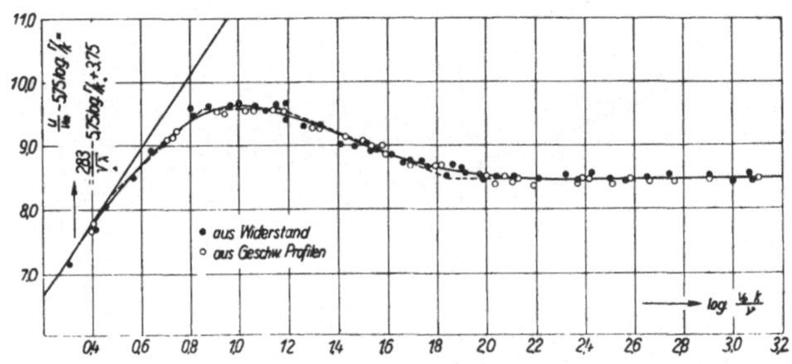

Fig. 2
Rauhigkeitsfunktion.

ten IV. Lieferung der „Ergebnisse der Aerodynamischen Versuchsanstalt" finden werden, besteht zwischen dem Widerstandsgesetz und der Geschwindigkeitsverteilung ein enger Zusammenhang, der auch auf den Fall des rauhen Rohres anwendbar ist. Die entsprechende Beziehung, die ich der Kürze halber hier übergehe, ist durch die Formeln in Fig. 2 zum Ausdruck gebracht (dort ist u die Geschwindigkeit im Abstand y von der Wand und v_* die eben gekennzeichnete, aus der Wandreibung abgeleitete Geschwindigkeit).

3. Mit diesen Angaben ist man nun wieder in der Lage, die Übertragung auf die Platte vorzunehmen. Die Rechnungen sind allerdings etwas weniger

---

[1]) Bei v. Kármán steht dafür $v_r = v_* \cdot \sqrt{2}$

[2]) Genau ausgedrückt, ist in dieser Figur nicht B selbst, sondern eine lineare Funktion von B dargestellt, vgl. das Nachstehende.

einfach und müssen in der Weise vorgenommen werden, daß man die Kurve von Figur 2 durch einen passenden Polygonzug ersetzt; dieser ist in Figur 2 gestrichelt angegeben. Man kann nun für jede Gerade dieses Polygonzugs die Formeln für die Reibungsschichtdicke δ und die zu ihr gehörige Anlauflänge x herstellen und damit die Kurve der Reibungswiderstände stückweise berechnen. In Fig. 3 ist dies gemäß den Rechnungen von Dr. H. Schlichting für die örtliche Reibungsziffer c_r' geschehen. Als Abszisse ist der Logarithmus der Reynoldsschen Zahl der Anlauflänge x (Entfernung der betrachteten Stelle von der Vorderkante der Platte) gewählt, als Ordinate der Logarithmus von c_r'. Es sind zwei Kurvenscharen angegeben. Auf der einen ist $\frac{k}{x} = \text{const.}$, was eine Art relative Rauhigkeit darstellt, auf der anderen $\frac{v\,k}{\nu} = \text{const.}$ (Reynolds'sche Zahl, gebildet aus der Plattengeschwindigkeit und der Korngröße der Rauhigkeit). Diese beiden Kurven sind deshalb gewählt, weil die erstere das Verhalten der Reibungsziffer ein und derselben Stelle der Platte bei verschiedenen Geschwindigkeiten und die zweite das Verhalten der verschiedenen Stellen einer Platte bei ein und derselben Geschwindigkeit veranschaulicht. Der gesamte Reibungswiderstand würde sich durch eine weitere Integration ergeben, wobei der Sachverhalt noch dadurch kompliziert wird,

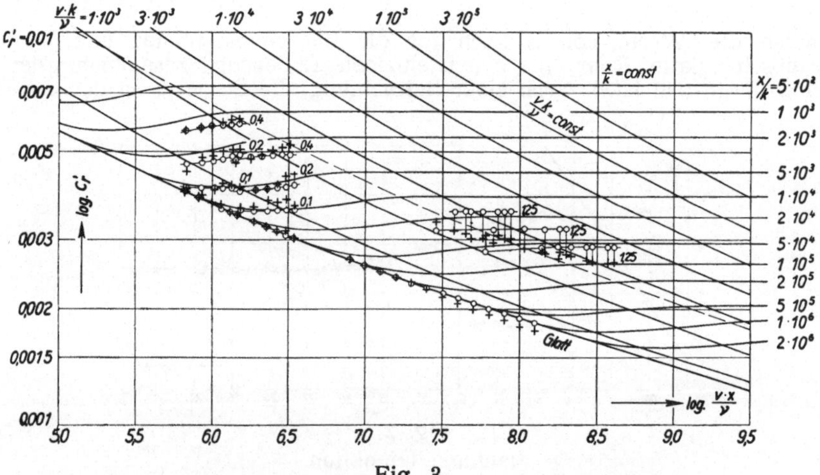

Fig. 3

Örtliche Reibungsziffer bei der Strömung entlang einer rauhen Platte, hergeleitet aus der Rohrströmung.

Es bedeutet v die Geschwindigkeit, x die Entfernung von der Vorderkante, k die Korngröße der Rauhigkeit. Die gestrichelte Linie ist die Grenze der vollausgebildeten Rauhigkeitsströmung. Links sind Windkanalversuche der AVA., Göttingen, rechts Schlepptankversuche der HSVA. eingetragen. Die Versuchspunkte sind durch Kreuze, die zugehörigen berechneten Punkte durch Kreise angegeben. Die angeschriebenen Zahlen geben die Rauhigkeit k in mm an.

daß eine laminare Anlaufstrecke an der vorderen Schneide hinzukommt, falls die Platte gut zugeschärft ist.

Man kann die Verhältnisse qualitativ auch noch folgendermaßen veranschaulichen. Für eine Platte von gegebener Rauhigkeit beginnt man zwar mit einer kleinen Reynoldsschen Zahl $\frac{v\,\delta}{\nu}$, aber einer sehr großen relativen Rauhigkeit $\frac{k}{\delta}$. Sobald also die laminare Strecke überwunden wird, kommt man in das Gebiet, das durch die höchsten Kurven von Fig. 1 dargestellt ist. Allmählich wächst die Reibungsschichtdicke δ, und es wächst auch die Reynoldssche Zahl. Man kommt dabei allmählich aus dem Gebiet der voll ausgebildeten Rauhigkeitsturbulenz in das Übergangsgebiet, und wenn die Rauhigkeit klein genug bezw. die Platte lang genug ist, auch noch in das Gebiet der hydraulisch glatten Wand. Wir schließen daraus zweierlei:

1) daß von einer gewissen Plattenlänge an eine bestimmte mäßige Rauhigkeit überhaupt nicht mehr schädlich ist,

2) daß jede auch geringe Rauhigkeit sich in der Nähe der Vorderkante durch einen Zusatzwiderstand bemerklich macht, sobald dort turbulenter Zustand herrscht.

Wo es sich darum handelt, den Widerstand um jeden Preis zu verkleinern, würde man also den Schiffskörper vor allem in der Nähe des Bugs so glatt wie irgend möglich machen müssen.

Zur Nachprüfung der vorstehenden theoretischen Resultate haben wir neuerdings einige Plattenmessungen im Windkanal gemacht, und zwar mit Platten von 3 verschiedenen Längen und 3 verschiedenen Rauhigkeiten. Die Differenz der Widerstände von zwei gleich rauhen, aber verschieden langen Platten lieferte eine mittlere örtliche Reibungsziffer für die zusätzliche Fläche der längeren Platte. Die Rauhigkeiten waren dabei in der gleichen Weise erzeugt wie bei den Rohren, so daß der Anschluß an die Formeln vorhanden ist. In Fig. 3 sind die zusammengehörigen Werte der gemessenen und gerechneten Widerstandszahlen durch senkrecht übereinander befindliche Kreuze und Kreise gekennzeichnet. Im einzelnen ergeben sich verschiedentlich Abweichungen, die hauptsächlich auf den Umstand zurückgeführt werden müssen, daß sich bei der erwähnten Differenzbildung die Versuchsungenauigkeiten stark bemerklich machen. Der Gang mit der Plattenlänge und der Rauhigkeit ist dabei aber bei Versuch und Rechnung in guter Übereinstimmung.

Weiter sind in Fig. 3 die Ergebnisse der von Dr. Kempf soeben vorgetragenen Rauhigkeitsmessungen eingetragen, die dieser mir liebenswürdigerweise zur Verfügung gestellt hat. Ferner sind frühere Hamburger Messungen an glatten Platten eingetragen. Die Rauhigkeit k = 1,25 mm, die ich aus Angaben von Dr. Kempf entnahm, paßt offenbar nicht ganz in unsere Rauhigkeitsskala. Die Übereinstimmung wäre besser, wenn man k etwa halb so groß angenommen hätte. Mit dieser Änderung würden die Versuche sich, wenn man jeweils die kleinste Geschwindigkeit fortläßt, gut in unser Schema fügen. Es zeigt sich also auch hier, daß man mit gutem Erfolg von den Rohrströmungen auf die Plattenströmung umrechnen kann.

H. M. Weitbrecht: Die Ergebnisse der reinen Forschung genügen heute noch nicht, um den Reibungswiderstand eines im Wasser bewegten Körpers zahlenmäßig einwandfrei festzustellen.

In der Praxis wird trotz der theoretischen Bedenken mit gutem Erfolg das Verfahren von Froude auch heute angewandt und der Reibungswiderstand mit den von den beiden Froude festgelegten Reibungsbeiwerten ermittelt. Es dürfte daher angezeigt sein, sich auf Grund der heutigen Anschauungen einmal klar zu machen, welche Werte von Froude überhaupt eingeführt wurden.

Nach Froude ist der Reibungswiderstand eines Modells $w_r = \lambda f v^{1,825}$ (1), worin f die benetzte Fläche, v die Fortschrittsgeschwindigkeit und λ der durch Versuche festgesetzte Reibungswert ist, abhängig nur von der Länge des Modelles.

Aus Dimensionsrücksichten schreiben wir heute

$$w_r = \zeta_r \varrho/_2 \, f \, v^2 \qquad (2).$$

Aus (1) und (2) folgt

$$\zeta_r = \frac{\lambda}{\varrho/_2 \, v^{0,175}} \qquad (3).$$

Berechnet man demnach ζ_r für verschiedene Geschwindigkeiten bei gleichbleibender Schiffslänge und trägt die Werte von ζ_r über der zugehörigen Reynoldszahl $\mathfrak{R} = \frac{v\,l}{\nu}$ auf, so erhält man für je eine Länge eine besondere ζ_r-Kurve und zwar bei Auftragung in logarithmischen Systemen eine gerade Linie.

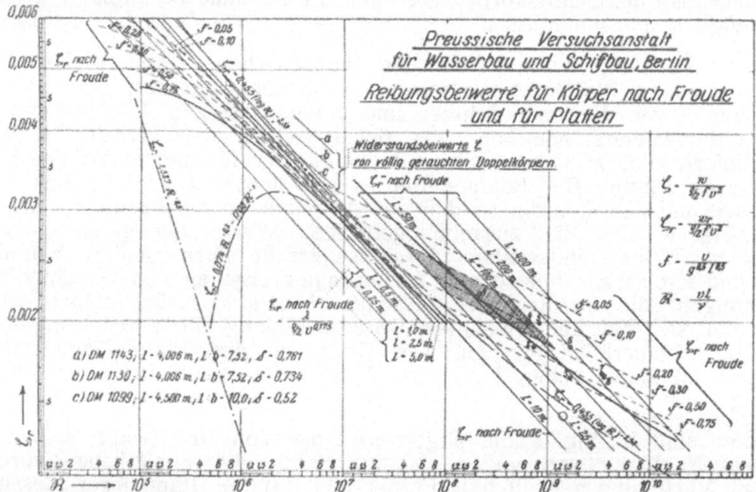

Verbindet man auf diesen Geraden die Punkte gleicher Froude'scher Zahl $\mathfrak{F} = \frac{v}{g^{1/2}\, l^{1/2}}$ z. B. $\mathfrak{F}$ = 0,05; 0,1; 0,2; 0,3; 0,5; 0,75 durch stetige Linien, so zerfallen diese Linien in zwei scharf getrennte Kurvenscharen, die eine gilt für den Modellbereich mit glatter Oberfläche, die andere für Großausführung, d. h. für Schiffe mit rauherer Außenhaut.

Eisner hat den Vorschlag gemacht, für einen in einem Medium bewegten Körper die Widerstandsbeiwerte, in unserem Fall die Reibungsbeiwerte, in einem dreidimensionalen System aufzutragen.

$$\text{also } \zeta_r = f\,(\mathfrak{R}, \mathfrak{F}).$$

Man kann in unserer Figur die ζ_r-Kurve für verschiedene Längen als Projektion der Reibungsbeiwertkurven einer Modellfamilie auf die $(\mathfrak{R}, \zeta)$

Ebene ansehen. Die Verbindungslinien gleicher Froude-Zahl geben den Verlauf der Reibungsbeiwerte innerhalb dieser Familien mit Änderung der Reynoldszahl. Man sieht, daß hier die Reibungsbeiwerte für gleichbleibende Reynoldszahl um so kleiner werden, je größer die Froude'sche Zahl wird.

In die Abbildung eingetragen sind ferner die Reibungswerte ζ_r für glatte Platten, die bei gleichbleibender Reynoldszahl für alle Froude'schen Zahlen gleich sind und zwar entsprechend den Formeln

$\zeta_r = 1{,}327\ \mathfrak{R}^{-0{,}5}$ (Blasius laminar) (4)

$\zeta_r = 0{,}074\ \mathfrak{R}^{-0{,}2} - 1700\ \mathfrak{R}^{-1}$ (Prandtl-Kármán) (5)
(turbulent mit laminarem Anlauf)

$\zeta_r = 0{,}455\ (\log \mathfrak{R})^{-2{,}58}$ (Schlichting turbulent) (6)

Eingetragen in die Abbildung sind weiterhin die Reibungsbeiwerte der nach Vorschlag Föttinger unter Wasser geschleppten Doppelkörper

D.M. 1099; $l = 4{,}5$; $l:b = 10$; $\delta = 0{,}52$
D.M. 1030; $l = 4{,}0$; $l:b = 7{,}52$; $\delta = 0{,}734$
D.M. 1143; $l = 4{,}0$; $l:b = 7{,}52$; $\delta = 0{,}761$.

In diesen Beiwerten der Doppelkörper können noch Ablösungswiderstände enthalten sein. Es bleibt aber immerhin beachtenswert, daß, je völliger das Modell ist, um so mehr sich der Kurvenverlauf von einer Kurve gemäß Gleichung (5) (turbulent mit laminarem Anlauf) einer Kurve gemäß Gleichung (6) (turbulent) nähert, und daß auch die Beiwerte des schlanksten Modells (D.M. 1099; $\delta = 0{,}52$) noch über den Froude'schen Formel-Werten liegen.

Bei den heute üblichen Modellgrößen bewegen sich die Reynoldszahlen für die Versuche etwa zwischen 2×10^6 und 2×10^7. Die Froude'schen Reibungsbeiwerte liegen in diesen Grenzen einigermaßen gleichlaufend mit den Reibungsbeiwerten nach Gleichung (5). Da sie sich auf Körper mit glatter Oberfläche beziehen, müssen sie höher liegen als die Werte für glatte Platten, sie erreichen aber nicht die Widerstandsbeiwerte, wie sie für die Doppelkörper ermittelt wurden. Grundsätzlich richtig ist jedoch bei den Froude'schen Werten, daß sie für kleinere Froude'sche Zahlen höher liegen als für größere, da Schiffe für kleine relative Geschwindigkeit eine größere Völligkeit und damit größeren Unterschied im Reibungsbeiwert gegenüber glatten Platten haben als schlankere Schiffe. Auch die Ablösungs- und Wirbelwiderstände, die sich noch mit der Reynoldszahl ändern, sind bei völligeren Formen größer.

Bei der Umrechnung des Modellwiderstandes auf Großausführung nach Froude ist der Reibungsabzug in den meisten Fällen wahrscheinlich zu klein, der Restwiderstand dafür zu groß und dadurch wird wieder ein zu kleiner Reibungswiderstand beim großen Schiff ausgeglichen. Nimmt man zunächst an, daß für eine bestimmte Völligkeit bei Modell und Schiff gleiche prozentuale Zuschläge zu den entsprechenden Plattenreibungsbeiwerten zu machen sind, um auf die tatsächlichen Reibungsbeiwerte zu kommen, so sind im Restwiderstand des Modells bei der Umrechnung nach Froude immer noch gewisse Sicherheiten enthalten.

Im Bereich der eigentlichen Schiffe weichen die Froude'schen Reibungsbeiwerte in ihrem Verlauf über $\mathfrak{R}$ sehr stark von den Beiwerten nach Gleichung (6) (turbulent) ab.

Der Anwendungsbereich erstreckte sich zu Froudes Zeiten ungefähr auf die durch Schraffur gekennzeichnete Fläche.

Die Punkte mit den Zahlen 1—8 kennzeichnen die Lage folgender neuzeitlicher Schiffe:

Schiffsart	Länge m	Geschwindigkeit kn	Froudezahl
1. Küstenschiff	68	8	0,17
2. Bäderdampfer	80	20	0,367
3. Torpedojäger	90	40	0,695
4. Frachtschiff	120	12	0,182
5. Tanker	150	12	0,162
6. Postdampfer	200	18	0,21
7. Schnelldampfer	250	30	0,31
8. Kreuzer	250	32	0,33

Es ist anzunehmen, daß auch die Reibungsbeiwerte für Schiffsaußenwände ungefähr parallel der Kurve nach Gleichung (6) verlaufen, solange nicht infolge sehr großer Rauhigkeit Annäherung an ein quadratisches Widerstandsgesetz angenommen werden muß. Dazu kämen bei Umströmung eines Körpers noch Zuschläge infolge der Formabhängigkeit. Unwahrscheinlich auf Grund der heutigen Anschauungen ist auch der größere Abstand (senkrecht gemessen) der einzelnen Kurven für gleiches $\mathfrak{F}$ im Bereiche der Schiffe gegenüber dem im Bereich der Modelle. Die Abstände müßten im Schiffsbereich eher kleiner werden.

Die Untersuchung der Widerstandsbeiwerte kleiner Modelle in Modellfamilien zeigt, daß diese Werte dem Abfall der Kurve der Reibungsbeiwerte gemäß Gleichung (5) von $\mathfrak{R} < 1 \times 10^6$ ab nicht folgen, sondern eher wieder größer werden. Der Grund wird in der am schiffsförmigen Körper früher als bei der Platte eintretenden Turbulenz und in Ablösungen zu suchen sein.

Bei Schleppversuchen mit kleinen Modellen und Reynoldszahlen von etwa 10^5 liegen die Froude'schen Reibungsbeiwerte in der Nähe der Reibungsbeiwerte nach Gleichung (4) (laminar). Es erklärt sich daraus die häufig zu beobachtende Tatsache, daß innerhalb einer Modellfamilie bei der Umrechnung nach Froude die Übereinstimmung zwischen den großen und kleinen Modellen, d. h. Modellen von 5,0 und 1,0 m Länge besser ist, als zwischen großen und mittleren Modellen, d. h. Modellen von 5,0 und 3,0 m Länge.

Eine zahlenmäßige Untersuchung hat gezeigt, daß der Verlauf der Reibungsbeiwerte nach Froude für eine Froudezahl von 0,75 im Modellbereich, d. h. von $\mathfrak{R} = 1 \times 10^6$ bis 2×10^7 als Reibungsbeiwert für alle Modelle nur in Abhängigkeit von der Reynoldszahl der Auswertung zugrunde gelegt werden kann, wenn man für die Reibungsbeiwerte der Schiffe den 1,15fachen Betrag der Werte nach Gleichung (6) nimmt. Es decken sich die so errechneten Werte für Schiffe der üblichen Abmessungen, d. h. von 25 bis 120 m, recht gut mit dem Ergebnis der Umrechnung nach Froude. Für Schiffe von ungewöhnlichen Abmessungen sind die aus diesen Kurven entnommenen Werte wahrscheinlich richtiger als die auf Grund einer Umrechnung mit den alten Froudewerten.

Ich möchte zum Schluß nochmals betonen, daß hier keine neue Theorie vorgetragen wird, sondern nur theoretische Ergebnisse mit guten praktischen Gebrauchswerten verglichen werden. Vielleicht kann die Abbildung für die Theorie ein Fingerzeig sein, in welcher Richtung die vollständige Lösung der Aufgabe zu suchen ist.

F. Horn: Es ist hocherfreulich, daß nach dem Schluß, zu welchem Dr. Eisner und Dr. Kempf übereinstimmend gelangen, wir jetzt so weit sind, mit praktisch völlig ausreichender Genauigkeit den Widerstand einer ebenen, in Längsrichtung bewegten glatten Platte bis zu beliebig hohen Reynolds'schen Zahlen extrapolieren zu können. Ich stimme auch mit den beiden Herren darin überein, daß man bei der praktischen Ermittlung des Reibungswiderstandes der Schiffsoberfläche doch wohl am zweckmäßigsten den Weg einschlagen wird, auf diesen Plattenwert, von dem man als Grundwert ausgeht, Zuschläge zu machen, die einerseits der Schiffsform, andererseits der individuellen Rauhigkeit Rechnung tragen. Dr. Eisner hat sich etwas ausführlicher in im wesentlichen genereller Weise mit dem Formeinfluß beschäftigt, Dr. Kempf hauptsächlich mit dem Rauhigkeitseinfluß, wobei er auch dankenswerte Mitteilungen über gewisse Abweichungen des Rauhigkeitseinflusses bei der Schiffsform gegenüber der ebenen Platte macht. Er kommt daraufhin zu dem Schluß, daß man den Zuschlag für Form und Oberflächenbeschaffenheit des betr. Schiffes mit praktisch guter Annäherung ansetzen kann.

Mir scheint da noch ein gewisser Sprung in der logischen Kette zu sein; denn folgerichtig müßte man so vorgehen, daß man auf den Reibungswiderstand der ebenen glatten Platte von gleicher Größe und Länge wie die Schiffsoberfläche zunächst einen Zuschlag für den reinen Formeinfluß macht, also unter Beibehaltung der Glattheit der Oberfläche. Dr. Kempf hat hierfür vermutlich deshalb keinen besonderen Schritt eingeschoben, weil er diesen reinen Formeinfluß auf Grund theoretischer Rechnungen als praktisch recht unbedeutend einschätzt, so daß er gegenüber dem zweifellos sehr erheblichen Rauhigkeitseinfluß praktisch kaum ins Gewicht falle. Tatsächlich fällt der reine Formeinfluß praktisch recht unbedeutend aus, wenn man ihn, wie üblich, an Hand des bekannten Ersatz-Rotationskörpers berechnet. Es liegt aber Grund zu der Annahme vor, daß er bei der wirklichen Schiffsform wesentlich größer ausfällt. Ich möchte mich aber meinerseits, zumal ja, wie gesagt, Dr. Eisner auf diesen Punkt bereits ziemlich ausführlich eingegangen ist, auf keinerlei theoretische Erörterungen hierzu einlassen, sondern einen praktischen Vorschlag zur Diskussion stellen, wie man versuchstechnisch diesen Zuschlag näherungsweise ermitteln könnte. Ich habe diesen Vorschlag übrigens schon einmal, gelegentlich eines Vortrages von Dr. Kempf, vor der Schiffbautechnischen Gesellschaft November 1926, zur Sprache gebracht.

Bekanntlich entsteht bei mäßigen Geschwindigkeiten des Schiffes bzw. Modells, und zwar so lange noch kein nennenswerter dynamischer Auftrieb wirkt, eine Absenkung des Wasserspiegels im Bereich des Schiffes und dadurch auch ein entsprechendes Absinken des Schiffes selbst. Diese Absenkung ist, wie ebenfalls bekannt, darauf zurückzuführen, daß sich die Druckänderungen der reinen Verdrängungsströmung, also des tief untergetaucht fahrenden Schiffes, bei dem an der Oberfläche fahrenden Schiffe in Niveauänderungen auswirken und daß, nach der bekannten Struktur der Verdrängungströmung, der Einfluß der sich über den größten Teil der Schiffslänge einstellenden Drucksenkung den der Druckerhöhung an den Schiffsenden bei weitem überwiegt. Dem entspricht nach der Gleichung von Bernoulli natürlich auch ein Überwiegen der Übergeschwindigkeiten über die Untergeschwindigkeiten. Und zwar kommen hierbei offenbar diejenigen Geschwindigkeitsänderungen in Frage, die im Bereich der Vertikalprojektion des Schiffskörpers, im wesentlichen also im Bereich des Schiffsbodens herrschen.

Nun kann man das Maß der Absenkung Δz des Modells gegenüber dem auf unveränderter Höhe verbleibenden Schleppwagen ja ganz einfach messen, wie das ja praktisch auch stets geschieht. Es liegt nun meiner Ansicht nach der Näherungsansatz nahe, daß man dieser Absenkung Δz nach dem Satz von Bernoulli eine mittlere relative im Bereich der Vertikalprojektion des Modells herrschende Strömungsgeschwindigkeit v_m zuordnet, also einfach setzt

$$-\gamma \cdot \Delta z + \varrho \frac{v_m^2}{2} = \varrho\, v_o^2/2\,, \text{ somit } v_m = \sqrt{v_o^2 + 2 g \Delta z}$$

mit v_o = Fortschrittsgeschwindigkeit des Modells.

Hiermit erfaßt man nun freilich gar nicht den Geschwindigkeitsverlauf an den mehr oder weniger vertikalen Schiffswänden. Es liegt aber meiner Ansicht nach jedenfalls kein Grund vor, die Übergeschwindigkeiten in deren Bereich geringer anzunehmen als im Bereich des Schiffsbodens. Sie werden vielmehr, da die Strömung an den oberen Zonen der Schiffswände sich dem Charakter der zweidimensionalen Strömung noch am meisten nähern wird, hier eher noch höher ausfallen als im Bereich des Bodens. Wenn man also nun der Errechnung des Reibungswiderstandes des Schiffskörpers das so ermittelte v_m an Stelle der Modellgeschwindigkeit v_o zu Grunde legt, so wird man meiner Ansicht nach den Reibungswiderstand nicht überschätzen.

Ein Zahlenbeispiel: Bei dem Modell eines mittelschnellen mittelvölligen Frachtschiffs ($\delta = 0{,}735$) wurde bei einer Modellgeschwindigkeit von 1,5 m/sec (die der Betriebsgeschwindigkeit des Schiffes von etwa 14,5 Knoten entsprach) eine mittlere Absenkung $\Delta z = 10{,}3$ mm gemessen. Nach obiger Formel ergibt sich hiernach $v_m = 1{,}565$ m/sec und nach der Froudeschen Formel, also mit der Potenz $v^{1,825}$, eine Widerstandserhöhung infolge des reinen Formeinflusses von 7,7%. Bei dem Ersatzrotationskörper war eine solche von nur 2,6% errechnet worden.

Bemerkenswert ist übrigens, daß bei demselben Modell ein Reibungswiderstand, der um einen Prozentsatz etwa gleicher Größenordnung über dem normalen Froudeschen Reibungswiderstand liegt, auf Grund von Anbohrungsmessungen ermittelt worden ist. Ausführliche Versuchsergebnisse hierüber werden demnächst von meinem Mitarbeiter Dipl.-Ing. Laute veröffentlicht. Solche Messungen sind zwar erfahrungsgemäß noch mit allerlei Mängeln behaftet, aber doch meiner Ansicht nach durchaus aussichtsreich. Die diesbezüglichen Ausführungen von Dr. Eisner möchte ich also unterstreichen.

Ich möchte nun anregen, auf Grund der angegebenen höchst einfachen Auswertungsmethode, bei welcher routinemäßig beim normalen Schleppversuchsverfahren der individuelle Einfluß der Schiffsform auf den Reibungswiderstand heraussprānge, zunächst wenigstens einmal Material zu sammeln. Es wird sich dann ja bald herausstellen, ob dies praktisch brauchbar ist. Würde es sich bestätigen, daß der Größenordnung des reinen Formeffekts, so wie sie bei dem obigen Beispiel herausgekommen ist, eine allgemeinere Bedeutung zukäme, so würde von den von Kempf angegebenen 30%, um die die an der Seitenwand von Schiffen gemessenen Schubspannungen höher liegen als bei der technisch glatten ebenen Fläche, ein immerhin nicht unerheblicher Anteil dem reinen Formeinfluß zuzuschreiben und der reine Rauhigkeitseinfluß entsprechend geringer sein. In der Tat muß es meiner Ansicht nach etwas unwahrscheinlich erscheinen, daß, wenn der Eisenanstrich für sich allein nur 4% und, wie von Kempf früher festgestellt, der Einfluß der Stöße allein nur 5% ausmacht, die zusätzlichen Nähte und die doch nur wenig vorstehenden Nieten den Rauhigkeitseinfluß bis auf nahezu 30% steigern sollten. Es muß vielmehr auch hiernach wahrscheinlich erscheinen, daß der Formeinfluß auf den Reibungswiderstand doch eine größere Rolle spielt.

A. Betz: Herr Eisner erwähnte, daß sich auf Grund der an ebenen Platten gefundenen Gesetzmäßigkeiten nicht nur der Reibungswiderstand von symmetrischen Flügelprofilen (zweidimensionale Strömung), sondern auch der von rotationssymmetrischen Luftschiffkörpern (dreidimensionale Strömung) einigermaßen richtig berechnen lasse. Daß sich bei Luftschiffkörpern keine größeren Abweichungen ergeben, kann man doch wohl nur so verstehen, daß sich im Mittel die durch die dreidimensionale Strömung bedingten Abweichungen einigermaßen aufheben. An sich ist z. B. im Vorderteil, wo die Durchmesser zunehmen, und infolgedessen ein ringförmiges Stück der Grenzschicht beim Weiterschreiten in seinem Umfang verlängert, also auseinandergezerrt wird, mit einer entsprechenden Verdünnung der Grenzschicht zu rechnen und umgekehrt im Hinterteil mit einer Verdickung. Diese Dickenänderungen der Grenzschicht, dürften sicher in der Oberflächenreibung sich geltend machen. Wenn das im Gesamtwiderstand nicht zum Ausdruck kommt, so rührt das wahrscheinlich daher, daß die Erscheinung im Vorderteil gerade umgekehrt verläuft wie im Hinterteil und die Wirkungen, wie schon gesagt, sich ausgleichen. Es gibt aber auch Fragen, wo das lokale Verhalten der Grenzschicht und der Oberflächenreibung eine Rolle spielt und deshalb ist es nicht unwichtig, die Vorgänge bei seitlich sich auseinanderziehender Grenzschicht zu studieren.

Die von Herrn Kempf beobachtete verschiedene Wirkung der Rauhigkeit bei einem Schiffsmodell scheint mir allerdings in erster Linie nicht auf diesen Effekt, sondern auf die Druckverteilung längs des Schiffes zurückzuführen zu sein.

L. Schiller: Im Zusammenhang mit den Referaten Kempf und Schoenherr möchte ich ein paar Worte über Widerstandsmessungen sagen, die wir ausgeführt haben.

1. Es hat mich gefreut, aus dem Referat Schoenherr zu sehen, daß nach längerer Zeit wieder einmal das Ähnlichkeitsgesetz hinsichtlich der Temperaturabhängigkeit geprüft worden ist. Ich bin — im Gegensatz zu Herrn Schack — ein starker Verfechter des Ähnlichkeitsgesetzes. Trotzdem begrüße ich jede experimentelle Bestätigung. Von diesem Gesichtspunkt schien es uns nötig, eine Lücke auszufüllen, die hier noch besteht hinsichtlich der „ähnlichen Rauhigkeiten". Wir haben in Leipzig Versuche an 2 Rohren von 5 und 10 cm Durchmesser mit in regelmäßigen Abständen eingebauten (systematischen) Rauhigkeiten (Staurändern) ausgeführt unter vollständiger Einhaltung der Ähnlichkeit, soweit es sich mechanisch überhaupt durchführen läßt (Prüfung auf $\pm$ 0,03 mm). Dabei hat sich das Ähnlichkeitsgesetz innerhalb 2 bis 3% bestätigt.

2. Aus dem Referat Kempf habe ich entnommen, daß er teils unregelmäßige, teils systematische Rauhigkeiten verwandte und sie, ohne einen Unterschied zwischen ihnen zu machen, im Zusammenhang diskutiert hat. Hierzu kann ich bemerken, daß wir — im Gegensatz zu früher mehrfach geäußerten Ansichten — gleiches Verhalten beider Arten von Rauhigkeiten hinsichtlich des Zusammenhanges zwischen Widerstand und Geschwindigkeitsverteilung haben bestätigen können.

3. Eine dritte Bemerkung ist didaktischer Natur. Prandtl setzte in seiner vorigen Diskussionsbemerkung den Beginn des Rauhigkeitseinflusses — wie dies meistens geschieht — dann an, „wenn die Rauhigkeit über die laminare Grenzschicht hinaus ragt". Ich halte es für zweckmäßig, den Beginn des Rauhigkeitseinflusses dahin festzulegen, daß die „Reynolds'sche Zahl der Rauhigkeit" zur Wirbelablösung führt; denn das scheint mir der wahre physikalische Hintergrund dieser Frage zu sein.

D. Thoma: Eine Anwärmung des Wassers bei Modellversuchen zwecks Erhöhung der Reynolds'schen Zahl ist meines Wissens zuerst im Wasserturbinenbau vorgenommen worden. Dort läßt sich nämlich die Abhängigkeit der Turbinenwirkungsgrade von der Reynolds'schen Zahl auf andere Weise nicht leicht ermitteln: wenn man unter Beibehaltung der Versuchsturbine die Geschwindigkeiten durch entsprechende Erhöhung des Gefälles vergrößern wollte, könnte man versuchstechnisch eine Änderung der für die Kavitation maßgebenden Verhältnisse kaum vermeiden; bei Turbinen tritt aber schon vor der sog. Kavitationsgrenze — die sich nur auf die Ausbildung großer Hohlräume bezieht — an einzelnen eng begrenzten Stellen Kavitation auf, die den Wirkungsgrad und besonders den Wasserdurchlaß bei gegebener Leitschaufelöffnung beeinflußt. Wenn man andererseits den Maßstab der Versuchsturbine ändert, ist man nie ganz sicher, ob die verschiedenen Laufräder mit ihren verwickelten Schaufelformen einander genügend genau geometrisch ähnlich sind und ob die relative Rauhigkeit bei allen Versuchsturbinen dieselbe ist. In beiden Fällen ist mit Abweichungen zu rechnen, die den verhältnismäßig geringen Einfluß der Veränderung der Reynolds'schen Zahl überdecken können. Wenn man dagegen unter Beibehaltung der Versuchsturbine und bei Gleichhaltung des Gefälles die Reynolds'sche Zahl durch Anwärmung des Wassers erhöht, bleibt man von diesen Störungen frei; man darf nur mit der Wassertemperatur nicht zu weit hinaufgehen, damit die Erhöhung der Wasserdampfspannung unbeträchtlich bleibt oder ihr Einfluß auf die Kavitationsbedingungen durch Erniedrigung des Sauggefälles ausgeglichen werden kann. Die ersten Turbinenversuche mit warmem Wasser habe ich im Jahre 1913 bei der Wasserturbinenfirma Briegleb, Hansen & Co. in Gotha gemacht; ich hatte damals sogar ein Patent auf dieses Verfahren (DRP. 262 058 vom 4. 1. 1913). In den letzten Jahren hat F. Riemerschmid in meinem Laboratorium in München eine kleine Francisturbine bei verschiedenen Wassertemperaturen untersucht. Eine Veränderung der Wassertemperatur von 4° C auf 63° C, bei der die Wasserzähigkeit ungefähr im Verhältnis 4:1 herabgeht, bewirkte eine Steigerung des Turbinenwirkungsgrades um gefähr 3 v. H.[1])

Zu dem von Herrn Dr. Kempf gegebenen Bericht über die Versuche mit einem Schiffsmodell, dessen Wand vom Bug aus fortschreitend in allmählich vergrößerter Erstreckung rauh gemacht wurde, möchte ich folgendes bemerken. Daß die Aufrauhung eines Stückes der Wand eine um so größere Widerstandsvermehrung erzeugt, je weiter vorne das aufgerauhte Wandstück liegt, ist durchaus einleuchtend, aber einen Beweis dafür scheinen hier die Kempf'schen Versuche nicht zu liefern. Wenn man bei den Versuchen mit der Aufrauhung statt vom Bug aus vom Heck begonnen hätte, würde man wohl ebenfalls gefunden haben, daß die Aufrauhung des letzten Stückes der Wand (welches bei diesem Vorgehen am Bug gelegen hätte) nur noch eine verhältnismäßig geringe Vermehrung des Gesamtwiderstandes ergibt; an diesem Stück entsteht zwar eine erhebliche Reibung, aber durch den entsprechenden Reibungsmitstrom wird die Reibung der nachfolgenden Teile der Wand herabgesetzt. Wenn man zuverlässige Angaben über den Einfluß der Rauhigkeit an verschiedenen Stellen der Schiffswand machen will, wird wohl nichts anderes übrig bleiben, als Versuche mit isolierten rauhen Stellen vorzunehmen. Durch diese Bemerkung soll natürlich die Bedeutung der wertvollen Kempf'schen Versuche in keiner Weise angezweifelt werden.

---

[1]) Mitteilungen des Hydraulischen Instituts der Technischen Hochschule München, Heft 3, München 1929, R. Oldenbourg, Seite 162.

Gruppe II.

Wellenwiderstand und Schiffsform.

Schiffsform und Wellenwiderstand.

Von Einar Hogner, Uppsala.

Trotz aller Bemühungen ist es noch nicht möglich gewesen, den Schiffswiderstand als ein Ganzes zu erfassen und die Wechselwirkungen zwischen den einzelnen Gliedern, in welche dieser Widerstand zerlegt zu werden pflegt, zu erforschen. Noch immer muß das Schiffsversuchswesen die Teilwiderstände gesondert untersuchten und seine Schlüsse vom Modell aufs Schiff mittels des Ähnlichkeitsgesetzes eines der betreffenden Glieder ziehen, wobei die Teile des Widerstandes, die diesem Gesetz nicht gehorchen, daneben berücksichtigt werden. Obgleich dieses Verfahren nicht einwandfrei ist, so beweist doch der Erfolg der jetzigen Methoden der Versuchsanstalten, die mittels des Froude'schen Ähnlichkeitsgesetzes arbeiten und die Zähigkeitseinflüsse gesondert berücksichtigen, daß diese Methode sehr leistungsfähig ist.

Bei der Erforschung der Gesetze der einzelnen Widerstandsteile aber machen sich ihre gegenseitigen Wechselwirkungen geltend. Das Ziel der Forschung ist natürlich, sowohl den betreffenden Widerstandsteil in sich, als auch die Gesetze für die Wechselwirkungen mit den übrigen zu untersuchen.

In diesem Referat, das den Wellenwiderstand behandeln soll, werden einige Arbeiten aus der letzten Zeit über diesen Gegenstand betrachtet werden. Vollständigkeit ist natürlich in diesem kurzen Vortrag ausgeschlossen. Dringend muß auch eingangs betont werden, daß keine zu weitgehenden Gesetzmäßigkeiten aus einzelnen Ergebnissen oder Betrachtungen gezogen werden sollten. Dazu ist der Gegenstand zu kompliziert. Die ältere Entwicklung der Erkenntnisse bis 1924 ist in meinem Vortrag vor dem ersten internationalen Kongreß für technische Mechanik in Delft und bis 1930 von Wigley vor dem dritten internationalen Kongreß in Stockholm dargestellt worden.[1]) Havelock hat seine eigenen Arbeiten bis 1925 in einem Vortrag vor The North East Coast Institution of Engineers and Shipbuilders geschildert.[2])

Von entscheidender Bedeutung für den Wellenwiderstand ist die Lage, welche das Wellensystem längs des Schiffskörpers einnimmt.

[1]) Siehe die betr. Verhandlungen.

[2]) Trans. N. E. C. I. 1925—26.

Die Potentialbewegung um das Schiff, von der Wellenbildung abgesehen, erzeugt bekanntlich einen Überdruck um das Vorschiff und eine Druckabsenkung hinter der hinteren Schulter, wodurch ein Bugwellensystem, beginnend mit einem Wellenberg, und ein Heckwellensystem, beginnend mit einem Wellental, hervorgerufen werden. Es ist wichtig, daß die Länge und Geschwindigkeit des Schiffes so gewählt werden, daß die beiden Wellensysteme sich möglichst vernichten.

Kempf hat in der letzten Zeit an diese Frage erinnert.[3]) Er betont, daß am Ort des Unterdruckes hinter der hinteren Schulter ein Wellenberg des Bugwellensystems eintreffen muß, damit günstiger Wellenwiderstand eintreffe. Besondere Vorsicht ist für Flachwasserschiffe geboten, da hier für Geschwindigkeiten in der Nähe der Geschwindigkeit der Stauwelle das Schiff in hohem Grade steuerlastig trimmt, wodurch beträchtliche Widerstandsvermehrung hervorgerufen wird. Auch muß für glatte Zuströmung des Wassers von den Seiten her hinter dem Schiffe gesorgt werden, da der Boden die Zuströmung von unten erschwert.

Bei der Hauptversammlung der Schiffbautechnischen Gesellschaft 1929[4]) gab Kempf eine Übersicht über Formgebung für Schnelldampfer, aus deren Vorrat von zahlreichen und wichtigen Ratschlägen besonders eine Gegenüberstellung der Wellenbildung bei einem 250 m langen 37 000-Tonnen-Schiff bei 24, 27,3 und 32 Knoten für den hier behandelten Gegenstand von Interesse ist. (Froude'sche Zahlen = 0,25, 0,28, 0,33.)

Bei 24 und 32 Knoten liegt das Schiff günstig in den Wellen, da ein Wellenberg des Bugwellensystems den Bereich der Druckabsenkung am Hinterschiff bedeckt. Bei 27,3 Knoten und normalem Bug aber ist dieses nicht der Fall. Die Wellenbildung ist also hier ungünstig und das Schiff kann verbessert werden durch Verlängerung oder Verkürzung oder, wenn die Länge unverändert bleiben soll, durch Anordnung eines Bugwulstes oder eines Maierbuges. Die beiden in sich entgegengesetzten Vorgänge haben in diesem Falle beide eine Widerstandsverminderung zur Folge, der erste durch Verlagerung des Wellensystems vorwärts, der zweite durch Verlagerung desselben rückwärts, wodurch beide bewirken, daß ein Wellenberg in den Unterdrucksbereich am Heck verschoben wird. Auch wird bei richtiger Ausbildung der Linien das Bugwellensystem abgeschwächt und bei der Maierform auch die Reibungsoberfläche vermindert. Wichtig ist ferner, daß bei den steilsten Querschnittsänderungen keine bremsenden, sondern möglichst vorwärtstreibende Beschleunigungen der Strömung wirken. Kempf schließt hieraus, daß es in diesem Falle vorteilhafter sei, bei 24 Knoten die Verdrängung über die Schiffslänge möglichst gleichmäßig zu verteilen, bei 32 Knoten aber sie in der Mitte zusammenzudrängen. Ferner betont Kempf, daß bei langsameren Schiffen der Formschwerpunkt zweckmäßig 1 bis 2%

---

[3]) Werft, Reederei, Hafen 7. Nov. 1928. Jahrbuch d. Schiffbautechn. Ges. 1927, 1930.

[4]) Jahrb. d. Schiffbautechnischen Ges. 1930.

vor der Schiffsmitte liegen soll, während für schnellere Schiffe seine günstigste Lage 1/2 bis 1% hinter der Mitte ist. Im Übergangsgebiet muß die richtige Schwerpunktslage durch besondere Versuche ermittelt werden.

In diesem Zusammenhang mag auf mehrere wertvolle Darstellungen und Analysen von Reihen von Modellversuchen und Probefahrten, ferner von Fahrtergebnissen im Dienst usw. hingewiesen werden, ausgeführt u. a. von Ayre, Baker, Keary, Bragg, de Vito, Dondona, Hay, Kent, Todd, die obgleich im allgemeinen nicht speziell den Wellenwiderstand behandelnd, doch für die Beurteilung desselben wichtige Angaben liefern. Die Arbeiten von Kent über Schiffe in Wellen mögen auch hier nur erwähnt werden, als nicht zum eigentlichen Gegenstand dieses Vortrages gehörend.[5])

Die Interferenz zwischen den Bugwellen und den Heckwellen ist bekanntlich für die Buckel und Täler der Widerstandskurven verantwortlich. Die P-Theorie von Baker und Kent beschreibt die Lage der Buckel und Täler durch die Annahme, daß der Abstand zwischen einem Berg des Bugwellensystems und dem Tal derselben Ordnung des Heckwellensystems (d. h. die Trennung Z der beiden Wellensysteme) vermindert um 1/4 der Wellenlänge λ, unabhängig von der Schiffsgeschwindigkeit, und zwar gleich dem Produkt der prismatischen Völligkeit p und der Länge L des Schiffes sein soll. 1924 stellte sich Tutin[6]) in Opposition zu der P-Theorie und führte aus, daß die Versuchsergebnisse, besonders bei größeren Geschwindigkeiten, besser durch die ursprüngliche Annahme von R. E. Froude, daß die Wellenseparation Z selbst unabhängig von der Geschwindigkeit sei, dargestellt werde. Die Frage Z-Theorie gegen P-Theorie hat Havelock in der Erörterung nach dem Vortrage treffend beleuchtet. Er erinnert daran, erstens, daß jede einfache Beziehung nur eine Annäherung sein kann, zweitens, daß der Vergleich der theoretischen und der experimentellen Werte eine gewisse Marginale zuläßt und drittens, daß, wenn man von dem Buckel und Tal mit den größten Geschwindigkeitswerten absieht, die Ergebnisse der beiden Theorien nur sehr wenig sich von einander unterscheiden. Die Lagen der Buckel und Täler werden von Tutin mittels Enveloppen der Widerstandskurven festgelegt.

Für die Beurteilung dieser Frage sind neue Arbeiten von Wigley[7]) und von Havelock[8]) wichtig. Wigley berechnet theoretisch mittels des Michell'schen Ausdrucks des Wellenbewegungspotentials das Wellenprofil längs eines prismatischen Schiffskörpers und vergleicht dieses Profil mit dem tatsächlich am Modell aufgemessenen. Das theoretische

[5]) Ayre, Trans. N. E. C. I. 1927/28, Baker und Keary, T. I. N. A. 1930, Bragg, Trans. Soc. Nav. Arch. Mar. Eng. 1930, De Vito, T. I. N. A. 1929, Dondona, T. I. N. A. 1929, 1930, Hay, T. I. N. A. 1931, Kent, T. I. N. A. 1922, 1924, 1926, 1927, 1931, Todd, T. I. N. A. 1931.

[6]) Trans. N. E. C. I. 1924.

[7]) Trans. N. E. C. I. 1931.

[8]) Proc. Roy. Soc. A 138 1932.

Profil läßt sich in zwei Stevensysteme, zwei Schultersysteme und eine symmetrische Störung zerlegen. Die resultierenden Wellen werden in Figuren mit den gemessenen bei 5 verschiedenen Geschwindigkeiten verglichen. Als Beispiel wird hier die folgende wiedergegeben (für den Geschwindigkeitsbeiwert P = 0.490):

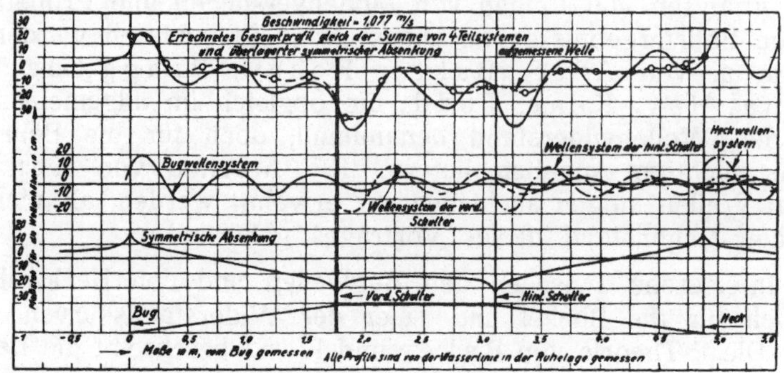

Fig. 1
Zerlegung errechneter Wellenprofile in Teilsysteme und Vergleich mit aufgemessenen Profilen von Modell Nr. 1144 (nach Wigley, Trans. N. E. C. I. 1931).

Alle diese vier Wellensysteme interferieren mit einander. Die stärkste Interferenz wird von zwei Wellensystemen, wovon das eine mit einem Berg, das andere mit einem Tal beginnt, hervorgerufen, da in solchem Falle die beiden ersten Täler oder Berge einander verstärken können. Auch die von einander weitest entfernten Systeme geben die größten Interferenzeffekte, weil dann die Interferenzerscheinungen bei höheren Geschwindigkeiten und also bei größeren Wellen zustande kommen. Daher rührt der dominierende Interferenzeffekt von dem Bugsystem und dem hinteren Schultersystem her, die übrigen geben sekundäre Effekte, von welchen der größte vom Bug- und vorderen Schultersystem herrührt.

Bei einer Analyse des Widerstandes laut der Michell'schen Formel findet Wigley diese Interferenzen wieder. Die geometrische Trennung des Bug- und hinteren Schultersystems, gleich dem Abstand zwischen Bug und hinterer Schulter, ist hier genau gleich pL. Mit Rücksicht auf die besondere Ausbildung der ersten Wellen in den verschiedenen Systemen wird doch die tatsächliche wellenbildende Länge etwas größer, auch nach Wigley wachsend mit der Geschwindigkeit, aber nicht so schnell wie $pL + \lambda/4$, wie es die P-Theorie vorschreibt. Daher gibt die P-Theorie etwas größere Geschwindigkeiten für die Buckel und Täler als die Michell'sche Theorie, was bei kleineren Geschwindigkeiten die letztere gut berichtigt, da sie zu niedrige Werte gibt, bei größeren Geschwindigkeiten aber zu Unstimmigkeiten führt.

In der Havelock'schen Arbeit über denselben Gegenstand werden anstatt der Michell'schen Formeln die Havelock'schen auf Grund der Doppelquellenmethode angewandt. Havelock betont, daß im allgemeinen die Zerlegung des Wellensystems willkürlich ist und meist in dem Vorgang bei den Integrationen begründet ist.

Der wellenförmige Charakter der Widerstandskurven rührt nicht nur von der Interferenz zwischen den transversalen, sondern auch von der Interferenz zwischen den divergierenden Wellen der Wellensysteme her. Barrillon[9]) hat dies durch Versuche offenbar gemacht. Mit drei ähnlichen Modellen, von denen eines durch einen längssymmetrischen Schnitt in zwei Hälften geteilt war, sind folgende Versuche, alle mit derselben Fortschrittsgeschwindigkeit 2 m/sek., gemacht worden.

1. Ein Vollmodell wurde allein geschleppt und der Widerstand gemessen.

2. Zwei Vollmodelle wurden hintereinander in einem Abstand von 13.816 m geschleppt. Der Restwiderstand des hinteren Modells wurde dadurch um 20 Prozent verringert.

3. Der Widerstand des Modells wurde hinter den beiden Halbmodellen gemessen, die 3.613 m vor und 2.10 m seitlich von ihm geschleppt wurden, wobei sich das Vollmodell im Kreuzungsgebiet der divergierenden Wellen der Halbmodelle befand. Der Restwiderstand wurde dabei um 83 Prozent verkleinert.

4. Bei der Kombination 2. + 3. wurde der Restwiderstand des hinteren Modells um 99 Prozent verringert, der gemessene Widerstand bestand also praktisch nur aus Reibungswiderstand.

Bei ferneren Versuchen ist festgestellt worden, daß bei Veränderung der gegenseitigen Abmessungen oder der Geschwindigkeit eine Periode im Widerstand auftritt, die gleich ist mit der Periode, herrührend von der Interferenz der transversalen Wellen. Bei einer anderen Versuchsreihe wurde der Widerstandsgewinn größer als der Restwiderstand, so daß also das Modell tatsächlich von dem Wellenfeld vorwärtsgetrieben wurde.

Obgleich die Theorie des Wellenwiderstandes noch unter sehr engen Beschränkungen ihrer Gültigkeit leidet, so ist sie doch unentbehrlich für das Ordnen des sonst mit Rücksicht auf die unendlich zahlreichen Variationsmöglichkeiten unübersichtlichen empirischen Materials. Auch zeigt sie die Wege an, die die experimentelle Forschung zu gehen hat, um die nützlichsten Ergebnisse zu gewinnen. Zu der Konfrontation der der Michell'schen Theorie mit Versuchsergebnissen sind eine Menge sehr wertvoller Arbeiten von Wigley und Weinblum ausgeführt worden. Dank dieser Arbeiten wissen wir jetzt, daß die rein hydrodynamische Theorie trotz ihrer bedenklichen, aber leider noch notwendigen Beschränkungen recht gut die Hauptzüge des Wellenbildes und des Wellenwiderstandes darzustellen vermag.

Wigley begann 1926 in „The William Froude Laboratory" eine Serie mathematisch geformter Modelle zu schleppen und ihre experimentellen

---

[9]) Comptes Rendus, Paris 1926, Verh. d. II. Int. Kongr. f. techn. Mechanik, Zürich 1926.

Widerstandskurven nach üblichem Reibungsabzug mit dem theoretischen Wellenwiderstand nach Michell zu vergleichen.[10]) Mit Rücksicht auf die sehr beschränkenden Bedingungen für die Gültigkeit der Michellschen Formel, d. h. kleine Störungsgeschwindigkeiten im Verhältnis zur Schiffsgeschwindigkeit, kleine Neigung der Schiffsoberfläche gegen die Längssymmetrieebene des Schiffes, und mit der Annahme, daß Trimm und Absenkung nicht merklich den Widerstand beeinflussen, waren die Ergebnisse sehr günstig, und Wigley hat noch zwei Versuchsserien geschleppt und gerechnet. Qualitativ und in großen Zügen stellt die Theorie den Widerstand richtig dar; die hauptsächlichen Abweichungen faßt Wigley wie folgt zusammen:

1. Die theoretische Kurve neigt dazu, kleinere Widerstandswerte als die experimentellen zu geben, besonders bei größeren Geschwindigkeiten.

2. Die Buckel sind übertrieben im Verhältnis zu den experimentellen Ergebnissen.

3. Die Täler in der theoretischen Kurve sind mehr übertrieben als die Buckel; sie erscheinen flach in der experimentellen Kurve.

4. Die Buckel erscheinen früher in der theoretischen als in der experimentellen Kurve mit einem Betrag von im Mittel rund 8% der Geschwindigkeitswerte. Bemerkenswert ist die zweite Versuchsreihe

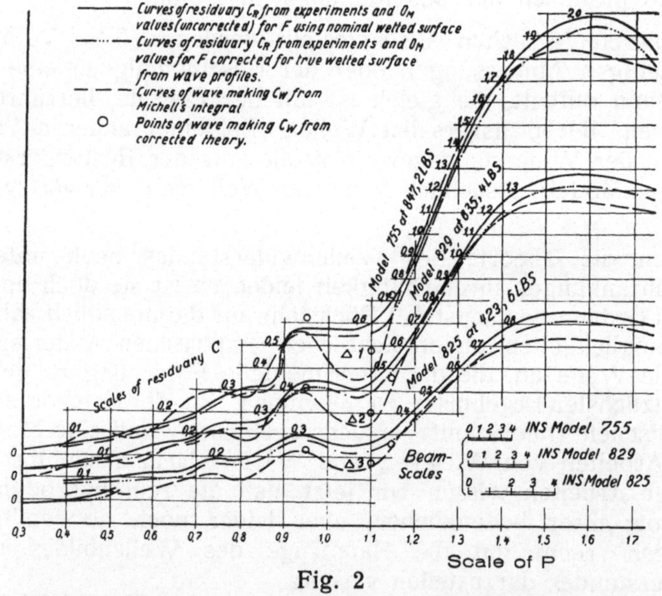

Fig. 2

Widerstandswerte C der Wigley'schen Modelle Nr. 755, 825 und 829. (Die eingezeichneten Kurven stammen von Wigley, Trans. I. N. A. 1927, die Punkte von Hogner.)

---

10) T. I. N. A. 1926, 1927, 1930.

(Fig. 2) von drei ähnlichen Modellen, die nur verschiedene Längen-Breitenverhältnisse haben. Das schlankste Modell weist eine gute Übereinstimmung in der Kurvenform auf. Es scheint doch, wie Wigley es angibt, als ob die übrigen Widerstandsteile hier unterschätzt sind. Die bessere mittlere Übereinstimmung für die breiteren Formen sollte dann durch eine Kompensationswirkung zustande kommen, da das theoretische Breitenabhängigkeitsgesetz ($\sim B^2$) zu starkes Anwachsen des Widerstandes mit der Breite gibt. (Wegen eines ferneren Erklärungsgrundes siehe Wigleys Vortrag unten.) Zwei Modelle der letzten Versuchsreihe zeigten größere Abweichungen, die auf die größere Völligkeit und

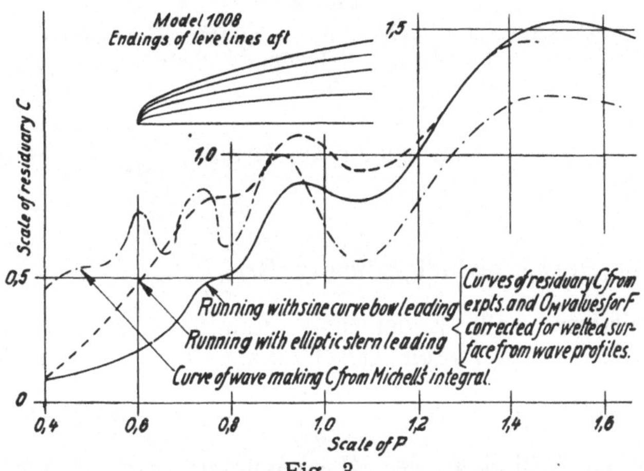

Fig. 3

Widerstandswerte C des Wigley'schen Modells Nr. 1008 (Trans. I. N. A. 1930).

besonders für Modell 1008 (Fig. 3) auf die elliptischen Linien zurückzuführen sind, die den Gültigkeitsbedingungen der Michell'schen Formel nicht genügen.

In Arbeiten aus den Jahren 1929, 1930 und 1931[11]) gibt Weinblum zuerst eine analytische Darstellung der Schiffsoberfläche, indem er sie durch ganze rationale Funktionen darstellt, und es ist ihm so gelungen, gute Schiffsformen ohne oder mit Wulst, bzw. Schwanenhalsform in einer Menge Variationen mathematisch zu geben. Diese Darstellungen nutzt Weinblum dazu aus, die Form von Schiffen geringsten Widerstandes zu suchen. Das Ritz'sche Verfahren wird hierbei für die Variationsaufgabe angewandt, und zwar bei gegebenen Hauptabmessungen des Schiffes.

In seinem Stockholmer Vortrag gibt Weinblum die sehr schönen Ergebnisse einer Berechnung der günstigsten Verdrängungsverteilung bei gegebenem Völligkeitsgrad des Hauptspantes. Fig. 4 stellt die ermittelten Spantflächenkurven dar.

[11]) Werft, Reederei, Hafen 1929 und 1930; Verh. d. III. int. Kongr. f. techn. Mechanik, Stockholm 1930: Jahrb. d. S. B. T. G. 1932.

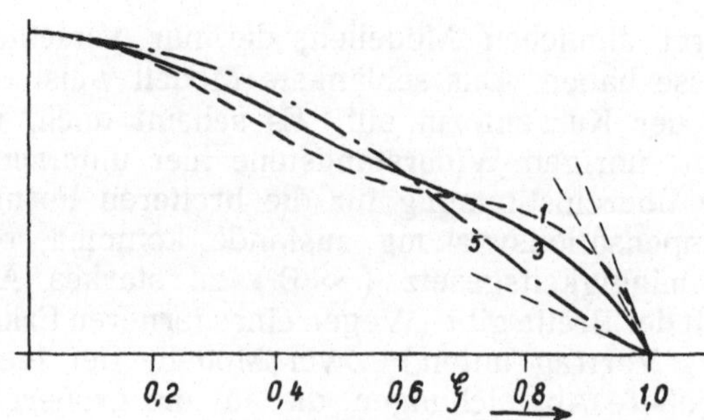

Fig. 4
Günstigste Spantflächenkurven (nach Weinblum, Verh. d. III. int. Kongr. f. techn. Mechanik, Stockholm 1930).

Die Zahlen an den Kurven geben die Größen $\frac{1}{2\,f^2}$ (f = Froude'sche Zahl) an.

Bei größeren Geschwindigkeiten (z. B. $\frac{1}{2\,f^2} = 1$; f = 0,71) ist die Schwanenhalsform, volle Enden und stumpfer Eintrittswinkel vorteilhaft, während bei kleineren Geschwindigkeiten eine Verlegung der Verdrängung zur Mitte gut ist (z. B. $\frac{1}{2\,f^2} = 6$; f = 0,29). Bei Untersuchung der günstigsten Völligkeit des Hauptspantes (Fig. 5) bei gegebener

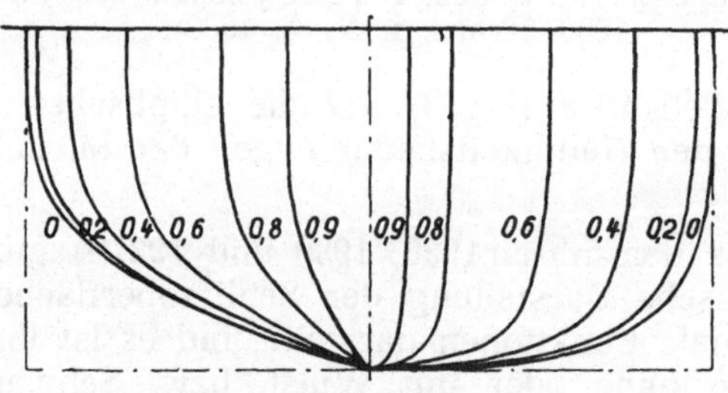

Fig. 5
Günstigste Spantformen (nach Weinblum, Verh. d. III. int. Kongr. f. techn. Mechanik, Stockholm 1930).

Verdrängung geht hervor, daß für zwei untersuchte Geschwindigkeiten das Hauptspant schäfer (β ∾ 0.785) für die höhere Geschwindigkeit (f = 0,50) auszubilden ist als für die kleinere (f = 0,33; β ∾ 0.915), woraus auch natürlich im ersten Falle völligere Enden folgen.

In seinem Vortrag vor der S. B. T. G. 1931 legt Weinblum die Ergebnisse vor, die durch Reihen von Versuchen in der Preußischen Versuchsanstalt für Wasserbau und Schiffbau gewonnen sind. Diese Versuche wurden auf die Anregung Horns ausgeführt, eigens, um rechnerisch zu ermittelnde Folgerungen zu prüfen. Aus der Fülle der Ergebnisse, die diese Untersuchungen gebracht haben, kann ich hier nur die Hauptsachen kurz erwähnen:

Breitengesetz: Die Theorie gibt etwas zu starke Zunahme des Wellenwiderstandes mit wachsender Breite.

Hauptspantvölligkeit: Die Vermutung Michell's wird bestätigt, daß der flache Boden des Schiffes wegen seiner Tiefe nur geringen Einfluß hat und auch völlige Hauptspantformen von der Theorie demnach erfaßt werden können. Für kleinere Froude'sche Zahlen bis zu 0,25 ist die Hauptspantvölligkeit ziemlich belanglos und kann groß gewählt werden.

Verteilung des Deplacements der Länge nach: Unter anderem wird bestätigt, daß ein Modell mit hohlen Linien günstiger bei kleinen Geschwindigkeiten ($f < 0.3$), aber ungünstiger bei größeren Geschwindigkeiten ist als das damit verglichene Modell mit derselben Völligkeit, aber mit Schwanenhalsform.

Verteilung des Deplacements der Höhe nach: Versuche mit zwei Modellen mit praktisch gleicher Verdrängungskurve, aber das eine mit U-, das andere mit V-Spanten, ergaben im ganzen Geschwindigkeitsbereich, daß die U-Spanten günstiger waren.

In zäher Flüssigkeit scheint bei kleineren Geschwindigkeiten das Vorschiff entscheidende Bedeutung zu haben. Bei größeren Geschwindigkeiten aber, wo der Wellenwiderstand größere Bedeutung bekommt, werden die wellentheoretischen Gesetze größeren Einfluß haben. Diese fordern für Minimum des Wellenwiderstandes Symmetrie zum Hauptspant. Durch die Zähigkeitseinflüsse wird aber die wellenbildende Form des Schiffes verändert. Hierin ist vielleicht ein Grund der Tatsache zu suchen, daß für schnelle Schiffe der Verdrängungsschwerpunkt etwas hinter dem Hauptspant liegen soll.

Hier sei auch erwähnt, daß Weinblum 1930[12]) einen numerischen Vergleich zwischen meiner Widerstandsformel für Gleitschiffe und den Gleitversuchen von Sottorf in der Hamburgischen Schiffbau-Versuchsanstalt vorgenommen hat, wodurch sich eine theoretische Unterschätzung des Widerstandes von rund 15 bis 20 Prozent gezeigt hat.

Den Wellenwiderstand eines tief abgesenkten Ellipsoids hat Havelock in zwei Arbeiten aus 1931 behandelt,[13]) wobei er die Doppelquellenmethode anwendet. In diesem Zusammenhang sind von Interesse die Ergebnisse Havelocks betreffs eines Umdrehungs-Ellipsoids, das sich horizontal in der Richtung seiner Achse bewegt. (In den Rechnungen ist die Tiefe nicht groß angenommen worden, wodurch natürlich das gestellte Problem etwas modifiziert wird.) In einer Reihe solcher Modelle mit demselben Mittelquerschnitt aber verschiedener Länge

[12]) Zeitschr. f. angew. Math. u. Mech. 1930.

[13]) Proc. Roy. Soc. A 131 und 132, 1931.

zeigten die längeren Körper bei kleinen Geschwindigkeiten einen langsameren, bei größeren Geschwindigkeiten aber einen schnelleren Zuwachs des Widerstandes mit der Geschwindigkeit als die kürzeren Körper (Fig. 6).

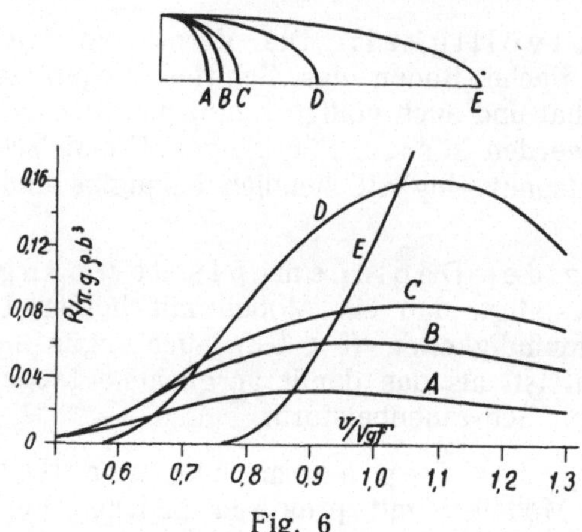

Fig. 6
Längsschnitte der Umdrehungsellipsoide und Kurven ihrer Wellenwiderstände (nach Havelock, Proc. Roy. Soc. A 131, 1931).

Für ein allgemeines Ellipsoid, das sich in der Richtung seiner größten Achse fortbewegt, mit der kleinsten Achse einmal wagerecht, das andere Mal senkrecht, liest Havelock ferner aus seinen Formeln heraus, daß, wenn Breite und Tiefe von derselben Größenordnung sind, und die Länge rund 10 mal dieser Größe ist, die Form der Widerstandskurven ziemlich unempfindlich für Veränderung im Breiten-Tiefenverhältnis ist. Er vermutet, daß dies der Grund ist, warum eine trotz allem ziemlich gute Übereinstimmung der großen Züge der berechneten und gemessenen Widerstandskurven für Schiffsmodelle vorhanden ist. Havelock vergleicht auch Michells Formel, auf ein scharfes Ellipsoid angewandt, mit seiner eigenen Formel für diesen Fall und analysiert den Unterschied. Die größte Unstimmigkeit kommt von einem Faktor, der den Wellenwiderstand nach Havelock z. B. für die Längen-Breitenverhältnisse 5 bzw. 10 rund 1,20 bzw. 1,05 mal so groß wie den nach Michell macht.

Die überraschende, zunächst rein formale Verwandtschaft, die trotz der ganz verschiedenartigen Voraussetzungen zwischen der Michellschen Formel für den Wellenwiderstand R sehr scharfer Schiffe und meiner entsprechenden Formel für flache Schiffsformen (Drucksysteme) besteht, hat mich veranlaßt, für den Wellenwiderstand die folgende einheitliche Formel (1) aufzustellen, welche für diese beiden Grenzfälle an der Wasseroberfläche in die dafür gültigen Formeln übergeht.[14])

---

[14]) Jahrb. d. Schiffbautechn. Ges. 1932.

$$\left.\begin{aligned} R &= \frac{\varrho g^2}{2\pi v^2}\int\limits_{-\infty}^{+\infty}(E_r^2+E_i^2)\ \sqrt{u^2+1}\ du \\ \begin{matrix}E_r\\E_i\end{matrix}\Bigg\} &= \iint\limits_{\Omega}\frac{\partial\zeta(x,y)}{\partial x}\, e^{-k\,\zeta(x,y)\,(u^2+1)} \\ &\quad\cdot \begin{matrix}\cos\\ \sin\end{matrix}\left[k\,(x+yu)\,\sqrt{u^2+1}\right]dx\,dy \end{aligned}\right\} \quad (1)$$

wo ϱ = Dichte des Wassers, g = Erdbeschleunigung, v = Geschwindigkeit des Schiffes, $k = g/v^2$, Ω = Schwimmwasserlinie und $z = \zeta(x,y)$ die Gleichung der Schiffsoberfläche in einem rechtwinkligen Koordinatensystem mit der xy-Ebene in der ursprünglich ungestörten Wasseroberfläche, der z-Achse senkrecht nach unten und der x-Achse in der Fortschrittsrichtung des Schiffes.

Bei der Aufstellung dieser Interpolationsformel ist in die Formel für das flache Schiff $p_\zeta = \varrho v \frac{\partial \Phi}{\partial x} + \varrho g \zeta \sim \varrho g \zeta$ (wo p_ζ = der örtliche Druck auf der Wasseroberfläche, Φ = das Geschwindigkeitspotential) gesetzt worden, was für Verdrängungsschiffe als eine erlaubte Annäherung erscheint.

Später fand ich, daß ich nur den Faktor $^1/_2$ durch $2/(2-\alpha)^2$ (siehe unten) ersetzen und das Integral einer identischen Umformung unterwerfen brauchte, damit die Formel für Havelocks Grenzfall eines tief abgesenkten Ellipsoids mit seiner Formel für diesen Fall übereinstimmen sollte. Da in der Tat α für die beiden Grenzfälle an der Wasseroberfläche Null wird, so ist es damit tatsächlich gelungen, eine einheitliche Formel (2) zu finden, die die sämtlichen drei bekannten Grenzfälle darstellt (mit $\varrho v \frac{\partial \Phi}{\partial x}$ im Falle des flachen Schiffes neben $\varrho g \zeta$ vernachlässigt).

$$\left.\begin{aligned} R &= \frac{2\varrho g^4}{\pi\,(2-\alpha)^2\,v^6}\int\limits_{-\infty}^{+\infty}(N_r^2+N_i^2)\,(u^2+1)^{3/2}\,du \\ \begin{matrix}N_r\\N_i\end{matrix}\Bigg\} &= \iiint\limits_{V} e^{-kz(u^2+1)}\begin{matrix}\cos\\ \sin\end{matrix}\left[k\,(x+yu)\,\sqrt{u^2+1}\right]dx\,dy\,dz \\ \alpha &= LBT\int\limits_{0}^{\infty}\frac{du}{(L^2+u)^{3/2}\,(B^2+u)^{1/2}\,(T^2+u)^{1/2}} \end{aligned}\right\} \quad (2)$$

mit denselben Bezeichnungen wie früher und ferner L, B, T = Länge, Breite, Tiefe des Schiffes und V = Verdrängung.

Wie weit diese Formel (2) in den Zwischenfällen, d. h. bei normalen Deplacementschiffen bessere Werte als die Grenzformeln ergibt, kann jedoch nur ein Vergleich mit Versuchsergebnissen lehren. Eine bessere Übereinstimmung ist offenbar wegen der Natur der Formel zu erwarten und kann als Hypothese aufgestellt werden.

Mit Hilfe der Formel (2) habe ich das erste Glied der Korrektur zur Michell'schen Formel für Wigleys Modelle 755, 829 und 825 zwischen den Geschwindigkeitswerten P = 0.95 und P = 1.15 berechnet (Fig. 2). Die Korrektur bewirkt eine Ausglättung des übertriebenen Tales der Michell-Kurve an dieser Stelle, dagegen verbessert sie nicht beträchtlich die gegenseitige Lage der Kurven für das schlankste Modell, was ja auch nicht zu erwarten war, da diese Unstimmigkeit, wie früher erwähnt, einen anderen Grund hat.

Von besonderem Interesse schien es nun, zu untersuchen, ob die neue Formel die großen Abweichungen bei Wigley's Modell 1008 korrigieren könne. Hier waren wegen des elliptischen Hecks die Bedingungen für die Gültigkeit der Michell'schen Formel schlecht erfüllt. Ich habe einige Rechnungen auch für dieses Modell durchgeführt. Den Rechnungen stellten sich nun beträchtliche rechentechnische Schwierigkeiten entgegen, da eine außerordentliche Genauigkeit erforderlich war. Ich habe die Größenordnung der Korrektur für zwei Punkte P = 0,4 und P = 0,7 festgestellt. Das Ergebnis meiner Rechnungen für dieses Modell ist jedoch negativ. Das erste Glied der Korrektur hat eine zu vernachlässigende Größenordnung. Ob die folgenden Glieder eine Verbesserung der theoretischen Ergebnisse ergeben können, ist mir noch unbekannt und daher nachzuprüfen.

Erfreulicherweise besitzen wir nunmehr durch die sorgfältigen systematischen Versuche von W i g l e y und W e i n b l u m, zusammen mit älteren wertvollen Versuchen, ein recht umfassendes Material, das dauernd als Prüfstein für wenigstens vorläufig in gewissem Umfange notwendige Hypothesen auf diesem Gebiet dienen möge.

Anhang.

Begründung der erweiterten Interpolationsformel (2) für den Wellenwiderstand von Schiffen.

Die Frage, wie sich die Formel (1) zu der Formel von Havelock für den dritten bekannten Grenzfall verhält, nämlich für den Wellenwiderstand eines tief abgesenkten Ellipsoids, das sich mit zwei Achsen horizontal mit gleichförmiger Geschwindigkeit v in der Richtung der einen dieser Achsen bewegt, läßt sich in folgender Weise beantworten. Schon in der Natur der Formeln liegt, daß sowohl Michells Formel wie die Formel (1), auf ein derartiges Ellipsoid angewandt, für verschwindendes B/L (B = die Breite, L = die Länge des Ellipsoids) mit der Havelock'schen Formel für diesen Fall übereinstimmt, d. h. in den Reihenentwicklungen der Widerstandsformeln nach Potenzen von B/L stimmt das erste Glied der Michell'schen Formel, bzw. das der Formel (1) mit dem ersten Glied der Havelock'schen Formel überein. Dieses haben übrigens Havelock und Wigley nachgerechnet. Das zweite Glied der Entwicklung der Formel (1) zeigt mit dem entsprechenden Glied der Havelock'schen Formel zwar nähere Verwandtschaft als das zweite Glied der Michell'schen Formel, stimmt aber damit nicht genau überein.

Da auch die Havelock'sche Formel für den Wellenwiderstand von Doppelquellensystemen eine Struktur aufweist, die ihre nahe Verwandtschaft mit der Formel (1) andeutet, untersuchte ich, ob es möglich wäre, eine Interpolationsformel zu finden, die nicht nur die beiden Grenzfälle für Schiffe an der Wasseroberfläche, wie sie in der Formel (1) zusammengefaßt sind, sondern auch den Havelockschen Grenzfall eines tief abgesenkten Ellipsoids darstellt. In der Tat ist mir auch diese Synthese nach den folgenden Überlegungen gelungen.

Die Tatsache beachtend, daß in der hier anzuwendenden Annäherung ζ (x, y) = 0 am Rande des Gebiets Ω gilt, formen wir die Integrale E_r und E_i der Formel (1) durch partielle Integration um und führen sie dann in Integrale über den Raum der Verdrängung (V) über:

$$\left.\begin{matrix} E_r \\ E_i \end{matrix}\right\} = \iint\limits_{\Omega} \frac{\partial \zeta(x,y)}{\partial x}\, e^{-k\,\zeta(x,y)\,(u^2+1)}$$

$$\cdot \begin{matrix} \cos \\ \sin \end{matrix} \left\{k\,(x+yu)\sqrt{u^2+1}\right\} dx\,dy =$$

$$= \pm \frac{1}{\sqrt{u^2+1}} \iint\limits_{\Omega} \left\{ e^{-k\,\zeta(x,y)\,(u^2+1)} - 1 \right\}$$

$$\cdot \begin{matrix} \sin \\ \cos \end{matrix} \left\{k\,(x+yu)\sqrt{u^2+1}\right\} dx\,dy =$$

$$= \mp k\sqrt{u^2+1} \iiint\limits_{V} e^{-k\,z\,(u^2+1)}$$

$$\cdot \begin{matrix} \sin \\ \cos \end{matrix} \left\{k\,(x+yu)\sqrt{u^2+1}\right\} dx\,dy\,dz$$

Die Formel (1) läßt sich also nach dieser identischen Umformung schreiben:

$$\left.\begin{aligned} R &= \frac{\varrho g^4}{2\pi v^6}\int_{-\infty}^{+\infty}(N_r^2+N_i^2)(u^2+1)^{3/2}\,du \\ \begin{matrix}N_r\\N_i\end{matrix}\Bigg\} &= \iiint_V e^{-kz(u^2+1)}\,\frac{\cos}{\sin}\left\{k(x+yu)\sqrt{u^2+1}\right\}dx\,dy\,dz \end{aligned}\right\} \quad (3)$$

Die Form von (3) zeigt jetzt an, daß R als der Wellenwiderstand eines Systems von über den Raum der Verdrängung stetig und gleichmäßig verteilten Doppelquellen aufgefaßt werden kann, deren Moment die Größe $\frac{V}{4\pi}$ pro Volumeneinheit hat und gleichgerichtet mit der Fortschrittsgeschwindigkeit des Schiffes ist. Nach Havelock[15]) ist nämlich der Wellenwiderstand (R_2) zweier Doppelquellen in den Punkten x, y, z, bezw. x', y', z', mit den Momenten M bezw. M' und mit den Achsen in der Bewegungsrichtung des Schiffes durch die folgende Formel gegeben:

$$R_2 = \frac{16\pi\varrho g^4}{v^8}\int_0^{\pi/2}\Big\{M^2 e^{-2kz\sec^2\Theta} + M'^2 e^{-2kz'\sec^2\Theta} + 2MM'e^{-k(z+z')\sec^2\Theta}$$

$$\cos[k(x-x')\sec\Theta]\cos[k(y-y')\sin\Theta\sec^2\Theta]\Big\}\sec^5\Theta\,d\Theta$$

Für ein System solcher stetig über den Raum (V bezw. V') der Verdrängung verteilten Doppelquellen mit dem Moment M bezw. M' pro Volumeneinheit ist also der Wellenwiderstand:

$$R = \frac{16\pi\varrho g^4}{v^8}\int_0^{\pi/2} d\Theta \iiint_V dx\,dy\,dz \iiint_{V'} dx'\,dy'\,dz'\,MM'$$

$$\cdot\, e^{-k(z+z')\sec^2\Theta}$$

$$\cdot\cos[k(x-x')\sec\Theta]\cos[k(y-y')\sin\Theta\sec^2\Theta]\sec^5\Theta =$$

$$= \frac{8\pi\varrho g^4}{v^8}\int_{-\infty}^{+\infty} du \iiint_V dx\,dy\,dz \iiint_{V'} dx'\,dy'\,dz'\,MM'\,\cdot$$

[15]) Proc. Roy. Soc. A, 118 (1928) S. 32.

$$\cdot e^{-k(z+z')(u^2+1)} \left\{ \cos k(x+yu)\sqrt{u^2+1} \cos k(x'+y'u)\sqrt{u^2+1} + \right.$$

$$\left. + \sin k(x+yu)\sqrt{u^2+1} \sin k(x'+y'u)\sqrt{u^2+1} \right\} (u^2+1)^{3/2}$$

oder:

$$\left.\begin{aligned} R &= \frac{8\pi\varrho g^4}{v^8} \int_{-\infty}^{+\infty} (S_r^2 + S_i^2)(u^2+1)^{3/2}\, du \\ \left.\begin{matrix} S_r \\ S_i \end{matrix}\right\} &= \iiint_V M \cdot e^{-kz(u^2+1)} \\ &\quad \begin{matrix} \cos \\ \sin \end{matrix} \left[k(x+yu)\sqrt{u^2+1} \right] dx\, dy\, dz \end{aligned}\right\} \quad (4)$$

Durch Vergleich mit der Formel (4) geht unmittelbar die behauptete Eigenschaft der Formel (3) hervor.

Für ein Ellipsoid

$$\frac{x^2}{(L/2)^2} + \frac{y^2}{(B/2)^2} + \frac{(z-z_0)^2}{(T/2)^2} = 1 \qquad (z_0 \gg L; B; T)$$

das sich tief abgesenkt mit gleichförmiger Geschwindigkeit v in der Richtung der positiven x-Achse bewegt, ist nun in erster Annäherung der Wellenwiderstand derselbe wie der eines Systems von Doppelquellen, die stetig, mit ihren Achsen in der Richtung der x-Achse, über den Raum des Ellipsoids verteilt sind, und zwar mit dem Moment $\frac{v}{2\pi\,(2-\alpha)}$ pro Volumeneinheit.[16]) Hier ist

$$\alpha = \frac{BT}{L^2} \int_0^\infty \left[1+w\right]^{-3/2} \left[\left(\frac{B}{L}\right)^2 + w\right]^{-1/2} \left[\left(\frac{T}{L}\right)^2 + w\right]^{-1/2} dw$$

Da nun, wenn $B/L \to 0$ oder $T/L \to 0$, α gegen 0 und also auch $\frac{v}{2\pi(2-\alpha)}$ gegen $\frac{v}{4\pi}$ streben, so ist es offenbar, daß nicht nur der Wellenwiderstand im Grenzfalle des tief abgesenkten Ellipsoids, sondern auch der Wellenwiderstand in den beiden Grenzfällen für Schiffe an der Wasseroberfläche von dem Wellenwiderstand derartiger Systeme von über den Raum der Verdrängung gleichmäßig verteilten Doppel-

[16]) Havelock, Proc. Roy. Soc. A, 131 (1931), S. 276.

quellen mit dem Moment $\frac{V}{2\pi(2-\alpha)}$ pro Volumeneinheit dargestellt werden können. Daher faßt die folgende Formel den Wellenwiderstand R aller drei bekannten Grenzfälle zusammen:

$$\left.\begin{aligned} R &= \frac{2\varrho g^4}{\pi(2-\alpha)^2 v^6}\int_{-\infty}^{+\infty}(N_r^2+N_i^2)(u^2+1)^{3/2}\,du \\ \left.\begin{matrix} N_r \\ N_i \end{matrix}\right\} &= \iiint_V e^{-kz(u^2+1)} \begin{matrix}\cos\\ \sin\end{matrix}\left[k(x+yu)\sqrt{u^2+1}\right] dx\,dy\,dz \\ \alpha &= \frac{BT}{L^2}\int_0^\infty\left[1+w\right]^{-3/2}\left[\left(\frac{B}{L}\right)^2+w\right]^{-1/2}\left[\left(\frac{T}{L}\right)^2+w\right]^{-1/2} dw \end{aligned}\right\} \quad (5)$$

wo L, B, T = Länge, Breite, Tiefe des Schiffes. Für Unterwasserschiffe wird mit T ihre größte vertikale Abmessung verstanden. Diese Formel ist mit der Formel (2) identisch.

Hohle oder gerade Wasserlinien?*)

Von Georg Weinblum,

Preuß. Versuchsanstalt für Wasserbau und Schiffbau, Berlin.

I. Rechnerische Ergebnisse.

Die vorliegende Arbeit soll einen Beitrag zur Lösung des klassischen Problems der Schiffstheorie „Hollow versus straight lines" liefern; es ist eine Fortsetzung von Untersuchungen über die Zusammenhänge zwischen Schiffsform und Wellenwiderstand, die ihren Niederschlag in einem Bericht vor dem III. Internationalen Kongreß für Mechanik in Stockholm und im Jahrbuch der Schiffbautechnischen Gesellschaft 1932 gefunden haben, und bildet einen Teil eines umfassenderen Arbeitsprogramms, welches die Anwendbarkeit der Theorie im ganzen für den Schiffbau wichtigen Gebiet, kleine Geschwindigkeiten und völlige Formen inbegriffen, prüfen soll. Es ist früher gezeigt worden, daß die Folgerungen der Theorie über die günstigste Verteilung der Verdrängung in Richtung der Längs- und Tiefenkoordinate sich meistens in bemerkenswerter Weise bestätigen, und daß die Lehre von der Wellenbewegung im idealen Medium für systematische Modellversuche als Arbeitshypothese unentbehrlich ist. — Wir stützen uns nach wie vor auf die Methode von Froude, in vollem Bewußtsein, daß die Zergliederung des Gesamtwiderstandes in einzelne „Bestandteile" nur ein grobes mechanisches Modell der Vorgänge ergibt; aber der Erfolg bei den Untersuchungen des wirklichen Geschehens erteilt uns die Berechtigung, dieses Gedankenmodell beizubehalten.

Wie gewohnt, betrachten wir das nackte Schiff ohne Schraube; nach Erledigung dieses vereinfachten Problems, welches immerhin einer Reihe weiterer Arbeiten zu seiner grundsätzlichen Klärung bedarf, wird es notwendig sein, den Einfluß des Propulsionsorgans auf die Wellenbildung besonders zu untersuchen; vergl. hierzu das Referat von Horn.

Das Thema gestattet sofort eine wichtige Einschränkung, — die Ausschaltung hoher Froude'scher Zahlen, — denn bei diesen ist die hohle Form anerkannterweise anderen unterlegen, wenn sie nicht etwa durch

*) Der Titel „Hohle oder gerade Spantflächenkurven" ist dem Inhalt vielleicht angemessener; da aber aus Einfachheitsgründen bei Berechnungen des Wellenwiderstandes rechteckige Längskonturen angenommen sind, decken sich die Begriffe für die untersuchten analytischen Formen. Schiffe mit stark weggeschnittenen Steven und geraden Wasserlinien, deren Spantflächenkurven aber hohl sind, sollen hier sinngemäß unter die Bezeichnung „Schiffe mit hohlen Wasserlinien" fallen.

einen vorgesetzten Bulb verbessert wird; diese Komplikation wollen wir hier aber nicht weiter verfolgen.

Als erster hat Havelock (Proc. Royal Soc. 1923) an einem idealisierten Beispiel die Überlegenheit hohler Wasserlinien rechnerisch nachgewiesen. Aus Minimalbetrachtungen am Michell'schen Integral habe ich in früheren Arbeiten für verschiedene Froude'sche Zahlen Gleichungen von Spantflächenkurven und einfachen Linienrissen abgeleitet; diese Rechnungen sind inzwischen für $\gamma_0 = \frac{1}{2\,\mathfrak{F}^2} = 9{,}5$ und 7,5 fortgesetzt worden. Für $\mathfrak{F}$ bis 0,24[1]) zeigen die gewonnenen Spantflächenkurven geringsten Widerstands als charakteristisches Merkmal, daß der Tangens des Eintrittswinkels $\left|\frac{\delta\eta}{\delta\xi}\right|_{\xi=1} = t \backsim 0$ wird (man erhält im Ergebnis positive und negative kleine Zahlen), was bei üblichen Schiffslinien mit einem sehr hohlen Verlauf gleichbedeutend ist. Die Bezeichnung „hohl" ist natürlich unscharf, sie kann aber durch Angabe des Völligkeitsgrades und des Eintrittswertes t fester umrissen werden. Mit steigenden Geschwindigkeiten nimmt t zu, so ist für $\mathfrak{F} \backsim 0{,}26$ ($\gamma_0 = 7{,}5$) $t \backsim 0{,}7$ abgeleitet worden. Allen diesen Rechnungen war gemeinsam, daß der Völligkeitsgrad β vorgeschrieben und δ unbeschränkt war; als Minimalformen resultieren sehr scharfe Gebilde.

Bei diesen Ansätzen ist zu berücksichtigen, daß man a priori wegen des oszillierenden Verlaufs der Widerstandskurven für benachbarte Geschwindigkeiten verschiedene Optimalformen erwarten kann, je nachdem ob der Geschwindigkeitswert $\gamma_0 = \frac{1}{2\,\mathfrak{F}^2}$ einer Kuppe oder einem Tal eines üblichen Diagramms entspricht. Die Rechnungen sind deshalb, um sicher zu gehen, für nicht zu große Abstände von γ_0 durchgeführt. Es zeigt sich glücklicherweise, daß für kleine Froude'sche Zahlen, wie schon oben erwähnt, die Unterschiede in der Eintrittstangente t nicht besonders groß sind, wenn auch anscheinend für Gebiete, welche Höhlungen in einer normalen Widerstandskurve entsprechen ($\gamma_0 = 7{,}5$, 11, 14), etwas größere Werte als für $\gamma_0 = 9{,}5$, 12,5, 15,5 resultieren.[2]) Sollten bei Untersuchungen ähnlicher Probleme stärkere Abweichungen auftreten, so sind zum Vergleich von Theorie und Versuch Mittelwerte der Rechnungsresultate einzusetzen, denn so kann man hoffen, der anderenorts erwähnten Tatsache (J.S.B.T.G. 1932) Genüge zu tun, daß die Theorie bei kleinen Froude'schen Zahlen nur einen allgemeinen Anhalt für den wirklichen Verlauf gibt.

---

[1]) Wegen der schon von Havelock und Wigley festgestellten Phasenverschiebung in der errechneten und gemessenen Widerstandskurve liegen die Grenzen der für den Versuch maßgebenden $\mathfrak{F} \backsim 8\%$ höher.

[2]) Es ist stets zu betonen, daß die Resultate wegen der oft mangelhaften Genauigkeit der numerischen Auswertung nur die Größenordnung vermitteln können (dies liegt ja auch im Charakter der Theorie).

Anschaulich läßt sich das Ergebnis der Minimalbetrachtungen so deuten: Der für den Widerstand besonders wichtige Kamm der Bugwelle liegt bei kleinen Geschwindigkeiten kurz hinter dem Vorsteven; ist der Eintrittswinkel der Schiffsform klein, so wird damit auch die Druckkomponente in Fahrtrichtung gering. Natürlich berücksichtigt diese rohe Vorstellung nicht eine Verschiebung der Welle infolge der geänderten Form. Ähnlich kann der Vorzug des Schwanenhalses erklärt werden, wenn man bedenkt, daß bei hohen $\mathfrak{F}$ der erste Wellenkamm gerade in das Gebiet geringer Neigung der Schiffswand zur Längsschiffsebene zu liegen kommt.

Die Ausdehnung der Ansätze auf größere Schärfegrade und Völligkeitsgrade des Hauptspants ist inzwischen erfolgt, und die bis jetzt vorliegenden Resultate bestätigen das frühere Ergebnis, daß für kleine Froude'sche Zahlen bis ca. 0,23 eine hohle Spantflächenkurve Minimalbedingung bleibt; der Einfluß der größeren Völligkeit äußert sich darin, daß die hohle Form hier früher ungünstig wird als bei den sehr scharfen Minimalschiffen mit unbeschränktem δ, d. h. im Gebiet des 3. Buckels ($\mathfrak{F} \backsim 0,22 - 0,26$) gerade Formen den hohlen überlegen sind, und daß der günstigste t-Wert bei gleichen $\mathfrak{F}$ eine steigende Tendenz aufweist.

Dieses ist der Stand der rechnerisch gewonnenen Erkenntnisse. Eine Versuchsreihe von Taylor (s. weiter unten) weist auf ein etwas verschiedenes Verhalten bei geringen (0,6) und mittleren Schärfegraden (0,65) hin. Auch unsere Messungen in der Versuchsanstalt für Wasserbau und Schiffbau, Berlin, an scharfen, schlanken Modellen zeigten keine eindeutige Überlegenheit der hohlen über die gebräuchlichere Form (s.J.S.B.T.G. 1932 S. 444). Es erschien daher erwünscht, diese wichtigen Untersuchungen an einigen Modellen fortzusetzen; über die Resultate soll im folgenden berichtet werden, wobei das besonders wichtige Kapitel der völligen Formen, über welches schon eine umfangreiche Literatur vorliegt, als noch nicht abgeschlossen nur gestreift wird.[3]) Zuvor wenden wir uns aber einer kritischen Betrachtung des von anderer Seite gewonnenen Materials zu.

II. Versuche von R. E. Froude und Taylor.

Als erster hat R. E. Froude die Frage der zweckmäßigsten Verteilung des Deplacements der Länge nach — sie ist mit unserer Problemstellung identisch — systematisch und in manchen Beziehungen sehr vollständig untersucht (TINA 1905). 5 Modelle wurden nicht nur in ruhigem Wasser, sondern auch in künstlichem Seegang geschleppt. Fig. 1 zeigt die Spantflächenkurven und Fig. 2 die Widerstandsdiagramme der Modelle. Die wichtigsten Formkonstanten sind in der

[3]) So die Lehrbücher von Taylor: Speed and power of ships. Biles: The design and construction of ships II. Baker: Ship form resistance. Auch die von R. Froude untersuchte Abhängigkeit des günstigsten Linientyps von der Schlankheit $L/D^{1/3}$ bei fester Geschwindigkeit wollen wir hier nicht berühren.

Tabelle zu finden. Es handelt sich durchweg um sehr scharfe Typen. Im untersuchten Geschwindigkeitsgebiet $\mathfrak{F} = 0{,}21$ bis $\mathfrak{F} = 0{,}33$ ist die hohle Form ausgesprochen überlegen. Das grund-

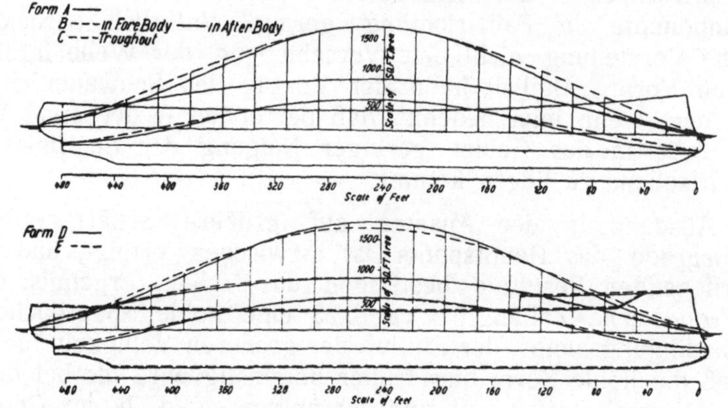

Fig. 1
Spantflächenkurve nach Froude.

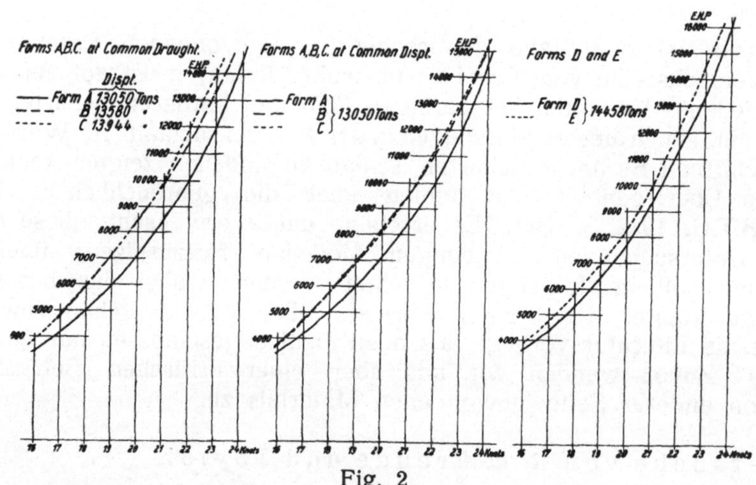

Fig. 2
Widerstandsdiagramme nach Froude.

legende Ergebnis dieser Arbeit wurde leider zum Teil durch die wenig glückliche Diskussion in seiner Wirkung beeinträchtigt, sodaß der Präsident der I. N. A. im Schlußwort die resignierte Bemerkung fallen ließ: „who shall decide, when doctors disagree?“ —

Die Meßergebnisse im Seegang weisen darauf hin, daß in bewegtem Wasser die Verhältnisse prinzipiell dieselben bleiben wie im ruhigen, und daß anscheinend die Änderung der Trägheitsmomente, die mit einer Variation der Schiffsform verknüpft ist, den zusätzlichen Widerstand mittelbar wesentlich stärker beeinflußt, als es die Formänderung unmittelbar tut.

Weiter hat *Froude* an den Modellen B und C gezeigt, daß die Vorzüge der hohlen Form an das Vorschiff geknüpft sind, und daß man das Hinterschiff ohne Nachteil mit geraden Wasserlinien entwerfen kann; dieses wichtige Ergebnis, welches im strikten Widerspruch zur Theorie steht, ist durch unsere Messungen (Jahrb. S.T.G. 1932) für kleine und mittlere $\mathfrak{F}$ bestätigt; dagegen beginnt bei steigenden Froude'schen Zahlen[4]) auch das Hinterschiff den Wellenwiderstand stärker zu beeinflussen, was z. B. schon aus der C-Kurve von *Froude* für $\mathfrak{F} \sim 0{,}28$ gefolgert werden kann. Nachteilig vom Standpunkt der früheren Einsichten war der Umstand, daß die „hohlen" Formen alle einen kleineren Schärfegrad als die geraden hatten; *Froude* hat also nicht den reinen Formeinfluß bei gleichem δ/β verglichen, so daß der Einwand, es sei zunächst nur die Überlegenheit des schärferen über das völligere Vorschiff festgestellt, nicht ohne weiteres von der Hand zu weisen ist.

Zu demselben Ergebnis wie *Froude* kommt *Taylor* in seinem Handbuch „Speed and power of ships"; man findet hier einige Angaben über Geschwindigkeitsgrenzen, innerhalb welcher die Vorzüge der hohlen Form bei verschiedenen δ/β gelten. Noch einen Schritt weiter führt die grundlegende Arbeit desselben Verfassers im Intern. Marine Eng. 1923. Die Erkenntnis vom Einfluß des Hinterschiffes ist hier insofern zunutze gemacht, als alle Modelle einer Serie dasselbe Achterschiff aufweisen, und die Variationen sich nur auf das Vorschiff beschränken (vom Standpunkte einer allgemeinen Erfassung sind damit für hohe $\mathfrak{F}$ Nachteile verknüpft, s. Jahrbuch S.B.T.G. 1932 S. 438). Aus den Versuchen der *völligen Serie* B (siehe Tabelle) wird das Gesetz aufgestellt, daß für $\mathfrak{F}$ bis 0,24 die Spantflächenkurven sehr kleine oder (bei Vorhandensein eines Bulb) sogar negative Eintrittstangenten $\left|\frac{\delta\eta}{\delta\xi}\right|_{\xi=1} = t$ haben müssen; mit zunehmendem $\mathfrak{F}$ steigt dann t für alle Modelle der Serien A und B, um schließlich bei sehr hohen Froude'schen Zahlen t-Werte als Optimum erscheinen zu lassen, die zu schwanenhalsförmigen Wasserlinien führen.

Serie B nach Taylor.

$\mathfrak{F}$	0,133,	0,213,	0,239,	0,253,	0,266,	0,279
t-Optimum ohne Bulb	0	0	0,35	0,75	1,10	1,50.

Eigentümlicherweise liegen die Verhältnisse bei kleineren δ/β der sehr scharfen Modellserie A etwas anders; hier ist das Optimum mit $t \sim 1$ zu erreichen (die Form ist immer noch hohl). Die Theorie gibt keinen Grund für das in diesem Punkte abweichende Verhalten der Modellserie A und B an; bei den großen Abmessungen der Modelle der Anstalt in Washington (20' Länge) dürfen andererseits Versuchsungenauigkeiten nicht so leicht vorausgesetzt werden; dazu kommt, daß unsere Versuche mit

[4]) Als Kriterium für das Eintreten dieser Steigerung wird etwa das Verhältnis der „Wellenenergie" zur „Reibungsenergie" zu dienen haben.

Mod. 1111 und 1114, über die weiter unten berichtet wird, ein ähnliches Ergebnis zeitigen, wenn auch die Verschiedenheit der Spantformen hier keine einwandfreien Vergleichsmöglichkeiten abgibt (zudem ist δ/β bei uns höher als bei Taylor, δ dagegen ungefähr gleich). Die Frage bleibt offen; sie ist nicht so sehr von wesentlicher praktischer Bedeutung, weil sehr scharfe Formen (außer Kriegsschiffen bei Marschgeschwindigkeit) fast immer bei etwas höheren $\mathfrak{F}$ (z. B. $\mathfrak{F} > 0{,}24$) gefahren werden, als theoretisch interessant.

Die Arbeiten Froude's und die früheren Taylor's neben weiteren im William Froude Tank gewonnenen Ergebnissen haben in dem Buche „Ships form resistance and screw propulsion" von Baker ihren Niederschlag gefunden, der für relative Geschwindigkeiten bis $\mathfrak{F} \sim 0{,}30$ bei scharfen Schiffen ebenfalls hohle Wasserlinien empfiehlt. Das Werk enthält die eingehendsten bis jetzt veröffentlichten Angaben über den Zusammenhang von Schiffsform und „Restwiderstand".

III. Neuere Untersuchungen.

Wir wenden uns jetzt der Diskussion einiger neuer Versuche, die in der Versuchsanstalt für Wasserbau und Schiffbau, Berlin, durchgeführt worden sind, zu und betrachten zunächst die in Fig. 4 wiedergegebenen Diagramme für das Doppelmodell 1099, der systematischen „Michell-Serie" (Spantflächenkurve Fig. 3, Gleichung und Form-

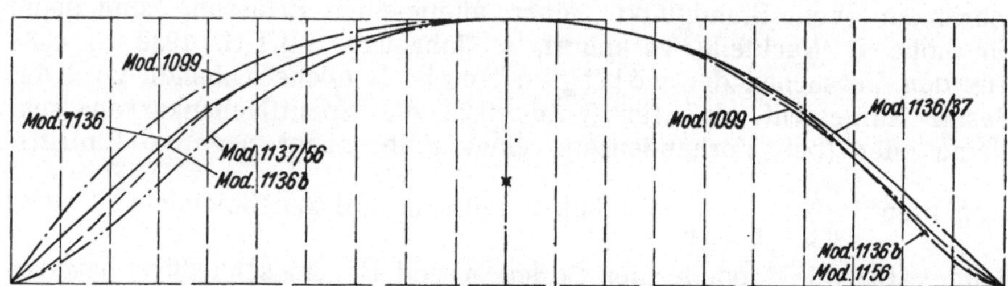

Fig. 3
Spantflächenkurven der in der Versuchsanstalt Berlin untersuchten Modelle.

konstanten s. Tabelle), über welche im Jahrbuch der S.B.T.G. 1932 berichtet worden ist. Wie schon früher festgestellt, weist die unsymmetrische Form beim Schleppen als gewöhnliches Modell an der Oberfläche mit dem hohlen Bug voraus im Gegensatz zur Theorie Vorzüge gegenüber dem symmetrischen Grundmodell 1097 auf (bis etwa $\mathfrak{F} = 0{,}30$). Wenn wir den am getauchten Doppelmodell gemessenen Reibungs- und Wirbelwiderstand auf das Überwassermodell übertragen, so ist der so ermittelte Wellenwiderstand bei $\mathfrak{F} = \sim 0{,}23$ $\sim 55\%$ desjenigen der Ausgangsform 1097 oder $\sim 40\%$ des der rückwärts geschleppten Form; diese quantitativen Schlüsse sind mit Vorsicht aufzunehmen, unzweifelhaft ist jedoch die große Überlegenheit der „hollow lines" im Vorschiff bei gleichem δ/β des ganzen Schiffes.

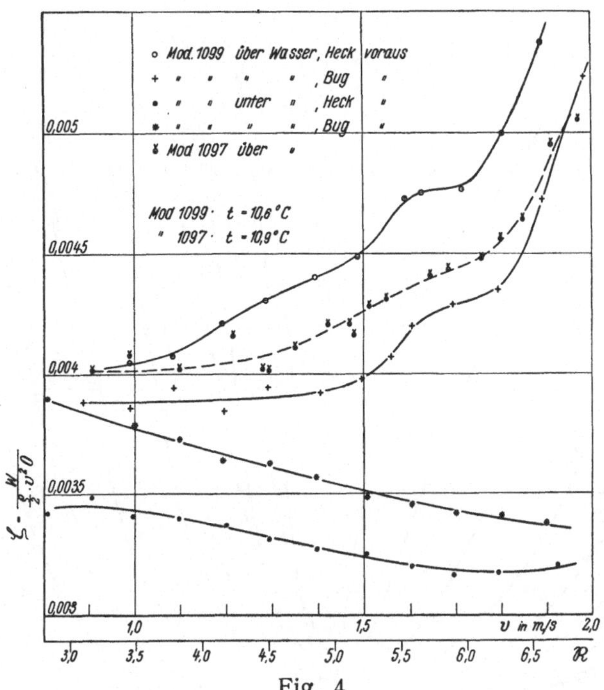

Fig. 4
Widerstandsbeiwerte der Modelle 1097, 1099.

Das nächste Modell 1137, welches Herr Professor Horn zur Untersuchung von Nachstromverhältnissen hatte herstellen lassen, nebst der Variante 1156, ist wegen seiner großen Abmessungen ein besonders günstiges Objekt für unsere Untersuchungen (s. Fig. 5 und Tabelle). Zwar ist die Form nicht mathematisch, doch fällt die Gleichung der Spantflächenkurve im Vorschiff praktisch mit der des exakt dargestellten Modelles 1136 zusammen. Die Schiffsform ist wegen des völligen Vorschiffs und überschlanken Hinterschiffs (das entsprach der Problemstellung der Nachstromuntersuchungen) als sehr ungünstig zu bezeichnen. Durch Superposition eines Terms $\eta = 0{,}4\ (\xi^6 - \xi^{10})$ über die Spantflächenkurve im Vorschiff wird letzteres derart verschärft, daß $t = 0$ wird, δ sinkt um $\sim 1{,}0\%$. Vom Standpunkt der Geschlossenheit wäre es natürlich erwünscht gewesen, die Volumengleichheit von 1156 mit 1137 durch eine entsprechende Auffüllung des Hinterschiffs zu erzielen; für die Zwecke des Vergleichs von Theorie und Experiment erschien aber eine Übereinstimmung der Verdrängung nicht notwendig; es wurde daher aus Sparsamkeitsgründen auf eine Umgestaltung des Achterschiffs verzichtet.

Wir bezeichnen mit „Grundfunktion“ den Ausdruck

$$\left\{ \int_0^1 \frac{\delta \eta}{\delta \xi} \sin \gamma\, \xi\, d\xi \right\}^2 = \Sigma^2;$$

für die beiden Modelle sind diese in Fig. 7 gezeigt; bekanntlich stellt

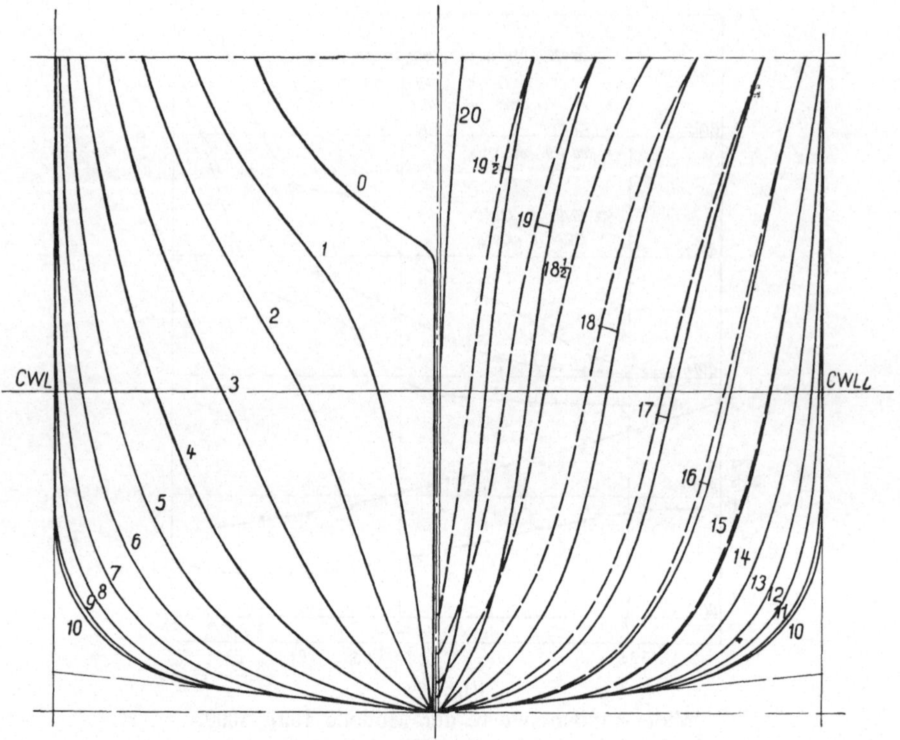

Fig. 5
Spantenriß Mod. 1137/56; Mod. 1137 ——, Mod. 1156 – – –
Hinterschiff identisch.

die Fläche der Kurve $\Sigma^2 \cdot \varphi^2 \left(2 \frac{T}{L} \frac{\gamma^2}{\gamma_0}\right)$ f (γ), welche aus der angeführten Grundfunktion Σ^2 durch Multiplikation mit gewissen von Hauptspant-Völligkeit, Tiefgang usw. abhängigen Werten $\varphi^2\left(2\frac{T}{L}\frac{\gamma^2}{\gamma_0}\right)$ — φ ist ein Funktionszeichen — gewonnen wird, den Wellenwiderstand vereinfachter Formen $\eta = f_1(\xi) f_2(\zeta)/\varkappa = 1$ für eine gegebene Geschwindigkeit dar (da es nur um die Feststellung von Vorzeichen und Größenordnung geht, wurden in der numerischen Auswertung senkrechte Spanten vorausgesetzt, ein Vorgehen, welches um so mehr berechtigt ist, als wir stillschweigend vernachlässigen, daß unser Hinterschiff eine andere Gleichung, als der Rechnung zugrundegelegt besitzt). Die errechneten Widerstände selbst sind aus Fig. 8 zu ersehen; der Vergleich zwischen Theorie und Versuch endet insofern überraschend, als das verschärfte Modell 1156 im ganzen untersuchten Bereich günstiger als die Ausgangsform ist (Fig. 6); der Effekt ist sehr beträchtlich.

Wir versuchen eine Erklärung dieser Unstimmigkeit. Hier ist zunächst der Einfluß des weggeschnittenen Stevens (Fig. 5) zu betrachten. Mit der Wahl eines vorhandenen Modells zur Prüfung der Theorie

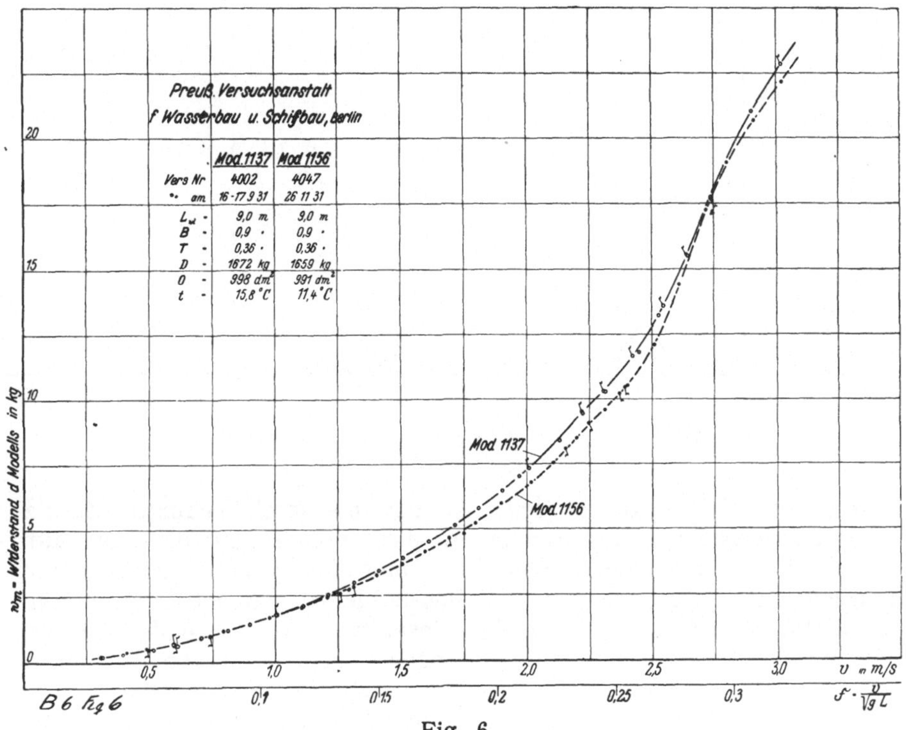

Fig. 6
Widerstandskurven für Mod. 1137/56.

ist manche Unzuträglichkeit verbunden; so mußte z. B. aus Herstellungsgründen der hohle Verlauf der Spantflächenkurve des Modells 1156 durch Wegschneiden des Stevens erzielt werden, womit eine Abweichung von den Voraussetzungen der Rechnung gegeben ist. Wichtiger als eine eventuelle hierdurch bedingte Verschiedenheit der Wellenbildung erscheint zunächst folgender Gesichtspunkt: unsere Versuche mit völligen Modellen haben gezeigt, daß bei scharfen Kimmübergängen im Vorschiff beträchtliche Ablösungswiderstände auftreten können, welche größer als die Widerstandsunterschiede sind, die man auf Verschiedenheit der Spantflächenkurven zurückzuführen hat. Ein starker hochgezogener Steven kann daher eine wesentliche Verbesserung der Strömung bewirken, aber bei unseren Versuchen ist mit dieser Erscheinung auf Grund der Erfahrungen an zahlreichen scharfen Modellen nicht zu rechnen; als direkter Beweis kann die Tatsache angesehen werden, daß für sehr niedrige $\mathfrak{F}$ der Widerstand des Modells 1156 trotz des weggeschnittenen Stevens über dem der ursprünglichen Form 1137 liegt. Vorbehaltlich weiterer Untersuchungen über hochgezogene Vorstevenformen muß deswegen hier gesagt werden, daß diese im vorliegenden Falle nicht als maßgebender Grund für die Abweichung von Theorie und Versuch herangezogen werden kann.

Eine weitere Möglichkeit, die Überlegenheit von 1156 über 1137, auch bei höheren $\mathfrak{F}$ zu erklären, liegt in der Unsymmetrie von Vor- und

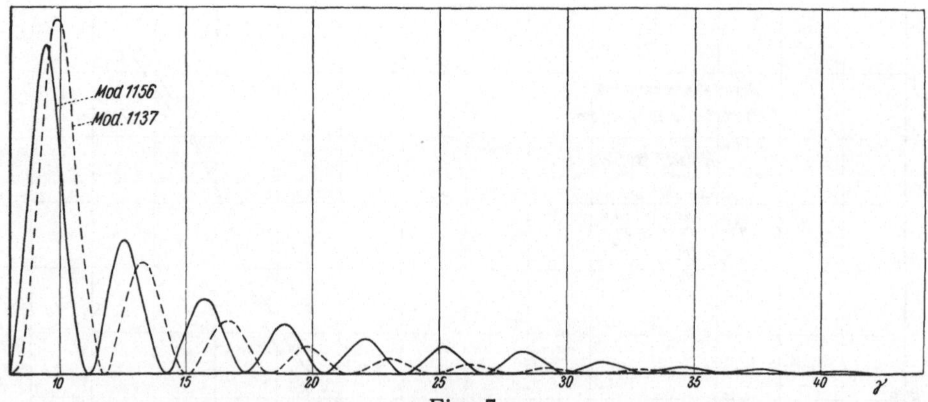

Fig. 7
„Grundkurven“ für den Wellenwiderstand der vereinfachten Modelle 1137 und 1156.

Hinterschiff. Für beide Modelle ist der hierdurch bedingte Zusatzwiderstand berechnet worden; da mit der Verschärfung des Vorschiffs in 1156 eine Angleichung von Vor- und Achterschiff erfolgt, muß natürlich eine Verringerung des Einflusses der Unsymmetrie resultieren, welche für ein $\mathfrak{F} \sim 0,2$ 3% des Gesamtwellenwiderstandes beträgt. Eine physikalische Berechtigung hat nach unseren früheren Ausführungen der ganze Ansatz nur für $\mathfrak{F} > 0,26$—0,28, weil erst von hier ab die Variation des Hinterschiffes überhaupt auf den Widerstand einen stärkeren Einfluß auszuüben beginnt und somit dem ungeraden Zusatzglied im Michell'schen Integral eine Bedeutung beigemessen werden kann. Oberhalb dieser Grenze ist aber der rechnungsmäßige Effekt so gering, daß man ihn vernachlässigen kann.

Da die beiden Deutungsversuche am Kern der Sache vorbeigehen, ist wegen Übereinstimmung der Versuchsergebnisse an Modell 1137 — 1156 und den gleich zu besprechenden 1136—1136a festzustellen, daß bei mittleren Schärfe- und Völligkeitsgraden hohle Formen noch im Gebiet des dritten Buckels entgegen der Rechnung günstig sind, d. h. die Theorie hier versagt. Die Tatsache ist überraschend, besonders weil (s. weiter unten) bei höheren Völligkeitsgraden die Übereinstimmung zwischen Rechnung und Versuch wieder gut ist. Die Vorzüge bzw. Nachteile der hohlen Form sind bei Froude'schen Zahlen $\mathfrak{F} > \sim 0,23$ durch δ/β bestimmt, aber die Theorie gibt anscheinend einen zu geringen Wert δ/β an, bei welchem die Überlegenheit der hohlen Wasserlinien ins Gegenteil umschlägt.

Eine kurze Bemerkung zur Darstellung: Fig. 6: Modell 1156 ist, auf gleiche Temperaturen bezogen, noch um mehr als 1% der Ausgangsform überlegen; die gewählte Auftragung bei verschiedenen Temperaturen hat den Vorzug, daß sie gleich die relative Größe der Widerstände pro Tonne fast genau wiedergibt. (Das Deplacement von 1156 ist ungefähr 1% geringer als das von 1137).

Die M o d e l l g r u p p e 1136 schließt sich der soeben besprochenen eng an; die Spantflächenkurven 1136—1137 (Fig. 3) sind im Vorschiff

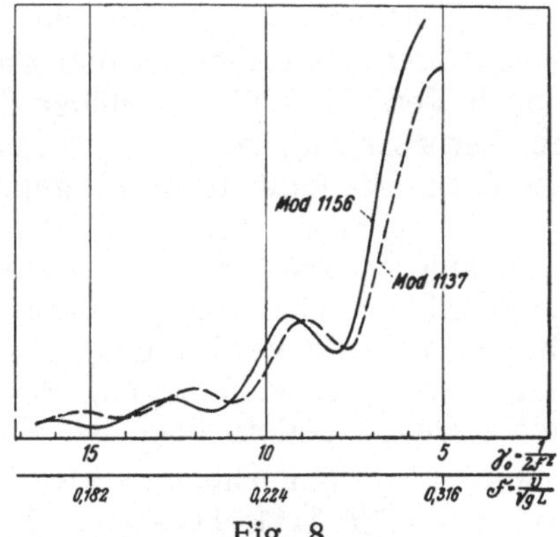

Fig. 8
Berechnete Wellenwiderstände für Modelle 1137 u. 1156.

identisch, 1136b ist von $\xi = 0{,}8$ bis 1 etwas völliger als 1156 (in der Fig. 3 nicht eingezeichnet); mit 1136a ist das nur im Vorschiff verschärfte Modell bezeichnet, wir gebrauchen dafür auch die einleuchtende Schreibweise 1136b + 1136. Man kann insbesondere aus den Versuchen 4095 (Modell 1136a rückwärts geschleppt, symbolisch 1136 + 1136b, völliges Vorschiff, schlankes Hinterschiff) und 4100 (1136b) eine Analogie zu den an den Modellen 1137—1156 gewonnenen Ergebnissen konstruieren (Fig. 9): über den ganzen Bereich der untersuchten $\mathfrak{F}$ ist

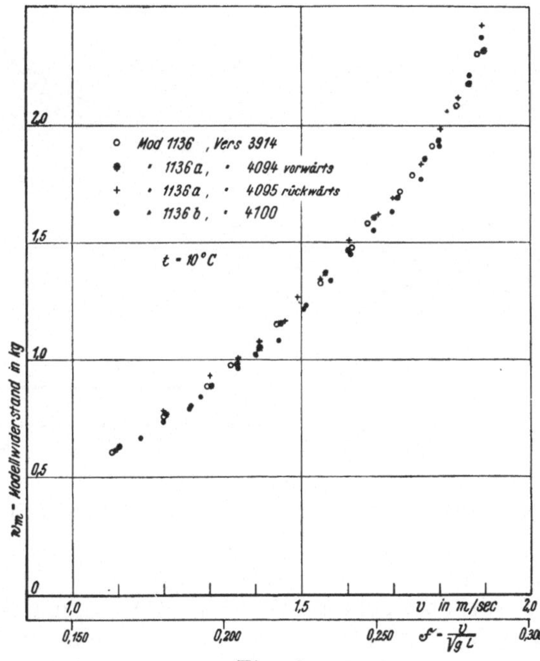

Fig. 9
Widerstandskurven für die Modellgruppe 1136.

1136b besser als 1136 + 1136b, wenn auch der Gewinn wesentlich kleiner als bei 1156—1137 ist; bezeichnend, daß die Verschärfung des Hinterschiffes allein nach Versuch 4095 gegenüber dem Ausgangsmodell (Versuch 3914) keine Verbesserung bedeutet. Offen bleibt die Frage, weswegen der Gewinn an Wellenwiderstand gegenüber 1156/37 wesentlich geringer ist, wenn auch die etwas völligere Spantflächenkurve im Vorschiff, die rechteckige Stevenform und die geringere Abweichung von Vor- und Hinterschiff manches zur Erklärung beiträgt. Es ist hierbei zu berücksichtigen, daß die Verdrängungen von 1136a und 1136b um 0,8 resp. 1,6% unter der von 1136 liegen, so daß der Gewinn an Widerstand pro Tonne nicht besonders hoch ist.

Fig. 10 bringt eine Zusammenstellung der Gesamtwiderstandsbeiwerte ζ von 3 Modellen 1110, 1111, 1114 (s. J. S. B. T. G. 1932) und der Kombination 1111 + 1114. 1110 und 1114 haben fast identische Spantflächenkurven mit annähernd geradem Eintritt (ganz leichte Höhlung); 1110 ist ein V-Spanten-, 1114 ein U-Spanten-Modell; 1111 ist eine

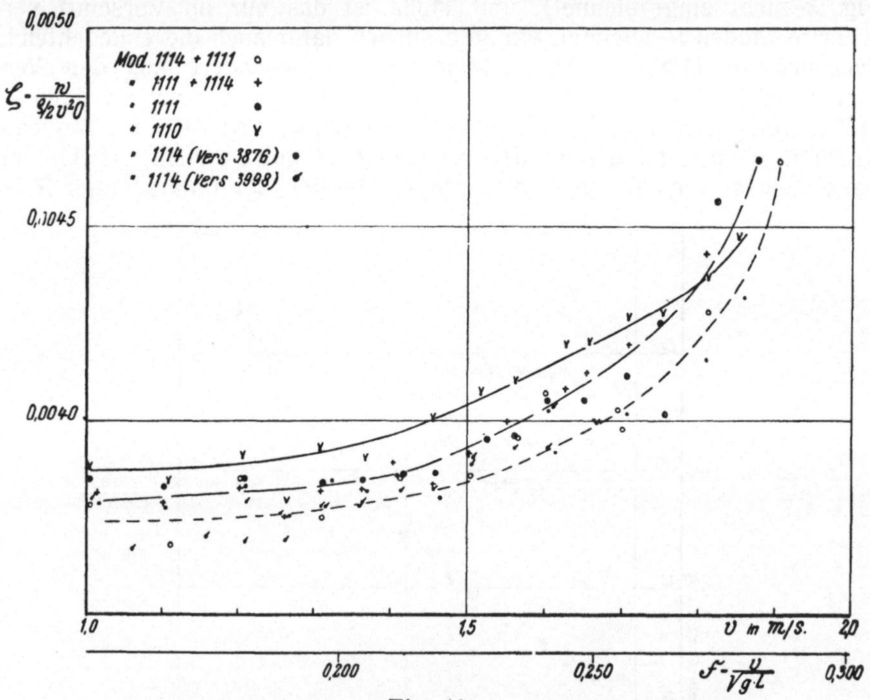

Fig. 10
Widerstandsbeiwerte der Modellkombinationen 1110, 1111, 1114

stark hohle Form mit V-Spanten. Die zugehörigen Grundkurven und Diagramme des Wellenwiderstandes (Fig. 11) zeigen eine deutliche Überlegenheit des Modells 1111 über 1114 und erst recht über 1110, da letzteres als V-Spantschiff gleicher Spantflächenkurve wie 1114 natürlich einen höheren Wellenwiderstand aufweisen muß.

Die Versuche ergeben im Einklang mit der Theorie, daß 1111 besser als 1110 ist; im Widerspruch dazu schlägt 1114 das hohle Modell. Die Kombinationen 1111 + 1114 und 1114 + 1111 bestätigen wieder die These von der überwiegenden Rolle des Vorschiffs. Wie früher auseinandergesetzt, sind Ablösungseffekte, welche das Bild nennenswert beeinflussen könnten, nicht vorauszusetzen, so daß der Wellenwiderstand tatsächlich den maßgebenden Faktor bei der Diskussion der Versuchsergebnisse vorstellt. Weiter ist zu folgern, daß beim Vergleich von Spantflächenkurven dieselben Spantformen anzuwenden sind, da der Effekt der Tiefenverteilung das ganze Bild verfälschen kann. Der besprochene Versuch deutet darauf hin, daß die rechnungsmäßig ermittelte Herabsetzung des Wellenwiderstandes durch Tieferverlegung des Deplacements experimentell besser bestätigt wird als die entsprechende durch Änderung in der Längsrichtung; auf diesen Punkt wird bei späteren Versuchen Rücksicht zu nehmen sein. Sehr wertvolles Material ist mir nach Abschluß der Arbeit durch Herrn Ministerialrat S c h l i c h t i n g zur Verfügung gestellt worden, wofür ihm auch an dieser Stelle aufrichtig gedankt sei; wie aus der Tabelle ersichtlich, handelt es sich um 3 reine „Formvarianten", die Ergebnisse, welche im allgemeinen unsere Schlußfolgerungen bestätigen, werden nach Analyse der Spantflächenkurven an anderer Stelle mitgeteilt werden.

Das Gebiet des 3. Buckels $\gamma_0 \sim 8$ bis ~ 12 bedarf wegen seiner großen praktischen Wichtigkeit und der in dieser Arbeit zutage getretenen Unstimmigkeit anscheinend einer besonderen theoretischen und experimentellen Untersuchung. In Fig. 11 ist die Grundkurve des

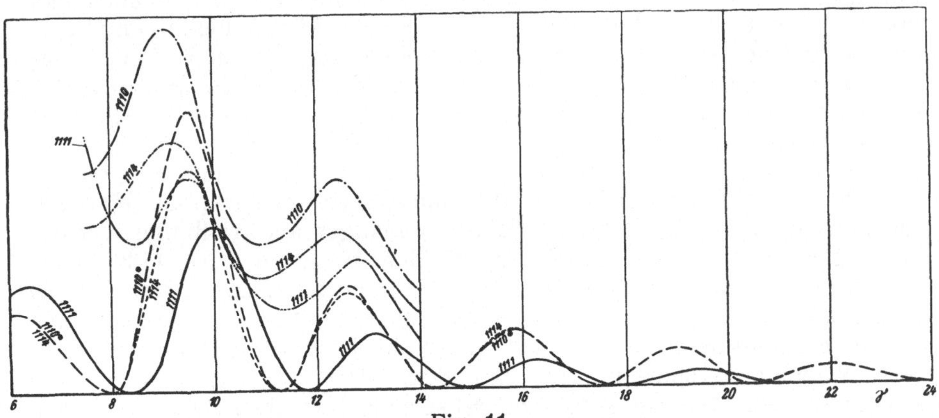

Fig. 11
„Grundkurven" und errechnete Wellenwiderstände der Modelle 1110, 1111 und 1114.

Modells 1110* hineingestrichelt (das Zeichen * bedeutet, daß bei der Berechnung senkrechte U-Spanten, $\varkappa = 1$ vorausgesetzt sind); erwartungsgemäß weicht sie kaum von der entsprechenden des Modells 1114 ab, nur im Bereich des 3. Hügels ist der Unterschied bemerkenswert.

Hier kann eine Bemerkung über den Einfluß der Zähigkeit auf die Wellenbildung eingeschaltet werden. Gewöhnlich wird dieser auf zwei Effekte zurückgeführt — auf die Dämpfung einer schon entstandenen Welle längs dem Schiff und auf den Einfluß der Grenzschicht auf die Welle in statu nascendi, da einer veränderten Druckverteilung, besonders im Gebiet von Ablösungen, eine andere Wellenbildung entsprechen muß. Es ist leicht einzusehen, daß der erstgenannte Vorgang, solange wir es nicht mit Brechern zu tun haben, nur eine verschwindende Rolle spielt; dies geht ohne weiteres aus der Formel von Stokes für das Abklingen von Wellen $\tau = \lambda^2/8\pi^2\nu$ hervor (s. z. B. Lamb V engl. Ausg. S. 590), worin τ die Zeit bedeutet, in welcher die ursprüngliche Wellenhöhe auf den $^1/_e$ Teil sinkt; λ ist die Wellenlänge, ν die kinematische Zähigkeit. Da die Wellenlänge λ schon für die erste Welle fast den für die freie Welle gültigen Wert $2\pi\frac{v^2}{g}$ erreicht (Wigley nennt in einem Sonderfalle 3,064 gegen π), kann natürlich τ nur bei ganz geringen Geschwindigkeiten einen kleinen Wert annehmen. Diese Betrachtung gibt Anlaß, der Notwendigkeit einer eingehenden Untersuchung der Wellenkontur das Wort zu reden, besonders, da, wie auch von Hogner erwähnt, durch die neue Arbeit von Havelock eine weitgehende theoretische Erfassung des Oberflächenbildes möglich erscheint. Eine zufriedenstellende Erklärung der Abweichungen von Theorie und Versuch ist nicht direkt über den Widerstand, sondern nur über eine Untersuchung der Oberflächenbildung möglich.

Über weitere im Gang befindliche Untersuchungen an völligen Formen — $\delta \sim 0{,}70$ $L : B = 7{,}6$, sei nur soviel gesagt, daß auch hier bis zu $\mathfrak{F} \sim 0{,}23$ die rechnerisch abgeleitete Minimalbedingung t = kleiner Betrag sich insofern zu bestätigen scheint, daß hohle Vorschiffe überlegen sind [5]); die Größe der Ersparnis an Wellenwiderstand gegenüber gradlinigen Formen läßt sich noch nicht angeben, da die Versuche mit erheblichen Schwierigkeiten verknüpft sind. Bemerkenswert erscheint die gute Übereinstimmung im Verlauf der experimentellen und rechnerischen Widerstandskurve insofern, als hier tatsächlich bei $\mathfrak{F} \sim 0{,}23$ hohle Modelle ungünstiger als gradlinige werden, im Gegensatz zu den Ergebnissen mit den Modellen 1137, 1136b usw.

Die Praxis des Handelsschiffbaues hat sich durch den Streit „hollow versus straight lines“ bis in die letzten Jahre nicht in dem gewünschten Umfange beeinflussen lassen, zum Teil wohl deswegen, weil nur Wenige eine Neigung verspürten, sich mit dem sehr umfangreichen, wenig systematischen Material auseinanderzusetzen. Nur zwei Bauarten haben sich konsequent für die hohle Spantflächenkurve im Vorschiff entschieden — die nach Maier und nach Yourkevitch; unbewußt ist die Einsicht von der Überlegenheit kleiner Eintrittswinkel im Vorschiff in

[5]) Man vergleiche hiermit auch die übereinstimmenden Angaben in den zitierten Lehrbüchern von Biles, Taylor und Baker, insbesondere haben die Versuche von Sadler Trans. Soc. N. A. M. E. New York 1907/08 (im Biles ausführlich wiedergegeben) wertvolles Material erbracht.

[6]) Trans. North East Coast Inst. Eng. Shipb. 1928.

vielen hochwertigen Fahrzeugen verkörpert, wo sie durch Vorschriften über die Lage des Verdrängungsschwerpunktes der Länge nach ein verstecktes Dasein führt; man vergleiche hierzu auch die Angaben von Ayre[6]), über deren Berechtigung nach Abschluß der laufenden Versuche noch einiges zu sagen sein wird.

Zusammenfassung.

Die Untersuchungen geben folgendes noch nicht abschließende und wegen Unkenntnis der maßgebenden Faktoren zum Teil verworrene Bild, wobei sich alle Schlußfolgerungen nur auf den Wellenwiderstand beziehen und die Angaben der Form für das Vorschiff gelten:

1. Für alle hier untersuchten Schärfegrade mit Ausnahme ganz geringer ($\delta \leq 0{,}6$) stimmen die Ergebnisse von Versuch und Rechnung von $\mathfrak{F} \sim 0{,}17$ bis $\sim 0{,}23$ — $0{,}24$ überein. Die hohle Form, meist in ihrer ausgeprägtesten Gestalt $t = 0$, ist günstig.

2. Für völlige Modelle $\delta \sim 0{,}70$, $\frac{\delta}{\beta} \sim 0{,}72$ und $\mathfrak{F} > \sim 0{,}23$ decken sich Versuch und Rechnung ebenfalls (der Fall ist praktisch wenig interessant); hohle Formen sind ungünstig.

3. Für Froude'sche Zahlen $\mathfrak{F} > \sim 0{,}23$ können Widersprüche zwischen Theorie und Versuch auftreten; Modelle mit mäßigen Schärfe- und Völligkeitsgraden (z. B. 1137/56, 1136/36a) bleiben mit hohlen Linien noch im Gebiet des dritten Buckels und darüber hinaus vorteilhaft, obwohl die Rechnung das Gegenteil ergeben kann. Die Erklärung liegt wahrscheinlich in dem besonderen Verhalten, welches der 3. Buckel in der Widerstandskurve zeigt. Sowohl rechnerisch wie experimentell läßt sich eine Abhängigkeit der günstigsten Wasserlinienformen von δ/β nachweisen, nur scheint die Theorie auch hier vorauszueilen und zu übertreiben, insofern als schon bei geringeren Schärfegraden als der Wirklichkeit entspricht, die hohle Form als ungünstig bezeichnet wird.

4. Die schlanksten Schiffe (Schärfegrade $\delta/\beta \leq 0{,}6$) erfordern rechnungsmäßig bis $\mathfrak{F} \sim 0{,}26$ (entsprechend $\mathfrak{F} \sim 0{,}28$ der Wirklichkeit) einen Eintrittswert $t \sim 0$; Taylor gibt für $\delta/\beta = 0{,}6$ $t \sim 1$ als Optimum an; unser Modell 1111 weist eher auf einen geringeren, der Rechnung besser angepaßten Wert hin.

5. Nur gleiche Spantformen dürfen verglichen werden.

Folgende zusätzliche Untersuchungen sind erwünscht:

a) Einige Vergleichsversuche mit identischen Spantflächenkurven, aber verschiedenen Bugformen (rechteckiger und bis zur C.W.L. weggeschnittener Steven) sind vorzunehmen.

b) Der Einfluß des ganzen Verlaufs der Spantflächenkurve, der Hauptspant-Völligkeit β, des Völligkeitsgrades δ und des Schärfegrades δ/β ist im einzelnen besonders im Gebiet des 3. Buckels theoretisch zu ermitteln und experimentell zu prüfen.

c) Die unter 4. genannte Frage ist zu prüfen.

Tabelle **Angaben über unter-**

	Gleichung des Schiffs oder der Spantflächenkurve	L m	L:B	T:B
Froude A		4,37	6,53	0,367
„ B		4,37	6,53	0,357
„ C		4,37	6,53	0,357
„ D		4,37	6,58	0,349
„ E		4,37	6,49	0,331
Taylor A		6,1	8,76	0,298
„ B		6,1	6,19	0,3125
V. W. S. 1098/99	$[(1-\xi^4)\ (1-0{,}4\ \xi^2)\ -0{,}5\ (\xi^3-\xi^5)\ ]\ (1-0{,}5\ \xi^2\zeta)\ (1-\zeta^3)$	4,5	10	0,4
V. W. S. 1137	Gleichung der Spantflächenkurve im Vorschiff fällt für 1137 mit 1136 genau, für 1156 mit 1136 b fast zusammen	9,0	10	0,4
V. W. S. 1156		9,0	10	0,4
V. W. S. 1136	$(1-\xi^4)\ (1-0{,}4\ \xi^2)\ .\ [1-0{,}5\ \xi^2\ (\zeta+\zeta^3)\ ]\ (1-\zeta^{12})$	4,5	10	0,4
V. W. S. 1136 b		4,5	10	0,4
V. W. S. 1136 a	Vorschiff 1136 Hinterschiff 1136 b	4,5	10	0,4
V. W. S. 1111 + 1114	siehe Jahrb. S. B. T. G. 1932 Modelltabelle	4,5	10	0,4
V. W. S. 1110		4,5	10	0,4
Schlichting I			5,9	0,28
„ II			5,9	0,28
„ III			5,9	0,28

suchte Modelle

δ		α		β	δ/β		$\varkappa$	t
δ_v	δ_h	α_v	α_h		δ_v/β	δ_h/β		
0,494				0,887	0,556 0,526	0,586		∾ 0,5
0,513				0,887	0,578 0,571	0,586		∾ 1,1
0,527				0,887	0,594 0,571	0,616		∾ 1,1
0,533				0,927	0,575 0,552	0,598		∾ 1,07
0,548				0,898	0,610 0,580	0,639		∾ 0,55
0,552		0,685 0,620	0,750	0,920	0,60 0,60	0,60	0,877	0 bis 3
0,6435		0,7225 0,670	0,775	0,990	0,65 0,65	0,65	0,900	0 bis 4
0,5196		0,7238		0,75	0,693		0,957	v 1,12 h 2,72
0,571		0,718		0,896	0,638		0,891	1,6
0,565		0,712		0,896	0,631		0,887	0
0,619		0.7238		0,923	0,670		0,928	1,6
0,610		0,7030		0,923	0,665		0,934	0
0,614		0,7134		0,923	0,660		0,940	v 1,6 h 0
0,5465 0,5425	0,5506	0,6827 0,7089	0,6565	0,839	0,6515 0,6465	0,6565	0,956 0,912 1	v 0,56 h 1,36
0,5506		0,7238		0,839	0,6565		0,907	1.36
0,614				0,986	0,622 0,606	0,638		0,82
0,614				0,986	0,622 0,606	0,638		0,55
0,614				0,986	0,622 0,606	0,638		1,1

A Note on Ship Wave Resistance.

By W. C. S. Wigley,

The William Froude Laboratory, Teddington.

Dr. Hogner has given to the Conference a very able and complete review of the development of the mathematical theory of ship wave resistance to date and its comparison with experiment results.

These comparisons depend entirely for their accuracy on a correct estimation of the frictional resistance to be subtracted from the experiment results in order to obtain the measurement of the wave resistance.

As Dr. Hogner mentions above I remarked in my description of the experiments made in 1926 with Models 825, 755, 829 (the results of which are shewn in Figure 2 of Dr. Hogner's contribution) that the results seemed to suggest an error in this estimation, since the absolute value of the discrepancies between the measured and calculated wave resistances of the models was largest with the model of smallest beam. This is, of course, contrary to what would be expected were this discrepancy due to any error in the calculation of the wave resistance. There was also definite mathematical reason for expecting that the acceleration of the velocities round a shaped form as compared with those along a plank would cause the resistance per unit area of the former to be higher. Thus, Dr. Havelock has stated[1]) that in a certain two dimensional case the resistance of a form may be 11 per cent higher per unit area than a plank, whereas apparently in the case of a solid of revolution there may be practically no such increase. An effect of this sort would of course tend to account for the increased discrepancy observed with the Model 825 of the smallest beam when compared with Model 755 which is much nearer to a solid of revolution.

It happened that for other work two models were made at the William Froude Laboratory during 1931 of the same geometrical form but one twice the linear dimensions of the other and this seemed to provide an opportunity for checking the assessment of the frictional resistance.

---

[1]) Transactions of the Institution of Naval Architects, Vol. 62 1920, page 180.

These models had also a much flatter bottom than others whose wave resistance had been previously calculated so that the effect of this departure from the strict assumptions on which the calculation was based could also be found. These models, Nos. 1193, 1194, had their water lines sine curves and their cross sections parabolic arcs meeting at an angle at the keel, so that they only differed in proportions from Models 755, 825, 829. The equation to the surface of any one of these models was

$$y = \pm b\,(1 - z^2/d^2) \cdot \cos \pi x / L.$$

where the values of the constants for the different models and the consequent dimensions are given in the following table.

Table I.

Model No.	Length = L	Maximum beam = 2b	Draught d	Displacement
755	16 feet = 4.877 ms.	2.0 feet = 61.0 cm.	1.0 feet = 30.5 cm.	847 lbs. = 384 kg.
829	do.	1.5 feet = 45.7 cm.	do.	635 lbs. = 288 kg.
825	do.	1.0 feet = 30.5 cm.	do.	424 lbs. = 192 kg.
1193	do.	2.5 feet = 76.2 cm.	0.667 ft. = 20.3 cm.	706 lbs. = 320 kg.
1194	8 feet = 2.439 ms.	1.25 feet = 38.1 cm.	0.333 ft. = 10.2 cm.	89.4 lbs. = 40.5 kg.

The prismatic coefficient for all these models is 0,636, the block coefficient 0,424 and the midship section coefficient 2/3. The new models were towed in the Tank in the usual way, at a number of speeds ranging from 140 to 770 feet per minute (0.7 to 3.85 metres per second) for Model 1193 and from 140 to 680 feet per minute (0.7 to 3.40 metres per second) for the smaller Model 1194. Owing to the difficulty of adapting the normal apparatus of the Tank to this very small model the towing point with it was 1·2 inches (30.5 mm.) lower than its load water line and the towing rod to the dynamometer had a slope of 1 in 24 rising forward. The normal adjustment of this apparatus has the towing point in the load water plane and a level towing rod, and was of course attained with Model 1193. This unavoidable error in adjustment may have affected the attitude of the model at the higher speeds, but would not affect the resistance directly. The wave resistance for this form was also calculated by the same methods as previously employed based on Michell's determination of the resistance formula for a very fine form. The assumptions which have to be made are given by Dr. Hogner in his review of the subject. In Figure 1 are shewn the body-plan of the two models and also the curve of

$$C_W \equiv 232 \cdot 5\ R_W \Big/ \delta^{2/3} \cdot V^2$$

where R_W is the wave resistance in pounds, δ the displacement in pounds and V the speed in hundreds of feet per minute $(= 78\,080\, R_W \big/ \delta^{2/3} \cdot V^2$ in C. G. S. units). The curves of C_R for both the models are also shewn in this diagram, C_R bearing the same relation to the residuary resistance R_R as C_W does to R_W. This residuary resistance was obtained by subtracting from the measured values the frictional resistance calculated from the values given by R. E. Froude. The wetted surface used in the calculation included a correction due to the extra wetted surface caused by the wave profile. This correction, which never exceeds 6 per cent, was assumed to be the same at corresponding speeds as for Model 755 since measurements of the wave profiles of Models 1193, 1194 were not available. These curves are all plotted to a base of $P = 0{,}736\ V/\sqrt{pL}$ in English units or $0{,}080\ V/\sqrt{pL}$ in C. G. S. units, p representing the model prismatic coefficient.

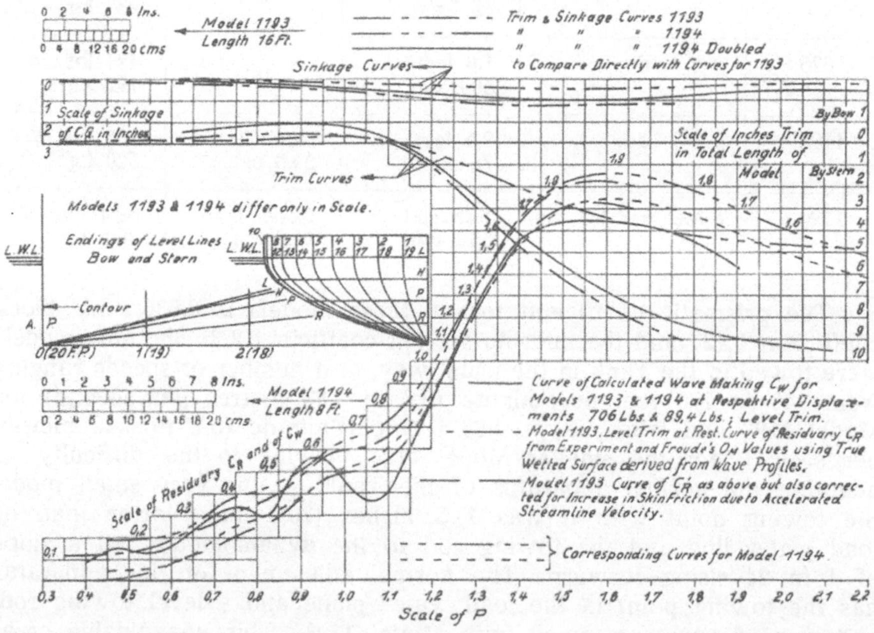

Fig. 1

From inspection of the curves in Figure 1 it will appear at once that apart from any comparison with the curve of C_W, the curve of

C_R for the smaller Model 1194 is higher by an average amount of 0,05 on the C value amounting to about 5 per cent of the frictional resistance of Model 1193 or 4 per cent of that of Model 1194. This suggests at once that the frictional resistance of both models is probably underestimated, as was to be expected from the reasoning of the introduction to this paper. The calculated curve also lies about 0,13 in C value on the average lower than the C_R curve for Model 1194 or 0,08 lower than that of Model 1193. This difference is however not entirely due to the skin friction. Part of it is due to the phenomenon previously noticed that the hollows in the theoretical curves of wave resistance are generally represented by a flat portion in the experimental curves. This discrepancy is certainly larger with models of large beam and I see with interest that Dr. Hogner's correction for beam for my models 825, 755, 829 tends to reduce it. Another portion of the average difference arises from the marked increase of the C_R over the C_W curve at speeds greater than $P = 1.45$. This is probably due to the effect of the increasing trim on the resistance of these models with their flatter bottoms than the models previously made. The curves of trim in total length and sinkage of centre of gravity are also shewn on Figure 1 for the Models 1193 and 1194 in order to illustrate the effect of the large trim at high speed on the resistance curve. These should of course be proportional to the scale of the model, i. e. for 1193 double the values for 1194. Actually the sinkage is more than double for Model 1193 and so is the trim except at low speeds, where it is less. This is probably due to the difference in method of tow mentioned above. The effect of the flat bottoms of Models 1193 and 1194 in damping out oscillations in the C curves is very marked in comparison with the results with the other models. This effect was prophesied by Havelock in a paper in 1923.[2])

The average differences between the C_W and C_R curves for Models 825, 829 and 755 of beams 1, $1^1/_2$ and 2 feet (30.5, 45.7 and 61.0 cms.) respectively corresponding to those stated above for Models 1193 and 1194 were .05, .03 and .01 respectively in C value. In order to find out definitely how far these differences were due to underestimation of the skin friction by using the values for specific resistance based on plank results in application to these models the increased velocities due to the acceleration round the form have been calculated for a sine-curve form with vertical sides, and also for a solid of revolution whose generating curve is a sine-curve. In both cases these values were used to estimate the increase in specific resistance in the way suggested by Havelock,[3]) for each of these models. Using the calculated velocities for the two-dimensional case it was assumed that the velocity at any point is the same as that past a two-dimensional form of the same horizontal section as the sine-curve passing through

[2]) Studies in Wave Resistance: Influence of the Form of the Water Plane Section of the Ship. Proceedings of the Royal Society, A. Vol. 103, page 584.

[3]) Loc. cit. ante.

the point. This is equivalent to assuming that the flow is practically horizontal and the vertical component can be neglected. Then, assuming that in the case of a viscous fluid the velocity will be increased in the same ratio as in a perfect fluid, it will follow that, if V_p denotes the velocity at any point along a plank and V_{sc} denotes the velocity at the corresponding point of the sine-curve model, then the ratio of

$$\int V_{sc}^2 \cdot ds \text{ to } \int V_p^2 \cdot ds$$

where each integral is taken over the surface of the model, will represent the increase in frictional resistance due to these accelerated velocities. By this method the results were obtained given in the following table where C_W and C_R are as above defined and C'_R is the value of C_R when corrected for the accelerated streamline velocities.

Table II.

Mean Values of Differences between C_W and C_R curves.

Model No.	$C_W - C_R$	$C_W - C'_R$
1193	−0.08	+0.02
1194	−0.13	−0.02
755	−0.01	+0.08
829	−0.03	+0.01
825	−0.05	+0.005

The difference in the mean value of C_R for the two similar models of different scale is also reduced from 0,05 to 0,04. It is clear that this correction improves the agreement in all cases except that of the Model 755 which has the same $^1/_2$ beam and draft and therefore is the nearest to a solid of revolution. It is also obvious that the assumption of horizontal flow will be least accurate in this case. For this reason a separate solution for the velocities was calculated for a solid of revolution whose generating curve is a sine-curve. The results were used in the same way as described above for the two-dimensional case and the result for Model 755 was to give a value of + 0,03 for $C_W - C'_R$.

The above results are very approximate, the most accurate estimates of this correction would be those for Models 755 by the second method and 825 by the first. It will be seen that the agreement is in fact close for these two cases. It is, I think, legitimate to draw the conclusion that this error in the skin friction calculation is the main cause of discrepancies in mean value—apart from shape—between the actual and calculated curves of wave resistance for these forms.

Ein Beitrag zum Schiffswellenwiderstand.

Deutscher Auszug des vorhergehenden Referates.

Ein Vergleich zwischen der theoretischen Berechnung des Schiffswellenwiderstandes und den Versuchsergebnissen hängt bezüglich seiner Richtigkeit gänzlich von einer richtigen Bestimmung des Reibungswiderstandes ab, der von dem im Versuch gemessenen Gesamtwiderstand abzuziehen ist, um den Wert des Wellenwiderstandes zu erhalten. In der Beschreibung des Verfassers[1]) von im Jahre 1926 mit den Modellen 825, 755, 829 gemachten Versuchen führte er bereits aus, daß die Resultate auf einen Fehler in der Bestimmung des Reibungswiderstandes hinwiesen, dagegen nicht durch einen Fehler in der Wellenwiderstandsberechnung erklärt werden konnten. Eine mathematische Begründung für diese Vermutung ergab sich daraus, daß die Geschwindigkeiten um eine Körperform höher im Vergleich mit denen längs einer ebenen Platte sind und also auch der Widerstand des ersteren pro Flächeneinheit höher ist. Havelock hat angegeben,[2]) daß in gewissen zweidimensionalen Fällen der Widerstand pro Flächeneinheit einer „Form" 11% höher sein kann als der einer ebenen Fläche, während für einen Rotationskörper ein solcher Zuwachs nicht auftritt. Dadurch könnten die Unterschiede in den Ergebnissen von Modell 825 und 755 erklärt werden, welch letzteres einem Rotationskörper ähnlich ist.

Im Jahre 1931 wurden zwei für andere Bestimmung hergestellte Modelle im William Froude Laboratory zur Erforschung dieser Frage untersucht. Das Modell 1193 hatte bei gleicher geometrischer Form die doppelten Längenabmessungen wie Modell 1194. Die Gleichung der Oberfläche aller Modelle war

$$y = \pm b\left(1 - \frac{z^2}{d^2}\right) \cos \frac{\pi x}{L},$$

worin b die halbe größte Schiffsbreite, d der Tiefgang und L die Länge des Modells bezeichnet. Der Spantenriß beider Modelle ist in der Figur gezeigt. Die Modelle wurden in der üblichen Weise am Dynamometer des Tanks geschleppt und von dem gemessenen Widerstand der nach R. E. Froude berechnete Reibungswiderstand abgezogen, wobei zur Berechnung des Reibungswiderstandes die Veränderung der benetzten Oberfläche durch das Wellenprofil berücksichtigt wurde. Der so erhaltene Restwiderstand R_R wurde in der Form

$$C_R = \frac{78{,}080\, R_R}{D^{2/3} \cdot v^2} \text{ über der Abszisse } P = 0{,}80 \frac{v}{\sqrt{\varphi L}}$$

aufgetragen, ebenso wie der mit Michells Widerstandsformel errechnete Wellenwiderstand R_W in der Form

$$C_W = \frac{78{,}08\, R_R}{D^{2/3} \cdot v^2},$$

worin R_R und R_W in kg, mit D das Deplacement in kg, mit v die Geschwindigkeit in m/s, mit L die Modellänge in m und mit φ der Schärfegrad = 0,636 bezeichnet ist.

Bei Betrachtung der aufgetragenen Kurven fällt nun zunächst auf, daß die gemessenen Werte der beiden Modelle nicht übereinstimmen, vielmehr die C_R-Kurve für das kleine Modell 1194 um einen mittleren Betrag von 0,05 C-Einheiten höher ist als für Modell 1193. Dieser Unterschied wie auch derjenige zwischen den C_R- und C_W-Kurven weisen wiederum auf eine zu niedrige Abschätzung des Reibungswiderstandes. Letztere Differenz entsteht zum Teil noch auf andere Weise, insbesondere bei den höheren Geschwindigkeiten über

[1]) TINA, Vol. 69 (1927) S. 191.

[2]) TINA, Vol. 62 (1920) S. 180.

P = 1,45 durch das starke Anwachsen des Trimms. (Das Nichtübereinstimmen der korrespondierenden Trimmwerte ist vermutlich auf den verschiedenen Einbau des Dynamometers in die Modelle zurückzuführen.)

Um nun zu ermitteln, wieweit diese Differenzen von den eingangs erwähnten Fehlern in der Reibungswiderstandsbestimmung zu suchen sind, wurde die durch die Körperform bedingte Erhöhung der umströmenden Geschwindigkeit nach dem von Havelock[3]) vorgeschlagenen Verfahren unter bestimmten Voraussetzungen ermittelt. Die daraus folgenden Ergebnisse des korrigierten Restwiderstandes sind in den C'_R-Kurven der Figur aufgetragen, während die Mittelwerte der Differenzen ($C_W - C_R$) und ($C_W - C'_R$) aller Modelle in der Tabelle aufgeführt sind. Für das einem Rotationskörper sehr angenäherte Modell 755 wurde nachträglich eine besondere Korrekturrechnung durchgeführt — da die für die anderen Modelle gültige Voraussetzung horizontaler Strömung hier nicht genügend genau zutrifft — die als Ergebnis einen Wert von ($C_W - C'_R$) = 0,03 hatte (s. Table II).

Der Verfasser hält sich für berechtigt, hieraus zu schließen, daß dieser Fehler in der Reibungsberechnung eine der Hauptursachen der Differenzen zwischen den Mittelwerten des berechneten und gemessenen Wellenwiderstandes dieser Modelle ist.

---

[3]) Studies in Wave Resistance: Influence of the Form of the Water Plane Section of the Ship. Proc. of the Royal Soc., A. Vol. 103, S. 584.

Au Sujet de Divergences entre la Théorie et l'Expérience dans les Problèmes à deux Dimensions portant sur un Fluide avec Surface Libre.

Paar E. G. Barrillon, Ecole d'Application du Génie Maritime, Paris.

Je crois nécessaire d'attirer l'attention sur quelques problèmes pour lesquels l'hydrodynamique théorique a obtenu des solutions qui ne sont pas satisfaisantes au point de vue expérimental. J'ai donné à propos du plan hydroplanant l'étude détaillée d'un cas particulier; ce cas se rattache à un ordre d'idées beaucoup plus général englobant toutes les études théoriques sur des écoulements à deux dimensions pour un liquide avec surface libre.

Ce genre de problèmes se traite théoriquement soit comme problème d'écoulement dans un canal à parois parallèles et verticales, soit comme problème de vagues superficielles formées par un obstacle cylindrique horizontal. Les méthodes de calcul théorique employées dans les deux cas sont les mêmes.

Lorsqu'on soumet à l'expérience les cas traités théoriquement on rencontre les caractères généraux suivants:

1°) Il n'est pas suffisant d'obtenir une seule solution théorique, mais il est nécessaire d'en avoir plusieurs et de plus d'avoir le moyen de déterminer dans chaque cas. laquelle des solutions théoriques se réalisera dans le phénomène réel. Il est donc important de pouvoir assigner à chacune des solutions théoriques ses limites de validité. Je prends comme exemple le cas d'un cylindre horizontal circulaire de diamètre d placé au voisinage de la surface libre son axe étant immergé de h. La solution théorique fera intervenir comme paramètres les rapports $\frac{v}{\sqrt{gd}}$ et $\frac{d}{h}$ et on n'est pas surpris que la théorie donne une forme de la surface libre ne dépendant que de ces deux paramètres.

Si on fait l'expérience avec un cylindre remorqué on constate d'abord que les phénomènes observés nécessitent une classification analogue à celle donnée dans le tableau I. On constate ensuite que les divers cas se présentent en fonction de la vitesse et de l'immersion comme indiqué sur le tableau II relatif à un obstacle toujours le même. La théorie pour être utilisable devrait donc nous donner la solution de chacun des cas de mouvement rencontrés et ensuite fixer un critère limitant chaque solution.

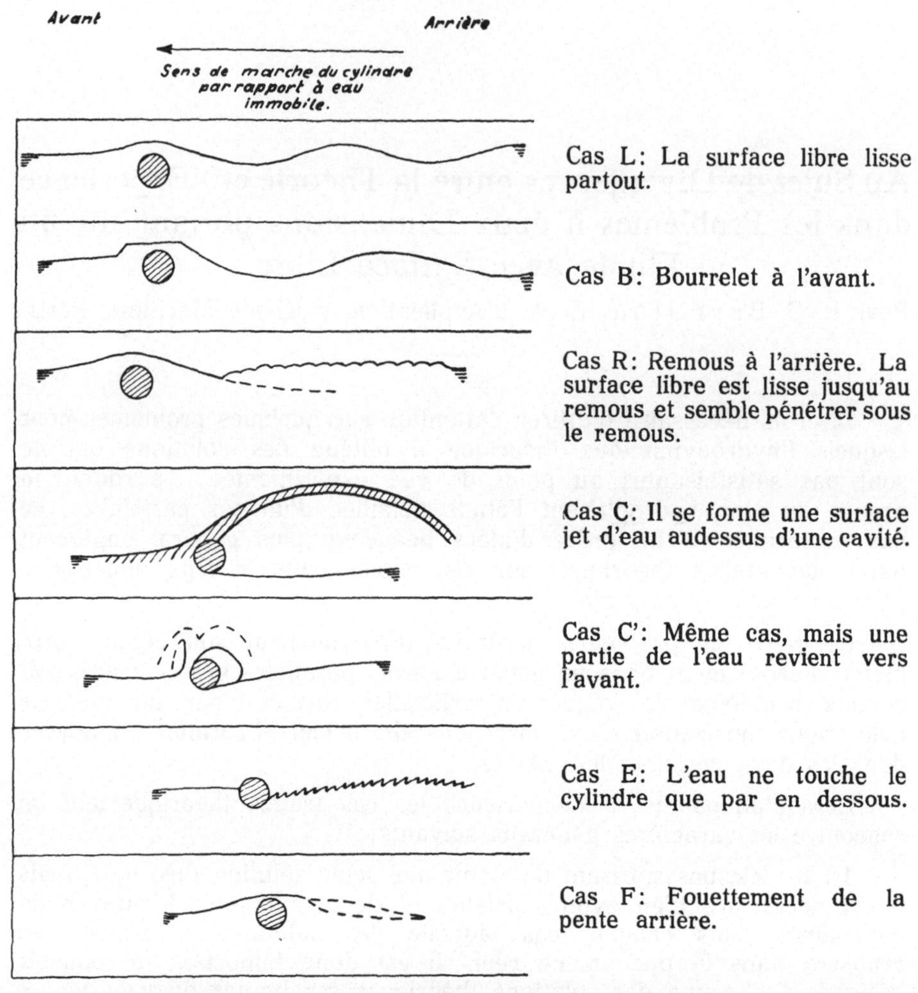

Tableau I
Définition des divers cas qui peuvent se présenter.

2°) Les conditions géometriques de l'expérience étant fixées, si l'on fait varier le seul élément encore arbitraire, c'est-à-dire la vitesse de route de l'obstacle, on constate que pour certaines vitesses on n'obtient pas un régime permanent. Pour l'obstacle considéré ci-dessus, dans le cas F il y a fouettement de la pente arrière de la vague. Certains régimes théoriques doivent donc être éliminés entre certaines valeurs de la vitesse par suite d'une impossibilité de la solution théorique en mouvement permanent. Le cas est analogue à ceux dans lesquels se forment des tourbillons alternés, mais ici la pulsation est en rapport avec l'existence d'une surface libre.

3°) Si on opère expérimentalement sur un canal on ne réalisera jamais un même niveau du plan d'eau moyen pour l'infini amont et

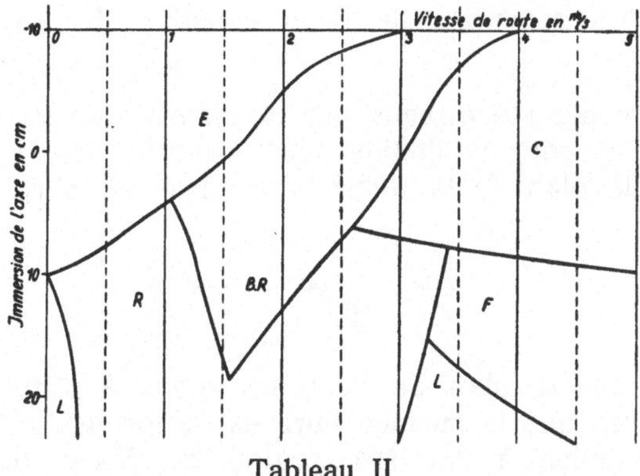

Tableau II
Cylindre circulaire de diamètre 20 cm

pour l'infini aval. Les calculs théoriques admettent au contraire que ces deux plans sont confondus et la difficulté ne peut être tournée que par la considération de la ligne d'énergie. L'hydrodynamique du fluide parfait est donc insuffisante dans ces cas.

*

Les deux causes principales de l'insuccès des vérifications expérimentales semblent être dans les deux hypothèses suivantes acceptées dans les calculs théoriques

a) mouvement permanent

b) identité de l'infini amont et de l'infini aval.

Ces causes de divergence entre la théorie et l'expérience existent aussi bien pour les problèmes plans que pour les problèmes à trois dimensions. On sait que dans le problème des vagues formées par le navire on trouve souvent que les creux et les bosses de la courbe de résistance théorique sont très atténués sur les courbes de résistance expérimentales. Il serait intéressant d'examiner la stabilité du système de vagues formé et spécialement d'instituer des expériences ayant pour but de relever la forme des vagues à une assez grande distance à l'arrière du modèle, afin de voir si à toute vitesse ces vagues ont bien une position fixe par rapport au navire.

Etat Actuel de l'Etude Théorique du Plan Hydroplanant.

A. On définit par rapport à la surface libre de l'eau en repos à l'infini, une portion de plan dont on donne la forme, l'orientation du contour, la pente et l'immersion d'un point.

On suppose que ces éléments étant constants, cette portion de plan rigide est animée d'un mouvement de translation uniforme horizontale.

La recherche des réactions de l'eau constitue le problème du plan hydroplanant.

Ce problème n'a été attaqué par la théorie que pour le plan d'envergure infinie et pour le liquide sans viscosité. La translation étant supposée dans le plan de la figure, l'obstacle est perpendiculaire à la

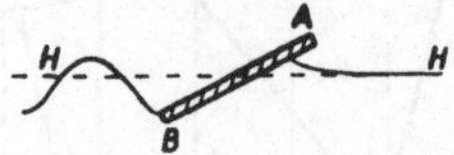

figure. H H étant le plan de l'eau en repos à l'infini, on constate expérimentalement que la surface libre est déformée, relevée à l'avant, région A et ondulée à l'arrière, région B. Nous dirons qu'il y a une zone de surmouille à l'avant et des ondes d'accompagnement à l'arrière. C'est sur ce schéma que travaille la théorie, en s'imposant la condition de pression constante sur la surface libre déformée.

Des problèmes analogues ont déja été traités pour les dénivellations de la surface libre d'un courant sous l'effet des inégalités du fond, pour le profil circulaire complètement immergé, puis pour des formes plus compliquées suivant des méthodes dues à Lord Kelvin et à Lamb, étendues récemment par Havelock et dont on trouvera un exposé méthodique dans le rapport de Hogner au congrès de mécanique appliquée de Delft 1924, et dans celui de Wigley au congrès de mécanique appliquée de Stockholm 1930. Les travaux de Wigley et de Weinblum ont montré que des résultats en bon accord avec l'expérience ,et pratiquement utilisables, pouvaient être obtenus par ces méthodes dans le cas des carènes.

C'est par la méthode Lamb que le problème particulier du plan hydroplanant a été traité par Pavlenko (Stockholm 1930).

Négligeant la surmouille de l'avant et appelant l la longueur de la lame projetée sur l'horizon, α son inclinaison, celui-ci arrive à la formule de résistance

$$R = \frac{\varrho\, v^4\, \mathrm{tg}^2\, \alpha}{4\, g\, \mathfrak{Cos}^2 \frac{gl}{v^2}} \tag{17}$$

dans laquelle ϱ est la masse spécifique du liquide, v la vitesse et g l'accélération de la pesanteur.

Pour les très grandes vitesses la valeur asymptotique est

$$R = \frac{\varrho\, v^4\, \mathrm{tg}^2\, \alpha}{4\, g} \tag{18}$$

B. Nous nous proposons d'abord de montrer qu'avec l'approximation acceptée dans les calculs de Pavlenko, il est facile d'obtenir directement les formules finales (17) et (18), en utilisant seulement les deux hypothèses que:

a) la vague formée par le plan est une vague d'accompagnement sinusoidale

b) la sortie de l'eau se fait tangentiellement à l'obstacle.

En d'autres termes, nous chercherons la houle sinusoidale d'accompagnement compatible avec la forme de l'obstacle et par le calcul classique déduirons de la hauteur de cette houle la résistance à la marche.

Prenant la plan de la figure comme xOy et ox horizontal, le profil de cette houle sera

$$y = \frac{H_1}{2} \sin \frac{2\pi}{L} x$$

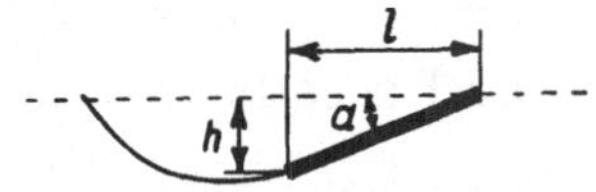

L sera déterminé par la condition d'accompagnement

$$v = \sqrt{\frac{g L}{2\pi}}$$

et H sera déterminé par la condition qu'à l'immersion h, (= l tgα) la pente du profil soit α. Cette condition s'obtiendra en éliminant x entre

$$-h = \frac{H_1}{2} \sin \frac{2\pi}{L} x$$

$$\frac{dy}{dz} = \frac{H_1}{2} \cdot \frac{2\pi}{L} \cos \frac{2\pi}{L} x = \operatorname{tg} \alpha = \frac{H}{l}$$

cequi donne immédiatement

$$\frac{{H_1}^2}{4} = \operatorname{tg}^2 \alpha \left(l^2 + \frac{L^2}{4\pi^2}\right)$$

ou

$$H_1{}^2 = 4 \operatorname{tg}^2 \alpha \left(l^2 + \frac{v^4}{g^2}\right) \qquad \text{(I)}$$

Pour la demi-hauteur, Pavlenko trouve la valeur

$$\frac{\operatorname{tg} \alpha}{\frac{g}{v^2} \operatorname{Cos} \frac{gl}{v^2}} \qquad \text{(6) et (16)}$$

lorsque $\frac{l}{v^2}$ est petit, cette expression donne

$$H^2 = \frac{4\,\mathrm{tg}^2\,\alpha}{\frac{g^2}{v^2}\cos\frac{gl}{v^2}} = \frac{4\,v^4}{g^2}\,\frac{\mathrm{tg}^2\,\alpha}{1 - \frac{1}{2^4}\,\frac{g^2 l^2}{v^4} + -} = \frac{4\,v^4}{g^2}\,\mathrm{tg}^2\,\alpha\left(1 + \frac{g^2 l^2}{v^4}\right)$$

La hauteur de houle d'accompagnement trouvée ici est donc la même. Connaissant H_l, la résistance à la marche est immédiate. L'énergie contenue dans une longueur L de houle est en effet $\frac{1}{8}\,H \cdot \varrho\, g\, L\, H_l$ dont la moitié est à fournir pendant que l'obstacle se déplace de L. Soit $\frac{1}{16}\,g\,L\,H_l^2$ à fournir en $\frac{v}{L}$ secondes et par suite l'énergie à fournir par seconde est $\frac{v}{16}\,H_l^2\,\varrho\,g$. La résistance R_1 est alors telle que $R_1 \cdot v$ soit égal à cette énergie fournie par seconde, ce qui donne

$$R = {}^1/_{16}\,H_l^2\,\varrho\,g = {}^1/_4\,\varrho\,g\,\mathrm{tg}^2\,\alpha\left(l^2 + \frac{v^4}{g^2}\right) \qquad \text{(II)}$$

expression équivalente à (17).

La valeur asymptotique est comme dans (18) $R = {}^1/_4\,\frac{\varrho}{g}\,\mathrm{tg}^2\alpha \cdot v^4$
En résumé, on voit que les résultats obtenus par des moyens analytiques puissants pouvaient être prévus par des calculs tout élémentaires.

C. Les deux expressions trouvées pour la résistance

$$R = \frac{v^4\,\mathrm{tg}^2\,\alpha}{4\,g\,\mathrm{Cof}^2\,\frac{gl}{v^2}} \qquad (17)$$

$$R_l = {}^1/_4\,\varrho\,g\,\mathrm{tg}^2\,\alpha\left(l^2 + \frac{v^4}{g^2}\right) \qquad \text{(II)}$$

sont équivalentes pour les grandes valeurs de $\frac{l}{v^2}$ et conduisent par suite pour les grands degrés de vitesse aux mêmes conclusions.
Il n'en est pas de même pour les vitesses finies. Traçons pour un même obstacle (l et α constants) les courbes représentant les variations de R et R_1 en fonction de v ou ce qui est équivalant, les variations de

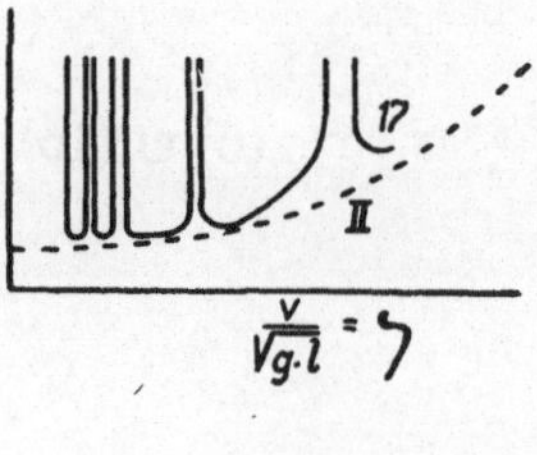

$$\frac{4\,R}{g l^2\,\mathrm{tg}^2\,\alpha}$$

en fonction de $\frac{v}{\sqrt{gl}} = \daleth$

Soit les 2 courbes $\dfrac{\gamma^4}{\cos^2 \dfrac{1}{\gamma^2}}$ et $1 + \gamma^4$ on voit que l'allure de ces courbes est tout à fait différente. La courbe (17) présente une infinité d'asymptotes conduisant à une indétermination complète quand la vitesse tend vers zéro. Si les calculs théoriques étaient poussés à une plus grande approximation ces asymptotes se transformeraient en une série de bosses de la courbe de résistance. Dans le cas d'une carène, nous savons depuis les études théoriques et expérimentales de Havelock et de Wigley, que les bosses théoriques correspondent convenablement aux bosses expérimentales. Aucune étude expérimentale n'a jusqu'ici montré, pour le cas du plan hydroplanant, une série de bosses analogue à celle trouvée pour les carènes. La formule (17) ne représente donc pas mieux les phénomènes que la formule asymptotique.

La courbe (II) donne une allure acceptable, mais donne pour $v=0$ une résistance non nulle. La raison en est, que la formule (I) donne toujours une valeur de H non nulle, quelle que soit la vitesse. Comme L tend vers zéro avec v on voit que $\dfrac{H}{L}$ croîtra indéfiniment quand la vitesse tendra vers zéro, ou que la pente des vagues croîtra sans limite. Or, il est bien connu que le rapport $\dfrac{H}{L}$ a une limite physique imposée à priori. Si on tient compte de cette limite, les solutions données par (I) ne seront pas toutes acceptables.

Supposons que les ondes sinusoidales ne soient physiquement possibles que pour $H < K L$. L'onde sinusoidale considérée ici ne sera possible que si $4 \operatorname{tg}^2 \alpha \left(l^2 + \dfrac{v^4}{g^2}\right) < K^2 L^2$, c'est à dire, que la vitesse minima pour laquelle cette onde pourra se maintenir, sera donnée par

$$\frac{v}{\sqrt{gh}} > \frac{1}{\sqrt[4]{k^2 \pi^2 - \operatorname{tg}^2 \alpha}} \tag{III}$$

Cette limitation peut être exposée d'une façon plus précise dans le cas des ondes trochoidales.

Les equations

$$\begin{cases} x + \lambda + A \sin \dfrac{2\pi}{L} \lambda + A \\ y = \dfrac{\pi A^2}{L} + A \cos \dfrac{2\pi}{L} \lambda \end{cases}$$

dans lesquelles λ est un paramètre, représentant le profil de la surface libre de l'onde trochoïdale la plus générale pour un liquide primitivement en repos avec surface libre dans le plan $z = 0$.

La hauteur est 2A, la longueur de l'onde L, la droite lieu du centre du cercle générateur de la trochoïde est à une distance $\frac{\pi A^2}{L}$ au dessus du plan de la surface libre au repos.

Cherchons à déterminer une telle trochoïde par la condition qu'a un point d'immersion h au dessous du plan de repos (soit $y = - h$) la pente de la surface soit α (soit $\frac{dy}{dx} = - \operatorname{tg} \alpha$). Pour écrire cette condition formons $\frac{dy}{dx}$ par dérivation en λ, puis éliminons λ.

$$\left.\begin{aligned} \frac{dx}{d\lambda} &= 1 + \frac{2\pi}{L} A \cos \frac{2\pi}{L}\lambda \\ \frac{dy}{d\lambda} &= -\frac{2\pi}{L} A \sin \frac{2\pi}{L}\lambda \end{aligned}\right\} \frac{dy}{dx} = \frac{\frac{2\pi}{L} A \sin \frac{2\pi}{L}\lambda}{1 + \frac{2\pi}{L} A \cos \frac{2\pi}{L}\lambda} =$$

$$= \frac{\frac{2\pi}{L}\sqrt{A^2 - \left(y - \frac{\pi A^2}{L}\right)^2}}{1 + \frac{2\pi}{L}\left(\frac{\pi A^2}{L} - y\right)}$$

La condition imposée s'écrit donc $- \operatorname{tg} \alpha = \dfrac{\sqrt{A^2 - \left(\frac{\pi A^2}{L} + h\right)^2}}{\frac{L}{2\pi} + \frac{\pi A^2}{L} + h}$

Si la célérité de la houle trochoïdale est imposée, la longueur L sera donnée par

$$L = \frac{2\pi}{g} V^2$$

et par suite on aura A en fonction des données α et h de l'obstacle et de la vitesse V.

Une solution ne sera acceptable que si la valeur trouvée pour A est inférieure à $\frac{L}{2\pi}$, car autrement la trochoïde aurait des points doubles. La condition pour que $A = \frac{L}{2\pi}$ soit solution, s'obtiendra donc en faisant $A = \frac{L}{2\pi}$ dans

$$\operatorname{tg}^2 \alpha \left[\frac{L}{2\pi} + \left(\frac{\pi A^2}{L} + h\right)\right]^2 - \left[A - \left(h + \frac{\pi A^2}{L}\right)\right]\left[A + \left(h + \frac{\pi A^2}{L}\right)\right] = 0$$

ce qui donne d'abord

$$\mathrm{tg}^2 \alpha \left[\frac{L}{2\pi} + \frac{\pi A^2}{L} + h\right] = A - (h + \frac{\pi A^2}{L})$$

puis

$$L = 4\pi h \frac{1 + \mathrm{tg}^2 \alpha}{1 - 3\,\mathrm{tg}^2 \alpha}$$

Tenant compte de la valeur de L on voit que la vitesse minima permettant une houle d'accompagnement tangente à l'obstacle est:

$$\frac{V}{\sqrt{2 g h}} \qquad \frac{1}{\sqrt{1 - 4 \sin^2 \alpha}} \qquad \text{(III)'}$$

Les conditions limitatives (III) ou (III)' ont un caractère commun: pour une valeur de α suffisamment grande, V sera infini, c'est à dire qu'à aucune vitesse il ne pourra y avoir de solution.

Les mêmes conditions ont un caractère différent: lorsque α tendra vers zéro, (III)' donnera comme limite de V la valeur $\sqrt{2gh}$ tandis que (III) donna une valeur différente de $\sqrt{2gh}$.

En prenant K = 0,16 valeur vraisemblable (voir Michell — Phil. Mag. 1893), on trouve pour définir l'angle α ne donnant aucune solution quelque grande que soit sa vitesse,

par la formule (III) $\mathrm{tg}\,\alpha = K\pi = 0{,}5$ soit $\alpha = 30^0$

par la formule (III)' $\sin^2\alpha = 1/4$ soit $\alpha = 30^0$

et pour la valeur de la vitesse au dessous de laquelle il n'y a pas de solution lorsque $\alpha \to 0$.

par la formule (III) $\dfrac{v}{\sqrt{2gh}} = \dfrac{1}{4\sqrt{K^2\pi^2}} \cdot \dfrac{1}{\sqrt{2}} = \dfrac{1}{\sqrt{0{,}5}}\,\dfrac{1}{\sqrt{2}} = 1$

par la formule (III)' $\dfrac{v}{\sqrt{2gh}} = 1$

Nous croyons pouvoir conclure de cet examen que les deux hypothèses du §B, conduiront, quelle que soit la forme d'onde employée, à des résultats voisins des suivants: résistance nulle jusqu'à une valeur de v voisine de $\sqrt{2gh}$ et pour les vitesses supérieures, résistance comme

$$1/4\, \varrho\, \mathrm{tg}^2 \alpha \left(l^2 + \frac{v^4}{g^2}\right) \qquad \text{(II)}$$

D. La comparaison entre les résultats donnés par cette formule et ceux donnés par la formule (17) se présentera d'une façon différente suivant les valeurs de $\frac{gl}{v^2}$.

Pour une comparaison numérique pratique, nous nous placerons dans le cas d'un plan de longueur 1 mètre (l = 100) soit gl = 98 100 et nous tracerons les trois graphiques des fonctions

v^4	$\dfrac{v^4}{\mathfrak{Cof}^2 \dfrac{gl}{v^2}}$	$v^4 + g^2 l^2$

qui représentent les trois expressions rencontrées pour $\dfrac{4Rg}{\rho tg^2\alpha}$

Dans l'un des graphiques la graduation des abscisses va jusqu'à 5 m p. sec. (v = 500), on voit comment s'indroduit l'effet du terme en $\mathfrak{Cof}^2 \dfrac{gl}{v^2}$.

Sur l'autre graphique, la graduation des abscisses va jusqu'à 20 m p. s. On voit que la différence des expressions est absolument négligeable pour tous les cas pouvant intéresser les constructeurs d'hydroglisseurs ou d'hydravions. Il en est de même pour les expériences dont il sera question dans la suite.

E. L'examen fait ci-dessus montre que la théorie donne une résistance proportionnelle à la quatrième puissance de la vitesse pour un obstacle de position constante par rapport au plan d'eau au repos à l'infini. De nombreuses expériences ont déjà été faites sur des plans hydroplanants limités en largeur. Dans les expériences, on ne trouve pas une résistance proportionnelle à V^4, mais bien sensiblement proportionnelle à V^2. Les expériences faites à ce sujet au Bassin de Paris ont porté sur des caissons. Les vitesses ne dépassaient pas 5 m p. s., on pouvait donc craindre que les variations de vitesse aient été insuffisantes. Il n'en est pas de même pour les expériences de Sottorf qui se raccordent bien avec les mesures que nous avons faites, mais qui s'étendent jusqu'à des vitesses de 9,50 m p. s. Des expériences de Sottorf, exécutées sur des panneaux, nous pouvons déduire par interpolation des tableaux analogues au suivant, dans lequel nous avons choisi une incidence de 7° et une longueur immergée sous le plan de repos de 200 mm.

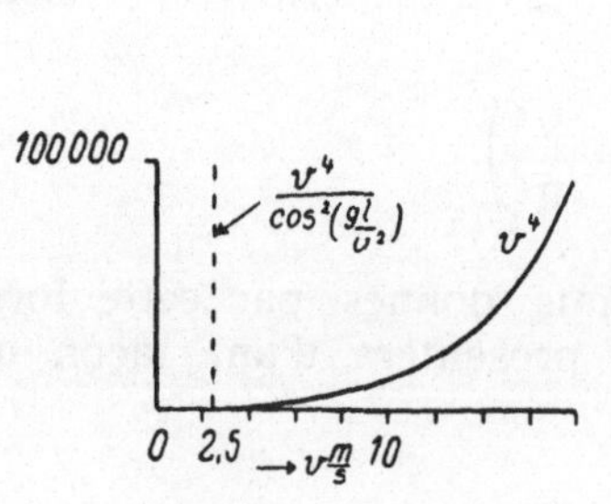

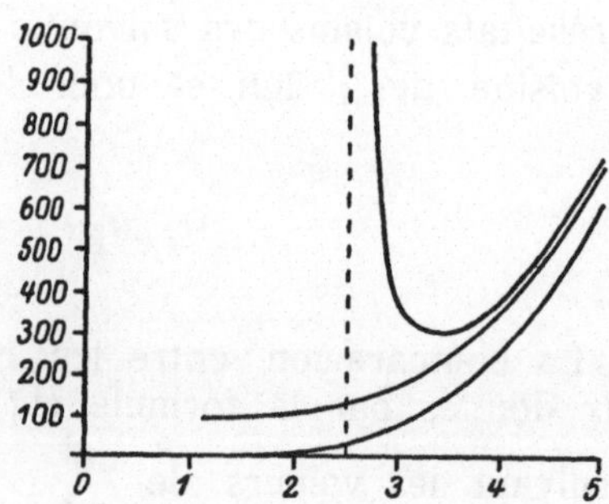

Obstacle constant de l = 20 cm (largeur transversale 30 cm) incidence de 7^0

Vitesse en m/s.	Résistance mesurée en grammes	Sustentation en grammes	$\frac{\text{Résistance}}{v^2}$	Résistance de frottement	Résistance directe	$\frac{\text{Résistence directe}}{v^2}$
4	1160	8040	73	200	960	60
6	2320	16 000	65	300	2020	57
8	4290	28 900	67	700	3590	56
9,5	6550	43 300	72	1100	5450	60

Les irrégularités peuvent provenir de l'interpolation faite sur des graphiques réduits, il apparait cependant que la résistance variée à peu près le carré de la vitesse.

Entre 4 m/s et 9 m/s les valeurs de $\frac{R}{V^2}$ devraient varier, si R était proportionnel à V^4 dans le rapport de $\left(\frac{9,5}{4}\right)^2 = 5,6$ ce qui n'est certainement pas le cas.

On remarquera que la correction de frottement ne change rien à la comparaison et que la vitesse correspondant a $\frac{gl}{v^2} = \frac{\pi}{2}$ est d'environ $^1/_{10}$ m/s., c'est à dire que pour 4 m/s on est déjà loin de la région où l'effet de la première asymptote verticale se fait sentir.

Voyons maintenant les valeurs numériques. La formule

$$R = {}^1/_4 \frac{\varrho}{g} \operatorname{tg}^2 \alpha \, . \, v^4$$

donne la résistance en unitées C G S pour une largeur égale à 1 cm dans le sens perpendiculaire à la marche.

La résistance en grammes pour une largeur de 30 cm sera donc:

$$30 \, . \, {}^1/_4 \frac{\varrho}{g^2} \operatorname{tg}^2 \alpha \, . \, v^4$$

faisant v = 400, 600, 800, 950 / ρ = 1 et g = 981 nous obtenons les valeurs suivantes de la résistance:

2720 / 12 700 / 43 300 / 86 100 / grammes.

Si nous avions trouvé des résistances théoriques plus petites que les résistances expérimentales, nous aurions pu dire que les résistances théoriques n'étaient qu'une partie des résistances expérimentales obtenues avec un obstacle de longueur limitée. Ce n'est pas le cas. Nous devons donc conclure, que les résistances théoriques ne correspondent pas au phénomène réel. Une vérification sur les résistances serait difficile, puisqu' il faudrait opérer expérimentalement sur un obstacle très large. Mais, comme nous l'avons vu, la théorie actuellement examinée se réduit à la détermination de H. Nous pouvons donc chercher une vérification sur la valeur de H seulement sans aucune mesure dynamométrique.

La formule (I) nous donne $H = 2\ tg\alpha \frac{v^2}{g}$ soit pour une inclinaison de 7^0 et une vitesse de 4 m/s, soit $v = 400$

$$H = \frac{0{,}245 \ .\ 16\ .\ 10^4}{981} = 40 \text{ cm}$$ soit dépressions de surface libre de 20 cm pour cette vitesse, on a L = 10 m.

La même formule pour la vitesse de 3 m/s donnerait une dépression de surface libre de 11,2 cm.

Si on tente ces vérifications expérimentales on constate que la forme de la surface libre dans la section médiane verticale de l'obstacle dépend beaucoup de la largeur de l'obstacle, dans le sens perpendiculaire à la figure. Tout d'abord, on constate que la partie formée par un cylindre à génératrices horizontales est limitée vers l'arrière. Plutôt que de donner une description verbale, nous joignons une photographie représentant la moitié d'un modèle de cette déformation.

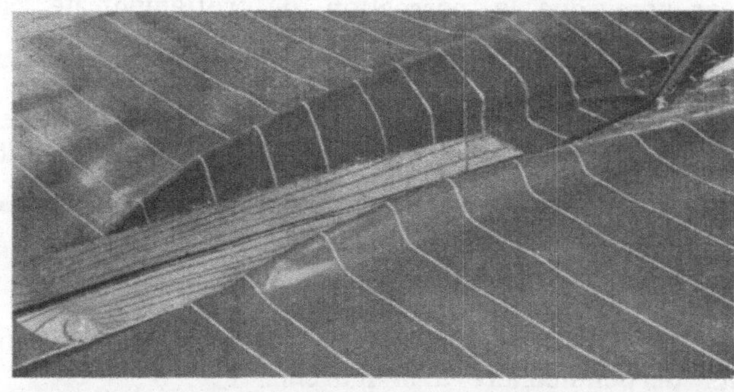

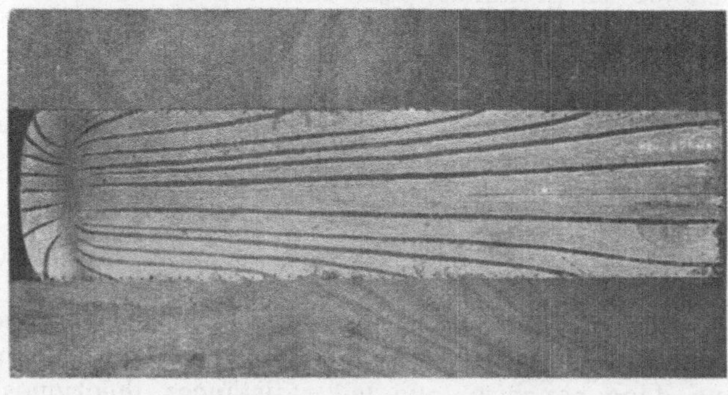

Ensuite, on constate que la zone de surmouille de l'avant dépend beaucoup de la largeur de l'obstacle. Par exemple, avec une même vitesse, une même inclinaison et une même position de l'obstacle par rapport à l'eau à l'infini, on trouve que la surmouille augmente beaucoup avec la largeur.

Soit par exemple:

$v = 3$ m/s, $\alpha = 7$, $l = 50$ mm, les valeurs de surmouille sont:

larg. 0,30 m	larg. 3,0 m	larg. 6,0 m
34 mm	300 mm	350 mm

de même pour

$v = 4$ m/s, $\alpha = 7^0$, $l = 50$ mm, on trouve

larg. 0,30 m	larg. 3,0 m	larg. 6,0 m
35 mm	580 mm	630 mm

on constate en somme que de l'eau s'accumule devant l'obstacle et que cette eau ne s'écoule que par les côtés. On pourrait représenter l'écoulement par un tracé schématique tel que le suivant, avec un rouleau d'eau dans la zone surmouille. Une telle représentation ne doit pas être considérée comme celle d'un écoulement permanent, car le rouleau s'alimente en eau nouvelle, remplaçant d'une façon intermittente celle qui s'écoule par les bords latéraux.

On peut alors se demander quelle limite aurait cette accumulation d'eau à l'avant de l'obstacle, si on se rapprochait de plus en plus des conditions supposées par le calcul théorique, c'est à dire de la longueur infinie; quelle que soit cette limite, il est certain qu'elle est assez élevée pour que la forme de la surface libre à l'avant de l'obstacle ne puisse être assimilée à un plan horizontal.

Dans ces conditions, les hypothèses faites par Pavlenko, ne sont donc pas admissibles. Il pourrait cependant se faire, que par un hasard heureux, la variation de la hauteur de dénivellation à l'arrière, variât avec la vitesse comme l'indique la formule (I), c'est à dire proportionellement V^2. Tel n'est pas le cas comme le montrent les relevés suivants.

Sur une planche de 3 m de largeur (dans le sens perpendiculaire à la marche), avec inclinaison de 7^0, on a relevé pour diverses vitesses, la profondeur au-dessous de l'horizon P du premier creux à l'arrière de l'obstacle, et la valeur λ correspondant au double de la distance $\frac{\lambda}{2}$ entre l'obstacle et le point où le profil de la vague repasse par la cote O. Ces relevés ont été effectués avec une immersion de 5 mm et avec une immersion de 10 mm.

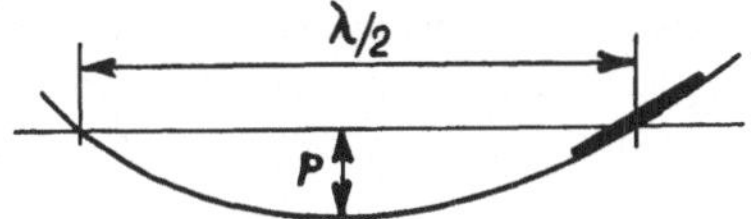

Les résultats sont les suivants:

	Vitesse m/s	λ m	P cm	$\frac{V}{\sqrt{\lambda}}$	$100\,\frac{P}{V^2}$	$\frac{P}{\lambda}$
	2,390	3,300	4,40	1,31	77	1,84
immersion	2,980	4,860	6,60	1,35	74	1,36
5 mm	3,990	8,300	9,00	1,38	56	1,09
	4,780	9,240	11,10	1,57	48	1,19
	0,971	0,608	1	1,25	106	1,65
	0,992	0,556	0,85	1,33	86	1,53
immersion	1,987	2,300	2,90	1,31	73	1,26
10 mm	2,065	2,440	3,06			
	3,013	4,80	5,3	1,37	58	1,10
	4,040	7,55	8,3	1,47	51	1,10
	5,105	9,40	13,2	1,67	51	1,40
valeurs théoriques				$\sqrt{\frac{g}{2\pi}} = 1,25$	125	$\frac{100\,\mathrm{tg}\,\alpha}{2\pi} = 1,96$

Le même genre de mesures a été effectué avec une planche de 6 m de largeur et une immersion de 20 mm de façon à réaliser les conditions de similitude géométrique avec le dernier cas considéré. Les résultats ont été les suivants:

Vitesse m/s	λ m	P cm	$\frac{V}{\sqrt{\lambda}}$	$100\,\frac{P}{V^2}$	$\frac{P}{\lambda}$
1,404	1,20	2,25	1,27	114	1,88
2,100	2,45	3,67	1,34	83	1,50
2,827	4,65	5,65	1,32	71	1,21
3,419	6,55	7,82	1,34	68	1,19
4,178	10,32	10,66	1,30	63	1,03
5,000	12,40	14,70	1,42	59	1,19

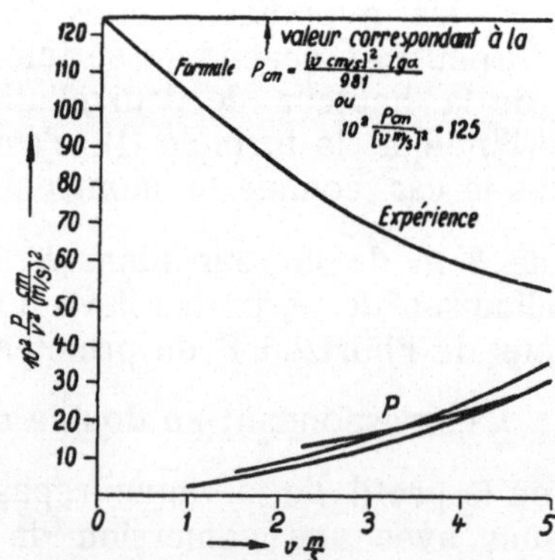

Nous croyons pouvoir conclure de ce qui précède, que la théorie du plan hydroplanant n'existe pas actuellement et que la principale raison de discordance avec les essais sur planches très larges dans le sens perpendiculaire à la vitesse, tient à ce que le problème de la houle d'accompagnement à profil s'étendant de $-\infty$ à $+\infty$ et compatible avec l'obstacle, n'est pas encore résolu.

F. Un problème analogue a été correctement résolu, en mouvement permanent, par Lamb, mais avec un profil particulier de l'obstacle, et ce même problème a été étendu par Hogner pour la période de mise en marche. Il nous a paru intéressant de réaliser et d'expérimenter un tel obstacle.

L'obstacle théorique de Lamb-Hogner est décrit dans le traité de Lamb et dans les comptes-rendus de Delft. Pour la confection de cet obstacle nous avons utilisé le tracé de Lamb qui indique les particularités du tracé aux pointes S et S'.

Dans la communication de Hogner, on trouve de plus l'évolution de la forme de la vague avec le temps (et forme de l'obstacle variable dans le temps) permettant de prévoir que la durée de parcours de notre plateforme est suffisante pour que le régime permanent soit établi.

Pour l'obstacle théorique de Lamb-Hogner essayé à la vitesse de 2,215 m/s (correspondant à une longueur de houle théorique égale à $\pi = 3{,}1416$) avec une largeur transversale de 3 m, on a trouvé que la surface libre du liquide à l'arrière de l'obstacle commençait dans sa partie au voisinage de l'obstacle par un cylindre, dont la section droite présentait un minimum de hauteur à une distance de 782 mm du milieu de l'obstacle. C'est bien la position du graphique théorique de Hogner pour ce minimum.

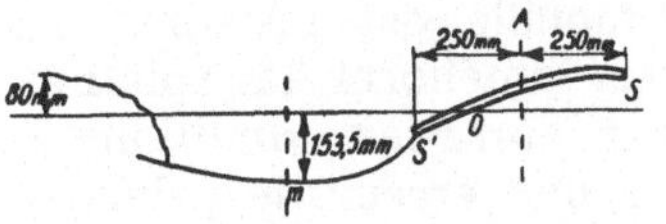

La profondeur de ce creux au-dessous de l'horizon a été trouvée de 153,5 mm, alors que le graphique théorique donne 222 mm. Pour la vitesse de 2,215 m/s, l'arête S était au contact de l'eau. Pour des vitesses supérieures de quelques centimètres par seconde, l'eau passait au contraire au-dessus de l'obstacle.

La théorie est donc bien vérifiée en ce qui concerne la forme de la surface libre au voisinage de l'obstacle.

Par contre, à une certaine distance à l'arrière de l'obstacle, la surface libre théorique est recouverte d'eau en mouvement non permanent, phénomène de veine noyée, qui empêche d'observer le prolongement de la surface théorique vers l'arrière.

Le fait, que le minimum se place à sa position théorique par rapport à A et non pas par rapport à 0, tend à prouver, que dans le cas du plan hydroplanant, on commet une erreur en négligeant le phénomène de surmouille de l'avant.

Le phénomène de recouvrement de la vague à l'arrière est un phénomène très général retrouvé pour beaucoup d'autres obstacles.

Ce phénomène n'est pas dû à la rencontre des vagues divergentes provenant des bords latéraux de l'obstacle. Ayant depuis longtemps observé ce phénomène dans le cas des cylindres immergés avec ou sans plaques de garde, nous n'avons pas jugé utile de recommencer cette étude pour l'obstacle de Lamb-Hogner.

Il est clair que le fait que la nappe est noyée à l'arrière modifie la pression sur le prolongement de la vague qui n'est pas en contact avec l'atmosphère. Dans ce cas, le mouvement n'est même pas permanent, la limite de la supérieure (marquée sur la figure comme ayant une cote de 80 mm) varie d'une façon pulsatoire dans le sens longitudinal.

En résumé, les résultats donnés par la théorie sont actuellement inacceptables au moins pour deux raisons: parce qu'il n'y est pas tenu compte de la différence des conditions à l'avant et à l'arrière.

Des difficultés identiques se présentent lorsqu'au lieu d'opérer avec un obstacle mobile par rapport à une eau immobile on opère avec un obstacle fixe placé dans un courant d'eau.

G. On doit en conclure qu'à l'heure actuelle, la théorie qui a donné des résultats très remarquables pour des obstacles à trois dimensions, est en défaut pour le cas en apparence plus simple du problème à deux dimensions correspondant à l'obstacle de largeur infinie dans le sens perpendiculaire à la marche.

Les deux causes de divergence sont de nature très différente: négliger la surmouille est prendre une approximation insuffisante et l'on peut espérer améliorer la solution théorique à ce point de vue; ne pas distinguer entre les conditions à l'infini amont et à l'infini aval, est au contraire une erreur de principe qui doit entacher les résultats de tous les problèmes à deux dimensions.

Si l'on se place seulement au point de vue de la détermination de la résistance à la marche, il semble d'ailleurs que ce soit le fait de négliger la surmouille qui ait la plus grande importance et que par suite, il y aurait un intérêt à développer la théorie, même en se limitant comme actuellement, à l'étude du mouvement permanent, mais en tenant compte de la déformation de la surface aussi bien à l'avant qu'à l'arrière de l'obstacle.

Gegenwärtiger Stand der theoretischen Arbeiten über Gleitflächen.

Deutscher Auszug des vorhergehenden Referates.

Zu den Unstimmigkeiten zwischen Theorie und Versuch bei zweidimensionalen Problemen an einer freien Oberfläche schildert der Verfasser Beobachtungen an einem mit verschiedenen Geschwindigkeiten und verschiedenen Eintauchtiefen unter Wasser geschleppten Kreiszylinder. Dabei wurden eine Reihe von verschiedenen Zuständen der freien Oberfläche in Abhängigkeit von der Eintauchtiefe und Geschwindigkeit in Skizzen und Diagrammen festgestellt

(Tableau I und II). Bei diesen Strömungen wurden auch instationäre Vorgänge bisweilen beobachtet. Der Verfasser kommt zu dem Schluß, daß der Mißerfolg der experimentellen Nachprüfung auf die Unzulässigkeit der den theoretischen Rechnungen zugrunde gelegten Annahmen, nämlich:

1. stationäre Bewegung,
2. Identität des Unendlichen strömungsaufwärts und strömungsabwärts

zurückzuführen ist.

Die Arbeit zeigt in dem 2. Teil, daß bereits mit Hilfe von elementaren Rechnungen ähnliche Ergebnisse über das zweidimensionale Problem der Gleitfläche erhalten werden können, wie sie Pawlenko (Stockholm 1930) angegeben hat.

Die Rechnungen gehen von den beiden Annahmen aus:

1. die entstehende Welle hinter der Geitplatte ist sinusförmig,
2. diese Welle soll die Geschwindigkeit der Gleitfläche haben, und das Wasser tangential von der Hinterkante der Gleitfläche abfließen.

Der Stau an der Vorderseite der im übrigen unendlich breiten Gleitplatte wird vernachlässigt.

Während Pawlenko für den Widerstand den Ausdruck

$$W_I = \frac{\varrho\, v^4\, tg^2\, \alpha'\mathrm{l}}{4'g\, \mathfrak{Cof}^2 \dfrac{g\,l}{v^2}}$$

findet, worin v die Geschwindigkeit, α der Neigungswinkel, l die Länge der Gleitplatte ist, ergibt die mit Hilfe obiger Annahme durchgeführte Rechnung die Formel:

$$W_{II} = {}^1/_4\, \varrho\, g\, tg^2\, \alpha \left(l^2 + \frac{v^4}{g^2}\right)$$

Beide Formeln ergeben für hohe Froudesche Zahlen denselben Grenzwert:

$$\frac{\varrho\, v^4\, tg^2\, \alpha}{4g}$$

Die Figur S. 144 gibt die beiden Funktionen wieder. Der Verlauf der Pawlenkoschen Formel (17) deutet darauf hin, daß im Falle zäher Flüssigkeit ähnliche Buckel für den Widerstand von Gleitplatten sich ergeben müßten, wie sie bei Verdrängungskörpern in guter Übereinstimmung mit der Theorie beobachtet wurden, wofür jedoch im Falle der Gleitplatte jegliche Bestätigung fehlt. Die Kurve II gibt für v = o einen endlichen Widerstand, was zu dem Schluß führt, daß das Verhältnis von Wellenhöhe zu Wellenlänge im Gegensatz zur Rechnung physikalisch begrenzt ist.

Eine ähnliche Betrachtung wird für den Fall vorgenommen, daß die erzeugte Welle eine Trochoide ist. Für höhere Geschwindigkeiten ergibt sich dann ein Widerstand, der sich mit

$${}^1/_4\, \varrho\, tg^2\, \alpha\, l^2\, \frac{v^4}{g^2}$$

ändert.

Die Figur S. 148 zeigt die Ergebnisse eines numerischen Vergleichs für eine bestimmte Plattengröße (l = 100 cm) bei bestimmter Neigung und bestimmter

Eintauchung. Es zeigt sich, daß alle drei Kurven für höhere Geschwindigkeiten praktisch zusammenfallen und einen Widerstand ergeben, der mit der vierten Potenz der Geschwindigkeiten anwächst.

Ein Vergleich mit Pariser und Hamburger Messungen an Gleitplatten führt — selbst bei Berücksichtigung der endlichen Breite der untersuchten Platten — zu dem Schluß, daß die theoretischen, mit der vierten Potenz anwachsenden Widerstände nicht den tatsächlichen Beobachtungen entsprechen, die eine ungefähr quadratische Abhängigkeit von der Geschwindigkeit ergeben haben.

Auf Grund von Beobachtungen wird festgestellt, daß der Stau an der Vorderkante der Gleitplatte mit wachsender Breite der Platte ebenfalls zunimmt, so daß es fraglich ist, ob die gemachte Vernachlässigung des Staues an der Vorderseite der Gleitplatte zulässig ist.

Nach einem Vergleich zwischen der gerechneten und gemessenen Wellenform, unmittelbar hinter der Gleitplatte, geht der Verfasser zu einem von Lamb angegebenen, exakt behandelten Problem über. Der von Lamb angeführte und später von Hogner erweiterte Fall gab die Möglichkeit, das Wellenbild unmittelbar hinter der besonders profilierten Gleitfläche bei der vorgeschriebenen Geschwindigkeit mit dem theoretischen zu vergleichen. Man fand, daß die freie Oberfläche hinter dem Widerstandskörper in guter Übereinstimmung mit der Rechnung die größte Tiefe in einer Entfernung von 782 mm von der Mitte der Gleitfläche aufweist, während die Tiefe zu 153,5 mm gefunden wurde, während die Theorie 222 mm angab. Die Theorie wurde also, was die Form der Welle dicht hinter dem Widerstandskörper anbetrifft, gut bestätigt. Dagegen war die theoretische freie Oberfläche in einiger Entfernung von der Hinterkante von unruhigem Wasser bedeckt, das eine Beobachtung der freien Oberfläche weiter hinten unmöglich machte.

Auf Grund dieser Betrachtungen kommt der Verfasser zu dem Schluß, daß die Theorie, die sehr bemerkenswerte Ergebnisse bei dreidimensionalen Verdrängungskörpern gegeben hat, bei dem zweidimensionalen Gleitflächenproblem versagt. Als Ursache dieses Versagens wird vor allem die Vernachlässigung des Staues an der Vorderseite angeführt, sowie die Tatsache, daß die Theorie zwischen dem Unendlichen strömungsaufwärts und strömungsabwärts nicht unterscheidet.

Erörterungsbeiträge

zu Gruppe II „Wellenwiderstand und Schiffsform“.

G. Weinblum: Die von Herrn Hogner erwähnte Arbeit Havelocks über Berechnung von Wellenprofilen gipfelt in einer Formel folgenden Typs:

$$\zeta = c\,\xi\,f'(\xi)\,F(x-\xi) + \int f''(\xi)\,F(x-\xi)\,d\xi$$

Mit c = Konstante, ζ = Wellenerhebung an der Stelle x,
ξ = laufende Koordinate, f (ξ) — Schiffsgleichung,

F (x—ξ) — eine „besselartige“ Funktion P und Q (Havelock, Wigley); der erste Teil gibt den Beitrag von Ecken in der Schiffsform (Unstetigkeit des Differentialquotienten, z. B. Bug und Heck), der zweite den der kontinuierlichen Form. Haben wir die vereinfachte von Wigley behandelte geradlinige Form, so kann mit Fug und Recht von Wellensystemen, die an den Schultern entstehen, gesprochen werden. Ist dagegen keine Unstetigkeit der Tangente an den Schiffsgrundriß vorhanden (wir betrachten unendlichen Tiefgang), so erscheint jeder Punkt der Kurve als wellenbildend, und der zweite Teil des Integrals ergibt den Gesamtbeitrag des gekrümmten Teils. Natürlich ließe sich diese Erkenntnis auch aus dem allgemeineren Michell'schen Integral ableiten, aber die Umformung macht hier anscheinend noch große Schwierigkeiten.

Zum Vortrage Wigley kann erwähnt werden, wie wichtig die im Kapitel „Reibungswiderstand“ behandelten Fragen für die Ermittlung des Wellenwiderstandes sind. In neuerer Zeit hat vielleicht Akimoff am schärfsten die Körperbedingtheit des Reibungswiderstandes betont. Die von Wigley benutzte Havelock'sche Annäherungsrechnung zeitigt das Ergebnis, daß ein schmales Schiff einen größeren Reibungsbeiwert als ein breiteres mit B $\sim$ 2 T hat, es müßte hier beim Übergang zur Platte also ein Maximum auftreten. Die Verbesserung der Übereinstimmung der mittleren Wellenwiderstandskoeffizienten Cw Cr nach Einführung der Havelockschen Korrektur ist bemerkenswert; da aber keine experimentellen Unterlagen für die letztere bestehen, bleibt die Frage offen. Eine Reihe von Faktoren deuten darauf hin, daß die Theorie prinzipiell Interferenzwirkungen übertreibt, und eine gute Übereinstimmung in den Absolutgrößen vielleicht als zufällig zu werten ist. Ich habe daher in meinem Beitrag zum Jahrbuch der Schiffbautechnischen Gesellschaft 1932 die gemessenen Gesamtwiderstände im Anhang mitgeteilt, sodaß es möglich ist, bei Einführung eines sicheren Wertes für den Reibungswiderstand die Schlußfolgerungen zu korrigieren.

Es darf hier vielleicht auf die erstaunliche Tatsache hingewiesen werden, wie wenig zuverlässige Widerstandsmessungen an vollkommen getauchten Körpern im praktisch entscheidend wichtigen turbulenten Gebiet vorhanden sind. Sehr instruktiv ist in dieser Beziehung die Arbeit von Jones „Skin friction . . .“ Reports and Memoranda Nr. 1199. Es wird daher notwendig sein, in nächster Zeit eine größere Anzahl von Widerstandsmessungen an verschiedenen wichtigen Körpern im turbulenten Bereich vorzunehmen.

F. Allan: „Influence of Temperature on Frictional Resistance." Schoenherr. This paper should be compared with a similar one contributed by Lamble to the Spring Meeting of I. N. A. in London. In Lamble's Paper the results show a different curve of resistance coefficient in terms of Reynolds' number for each temperature tested, the range of Reynolds number being from 3×10^5 to 10×10^5 and the flow being turbulent although the author does not say how the turbulence was established. The spots all lie above the von Kármán curve for turbulent flow. — „Wave Resistance and Ship's Form". It might be thought, from Dr. Hogner's remarks on the effect of a bulbous bow in changing the interference of the wave systems, that the benefit derived therefrom was entirely due to that cause, but it were so the gain obtained at one point would probably be balanced by a loss at other points. The carrying of displacement in the bulbous entrance allows the forward waterline to be fined in the region of the load-line and this has a direct effect in reducing resistance in most cases.

Having only just seen the paper by Herrn Weinblum on the question of hollow or straight waterline I am not in a position to discuss it fully. There is no doubt that in a large class of ships a hollow entrance line is very beneficial and as an example I might mention the following case which we had recently. The original model was of a vessel about 400' x 63' x 23' drt. with the longitudinal centre of buoyancy abaft midships for constructional reasons. The forward waterlines were straight, the block coefficient 0.66, the midship coefficient 0.95 and the design speed 15 knots. We altered this model at the forward end by adding the equivalent of 10ft. to the length and fairing the old lines from the original station $8^1/_2$ to this increased length. At the running speed this local hollow entrance improved the E. H. P. by 10% and at a knot to a knot and a half higher speed the improvement was in the region of 14%. Our opinion was that about 3% of this gain was due to lengthening and fining the block thereby and we verified this by making a model to the original type of line pulled out to the increased length, fined in block and with the longitudinal centre of buoyancy shifted to agree with the first modification. We have made another model similar in general particulars to the lengthened model but having the hollow in the forward lines more spread out and the midship coefficient increased to 0.975 and the result from this test is slightly better than the previous best at some speeds and not quite so good at others. The longitudinal centre of buoyancy of all these lengthened vessels is about 3' abaft midships.

I should like also to remark that in general our experience corroborates the position of L. C. B. given by Dr. Hogner for best results but I think that if necessary considerable latitude can be allowed in the L. C. B. position without much loss by suitably designing the entrance lines.

G. S. Baker: I propose to make a few comments on these papers of Mr. Wigley and Dr. Hogner. My comments will also have a reflected meaning in connection with Dr. Weinblum's paper. Such theories always want checking — the theorist must necessarily carry his work to a conclusion, whatever that may turn out, and ignores whether the result he obtains is possible in practice. But the experimenter and designer must adapt the results of the theorist to his work and for that must find its errors and limitations. And I propose to comment on two of these.

First as regards the effect of the skin friction belt on the wave formation. This is felt most at the after end — its thickness is then of some importance and its presence reduces the actual pressures in the water below those properly belonging to the after body in the theory. It fines down the after body and virtually increases its length, Wigley's results given in his I. N. A. papers suggests this increase may rise to 8 per cent. One cannot afford in designing, to ignore such differences — they are too large.

Secondly, in the theory, the waves made at the bow are supposed to propagate all their energy in the following wave system. But they do not. Watch any ship or model bow and you will see water from the initial crest falling away and wasting its energy in eddies and turbulence. The result is that, although the bow wave is always formed according to theory, the following hollow belonging to this is not so large as it should be. This applies at all speeds but the waste of energy by the bow can be seen very well on a torpedo boat destroyer at high speeds. The bow wave crest on the metal is very well reproduced according to theory but if the model be stopped suddenly, the bow wave crest fails to propagate itself, and the first wave to reach the end of the tank is a most minute crest which can hardly be detected, followed by a very deep hollow formed by the after body system. In my opinion this is the reason of the importance of the bow at high speeds in practice rather than the one given by Dr. Hogner. There is such a lot of energy wasted at the bow which can only be prevented by diminishing or eliminating the bow crest. These statements can be verified by examination of the diagrams produced by Hogner and Wigley. The first wave crest of the bow is always well produced on the model, but the next hollow is as stated above.

E. Hogner: I fully agree with Mr. Baker that viscosity, eddymaking and turbulence are largely responsible for the disagreement between the theoretical and the experimental wave resistance curves. I find in the considerations raised by Mr. Baker not an opposite opinion but a presentation of valuable experience and an accentuation of the importance of the interactions between the different items constituating the resistance. The theory is conscientiously working to find possibilities to get rid of the idealigations, which are impressed upon it by the difficulties of the problem.

The remarks of Dr. Weinblum and of Mr. Allan give further illustrations of two points very shortly touched in my paper.

GRUPPE III

Flügelantrieb.

Grundsätzliches zum Voith-Schneider-Propeller.

Von A. Betz, Göttingen.
(Aus dem Kaiser Wilhelm-Institut für Strömungsforschung.)

1. Allgemeines über Propelleranordnungen.

Der Schraubenpropeller ist eine so einfache und dabei im allgemeinen auch recht wirtschaftliche Einrichtung, daß es von vornherein als recht wenig aussichtsreich erscheint, andere Vorrichtungen zur Fortbewegung von Schiffen zu versuchen. Als einzige Konkurrenz zum Schraubenpropeller hat sich in größerem Umfange nur der Radpropeller halten können, und auch dieser nur in jenen Sonderfällen, wo geringer Tiefgang die Anwendung der Schraube sehr erschwert. Die Wirkungsweise des Rad- und des Schraubenpropellers beruht auf wesentlich verschiedenen Vorgängen: Beim Radpropeller wird als wirksame Kraft der Widerstand einer durch das Wasser bewegten Platte, beim Schraubenpropeller der Auftrieb eines Tragflügels ausgenützt. Der Widerstand ist der Bewegungsrichtung entgegengesetzt, er ist stets mit Energieverlust verbunden. Der Auftrieb ist senkrecht zur Bewegungsrichtung des Flügels und grundsätzlich nicht an einen Energieverlust gebunden. Dieser Unterschied besagt aber nicht, daß ein Radpropeller auf alle Fälle im Wirkungsgrad schlechter sein müsse als ein Schraubenpropeller; der Wirkungsgrad hängt wesentlich von der Größe der Propeller ab. Der Unterschied ist nur der: Beim Radpropeller ist die Größe der Schaufeln, beim Schraubenpropeller die Größe der von den Flügeln bestrichenen Fläche (die Schraubenkreisfläche) maßgebend. Einrichtungen, welche den Widerstand ausnützen, wie der Radpropeller, werden deshalb im allgemeinen erheblich größer und schwerer als solche, welche den Auftrieb ausnützen, wie der Schraubenpropeller. Dazu kommt noch, daß bei ersteren die Umfangsgeschwindigkeit nur wenig größer als die Fahrgeschwindigkeit sein kann, während sie bei den letzteren ein Vielfaches der Fahrgeschwindigkeit sein kann, was sich in der Schnelläufigkeit der Maschinen und damit in ihrem Gewicht günstig auswirkt.

Ich erwähne hier diese an sich bekannten Dinge, da viele Vorschläge, den Schraubenpropeller zu ersetzen, von vornherein daran scheitern mußten, daß sie diese grundsätzliche Erkenntnis außer acht ließen. Die meisten Erfinder auf diesem Gebiete haben die Vorstellung, daß der Schraubenpropeller sehr günstig arbeite, und ersinnen komplizierte Mechanismen, welche den Widerstand anstatt des Auftriebs ausnützen sollen. Der Voith-Schneider-Propeller, mit dem ich mich hier hauptsächlich befassen werde, vermeidet diesen grundsätzlichen Fehler, er arbeitet mit dem Auftrieb von Tragflügeln, wie der Schraubenpropeller; nur die Anordnung und Bewegung der Flügel ist eine andere. Im Prinzip ist die Wirkungsweise des Voith-Schneider-Propellers aus Fig. 1 zu ersehen. Die Schaufeln bewegen sich auf einer Kreisbahn (Mittelpunkt O). Während eines Umlaufes führt jede einzelne Schaufel eine schwingende Drehbewegung aus. Man kann sich diese Bewegung am einfachsten mit dem in Fig. 1 dargestellten Mechanismus erzeugt denken: Jede Schaufel ist mit einem Zapfen am Umfange eines Rades befestigt, das um die Achse O umläuft. Die Schaufeln könnten sich um ihre Befestigungszapfen beliebig drehen, wenn sie nicht durch die mit ihnen starr verbundenen Lenkerstangen L geführt würden. Diese Lenkerstangen gehen alle durch einen gemeinsamen Punkt P, dessen

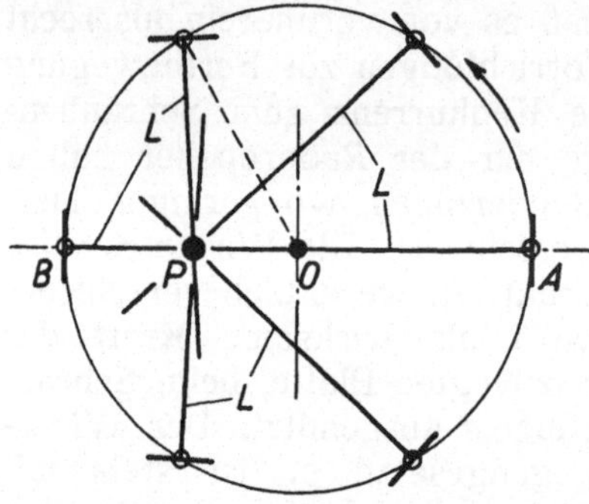

Fig. 1.
Anordnung und Bewegung der Schaufeln beim Voith-Schneider-Propeller.

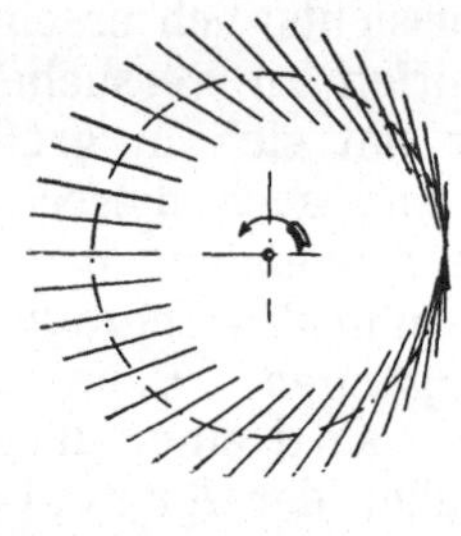

Fig. 2.
Bewegung der Schaufeln beim Kirsten-Boeing-Propeller.

Lage je nach Wunsch verstellt werden kann. Ich bemerke hier gleich, daß die Steuerung der Schaufeln kaum jemals in dieser Weise ausgeführt wird, da sich dabei allerlei räumliche Schwierigkeiten ergeben. Ich wähle diese Anordnung nur, um die Bewegung leicht übersehbar darzustellen. Wir wollen uns die Schaufeln als ebene (bzw. der Kreiskrümmung angepaßt etwas gewölbte) Flächen vorstellen, welche senkrecht zu den Lenkern L stehen. Bei der geschilderten Bewegung liegen die Schaufeln in den Punkten A und B in der Bewegungsrichtung, sie haben hier also keinen Anstellwinkel und ergeben keinen Auftrieb. In den übrigen Punkten haben die Schaufeln einen Anstellwinkel gegenüber der Kreisbewegung, und zwar hat der dazugehörige Auftrieb, wenn keine Fahrt vorhanden ist, immer eine Komponente senkrecht zu dem Durchmesser A B. Es ergibt sich daher ein Schub in dieser Richtung.

Zum Vergleich zeige ich einen anderen Mechanismus, den Kirsten-Boeing-Propeller, der äußerlich eine gewisse Ähnlichkeit mit dem Voith-Schneider-Propeller hat (Fig. 2).[1]) Der Unterschied ist der, daß hier

[1]) H. Sachse, Der Kirsten-Boeing-Propeller. Zeitschrift für Flugt. u. Motorl. 17 (1926) S. 1.

die Schaufeln nicht eine schwingende, sondern eine fortlaufende Drehbewegung ausführen. Sie haben auf der einen Seite den Anstellwinkel Null, auf der gegenüberliegenden Seite aber einen von 90^0, sie arbeiten hier also ausgesprochen unter Benützung des Widerstandes und haben deshalb auch die bereits erwähnten Nachteile dieses Prinzips.

Der Voith-Schneider-Propeller vermeidet, wie schon gesagt, diesen Fehler, ist also von vornherein hochwertiger. Aber trotzdem muß man zunächst Bedenken gegen eine solche Konstruktion haben, die doch wesentlich verwickelter ist als der gewöhnliche Schraubenpropeller. Als Vorteil gegenüber dem Schraubenpropeller ist die leichte Umsteuerbarkeit des Propellers zu bewerten. Man braucht nur den Punkt P (Fig. 1) von der linken Seite nach der rechten zu verschieben, um die Richtung des Schubes umzukehren. Und wenn man den Punkt P nach vorn oder nach hinten verschiebt, so erhält man quer zum Schiff gerichtete Kräfte, mit denen man das Schiff drehen kann. Man erspart also auch die ganze Rudereinrichtung und hat noch den Vorteil, daß man das Schiff auch ohne Fahrt in einfachster Weise steuern kann. Dazu kommen noch weitere Vorteile, insbesondere besserer Wirkungsgrad, worauf ich noch ausführlich zu sprechen komme. Trotz dieser Annehmlichkeiten hätte sich aber dieser Mechanismus vor 20 Jahren wahrscheinlich wegen seiner technischen Schwierigkeit praktisch nicht durchsetzen können. Man kann die Brauchbarkeit solcher Neuerungen immer nur im Zusammenhang mit dem sonstigen Stand der Technik beurteilen: was vor 20 Jahren undurchführbar gewesen wäre, braucht es heute durchaus nicht zu sein. Insbesondere haben die Turbinenfabriken im Zusammenhang mit der Ausbildung der Kaplanturbinen sich mit der konstruktiven Durchbildung von drehbaren Schaufeln befassen müssen und diese Aufgabe für beliebig hohe Leistungen in vollkommen betriebssicherer Weise gelöst. Die hier gesammelten Erfahrungen kamen natürlich auch den konstruktiven Aufgaben beim Voith-Schneider-Propeller zugute.

Außer den konstruktiven Aufgaben treten beim Voith-Schneider-Propeller aber auch Fragen aus der Propellertheorie auf, da manche Vorgänge doch grundsätzlich verschieden von denen beim gewöhnlichen Propeller sind. Hierauf möchte ich in erster Linie ausführlicher eingehen. Ich will mich dabei allerdings auch auf das Wesentlichste beschränken und zu dem Zweck manche vereinfachenden Annahmen machen. Es ist aber im allgemeinen nicht schwer, die Dinge auch genauer zu behandeln, nur kostet das etwas mehr Zeit, ohne daß man wesentlich Neues dabei lernt.

2. Besonderheiten, welche auf der Kinematik des Voith-Schneider-Propellers beruhen.

Zunächst müssen wir uns die Kinematik des Vorganges etwas genauer ansehen. Der Propeller laufe mit der Winkelgeschwindigkeit ω um. Wenn der Radius des Schaufelzapfenkreises r ist, dann haben die Schaufelachsen eine Umfangsgeschwindigkeit $u = r\omega$. Bewegt sich der Propeller außerdem mit der Fahrgeschwindigkeit v vorwärts, so ergibt sich die Absolutgeschwindigkeit c (Relativgeschwindigkeit) gegenüber dem Wasser durch geometrische Zusammensetzung der beiden Geschwindigkeiten u und v gemäß Fig. 3. Legen wir den Lenker-

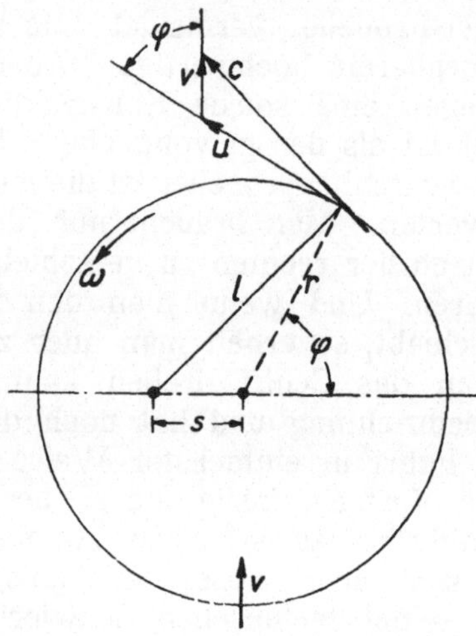

Fig. 3.
Zusammensetzung der Bewegung einer Schaufel.

punkt P um die Strecke s seitlich vom Mittelpunkt O und sorgen dafür, daß $\frac{s}{r} = \frac{v}{u}$ ist, so fällt die Schaufelrichtung gerade mit der Absolutgeschwindigkeit c zusammen, wie man leicht an der Ähnlichkeit der beiden Dreiecke, welche die ähnlichen Seiten u, v bzw. r, s enthalten, und bei denen der von diesen Seiten eingeschlossene Winkel $(180^0 - \varphi)$ gleich ist. Wenn die Schaufeln senkrecht zu den Lenkern stehen, so ergeben sie keinen Auftrieb, sie laufen gerade leer. Die Exzentrizität des Punktes P entspricht demnach der Steigung beim gewöhnlichen Schraubenpropeller. Würde man die Schaufeln um einen bestimmten Winkel (Anstellwinkel) gegen die Lenker verdrehen, so würden sich annähernd radial gerichtete Auftriebskräfte ergeben, aber da diese auf der vorderen und hinteren Hälfte symmetrisch sind, so ergeben sie keinen Schub (die Kräfte sind alle nach außen oder alle nach innen gerichtet). Einen Schub erhalten wir aber, wenn wir die Exzentrizität s oder das Verhältnis $\frac{v}{u}$ ändern, und zwar erhalten wir einen Schub in Fahrtrichtung, wenn $\frac{s}{r} > \frac{v}{u}$ ist, d. h. wenn ein Slip vorhanden ist. Die Schaufeln bekommen dann einen Anstellwinkel gegenüber der Relativbewegung zum Wasser, welcher auf der Vorderseite positiv, auf der Hinterseite negativ und in den Punkten A und B Null ist. Es ergeben sich auch jetzt wieder annähernd radiale Kräfte, aber sie sind auf den

Vorderseite nach außen, auf der Rückseite nach innen gerichtet und haben demnach alle eine Komponente in Fahrtrichtung.

Hier finden wir bereits einen Unterschied gegenüber dem Schraubenpropeller: Wenn wir bei diesem vom schublosen Zustand ausgehen, so können wir einen Schub erzielen sowohl dadurch, daß wir die Schaufeln im ganzen verdrehen, wie auch dadurch, daß wir eine andere Steigung bzw. einen anderen Fortschrittsgrad $\frac{v}{u}$ wählen; beim Voith-Schneider-Propeller haben wir nur die letztere Möglichkeit. An sich ist beim gewöhnlichen Schraubenpropeller nicht viel Unterschied, ob man die ganzen Flügel verdreht, oder ob man die Steigung ändert (im letzteren Falle werden die Profile an der Nabe stärker verdreht als außen), und doch hat diese doppelte Möglichkeit eine praktische Bedeutung, indem wir beim Schraubenpropeller Flügel mit radial veränderlicher Steigung anwenden und damit z. B. die Flügel dem Nachstrom im gewissen Maße anpassen können. Beim Voith-Schneider-Propeller können wir dies nicht: die „Steigung" ist für den ganzen Flügel durch die Exzentrizität s gegeben und durch ein Verdrehen des Flügels kann man sich nur auf der einen Hälfte des Umfanges der besonderen Strömung anpassen, auf der anderen Hälfte ist dann die Verdrehung gerade im falschen Sinne. An Stelle der Verdrehung der Flügel besteht aber beim Voith-Schneider-Propeller eine andere Möglichkeit, die Winkelausschläge dem Nachstrom anzupassen. Wenn man die Schaufeln nicht parallel zur Achse, sondern etwas geneigt anordnet, sodaß sie nicht eine Zylinderfläche, sondern einen nach unten offenen Kegel beschreiben, ist die Umfangsgeschwindigkeit u an den Flügelspitzen größer als an der Wurzel. Man kann dadurch das Verhältnis v/u trotz der geringeren Zustromgeschwindigkeit v an der Flügelwurzel annähernd konstant halten. Diese Anpassungsmöglichkeit ist auch bei allen ausgeführten Propellern ausgenützt worden. Im beschränkten Umfange besteht aber noch eine weitere Möglichkeit, sich dem Nachstrom anzupassen, worauf ich hier hinweisen möchte. Die Profile müssen ja, da sie auf der vorderen und hinteren Hälfte ihres Umlaufes von verschiedenen Seiten beaufschlagt werden, im wesentlichen symmetrisch sein. Die Nullauftriebsrichtung ist die Symmetrieebene. Während nun dünne symmetrische Profile bei verhältnismäßig kleinen Anstellwinkeln ihren Höchstauftrieb oder das Gebiet guter Gleitzahlen erreichen, kann man dicke Profile bei größeren Anstellwinkeln verwenden. Nun ist der Anstellwinkel im Betrieb an Stellen starken Nachstromes größer als an Stellen kleinen Nachstromes. Man kann sich dem in gewissem Maße daher auch dadurch anpassen, daß man an Stellen starken Nachstromes die Flügel dicker macht.

Bezüglich der Anpassungsfähigkeit an den Nachstrom ist demnach der Voith-Schneider-Propeller nicht ungünstiger gestellt als ein gewöhnlicher Propeller. In einer Hinsicht ist er sogar günstiger. Beim gewöhnlichen Propeller durchläuft ein Flügelschnitt bei einem Umlauf im allgemeinen Gebiete mit stark wechselndem Nachstrom. Eine Anpassung ist aber nur längs des Radius und nicht längs des durchlaufenen Kreises möglich. Bei Schiffen mit Voith-Schneider-Propeller ist der Nachstrom im allgemeinen sehr weitgehend wagerecht geschichtet. Die Anpassungsmöglichkeit durch die geschilderten Maßnahmen ist demnach erheblich besser als beim Schraubenpropeller.

Ob die beim Voith-Schneider-Propeller bestehende Möglichkeit, radiale Kräfte zu erzeugen, praktisch verwertet werden kann, vermag ich vorläufig nicht zu übersehen.

Wenn die Exzentrizität s nur klein gegen r ist, so wird der Anstellwinkel α der Schaufeln gegen die Relativströmung angenähert

$$\alpha \approx \frac{s - s_0}{r} \sin \varphi,$$

wobei s_0 die Exzentrizität beim Schub Null und φ den Winkel des nach der Schaufel gezogenen Radius mit der Richtung O A bedeutet. Da der Auftrieb proportional α ist, so sind die radial nach außen gerichteten Kräfte ebenfalls proportional $\sin \varphi$ und die Komponenten derselben in Fahrtrichtung proportional $\sin^2\varphi$. Wenn wir aber die nach diesem Gesetz auf den Kreisumfang verteilten Schubkräfte auf den Durchmesser A B projizieren, so ist dabei das Verhältnis der Kreisbogenelemente zu ihrer Projektion auf den Durchmesser zu berücksichtigen, und man erhält eine Schubverteilung über den Durchmesser proportional $\sin \varphi$, d. h. eine Verteilung nach einer Halbellipse (Fig. 4). Da die Propellertheorie lehrt, daß man bei Vernachlässigung der Strahldrehung und bei unendlicher Flügelzahl den Schub gleichmäßig über die Propellerfläche verteilen muß, um den maximalen theoretischen Wirkungsgrad zu erzielen, so könnte man annehmen, daß hierin ein Nachteil des Voith-Schneider-Propellers gegenüber dem Schraubenpropeller liege. In Wirklichkeit ist der Einfluß dieser anderen Verteilung

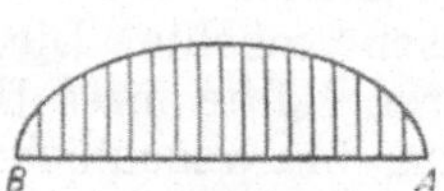

Fig. 4.
Verteilung des Schubes über den Durchmesser des Voith-Schneider-Propellers.

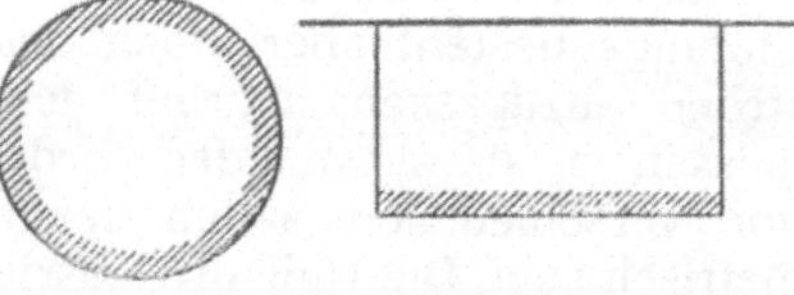

Fig. 5.
Gebiete des Schubabfalles an den Flügelspitzen beim Schraubenpropeller und beim Voith-Schneider-Propeller.

auf den theoretischen Wirkungsgrad aber nur sehr geringfügig. Dazu kommt noch, daß man auch beim Schraubenpropeller einen Abfall des Schubes nach den Flügelspitzen hin hat, da man es ja nie mit unendlich vielen Flügeln zu tun hat und bei endlicher Flügelzahl der Schub nach den Flügelspitzen hin abfällt. Beim Voith-Schneider-Propeller ist das natürlich auch der Fall, aber beim Schraubenpropeller ist das Gebiet, in dem dieser Schubabfall wirksam ist, die Nachbarschaft des Umfanges, also verhältnismäßig groß. Beim Voith-Schneider-Propeller ist es nur der untere Rand (Fig. 5). In Verbindung mit dem Abfall nach der Seite wegen der elliptischen Schubverteilung dürfte daher die ungleichmäßige Schubverteilung beim Voith-Schneider-Propeller ungefähr der beim Schraubenpropeller gleichwertig sein.

Ein Umstand, der zunächst beim Voith-Schneider-Propeller ziemlich ungünstig aussieht, ist der, daß die Schaufeln in der Nähe der Punkte A und B keinen nennenswerten Schub geben, wohl aber Widerstand haben, daß sie also auf einer nicht ganz kleinen Strecke wohl Energie verbrauchen, aber keine Nutzarbeit leisten. Beim Schraubenpropeller läßt sich zeigen, daß der auf den Flügelwiderstand zurückzuführende Teilwirkungsgrad für ein Profil an irgendeiner Stelle sich ausdrücken läßt durch

$$\eta_F = \frac{1 - \varepsilon\, v/u_r}{1 + \varepsilon\, u_r/v} \approx \frac{1}{1 + \varepsilon\, u_r/v}$$

wobei u_r die Umfangsgeschwindigkeit des betreffenden Profiles ist, die ja für jeden Radius verschieden ist. ε ist das Verhältnis von Widerstand zu Auftrieb, die sog. Gleitzahl des Profiles.

Beim Voith-Schneider-Propeller können wir etwa so rechnen, daß wir den Widerstand einer Schaufel konstant $= W$ annehmen, den Auftrieb $A = A_o \sin \varphi$, die Schubkomponente davon $S = A_0 \cdot \sin^2 \varphi$ ansetzen.

Der Schub ist dann bei n Schaufeln

$$S = n\, A_o/2,$$

die sekundliche Nutzarbeit $S\, v = n\, A_o\, v/2$.

Die Verlustarbeit infolge des Widerstandes ist

$$n\, W\, u.$$

Der Wirkungsgrad also

$$\eta_F = \frac{S\,v}{S\,v + n\,W\,u} \approx \frac{1}{1 + 2\dfrac{W}{A_o} \cdot \dfrac{u}{v}}.$$

Vergleichen wir diesen Ausdruck mit dem des Schraubenpropellers, so finden wir eine große Ähnlichkeit. $\frac{W}{A_o}$ ist die kleinste Gleitzahl beim Voith-Schneider-Propeller. $\frac{2\,W}{A_o}$ ist die mittlere Gleitzahl. $\frac{u}{v}$ ist beim Voith-Schneider-Propeller konstant, beim Schraubenpropeller je nach dem Radius verschieden; als Mittelwert kann man etwa die Verhältnisse auf $^2/_3$ Radius zugrunde legen. Ist u_r an dieser Stelle gleich der Umfangsgeschwindigkeit beim Voith-Schneider-Propeller, so stimmen die beiden Ausdrücke für den Flügelwirkungsgrad gerade überein, wenn die Gleitzahl des Profiles beim Schraubenpropeller gleich der mittleren Gleitzahl $\frac{2\,W}{A_o}$ des Profiles beim Voith-Schneider-Propeller ist.

Man könnte vielleicht denken, daß die Gleitzahl beim Schraubenpropeller nicht mit der mittleren, sondern mit der minimalen Gleitzahl des Voith-Schneider-Propellers zu vergleichen sei. Das wäre der Fall, wenn der Auftriebsbeiwert des Flügelprofiles beim Schraubenpropeller gleich dem maximalen Auftriebsbeiwert beim Voith-Schneider-Propeller wäre. In Wirklichkeit kann man aber aus verschiedenen Gründen beim Voith-Schneider-Propeller mit erheblich höheren Auftriebsbeiwerten arbeiten als beim Schraubenpropeller, sodaß tatsächlich die mittlere Gleitzahl $\frac{2\,W}{A_0}$ beim Voith-Schneider-Propeller annähernd gleich der Gleitzahl beim Schraubenpropeller ist. An sich schon ist es einleuchtend, daß man den immer nur vorübergehend auftretenden Maximalwert der Auftriebsziffer beim Voith-Schneider-Propeller wesentlich höher wählen kann als die dauernd einzuhaltende Auftriebsziffer beim Schraubenpropeller. Dazu kommt noch, daß beim Schraubenpropeller die Auftriebsziffer mit Rücksicht auf Kavitation und Stoppvermögen meist verhältnismäßig niedrig gewählt werden muß, während beim Voith-Schneider-Propeller diese Rücksicht in der Regel unnötig ist, worauf ich noch zurückkomme. Und schließlich kommt noch ein Umstand hinzu, auf den mich Herr Dr. Kreitner von der Firma Voith aufmerksam macht. Es hat sich nämlich gezeigt, daß die Flügel bei der periodischen Beanspruchung, wie sie hier auftreten, höhere Auftriebswerte erreichen als im stationären Zustand. Diese Erfahrung ist mit theoretischen Anschauungen wohl verträglich, solange der vom Flügel während des erhöhten Auftriebes durchlaufene Weg von der Größenordnung der Flügeltiefe ist. Gerade in den letzten Tagen ist eine Messung aus dem Aerodynamischen Institut in Aachen veröffentlicht worden, wobei ebenfalls eine solche Erhöhung des Maximalauftriebes bei schwankendem Anstellwinkel festgestellt wurde.[1]) Ein anderer Umstand, der den Flügelwirkungsgrad beim Voith-Schneider-Propeller verbessert, ist der, daß u/v im allgemeinen kleiner gehalten werden kann als beim Schraubenpropeller. Ich komme hierauf noch zurück.

Eine weitere Eigentümlichkeit des Voith-Schneider-Propellers ist die, daß das Wasser zweimal durch eine Flügelreihe hindurchtritt. Da die Flügelreihe auf der Vorderseite die entgegengesetzte Bewegungsrichtung wie auf der Rückseite hat, so wird die dem Wasser beim ersten Durchtritt erteilte Quergeschwindigkeit beim zweiten Durchtritt wieder aufgehoben. Dies würde beim Schraubenpropeller einer Anordnung mit zwei gegenläufigen Schrauben hintereinander entsprechen. Man gewinnt dadurch die Energie, die sonst in der Drehung des Schraubenstrahles oder hier allgemeiner in Quergeschwindigkeiten steckt, wieder. Dies hat vor allem dann Bedeutung, wenn man große Steigung bzw. kleines u/v (s. oben) anwenden will.

---

[1]) M. Kramer, Die Zunahme des Maximalauftriebes von Tragflügeln bei plötzlicher Anstellwinkelvergrößerung (Böeneffekt). Zeitschrift für Flugt. u. Motorl. 23 (1932) S. 185.

3. Besonderheiten, welche auf der räumlichen Anordnung beruhen.

Die bisher behandelten im Mechanismus begründeten Unterschiede zwischen den beiden Propellerbauarten fallen durchwegs nicht stark ins Gewicht. Wesentlich wichtiger sind die Unterschiede, welche die andere räumliche Anordnung mit sich bringt, und hier liegen m. E. die ausschlaggebenden Vorteile des Voith-Schneider-Propellers. Bei einem Schiff, insbesondere bei einem flachgehenden Flußschiff, ist der Durchmesser des Schraubenpropellers durch den Tiefgang beschränkt. Auch wenn man mehrere Schrauben anordnet, ist der hinter dem Schiff an sich zur Verfügung stehende Querschnitt nur zum Teil ausnützbar. Mit dem Voith-Schneider-Propeller ist grundsätzlich fast der ganze Querschnitt erfaßbar (Fig. 6).

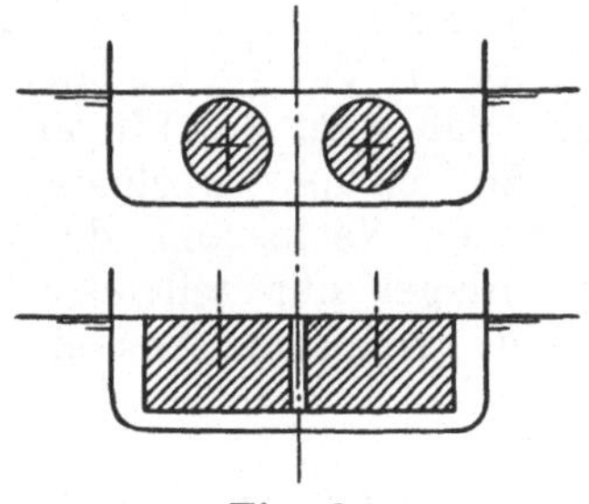

Fig. 6.
Nutzbare Querschnitte bei einem Zweischraubenantrieb und beim Voith-Schneider-Propeller.

Man kann daher mit dem Voith-Schneider-Propeller eine wesentlich größere Propellerfläche verwirklichen als beim Schraubenpropeller. Dies bedeutet eine Verminderung des Belastungsgrades des Propellers, und wenn dieser an sich hoch ist, wie bei Schleppern, so kann es eine wesentliche Verbesserung des Wirkungsgrades u. U. auf das Doppelte mit sich bringen. Dazu kommt noch, daß der Wellenaustritt, insbesondere die Wellenhosen, bei Mehrschraubenschiffen meist einen wesentlichen zusätzlichen Widerstand erzeugen, der beim Voith-Schneider-Propeller wegfällt.

Die größeren Abmessungen des Voith-Schneider-Propellers ermöglichen auch die Unterbringung größerer Flügelflächen. In Verbindung mit den hohen Auftriebsbeiwerten hat dies zur Folge, daß man den verlangten Schub mit kleinerer Umfangsgeschwindigkeit erreichen kann. Dadurch wird einerseits der Flügelwirkungsgrad verbessert, worauf ich oben schon hinwies, vor allem aber wird durch die größere Flügelfläche die Kavitationsgefahr wesentlich herabgesetzt. Daß andererseits in der niedrigeren Drehzahl baulich eine Erschwerung liegt, muß aber natürlich auch beachtet werden.

Ein weiterer, wie mir scheint, sehr erheblicher Gewinn durch die günstigere räumliche Anordnung des Voith-Schneider-Propellers liegt in der besseren Ausnützung des Nachstromes. Es ist ja bekannt, daß man eine ganz wesentliche Leistungsersparnis dadurch erzielen kann, daß man den Propeller im sogenannten Reibungsnachstrom des Schiffes arbeiten läßt. Der Propeller gewinnt dann einen Teil der Arbeit, welcher zur Ueberwindung des Schiffswiderstandes dem Wasser zugeführt wird, zurück und hat außerdem selbst geringere Verluste. Der Schraubenpropeller kann infolge seiner beschränkten räumlichen Ausdehnung nur einen Teil dieses Nachstromes erfassen und verwerten; der Voith-Schneider-Propeller kann einen wesentlich größeren Teil erfassen. Bei flachgehenden Schiffen, insbesondere wenn sie kein Ruder haben, ist der Nachstrom im wesentlichen oben am größten und nimmt nach unten hin ab. Ich habe schon erwähnt, daß diese Art der Nachstromverteilung eine bessere Anpassung der Flügelsteigung als beim Schraubenpropeller ermöglicht. Um den Nachstrom möglichst weitgehend auszunutzen, muß man an den Stellen starken Nachstromes (also oben) mehr Leistung übertragen als an den Stellen geringen Nachstromes. Man kann dies beim Voith-Schneider-Propeller in einfacher Weise dadurch erreichen, daß man die Flügel oben (an der Wurzel) breiter macht als an der Spitze, aber auch dadurch, daß man die Anpassung der Steigung an den Nachstrom durch die erwähnte kegelförmige Anordnung der Flügel nur teilweise durchführt, sodaß die Flügel an der Wurzel mit größerem Anstellwinkel arbeiten als an der Spitze.

Schlußbemerkung.

Der wesentliche Nachteil des Voith-Schneider-Propellers gegenüber dem Schraubenpropeller ist seine erheblich größere Kompliziertheit. Dem stehen als Vorteile gegenüber einmal der Wegfall des Ruders und die ausgezeichnete Steuerfähigkeit der Schiffe, und ferner die günstigere räumliche Anordnung, welche die geschilderten guten Wirkungen hat. Wieweit diese Vorteile den teureren und schwierigeren Aufbau ausgleichen, muß die Erfahrung lehren. Es wäre verfrüht, heute schon ein abschließendes Urteil hierüber fällen zu wollen, da ja die ersten Ausführungen immer mit Kinderkrankheiten behaftet sind und sehr viel davon abhängt, wie diese Kinderkrankheiten überwunden werden. So viel kann man aber wohl heute schon sagen: Für hoch belastete Schlepper mit beschränktem Tiefgang ist die Leistungsersparnis so groß, daß sich hierfür die Anwendung des Voith-Schneider-Propellers wohl lohnen wird. In manchen Fällen wird auch die gute Steuerfähigkeit stark bewertet werden; dies ist z. B. bei den Bodenseeschiffen wegen der teilweise schwierigen Hafenverhältnisse der Fall. Wieweit der neue Propeller sich auf anderen Anwendungsgebieten das Feld erobern wird, das muß die Entwicklung zeigen. Ich wollte mit diesem Vortrage in keiner Weise zu den Fragen der praktischen Eignung des Voith-Schneider-Propellers Stellung nehmen, sondern nur die bei dieser neuen Antriebsart sich aufdrängenden theoretischen Fragen erörtern. Man lernt dabei manche Dinge von einem etwas anderen Gesichtspunkte kennen, und das kommt dann vielleicht auch einem besseren Verständnis der Vorgänge beim normalen Propeller zugute.

Strömung durch Profilgitter und einige Anwendungen auf die Strömung in Propellern.

Von F. Weinig, Berlin.

Institut für technische Strömungsforschung, Technische Hochschule Berlin.

1. Entstehung eines Profilgitters durch einen Zylinderschnitt.

Bei der praktischen Berechnung von Propellern ist es üblich geworden, sich die Strömung als auf zur Propellerachse koaxialen Rotationsflächen erfolgend vorzustellen. Denkt man sich nun eine solche Rotationsfläche in geeigneter Weise auf eine Zylinderfläche mit dem Radius des entsprechenden Propellerelements abgebildet und diese Fläche dann abgewickelt, so erhält man als Bild der Strömung eine ebene Strömung durch ein gerades Profilgitter. (Fig. 1.) Als Grundlage der weiteren Berechnung kann man nun zunächst die ebene Potentialströmung durch ein solches Gitter untersuchen. Eine solche Strömung weicht aber erheblich von der ursprünglichen ab: Die Axialkomponenten der Geschwindigkeit sind hier nämlich weit vor und weit hinter dem Gitter einander gleich, während sie bei der ursprünglichen Strömung hinter dem Propeller größer sind als vor ihm. In welchem Zusammenhang die Geschwindigkeiten der Propellerströmung mit der der Gitterströmung stehen, darüber sucht die Propellertheorie Auskunft zu geben. Hier soll zunächst nur auf die Gitterströmung selbst eingegangen werden.

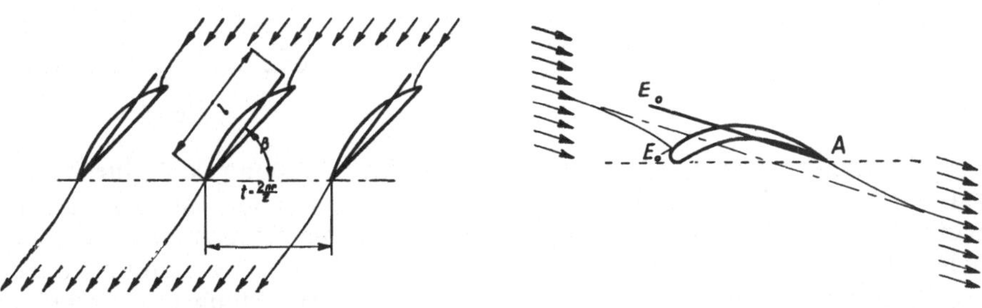

Fig. 1. Fig. 2.

2. Das zu einem Profilgitter gleichwertige Streckenprofilgitter.

Zu einem allein in der Strömung befindlichen Flügelprofil gibt es immer eine Strecke als Profil, die bei Potentialströmung bezüglich des Auftriebs bei allen Anströmrichtungen mit dem Flügelprofil gleichwertig ist. (Fig. 2) Einem Kreisbogenprofil ist z. B. eine Strecke gleichwertig, welche den Winkel zwischen der Richtung der Austrittstangente und der Sehne des Kreisbogens halbiert und die Länge $l = \sqrt{s^2+4h^2}$ besitzt, wenn s die Profilsehne und h die Bogenhöhe bezeichnet. Wie sich zeigen läßt, gibt es auch zu jedem Profilgitter ein Gitter aus Streckenprofilen, das ihm bei jeder Anströmung völlig gleichwertig ist bezüglich der resultierenden Kräfte auf die einzelnen Profile. Bei nicht allzu enger Teilung sind die gleichwertigen Streckenprofile für ein Gitter angenähert die gleichen wie die ein einzelnes gleiches Flügelprofil ersetzende Strecke sowohl ihrer Richtung wie Größe nach (Fig. 1). Erst bei enger Teilung geht die Richtung der Ersatzstrecken in die Austrittsrichtung des Flügelprofils über; auch die Länge der Ersatzstrecken ändert sich dabei. Bei den Teilungsverhältnissen, die bei Propellern vorkommen, spielen diese Abweichungen jedoch nur eine kleine Rolle. Deshalb will ich hier nicht darauf eingehen, obwohl ich selbst einige recht einfache Methoden zu deren Berechnung ausgearbeitet habe. Die auf ein Profil im Gitterverband ausgeübte Kraft ist aber unter Umständen wesentlich anders als die auf ein einzelnes Profil ausgeübte beim gleichen Anstellwinkel. Unter dem Anstellwinkel versteht man den Winkel zwischen der ablenkungsfreien Anströmung, die mit der Richtung der gleichwertigen Streckenprofile zusammenfällt, und der neuen Anströmrichtung. Die Anströmgeschwindigkeit w_∞ ist das Mittel aus Zuströmungs- und Abströmungsgeschwindigkeit $\frac{w_1' + w_2'}{2}$. (Fig. 3). Der Auftriebsbeiwert eines einzelnen Streckenprofils ist

$$\zeta_a = 2\pi \sin\delta,$$

eines Streckenprofils im Gitterverbande

$$\zeta_a = 2\pi k \sin\delta.$$

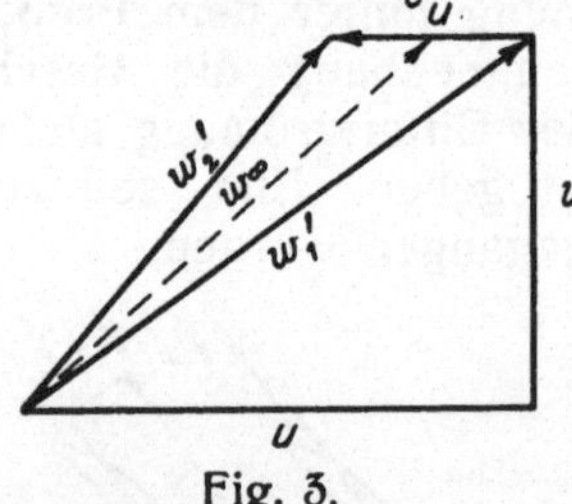

Fig. 3.

Der Koeffizient k (t/l, β) hängt von der Gitterstellung, die durch das Teilungsverhältnis t/l und den Gitterwinkel β gegeben ist, ab und ist prinzipiell zwischen 0 und ∞ gelegen. Zu seiner Berechnung und zur Behandlung vieler anderer Aufgaben, die mit der Strömung durch Profilgitter zusammenhängen, ist die konforme Abbildung der Strömung durch das Streckenprofilgitter auf eine bekannte Strömung zweckmäßig.

3. Konforme Abbildung des Streckenprofilgitters auf einem Kreis.

Auf die verschiedenen Möglichkeiten einer solchen Abbildung will ich hier nicht eingehen. Es zeigt sich, daß die Abbildung eines Gitterstreifens auf das Äußere des Einheitskreises mit Abbildung der im $-\infty$ und $+\infty$ gelegenen Punkte in zwei zum Bildkreis symmetrisch gelegene Punkte $\zeta = -R$ und $\zeta = +R$ sehr zweckmäßig ist (Fig. 4). Die Beziehungen zwischen den Parametern des Gitters und der Abbildung auf den Bildkreis sind in Fig. 5 und 6 zusammengestellt. Auf ihre Berechnung sei hier jedoch verzichtet und nur die Abbildungsfunktion angegeben

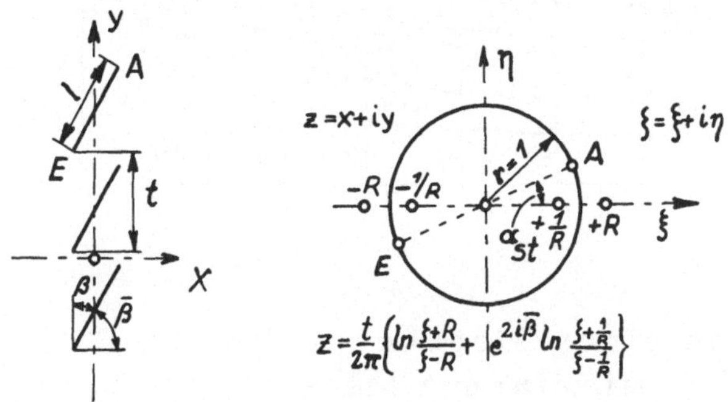

Fig. 4.

$$z = \frac{t}{2\pi}\left(\ln\frac{\zeta+R}{\zeta-R} + e^{2i\bar\beta}\ln\frac{\zeta+1/R}{\zeta-1/R}\right); \quad (\bar\beta = 90^0 - \beta)$$

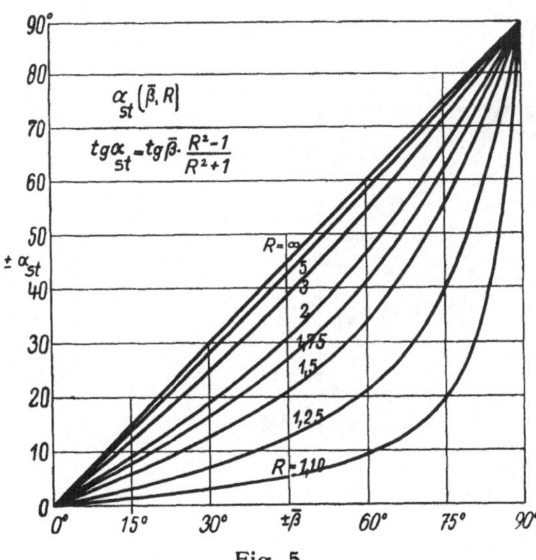

Fig. 5.

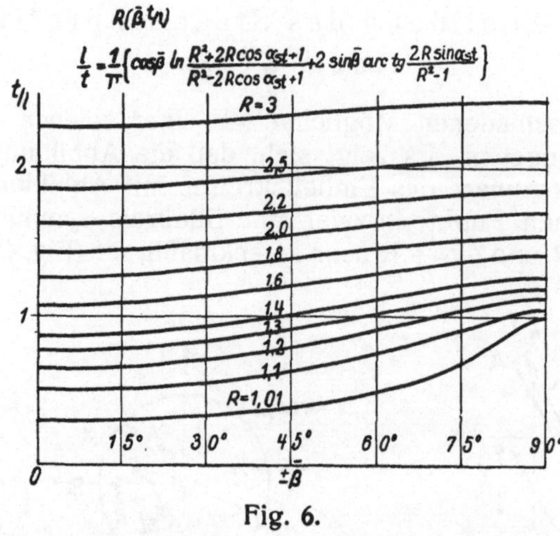

Fig. 6.

4. Vergleich eines Streckenprofils im Gitterverband mit einem alleinstehenden.

Die weitere Rechnung ergibt auch den Wert k. (Fig. 7). Für $\beta = 0^0$ und $\beta = 90^0$ läßt sich k explicite darstellen.

$$k = \frac{2\,t}{\pi\,l}\,\mathrm{tg}\,\frac{\pi\,l}{2\,t} \qquad (\beta = 0)$$

$$k = \frac{2\,t}{\pi\,l}\,\mathrm{Tg}\,\frac{\pi\,l}{2\,t} \qquad (\beta = 90)$$

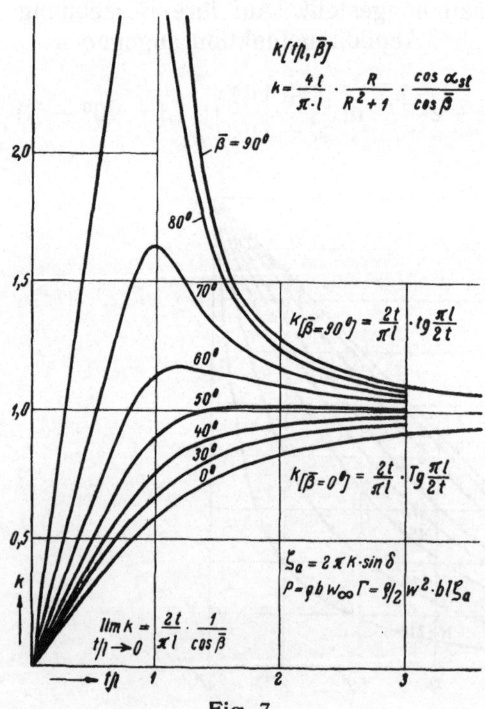

Fig. 7.

Für andere Werte von β liegt k zwischen diesen Grenzen. Für große t/l geht k immer mehr gegen 1. Für kleine t/l wird

$$\underset{t/l \to 0}{k \to} \frac{2t}{\pi l} \frac{1}{\sin \beta}$$

Besser für die Uebersicht über das Verhalten von k als die Darstellung von k in Abhängigkeit von t/l für konstante β ist die Darstellung Linien konstanter k in Polarkoordinaten l und $\bar{\beta}$ bei konstant gehaltenem t (Fig. 8). Man erkennt hieraus, wie empfindlich k gegen Änderungen von β ist bei kleinen Werten von $\beta = 90 - \bar{\beta}$ und in der Größenordnung von 1 gelegenen Werten von t/l.

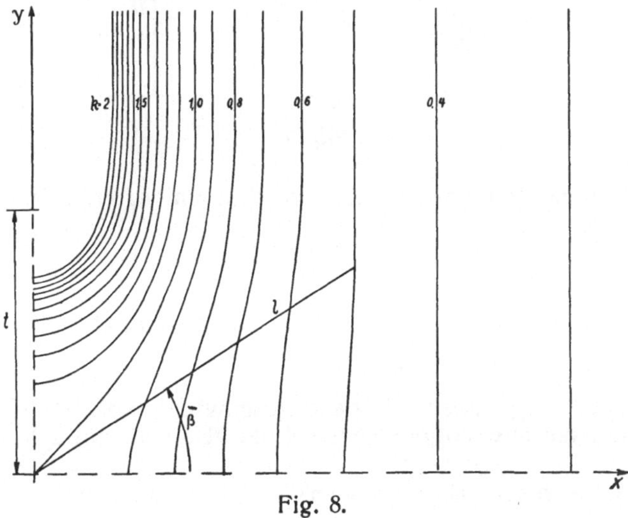

Fig. 8.

Für die Berechnung von Schiffspropellern ist deshalb die Kenntnis von k sehr wichtig, wenn man sie in Anlehnung an die Tragflügeltheorie durchführen will. Im folgenden will ich mich mit dem Einfluß von k auf das Verhalten eines Propellerelements befassen.

5. Das Geschwindigkeitsdreieck der ebenen Gitterströmung und der Propellerströmung.

Bei der Berechnung eines Propellers geht man wohl meist so vor, daß man zuerst Reibung, Kontraktion und andere Nebeneinflüsse unberücksichtigt läßt, weshalb sie im folgenden außer Acht gelassen werden. Ihre nachträgliche Berücksichtigung führt prinzipiell auf keine neuen Schwierigkeiten. Bei ihrer Vernachlässigung ergibt sich (Fig. 9) $|w_2| = |w_1|$ und

$$w_\infty = \frac{w_1 + w_2}{2}$$

ähnlich wie bei der Gitterströmung.

$$w_\infty = \frac{w_1' + w_2'}{2}$$

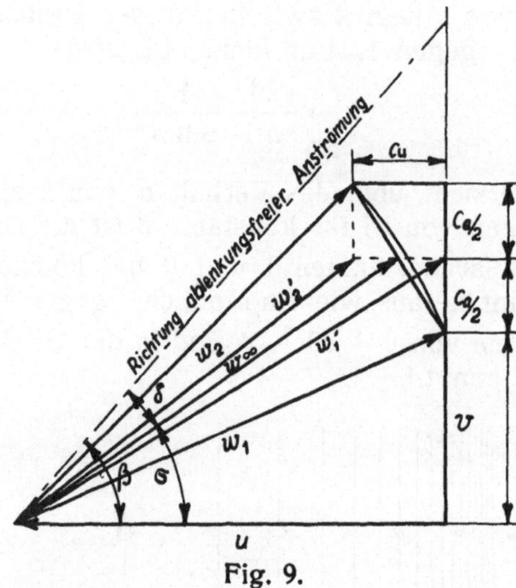

Fig. 9.

Die Axialkomponenten von w_1 und w_2 sind um c_a verschieden.

$$w_{1a} = v$$

$$w_{2a} = v + c_a$$

Die Axialkomponenten von w_1' und w_2' sind einander gleich

$$w_1'{}_a = w_2'{}_a = v + c_a/2 = w_m.$$

Das zu einem gegebenen Propellergeschwindigkeitsdreieck gehörige Gitterströmungsgeschwindigkeitsdreieck ist also sehr einfach zu zeichnen.

6. Das zu einem Geschwindigkeitsdreieck gehörige Streckenprofilgitter mit vorgeschriebenem ζ_a.

Es entsteht nun die Aufgabe, zu einem gegebenen Geschwindigkeitsdreieck das entsprechende Streckenprofilgitter zu finden, um dieses danach wieder durch ein gleichwertiges praktisch brauchbares Profilgitter ersetzen zu können.

Gegeben ist zunächst noch die Teilung

$$t = \frac{2 r \pi}{z} \quad \text{wobei} \quad r = \text{Propellerradius an der betr. Stelle.} \quad z = \text{Flügelzahl.}$$

Ferner ist mit Rücksicht auf guten Flügelwirkungsgrad bezw. Kavitationsvermeidung der Quertriebsbeiwert ζ_a festzulegen.

Hieraus gewinnt man sehr leicht schon das Teilungsverhältnis t/l und damit l. Es ist mit der Zirkulation $\Gamma = t \cdot (w_{u1} - w_{u2})$

$$P = \varrho\, t\, (w_{u1} - w_{u2})\, w_\infty\, dr \quad \text{(Kutta—Joukowski)}$$

$$P = \zeta_a \frac{\varrho}{2}\, w_\infty^2\, l\, dr$$

somit

$$t/l = \zeta_a \frac{w_\infty}{2\,(w_{u1} - w_{u2})} = \zeta_a \frac{w_\infty}{2\,c_u}$$

$$l = \frac{2\,c_u}{\zeta_a\, w_\infty}\, t = \frac{4\,\pi\, c_u}{\zeta_a\, z\, w_\infty}\, r.$$

Etwas schwieriger ist die Festlegung von β. Diese kann nicht explicite geschehen, ist aber mit Hilfe des Diagramms (Fig. 11) für k (t/l, β) numerisch schnell durchzuführen. Es ist

$$\zeta_a = 2\,\pi\, k \sin \delta.$$

Man setzt zunächst $k = k_1 = 1$ und findet damit einen ersten Näherungswert δ_1 für δ und hiermit $\beta_1 = \sigma + \delta_1$ als ersten Näherungswert für β. Aus t/l und β_1 bestimmt man einen neuen Näherungswert $k = k_2$, hieraus ein neues δ_2 usw.

Dies sei an einem Beispiel erläutert:

Es sei (Fig. 10)

1.) $\sigma = 27^0 5'$; $\left(\frac{w_\infty}{w_m} = \frac{1}{\sin \sigma} = 2{,}196, \quad \frac{w_{u\infty}}{w_m} = \operatorname{ctg} \sigma = 1{,}955\right)$

2.) $\frac{w_{u1} - w_{u2}}{w_m} = 0{,}748$; $\left(\frac{w_{u1}}{w_m} = 2{,}329, \quad \frac{w_{u2}}{w_m} = 1{,}581\right)$

3.) $\zeta_a = 0{,}8$

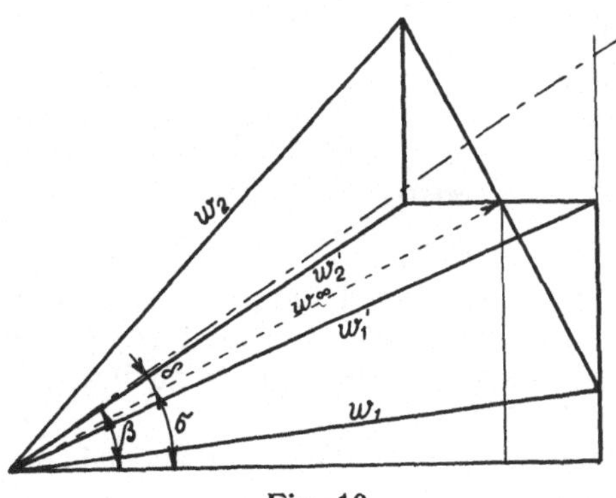

Fig. 10.

Hieraus ergibt sich

I. $t/l = \zeta_a \frac{w_\infty}{2\,(w_{u1} - w_{u2})} = 1{,}20$

II. Mit $k(\beta)$ für t/l = konst. $= 1{,}20$: (Fig. 11)

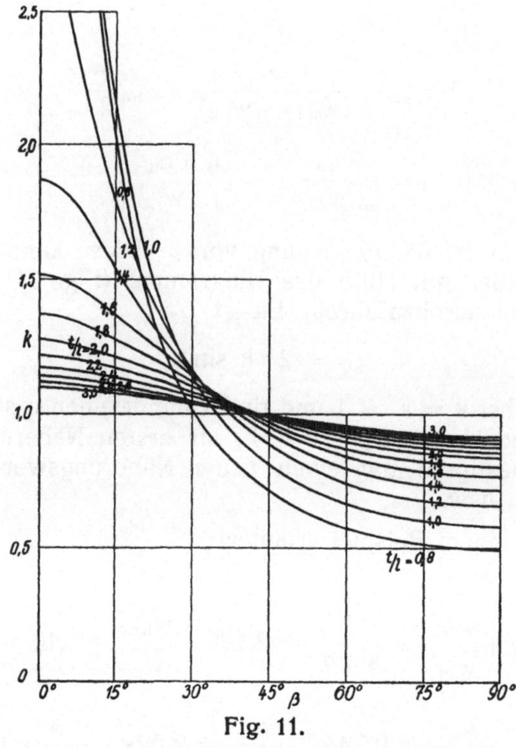

Fig. 11.

Für $k_1 = 1$	$k_2 = 1{,}06$	$k_3 = 1{,}07$
wird $\sin \delta_1 = \dfrac{0.8}{2\pi k} = 0.127$	$\sin \delta_2 = 0{,}119$	$\sin \delta_3 = 0{,}118$
$\delta_1 = 7^0 20'$	$\delta_2 = 6^0 50'$	$\delta_5 = 6^0 45'$
$\beta_1 = \sigma + \delta = 34^0 25'$	$\beta_2 = 33^0 55'$	$\beta_3 = 33^0 50'$
$k_2 = 1{,}06$	$k_3 = 1{,}07$	$k_4 = 1{,}07$

Also $k = 1{,}07$

und $\beta = 33^0 50'$

Auf diese Weise ist es schnell möglich, zu einem vorgeschriebenen Geschwindigkeitsdreieck und einem passend gewählten Quertriebsbeiwert das zugehörige Streckenprofilgitter zu finden.

7. Veränderung des Geschwindigkeitsdreiecks bei Veränderung des Fortschrittsgrades.

Eine weitere wichtige Aufgabe, die sich nach Kenntnis der Gittereigenschaften leicht lösen läßt, ist die Untersuchung der Veränderung des Geschwindigkeitsdreiecks bei Veränderung des Fortschrittsgrades $\lambda = \dfrac{v}{u}$.

Aus
$$\zeta_a = 2\pi k \sin\delta$$
$$\frac{t}{l} = \frac{2r\pi}{zl} = \zeta_a \frac{w_\infty}{2c_u}$$

ergibt sich
$$\frac{c_u}{w_\infty} = \frac{z}{2}\,\frac{l}{r}\,k \sin\delta$$

oder mit Einführung von
$$2K = \frac{z}{2}\,\frac{l}{r}\,k = \frac{\pi k}{t/l}$$
$$\frac{c_u}{w_\infty} = 2K\sin\delta$$

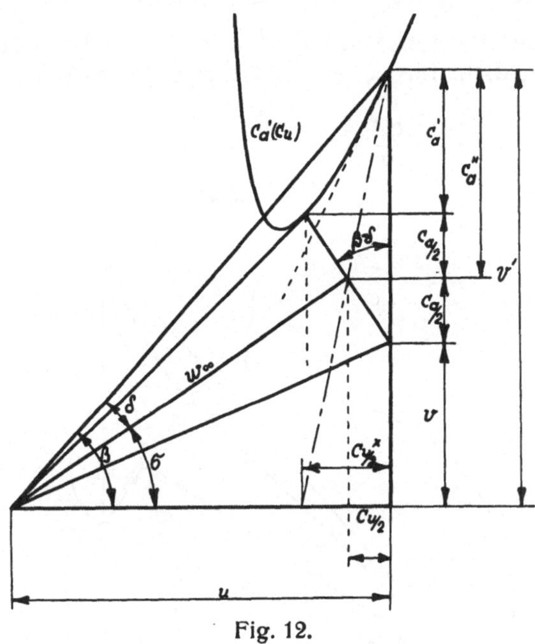

Fig. 12.

Unter Benutzung der in Fig. 12 eingeführten Bezeichnungen wird
$$\frac{c_u/2}{u} = \frac{\frac{c_u}{2}/w_\infty}{u/w_\infty} = \frac{K\sin\delta}{\cos(\beta-\delta) + K\sin\delta}$$
$$\frac{c_a''}{u} = \frac{c_a'' + (v + c_a/2)}{u} - \frac{(v + c_a/2)/w_\infty}{u/w_\infty} = \operatorname{tg}\beta - \frac{\sin(\beta-\delta)}{\cos(\beta-\delta) + K\sin\delta}$$

Nun ist

$$\operatorname{tg}\beta\cos(\beta-\delta)-\sin(\beta-\delta)=\frac{\sin\delta}{\cos\beta}$$

somit

$$\frac{c_a''}{u}=\frac{\dfrac{\sin\delta}{\cos\beta}+K\sin\delta\operatorname{tg}\beta}{\cos(\beta-\delta)+K\sin\delta}$$

Hiermit bekommt man

$$\frac{c_u/2}{c_a''}=\frac{K\cos\beta}{1+K\sin\beta}\qquad\left(K=\frac{\pi/2}{t/l}\cdot k\right)$$

Die Endpunkte für w_∞ liegen also bei Aenderung von $\frac{v}{u}$ auf einer Geraden, die auf der v—Achse durch $v' = u \operatorname{tg}\beta$ geht. Der Schnittpunkt mit der u-Achse, d. h. für $c_a'' = v'$, ist von der v-Achse um

$$\frac{c_u^x}{2}=u\frac{1}{1+\dfrac{1}{K\sin\beta}}$$

(Fig. 12) entfernt.

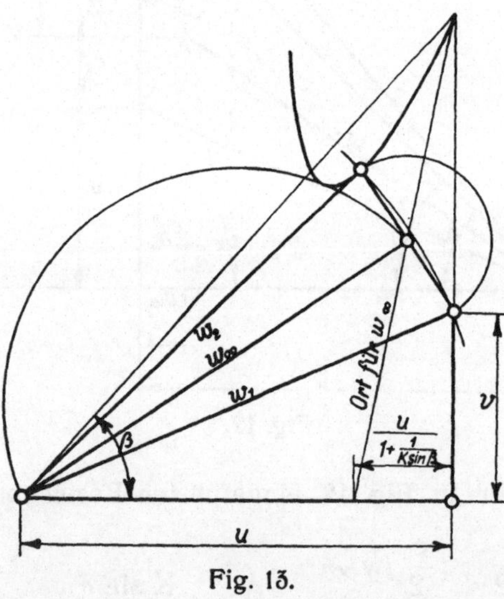

Fig. 13.

Wie man mit Hilfe dieser Geraden für ein beliebiges λ die Austrittsgeschwindigkeit w_2 findet, ist leicht der Fig. 13 zu entnehmen. Es läßt sich leicht zeigen, daß der Ort der Endpunkte für w_2 ein Kegelschnitt und zwar eine Hyperbel ist. Wird λ negativ, so fällt schließlich

w_{∞} mit der Richtung von u zusammen. Der entsprechende Endpunkt der Austrittsgeschwindigkeit w_2 fällt dann ins ∞. Hiermit findet man dann die eine Asymptote der Hyperbel. Sie fällt mit

$$c_u^x = u \frac{2}{1 + \frac{1}{K \sin \beta}} \qquad \text{(Fig. 14)}$$

zusammen, ist also zu v parallel. Für $\lambda = 0$ findet man leicht nicht nur einen Punkt der Hyperbel, sondern auch die Tangente in diesem Punkt (vgl. Fig. 14). Durch Umkehrung der bekannten Konstruktion von Hyperbelpunkten aus den Asymptoten und einem Hyperbelpunkt findet man dann aus diesem Berührungspunkt und aus dem durch $v' = u \operatorname{tg} \beta$ gegebenen anderen Hyperbelpunkt sehr leicht die zweite Asymptote und weitere Hyperbelpunkte. Man kann dann also von der durch Fig. 13 veranschaulichten direkten Konstruktion absehen.

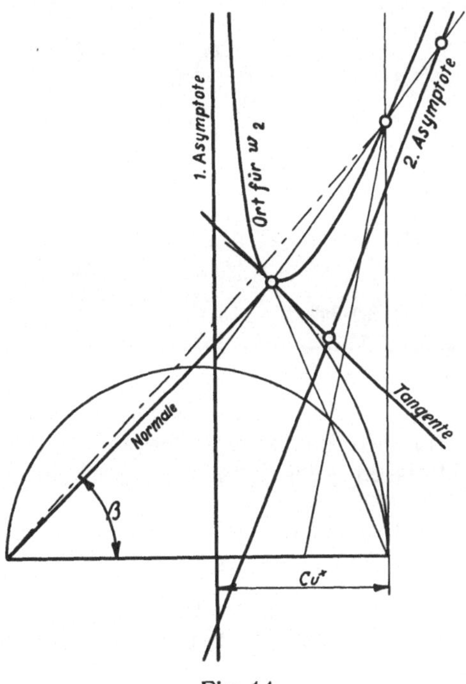

Fig. 14.

Aus der Konstruktion dieser Hyperbel ersieht man, wie sehr das Verhalten eines Propellerelements bei Aenderung von λ vom Werte K abhängig ist. Für sehr große Teilung ist $k = 1$, somit

$$K = \frac{\pi/2}{t/l} \text{ (für } k = 1, \quad t/l \rightarrow \infty)$$

Für sehr enge Teilung ist

$$k = \frac{t/l}{\pi/2} \frac{1}{\sin \beta}$$

$$K = \frac{1}{\sin \beta} \quad (t/l \to 0)$$

Für $t/l \to 0$ wird also

$$\frac{c_u^x}{2} = \frac{u}{2}$$

Praktisch gilt dies Ergebnis bis etwa $t/l \sim 0{,}7$.
Für $t/l \to \infty$ wird

$$\frac{c_u^x}{2} = u \frac{1}{1 + \frac{t/l}{\pi/2 \sin \beta}}$$

Praktisch gilt dies Ergebnis für $t/l > 5$.

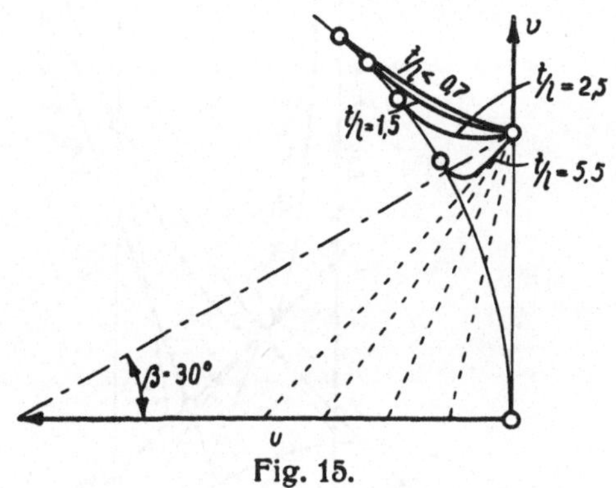

Fig. 15.

In Fig. 15 sind für ein konstantes β die zu verschiedenen k-Werten bzw. Teilungsverhältnissen gehörigen w_2-Hyperbeln dargestellt.

8. Verhalten des Elementes eines Verstellpropellers bei Steigungsänderung.

Die Kenntnis der k-Werte gestattet auch die Untersuchung des Verhaltens eines Verstellpropellers bei Steigungsänderung, also der Veränderung von β.

Man sieht sofort ein, daß die zu verschiedenen β gehörigen w_2-Hyperbeln bei konstant gehaltenem u für $\lambda = 0$ alle den Kreis mit dem Radius $|u|$ berühren. Mit wachsendem β werden die Werte

$$\frac{c_u^x}{2} = u \frac{1}{1 + \frac{1}{K \sin \beta}}$$

je nach den Teilungsverhältnissen kleiner oder größer. Für t/l > 1 werden sie immer kleiner. Für t/l < 0,7 bleibt $\frac{c_u^x}{2}$ praktisch konstant. Dementsprechend ändern sich auch die w_2-Hyperbeln.

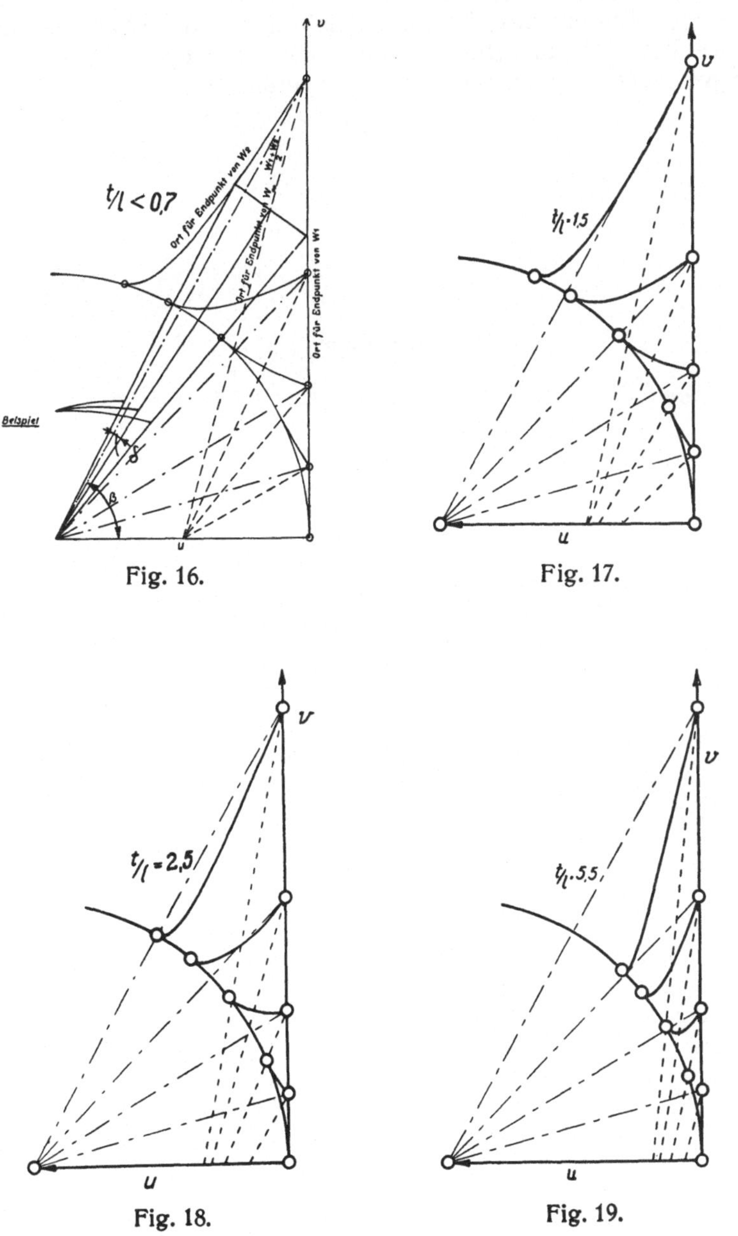

Fig. 16.

Fig. 17.

Fig. 18.

Fig. 19.

Als Beispiel zeigt Fig. 16 das Verhalten für $t/l < 0{,}7$, Fig. 17 für $t/l = 1{,}5$. Fig. 18 für $t/l = 2{,}5$ und Fig. 19 für $t/l = 5{,}5$. Man ersieht hieraus das Verhalten von Verstellpropellern verschiedener Blattbreitenverhältnisse. Fig. 19 entspricht dem Verhalten schmalblättriger Schiffspropeller oder auch dem von Flugzeugpropellern, Fig. 16 dem Verhalten mit Rücksicht auf starke Kavitationsgefahr besonders breitflügeliger Propeller sehr hoher Leistung. Man ersieht aus den Abbildungen, welch großen Einfluß das Teilungsverhältnis auf die Charakteristik von Propellern hat. Für die Untersuchung ganzer Propeller sind natürlich die entsprechenden Integrationen durchzuführen.

Der Einfluß des Kennwertes auf das Arbeiten von Schiffsschrauben im Freifahrzustand

Von F. Gutsche,
Preußische Versuchsanstalt für Wasserbau und Schiffbau,
Berlin.

Inhaltsübersicht.

A. Fragestellung.

Das vorliegende Referat soll einen Beitrag liefern zur Untersuchung von Schiffsschrauben im Freifahrzustand, soweit hierbei die Änderung der Reynolds'schen Zahl $\mathfrak{R} = \frac{w \cdot l}{\nu}$ (w = Anströmgeschwindigkeit, l = Profiltiefe des Flügelelements, ν = kinematische Zähigkeit), für jedes Blattelement von maßgebendem Einfluß ist.

Dieser Einfluß, bekannt unter dem Namen „Maßstabeffekt", läßt sich im Gesamtergebnis für den ganzen Propeller durch einen üblichen Freifahrversuch mit mehreren Drehzahlen der gleichen Modellschraube, bzw. durch Versuche mit mehreren Maßstäben ermitteln. Derartige Versuche sind sehr häufig angestellt worden und in der Literatur bekannt. Ganz allgemein zeigten sie ein Ansteigen der Schub- und Momentenbeiwerte mit steigendem Kennwert, wobei der Wirkungsgrad des Propellers für gleiche Fortschrittsgrade normalerweise zunahm. Die Erklärung für dies eigenartige Verhalten der Modellschrauben war nicht ohne weiteres gegeben. Wohl wußte man, daß der Profilwiderstand derartiger Schnitte mit sinkendem Kennwert verschlechtert wurde, und daher entsprechend seinem Zusammenhange mit den Gleitzahlen $\varepsilon = \frac{\zeta_p}{\zeta_a}$ auch eine Verringerung des Propellerwirkungsgrades, für das Flügelelement auf dem Radius r, z. B.

$$\eta_{pr} = \eta_{ir} \frac{1 - \varepsilon \cdot \lambda_{r_i}'}{1 + \frac{\varepsilon}{\lambda_{r_i}'}}$$

eintreten mußte. Ungeklärt dagegen blieb die gleichzeitige Änderung der Schub- und Momentenbeiwerte bei geändertem Kennwert, dessen Einfluß, abgesehen von geringen Nebenwirkungen,[1]) sich nur in einer direkten, starken Einwirkung auf die Auftriebsbeiwerte der einzelnen Blattelemente auswirken konnte.

Zur Klärung dieser Frage auf Grund der modernen Treibschraubentheorie wurden auf Anregung von Herrn Professor Dr. Horn und unter weitgehendster Unterstützung der Versuchsanstalt für Wasserbau und Schiffbau [2]), der Marineleitung und Herrn Professor Dr. Föttinger vom Referenten Versuche an neun Profilen vorgenommen, zu denen Herr Prof. Föttinger den seinem Lehrstuhl angegliederten Windkanal der T. H. Berlin dankenswerterweise zur Verfügung stellte.

B. Profilversuche.

Entsprechend der Hauptaufgabe dieser Versuche, Klarheit über die Profileigenschaften der gebräuchlichsten Blattschnitte zu schaffen, wurden sechs Kreissegmentschnitte (als volle Profilgruppe) mit den Dicken-

---

[1]) Die Grenzschicht am Flügel unterliegt Einflüssen der Fliehkraft und der absoluten Druckunterschiede zwischen benachbarten Schnitten, die infolge der an den einzelnen Blattelementen feststellbaren Druckverteilungen und der von innen nach außen zunehmenden Anströmgeschwindigkeit der Schnitte entstehen; s. Kennzeichnung der Grenzschicht-Strombahnen an der Propelleroberfläche durch Ätzung mittels eines Säurefadens. Kempf: S.T.G. 1912, S. 412, weiter Helmbold: W.R.H. 1926, S. 593, und Busemann: Forschung 1931, S. 335.

Von hier ab mit V.W.S. bezeichnet.

verhältnissen $\delta = \frac{s}{l} = 0{,}03$ bis $0{,}20$ (s = größte Profildicke, l = Profillänge) untersucht, während für die seit einigen Jahren auch im Schiffsschraubenentwurf angewandten, in ihren Profileigenschaften aus Göttinger Messungen bekannteren Tragflügelschnitte nur zwei dünne Schnitte mit den Dickenverhältnissen $\delta = 0{,}03$ und $0{,}05$ hergestellt wurden (Fig. 1).

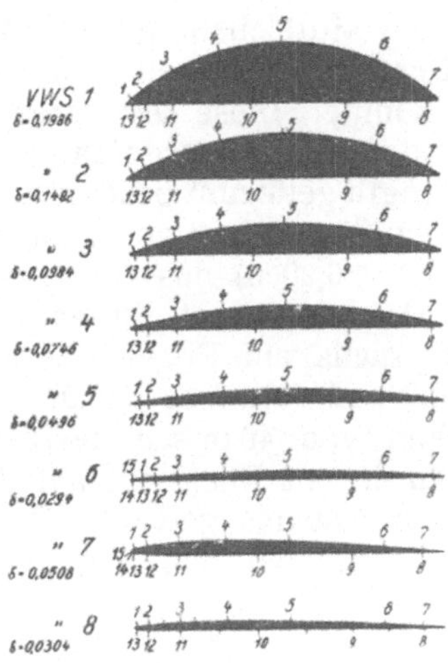

Fig. 1.
Querschnitte der untersuchten Profile V.W.S. 1—8.

1. Bedingt durch den Kennzahlbereich der vorkommenden Modellschrauben sowie ihrer Großausführungen, hätten die Versuche einen Bereich von etwa $\mathfrak{R} = 0{,}02 \,.\, 10^6$ bis etwa 10^8 [3]) umfassen müssen. Aus naheliegenden Gründen der Versuchsmöglichkeiten war jedoch der Hauptversuchsbereich zwischen den Zahlen $\mathfrak{R} = 0{,}04 \,.\, 10^6$ bis $0{,}8 \,.\, 10^6$ eingeengt, wobei die obere Grenze durch die Größe des zur Verfügung stehenden Windkanals, d. h. durch die gerade noch in ihm anwendbare Profilgröße von 0,25 m Länge bei 0,75 m Breite und der bei Dauerbetrieb größten Windgeschwindigkeit von 45 m/sec gezogen war. Für den Bereich von $0{,}04 \cdot 10^6$ bis $0{,}2 \cdot 10^6$ war ursprünglich noch eine Serie kleiner Modellflügel vorgesehen, deren Herstellung jedoch mit Rücksicht auf Zeit und Kosten bis auf ein Profil V.W.S. 9 (l = 0,06 m, b = 0,30 m, $\delta = 0{,}20$) unterblieb.

An diesen neun Profilen wurden nun im Anstellwinkelbereich von $\alpha' = -9^0$ bis $\alpha' = +15^0$ [4]) übliche Auftriebs- und Widerstandsmessungen

---

[3]) Soweit die obere Grenze nicht schon infolge Kavitationsbeginnes bei kleineren Reynolds'schen Zahlen erreicht ist.

[4]) Mit α' werden die beim Versuch eingestellten Anstellwinkel benannt.

vorgenommen, wie sie aus den Versuchsberichten der aerodynamischen Versuchsanstalten allgemein bekannt sind. Die Versuchsergebnisse wurden dann auf Grund der bekannten Prandtl'schen Umrechnungsformeln für den Anstellwinkel und den Widerstand auf das für den Schraubenentwurf erforderliche Seitenverhältnis des unendlich breiten Flügels: $\frac{l}{b} = 0$ umgerechnet und in Abhängigkeit vom Kennwert in Einzeldiagrammen für jedes Profil dargestellt.

Weiterhin waren in der Mittelebene jedes Profils eine Anzahl kleiner Anbohrungen (0,7 mm Durchm.) vorgesehen, mit deren Hilfe der Druckverlauf bestimmt werden konnte. Diese Druckmessungen waren ursprünglich nur zur Beurteilung der Kavitationsgefahr der beiden Profilgruppen „Kreissegmente" und „Tragflügelform" bestimmt, wobei die entsprechenden Messungen an Tragflügelschnitten größerer Dickenverhältnisse ($\delta = 0{,}105$, $\delta = 0{,}1505$ und $\delta = 0{,}2065$) aus Göttinger Windkanalversuchen schon bekannt waren. Der Kennwert dieser Druckmessungen wurde nach Maßgabe eines Versuchs am Profil V.W.S. 7 bei drei Windgeschwindigkeiten $v = 12$, 20 und 40 m/sec auf $\mathfrak{R} = 0{,}7 \cdot 10^6$ entsprechend einer Windgeschwindigkeit von 40 m/sec festgelegt. Nur der höchste Anstellwinkel $\alpha' = 15^0$ wurde mit Rücksicht auf die für die hierbei auftretenden Luftkräfte etwas schwach gewählte Drahtaufhängung und der sich hierbei einstellenden unruhigen Profillage bei 30 m/sec entsprechend $\mathfrak{R} = 0{,}5 \cdot 10^6$ untersucht.

2. Ergebnisse.

a) Kraftmessungen. In Fig. 2 sind die nach Prandtl für $\frac{l}{b} = 0$ umgerechneten Meßergebnisse der Auftriebsbeiwerte $\zeta a = \frac{A}{\varrho/2\, v^2 \cdot F} = f(\alpha_i)$[5]) für jeweilig konstante Kennwerte $\mathfrak{R}$ und weiterhin

$$\zeta_p = \frac{W_p}{\varrho/2\, v^2 \cdot F} = f(\mathfrak{R})$$

für jeweilig konstante Versuchsanstellwinkel α' der beiden ähnlichen Profile V.W.S. 1 ($l = 0{,}25$, $\frac{l}{b} = \frac{1}{3}$, $\delta = 0{,}20$) und V.W.S. 9 ($l = 0{,}06$, $\frac{l}{b} = \frac{1}{5}$, $\delta = 0{,}20$) eingetragen. Der Kennwertbereich von $\mathfrak{R} = 0{,}08 \cdot 10^6$ bis $0{,}16 \cdot 10^6$ wurde von beiden Profilen erfaßt, wobei die Ergebnisse des kleinen Profils V.W.S. 9 die anfangs unsicher erscheinenden Abweichungen von V.W.S. 1 bei kleinen Kennwerten gegenüber dem Normalbereich von $\mathfrak{R} = 0{,}28 - 0{,}8 \cdot 10^6$ kontrollieren sollten.

---

[5]) Eine Erklärung der benutzten Buchstaben findet sich im Anhang.

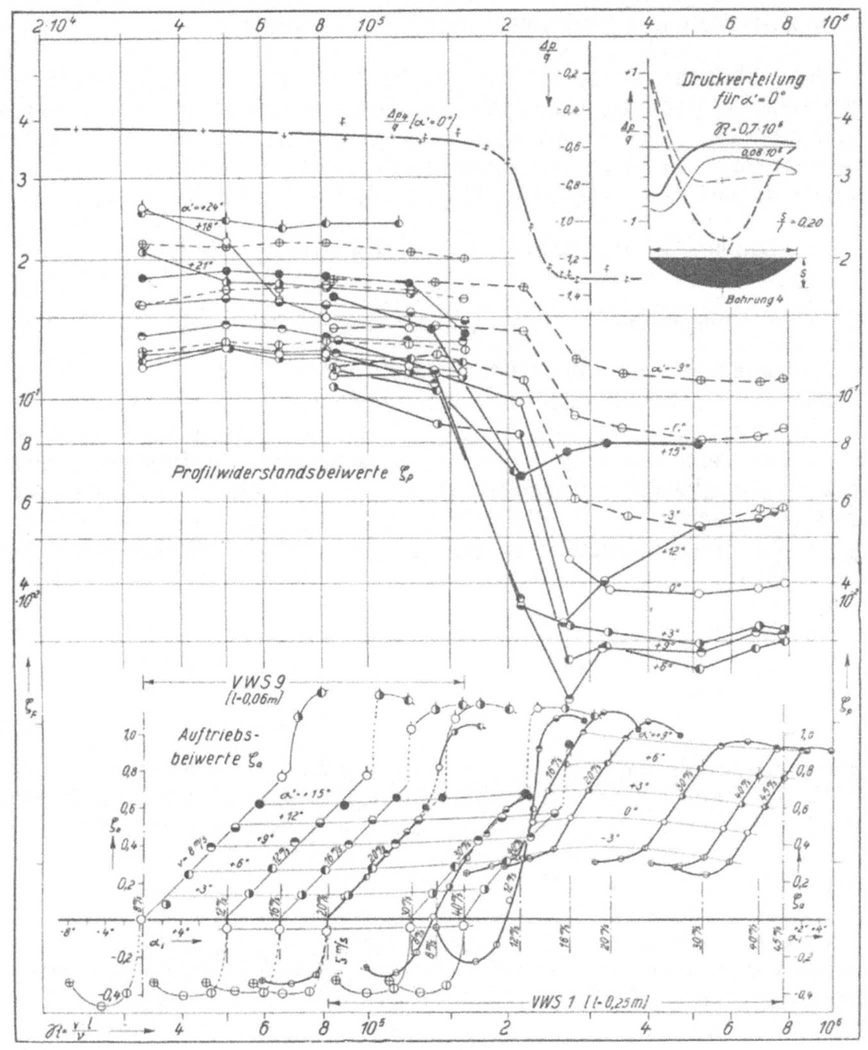

Fig. 2.

Auftriebs- und Profilwiderstandsbeiwerte der Profile V.W.S. 1 und 9 in Abhängigkeit von der Reynolds'schen Zahl.

Ganz ausgeprägt ist hier ein sprunghafter Übergang der Profileigenschaften von einem „u n t e r k r i t i s c h e n" Bereich bis etwa $\mathfrak{R} = 0{,}08 \cdot 10^6$ zum „ü b e r k r i t i s c h e n" Zustand von etwa $\mathfrak{R} = 0{,}28 \cdot 10^6$ ab. Dieser sprunghafte Übergang ist eine ganz ähnliche Erscheinung wie bei den bekannten Zylindermessungen und tritt in einem Kennwertbereich auf, der bei Wahl des doppelten Saugseitenkrümmungsradius als Bezugslänge für $\mathfrak{R}$ zwischen $\mathfrak{R} = 0{,}2$ und $0{,}42 \cdot 10^6$ vollkommen mit den bekannten Zylindermessungen übereinstimmt.

Ganz ähnlich, nur in geringerem Maße (entsprechend δ) zeigt sich der gleiche sprunghafte Übergang bei allen Profilen außer dem dünnsten bei etwa den gleichen Kennzahlen [6]). Die Differenz der Profilwiderstandsbeiwerte in dem von beiden Flügeln bestrichenen Kennwertbereich ist auf den verhältnismäßig stärkeren Einbruch seitlicher Luft höheren Druckes in die Kielwasserzone des Profils V.W.S.1 mit $\frac{l}{b} = \frac{1}{3}$ gegenüber dem kleineren mit $\frac{l}{b} = \frac{1}{5}$ zu erklären. Die Abhängigkeit der Auftriebsbeiwerte vom Anstellwinkel stimmt für $\mathfrak{R} = 0{,}08 \cdot 10^6$ z. B. im üblichen Anstellwinkelbereich gut überein.

Die Änderung der Profileigenschaften beim Übergang vom unter- zum überkritischen Bereich bedingt für das dargestellte Dickenverhältnis ($\delta \sim 0{,}2$) für gleiche Auftriebsbeiwerte ζa eine Anstellwinkeländerung von $11{,}5^0$, während z. B. die kleinsten Profilwiderstandsbeiwerte von $\zeta_{p_{min}} \sim 0{,}12$ im unterkritischen auf $\zeta_{p_{min}} \sim 0{,}03$ im überkritischen Bereich fallen.

Im oberen Teil des Diagramms findet sich außerdem noch eine Kurve eingetragen, die den Verlauf des an der Bohrung 4 (Saugseite $x = \frac{l}{2}$) gemessenen Druckes in Staudruckeinheiten, also $\frac{\Delta p}{q} = f\ (\mathfrak{R})$ angibt. Diese Messung wurde am Profil VWS. 9 im Schlepptank der V.W.S. durchgeführt und sollte die Gültigkeit der im Windkanal festgestellten Grenzen des unter- sowie überkritischen Bereichs und damit die Lage der Übergangsstelle selbst bestätigen. Die eigentlich erforderliche Auftriebs- oder Widerstandsmessung wurde hierbei ersetzt durch die einfacher vorzunehmende Druckmessung der Bohrung 4, deren Wert gemäß der gleichfalls rechts oben angegebenen Druckverteilung über das ganze Profil bei dem gleichen Anstellwinkel $\alpha' = 0^0$ einmal für den überkritischen (VWS. 1) und dann für den unterkritischen (VWS. 9) Bereich ein Kriterium für die ganze Druckverteilung und damit auch für die auftretenden Kräfte bietet.

b) Druckmessungen. Hiermit sind die Messungen der Druckverteilung an den beiden Profilen VWS. 1 (Fig. 3) und VWS. 9 (Fig. 4) berührt, deren Ergebnisse wieder in Staudruckeinheiten $\frac{\Delta p}{q}$ über der Profillänge l für mehrere Kennwerte $\mathfrak{R} = 0{,}7 \cdot 10^6$, $\mathfrak{R} = 0{,}2 \cdot 10^6$ und $\mathfrak{R} = 0{,}08 \cdot 10^6$ und die Mehrzahl der untersuchten Anstellwinkel in Fig. 3 und Fig. 4 dargestellt sind.

---

[6]) Zwecks genauerer Angaben wird auf die in Kürze erscheinende Dissertation des Referenten verwiesen.

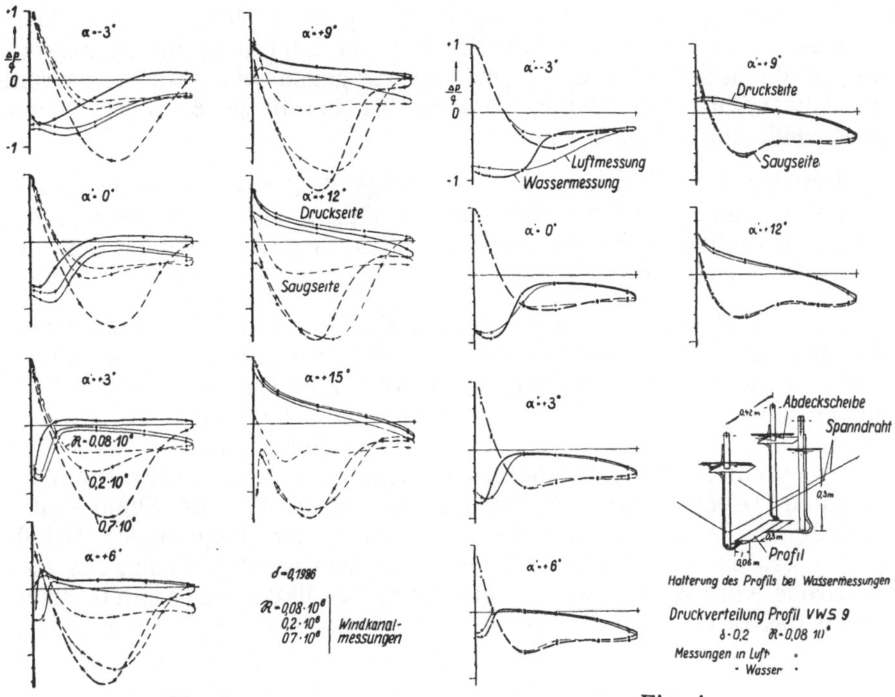

Fig. 3.
Druckverteilung an Profil V.W.S. 1 bei 3 Kennwerten ($\Re = 0{,}08$; 0,2 und $0{,}7 \cdot 10^6$)

Fig. 4.
Druckverteilung an Profil V.W.S. 9 in Luft und Wasser bei gleichem Kennwert.

Auf Fig. 3 zeigt sich ganz deutlich der Uebergang von der anliegenden Strömung des überkritischen Bereichs zu der mit abgelöster Grenzschicht des unterkritischen. Die durch Vergleich mit Fig. 4 festzustellende Übereinstimmung beider Profile im unterkritischen Bereich bei $\Re = 0{,}08 \cdot 10^6$ ist gut zu nennen.

Zur Sicherstellung der Übertragung dieser Windkanalmessungen auf Schiffsmodellschrauben wurde die Druckmessung des Profils VWS. 9 bei $\Re = 0{,}08 \cdot 10^6$ im dargestellten Anstellwinkelbereich, außerdem im Schlepptank der V.W.S. nachgeprüft, wobei sich nur unwesentliche Unterschiede gegenüber den im Windkanal gemessenen Werten zeigten (s. Fig. 4). Das Profil befand sich 0,30 m, also etwa $5 \cdot l$ unter der Wasseroberfläche, sodaß merkliche Oberflächenstörungen mit Sicherheit ausgeschaltet waren.

3. Ermittlung des Profilwiderstandes aus dem Normal- und Reibungswiderstand.

Die in Fig. 2 dargestellten, aus direkten Kraftmessungen der Dreikomponentenwaage ermittelten Werte des Gesamtprofils leiden im Bereich kleiner Windgeschwindigkeiten naturgemäß unter der für kleine

Kräfte relativ geringeren Genauigkeit der ganzen Meßanordnung. Ganz besonders stark trat diese Ungenauigkeit bei Ermittlung des Widerstandes der dünnen Profile in Erscheinung, wogegen die Auftriebsmessung bei Anwendung besonderer Vorsicht bis herab zu 3 m/sec Windgeschwindigkeit möglich war.

Um den Einfluß dieser Meßungenauigkeiten nach Möglichkeit auszuschalten, zumindest aber sicher abzuschätzen, wurde die Bestimmung des für den mittleren Profilschnitt geltenden Profilwiderstandes auf eine zweite Art durchgeführt.

Für Flügel mit unendlicher Spannweite ($l/b = 0$), zu deren Ersatz mit gleichen Profileigenschaften der mittlere Streifen des endlich breiten Flügels benutzt wurde, stellt d e r P r o f i l w i d e r s t a n d die Summe aus Normal- und Reibungswiderstand dar, wenn mit Normalwiderstand W_n – häufig auch Druckwiderstand genannt — die Summe aller in Windrichtung fallenden Komponenten der über den Profilumfang verteilten Drucke und mit Reibungswiderstand W_r die Summe aller ebenfalls in Windrichtung fallenden Anteile der tangentialen Schubspannungen an der Profiloberfläche bezeichnet werden. Gelingt es also, die Größe von W_n genau zu ermitteln, so hätte man unter Hinzufügung des in erster Linie von der bekannten Änderung der Reibungsbeiwerte ζ_r abhängigen Reibungswiderstandes ein Verfahren, den Gesamtprofilwiderstand für Kennwertbereiche anzugeben, in denen sich die Druckverteilung und mithin der Normalwiderstand nicht ändern.

Die vorstehend beschriebene Profilwiderstandsermittlung stellt gleichzeitig eine Nachprüfung dar für die nach der Prandtl'schen Näherungsformel aus den Meßwerten errechneten $\zeta p = \dfrac{Wp}{\varrho/2\, v^2 \cdot F}$. Ihre Anwendung auf das Profil VWS. 1 mit Benutzung des Anstellwinkels α_i für den aus der Druckverteilungsmessung ermittelten Auftriebsbeiwert ζa_o des mittleren Profilschnittes (im vorliegenden Fall ist $\zeta a_o \sim 1{,}01\, \zeta a$, also fast rechteckige Auftriebsverteilung) ergab für $\alpha_i = + 7{,}7^0$ einen negativen Profilwiderstand.

Dies widersinnige Ergebnis bedeutete also im vorliegenden Fall die Nichtanwendbarkeit der Näherungsformel, für deren Gültigkeit gemäß ihrer Ableitung nach Prof. Prandtl elliptische Auftriebsverteilung verlangt wird. Statt dessen wurde die folgende Auswertung so vorgenommen, daß der Anstellwinkel des mittleren Flügelelements

$$\alpha_0 = \alpha - \frac{57{,}3}{v} \int_{-b/2}^{+b/2} \frac{\partial \Gamma}{\partial z} \cdot \frac{dz}{4 \pi z}$$

aus dem bekannten Verhältnis $k = \dfrac{\zeta_a}{\zeta_{ro}}$ unter Annahme ähnlicher Zirkulationsverteilungen berechnet wurde, wie sie in einigen Versuchsergebnissen [7]) veröffentlicht wurden, und daß $\zeta_{a_0} = f(\alpha_0)$ sowie $\zeta_{w_n} = f_1(\zeta_{a_0}) = f_2(\alpha_0)$ gesetzt wurde.

Der Vergleich zwischen $\zeta_a = f(\alpha_i)$ und $\zeta_{a_0} = f(\alpha_0)$ (Fig. 5) zeigt für die dünneren Profile (k = 0,8 bis 0,85) recht gute Übereinstimmung, während sich für die dickeren Profile einige Abweichungen ergeben.

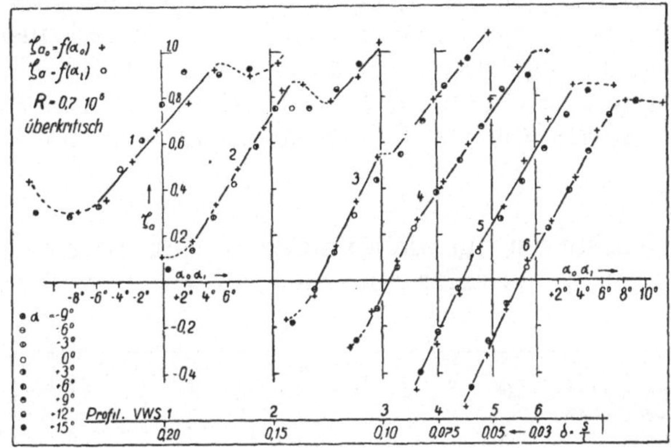

Fig. 5.
ζ_a und ζ_{a_0} in Abhängigkeit vom Anstellwinkel für konstante Profildickenverhältnisse, überkritisch.

Die dargestellten Auftriebskurven lassen sich ersetzen durch je 2 sich schneidende Geraden I und II, deren Gleichungen gegeben sind durch

$$\zeta_{a_I} = \zeta_{a\,\delta_I} \cdot \delta + \zeta'_{a_I} \cdot \operatorname{arc} \alpha_0$$

für I und eine analoge für II.

Ihre Koeffizienten ζ_{a_δ} und ζ_a' sind in Fig. 6 in Abhängigkeit vom

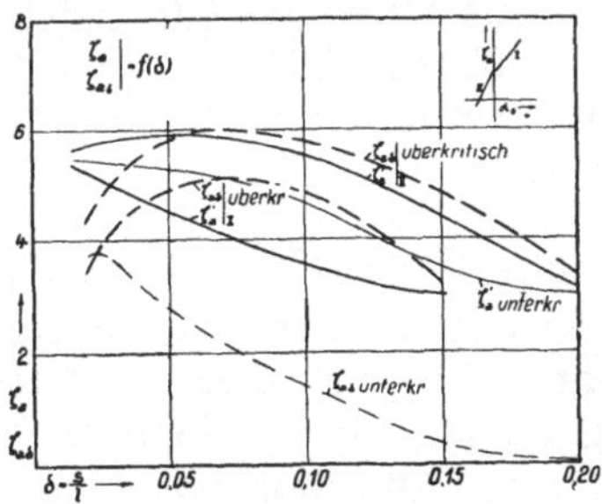

Fig. 6.
ζ_a' und ζ_{a_δ} für den über- und unterkritischen Bereich.

[7]) Norton-Bacon: „Pressure distribution over thick airfoils". NACA. Rep. 150.

Dickenverhältnis wiedergegeben. Hierbei sei jedoch bemerkt, daß das benutzte Dickenverhältnis kein unmittelbares Maß für die Saugseitenkrümmung darstellt, da in ihm noch ein konstanter Wert der Profilvor- und Hinterkantendicke, gewissermaßen also ein $\delta_0 = \frac{2}{250} = 0{,}008$ enthalten ist, dessen Größe bei genaueren Rechnungen entsprechend zu berücksichtigen wäre. Die Koeffizienten für den unterkritischen Bereich sind in Fig. 6 miteingetragen. Bemerkenswert ist vor allem bei den größeren Dickenverhältnissen der Abfall der Koeffizienten gegenüber den dünneren, sowie die starke Verringerung von ζ_{a_δ} im unterkritischen Bereich.

Die Auftriebskurven für den unterkritischen Bereich sind wegen ihres eigentümlichen Verlaufes unterhalb $\zeta_a = 0$ und oberhalb $\zeta_a = 0{,}7$

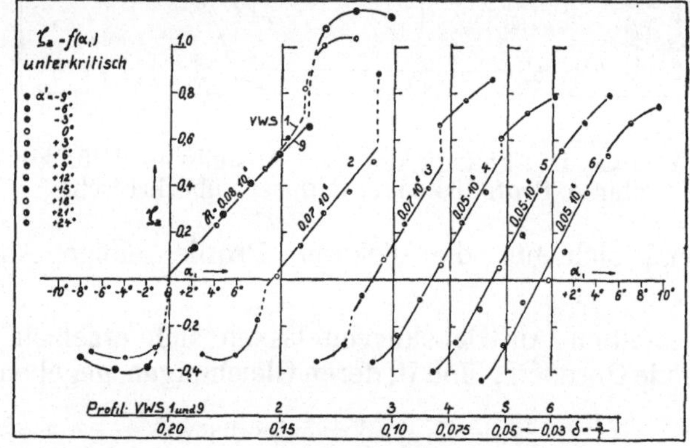

Fig. 7.

ζ_a in Abhängigkeit vom Anstellwinkel und für konstante Profildickenverhältnisse, unterkritisch.

noch einmal in Fig. 7 zusammengestellt, aus der auch hervorgeht, wie die zwei Geraden des überkritischen in eine einzige für den Hauptarbeitsbereich der Profilschnitte im unterkritischen Bereich übergegangen sind.

Zum Vergleich der aus $W_n + W_r = W_{p_0}$ zu ermittelnden Profilwiderstände mit den aus der Messung nach Prandtl umgerechneten W_p muß nach Kenntnis von W_n noch W_r ermittelt werden. Wenn es auch heute schon möglich ist, den Reibungswiderstand von in Strömungsrichtung gekrümmten Oberflächen nach Kenntnis der Druckverteilung angenähert zu bestimmen[8]), so dürfte es für den vorliegenden Fall vollauf genügen, den Reibungswiderstand $W_r = q' \cdot \zeta_r \cdot 2\,F$ zu setzen, worin q′ den Mittelwert der aus der Druckverteilungskurve be-

---

[8]) Siehe Referat Eisner.

kannten örtlichen Staudrucke, ζ_r den Reibungsbeiwert für ebene Flächen und F die in Windrichtung liegende Projektion der benetzten Oberfläche bezeichnen.[9])

Die Normalwiderstände, bzw. ihre Beiwerte $\zeta_{w_n} = \frac{W_n}{\varrho/2\,v^2 \cdot F}$, für deren Größe die exakte Theorie in reibungsloser Flüssigkeit den Wert $\zeta_{w_n} = 0$ fordert (Bedingung $\mathfrak{R} \perp w_\infty$) und eine Näherungsbetrachtung für die ebene Platte ($\delta = 0$) unter Fortlassung der an der Plattenvorkante angenommenen Kräfte $\zeta_{w_n} \sim 2\pi \, . \sin^2\alpha$ liefert, sind für die Kreissegmentgruppe in der Fig. 8 links $\zeta_{w_n} = f\,(\zeta_{a0})$ für konstante

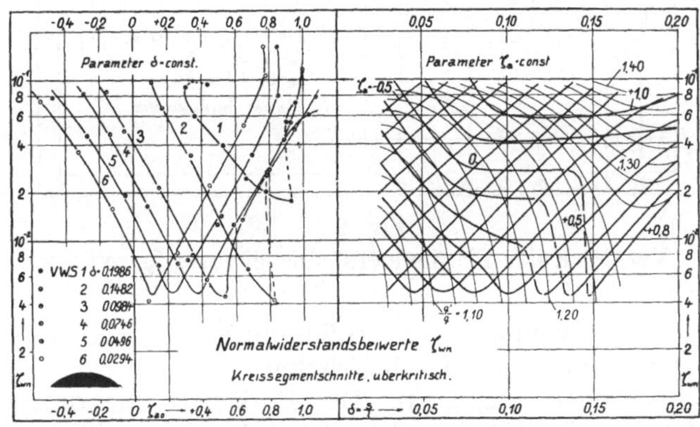

Fig. 8.
Normalwiderstandsbeiwerte der Kreissegmentschnitte für den überkritischen Bereich.

$\delta = \frac{s}{l}$ als Parameter und rechts $\zeta_{w_n} = f\,(\delta)$ für konstante ζ_a als Parameter dargestellt. Gleichzeitig enthält das rechte Schaubild die Werte $\frac{q'}{q}$ für konstante Werte als Parameter mit eingetragen, sodaß nunmehr

$$\zeta_{p_0} = \zeta_{w_n} + \frac{q'}{q} \cdot 2\,\zeta_r$$

ermittelt werden kann.

Zur Darstellung des Vergleichs der beiden Profilwiderstandsermittlungen ζ_p mit ζ_{p_0} wurde die Gruppe der normalen Tragflügelschnitte gewählt (s. Fig. 9), weil die Ergebnisse dieser Profilschnitte ein anschaulicheres Bild geben als die der Kreissegmentschnitte. Die Werte von ζ_p für gleiche ζ_a sind im allgemeinen niedriger als ζ_{p0} bis zu Pro-

[9]) Siehe auch schon Betz: „Untersuchung einer Joukowskyschen Tragfläche". Z.F.M. 1915 S. 173.

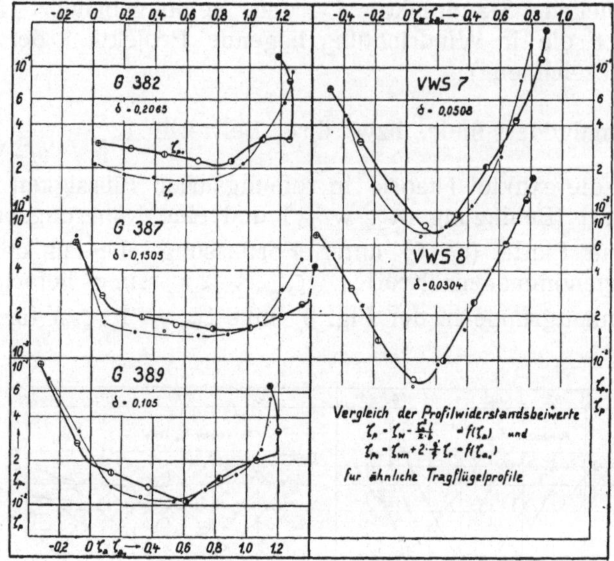

Fig. 9.
Vergleich der Profilwiderstandsbeiwerte ζ_p mit ζ_{p0}.

filanstellwinkeln, bei denen der in Profilmitte beginnende Abreißvorgang der Strömung die Differenz durch Erhöhung des Mittelwertes für den ganzen Flügel wieder ausgleicht. Die Erklärung für diese Differenz ist analog der Vorgänge beim Zylinder[10]) in dem seitlichen Einbruch Luft höheren Druckes in die rückwärtige Kielwasserzone des endlichen Profils $\frac{l}{b} = \frac{1}{3}$ zu suchen. Entsprechend geringerer Kielwasserdicke und

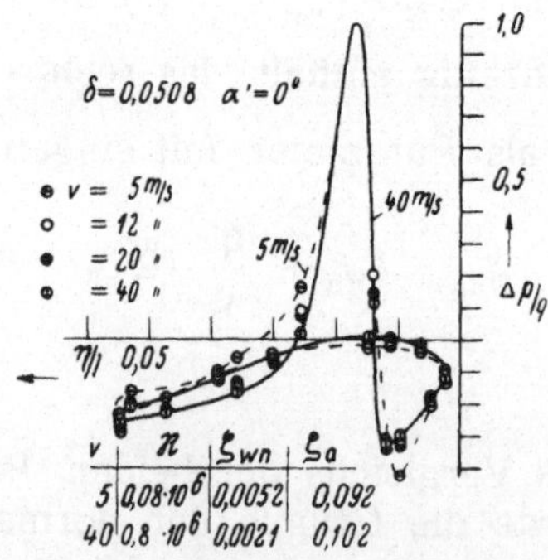

Fig. 10.
Der Normalwiderstand der Profils V.W.S. 7 bei $\alpha' = 0^0$ für mehrere Kennwerte.

[10]) s. u. a. Ergebnisse der Aerodynamischen Versuchsanstalt zu Göttingen. II. Lieferung IV, 3 „Der Widerstand von Zylindern“, S. 25 u. f.

gleichzeitig verminderter Druckdifferenzen zwischen Profilhinterteil und der seitlichen ungestörten Strömung bei kleineren Dickenverhältnissen wird diese Differenz allmählich kleiner.

Die Nachprüfung der Druckverteilungsmessungen über einen größeren Geschwindigkeitsbereich an VWS 7 (z. B. für $\alpha' = 0^0$, s. Fig. 10) zeigte für den Hauptbereich (v = 12 — 40 m/sec) annähernd gleiche Normalwiderstände. Erst bei Unterschreitung des kritischen Kennwertbereiches ergab sich eine größere Abweichung (v = 5 m/sec).

Nach dieser Kontrolle erschien es mit Rücksicht auf die geringe Änderung des Normalwiderstandes für einen Kennwertbereich ohne kritische Stellen angängig, diesen konstant anzunehmen und nur die Änderung des Reibungswiderstandes entsprechend ζ_r nach bekannten Ergebnissen einzuführen. An dieser Stelle sei übrigens bemerkt, daß nach den vorliegenden Messungen auch sehr dünne Profile mit gut ausgebildeter Kopfform immer noch einen, wenn auch sehr kleinen Normalwiderstand aufweisen, der aus dem fehlenden Druckwiederanstieg im hinteren Profilteil in Abweichung vom theoretischen Druckverlauf folgt.

So läßt sich der Gesamtbereich der ausgeführten Versuche wiedergeben einmal für den überkritischen Bereich $\mathfrak{R} > 0{,}3 \cdot 10^6$ durch Fig. 8 und für den unterkritischen Bereich $\mathfrak{R} < 0{,}08 \cdot 10^6$ durch ein entsprechendes Schaubild Fig. 11, in dem abweichend vom ersteren die

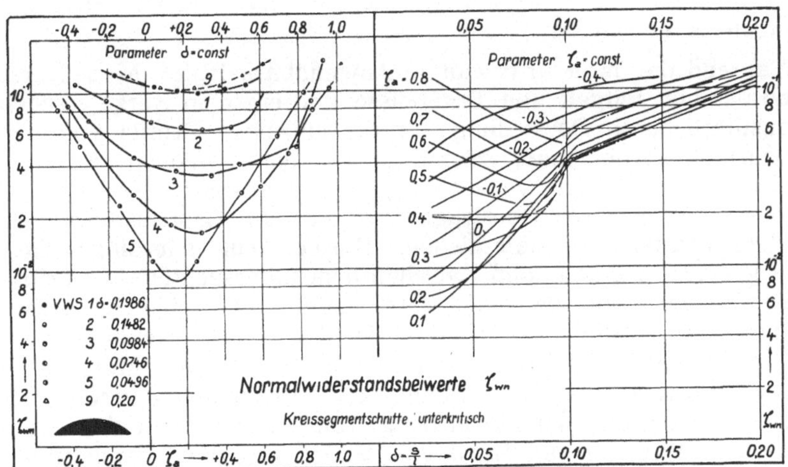

Fig. 11.
Normalwiderstandsbeiwerte der Kreissegmentschnitte für den unterkritischen Bereich.

Kurvenschar $\frac{q'}{q}$ fehlt, da diese Quotienten im unterkritischen Bereich nicht so einheitlich darstellbar sind und einem Sonderdiagramm entnommen werden müssen.

Zum Schluß sei erwähnt, daß auch die Momentenbeiwerte

$$\zeta_m = \frac{M}{\varrho/2\, v^2 \cdot F \cdot l}$$

bezogen auf Profilvorkante einer ähnlichen Änderung unterliegen wie die Auftriebsbeiwerte.

4. Gesamtergebnis der ausgeführten Profilversuche.

Aus den oben auszugsweise mitgeteilten Versuchsergebnissen ergibt sich für die untersuchten Profilschnitte eine kritische Zone, deren Lage im Bereich der Reynolds'schen Zahlen und deren Einwirkung auf die Profileigenschaften das Modellversuchswesen maßgebend beeinflussen.

a) Abgesehen von Kavitationsversuchen, über deren Beeinflussung durch die geschilderten Versuche an anderer Stelle[11]) berichtet wird, geben sie Aufschluß über die allgemeine Anwendbarkeit von Versuchen mit Modellschrauben, deren innerer Flügelbereich bei den bisherigen Modellgrößen fast allgemein in den unterkritischen Bereich hineingehört.

b) Andererseits geben sie uns die Möglichkeit, den bisher unklaren Einfluß der Reynolds'schen Zahl auf den Schub- und Momentenbeiwert, sowie den Wirkungsgrad von freifahrenden sowie hinter dem Modell in angenommener achsensymmetrischer Strömung arbeitenden Schiffsschrauben zu errechnen.

Während die unter a) erwähnte Anwendbarkeit der Modellversuche anhand der hier mitgeteilten Ergebnisse und einer in Kürze erscheinenden ausführlicheren Darstellung für die einzelnen Profile von Fall zu Fall beurteilt werden muß, scheint es mir eine dankenswerte Aufgabe zu sein, die zahlreich vorliegenden systematischen Modellpropellerversuchsreihen in ihrer Übertragbarkeit auf die Großausführung einer kritischen Prüfung zu unterziehen. Hierbei muß allerdings die Annahme gemacht werden, daß zwischen dem untersuchten überkritischen Kennzahlbereich und dem der Großausführung keine nennenswerte Änderung der Profileigenschaften, d. h. der Druckverteilung über das Profil, mehr stattfindet.[12]) Erst nach einer derartigen Prüfung des vorliegenden Versuchsmaterials erhalten jene Rechnungen einen höheren Wert, die sich mit der Ermittlung von Mitstrom- und Sogziffern der Großausführungen an Hand von Modellversuchen beschäftigen.

Außer für Schiffsmodellschraubenversuche wird die Kenntnis dieser kritischen Profilzonen auch bei verwandten Aufgaben der hydro- sowie

---

[11]) Siehe Erörterungsbeitrag Gutsche zum Kapitel „Kavitation".

[12]) Eine Bestätigung dieser Annahme bis zu Kennzahlen $\Re \sim 3{,}6 \cdot 10^6$ geben die neueren Profilversuche im amerikanischen Überdruckwindkanal; siehe z. B.: Jacobs, Stack, Pinkerton „Air foil pressure distribution investigation in the variable density wind tunnel" NACA. Rep. 353.

aerodynamischen Versuchstechnik nützlich sein, indem sie vor fehlerhafter Übertragbarkeit derartiger Modellversuchsergebnisse auf die Großausführung schützt. Dringend erwünscht wäre es im Interesse des ganzen Modellversuchswesens, derartige Versuche bei kleinen Kennwerten zumindest noch an größeren Dickenverhältnissen der Tragflügelgruppe, sowie an einer ganzen Gruppe von symmetrischen Blattschnitten vorzunehmen, da diese Profilarten in ihrer Anwendung beim Propeller- sowie Leitwerksbau eine sehr große Rolle spielen.

C. Vergleich zwischen Rechnung und Versuch an einem freifahrenden Propeller in Großausführung und Modellversuch.

1. An dem Beispiel eines freifahrenden Propellers von 0,75 m Durchmesser, dessen Ergebnisse auf dem der Versuchsanstalt gehörigen Boote „Hans Detlef Krey" gewonnen wurden und den Meßergebnissen eines entsprechenden Modellpropellers im Maßstab 1:5 bei mehreren Versuchsdrehzahlen n = 10, 21 und 27,5/sec, soll der Kennwerteinfluß bei gleichförmiger Parallelströmung gezeigt werden (Fig. 12).

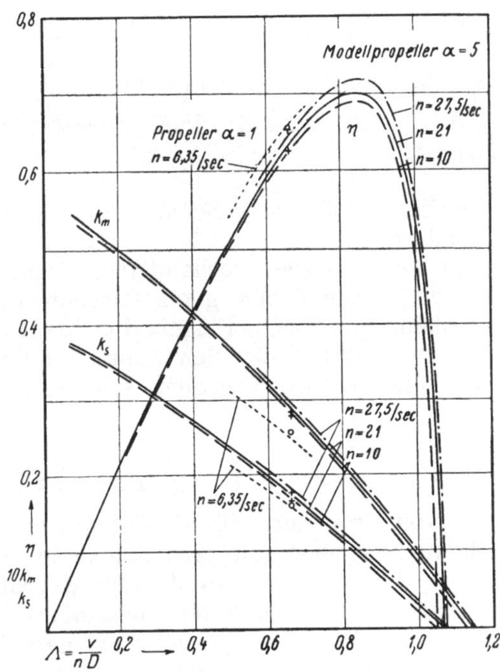

Fig. 12.
Vergleich der Propellernachrechnung für $\Lambda = 0{,}66$ mit den entsprechenden Versuchswerten.

Die Nachrechnung wurde wegen mangelnder Zeit nur für eine Fortschrittsziffer ($\Lambda = \frac{v}{n \cdot D} = 0{,}66$) durchgeführt, die zu der Propellerbelastung des normal fahrenden Bootes gehört. Als Reibungsbeiwerte wurden der bekannte Blasius'sche Wert $\zeta_r = 1{,}327\ \mathfrak{R}^{-0{,}5}$ und vom Beginn der Überschneidung der Prandtl'sche Wert $\zeta_r = 0{,}074 \cdot \mathfrak{R}^{-0{,}2} - 1700 \cdot \mathfrak{R}^{-1}$ gewählt.

Das Ergebnis der Nachrechnung unter Berücksichtigung der Kennwert- sowie Gitterbeeinflussung[13]) ist recht befriedigend; Zahlentafel 1 gibt hierüber näheren Aufschluß.

Zahlentafel 1.

Art des Versuches	$ks = \frac{S}{\varrho \cdot n^2 D^4}$			$km = \frac{M}{\varrho\ n^2 D^5}$			$\eta = \frac{ks}{km} \cdot \frac{\Lambda}{2\pi}$		
	Rechnung	Versuch	Δ v. H.	Rechnung	Versuch	Δ v. H.	Rechnung	Versuch	Δ v. H.
Modell 1 : 5 n = 10/sec	0,1655	0,168	— 1,5	0,0278	0,0282	— 1,4	0,625	0,625	± 0
Modell 1 : 5 n = 27,5/sec	0,1755	0,181	— 3,1	0,0282	0,0294	— 4,1	0,654	0,647	+ 1,1
Großausführung n = 6,35/sec	0,1601	0,1570	+ 1,9	0,0257	0,0248	+ 3,6	0,655	0,665	— 1,5

Die Daten des behandelten Propellers sind:

$D = 0{,}75$ m; $H/D = 1{,}0$; $z = 3$; $F_a/F_o = 0{,}42$; $\delta_i/D = 0{,}03$; Kreissegmentschnitte.

Die absolute Differenz in den Schub- und Momentenbeiwerten zwischen dem Modellpropeller n = 27,5/sec und der Großausführung sind, abgesehen von dem hierbei vorhandenen Kennwerteinfluß, vor allem in der leider recht erheblichen geometrischen Unähnlichkeit beider Propeller zu suchen, die durch Flügelaufmaße festgestellt worden waren -- die Beiwerte müßten für den genau modellähnlichen Propeller in Großausführung natürlich größer sein als für den Modellpropeller.

D. Allgemeine Folgerungen.

Zu der Auswahl von Propellern für Großausführungen aus Modellversuchen mit kleinem Kennwert soll ganz allgemein auf eine Erscheinung hingewiesen werden, deren Einfluß sich allerdings erst recht deutlich bei Schrauben hinter dem Schiff in einem von innen nach außen stark abnehmenden Mitstrom bemerkbar macht. Die für einen gegebenen Fall ausgewählte Modellschraube hat eine Schubverteilung,

---

[13]) Angaben hierüber finden sich in der auf S. 190, Fußnote 6, angekündigten Arbeit.

deren Schwerpunkt infolge des an den inneren Flügelzonen bestehenden Kennwerteinflusses für gleichen Schubbelastungsgrad $\zeta_s = \frac{S}{\varrho/2\, v^2 \frac{D^2 \pi}{4}}$ weiter nach außen liegt als wie für die Großausführung. Da der Gesamtwirkungsgrad der Schraube außer vom Belastungsgrad ζ_s und Fortschrittsgrad $\lambda = \frac{v}{R\,\omega}$ besonders von den Gleitzahlen $\varepsilon = \frac{\zeta_p}{\zeta_a}$ der äußeren Propellerzonen beeinflußt wird, kann der Fall eintreten, daß die für den Modellpropeller günstigen Gleitzahlen der äußeren Schnitte durch Verlagerung der Schubverteilung mehr nach der Nabe zu so ungünstig werden, daß eine Verkleinerung des aus den Modellversuchen ermittelten günstigsten Propellerdurchmessers am Platze ist. In geringem Maße wird diese Tendenz jedoch wieder ausgeglichen durch die geringere Reibung der großen Schrauben.

Weiterhin wird man bei Vergleichsversuchen mit Modellschrauben darauf achten müssen, daß der Einfluß von Änderungen der Propellerflügel in den inneren Flügelzonen durch Versuche mit (für diese Schnitte geltenden) kleinen Kennwerten kaum für die Großausführung richtig wiedergegeben werden wird. Auch Versuche mit Modellschrauben, die den Einfluß des verschiedenartigen Steigungsverlaufes über dem Radius auf die Schraubenbeiwerte und den Wirkungsgrad klären sollen, z. B. Schrauben mit von innen nach außen zunehmender Steigung oder umgekehrt und Schrauben mit verstellbaren Flügeln, werden durch den vorstehend behandelten Kennwerteinfluß etwas in Mitleidenschaft gezogen. Gegenüber der Schraube mit konstanter Steigung würde z. B. die mit nach innen zunehmender Steigung im Modellversuch benachteiligt sein, da die inneren vom Kennzahleinfluß stärker erfaßten Flügelzonen einen größeren Anteil an der Schuberzeugung erhalten als bei konstanter Steigung. Über die Größe dieses Einflusses muß jedoch erst die Nachrechnung eines derartigen Beispiels Aufschluß geben.

Zum Schluß sei mir gestattet, schon an dieser Stelle allen denen meinen Dank auszusprechen, die durch tatkräftige Förderung und Unterstützung zur Durchführung der eingangs geschilderten Versuche beigetragen haben; insbesondere den Herren der Technischen Hochschule, Prof. Dr.-Ing. Horn und Prof. Dr.-Ing. Föttinger, den Herren der Versuchsanstalt für Wasserbau und Schiffbau, Direktor und Professor Seifert und Oberbaurat Dr.-Ing. Weitbrecht, sowie der Marineleitung.

Anhang.

l	m^1	Profiltiefe
b	m^1	Profilbreite = Spannweite
s	m^1	größte Profilordinate = größte Profildicke bei ebener Druckseite.
$\delta = \frac{s}{l}$	—	Dickenverhältnis d. Profils.
$x(\xi)$	m^1	Koordinaten eines Punktes der Profiloberfläche für ein profileigenes Koordinatensystem (für ein in der Strömung festliegendes System).
$y(\eta)$	m^1	
$z(\zeta)$	m^1	
v	$m^1 sec^{-1}$	Anströmgeschwindigkeit des Profils oder Propellers.
w	$m^1 sec^{-1}$	relative Anströmgeschwindigkeit des Flügelelementes im Propellerverband.
$\varrho = \frac{\gamma}{g}$	$kg^1 sec^2 m^{-4}$	Dichte des Mediums.
$\nu = \frac{\eta}{\varrho}$	$m^2 sec^{-1}$	Kinematische Zähigkeit d. Mediums.
$\Re = \frac{w \cdot l}{\nu}$	—	Reynolds'sche Zahl.
α'	Grad	Anstellwinkel des Profils im Versuch.
α	„	Anstellwinkel des endlich breiten Profils gegen die Strömungsrichtung.
$\alpha_i = \alpha - \frac{\zeta_a \cdot l}{\pi \cdot b}$	„	Anstellwinkel des unendlich breiten Profils gegen die Strömungsrichtung.
$\alpha_0 = \alpha - \frac{57{,}3}{v} \int_{-b/2}^{+b/2} \frac{\partial \Gamma}{\partial z} \cdot \frac{dz}{4 \pi z}$	„	Anstellwinkel des mittleren Profilelements gegen die Strömungsrichtung.
$q = \frac{\varrho}{2} v^2$	$kg^1 m^{-2}$	Staudruck der ungestörten Strömung.

$q' = \int\limits_0^1 \frac{\varrho}{4} {v'}^2_d \, d\left(\frac{x}{l}\right) + \int\limits_1^0 \frac{\varrho}{4} {v'}^2_s \, d\left(\frac{x}{l}\right)$	$kg^1 m^{-2}$	Mittelwert der aus der Druckverteilung bekannten örtlichen Staudrucke.*)
Δp	$kg^1 m^{-2}$	Druckdifferenz gegenüber ungestörtem Medium.
$\zeta_a = \frac{A}{q \cdot F}$	—	Auftriebsbeiwert für das endliche Profil ($F = b \,.\, l$).
$\zeta_{a_0} = \int \frac{\Delta p_d}{q} \, d\left(\frac{\xi}{l}\right) - \int \frac{\Delta p_s}{q} \, d\left(\frac{\xi}{l}\right)$	—	Auftriebsbeiwert für das mittlere Profilelement.*)
$\zeta_{w_n} = \int \frac{\Delta p_v}{q} \, d\left(\frac{\eta}{l}\right) - \int \frac{\Delta p_h}{q} \, d\left(\frac{\eta}{l}\right)$	—	Normalwiderstandsbeiwert für das mittlere Profilelement.**)
$\zeta_p = \zeta_w - \frac{\zeta_a^2 \cdot l}{\pi \cdot b}$	—	Profilwiderstandsbeiwert nach Prandtl.
$\zeta_{p_0} = \zeta_{w_n} + 2 \cdot \frac{q'}{q} \zeta_r$	—	Profilwiderstandsbeiwert für das mittlere Profilelement.
$\zeta_r = \frac{W_r}{q \cdot F}$	—	Reibungsbeiwert für ebene Flächen.
$\zeta_m = \frac{M}{q \cdot F \cdot l}$	—	Momentenbeiwert für das endliche Profil.
$\varepsilon = \frac{\zeta_p}{\zeta_a}$ oder $\frac{\zeta_{p_0}}{\zeta_{a_0}}$	—	Profilgleitzahl.
$\zeta_{a_\delta}, \zeta_a'$	—	Koeffizienten.
$\Gamma = \frac{\zeta_a \cdot v \cdot l}{2}$	$m^2 sec^{-1}$	Zirkulation um das Flügelelement.
D	m^1	Durchmesser des Propellers.
H	m^1	Steigung des Propellers.
z	—	Flügelzahl des Propellers.
n	sec^{-1}	sekundl. Drehzahl des Propellers.
$\Lambda = \lambda \cdot \pi = \frac{v}{n \cdot D}$	—	Fortschrittsziffer des Propellers.

*) Indices d und s für Druck- und Saugseite.

**) Indices v und h für Vor- und Rückseite in Strömungsrichtung.

$k_s = \frac{S}{\varrho\, n^2 D^4}$	—	Schubbeiwert	des Propellers.
$k_m = \frac{M}{\varrho\, n^2 D^5}$	—	Momentenbeiwert	
$\zeta_s = \frac{S}{q \cdot \frac{D^2 \pi}{4}}$	—	Schubbelastungsgrad	
$\eta_p = \frac{k_s}{k_m} \cdot \frac{\Lambda}{2\pi}$	—	Wirkungsgrad	
η_{i_r}	—	induzierter Wirkungsgrad eines Blattelements auf dem Radius r.	
$\lambda_{r_i} = \frac{v}{r \cdot \omega\, \eta_{i_r}}$	—	Hydrodynamischer Fortschrittsgrad des Blattelements auf dem Radius r.	
λ_{r_i}'		desgl. mit Berücksichtigung des durch die Fliehkraft hervorgerufenen Strahlunterdrucks $\Delta p = -\varrho \int \frac{c_u^2}{r}\, dr$	

Auswertung experimenteller Untersuchungen über Luft- und Wasserschrauben mit verdrehbaren Flügelblättern.

Von Melitta Schiller,
Deutsche Versuchsanstalt für Luftfahrt, Berlin-Adlershof.

I. Anlaß und Grundlagen der Arbeit.

Der Flugzeugbau ist nach Überwindung der prinzipiellen Schwierigkeiten in einem Stadium angekommen, in dem es sich nicht mehr darum handelt, das Problem des Fliegens an sich zu lösen, sondern Maximalleistungen an Geschwindigkeit, Dauer, Reichweite, Gipfelhöhe und Wirtschaftlichkeit zu erzielen.

In diesem Stadium genügt weder der Kompromißmotor, der nur in einem bestimmten Betriebszustand sein Bestes hergibt, noch die starre Kompromißschraube. Selbst am Rumpf werden durch Einziehen des Fahrgestells und Verändern der Flügelfläche neuerdings während des Betriebes Änderungen vorgenommen.

Die vorliegende Arbeit befaßt sich lediglich mit der Schraube: Aufgabe der Schraube ist es, Schub zu erzeugen. Für die Größe des Schubes maßgebend sind außer Geschwindigkeit und Drehzahl die Konstruktionsgrößen der Schraube: Durchmesser, Tiefe, Profilpolare und Steigung. Soll eine Schraube bei jedem Betriebszustand den bestmöglichen Wirkungsgrad haben, so müssen im Idealfalle alle diese Größen variiert werden. Das ist praktisch unmöglich, und es soll daher untersucht werden, ob nicht schon durch Änderung einer einzelnen Größe eine befriedigende Anpassung der Schraube an die verschiedenen Bedingungen erzielt werden kann. Man wird diejenige Größe wählen, die konstruktiv am einfachsten zu variieren ist, und die auf die Eigenschaften der Schraube einen möglichst großen Einfluß hat.

Bei den hohen Zentrifugalbeanspruchungen, denen eine Luftschraube ausgesetzt ist, sind die Änderungen von Durchmesser und Tiefe s während des Betriebes mit erheblichen Schwierigkeiten verknüpft. Eine Änderung der Profilpolare kommt nur in Betracht, soweit sie sich aus den obengenannten Änderungen von selbst ergibt.

Es bleibt nun zu untersuchen, wie sich eine Änderung der Steigung während des Betriebes auf die Eigenschaften der Schraube auswirkt. — Über Schrauben mit verdrehbaren Flügelblättern liegen eine ganze Reihe von Arbeiten vor.[1]) Sie geben in dimensionsloser Darstellung für verschiedene Blattformen von Holz- und Metallschrauben Wirkungsgrade, Schubzahlen und Leistungszahlen in Abhängigkeit vom Fortschrittsgrad.

Bei der Verwertung dieser Zahlentafeln bzw. Kurven zeigt sich jedoch, daß daraus nur durch Ausrechnung einzelner Fälle Anhaltspunkte für das Anwendungsgebiet von Verstellschrauben gefunden werden können.

Nun sind aber die Änderungen der Dichte während des Betriebes meist gering, auch der Durchmesser der Schrauben bleibt in jedem Falle konstant. Schließlich kann man noch für eine große Anzahl von Fällen — Dampfmaschinen bei konstanter Zylinderfüllung, Dieselmaschinen bei gleichbleibender Einstellung der Brennstoffregulierung und Benzinmotoren bei fester Einstellung von Vergaser und Drosselklappe — bei nicht zu starker Änderung der Drehzahl mit annähernder Konstanz des Drehmomentes rechnen. Unter diesen Voraussetzungen gelangt man zu einer anderen, wohl übersichtlicheren dimensionslosen Darstellungsart, aus der sich leicht die für die zukünftige Entwicklung wichtigen Folgerungen ziehen lassen.

Diese vom Maßsystem ebenfalls unabhängige Darstellungsart verfolgt den Zweck, den Schubgewinn, den man bei wechselnder Fortschrittsgeschwindigkeit aus der Flügelverstellung erzielen kann, so deutlich und unmittelbar erkennbar zu machen, daß man den zweckmäßigen Anwendungsbereich langsam- oder schnellaufender Verstellschrauben (mit oder ohne Getriebe) ersehen und die Auswahl von Drehzahl, Durchmesser und Blattform etwas einfacher treffen kann, als nach den bisherigen Auftragungen.

II. Gewählte Darstellungsart.

Es wurden gewählt:

eine Schubzahl $$\sigma = S \cdot \frac{D}{2\pi M}$$

eine Geschwindigkeitszahl $$\varphi = v \sqrt{\frac{\varrho \cdot D^3}{1000\,M}}$$

ein Drehzahlgrad $$\nu = n \sqrt{\frac{\varrho\, D^5}{1000\,M}}$$

[1]) W. F. Durand und E. P. Lesley, Experimental Research on Air Propellers. NACA-Rep. 30 (1919).

F. E. Weick, Full-Scale Wind-Tunnel Tests of a Series of Metal-Propellers on a VE-7-Airplane. NACA-Rep. 306 (1929).

F. E. Weick, Working Charts for the Selection of Aluminium Alloy Propellers of a Standard Form to operate with various Aircraft Engines and Bodies. NACA-Rep. 350 (1929).

F. W. Caldwell, Variable Pitch Propellers. J. Soc. Automot. Engr. Bd. 26 (1929), S. 656/666.

E. P. Lesley, Tests of an Adjustable Pitch Model Propeller at four Blade Settings. NACA Techn. Note 333 (1930).

wobei S = Schub (kg)
M = Drehmoment (mkg)
D = Durchmesser (m)
v = Geschwindigkeit (m/s)
n = Drehzahl (U/s)
ϱ = Dichte (kg s^2/m^4)

Man sieht, daß durch die Zahlen σ, φ und ν nach den angegebenen Formeln in der Tat bei konstantem Drehmoment, konstanter Dichte und konstantem Schraubendurchmesser der Schub unmittelbar als Funktion der Fortschrittsgeschwindigkeit erscheint.

Es ergibt sich so für jede Blattform eine Schar von Kurven σ, φ, die bei konstantem Drehmoment und konstanter Dichte auch als Kurven S, v angesehen werden können. Sie entsprechen den verschiedenen Winkelstellungen des Blattes und weichen in einem mittleren Bereich in Übereinstimmung mit früheren experimentellen Feststellungen nicht sehr stark von Geraden ab.

Schreibt man an die σ, φ-Kurven noch die zugehörigen Wirkungsgrade und trägt die Kurven konstanten Drehzahlgrades ν über derselben Abszisse φ ein, so ergibt sich ein vollständiges, ohne Rechnung zu übersehendes Bild der Wirkungsweise und des Anwendungsgebietes von Verstellschrauben.

Die gewählte Darstellung wurde bald nach Erscheinen des Rep. 30 im Jahre 1919 von Reißner durchgeführt. Eine Veröffentlichung ist damals unterblieben. Nachdem inzwischen die oben genannten weiteren Experimental-Untersuchungen über verstellbare Luftschrauben erschienen sind und die Frage der Verstellschrauben im Flugzeugbau durch die erhöhten Anforderungen, die in letzter Zeit an die Leistungen der Flugzeuge gestellt werden, noch aktueller geworden ist, wurden im vorigen Jahre auf Veranlassung des Luftschraubenausschusses in einer gemeinsam mit Herrn Reißner durchgeführten Arbeit[2]) die genannten Veröffentlichungen in der dargestellten Weise ausgearbeitet und an Hand von Beispielen erläutert.

III. Ausdehnung der Untersuchungen auf Schiffsschrauben.

Die günstigen Resultate, die sich für verstellbare Luftschrauben daraus ergeben, legten es nahe, die gleichen Untersuchungen für verstellbare Schiffsschrauben anzustellen, über die ebenfalls einige Arbeiten vorliegen.[3]) Als Anwendungsfälle für Verstellschrauben an Schiffen kommen hauptsächlich in Frage: Schlepper, die mit und ohne Anhang

---

[2]) ZFM, 1931, Heft. 18.

[3]) W. Mc. Entee, Model Tests with Adjustable Blade Propellers. Transact. Soc. Nav. Arch. and Mar. Engr. Bd. 35 (1927).

Versuchsanstalt für Wasserbau und Schiffbau, Berlin, Untersuchungen mit den Propellern, Nr. 753, 756, 757 (unveröffentlicht).

fahren, Kriegsschiffe in voller und in Marschfahrt, Gleitboote in langsamer Fahrt und bei schnellem Gleiten auf Stufe und jedes normale Schiff bei ruhiger See und in hohem Seegang, bei dem der Widerstand erheblich wächst. Besonders vorteilhaft erscheint ferner die Anwendung des Verstellpropellers zur Vermeidung der Umsteuerung des Motors auf Rückwärtsgang: Bei der Umsteuerung wird nämlich, solange noch Vorwärtsgeschwindigkeit vorhanden ist, die Schraube unter einem Winkel angeströmt, der unbedingt Abreißen der Strömung zur Folge haben muß. Es dauert daher sehr lange, bis tatsächlich Rückwärtsschub erzielt wird, abgesehen davon, daß wegen der Umkehrung des Schraubenprofils der Wirkungsgrad schlecht ist. — Verwendet man dagegen einen Verstellpropeller, so braucht man zur Erzeugung negativen Schubes die Steigung nur entsprechend zu vermindern, wobei der Drehsinn der Schraube erhalten bleibt. Man kann dabei ganz kontinuierlich vorgehen, ohne daß jemals die Strömung abzureißen braucht.

Die vorliegenden Versuche über verstellbare Schiffsschrauben wurden in der gleichen Weise ausgewertet wie die Luftschraubenversuche. Als Anwendungsbeispiel wurde hier nur ein willkürlich herausgegriffener Fall durchgerechnet.

IV. Besprechung der ausgewerteten Versuche und Ergebnisse.

Die Schraube des Rep. 30, Fig. 1, ist eine Holzschraube von etwa 0,90 m Durchmesser, die im freien Luftstrom gemessen wurde. Das

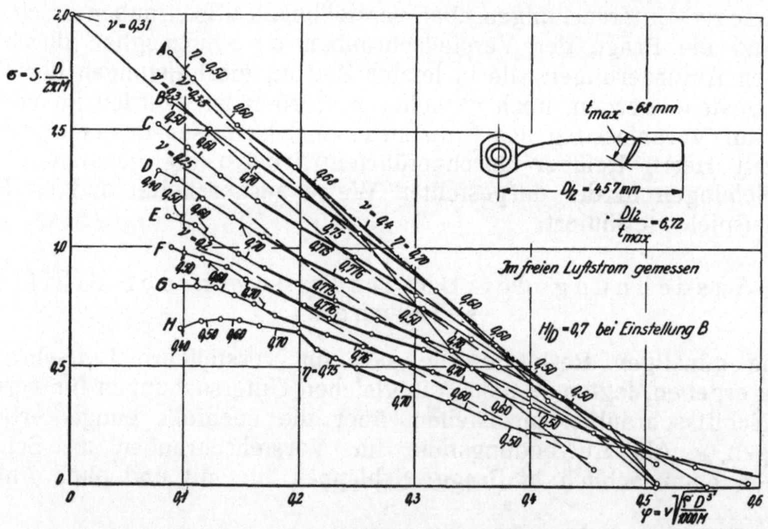

Fig. 1.

NACA-Rep. 30. Bei 0,8 R ist Einstellung A = 11°35', B = 15°35', C = 19°35', D = 23°35', E = 27°35', F = 31°35', G = 35°35', H = 39°35'; Normaleinstellung ist B.

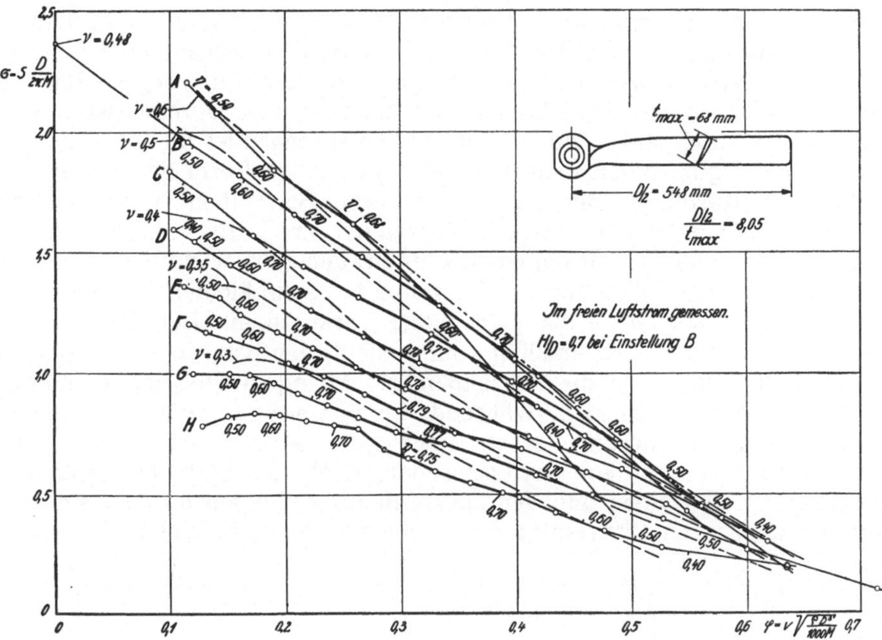

Fig. 2. NACA-Rep. 30, umgerechnet auf das 1,2fache des Durchmessers. Einstellungen wie bei Fig. 1).

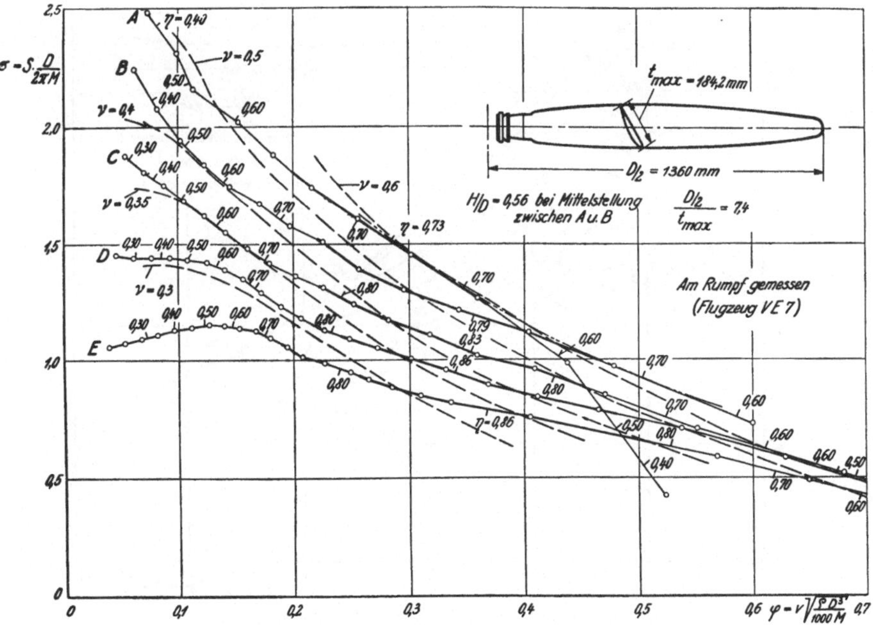

Fig. 3. NACA-Rep. 306. Bei 0,8 R ist A = 10°54', B = 14°48', C = 18°42', D = 22°42', E = 26°48'; Normaleinstellung in der Mitte zwischen A und B.

Schraubenblatt ist gegenüber neueren Luftschraubenformen im Verhältnis zu seiner Breite sehr kurz. Die Kurven liegen daher wesentlich tiefer als bei allen übrigen Versuchen. Um sie den anderen vergleichbar zu machen, wurden sie deshalb auf das 1,2fache des Durchmessers umgerechnet — Fig. 2 —, wobei sich ein entsprechendes Seitenverhältnis des Blattes ergibt, wenn man außerdem die eckige Form gegenüber den mehr lanzettförmigen Blättern der anderen Schrauben berücksichtigt. Im Gegensatz zu allen übrigen Messungen an Luftschrauben ist bei Rep. 30 ein Standversuch gemacht worden, der sehr wichtig ist, weil er Schlüsse über das Verhalten der Schraube bei sehr kleinen Geschwindigkeiten zuläßt, wie sie etwa beim Start vorkommen. Der Verlauf der Kurven ist ziemlich regelmäßig. Man sieht deutlich, wie bei großen Geschwindigkeitszahlen die Schrauben mit geringem Steigungsverhältnis bald sehr schlecht werden, während die Schrauben großen Steigungsverhältnisses auf diesem Gebiete noch gute Schubzahlen liefern. Die Drehzahlen wachsen, wie vorauszusehen, nach der Seite der größeren Geschwindigkeitszahlen und der flacheren Einstellungen hin. Es sind die Kurven konstanten Drehzahlgrades ν eingezeichnet, so daß zu erkennen

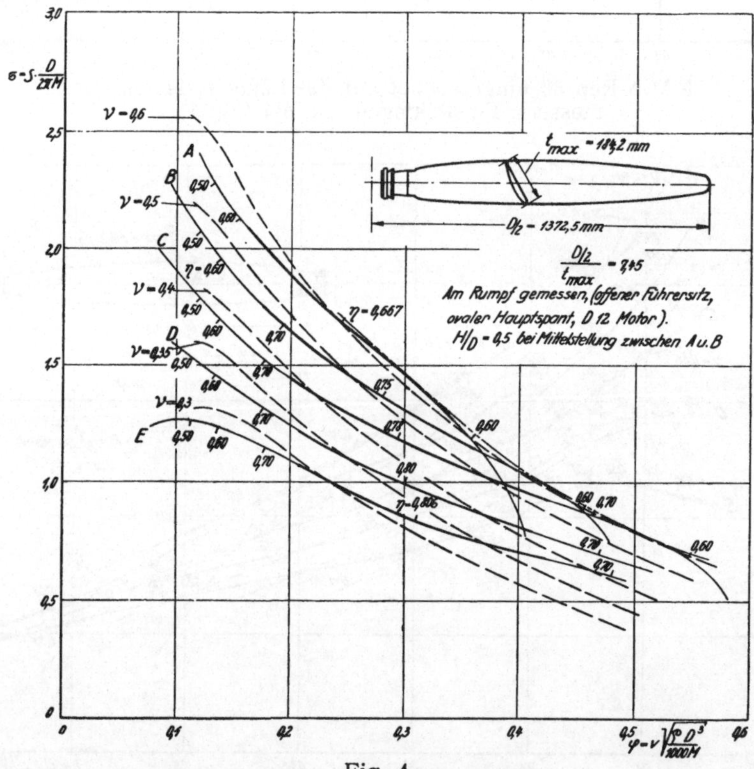

Fig. 4.

NACA-Rep. 350. Bei 0,8 R ist A = 9°16', B = 13°10', C = 17°6', D = 21°10', E = 25°10'; Normaleinstellung in der Mitte zwischen A und B.

ist, wie zur Erreichung gleichbleibender Drehzahl von einer Winkelstellung zur anderen übergegangen werden muß. — Die Gebiete der höchsten Wirkungsgrade sind stark ausgezogen und zwar bis zu 5% Wirkungsgradabfall nach jeder Seite des Maximums.

Die Schraube des Rep. 306, Fig. 3, ist eine Metallschraube von 2,70 m Durchmesser. Sie wurde am Rumpf des Flugzeuges VE 7, eines Doppeldeckers, gemessen. Die Kurven zeigen entsprechenden Verlauf.

Dasselbe gilt von den Kurven des Rep. 350, Fig. 4, dessen Schraube ähnliche Form und einen Durchmesser von 2,75 m hat und an einem Eindecker mit ovalem Hauptspant gemessen wurde.

Die gleiche Schraubenform mit etwas größerem Durchmesser — 2,90 m — verwendete Caldwell zu seinen Versuchen, von denen nur eine Versuchsreihe herausgegriffen wurde, Fig. 5. Eine genaue Auswertung seiner Versuche wurde dadurch erschwert, daß die Meßkurven in sehr kleinem Maßstabe wiedergegeben und keine Zahlentafeln beigeführt sind. Die Schraube wurde im freien Luftstrom gemessen.

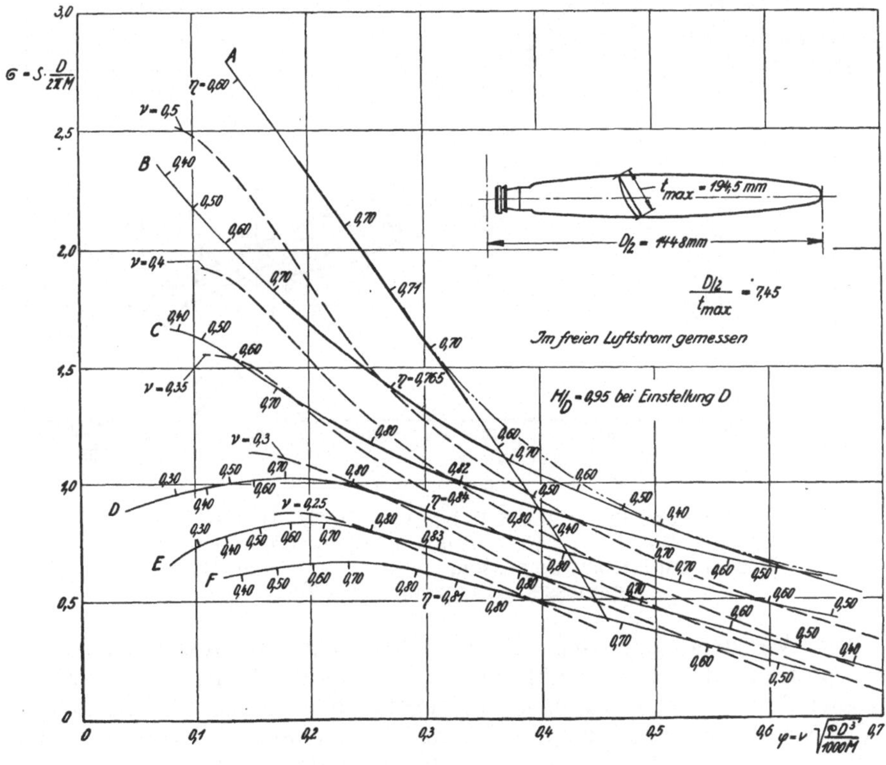

Fig. 5.
SAE 1929, Caldwell. Schraube 3: Bei 0,8 R ist A = 7°7', B = 14°2', C = 20°32', D = 26°33', E = 32°, F = 36°42', Normaleinstellung bei D.

Auch bei Rep. 333, Fig. 6, wurde eine Metallschraube verwendet — Durchmesser 0,90 m —, die einmal im freien Luftstrom und einmal an einem Rumpfmodell des Flugzeuges VE 7 gemessen wurde. Der Einfluß des Rumpfes ist hier deutlich zu sehen, und zwar geben die am Rumpf gemessenen Kurven bei hohen Geschwindigkeitszahlen z. T. günstigere Werte, was wohl auf den Einfluß des Vorstromes zurückzuführen ist.

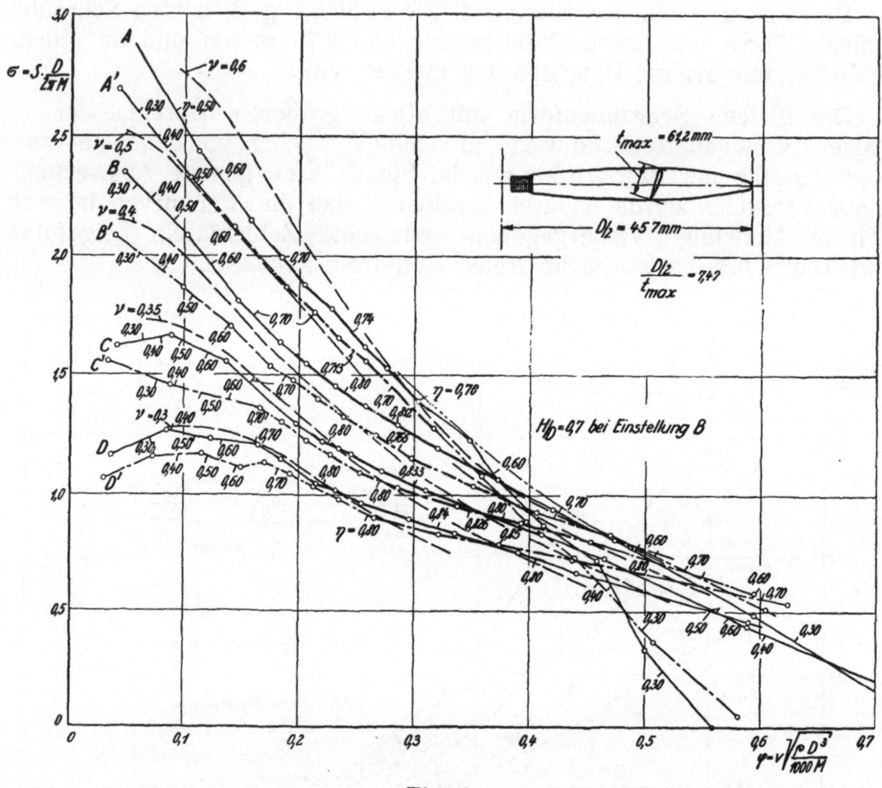

Fig. 6.
NACA-Rep. 333. Bei 0,8 R ist A = 10°25', B = 15°35', C = 20°43', D = 24°. Normaleinstellung bei B —— im freien Luftstrom gemessen, —·—·— am Rumpf gemessen (Flugzeug VE—7).

Die Versuche der Rep. 30 und 333 sind im Aerodynamischen Laboratorium der Universität Stanford ausgeführt, bei einer Windgeschwindigkeit von etwa 90 km/h, diejenigen der Rep. 306 und 350 im 20-Fuß-Windkanal des Langley Memorial Aeronautical Laboratory mit einer erreichbaren Windgeschwindigkeit bis etwa 200 km/h. Bei den Caldwellschen Versuchen fehlen nähere Angaben über den Windkanal.

Fig. 7 gibt eine Darstellung der M c. E n t e e'schen Versuche mit einer verstellbaren dreiflügeligen S c h i f f s schraube elliptischer Blattform und

0,40 m Durchmesser, ausgeführt im Modellversuchstank in Washington. Der Verlauf der Kurven ist ähnlich wie bei den Luftschrauben, ab-

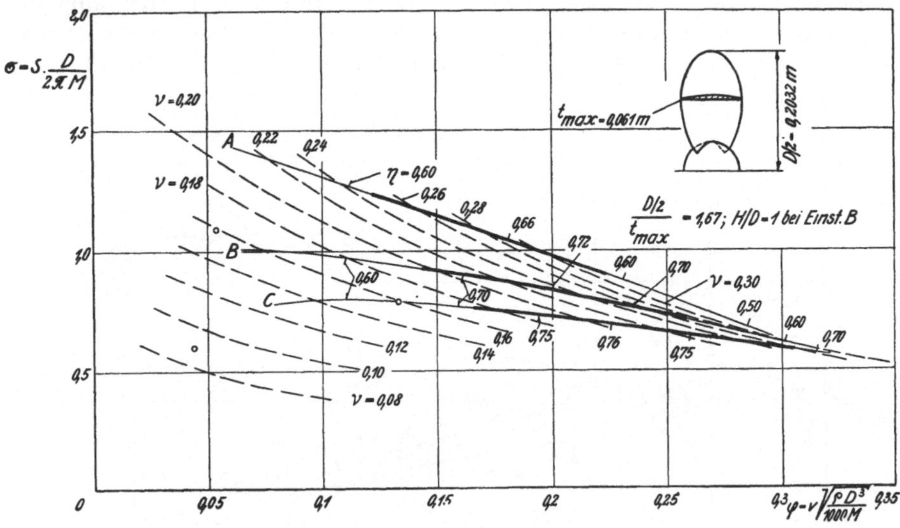

Fig. 7.
Mc. Entee, Transact. Soc. Nav. Arch. & M. Engr. 1927.
Versuch 595: Bei 0,7 R ist A = 18° 43', B = 24° 30', C = 29° 50'; Normaleinstellung bei B.

gesehen von den entsprechend geänderten Koordinatenmaßstäben und den erheblich niedriger liegenden Werten der Drehzahlgrade. Auffallend ist die größere Regelmäßigkeit der Kurven, die wohl auf die große Blattbreite der Schiffsschrauben zurückzuführen ist. Die Kurven sind leider nicht sehr weit nach der Seite der kleinen Geschwindigkeitszahlen hin durchgemessen, auch wäre es erwünscht gewesen, noch steilere Einstellungen zu untersuchen als Einstellung C, wie die weiter unten gegebene Durchrechnung eines Beispieles zeigt. Von den drei Versuchsreihen, die Mc. Entee gibt und die sich nur durch die Konstruktionssteigung unterscheiden, wurde die mittelste herausgegriffen, da die Abweichungen der drei Reihen voneinander gering sind. Es hat sich auch hier gezeigt, daß der radiale Steigungsverlauf eine untergeordnete Rolle spielt. Immerhin scheint es nach den Versuchen von McEntee günstiger zu sein, die Konstruktionssteigung zu klein zu halten als umgekehrt, da die Propeller mit nachträglich vergrößerter Steigung günstiger sind, als diejenigen mit verringerter Steigung. Diese Tatsache ließe sich folgendermaßen erklären: Bei einer Drehung des Blattes werden die Einstellwinkel jeden Blattelementes um den gleichen Betrag verändert. Da der Hauptschub in etwa $^2/_3$ des Radius liegt, wird hier die Einstellung dem Fortschrittsgrad entsprechend sein. In dem kleinen Bereich bis zur Spitze werden die Abweichungen unerheblich sein. In Nabennähe aber wird bei vergrößerter Steigung der Einstellwinkel nicht genügend erhöht, so daß das Profil unter Umständen bei so stark negativen Anstellwinkeln arbeitet, daß negativer Schub erzeugt wird. — Bei verringerter Steigung werden die Einstellwinkel nicht genügend verringert, der Anstellwinkel ist daher in Nabennähe zu groß, es könnte Abreißen der Strömung erfolgen, was aber offenbar wegen der großen Völligkeit der Nabenprofile in den vorliegenden Fällen nicht in nennenswertem Maße eintritt.

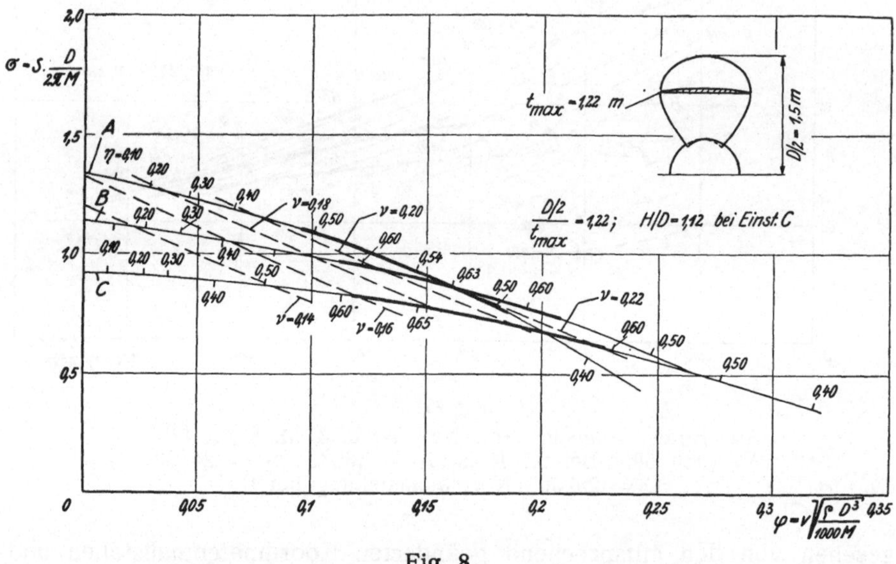

Fig. 8.
Versuchsanstalt für Wasserbau und Schiffbau, Berlin. Versuche 896—898. Propeller Nr. 753: Bei 0,7 R ist A = 18°3', B = 22°37', C = 26°56'; Normaleinstellung bei C.

Ganz entsprechend verlaufen die Kurven, die an drei verschiedenen ebenfalls dreiflügeligen Propellern in der Versuchsanstalt für Wasserbau und Schiffbau in Berlin gemessen wurden. Bei den ersten beiden Versuchsreihen, Fig. 8 und 9, wurde ein Propeller der dargestellten Form mit einem Durchmesser von 0,15 m verwendet. Die Kurven sind schon auf den richtigen Maßstab umgerechnet, dem ein Durchmesser von 3 m entspricht. Es wurde bis zum Fortschrittsgrad 0 gemessen, die steilste Einstellung ist noch flacher als bei McEntee, so daß die Kurven wohl für viele praktische Fälle nicht ausreichen. Im übrigen ist der Verlauf ganz ähnlich wie in Fig. 7. Die beiden ersten Versuchsreihen unterscheiden sich nur durch geänderte Konstruktionssteigung der Schraube.

In der dritten Versuchsreihe, Fig. 10, wurde noch eine Schraube anderer Form gemessen, die einen etwas abweichenden Steigungsverlauf aufweist. Die Unterschiede in den Meßergebnissen sind nicht erheblich.

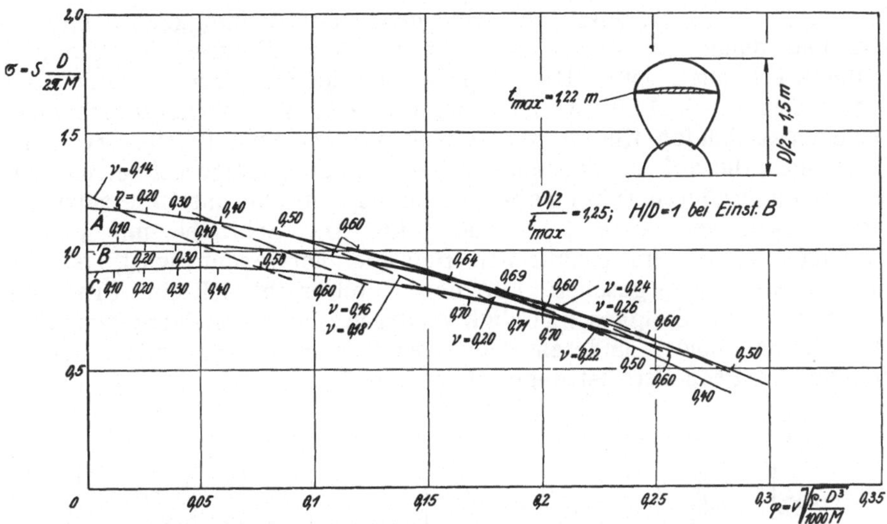

Fig. 9. Versuchsanstalt für Wasserbau und Schiffbau, Berlin. Versuche 902—904. Propeller Nr. 756: Bei 0,7 R ist A = 21°54', B = 24°30', C = 26°36'. Normaleinstellung bei B.

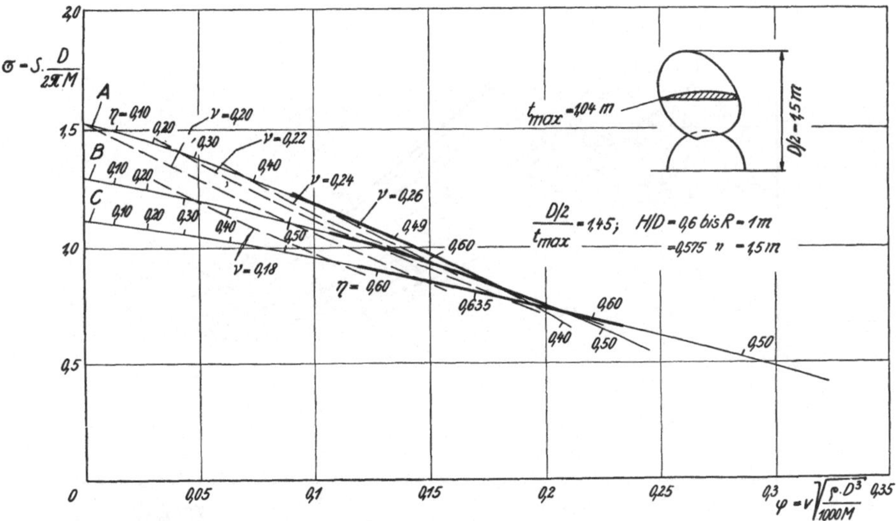

Fig. 10. Versuchsanstalt für Wasserbau und Schiffbau, Berlin. Versuche 905—907. Propeller Nr. 757: Bei 0,7 R ist A = 14°40', B = 19°14', C = 23°. Normaleinstellung bei A.

V. Anwendungsbeispiele.

Fig. 11, der die Messungen des Rep. 350 zugrunde liegen, zeigt die Anwendung der Versuchsergebnisse auf das Beispiel des Flugzeugs

Bäumer B IV „Sausewind“, das eine große Geschwindigkeitsspanne besitzt und daher die Zweckmäßigkeit des Verstellpropellers besonders deutlich erkennen läßt. Das Beispiel wurde mit drei verschiedenen Durchmessern — 1,80 m, 2,16 m und 2,43 m — durchgerechnet. Die eingezeichneten Kurven sind die Schub-Geschwindigkeitskurven des Flugzeuges, die auf die Koordinaten der Abbildung umgerechnet wurden. Die beiden größeren Durchmesser bedingen Getriebe mit Untersetzungsverhältnissen von etwa 1:1,3 und 1:1,5. Die Schraube mit 1,80 m Durchmesser, die im praktischen Betriebe verwendet wird, ist für direkten Antrieb vorgesehen. Für diesen Fall ergibt sich eine Erhöhung der maximalen Steiggeschwindigkeit durch die Verstellung um über 20%. In den beiden anderen Fällen um 28% bzw. 33%. Die Gradverstellung des Propellers ist dabei 5°, 6° und 7°.

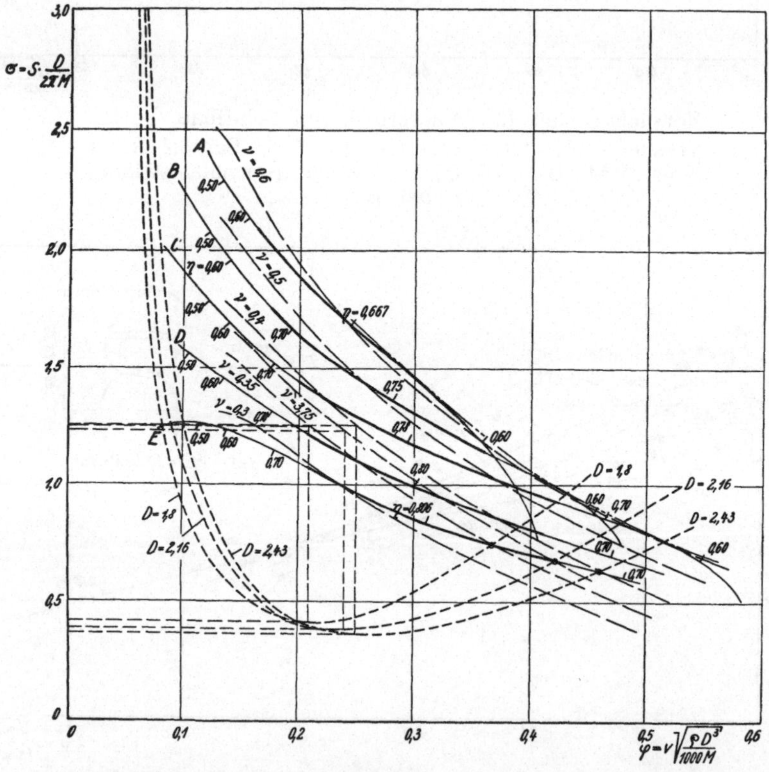

Fig. 11.
Anwendungsbeispiel für Flugzeug Bäumer B IV „Sausewind” mit 3 verschiedenen Durchmessern.

Als Beispiel für die Verwendung von Verstellschrauben bei S c h i f f e n wurde ein Fischdampfer gewählt, der einmal ohne Anhang mit 10 Kn Geschwindigkeit, einmal beim Schleppen von Fischnetzen mit 4 Kn Geschwindigkeit fahren soll. Die Leistung der verwendeten Dampfmaschine sei 370 PS bei 97 U/min, der Durchmesser der Schraube 3,05 m, der mittlere Nachstrom betrage 20%. Die Schub- und Geschwindigkeitszahlen, die sich aus diesen Daten ergeben, wurden mit den oben gezeigten Versuchskurven verglichen. Eine geschlossene Widerstands-Geschwindigkeitskurve wie beim Flugzeug läßt sich hier wegen des durch das Anhängen der Netze veränderten Widerstandes nicht einzeichnen. Es wurden also punktweise die zueinander gehörigen Werte von Schub- und Geschwindigkeitszahlen abgelesen. — Da die Propellermodelle freifahrend gemessen sind, wurden die praktischen Daten unter Zugrundelegung eines mittleren Nachstromes von 20% auf eine Freifahrtschraube umgerechnet. Dabei ergibt sich für 10 Kn Geschwindigkeit, die einer Geschwindigkeitszahl von $\varphi = 0{,}133$ entspricht, eine Schubzahl von $\sigma = 0{,}8$, entsprechend einem Schub von 4450 kg. (Die WPS, EPS, SPS und η-Kurven des Propellers liegen vor.) Man erhält einen Punkt, der in den von McEntee aufgenommenen Kurven gerade in die Kurve C fällt. Bei den Versuchen der Berliner Versuchsanstalt liegt der Punkt etwas unterhalb der steilsten Einstellung. Daher wurden die Ergebnisse des Anwendungsbeispiels in die McEntee'schen Kurven eingezeichnet. (Fig. 7). Bei Verwendung eines festen Propellers ist angegeben, daß die Drehzahl beim Schleppen um 30—35% sinken, die Zylinderfüllung der Dampfmaschine von 55% auf 75% erhöht werden soll. Die Leistung bleibt in diesem Falle annähernd konstant, während das Drehmoment proportional der Drehzahl sinkt. Aus diesen Angaben erhält man bei der der Schleppgeschwindigkeit von 4 Kn entsprechenden Geschwindigkeitszahl $\varphi = 0{,}044$ mit der verringerten Drehzahl von 1,1 U/s, der ein ν von 0,09 entspricht, ein σ von etwa 0,6. Das ergibt einen Schub von ungefähr 5000 kg.

Wird durch Verwendung eines Verstellpropellers die Drehzahl konstant gehalten, so beträgt der erreichbare Schub bei gleichbleibender Zylinderfüllung über 6200 kg entsprechend der Schubzahl $\sigma = 1{,}1$.

Die Anwendung eines Verstellpropellers bringt also über 20% Schubgewinn und um 20 Prozent geringere Zylinderfüllung gegenüber dem festen Propeller. Die Gradverstellung beträgt dabei etwa 6°.

Schon dieses willkürlich herausgegriffene Beispiel zeigt die Vorteile, die unter Umständen die Anwendung von Verstellschrauben im Schiffbau haben kann. Es darf allerdings nicht verkannt werden, daß die konstruktiven Schwierigkeiten auch hier groß sind, da die unter Wasser liegenden Schrauben einer Kontrolle schwer zugänglich und leicht Beschädigungen ausgesetzt sind. Das Verhältnis der hydro- bzw. aerodynamischen Kräfte zu den Zentrifugalkräften ist dagegen bei Schiffsschrauben für die Ausbildung des Verstellmechanismus günstiger als bei Luftschrauben, und nach den neueren Erfahrungen im Kaplanturbinenbau ist anzunehmen, daß die so lohnende Herstellung betriebssicherer Schiffsverstellschrauben gelingt.

Blade Propulsion.

Schriftliche Zufügung von Mr. James Allan, Dumbarton.

The importance of blade interference in the design of Marine Screws has not been sufficiently considered and Dr. Weinig's theoretical discussion of the general question is very interesting.

Tests made at Dumbarton on an individual section placed in cascades of sections at various angles and spacing have shown that the lift coefficient progressively and increasingly diminishes as the sections are brought closer together. The effect on the drag is more erratic but in general as the gap diminishes there is firstly a gentle increase to considerably above the free drag of the test section and then in most cases a rapid reduction to values much below the free drag. This matter is of great importance in propeller design.

The scale effect question has been engaging our attention at Dumbarton for some time and while it is not possible to give detailed results here it appears probable that even the largest propellers generally used in model work are still subject to some scale effect in passing to the full size. We have studied the matter both from tests on groups of geometrically similar screws run at various speeds and on groups of test sections of different absolute size and covering a range of thickness or camber ratio. These propellers and sections have included both round back forms and more streamlined forms. The round backed section is more subject to scale effect than the streamlined section. i. e. the gain from the streamlined section diminishes with increasing Reynolds number. This has been found also with tests of complete model screws having the different shape of cross-section.

Thick sections (14% to 20% thickness ratio) improve rapidly with increasing Reynolds number, the major change being a rapid increase in the lift coefficient (a result known also from work in air). By analysis of complete propellers from these section results it is clear that most of the change due to „scale effect" takes place on the inner part of the blades towards the roots. Our work has been carried to a Reynolds number of about 3.5×10^5 for representative sections.

It would be very valuable to carry this research to much higher Reynolds numbers until the root sections were working above the doubtful region. There is some evidence from measured ship thrusts for the belief that the efficiency of a full-sized screw is greater than that predicted from the model, and Dr. Kempf's work on frictional resistance lends further support to this point of view.

It has occurred to me that it might be possible to carry out propeller tests at high Reynolds number in a suitably designed water tunnel in which the temperature was raised to 120° C or more and the pressure increased sufficiently to prevent cavitation. A Reynolds number 8 to 10 times that obtained in the open at the same speed might be attained in this way.

Erörterungsbeiträge

zu Gruppe III Flügelantrieb.

E. Foerster: Zwei Vorträge dieser Gruppe: der des Herrn Professor Dr. Betz über Grundlagen des Voith-Schneider-Propellers und der von Frl. Dipl.-Ing. Schiller über Schrauben mit verdrehbaren Flügelblättern, besitzen von der Praxis der Schiffahrt aus gesehen einen inneren Zusammenhang. Beide gehören auch zu den wenigen Referaten, welche sich neben wissenschaftlichen Darlegungen auch mit der vergleichsweisen Bewertung technischer Maßnahmen auf Grund der Forschung befassen.

Der Voith-Schneider-Propeller ist ein Mechanismus mit verdrehbaren Flügelblättern im idealen Sinne. Je nach dem durch den Betrieb bedingten Belastungsgrad kann das Schaufelsystem auf eine beliebige Steigung eingestellt werden, so daß die jeweils zweckmäßigste Wirkung der Schaufelgruppe als Ganzes sichergestellt wird. Dies gilt in gleicher Weise für die Vor- und die Rückwärtsfahrt. In beiden Fällen arbeitet der V.-S.-Propeller gleichwertig, — (es sei denn, verschieden beeinflußt durch die Schiffsform).

Wenn mit Recht auf die vergleichsweise größere technische Kompliziertheit des Voith-Schneider-Propellers im Vergleich zu dem mechanisch viel einfacheren Schraubenpropeller hingewiesen wird, so muß die Schiffahrtspraxis in jedem Fall entscheiden, wie viel andererseits die Ent-Komplizierung der Steuereinrichtung und die Umsteuerung des Antriebs-Organs von der Brücke aus bedeutet. Die Behandlung dieser Fragen gehört mit zu den Grundlagen für die Beurteilung der vergleichsweisen Wertigkeit.

In allen Fällen, wo die Größe der Anlage hinreicht, um zweckmäßig zum turbo- oder dieselelektrischen Antrieb überzugehen, kommt noch der beim V.-S.-Propeller besonders willkommene Wegfall der Wellenleitungen und Untersetzungsgetriebe mit in die Erörterung. Die Überlegenheit des Antriebs-Wirkungsgrades ist, wie richtig bemerkt wurde, im Schleppbetrieb erheblich größer als in der Freifahrt. Gerade unter den Bedingungen des harten Schleppbetriebes bei geringer Fahrt bewährt sich die durch das System gegebene Anpassung der Steigung an die Belastung, und es wird überdies die Möglichkeit des Kraftsteuerns mit einem großen Teil der Hauptantriebsmaschine von verstärkter Bedeutung für die Manövrier-Eigenschaften eines Schleppzuges. Der bewegliche Charakter des Voith-Schneider-Propellers mit Bezug auf Schaufelzahl und die Veränderung der Schaufelstellungen von der Brücke aus begünstigt auch eine Normalisierung des Propellers hinsichtlich seines Bewegungsmechanismus in etwas weiteren Kraftgrenzen als beim normalen Propeller; die Serienanfertigung als vorläufig einzige Aussicht für die Verringerung des Preises rückt damit näher.

Die vom Referenten angedeutete Möglichkeit der Unterbringung größerer Antriebskräfte für gegebenen beschränkten Strom- und Kanaltiefgang ist m. E.

zu unterstreichen. Der Kanal-Schleppbetrieb wird heute im allgemeinen mit sehr niederer Geschwindigkeit durchgeführt, und es verbieten sich höhere Geschwindigkeiten auch mit wegen der Gefährdung der Kanalsohlen und Böschungen durch die Propeller. In dieser Beziehung besitzt der Voith-Schneider-Propeller ebenfalls ausgesprochene Vorteile, da die durch ihn hervorgerufenen Wirbelungen weniger schädlich gerichtet sind als beim normalen Propeller an horizontaler Achse.

Die Ausführungen Frl. Schillers sind für gewisse Schiffstypen und Betriebsbedingungen von großer praktischer Bedeutung. Wenn man bedenkt, daß ein Fischdampfer den größten Teil seines Betriebslebens mit 3—4 Knoten, hoch belastet durch schwere Schleppnetze, arbeitet, während die Propeller keineswegs auf höchsten Wirkungsgrad bei dieser Geschwindigkeit konstruiert sind, — (sondern auf beste Leistung bei 10 bis 12 Knoten) — so ergibt sich fraglos, daß der Brennstoffbedarf der Fischdampfer in mehr als der Hälfte ihrer Lebenszeit um Prozentsätze verringert werden kann, die nicht unter 30 bis 40 liegen. — Das Umgekehrte gilt mit vielleicht ähnlichen Prozentsätzen von Schleppern, deren Propeller auf hohe Belastung in Schleppbetrieb konstruiert ist, während sie, — besonders insoweit es sich um Bergungsschiffe handelt, das Interesse haben, eine möglichst hohe Fahrtgeschwindigkeit freifahrend zu erzielen. — Die Verdrehbarkeit des Flügels bis zum Rückwärtsgang kann beim V.-S.-Propeller durch ein kleines Handrad von der Brücke aus betriebssicher und ohne nennenswertes Risiko für den Mechanismus oder die Schaufeln vollzogen werden, während beim gewöhnlichen Propeller hier noch praktische Schwierigkeiten vorliegen. Der in der Nabe des Verstell-Propellers auf möglichst geringem Raum untergebrachte Übersetzungs-Mechanismus ist stark beansprucht und unzugänglich, und das ganze Kräftespiel ist weniger leicht beherrschbar und Stößen ausgesetzt. Daher ist auch die Schiffahrt bisher mit allen Wendegetrieben, — seien es nun Getriebe, welche nur den hinteren Teil der Propellerwelle mit dem festen Propeller umsteuern, oder seien es Getriebe zur Erzielung der Verdrehbarkeit der Propellerflügel, — noch nicht zufrieden. Insonderheit haben die größten Ausführungen mit Verstellschrauben bisher schon zu einigen ganz unerwarteten Zusammenbrüchen geführt, die nach den Berechnungen im normalen Betriebe nicht hätten eintreten sollen. Bei der großen wirtschaftlichen Bedeutung von Verstellschrauben für bestimmte Schiffstypen ist zu wünschen, daß die mechanischen Schwierigkeiten hier bald völlig überwunden werden.

H. Kreitner: Die von Herrn Prof. Dr. Betz angegebene Näherungsformel für den durchschnittlichen Flügelwirkungsgrad des Voith-Schneider-Propellers steht in recht guter Übereinstimmung mit genaueren Untersuchungen durch Integration des Kräftespieles über den Laufkreis; die kleinen Abweichungen liegen so, daß die Näherungsformel etwas zu geringe Wirkungsgrade ergibt, da in Wirklichkeit das Schubmaximum nicht vor der Radmitte liegt, sondern etwas nach der Seite des Steuerpunktes verschoben ist; daher liegt ein größerer Teil der Energieumsetzung im Gebiete der höchsten Elementarwirkungsgrade als nach der Näherungsannahme.

Weiter wurde beim Vergleich mit der analog gebauten Formel für die Schraube dort das kleine Subtraktionsglied im Zähler vernachlässigt; demnach ergibt die vereinfachte Schraubenformel um etwa 1% zu hohe Flügelwirkungsgrade. Unter Berücksichtigung dieser geringen grundsätzlichen Differenzen können aber die beiden Formeln unmittelbar miteinander verglichen werden. Es entspricht dann der Gleitzahl ε des Schraubenflügels der Ausdruck $2\,\frac{W}{A_0}$, bezw. $2\,\frac{c_{w\,Profil}}{c_{a_0}}$ des Voith-Schneider-Propellers, der sinngemäß als seine mittlere Gleitzahl angesprochen werden kann. Trotz des Faktors 2 ist sie nicht größer als das ε des Schraubenflügels; letzteres bezieht sich nämlich auf den dauernd vorhandenen Auftriebsbeiwert des Profils, der Wert c_{a_0} hingegen stellt den höchsten während des Umlaufes vorkommenden Auftriebsbeiwert dar und ist um ein Mehrfaches höher als das c_a der Schraube. So liegt in einem durchgerechneten Beispiel eines Antriebes für ein scharfes Fahrgastschiff der Auftriebsbeiwert der Schraube zwischen 0.25 und 0.30, der Auftriebsscheitel c_{a_0} des Voith-Schneider-Propellers hingegen zwischen 1.0 und 1.1. Die Profilwiderstände c_w können in den beiden Fällen nicht größenordnungsmäßig verschieden sein, zumal beim Voith-Schneider-Propeller der rasche Wechsel der Anströmrichtung eine Strömungsablösung auch bei hohen Auftrieben verhindert. Der Wert $2\frac{W}{A_0}$ ist daher zumindest nicht größer, sondern meist sogar kleiner als die Gleitzahl der Schraube.

Diese Umstände gemeinsam mit den eingangs erläuterten grundsätzlichen Abweichungen der verglichenen Formeln und mit der geringeren Schnellläufigkeit $\frac{u}{v}$ des Voith-Schneider-Propellers begründen seinen relativ hohen Flügelwirkungsgrad.

W. Coulmann: Herr Professor Betz hat betont, daß die gleichmäßige horizontale Schichtung des Nachstroms unter dem flachen Heck eines V-S-Schiffes besonders günstig durch die Stellung der Flügel berücksichtigt werden könne. Hiernach müßte man den Flügel auf seinem vorderen Halbkreisweg in der oberen Partie, d. h. im Nachstrombereich, mit einem kleineren, unten im freien Wasser mit einem größeren Anstellwinkel arbeiten lassen, man müßte ihm also Flächenverwindung geben. Dann bekommt er aber für die hintere Hälfte seines Weges grade die ungünstigste Form, weil ja Druck- und Saugeseite des Blattes beim Umlauf zweimal wechseln. Es ist deshalb also nicht möglich, den Flügel dem Nachstrom anzupassen, solange man ihn wie bisher in sich starr baut.

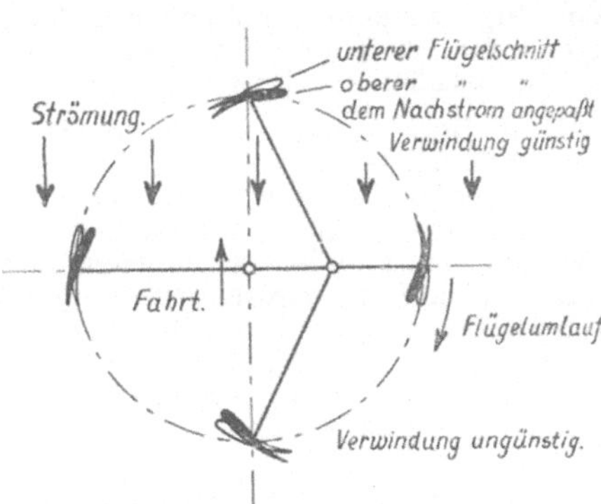

A. Betz: Die Frage von Herrn Coulmann beruht auf einem Mißverständnis. Zur Angleichung an den Nachstrom wird nicht der Verdrehwinkel der Flügel geändert. Das ist, wie ich ja schon in meinem Vortrage ausführte, nicht möglich. Vielmehr wird durch die Schrägstellung der Flügel die Umfangsgeschwindigkeit derselben an verschiedenen Stellen verschieden. Dadurch wird aber die Richtung der Absolutgeschwindigkeit der Flügelprofile und damit der Anstellwinkel, d. i. der Winkel der Profilmittellinie, zur Richtung der Absolutgeschwindigkeit geändert und kann so den Nachstromverhältnissen angepaßt werden.

D. Thoma: Die Propellertheorie setzt voraus, daß die Strömung in den abgewickelten Zylinderschnitten ebenso behandelt wird wie eine ebene Strömung. Dieselbe Voraussetzung wird bei der Theorie der Propellerturbine gemacht. Der größte Teil des durch den Propellerkreis bzw. die Turbine gehenden Wasserstromes, der „Hauptstrom", erfährt nur eine geringe Änderung der absoluten Umfangsgeschwindigkeit c_u und deswegen trifft hinsichtlich dieses Teils der Strömung jene Voraussetzung hinreichend zu. Gewisse kleine Teile der Strömung erleiden aber große Änderungen von c_u, nämlich 1) die Wasserteilchen, die in den Raum hineinlaufen, der die Staulinie an der Eintrittskante umgibt, 2) die Wasserteilchen des Totwassers, das sich an der Austrittskante bildet, und 3) die Reibungsgrenzschicht an der Schaufelfläche. Diese Wasserteilchen verlieren ihre Geschwindigkeit relativ zur Schaufelfläche vollständig oder fast vollständig, und für sie gilt die erwähnte Voraussetzung ganz und gar nicht. Diese Wasserteilchen werden — worauf ich schon früher hingewiesen habe —[1]) aus der Strömung herausgezogen, nach außen zentrifugiert und von der Schaufel außen als „Abstrom" abgeworfen, der sich dann mit dem Hauptstrom vermischt. Bei Propellerturbinen äußern sich diese Vorgänge besonders in zwei Erscheinungen:

a) wenn man sich die Turbine durch Zylinderflächen in einzelne „Teilturbinen" eingeteilt denkt (wobei von dem Bestehen des Abstromes abgesehen wird) und den Wirkungsgrad der einzelnen Teilturbinen mißt, findet man bei der äußeren Teilturbine einen auffallend schlechten Wirkungsgrad. Diese Teilturbine wird eben bei dieser Darstellung zu Unrecht mit einem erheblichen Teil der durch Reibung und Totwasserbildung an den inneren Teilen der Schaufeln entstehenden Verluste belastet.

b) Dünne Profile sind bei den Schaufeln der Propellerturbinen erfahrungsgemäß besser als dicke, auch wenn die letzteren bei ebener Strömung unter den gegebenen Anströmbedingungen den dünnen Profilen hydraulisch gleichwertig sind. Hier macht sich die Störung durch Herausschleudern des Wassers in den Stauräumen geltend.

Die Theorie wird bei weiterer Verfeinerung auf diese bisher nicht in Betracht gezogenen Vorgänge zu achten haben. Bei den Schaufeln des V.-S.-Propellers treten übrigens die erwähnten Störungen der Strömung nicht auf, weil die Flügelachsen fast parallel zur Drehachse sind.

Zu der von Herrn Prof. Betz betonten Wichtigkeit der Untersuchung der Schlingerbewegungen möchte ich erwähnen, daß Modellversuche auf diesem Gebiete besonders auch deswegen wichtig sind, weil die theoretischen Methoden vorwiegend auf die Behandlung stationärer Vorgänge zugeschnitten sind und häufig nicht einmal eine annähernde Beurteilung nicht-stationärer Vorgänge ermöglichen. Man darf hoffen, Schiffsformen zu finden, bei denen bei rascher Fahrt die Schlingerbewegungen durch die beim Schlingern entstehenden periodischen Veränderungen der Verdrängungsströmung und der Ablösungsstellen viel wirksamer gedämpft werden als etwa durch Anbringung von Schlingerkielen erreicht werden kann.

H. Föttinger: Ich möchte mir eine Frage erlauben.

In allen Fällen, wo Reaktionskräfte durch nicht stationäre, insbesondere periodische Massenströme erzeugt werden, wie z. B. beim Schwingenflug der Vögel, bei den stoßartigen Ausströmungen trockener und nasser Gasturbinen, (auch beim sogenannten „Wringen", der bekannten seitwärts schwingenden Ruderfortbewegung) entstehen zusätzliche Verluste an zurückgelassener kinetischer Energie, die durch die Schwankungen der Zirkulation bedingt sind. Es werden nämlich zusätzliche, bei gleichmäßigem Impulsstrom vermeidbare Anfahr- und Auslaufwirbel gebildet, deren

[1]) v. Kármán u. Levi — Civita, Vorträge aus dem Gebiete der Hydro- und Aerodynamik in Innsbruck 1922, Berlin, Springer, Seite 246.

kinetische Energie zu der des stationären Impulsstromes (homogenen Strahles von minimalem Verlust) additiv hinzutritt.[1])

Auch beim V.-S.-Propeller müssen infolge der periodischen Schwankung der Zirkulation und des Schubes solche Zusatzwirbel und -Verluste entstehen. Sind diese schon rechnerisch berücksichtigt worden?

A. Betz: Soviel ich im Moment übersehe, würden bei unendlicher Schaufelzahl keine zusätzlichen Wirbel infolge der zeitlich veränderlichen Zirkulation um die Flügel auftreten. Die von den Flügeln abgehenden Wirbel sind dann im Propellerstrahl so verteilt, daß ihr Feld gerade den elliptischen Geschwindigkeitsabfall am seitlichen Strahlrande darstellt. Ungleichmäßige Geschwindigkeitsverteilungen treten nur infolge des endlichen Schaufelabstandes ein. Der damit verbundene Energieverlust dürfte aber ebenso wie bei Schraubenpropellern mit endlicher Flügelzahl gering sein.

C. v. d. Steinen: Vielleicht dürfte jedenfalls beim Einschraubenschiff ein artgleicher Verlust auch beim Schraubenpropeller durch die lokale Änderung des Nachstromes während der Flügeldrehung nachweisbar sein.

J. Ackeret: Die Zirkulationsschwankungen durch veränderlichen Anstellwinkel während eines Umlaufes oder eines Teils eines Umlaufes sind mit Verlusten verbunden. Die bei jeder Schwankung abgehenden positiven oder negativen Anfahrwinkel ergeben sekundäre Bewegungen im durchfahrenen Gebiet, deren kinetische Energie ganz ähnlich wie im Falle des induzierten Widerstandes nicht immer vernachlässigt werden darf.

Zusammen mit Herrn C. Keller habe ich die Anordnung Leitrad—Laufrad eines Axial-Gebläses rechnerisch daraufhin untersucht. Der Leitapparat erzeugt, wenn er nicht sehr dicht beschaufelt oder in größerem Abstand vom Laufrad angebracht ist, im Bereiche einer Teilung verschieden gerichtete Anströmungen der Laufradflügel und damit schwankende Laufradzirkulation. Es zeigt sich, daß der Wirkungsgradverlust quadratisch mit der Schwankungsamplitude wächst und in bestimmten Fällen einige Prozente erreichen kann. Dabei tritt eine bemerkenswerte Abhängigkeit vom Verhältnis der Leit- zur Laufschaufelzahl zutage, die durch Interferenzen der in verschiedenen Phasen von benachbarten Flügeln abgehenden Anfahr-Wirbelbänder verursacht ist.

L. Prandtl: Es ist vorhin erwähnt worden, daß der VS-Antrieb dadurch weniger günstig sei als der gewöhnliche Propeller, daß bei jedem Flügel, während er sich von der einen Seite zur anderen herüberbewegt, die Zirkulation von Null auf ein Maximum und wieder zurück zu Null geht, wodurch besondere verlustbringende Wirbel abgespalten werden müssen. Soviel ich sehe, sind diese Wirbel im großen und ganzen nichts anderes als das, was nötig ist, um die nach den seitlichen Rändern des Propellerstrahls zu abfallende Strahlgeschwindigkeit hervorzubringen. Durch die Endlichkeit der Flügelzahl hat man auch beim gewöhnlichen Propeller einen solchen Abfall, und zwar ringsherum am Rande, außerdem auch noch einen Abfall an der Nabe. Beim VS-Propeller hat man den Abfall durch die Endlichkeit der Flügelzahl dagegen

---

[1]) Zur Richtigstellung gelegentlicher Mißverständnisse sei noch betont, daß schon beim gewöhnlichen Schraubenpropeller mit endlicher Flügelzahl, gegenüber dem glatten Strahl des unendlich vielflügeligen Propellers, der Energieinhalt der Spitzen- und Nebenwirbel stets additiv hinzukommt. Denn diese enthalten ja u. a. auch seitliche und rückwärtige Geschwindigkeiten.

Die kinetische Energie eines beliebigen Bezirks setzt sich aber aus der ihrer Schwerpunktsgeschwindigkeit (entsprechend dem homogenen Strahl) plus der der Relativbewegung der einzelnen Teilchen relativ zum Schwerpunkt des Bezirks zusammen. Die großen und kleinen Wirbel entsprechen gewissermaßen mitgeführten flüssigen Schwungrädern.

nur an dem unteren Rechteckrande. Am oberen Rande des Propellerstroms des VS-Antriebs ist dagegen kein Abfall vorhanden. Dazu kommt der oben erwähnte Abfall nach den Seiten, der nach einer Halbellipse erfolgt. Wenn man dies alles in Betracht zieht, so scheint es mir, daß der VS-Antrieb im Bezug auf diese Verluste durch Ungleichförmigkeit in der Geschwindigkeitsverteilung des Propellerstrahls eher günstiger ist als der gewöhnliche Propeller.

G. Madelung: Herr Foerster hat bereits auf Vorzüge des VS-Propellers hingewiesen, die die Verstellbarkeit und Umsteuerbarkeit betreffen. Hierzu möchte ich ergänzend bemerken, daß die Verstellschraube, die ja als Schraube verwunden ist, nur in einer Stellung richtig verwunden ist, während der VS-Propeller, der im Gegensatz dazu nicht verwunden ist, in jeder Stellung die richtige Form hat, sogar bei Rückwärtsfahrt. Nun ist das nur eine qualitative Feststellung, und ich möchte Fräulein Schiller fragen: Um wieviel schlechter ist eine verdrehte Verstellschraube als eine richtig verwundene. Mit anderen Worten: Um wieviel könnte eine „Gummischraube“ besser sein?

Fräulein M. Schiller: Wie aus allen vorliegenden Versuchen über verstellbare Luft- und Wasserschrauben hervorgeht, beträgt die Wirkungsgradverschlechterung, die bei Verstellung des Blattes durch Abweichen vom günstigsten Steigungsverlauf eintritt, im praktisch wichtigen Verstellbereich nur bis zu 2 bis 3%. Die Messungen sind allerdings nicht genau genug, um daraus eine quantitativ einwandfreie Abhängigkeit zwischen Wirkungsgrad und Steigungsverlauf entnehmen zu können.

H. Kreitner: Ein geradlinig quer zur Fahrtrichtung bewegtes Gitter konstanter Anstellung würde eine rechteckige Schubverteilung ergeben; die veränderliche Flügelanstellung des Voith-Schneider-Propellers hingegen äußert sich in einer elliptischen Schubverteilung. Der Energieverlust durch den Wechsel des Auftriebes ist daher — wie auch von Herrn Prof. Dr. Prandtl erwähnt wurde — in jenem Betrage zu suchen, um den der maximale theoretische Wirkungsgrad bei elliptischer Verteilung kleiner ist als bei rechteckiger Verteilung des gleichen Gesamtschubes. Diesen Unterschied hat aber Herr Prof. Dr. Betz bereits untersucht.

Insgesamt hat demnach der Voith-Schneider-Propeller eine abfallende Schubverteilung gegen drei Ränder seines Strahlflächenumrisses, nämlich nach unten wegen der freien Flügelspitzen und nach den beiden Seiten wegen des Wechsels der Anstellwinkel; die obere Begrenzung durch den Schiffsboden ist hingegen frei von derartigen Verlusten, während bei der Schraube infolge ihrer endlichen Flügelzahl längs des ganzen Kreisumfanges ein Schubabfall vorliegt.

Trotz der im Horizontalschnitt elliptischen Schubverteilung bildet sich beim Voith-Schneider-Propeller ein seitlich scharf begrenzter Strahl ohne merkliche Kontraktion in der Horizontalebene aus; die Einschnürung erfolgt vorwiegend im Vertikalschnitt. Dies konnte vor allem im Schlepptank durch seitliche Beobachtungsfenster festgestellt werden. Aber auch auf dem Versuchsboote „Torqueo I“ gelang es bei gewissen Wendemanövern, das Heckwellental so zu legen, daß eine scharfe Strahlbegrenzung in Form einer vertikalen Wasserwand auf einige Sekunden sichtbar wurde.

A. Betz: Inzwischen habe ich mir die Wirbelverteilung im Propellerstrahl etwas weiter überlegt und glaube die Verhältnisse nunmehr einigermaßen klarstellen zu können. Bei unendlicher Schaufelzahl ist das Feld der Wirbel gerade identisch mit dem elliptischen Abfall der Geschwindigkeiten nach der Seite. Bei endlicher Flügelzahl sind die Wirbel auf epizykloidenartig verlaufenden Bändern konzentriert. Diese Bänder sind Unstetigkeitsflächen. Sie entsprechen den schraubenförmigen Unstetigkeitsflächen hinter einem Schraubenpropeller. Infolge dieser Unstetigkeitsflächen fällt die Geschwindigkeit im Propellerstrahl nicht gleichmäßig wie eine Ellipse nach dem Rande hin ab, sondern in unstetigen Stufen, indem an jeder Wirbelfläche ein kleiner Sprung in der Geschwindigkeit eintritt. Der zusätzliche Energieverlust, der hierdurch entsteht, dürfte ziemlich geringfügig sein.

G. Flügel: Es hat. mich lebhaft interessiert, daß Herr Gutsche ganz ähnliche Messungen an Propellerprofilen durchgeführt hat, wie sie im Danziger Strömungsinstitut schon seit längerer Zeit im Gange sind, und über die ich morgen einiges mitzuteilen beabsichtige. Ich möchte jetzt nur darauf hinweisen, daß zur Ermittlung der Druckverteilung es sich bei unseren Versuchen als unbedingt nötig erwiesen hat, die Druckmeßstellen besonders hinter der Profilvorderkante sehr dicht nebeneinander zu legen — dichter, als es bei den Versuchen von Herrn Gutsche anscheinend der Fall gewesen ist —, damit zur Beurteilung des Verhaltens bei Kavitation der maximale Unterdruck an dieser Stelle genügend sicher bestimmt werden kann (der sowohl bei kleinen wie bei größeren Anstellwinkeln denjenigen auf Mitte Bauchseite meist bedeutend überschreitet), denn die Druckänderungen erfolgen hier in außerordentlich jäher Weise. Übrigens empfiehlt sich auch an den übrigen Stellen eine möglichst dichte Anordnung der Druckmeßstellen; man kann dann eigenartige Feststellungen über den Verlauf der Drucklinien machen, deren theoretische Klärung vielleicht zu einem wichtigen Einblick in den Mechanismus des Druckanstieges führt.

F. Gutsche (schriftliche Rückäußerung zum Beitrag von Mr. Allan): Der Hinweis von Mr. Allan auf englische Versuche über den Kennwerteinfluß auf Schiffsschrauben ist sehr interessant und steht im Einklang mit den von mir wiedergegebenen Resultaten. Auch die von ihm erwähnte Änderung der Profileigenschaften in Gitterstellung deckt sich im großen ganzen mit Ergebnissen, die ich mit einem Profil zur experimentellen Klärung der Stromlinienkrümmung im Gitterverband anstellte. Die Ergebnisse dieser Messungen sind übrigens schon in den beiden von mir mitgeteilten Nachrechnungen*) mit verwertet, wobei allerdings die Widerstandsbeiwerte unabhängig von der Gitterstellung aus den Messungen des Einzelprofils benutzt wurden. Einmal ergaben nämlich die Gitterversuche in dem fraglichen Auftriebsbereich des Profils nur geringe Änderungen der Widerstandswerte, und andererseits steuern die infolge engerer Gitterteilung hiervon betroffenen inneren Flügelzonen nur geringe Anteile an der Gesamtschuberzeugung bei, so daß es gerechtfertigt erscheint, diesen Einfluß in der Schraubenberechnung zu vernachlässigen.

*) s. Fußnote auf Seite 190 meines Hauptbeitrages.

GRUPPE IV.

Kavitation.

Kavitation und Kavitationskorrosion.

Von J. Ackeret, Zürich.[1])

Trotzdem die Kavitation (Hohlraumbildung) auf einfachen physikalischen Grundgesetzen beruht, die beispielsweise schon in der ersten Turbinentheorie von L. Euler (1754) angedeutet wurden, ist man erst seit kurzem dabei, sie systematisch zu studieren. Dabei hat es sich gezeigt, daß vor allem unser empirisches Wissen mangelhaft ist, daß noch wesentlich mehr experimentiert werden muß, wenn wir nur das Drängendste beantworten wollen, was die harte Schule der Praxis unablässig an Aufgaben stellt. Ich möchte deshalb auf die theoretische Seite des Problems, so interessant sie auch ist, hier nicht ausführlich eingehen.[2]) .

Für den praktisch tätigen Hydrodynamiker gibt es in bezug auf die Kavitation zwei Aufgaben:

1. Vermeidung von Leistungs- und Wirkungsgradverlusten durch Hohlraumbildung.
2. Vermeidung der Korrosionen.

Beide Aufgaben, obwohl physikalisch zusammenhängend, sind oft praktisch unabhängig: Korrosion kommt auch vor, wenn keine Leistungsverminderung spürbar ist, andererseits können Wirkungsgradmängel ohne Korrosion auftreten. So hat es sich beispielsweise gezeigt, daß bei Wasserturbinen mit Flügelrädern nach Kaplan, deren Kavitations-Verhalten in den letzten Jahren sehr eingehend untersucht wurde, die Vermeidung des Gebietes schroffen Wirkungsgradabfalls (Fig. 1) nicht immer auch vor Korrosionsschäden schützt.

---

[1]) Unter Mitwirkung von P. de Haller, Zürich. Einige der hier erwähnten Versuche wurden im hydraulischen Laboratorium von Escher Wyss, Zürich, ausgeführt. Ich möchte nicht verfehlen, der Leitung dieses Werkes, insbesondere Herrn Direktor A. Maas, für die Erlaubnis der Veröffentlichung zu danken.

[2]) Siehe etwa: H. Föttinger in „Hydraulische Probleme", VDI.-Verlag, Berlin, 1926, S. 14.

J. Ackeret, Techn. Mechanik und Thermodynamik, VDI.-Verlag Berlin, 1930, S. 1 und 63.

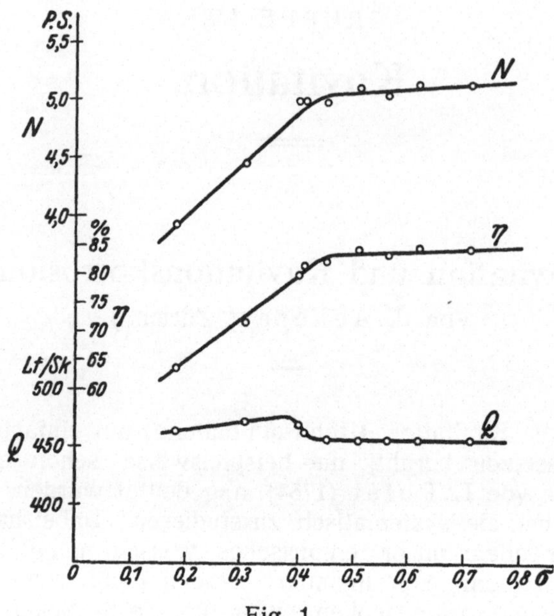

Fig. 1.
Kavitationsversuch an einer Kaplan - Turbine.

Mit Erniedrigung der absoluten Drücke (gemessen durch die Thoma'sche Kavitationszahl $\sigma = \frac{\text{Luftdruck} - \text{Stat. Saughöhe}}{\text{Gefälle}}$) ohne Veränderung der Geschwindigkeiten variieren Leistung N, Wirkungsgrad η, Wassermenge Q zunächst sehr wenig. Ziemlich scharf setzt dann aber ein Abfall von N und η ein, wobei Q eigentümlicherweise erst zunimmt.

Die nähere Betrachtung mit einem Funken-Stroboskop [3]) ergab, daß schon weit vor dem Knickpunkt (also bei größerem σ) Kavitation vorhanden ist, und zwar in Form von hohlen Wirbelzöpfen und Wasserdampf-Blasen auf den Flügeln. Der Knick bedeutet hier das Auftreten von Freistrahlen, wie sie auch bei einzelnen Flügeln beobachtet werden. Entscheidend für das Auftreten der Korrosionen ist, wie wir noch sehen werden, die Möglichkeit des Verschwindens der gebildeten Hohlräume auf den Flügeln. Bei Freistrahlbildung verschwinden die Hohlräume entweder gar nicht oder weit hinter den Flügeln, sie gibt keinen Anlaß zu Korrosion, trotz des erheblichen Wirkungsgradabfalls. Andererseits wirkt eine Kondensation auf dem Flügel bei großer Relativgeschwindigkeit zwischen Flügel und Wasser korrodierend, so daß bei großen Drehzahlen auch im Gebiet guten Wirkungsgrades Korrosion möglich ist.

---

[3]) Durch Transformator und Gleichrichter aufgeladene Kondensator-Batterie. Funken-Überschlag vorgesteuert durch Hilfsfunkenstrecke, die von einem Auto-Zündmagneten gespeist wird.

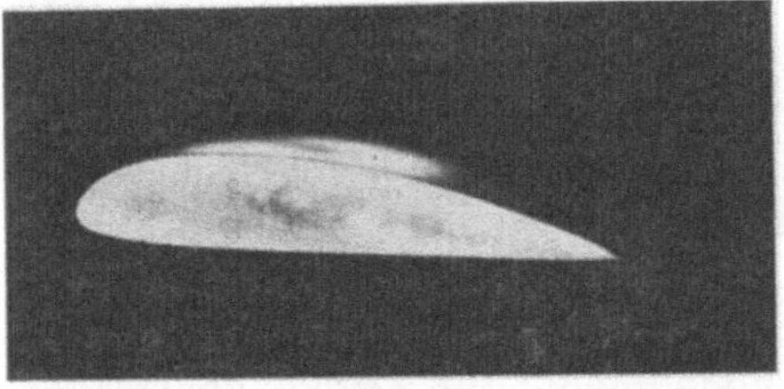

Fig. 2.
Kavitation an einem Tragflügel

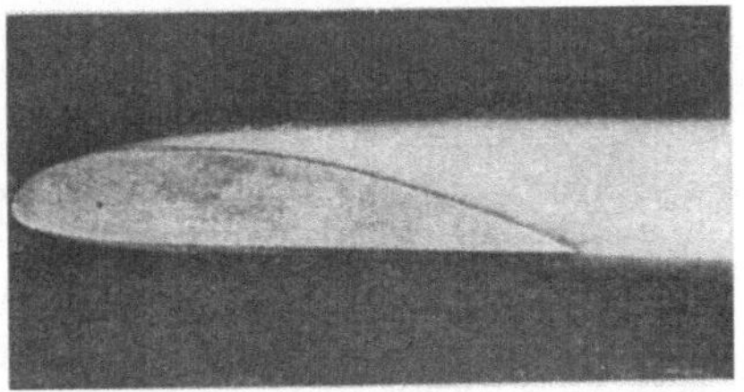

Fig. 3.
Kavitation an einem Tragflügel.
Freistrahlbildung.

Fig. 2 zeigt einen Streifen von Wasserdampfblasen auf der Saugseite eines Tragflügels, Fig. 3 die vollständige Ablösung der Strömung vom Flügel mit zwei Strahlgrenzen konstanten (Sättigungs-)Druckes. Fig. 4 und 5 zeigen die analogen Kavitationszustände an einer Kugel. Über die Entstehung und das Wachstum der Dampfblasen ist noch wenig bekannt, die kinematographische Beobachtung dürfte hier eine wertvolle Hilfe darstellen.[4])

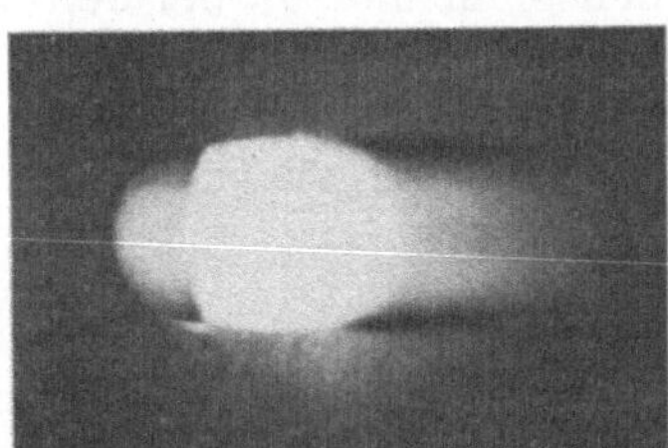

Fig. 4.
Kavitation an einer Kugel.

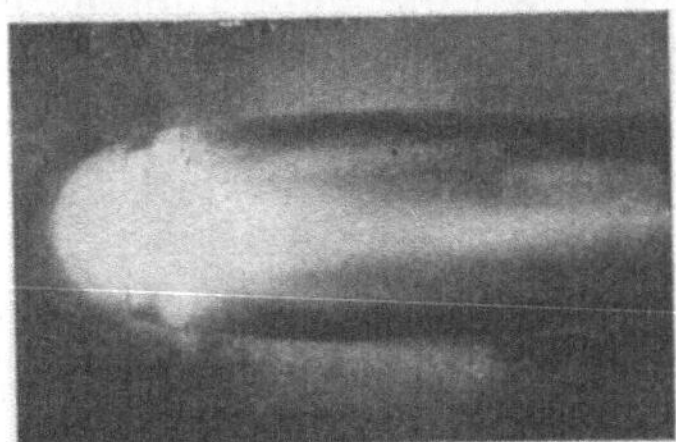

Fig. 5.
Kavitation an einer Kugel.
Freistrahlbildung.

Die naheliegende Forderung, in Zukunft die Maschinen, Propeller usw. so zu dimensionieren und anzuordnen, daß der Druck nirgends auf den Sättigungsdruck des Wasserdampfes absinkt, ist in der Praxis sehr selten durchführbar, weniger aus Unkenntnis der druckbestimmenden Faktoren, die sich durch passende Versuche genügend genau ermitteln ließen, als aus räumlichen und wirtschaftlichen Gründen. Man kann weder die Schiffsschrauben beliebig groß und langsam laufend machen noch die Kraftwerksturbinen so tief setzen, daß kein Bläschen mehr entsteht. Immerhin ist es heute im Turbinenbau üblich, in keinem Fall unter den Knick zu gehen, die meisten Firmen halten sich sogar in respektvollem Abstand bei höheren σ-Werten. Ob bei sehr schnellen Schiffen es auch immer möglich sein wird, Wirkungsgradabfälle zu vermeiden, kann man wohl erst entscheiden, wenn die Hamburger Kavitations-Anlage uns mehr Versuchsmaterial zur Verfügung gestellt

[4]) Siehe den Beitrag Mueller in diesem Buche.

hat. Soweit die Erfahrungen des Verfassers reichen, hat sich der Kavitations-Modellversuch bei Flügelradturbinen und -Pumpen als gut übertragbar erwiesen, so daß nirgends Wirkungsgradabfälle infolge Kavitation auftraten. Nur in einem noch nicht völlig aufgeklärten Falle einer älteren spezifisch langsam laufenden Turbine mit scharfen Schaufelkrümmungen, die im Gebiet sehr stark ausgebildeter Kavitation lief, stellte sich die erwartete Leistung nicht ein. Möglicherweise läßt sich stark ausgebildete Kavitation nicht modellmäßig ins Große übertragen. Es wäre deshalb sehr nützlich, die Kavitation auch im Großen zu beobachten. Zu diesem Zweck sind von Escher Wyss an zwei großen Kaplan-Wasserturbinen Schaufenster angebracht worden, durch die die Räder im Betrieb stroboskopisch beobachtet werden sollen. Vielleicht ließe sich Ähnliches auch bei Schiffsschrauben verwirklichen.

Können wir also einerseits Kavitation oft nicht vermeiden, andererseits aber doch ins Gewicht fallende Wirkungsgradverluste verhindern, so dreht sich alles weitere um die Frage nach den Korrosionen. Wenn diese nicht aufträten, wäre ja das Vorhandensein von Blasen durchaus nicht beunruhigend. Bei kleinen Geschwindigkeiten sind sie auch tatsächlich ungefährlich, nicht aber bei größeren. Wir möchten deshalb wissen, wo die gefährdeten Stellen zu suchen sind, und ob bei den vorgegebenen Geschwindigkeiten Korrosion zu befürchten ist. In bezug auf die erste Frage sehen wir heute glücklicherweise wesentlich klarer als

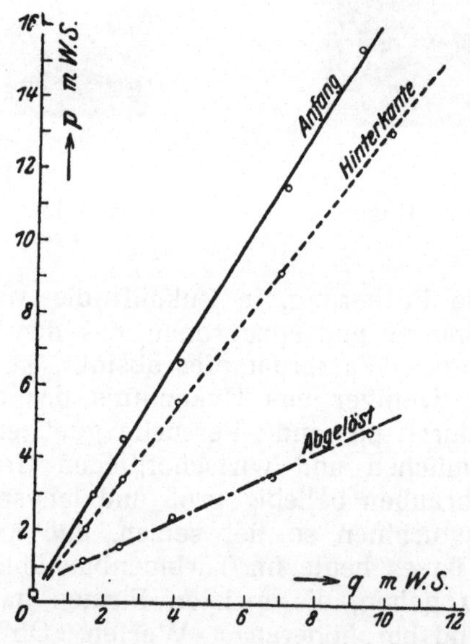

Fig. 6.
Lage des Verdichtungsstoßes in Abhängigkeit vom statischen Druck p und Staudruck q. „Anfang“ ≡ Lage des Verdichtungsstoßes auf $^1/_4$ Tiefe. „Hinterkante“ ≡ Verdichtungsstoß bis zur Hinterkante reichend.

früher. Nicht der Ausgangspunkt der Kavitationsblasen, die Stelle tiefsten Druckes, ist gefährdet, sondern jene Stellen stromabwärts, wo die Blasen und Hohlräume verschwinden, also jene Gegenden, wo bei Abwesenheit von Kavitation Druckanstieg in Strömungsrichtung herrscht. Die Lage dieses „Verdichtungsstoßes" in Abhängigkeit von äußerem Druck und Geschwindigkeit läßt sich in befriedigender Weise reproduzieren. Fig. 6 zeigt einen älteren Versuch des Verfassers an einem dicken Profil, im Referat Walchner sind für Sichelprofile die Stoßlagen ausführlich angegeben. Die theoretische Bestimmung der Stoßlage ist noch in den Anfängen.[5])

Das Aussehen der Kavitations-Korrosionen selber ist heute wohl bekannt und schließt eine Verwechselung mit Anfressungen durch Sand

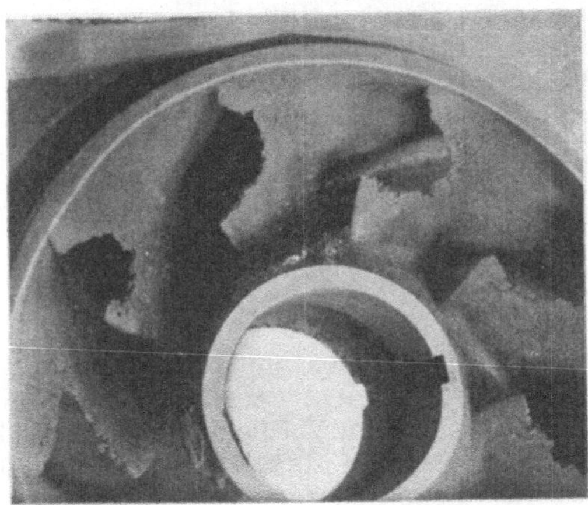

Fig. 7.
Korrodiertes Zentrifugalpumpenrad.

Fig. 8.
Korrosion durch Spaltkavitation an einer Kaplan-Turbinenschaufel.

usw. völlig aus. Fig. 7 zeigt ein korrodiertes Zentrifugalpumpenrad, bei welchem durch falsche Anströmrichtung und dadurch bewirkte Kavitation die Eintrittsteile der Schaufeln korrodiert und schließlich ausgebrochen sind. Die Korrosion der Kaplanschaufel Fig. 8 geht dagegen vom Laufradspalt aus, wo die Umströmung der Schaufelenden Gelegenheit zu Ablösung und Kavitation gibt. Besonders gefährdet ist gewöhnlicher Grauguß, der, wie die Fig. 9 und 10 zeigen, stark ausbröckelt, hauptsächlich an den Graphitteilchen entlang.

Wäre die Korrosionsursache rein chemisch, so würde die starke Abhängigkeit der Zerstörung von der Wassergeschwindigkeit schwer verständlich sein. Aus diesem und anderen Gründen, die vor allem von

[5]) Ackeret l. c. S. 69, ferner Mitteilungen von Weinig und Busemann in diesem Buche.

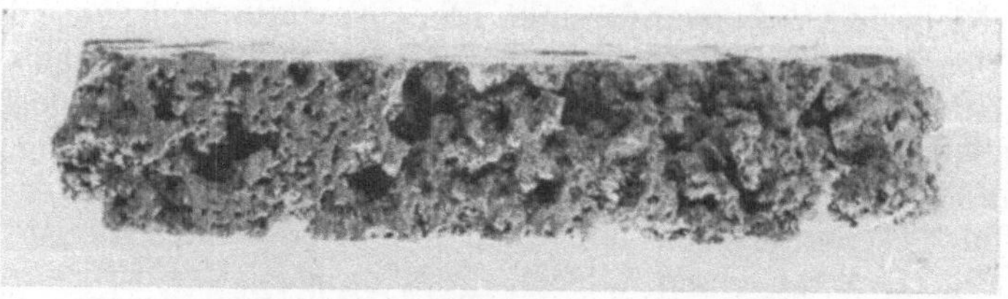

Fig. 9.
Korrosion von Gußeisen. Aufsicht.

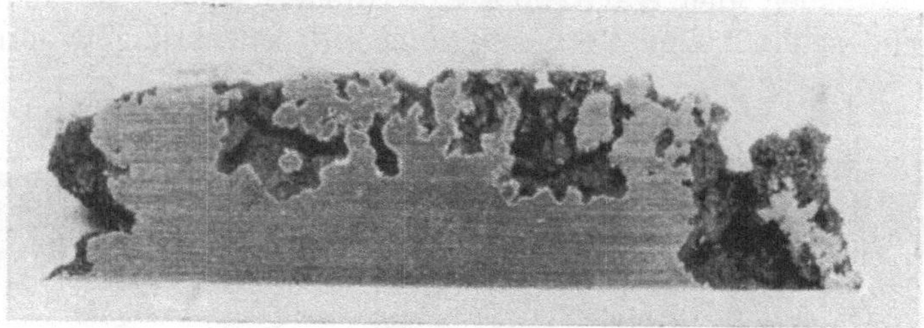

Fig. 10.
Korrosion von Gußeisen. Schnitt.

Parsons[6]) und Föttinger[7]) stark betont wurden, wird heute die chemische Auffassung des Vorgangs weniger beachtet und der mechanischen Anfressungserklärung das größte Gewicht beigelegt. Diese sagt in ihrer neueren Fassung, daß die Vorgänge im Verdichtungsstoß Drücke erzeugen, die auch harte Stoffe mechanisch zu zerstören vermögen. Die große Bedeutung der Wassergeschwindigkeit ist dann leicht verständlich. Will man in kurzer Zeit Anfressungen bekommen, etwa zum Zwecke, verschiedene Stoffe zu vergleichen, so müssen hohe Geschwindigkeiten verwendet werden. Versuche dieser Art sind an verschiedenen Orten im Gange; eine Einrichtung, die mit hohem natürlichem Gefälle arbeitet,

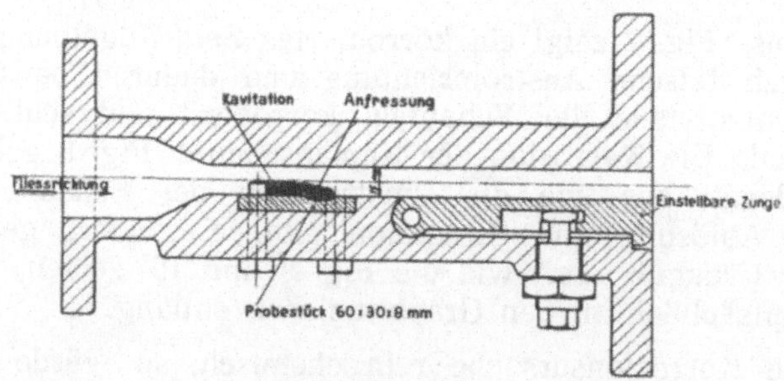

Fig. 11.
Korrosions-Versuchsapparat.

[6]) C. A. Parsons, Engineering 1919 S. 515.

[7]) l. c.

zeigt Fig. 11.[8]) Der Versuchskörper ist eine Seitenwand eines viereckigen Kanals, die Kavitation wird hervorgerufen durch einen runden Stift, der aus der Platte ragt. Die Einstellung der Zunge am Ausflußende ergibt eine sehr einfache und präzise Festlegung des Verdichtungsstoßes. Gleich am Anfang wurde festgestellt, daß Freistrahlbildung ohne Stoß, wie erwartet, zu keinerlei Korrosion führt. Erst wenn so stark gedrosselt wird, daß die Blasen auf der Probeplatte kondensieren, fängt die Zerstörung an, und zwar ungefähr an der Stelle des stärksten Druckanstiegs. Die Fig. 12 bis 15 zeigen der Reihe nach korrodierte Platten aus Stahl, Gußeisen, Aluminium-Legierungen, Glas.

Fig. 12.
Korrodierter Stahl. Von links nach rechts: weicher, mittelharter, harter S.-M.-Stahl nach 120 Stunden. Der kavitationserzeugende Zapfen war im unteren Loch; das obere war geschlossen. Strömung im Bild von unten nach oben.

Fig. 13.
Korrodiertes Gußeisen.
Links Maschinenguß, rechts Perlitguß nach 24 Stunden.

[8]) Aufgestellt von Escher-Wyss in der Zentrale Handeck der Kraftwerke Oberhasli, deren Direktion diese und andere Versuche in sehr dankenswerter Weise unterstützt.

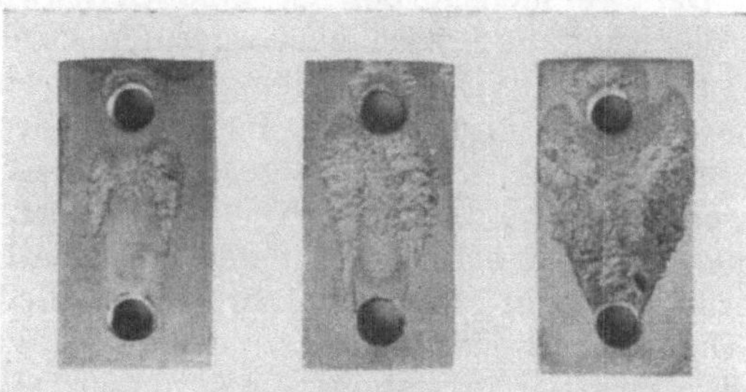

Fig. 14.
Korrodierte Aluminiumlegierungen. Anticorodal B nach 17 Stunden. Anticorodal Ho nach 17 Stunden. Aluman nach 40 Stunden.

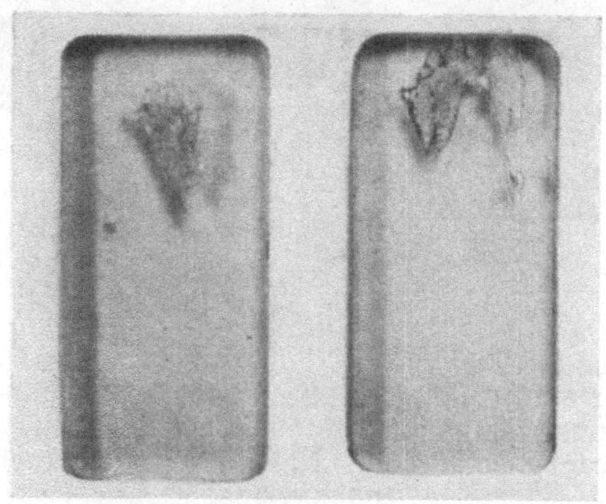

Fig. 15.
Korrodierte Glasseitenwand.

Mißt man den Druck an der Korrosionsstelle durch Anbohrungen, so findet man für den Drucksprung im Stoß Werte von rund 15 Atmosphären bei 54 at Zulaufdruck. Es wäre schwer zu verstehen, wie ein so niedriger Druck auch bei raschestem Wechsel Materialien von der Güte eines Werkzeugstahles in 100 Stunden angreifen kann. Man hat deshalb schon frühzeitig nach einem Multiplikationsmechanismus gesucht, der die notwendigen Drücke liefert. Diese sollten, so nahm man an, von der Größenordnung der Fließspannung sein, bei härterem Stoff also einige Tausend kg/cm². Fig. 16 deutet schematisch eine Möglichkeit der Entstehung solcher Drücke an. Die Dampfblasen geraten beim Weiterströmen in die Zone des Druckanstiegs und stürzen dort zusammen. Erfolgt der Sturz konzentrisch, so bedingt die Trägheit des Wassers eine sehr hohe Kompression des Dampfinhaltes und damit Drücke, die sehr viel größer sind als der Staudruck. Auch wenn man vollständige Kondensation annimmt, erhält man durch den Zusammenprall des Wassers Drücke von Tausenden von Atmosphären.

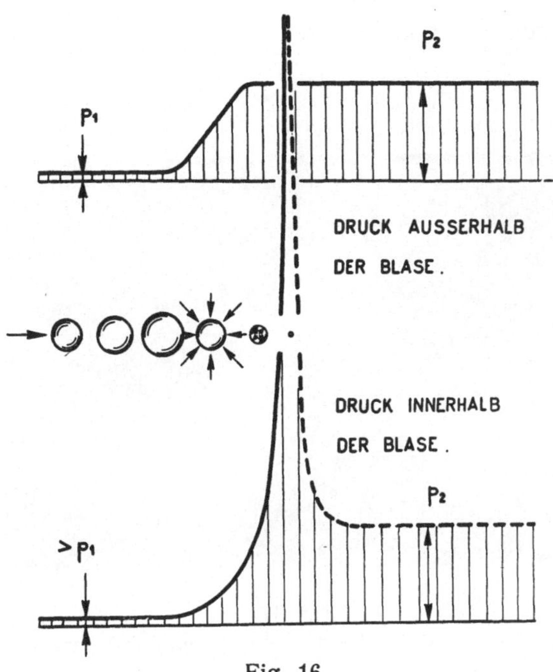

Fig. 16.
Schema eines Blasensturzmechanismus, der Drücke von hoher Größenordnung liefern könnte.

Durch die Zeitdehner-Aufnahmen von Mueller ist jedoch neuerdings die Annahme konzentrischer Verdichtung sehr unwahrscheinlich geworden, die Blasen scheinen sich vielmehr in Längsrichtung einfach zusammenzuschieben, so daß im Verdichtungsstoß Hinterwand auf Vorderwand prallt. Solche Zusammenstöße liefern aber, wie man leicht überschlägt, Drücke von nur einigen Hundert Atmosphären, die nach bisheriger Anschauung nicht ausreichen. Der Stoßdruck ist:

$$\Delta p = \frac{\varrho_w \, a_w \, u}{1 + \dfrac{\varrho_w \, a_w}{\varrho_m \, a_m}}$$

wo ϱ_m, a_m bzw., ϱ_w, a_w, Dichte und Schallgeschwindigkeit im Metall bzw. Wasser bedeuten und u die Relativgeschwindigkeit ist.

Stößt Wasser gegen Wasser, so ist einfach: $\Delta p = \rho_w \, a_w \cdot \frac{u}{2}$.

Beispielsweise bei $u = 50$ m/sec mit $\rho_w \sim 100$, $a_w \sim 1400$ m/sec.

$$\Delta p = 3{,}5 \, . \, 10^6 \text{ kg/m}^2 = 350 \text{ at.}$$

Versuche von Honegger[9]) und andern über Zerstörung von Dampfturbinen-Schaufelmaterial durch auftreffende Wassertropfen schie-

[9]) E. Honegger, Brown-Boveri-Mitteilungen, Baden 1927 S. 95.

nen die Notwendigkeit von Drücken von 2000 at und darüber zu bekräftigen.

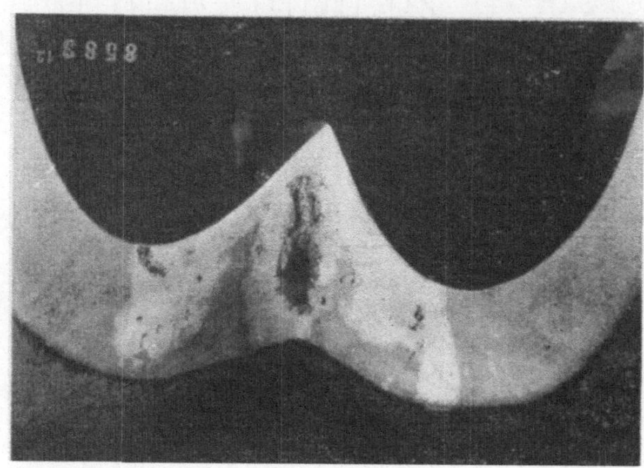

Fig. 17.
Zerstörung am Becherausschnitt eines Peltonrades.

Um so eigenartiger war es nun, daß Zerstörungen ganz ähnlicher Art wie bei Kavitation auch bei Freistrahl-Peltonturbinen auftraten, wo man von Unterdruckbildung kaum wird sprechen dürfen. Fig. 17 gibt ein Bild von den anfänglichen Schwierigkeiten, die dort zu überwinden waren. Die Löcher in hartem Material sind in wenigen Tagen entstanden. Die vollständige Beseitigung der Schwierigkeit gelang durch systematische Versuche im Laboratorium. Sie brachten das neue Ergebnis, das wesentlich kleinere Relativgeschwindigkeiten zwischen Wasser und Wand, nämlich schon 40 m/sec, zur Zerstörung ausreichen, wenn die auftreffenden Tropfen nicht wie bei Honegger Bruchteile von Millimetern messen, sondern Zentimetergröße haben. Das Prinzip der Versuchseinrichtung ist aus Fig. 18 ersichtlich. Der Probe-

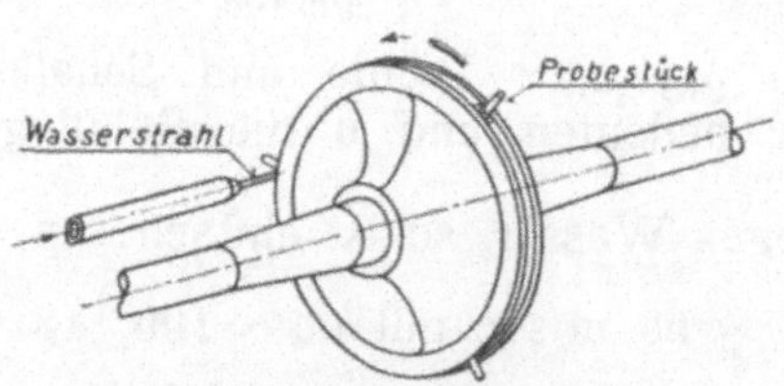

Fig. 18.
Wasserschlag-Versuchseinrichtung.

stab wird gegen einen Wasserstrahl geschlagen. Fig. 19 zeigt Proben an S.M.-Stahl, Fig. 20 Bronzeproben.

Fig. 19.
Schlagproben von Siemens - Martin - Stahl. Oben links bei $u = 100$ m/sec nach 2 Millionen Schlägen, unten rechts bei 40,5 m/sec und 24 Mill. Schlägen.

Fig. 20.
Bronzeproben nach 1,7 Millionen Schlägen. Rechts: Aluminiumbronze.

Eine Bestätigung ergaben Versuche mit freien Strahlen, die gegen Platten gespritzt wurden. Solange der Strahl kompakt ist, bleibt die Auftreffstelle unverletzt, erst die bei der Umlenkung abgesplitterten Tropfen fressen an, Fig. 21. Wird der Strahl vor dem Aufprall auf die Platte in Tropfen aufgelöst, dann wird sofort die Auftreffstelle angegriffen, Fig. 22.

Es zeigt sich bei sämtlichen Materialien erst ein sehr geringer, später ein rasch wachsender Angriff. Das ist vor allem zu erklären durch die Anwesenheit von Rissen, wenn die Korrosion einmal ein-

Fig. 21.
Anfressung durch Wasserstrahl. Platte an der Auftreffstelle intakt, Schraubenkopf rechts angefressen.

Fig. 22.
Anfressung durch Wasserstrahl. Strahl in Tropfen aufgelöst. Auftreffstelle angegriffen.

gesetzt hat, Fig. 23. In ihrem Grunde sind zweifellos Spannungen vorhanden, die wesentlich größer sind als der erzeugende Wasserdruck von einigen Hundert Atmosphären.

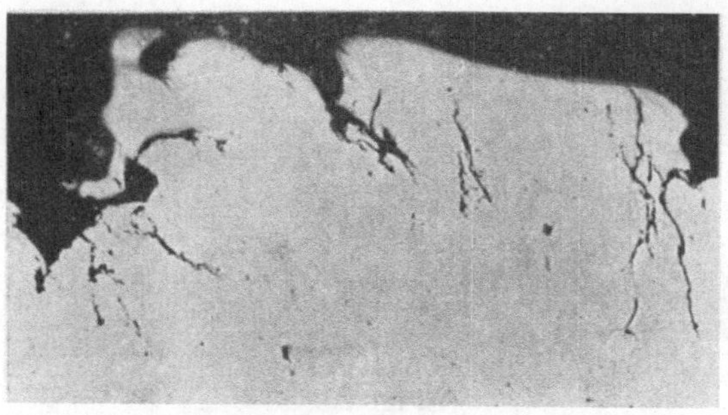

Fig. 23.
Vergrößerter Schnitt durch eine durch Schlag korrodierte Stelle.

Die Zusammenstellung Fig. 24 gibt die großen Unterschiede verschiedener Stoffe bei dieser Art Beanspruchung wieder. Die überwiegende Bedeutung der Zugfestigkeit tritt deutlich zutage. Oberflächenbehandlung ist von großem Einfluß; hier sind zweifellos noch Fortschritte möglich (N 123).

Die Frage, wie weit diese ursprünglich zu anderen Zwecken durchgeführten Untersuchungen für die Kavitationsfragen von Bedeutung sind,

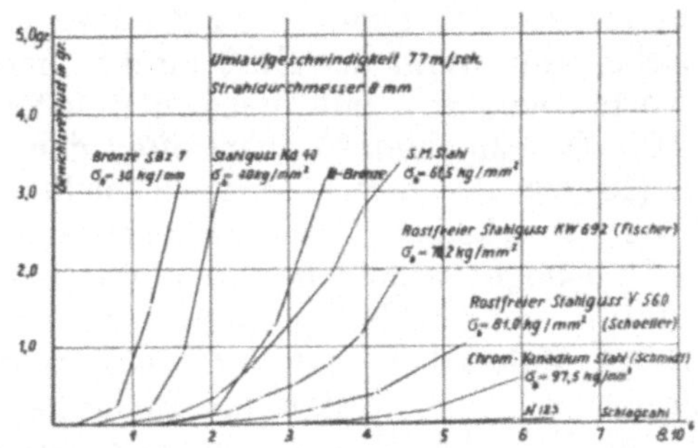

Fig. 24.
Wasserschlag-Korrosion verschiedener Baustoffe in Abhängigkeit von der Schlagzahl.

muß noch sorgfältig geprüft werden. Das geschieht gegenwärtig durch Vergleich desselben Materials im Kavitationsversuchsapparat und an der Wasserschlagmaschine. Ein weiterer Vergleich ist möglich durch direkte Druckmessung. Fig 25 stellt eine piezoelektrische Anordnung dar, die dies gestattet. Ein Kolben von 2 mm Durchmesser überträgt die Drücke auf den Quarz, dessen Aufladung in bekannter Weise verstärkt und in einem Oszillographen aufgezeichnet wird. Fig. 26 zeigt

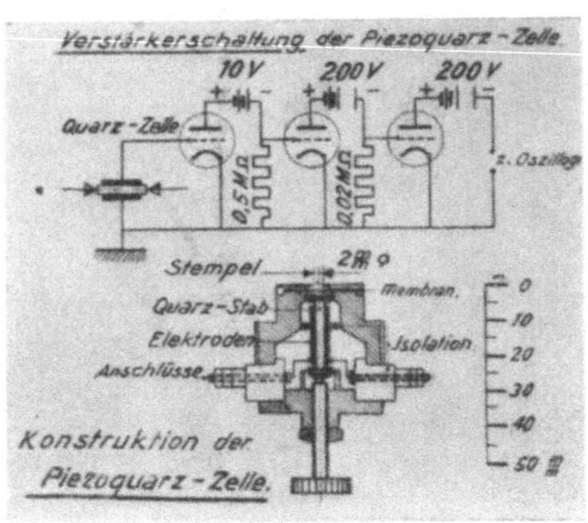

Fig. 25.
Piezoquarz-Zelle für Druckmessungen. Unten Zelle, oben Schaltschema.

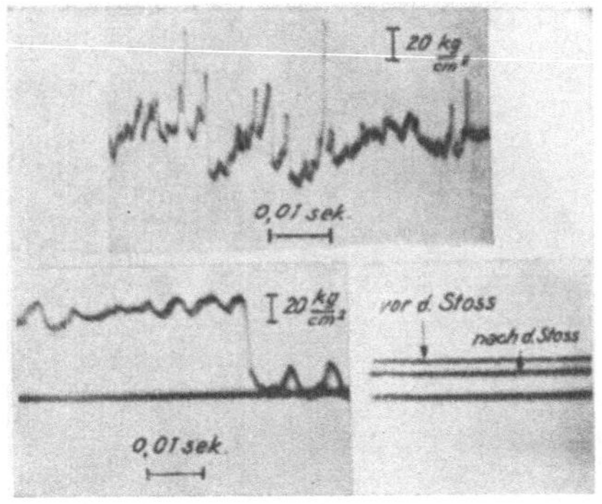

Fig. 26.
Druck - Oszillogramme. Oben aufgelöster Wasserstrahl mit 11 at Druck gegen die Zelle gespritzt. Unten rechts: Druckverlauf vor und nach dem Stoß (Kurven auseinander geschoben). Links: Druckverlauf, wenn der Verdichtungsstoß über der Zelle steht. Zeit von rechts nach links wachsend.

die ersten Ergebnisse. In der Kurve oben ist der rasch wechselnde Druck auftreffender Wassertropfen eines aufgelösten freien Strahles registriert. Die unteren Kurven gehören zu Kavitationsdruckmessungen mit der gleichen Zelle. Nur wenn der Stoß direkt über der Zelle steht, sind Ausschläge vorhanden, vor und nach dem Stoß ist konstanter Druck vorhanden. Die Druckmaxima[10]) übertreffen den Staudruck (4,0 at) um ein Vielfaches (10 bis 15) und geben vielleicht zum ersten Mal objektiv ein Bild der Druckstöße beim Blasenzusammensturz. Es ist zu hoffen, daß die im Gange befindlichen weiteren Untersuchungen auf dieser Grundlage uns in einiger Zeit in Stand setzen werden, aus der großen Auswahl neuer Materialien und Vergütungsmethoden die gegen Kavitationsschäden widerstandsfähigsten mit Sicherheit aufzufinden.

Auch ist es so möglich, die Wirksamkeit mancher vorgeschlagenen und teilweise schon angewandten Mittel, wie Luftzufuhr an die gefährdeten Stellen, direkt zu erproben.

---

[10]) Die Nullpunktsverschiebung in der unteren linken Figur 26 rührt von einem besonders starken Stoß her, bei welchem das Gitter der ersten Röhre teilweise entladen wurde. Der Höchstdruck dürfte 50 — 60 at betragen.

Versuche über einige typische Kavitationserscheinungen.[1])

Von H. Föttinger, Technische Hochschule Berlin.

Während die Kavitation noch vor einem Jahrzehnt außerhalb der Schiffbaukreise mit einem gewissen mysteriösen Schleier umgeben war, bildet sie heute eines der beliebtesten Themen der theoretischen und experimentellen Forschung und Literatur. Trotzdem dürften bisher nur wenige Interessenten den Vorgang etwa so unmittelbar gesehen haben, wie man z. B. Wirbelbildungen in Kanälen oder an umströmten Körpern zu beobachten vermag. Denn weder das ruhende Fotobild, noch Film und Zeitdehner vermögen die schnellwechselnde Lebendigkeit der Naturerscheinung wiederzugeben, die uns gerade bei der Kavitation so packend entgegentritt.

Daher dürften vielleicht einige Versuche Interesse finden, die zum Teil meinen Strömungs-Vorlesungen an der Danziger Hochschule (bis 1924) entstammen, zum Teil wohl neu sind. Die Versuche sollen Ihnen zugleich dartun, daß die Kavitation eigentlich eine recht alltägliche Erscheinung ist.

Den Einzelversuchen sei vorausgeschickt, daß

a) die Versuche I bis III zunächst im Bildwerfer vergrößert vorgeführt werden;

b) nach dem Vortrag jeder der Herren Zuhörer die Momentanvorgänge I bis III außerhalb des Saales an einer besonderen Versuchseinrichtung, mit Funkenbeleuchtung durch eine Wommelsdorf-Influenzmaschine, einzeln beobachten und nachprüfen kann;

c) die Wiedergabe im Buch natürlich auf das Foto zurückgreift und zwar in Form von Funkenbildern von schätzungsweise 1/50 000 bis 1/100 000 sec Dauer;

d) die Versuche mit den üblichen Wasserleitungsdrücken von 1 bis 3 at, entsprechend Geschwindigkeiten der technischen Größenordnung von 15 bis 25 m/sec ausgeführt werden;

e) dabei keine künstliche statische Erniedrigung des Gegendruckes, etwa durch Anschluß an ein Vakuumgefäß oder längeres Saugrohr, verwendet wird.

[1]) Mit einigen Bemerkungen, die im mündlichen Vortrag wegen Beschränkung der Zeit weggelassen werden mußten.

I. Versuch mit einer Doppeldüse. (Fig. 1 bis 3.)

Kavitationsaufnahmen in Doppeldüsen, ähnlich Venturi-Düsen, hat Verfasser auf der VDI.-Haupttagung in Hannover 1924 und der Hydraulik-Tagung in Göttingen 1925 für Geschwindigkeiten von 14 bis 35 m/sec vorgezeigt.[2]) Die Versuche sind vielfach wiederholt worden und liefern, wie die heutige Vorführung, bei den technischen Geschwindigkeiten und normalen Gegendrücken (insbesondere Luftdruck) immer dasselbe Bild: sehr starke Zermahlung oder Zerfaserung der Blasen in kleine Einheiten oder Gruppen von solchen durch den Vorgang der Turbulenz.

Bemerkung. Der entscheidende Einfluß der Turbulenz auf die Einzelgestaltung der Kavitationsvorgänge ist bis heute bei weitem nicht genügend gewürdigt worden; wir haben seinerzeit in Danzig gefunden, daß

a) große Hohlräume sich nur im Kern starker Wirbel oder im Schutze von zurückspringenden Wandstellen bilden können, während

b) in der freien Strömung, namentlich in der Nähe fortlaufender Wandflächen, sofort die genannte „Zermahlung" durch Turbulenz eintritt.

Letzten Endes handelt es sich nämlich um eine Stabilitätsfrage: Im Innern der turbulenten Strömung bilden sich hier freie Oberflächen, deren Krümmung und Ausdehnung durch die Wechselwirkung der Kapillarkräfte mit den bekannten Normaldrucken und Scherkräften des Turbulenzvorganges bedingt werden. Es besteht sehr weitgehende Analogie mit der Tropfenbildung und Zerstäubung. Beide Erscheinungen sind durch die Bildung freier Oberflächen und das Zusammenwirken des Reynolds'schen Ähnlichkeitsgesetzes mit dem der Kapillarität charakterisiert, wobei noch der verwandte Bau der betreffenden Kennziffern für den Eintritt ähnlicher Stromlinien bemerkenswert ist:

$$Z_{\text{Reyn.}} = \frac{v\,l}{\nu} \quad \text{bzw.}$$

$$Z_{\text{Kap.}} = \frac{v^2\,l}{\sigma'}$$

σ' = kinematische Kapillarität $= \dfrac{\sigma}{\varrho}$

σ = gewöhnliche Kapillarkonstante; ϱ = Dichte.

In einem späteren Vortrag wird Ihnen mein Mitarbeiter, Privatdozent Dr. Weinig, einige Rechnungen betreffend die Lage der Zu-

---

[2]) Vgl. Föttinger, „Kavitation und Korrosion", Fig. 17 bis 18 in: Hydraulische Probleme, VDI.-Verlag, 1926.

sammenbruch-Zone der Hohlräume, zunächst ohne Rücksicht auf Kapillarkräfte, vorführen.

Auch die im vorigen Referat von Dr. Ackeret angeführten nichtstationären Spritzerscheinungen sind in diesem Zusammenhang zu erwähnen. Zweifellos sind starke Spritzvorgänge mit dem Kavitationsvorgang verbunden. Dieselben können ihrerseits als nichtstationäre Vorgänge sehr erhebliche Unterdrücke und damit Normalstöße auf die Wandungen erzeugen, andererseits auch die in meinem Göttinger Referat 1925 erwähnten Tangentialstöße.[3]) Dort wurde gesagt:

„Das Zusammenstürzen der Blasen erzeugt aber auch geradezu Tangentialstöße, indem gegenüberliegende Massenteilchen von erheblichem Geschwindigkeitsunterschied plötzlich aufeinanderprallen und nach der Grundgleichung: Scherspannung $\tau = \mu \cdot \frac{\Delta c}{\Delta y}$

μ = absoluter Zähigkeitsmodul,

Δc = endlicher Geschwindigkeitsunterschied,

Δy = Abstand gegenüberliegender Teilchen,

sehr hohe Scherkräfte wachrufen. Besonders heftig tritt dieser Effekt dort auf, wo die von der Wand abgelösten Teile eines größeren Hohlraumes wieder auf die Wand prallen. Das Geschwindigkeitsgefälle $\frac{\Delta c}{\Delta y}$ und die ihm proportionale Scherspannung können dort nahezu zeitweise nach ∞ gehen. Das ist von größter Bedeutung für die Einleitung und Fortbildung der unten zu erörternden Anfressungen, scheint aber bisher nicht beobachtet worden zu sein.“

Diese Tangentialstöße treten zweifellos in besonders hohem Maße auch bei den von Herrn Ackeret vorgetragenen Materialversuchen im isolierten Wasserstrahl auf.

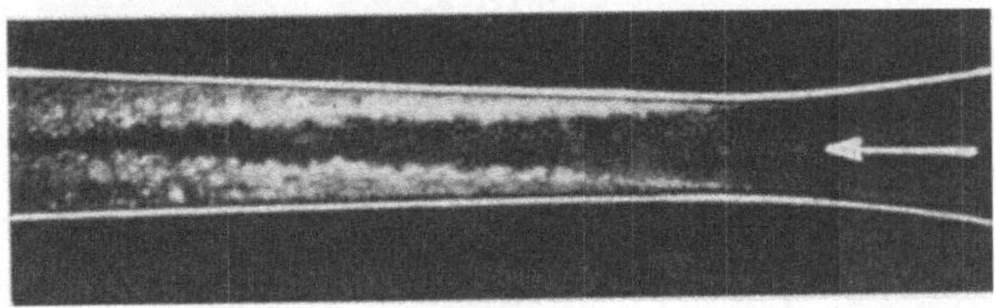

Fig. 1.

Im Einzelnen wäre zu den vorliegenden Versuchen zu bemerken:

Die Blasenbildung und -Ablösung entsteht hinter der engsten Stelle der Strömung, dort wo die Erweiterung des Querschnittes gewissermaßen Raum für die Ausdehnung der Dampfblasen gibt. Fig. 1 bis 3

[3]) l. c. S. 23 und 26, auch Fig. 2.

entsprechen nicht nur der Kavitationsströmung in einer Doppeldüse, sondern auch der auf dem Rücken zweier, gewissermaßen gegeneinander gekehrter, gewölbter Flügel. Öffnet man den Hahn ganz langsam, so können Sie nachher bei Funkenbeleuchtung schon das erste Entstehen der Dampfbildung mit unmittelbar darauf folgendem Verschwinden der Blasen beobachten. Dreht man weiter auf, so wird die Blasenzone immer ausgedehnter, bis sie zuletzt die ganze Rohrlänge oder den ganzen Flügel überdeckt. Den flüssigen Kern der Strömung in Fig. 2 und 3 hat man sich von abgerundetem Querschnitt zu denken, so daß an der vorderen und hinteren Glaswand ein keilförmiger Anlauf der Blasenzone zustandekommt. Die unterhalb des oberen Blasengebietes in Fig. 2 und 3 sichtbaren isolierten Bläschen liegen in diesem keilförmigen Anschlußgebiet an der Glaswand.

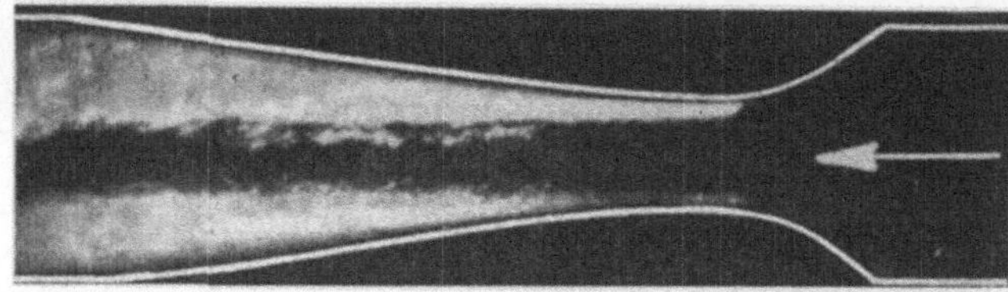

Fig. 2.

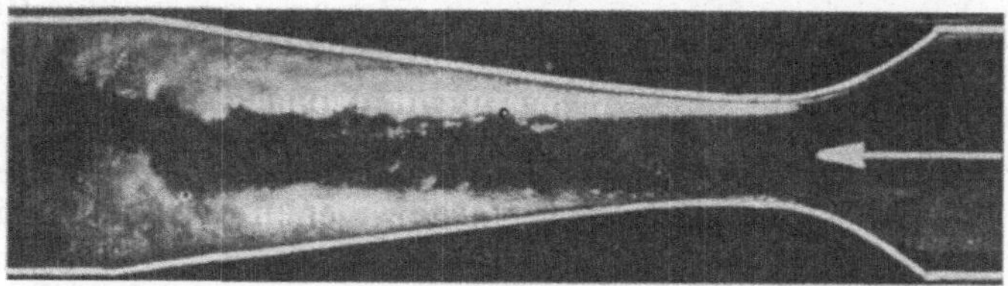

Fig. 3.

Der Turbulenzvorgang beim Zusammenstürzen der Blasen kann wohl am richtigsten mit dem sogenannten „Wassersprung“ der Bau-Ingenieure verglichen werden, wobei schießendes Wasser mit freier Oberfläche sich stoßartig auf geringere Geschwindigkeit, d. h. wesentlich größeren Stromquerschnitt, unter Bildung von Deckwalzen, verzögert.

Sehr deutlich mit bloßem Auge sichtbar ist auch die dauernde Hin- und Herverschiebung der Zusammenbruchzone in Richtung der Düsen-Achse. Bei den technisch interessierenden Geschwindigkeiten ist die Lage der Verdichtungszone das Gegenteil von stationär. Schon die Schwankungserscheinungen der Turbulenz bewirken ein dauerndes Vor- und Zurückwandern dieser Zone. Der Vergleich der einschlägigen Verdichtungsvorgänge mit dem wesentlich stationären Verdichtungsstoß der Dampfströmungen ist daher nur bedingt zulässig.

Bemerkenswert ist endlich die Tatsache, daß schon mit dem ersten Einsetzen der Blasenbildung das bekannte, durch die Reibung des Blasengemisches an der Wand entstehende Geräusch auftritt, welches bei weiterem Öffnen immer stärker wird. Es kommen dann, insbesondere in der Verdichtungszone, Millionen der genannten Tangentialstöße zustande, welche sich in den Wasserleitungen auf sehr große Entfernungen in Form von Longitudinalwellen als störende Geräusche fortpflanzen. Hierauf kommen wir nochmals beim III. Versuch zurück.

II. Versuch bei plötzlicher Erweiterung. (Fig. 4 bis 7.)

Schon Helmholtz spricht in seiner berühmten Abhandlung über „Diskontinuierliche Flüssigkeitsbewegungen" (1868) über die Möglichkeit eines „Zerreißens" der Flüssigkeit in der „Diskontinuitäts-Schicht". Versuche hierüber im Kavitationsgebiet sind aber m. W. bisher noch nicht angestellt worden. Die vorliegenden Versuche, z. B. Fig. 4 und 5 obere Hälfte, zeigen, daß tatsächlich unter gewissen Kavitationsbedingungen eine Art Zerreißen der Strömung eintreten kann. Außerhalb des isoliert durchschießenden Strahles, der in seiner oberen Hälfte eine sehr scharf ausgebildete Grenze aufweist, bildet sich eine stark turbulente Blasen-Zone, welche den Totraum bis an die Wand der „plötzlichen Erweite-

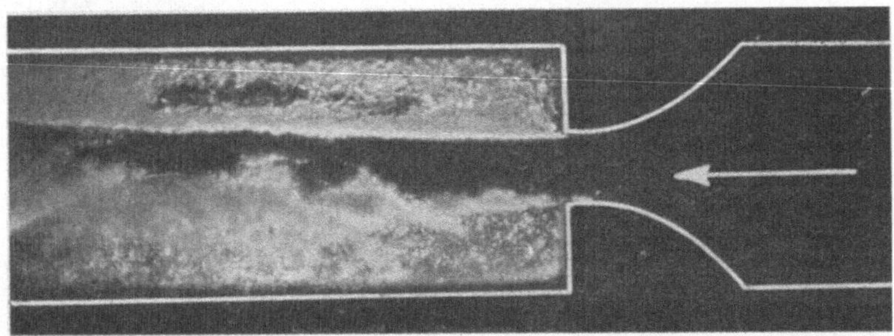

Fig. 4.

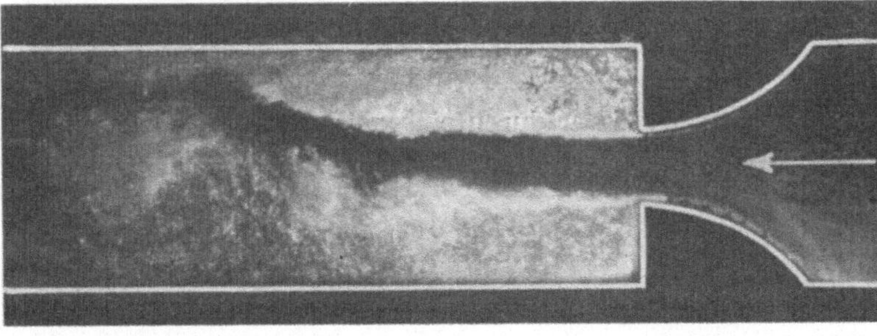

Fig. 5.

rung" erfüllt. Im Gegensatz zu der beinahe als l a m i n a r anzusprechenden oberen Grenze des Strahles, Fig. 4, zeigt die untere Übergangsschicht zwischen Strahl und Blasengebiet die bekannte mäanderartige Verzahnungsform mit rhythmisch aufeinanderfolgenden, immer größer werdenden E i n z e l w i r b e l n. Wir haben eine Art t u r b u l e n t e r Diskontinuitätsschicht vor uns, wobei eine intensive beiderseitige Mischung zustande kommt.

Bemerkenswert ist ferner die L a b i l i t ä t des mittleren Strahles. Während er in Fig. 4 den erweiterten Hohlraum gradlinig durchläuft, unter Bildung nahezu symmetrischer Blasen-Toträume, wendet er sich in Fig. 5 infolge irgendeiner hinreichenden Anfangsstörung mit großer Hartnäckigkeit nach der oberen Wand zu. Diese Form kann unter Umständen sehr lange erhalten bleiben, bis sie durch irgendeine andere Störung in die entgegengesetzte Lage (Fig. 6 und 7) mit nach unten gekrümmter Strahlform umschlägt. Auch in ihr vermag der Strahl

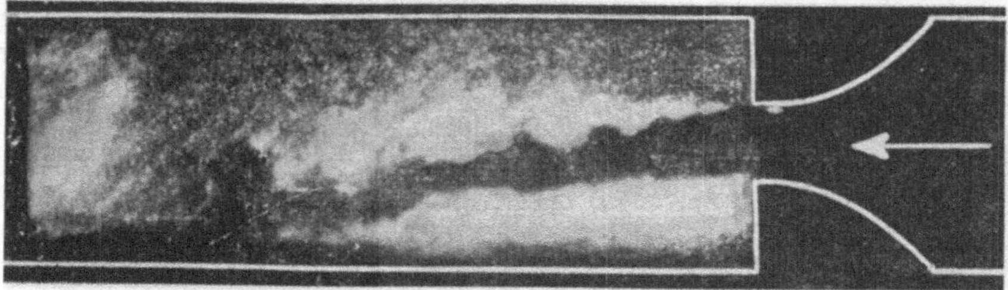

Fig. 6.

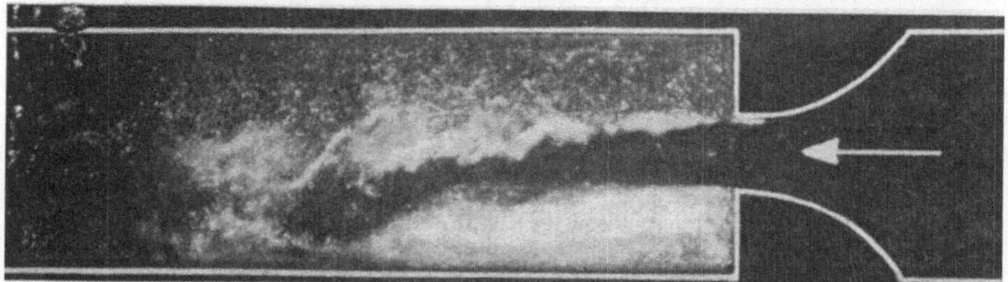

Fig. 7.

solange zu verweilen, bis er durch eine neue Störung wieder in eine der anderen Strahlformen eingesteuert wird. Ein schnelles Hin- und Herspringen des Strahles konnten wir bisher noch in keinem Falle beobachten. Merkwürdigerweise scheint jede der drei Strahlformen ein gewisses Maß von Stabilität gegenüber genügend kleinen Störungen zu besitzen.

B e m e r k u n g. Das Verhalten des freien Strahles in einer Zone ansteigenden Druckes — Umsetzung von Geschwindigkeit in Druck — erinnert immer wieder an eine Art „K n i c k u n g s - E r s c h e i n u n g".

Der Strahl wird durch die links liegende Zone ansteigenden Gegendruckes auf verminderte Geschwindigkeit gebracht; er sucht auszuweichen und wird abgebogen, bis er in seiner gekrümmten Form eine Stützung durch eine der benachbarten Wände findet. Wie bei der Knickung handelt es sich auch hier um ein Stabilitäts-Problem.

Auch der vorliegende Versuch läßt überall das ungemein starke Hereinspielen der Turbulenzvorgänge erkennen. So zeigen auch die Fig. 6 und 7 die mäanderartige Auflösung der Diskontinuitätsschicht in eine Folge von Einzelwirbeln, deren Sichtbarkeit allerdings hinter der Kondensationszone aufhört. Deutlicher erkennbar ist jedoch, daß die letztere durch besonders starke Wirbelbildung ausgezeichnet ist.

III. Versuch mit einem Wasserhahn-Modell. (Fig. 8 bis 17.)

Wir haben in Fig. 16 und 17 das zweidimensionale Modell eines sogenannten Wasserleitungs-Hahnes, in Wahrheit eines Ventiles mit horizontal begrenztem Ventilkegel, vor uns, der durch eine Schraubenspindel zwischen Glasplatten vertikal gehoben und gesenkt werden kann. Die Strömung tritt von rechts her unter den Ventilsitz, durchläuft nach links unter Bildung der „contractio venae“ den Raum zwischen Ventilsitz und -kegel und tritt dann in die plötzliche Erweiterung des

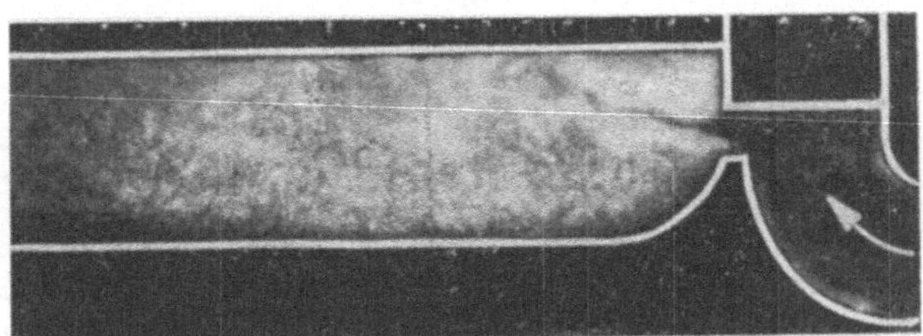

Fig. 8.

Auslaufraumes. Die Funken-Aufnahmen Fig. 8 bis 15 zeigen die verschiedensten Formen der Kavitationsbildung. Fig. 8 entspricht einer geringen Hebung des Ventiles unter Bildung des kontrahierten freien Strahles, der eine starke Tendenz zeigt, sich der oberen Wand zu nähern. Die obere Blasenzone liegt im Schutze des Ventilkegels, die untere im

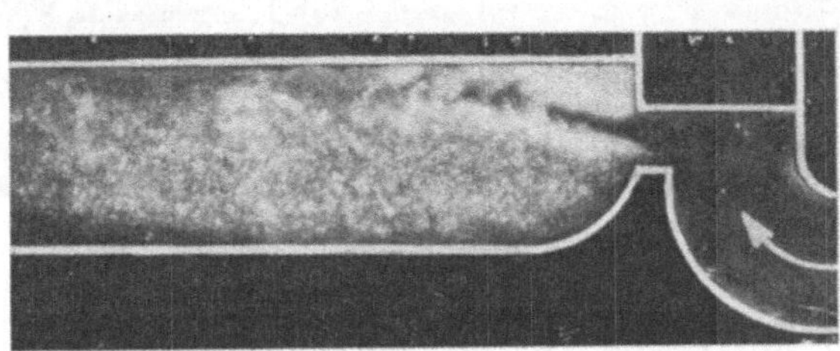

Fig. 9.

Schutze des Ventilsitzes. Ähnliches gilt für die Strömung bei weiter gehobenem Ventil gemäß Fig. 9, 10 und 11. Bemerkenswert ist hier

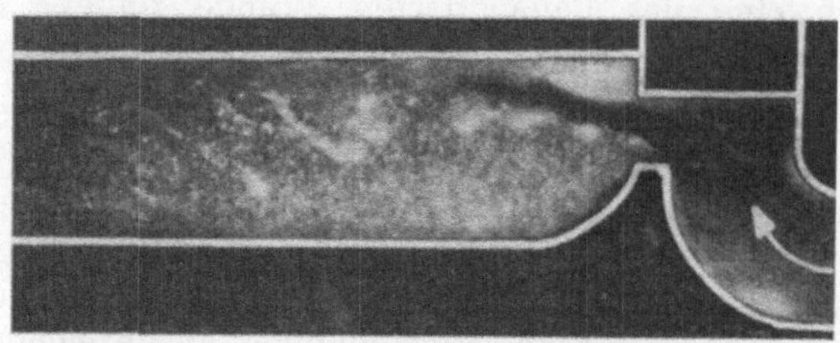

Fig. 10.

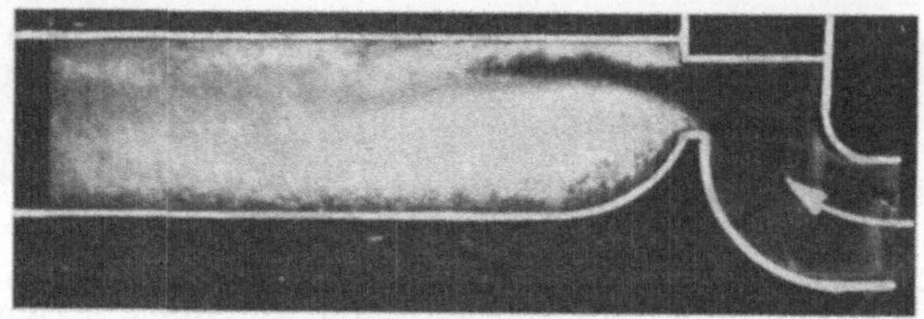

Fig. 11.

wieder die mäanderartige Wellung der Strahl-Oberfläche und die damit zusammenhängende wellenartige Strahlform selbst. Auch diese legt, wie die früheren Fig. 4 bis 7, den Gedanken an eine Art Knickungs-Erscheinung nahe.

Fig. 12 mit nahezu ganz gehobenem Ventil zeigt, wie der obere Blasenraum allmählich verschwindet, und wie nun unter gewissen, nicht willkürlich reproduzierbaren Bedingungen der untere Blasenraum, links vom Ventilsitz, vollständig entleert, d. h. zu einem einzigen großen Hohlraum a-a erweitert wird. Dies ist ein typisches Beispiel dafür, daß größere Hohlräume sich nur im Schutze einer geeigneten Körperwand längere Zeit ausbilden können.

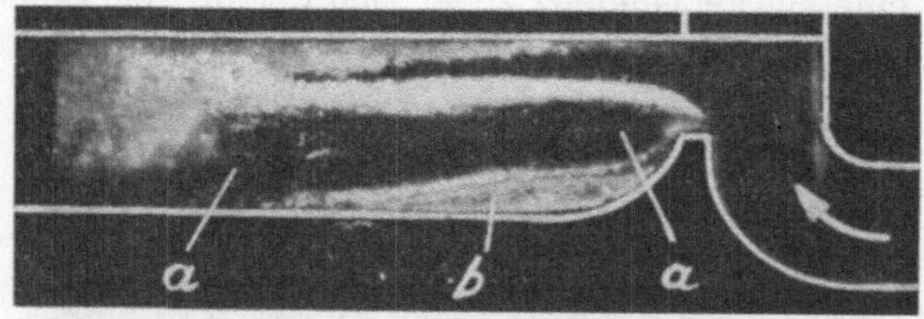

Fig. 12.

Besonders interessant ist, daß in der völligen Ruhe dieses Hohlraumes sich allmählich Wassertropfen sammeln können, welche bei b in der Ecke zwischen Glas und Metall zusammenlaufen und dort allmählich selbst zum Sieden kommen; diesen Vorgang kann man bequem mit bloßem Auge beobachten, da er mit winzigen Geschwindigkeiten verläuft.

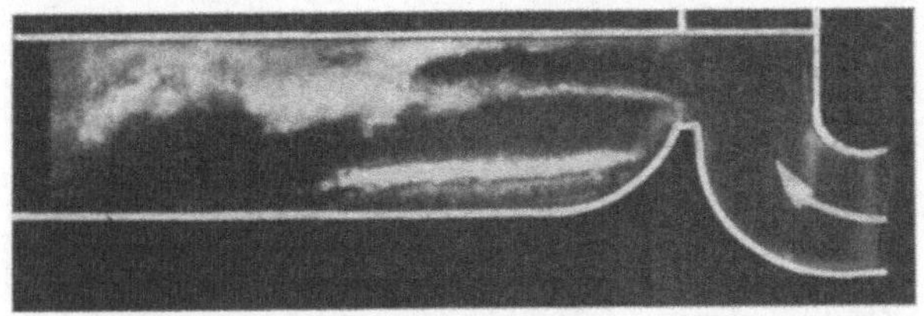

Fig. 13.

In Fig. 13 ist der Ventilkegel vollständig gehoben, so daß der Strahl an der oberen Wand keine Kontraktion mehr erfährt. Auch in diesem Bild ist der untere Blasenraum durch den Strahl leer gefegt, bis auf einen geringen Rest ruhig verdampfender Flüssigkeit, entsprechend b in Fig. 12.

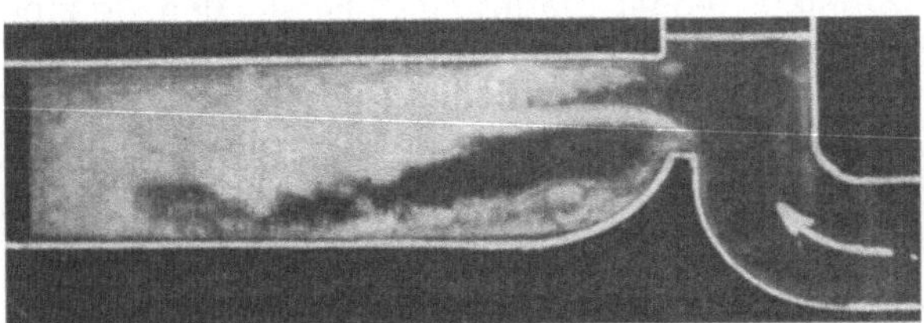

Fig. 14.

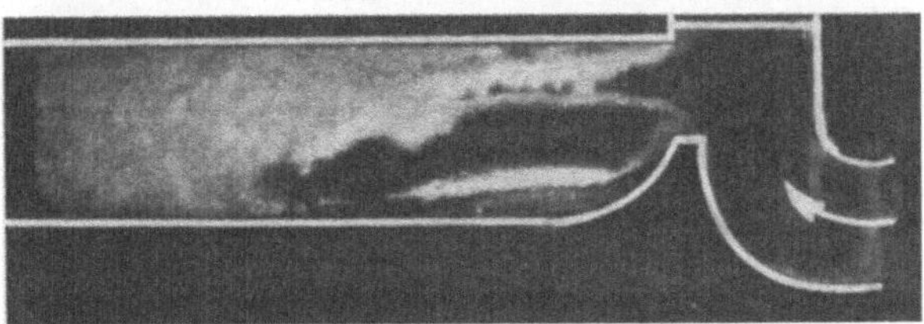

Fig. 15.

In Fig. 14 ist der Ventilkegel noch über die obere Begrenzungswand hinaus gehoben, so daß jetzt auch dort wieder ein „contractio venae“ mit anschließender Blasen-Zone entsteht. Auch hier ist der untere Blasenraum bis auf einen Rest ruhender Blasen reingefegt. Ähnliches gilt für Fig. 15.

Fig. 16.

Die Fig. 16 und 17 geben Zeitaufnahmen der in Fig. 12 bis 15 gezeigten Vorgänge, wobei natürlich das in den letzteren sichtbare Blasen-Gewirr zu einem Schleier verwaschen erscheint. Dagegen gibt Fig. 16 und 17 eine deutliche Vorstellung davon, daß die freie Oberfläche des kontrahierten Strahles in natura durch Total-Reflektion eine silbern glänzende Spiegelung aufweist, unterhalb deren man durch den ganzen Kavitationsraum hindurchsehen kann, weil dieser Teil von Blasen reingefegt ist.

Fig. 17.

Bei dem vorliegenden Hahn-Modell vermag man auch besonders deutlich die absolute Verknüpfung der störenden Wasserleitungs-Geräusche mit dem Kavitationsvorgang zu erkennen. Im selben Moment, wo der Ventilkegel auch nur Bruchteile eines Millimeters gelüftet wird, setzt die besonders bei Funkenbeleuchtung unmittelbar erkennbare Dampfblasenbildung und gleichzeitig auch das berüchtigte schurrende oder scharrende Geräusch ein, das manchem von Ihnen wohl schon die Nachtruhe im Hotel geraubt haben wird, und die Alltäglichkeit der Kavitationserscheinungen in peinlicher Weise dartut.

IV. Versuch. Kavitationsschläge beim Zusammenstürzen der Blasen.

Sie sehen hier eine Glasröhre von 60 cm Länge und ca. 2,2 cm lichter Weite, mit angeschmolzenem offenen Anschlußrohr in der Mitte. Die Röhre enthält eine Wassersäule von ungefähr 15 cm Länge. Wir schütteln die Röhre, das Wasser mischt sich mit atmosphärischer Luft, die Mischung fliegt hin und her, ohne daß Stoßen oder sonstwie Auffallendes eintritt.

Ganz anders diese zweite Röhre, die sich von der ersten dadurch unterscheidet, daß sie mit der Wasserstrahl-Luftpumpe evakuiert und das mittlere Anschlußröhrchen gegenüber der Atmosphäre abgeschlossen ist. Schütteln wir den Wasserinhalt nach oben, so löst sich die Säule gemäß Fig. 19 vom Boden ab, worauf sie mit hartem, metallisch klingenden Schlag auf den Boden zurückprallt. Derselbe harte, hellklingende Schlag tritt ein, wenn wir die Röhre umwenden und der Wasserinhalt wieder von oben nach unten fällt.

Der Unterschied ist der, daß beim vorhergehenden Versuch die Pufferung durch die elastische Luft jede Stoßwirkung verhinderte, während hier der Dampfinhalt der evakuierten Röhre in die benachbarte Flüssigkeits-Oberfläche instantan zu verschwinden vermag, so daß die Säule wie ein Stahlhammer auf eine Metallfläche auffällt. Der Kompressions-Modul des Wassers ist ja bekanntlich mit der Größenordnung des Elastizitäts-Moduls von Stahl vergleichbar. Daher fällt die Wassersäule im Vakuum ihres eigenen Dampfes beinahe so hart wie ein Stahlstab.

Wir haben hier noch eine dritte Röhre, eine Reliquie unseres Berliner Instituts, die sich dadurch auszeichnet, daß ihre beiden halbkugeligen Enden weggeschlagen sind. Das kam so: Einer unserer Studenten ließ die Wassersäule etwas zu forsch fallen, so daß der Boden herausgeschlagen wurde. Im selben Moment gewann der äußere Luftdruck Zutritt zur Röhre, schleuderte den Rest des Wassers nach oben gegen die obere Wölbung, so daß auch diese sich empfahl, worauf das Wasser bis an die Decke spritzte.

Wir haben die vorgeführten Wasserschläge mit dem von uns ausgebildeten Thun'schen Zeitdehner bei einer Bildzahl von ca. 400 pro sec aufgenommen. Das Wasser war dunkel gefärbt, daher

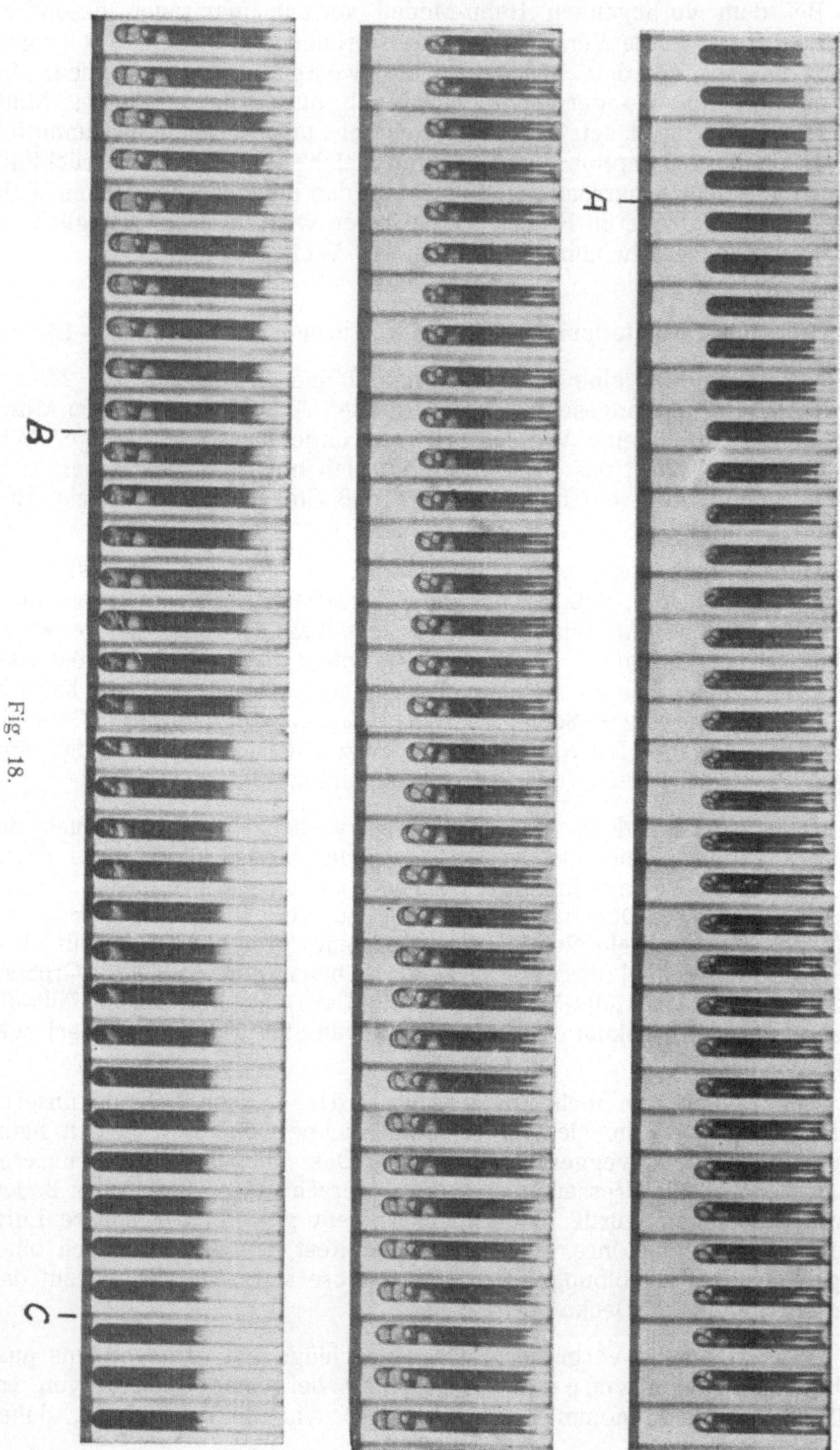

Fig. 18.

erscheinen die Blasen hell. Aus der Höhe des Wasserspiegels, d. h. auch des Gesamtvolumens, läßt sich leicht feststellen, wie lange im Ganzen die Blasenbildung und wie lange das Zusammenstürzen dauert. Nach dem in Fig. 18 vergrößert wiedergegebenen Filmstreifen beträgt die Entstehungszeit der Blase etwa 1/5,4 sec, die Kondensationszeit etwa 1/19 sec. Der Film gestattet, den Einzelvorgang der Ablösung und Verdampfung vom Moment A bis zum Maximal-Volumen und die Kondensation vom Moment B bis C deutlich zu verfolgen. Wie in Fig. 19 besteht der Gesamt-Hohlraum aus mehreren durch dünne Kapillarwände getrennten Einzelblasen. Der vorliegende Versuch beweist in „schlagender" Weise die Härte der durch das Zusammenstürzen der Hohlräume entstehenden Stöße.

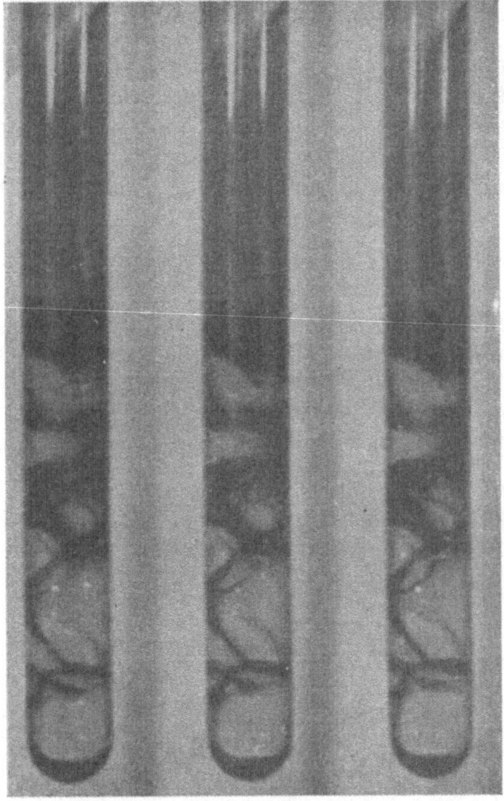

Fig. 19.

Bemerkenswert ist, daß vielfach noch eine **zweite schwächere Blasenbildung** nach dem Zusammenstürzen des ersten großen Hohlraumes auftritt, und daß nach der Kondensation des letzteren ein Spritzen der freien Oberfläche entsteht, wahrscheinlich erzeugt durch die dem

Schlag folgende, nach oben sich fortpflanzende Schallwelle. Fig. 19 ist einem anderen derartigen Film entnommen und bis auf etwa $^1/_3$ natürlicher Größe vergrößert.

V. Versuch. Korrosion von Achat und Quarz.

In dem eingangs erwähnten Bericht auf der Göttinger Hydraulik-Tagung 1925 hat der Vortragende gegenüber den bis dahin bestehenden chemischen und elektro-chemischen Theorien der Kavitations-Korrosion die These aufgestellt, daß es sich in allen Fällen zunächst um eine rein mechanische Primärwirkung handelt, nämlich um die millionenfachen Normal- und Tangential-Stöße, welche beim Zusammenstürzen der Hohlräume und beim Aufprallen der mit hoher Geschwindigkeit vorüberschießenden Blasenteile auf die gegenüberliegende Wand in Verfolg des Newton'schen Reibungsgesetzes entstehen.

Auf der Ingenieur-Tagung in Hannover hat der Verfasser auch darauf hingewiesen, daß nach der unvermeidlichen Ermüdung der Kanal-Oberfläche sich unter den genannten Stößen feine Risse ausbilden, in welche z. B. die bei der Kondensation übrig bleibenden Luftspuren eingehämmert werden, so daß eine Art „Sprengwirkung" entsteht, welche immer weitere Teile aus der Oberfläche herausbricht.

Der Verfasser war zu dieser These durch Versuche gelangt, welche 1914 in der ehemaligen Vulcan-Werft vor dem Bau der deutschen Kriegsschiff-Transformatoren angestellt worden waren. Es hatte sich dabei schon nach einer Stunde an Glasplatten ebenso starke Korrosion gezeigt wie an den besten Propeller-Bronzen. Da Glas zu den chemisch und elektro-chemisch passivsten Stoffen gehört, ergab sich der Schluß, daß mechanische Wirkungen zunächst maßgebend sind.

In Verfolg dieser Erkenntnis hat sich die bekannte Firma für Unterwasser-Schallsignale, Elektroakustik, Kiel, an unser Institut gewandt, welche bei Unterwasser-Schallsendern ganz ähnliche Korrosion be-

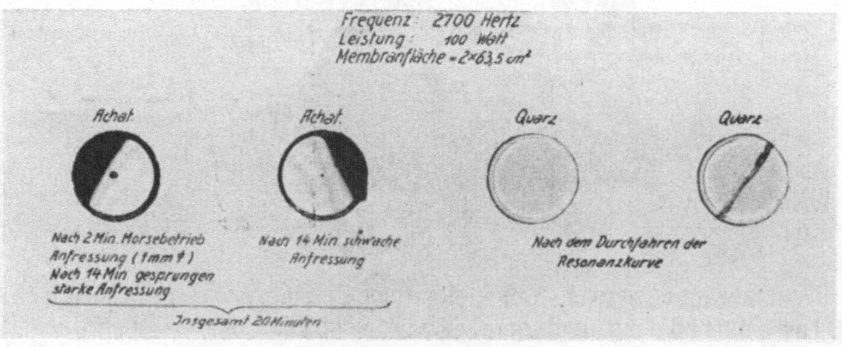

Fig. 20.

obachtet hatte wie bei Schiffspropellern. Die Korrosion zeigte sich genau im Mittelpunkt der mit mehreren 1000 Schwingungen/sec oszillierenden im Wasser liegenden Schall-Membranen.

Im Laufe der einschlägigen Arbeiten ist von Herrn Dr. Hecht, Kiel, u. a. auch versucht worden, den Mittelteil der Metall-Membranen aus Glas, Achat oder Quarz herzustellen, um auf diese Weise einen besseren Korrosionsschutz zu erzielen.

Die vorliegende Fig. 20 zeigt, was dabei herauskam. Bei der angewandten Frequenz von 2700 Hertz und einer Leistung von nur 100 Watt sind nicht nur die Glas-, sondern auch die Achat- und Quarz-Einsätze nach wenigen Minuten in der für Kavitation typischen Weise kraterartig angefressen worden. Schon nach 2 Minuten Morsebetrieb oder nach dem einmaligen Durchfahren der Resonanzkurve ergaben sich Anfressungen von 1 mm Durchmesser, denen dann häufig starke Anfressungen oder ein Springen der Einsätze innerhalb einer Viertelstunde folgten.

Ich glaube, daß nunmehr die von zahlreichen Forschern jahrelang bekämpfte These sich endgültig durchsetzen wird, zumal inzwischen dieselbe Korrosion an Beton und sogar Stoffen wie Bakelit erhalten worden ist.

Die Korrosionsbeständigkeit der einzelnen Stoffe wird daher in erster Linie von ihrer metallographischen Struktur, deren Festigkeitsdehnung und Härteziffern abhängen, wofern nicht die in meinem Göttinger Bericht, S. 26, angedeuteten chemischen oder elektro-chemischen Sekundär-Erscheinungen als Folge der mechanischen Primärwirkungen hinzukommen.

Zum Schluß lade ich die Herren ein, sich draußen nach dem Vortrage die im Versuch vorgezeigten Kavitations-Vorgänge in Form von schnell aufeinander folgenden Momentbildern unter Funkenbeleuchtung einzeln anzusehen.

Profilmessungen bei Kavitation.

Otto Walchner, Göttingen.

(Mitteilung aus dem Kaiser Wilhelm - Institut für Strömungsforschung.)

Zu den Aufgaben der heutigen Kavitationsforschung gehört die experimentelle Ermittelung der Flügelkräfte an Tragflügeln bei Kavitation. Im Göttinger Kaiser Wilhelm-Institut für Strömungsforschung wurden mit Unterstützung der Marineleitung solche Versuche an einigen Kreisabschnittprofilen durchgeführt, über die hier berichtet werden soll.

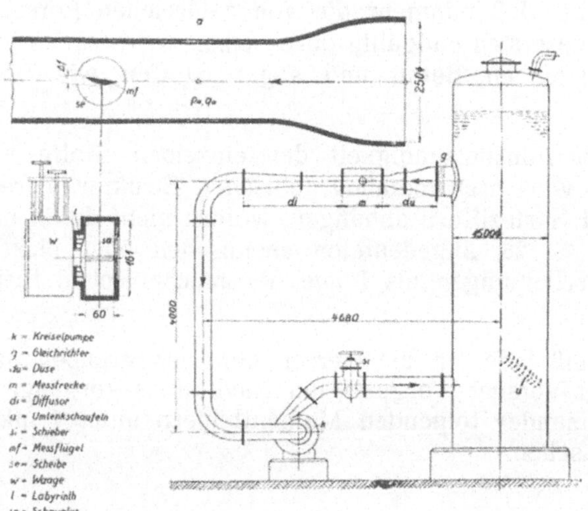

Fig. 1.

Die Versuchsanlage ist, wie Fig. 1 zeigt [1]), als stehender geschlossener Ringkanal ausgeführt. Versuchsflüssigkeit ist Wasser. Eine 18pferdige Kreiselpumpe sorgt für den Umlauf des Wassers, sie liegt an tiefster Stelle, um selbst vor Kavitation geschützt zu sein. Nach Durchfließen eines Gleichrichters gelangt der Wasserstrom durch eine Düse in die Meßstrecke und wird durch einen Diffusor von der Pumpe in den Beruhigungskessel gepumpt. Die Umlenkschaufeln haben die Aufgabe, den von der Pumpe herkommenden Strom längs der Kesselwand hochzu-

---

[1]) Entwurf der Meßstrecke und Waage, die auf Fig. 1 nur schematisch skizziert sind, stammt von Dr.-Ing. H. Mueller.

führen, damit sich mitgeführte Gasbläschen ausscheiden können. Durch Evakuieren des Luftraumes über dem freien Wasserspiegel im Kessel kann der Druck in der Meßstrecke beliebig gesenkt, und so jede beliebige Kavitationszahl bzw. jeder beliebige Kavitationszustand auch bei kleinen Geschwindigkeiten hergestellt werden. Die Kavitationszahl wird definiert als $\frac{p - p_D}{q}$ (p = Druck der ungestörten Strömung, p_D = Dampfspannung des Wassers bei der jeweiligen Temperatur, $q = \frac{\varrho}{2} v^2$ = Staudruck der ungestörten Strömung, ϱ = Dichte, v = Geschwindigkeit der ungestörten Strömung). Die Geschwindigkeit kann durch den Schieber hinter der Pumpe geändert werden. Zur Ermittlung von Druck und Staudruck der ungestörten Strömung werden Druck und Staudruck im Meßquerschnitt a vor dem Flügel gemessen und nach Bernoulli und Kontinuitätsgleichung auf den tatsächlichen freien Strömungsquerschnitt neben Profil und Kavitationsschicht umgerechnet. Es zeigt sich, daß auf diese Weise der hauptsächlichste Einfluß der Kanalwände am besten berücksichtigt wird. Die Verengung des lichten Kanalquerschnittes Δf durch Profil und Kavitationsschicht hängt von Profil, Anstellwinkel und Kavitationszahl ab und muß von Fall zu Fall ermittelt werden. Ein weiterer Einfluß der horizontalen Kanalwände besteht darin, daß diese am Ort des Profils eine Stromlinienkrümmung hervorrufen. Nach einer Näherungstheorie von Prof. Prandtl[2]) kann auch dieser Einfluß eliminiert werden. Dem Auftriebsbeiwert c_a, der im rechteckigen Kanal beim Anstellwinkel α gemessen wird, entspricht in unendlich ausgedehnter Flüssigkeit der Anstellwinkel $\alpha + \Delta \alpha$, wobei

$$\Delta \alpha = \frac{\pi}{g6} \left(\frac{t}{H}\right)^2 \cdot c_a$$

ist (t = Flügeltiefe, H = Kanalhöhe). Der Einfluß der vertikalen Wände, die eine Art von induziertem Widerstand hervorrufen können, wurde nicht näher untersucht. Die Flügelkräfte werden mit einer Federwaage gemessen. Der Meßflügel sitzt auf einer Scheibe, die mit der Kanalwand eben abschließt und mit dem Waagebalken der Waage verschraubt ist. Bei dieser Versuchsanordnung wird zunächst der Widerstand der Scheibe mit den Flügelkräften mitgemessen und muß deshalb nachträglich gesondert gemessen und in Abzug gebracht werden. Ein Labyrinth hinter der Scheibe soll eine Strömung im Gehäuse der Waage, die unter Wasser arbeitet, verhindern. Der Meßflügel reicht bis nahe an die gegenüberliegende Wand. Ein Spalt von etwa $^1/_{10}$ mm ist zum Spiel der Waage nötig. Die Störung der zweidimensionalen Strömung durch den kleinen Spalt wurde vernachlässigt. Ein Schauglas an der Kanalwand ermöglicht die Beobachtung der Kavitationsvorgänge. Die Versuche wurden bei Reynolds'schen Zahlen $\frac{v \cdot t}{\nu} = 3 \cdot 10^5$ bis $5 \cdot 10^5$

---

[2]) Handbuch der Experimentalphysik 1932, Band 4, 2. Teil, VI. Kap., § 2.

durchgeführt (t = Flügeltiefe, v = Geschwindigkeit, ν = kinematische Zähigkeit).

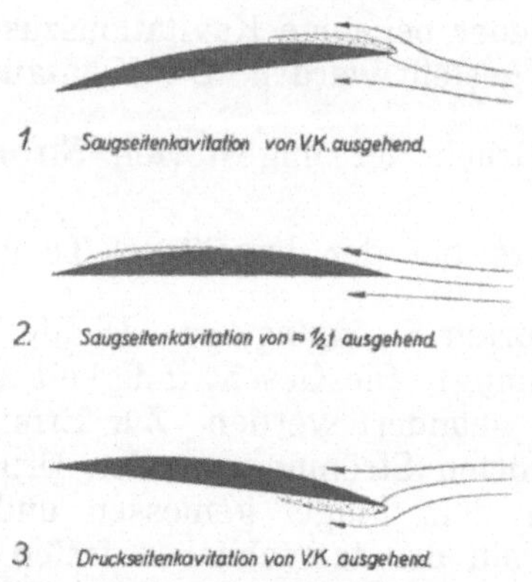

Fig. 2.

Fig. 2 zeigt schematisch die drei verschiedenen Arten von Kavitationserscheinungen, die an Kreisabschnitten beobachtet werden.

Fall 1, Saugseitenkavitation von Vorderkante ausgehend tritt ein, wenn der vordere Staupunkt auf der Druckseite liegt und durch Umströmen der Vorderkante von der Druckseite her die geringsten Drücke auf der Saugseite gleich an der Vorderkante auftreten.

Fall 2, Saugseitenkavitation von Profilmitte ausgehend tritt ein, wenn der vordere Staupunkt auf der Vorderkante selbst liegt, das Profil also stoßfrei angeströmt wird. Ebenso kann sich Saugseitenkavitation nur nach Fall 2 ausbilden, wenn der vordere Staupunkt auf der Saugseite liegt.

Fall 3, Druckseitenkavitation von Vorderkante ausgehend tritt ein, wenn der vordere Staupunkt auf der Saugseite liegt und die Vorderkante von der Saugseite her umströmt wird.

Die Lage des vorderen Staupunktes hängt bei Strömung ohne Kavitation von Profil und Anstellwinkel ab. Kreisabschnitte werden in Potentialströmung gerade beim Anstellwinkel $\alpha_\infty = 0^0$ stoßfrei angeströmt, in wirklicher Flüssigkeit infolge Zirkulationsverringerung durch das Totwasser bei etwas größerem Anstellwinkel. Bei größeren Anstellwinkeln jenseits des stoßfreien Eintrittes liegt der vordere Staupunkt auf der Druckseite, bei kleineren Anstellwinkeln auf der Saugseite. Nach eingetretener Kavitation beginnen die Staupunkte entsprechend der Änderung der Zirkulation durch die Kavitation auch bei konstanten Anstellwinkeln zu wandern. So ist es zu erklären, daß bei ein und demselben positiven Anstellwinkel mit abnehmender Kavitationszahl Fall 1 in Fall 2 übergeht, nämlich dann, wenn durch die wachsende Saugseitenkavitation die Zirkulation sich soweit verringert, daß der vordere Staupunkt auf die Vorderkante wandert. Ja, es ist sogar möglich, daß durch weitere Zirkulationsverringerung infolge weiterwachsender Saugseitenkavitation der vordere Staupunkt auf die Saugseite hinüberwandert, so daß auch bei positiven Anstellwinkeln zu Fall 2 noch Fall 3 hinzukommen kann.

Die Meßergebnisse und Beobachtungen an drei Kreisabschnitten verschiedener Dicke sind auf Fig. 3, 4 und 5 zusammengestellt, links die

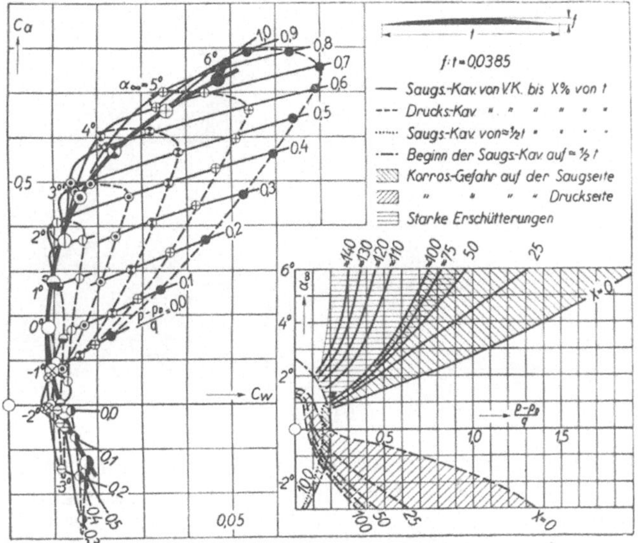

Fig. 3.

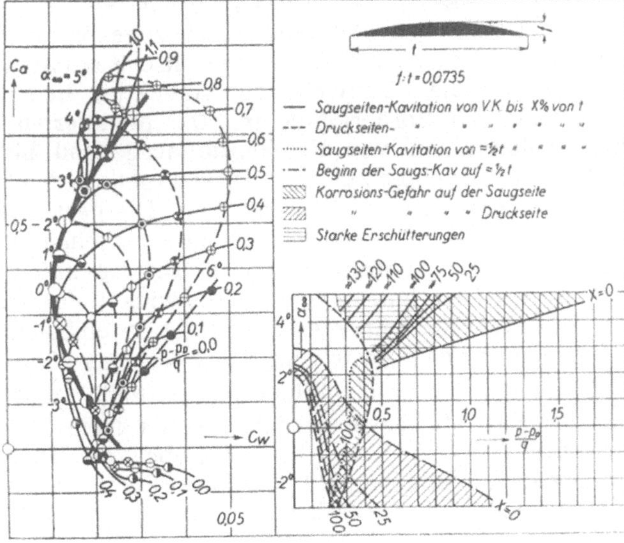

Fig. 4.

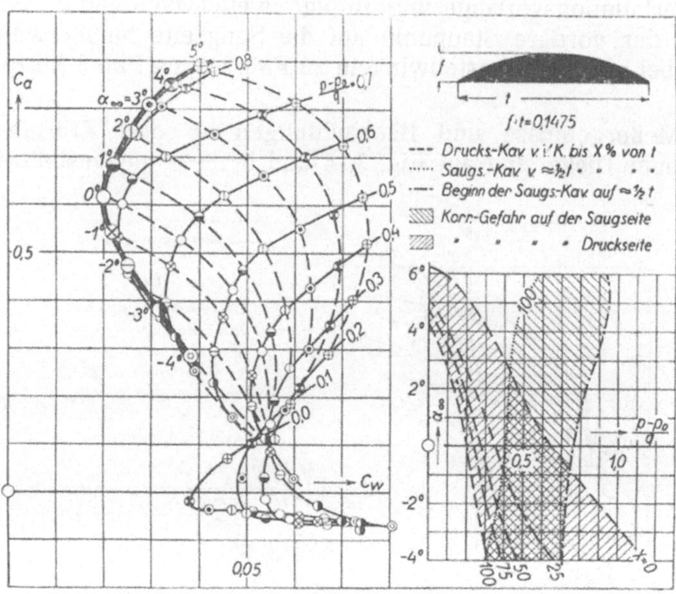

Fig. 5.

Flügelkräfte, rechts die untersuchten Profile mit ihren Kavitationsdiagrammen. Die Zahlenwerte für Auftrieb und Widerstand finden sich auf den Tafeln I bis III.

In den Kavitationsdiagrammen ist die jeweilige Erstreckung der Kavitationsschicht in Abhängigkeit vom Anstellwinkel bei ebener Strömung in unendlich ausgedehnter Flüssigkeit α_∞ und der Kavitationszahl dargestellt. Dabei bedeuten die ausgezogenen Kurven Saugseitenkavitation von Vorderkante ausgehend, also Kavitation nach Fall 1. Der Parameter x gibt die Reichweite der Kavitation in Prozenten der Flügeltiefe gemessen ab Vorderkante an. Die punktierten Kurven bedeuten Saugseitenkavitation von Profilmitte ausgehend bis x Prozent der Flügeltiefe. Die strichpunktierten Kurven geben den Kavitationsbeginn der Saugseitenkavitation nach Fall 2 an. Die gestrichelten Kurven bedeuten Druckseitenkavitation von Vorderkante ausgehend bis x Prozent der Flügeltiefe, also Kavitation nach Fall 3. Die Kavitationsdiagramme lassen erkennen, wie bei konstantem Anstellwinkel die verschiedenen Kavitationsfälle bei veränderter Kavitationszahl in einander übergehen. Beispielsweise beginnt beim Anstellwinkel $\alpha_\infty = 1^0$ des dünnsten Profiles die Kavitation bei der Kavitationszahl 0,3 nach Fall 1 und breitet sich mit abnehmender Kavitationszahl zunächst weiter nach Fall 1 aus. Bei der Kavitationszahl 0,18 geht Fall 1 in Fall 2 über, die Kavitation bricht an der Vorderkante ab und beginnt auf etwa Profilmitte, der vordere Staupunkt hat jetzt die Vorderkante erreicht, so daß das Profil stoßfrei angeströmt wird. Bei der Kavitationszahl 0,11 beginnt wieder Kavitation an der Vorderkante und zwar auf der Druck-

Auftriebs- und Widerstandsbeiwerte.

f : t = 0,0385

Tafel I.

α_∞ \ $\frac{p - p_D}{q}$		0,0	0,1	0,2	0,3	0,4	0,5	0,6	0,7	0,8	0,9	1,0	1,1	1,2	1,3	1,4
6°	ca	0,15	0,26	0,37	0,47	0,56	0,64	0,71	0,76	0,79	0,79	0,76	0,76	0,75	0,74	0,73
	cw	0,023	0,034	0,044	0,052	0,059	0,064	0,069	0,070	0,063	0,053	0,049	0,048	0,047	0,047	0,047
5°	ca	0,13	0,23	0,34	0,44	0,53	0,60	0,66	0,70	0,70	0,67	0,67	0,66	0,66		
	cw	0,020	0,029	0,036	0,042	0,046	0,051	0,054	0,044	0,035	0,033	0,034	0,035	0,035		
4°	ca	0,11	0,20	0,30	0,41	0,50	0,56	0,61	0,60	0,57	0,57					
	cw	0,016	0,023	0,027	0,032	0,036	0,038	0,032	0,021	0,023	0,024	0,024				
3°	ca	0,08	0,17	0,28	0,38	0,46	0,50	0,50	0,47	0,46						
	cw	0,012	0,017	0,020	0,024	0,027	0,018	0,014	0,015	0,016	0,016					
2°	ca	0,05	0,17	0,28	0,37	0,41	0,37	0,37								
	cw	0,013	0,014	0,016	0,016	0,011	0,012	0,012								
1°	ca	0,00	0,15	0,27	0,28	0,28										
	cw	0,012	0,012	0,011	0,010	0,010										
0°	ca	0,00	0,09	0,17	0,17											
	cw	0,010	0,010	0,009	0,009											
-1°	ca	0,00	-0,01	0,07	0,07	0,08	0,08									
	cw	0,009	0,008	0,009	0,010	0,010										
-2°	ca	-0,01	-0,04	-0,14	-0,05	-0,03	-0,03	-0,02	-0,02							
	cw	0,011	0,011	0,012	0,012	0,012	0,012	0,012	0,012							
-3°	ca	-0,02	-0,07	-0,16	-0,26	-0,18	-0,15	-0,14	-0,13	-0,13						
	cw	0,013	0,015	0,015	0,016	0,016	0,017	0,017	0,017	0,017						

Tafel II.

Auftriebs- und Widerstandsbeiwerte.

$f:t = 0{,}0735$

α_∞ \ $\frac{p - p_D}{q}$		0,0	0,1	0,2	0,3	0,4	0,5	0,6	0,7	0,8	0,9	1,0	1,1	1,2	1,3	1,4
6°	Ca	0,17	0,25	0,35	0,46											
	Cw	0,031	0,037	0,046	0,054											
5°	Ca	0,13	0,24	0,33	0,44	0,54	0,61	0,68	0,75	0,81	0,83	0,76	0,74	0,74	0,74	0,74
	Cw	0,028	0,033	0,040	0,046	0,049	0,050	0,049	0,046	0,034	0,023	0,025	0,027	0,029	0,029	0,029
4°	Ca	0,08	0,19	0,30	0,41	0,52	0,61	0,68	0,73	0,72	0,67	0,66	0,66	0,66		
	Cw	0,025	0,029	0,034	0,038	0,039	0,036	0,030	0,021	0,018	0,021	0,023	0,023	0,023		
3°	Ca	0,04	0,14	0,27	0,38	0,50	0,59	0,60	0,57	0,57	0,57					
	Cw	0,023	0,026	0,030	0,032	0,030	0,023	0,017	0.018	0,018	0,018					
2°	Ca	0,01	0,08	0,22	0,36	0,47	0,50	0,50	0,50							
	Cw	0,020	0,023	0,027	0,028	0,023	0,013	0,013	0,013							
1°	Ca	-0,03	0,02	0,18	0,32	0,41	0,43	0,43								
	Cw	0,018	0,021	0,024	0,024	0,017	0,012	0,012								
0°	Ca	-0,03	-0,03	0,14	0,29	0,35	0,35	0,35								
	Cw	0,023	0,023	0,022	0,019	0,012	0,011	0,011								
-1°	Ca	-0,03	-0,04	0,08	0,24	0,28	0,28									
	Cw	0,027	0,024	0,020	0,015	0,011	0,012									
-2°	Ca	-0,03	-0,05	0,00	0,16	0,19	0,19									
	Cw	0,032	0,028	0,021	0,014	0,013	0,014									
-3°	Ca	-0,05	-0,06	-0,07	-0,02	0,06	0,08	0,09	0,10	0,10	0,10					
	Cw	0,036	0,033	0,028	0,020	0,016	0,017	0,017	0,018	0,018	0,018					

Tafel III.

Auftriebs- und Widerstandsbeiwerte.

$f : t = 0{,}1475$

α_∞ \ $\frac{p - p_D}{q}$		0,0	0,1	0,2	0,3	0,4	0,5	0,6	0,7	0,8	0,9	1,0
5°	c_a	0,07	0,18	0,29	0,40	0,52	0,62	0,72	0,81	0,88	0,89	0,89
	c_w	0,046	0,059	0,067	0,072	0,075	0,074	0,070	0,060	0,043	0,040	0,040
4°	c_a	-0,02	0,10	0,22	0,35	0,47	0,58	0,70	0,79	0,84	0,85	0,85
	c_w	0,038	0,051	0,061	0,067	0,069	0,068	0,062	0,053	0,037	0,034	0,034
3°	c_a	-0,04	0,03	0,17	0,30	0,43	0,55	0,66	0,74	0,81	0,81	
	c_w	0,042	0,049	0,058	0,063	0,063	0,061	0,053	0,043	0,032	0,030	
2°	c_a	-0,04	-0,04	0,11	0,26	0,38	0,51	0,62	0,70	0,74	0,75	
	c_w	0,047	0,050	0,056	0,059	0,058	0,053	0,045	0,033	0,027	0,026	
1°	c_a	-0,04	-0,05	0,03	0,19	0,34	0,46	0,57	0,65	0,68	0,68	
	c_w	0,051	0,054	0,054	0,056	0,055	0,049	0,040	0,026	0,022	0,022	
0°	c_a	-0,05	-0,06	-0,02	0,14	0,29	0,42	0,52	0,60	0,61	0,61	
	c_w	0,057	0,059	0,054	0,055	0,053	0,047	0,036	0,024	0,020	0,020	
-1°	c_a	-0,06	-0,06	-0,06	0,09	0,24	0,37	0,47	0,53	0,54	0,54	
	c_w	0,061	0,065	0,061	0,055	0,051	0,045	0,034	0,023	0,022	0,022	
-2°	c_a	-0,06	-0,06	-0,07	0,03	0,18	0,30	0,40	0,45	0,47	0,47	
	c_w	0,066	0,071	0,067	0,057	0,051	0,043	0,033	0,025	0,025	0,025	
-3°	c_a	-0,06	-0,07	-0,07	-0,03	0,11	0,23	0,32	0,36	0,38	0,38	
	c_w	0,070	0,074	0,074	0,065	0,054	0,043	0,035	0,032	0,032	0,032	
-4°	c_a	-0,06	-0,07	-0,07	-0,07	0,03	0,16	0,25	0,28	0,28	0,28	
	c_w	0,074	0,081	0,081	0,074	0,060	0,047	0,039	0,038	0,038	0,038	

seite, ein sichtbares Zeichen dafür, daß der vordere Staupunkt auf die Saugseite hinübergewandert ist. Zu Fall 2 tritt nun Fall 3 hinzu. Der Bereich der positiven Anstellwinkel, in dem auf diese Weise Druckseitenkavitation entsteht, wächst mit zunehmender Dicke des Profils. So zeigt das Kavitationsdiagramm des dicksten Profiles auf Fig. 5 diesen Bereich besonders ausgedehnt.

Aus den bis heute vorliegenden Korrosionsversuchen ist zu schließen, daß Korrosion bei Kavitation an der Stelle des Verdichtungsstoßes auftritt. Korrosionsgefahr liegt demnach vor in den schräg schraffierten Gebieten der Kavitationsdiagramme, wo der Verdichtungsstoß auf dem Profil liegt. Ein weiteres Gebiet, in dem sich die Kavitation unangenehm bemerkbar macht, ist durch horizontale Schraffur abgegrenzt. In diesem Bereich ist die Form der Kavitationsschicht besonders unstabil. Damit verbindet sich eine periodische Änderung der Flügelkräfte, so daß am Flügel Schwingungen erzwungen werden können.

Betrachten wir nun die Flügelkräfte. Diese sind in der üblichen Polarenform dargestellt, wobei die bekannten Definitionen gelten,

$$c_a = \frac{A}{q \cdot F}, \quad c_w = \frac{W}{q \cdot F},$$

(A = Auftrieb, W = Widerstand, q = Staudruck, F = Flügelfläche). Die stark ausgezogenen Kurven sind die Polaren ohne Kavitation. Die dünner ausgezogenen Kurven sind Polaren bei konstanter Kavitationszahl. Dabei sind gleiche Anstellwinkel durch gleiche Sigel gekennzeichnet. Ein Vergleich der verschiedenen Polaren eines Profiles zeigt, daß es insbesondere der Abfall des Auftriebes ist, der die Verschlechterung der Profileigenschaften bei Kavitation verschuldet. Die gestrichelten Kurven beschreiben das Kräftespiel bei konstantem Anstellwinkel und veränderter Kavitationszahl. Verfolgen wir diese gestrichelten Kurven von Kavitationsbeginn ab, so ist überall dort, wo die Kavitation nach Fall 1 beginnt, zunächst eine Gleitzahlverbesserung durch Auftriebserhöhung und teilweise auch durch Widerstandsverringerung zu beobachten. Betrachtet man die Kavitationsschicht als Verformung des Profils, so ist die Auftriebserhöhung durch die stärkere Profilwölbung zu erklären. Von den beiden Teilen des Widerstandes nimmt der Reibungswiderstand ab, der Druckwiderstand durch Verbreiterung des Totwassers zu. Welche der beiden Teiländerungen des Widerstandes überwiegt, hängt von der Dicke der Kavitationsschicht ab. So ist bei dünnen Kavitationsschichten eine merkliche Widerstandsverringerung festzustellen, während bei dickeren Schichten, also bei größeren Anstellwinkeln, die Zunahme des Druckwiderstandes überwiegt. Die Gleitzahl verschlechtert sich beim Kavitationsfall 1 erst, wenn die Kavitation über die Profilmitte vorgedrungen ist. Je nach dem Anstellwinkel liegt also beim Kavitationsfall 1 eine mehr oder weniger große Spanne in der Kavitationszahl zwischen Kavitationsbeginn und Gleitzahlverschlechterung.

Beginnt die Kavitation nach Fall 2, so fallen Kavitationsbeginn und Gleitzahlverschlechterung zusammen. Dies zeigen besonders deutlich die Meßergebnisse an den beiden dickeren Profilen auf Fig. 4 und 5.

Bei Kavitationsbeginn nach Fall 3 liegen die Verhältnisse ähnlich wie bei Fall 1.

Über das Verhalten von Auftrieb und Widerstand bei voll ausgebildeter Saugseitenkavitation nach Fall 1 hat Prof. Betz[3]) eine Näherungstheorie aufgestellt. Danach wird der Auftriebsbeiwert

$$c_a = \frac{\pi}{2}\alpha + \frac{p - p_D}{q}$$

Der erste Teil auf der rechten Seite stellt den nach Kirchhoff bekannten Auftriebsbeiwert einer mit kleinem Winkel α angestellten ebenen Platte bei abgerissener Strömung mit freien Strahlgrenzen dar, wo der Druck im Totgebiet der gleiche ist, wie in der ungestörten Strömung. Der zweite Teil, die Kavitationszahl, gibt den zusätzlichen Auftrieb an, der davon herrührt, daß bei Kavitation im Totgebiet, also auf der Saugseite, nicht der Druck der ungestörten Strömung, sondern ein geringerer Druck, die Dampfspannung, herrscht. Da die resultierende Druckkraft senkrecht auf der ebenen Druckseite steht, setzt sich der Widerstand aus der Tangenskomponente des Auftriebes und dem Reibungswiderstand der Druckseite zusammen und wird

$$c_w = c_a \cdot \alpha + 0{,}004$$

Nach Betz gelten diese Werte nicht nur für ebene Platten, sondern auch für beliebige Profile mit ebener Druckseite unter der Voraussetzung, daß die Kavitation an der Vorderkante beginnt und über die Hinterkante hinausreicht, also die ganze Saugseite von einer Kavitationsschicht eingehüllt ist und ihre Form belanglos wird. Solange diese Voraussetzung der Theorie erfüllt ist, solange also Kavitation nach Fall 1 vorliegt,

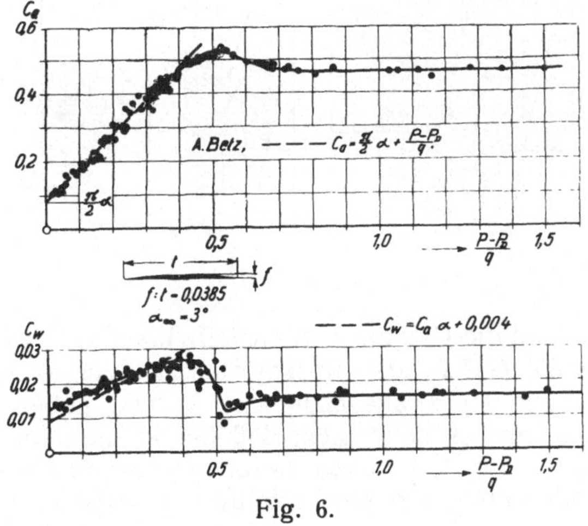

Fig. 6.

3) A. Betz: Verhandlungen des III. Internationalen Kongresses für Technische Mechanik, Stockholm 1930, Band I, S. 411.

bestätigen die Messungen die Theorie. Die Auftriebsbeiwerte stimmen vollständig überein, die gemessenen Widerstandsbeiwerte sind bei kleinen Kavitationszahlen etwas größer als die Theorie angibt. Bei allen anderen Kavitationsfällen, wo also die Voraussetzung der Theorie nicht mehr zutrifft, werden die Profileigenschaften durchweg schlechter, worauf Prof. Betz in seiner Arbeit schon hingewiesen hat. Die Widerstände werden größer, die Auftriebe fallen mit abnehmender Kavitationszahl steiler ab, was insbesondere für den Fall der Druckseitenkavitation bei positiven Anstellwinkeln gilt.

Die in den Figuren 3 bis 5 eingetragenen Punkte sind keine Meßpunkte, sondern Mittelwerte einzelner Versuchsreihen. Fig. 6 zeigt die einzelnen Meßpunkte einer Versuchsreihe mit dem dünnsten Profil bei konstantem Anstellwinkel $\alpha_\infty = 3^0$. Die Auftriebs- und Widerstandsbeiwerte sind in Abhängigkeit von der Kavitationszahl aufgetragen. Die gestrichelten Linien stellen die Betz'sche Näherungstheorie dar, deren Voraussetzung bei der genannten Versurchsreihe erfüllt ist.

Fig. 7 zeigt Ausschnitte aus den drei Kavitationsdiagrammen der drei untersuchten Profile. Die Profile sind durch ihr Dickenverhältnis f:t gekennzeichnet (f = größte Dicke in Profilmitte, t = Flügeltiefe).

Korrosionsgefahr bzw. Erschütterungen.

Beste Gleitzahl bei versch. Kav.-zahlen.

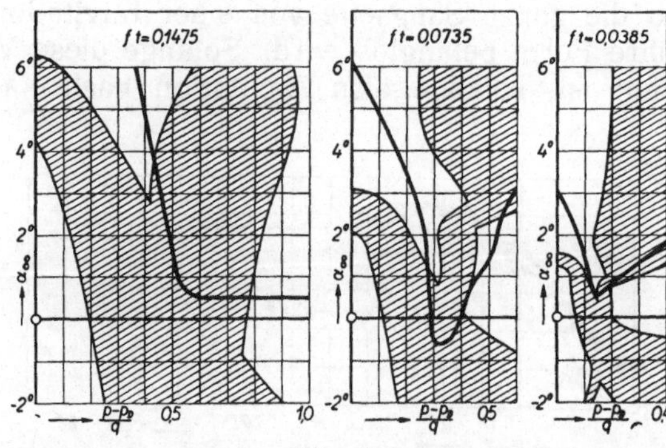

Fig. 7.

Durch Schraffur sind die Gebiete der Anstellwinkel und Kavitationszahlen abgegrenzt, wo die Gefahr der Korrosion bzw. der starken Erschütterungen besteht. Die stark ausgezogenen Kurven geben die Lage der besten Gleitzahlen an; es zeigt sich, daß bei kleinen Kavitationszahlen, die bei schnellaufenden Schrauben besonders interessieren, die besten Gleitzahlen gerade außerhalb der gefährdeten Gebiete liegen.

In Fig. 8 beschreiben die ausgezogenen Kurven den Kavitationsbeginn der untersuchten Profile in Abhängigkeit von der Kavitationszahl und vom Auftrieb. Die einzelnen Kurven bestehen aus drei Ästen, im unteren Ast beginnt die Kavitation nach Fall 3, im mittleren

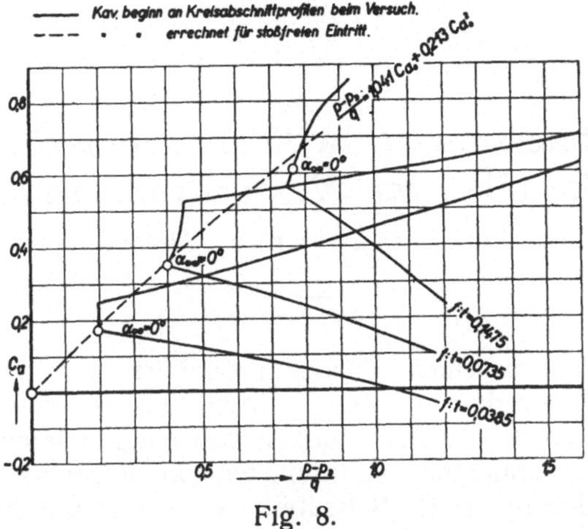

Fig. 8.

nach Fall 2 und im oberen nach Fall 1. Wie zu erwarten, erweisen sich die Profile im Bereich des stoßfreien Eintritts am unempfindlichsten gegen Kavitation, während diesseits und jenseits des stoßfreien Eintritts die Kavitation gleich bei viel höheren Kavitationszahlen beginnt. Die gestrichelte Kurve gibt eine für Potentialströmung errechnete Beziehung an zwischen Kavitationsbeginn und dem Auftriebsbeiwert c_{a_0} bei stoßfreiem Eintritt (Anstellwinkel $\alpha_\infty = 0°$). Eine Kreisströmung mit Zirkulation wurde mit der Kármán-Trefftz'schen Abbildungsfunktion[4]) zur Strömung um stoßfrei angeströmte Kreisabschnittprofile verschiedener Dicke abgebildet und die Kavitationszahl in Abhängigkeit vom Auftrieb errechnet, bei der die Kavitation beginnt. Man erhält so in zweiter Näherung die Formel

$$\frac{p - p_D}{q} = 1{,}041\, c_{a_0} + 0{,}213\, c_{a_0}{}^2.$$

Die Glieder dritter Ordnung können vernachlässigt werden, wenn es sich um normale Profildicken handelt.

Die gestrichelte Kurve geht nun sehr nahe an den beim Anstellwinkel $\alpha_\infty = 0°$ gemessenen Werten vorbei. Sie liefert, wenigstens für dünne Profile, auch in wirklicher Strömung eine für Überschlagsrechnungen brauchbare Beziehung zwischen einer gegebenen Kavitationszahl und dem noch ohne Kavitation erreichbaren größtmöglichen Auftriebsbeiwert bei stoßfreiem Eintritt. Mit zunehmender Profildicke, also mit zunehmendem Winkel der Eintrittskante, wächst der Bereich, in dem die Kavitation nach Fall 2 beginnt. Dabei werden die noch ohne Kavitation erreichbaren größten Auftriebsbeiwerte größer, als unsere Formel angibt.

[4]) Th. v. Kármán und E. Trefftz: Z.F.M. IX. Jahrgang 1918, Heft 17 und 18, Seite 111.

Kraftmessungen an Widerstandskörpern und Flügelprofilen im Wasserstrom bei Kavitation.

Von E. Martyrer, Aachen.

Die Konstruktion eines Torpedopropellers mit hoher Umfangsgeschwindigkeit, bei dem bestimmt Kavitation zu erwarten war, die Korrosionen wegen der kurzen Laufzeit von einigen Minuten aber keine bedenkliche Größe annehmen konnten, gab die Veranlassung, der Frage nach den Veränderungen der Schaufelkräfte durch die Kavitation näher zu treten, da dafür noch jegliche Konstruktionsunterlagen in Form von Versuchsergebnissen fehlten. Zu dem Zweck wurde im Aerodynamischen Institut der Technischen Hochschule Aachen im Jahre 1930 ein Versuchsstand zur Durchführung von Dreikomponentenmessungen an Schaufelprofilen bei Kavitation errichtet.

Die Versuchsanlage. Im Gegensatz zu anderen Kavitationsversuchsanlagen mit geschlossenem Wasserkreislauf zwangen die örtlichen Verhältnisse hier eine offene Bauart nach Fig. 1 zu wählen. Eine Kreiselpumpe von $Q = 160$ l/s schafft das Wasser über einen Hoch-

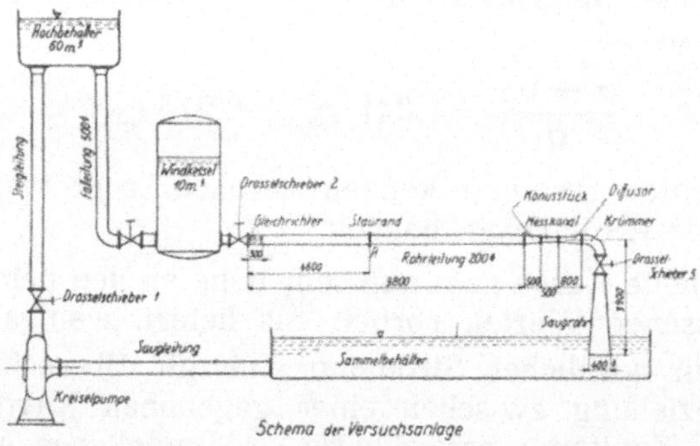

Fig. 1.

behälter in den Windkessel und von dort durch einen eingebauten Gleichrichter von 50 mm Maschenweite in die 9800 mm lange Anlaufleitung von 200 mm Durchm. aus innen geteerten Gußeisenrohren. Ein Konusstück aus geschweißtem Eisenblech vermittelt den Uebergang zu dem innen sauber bearbeiteten Meßkanal aus Rotguß, der bei einer Länge von 500 mm einen rechteckigen lichten Querschnitt von 50,8 mm Höhe und 202,3 mm Breite hat. Hinter dem Meßkanal führt ein schlank erweiterter Diffusor mit anschließendem Krümmer und Saugrohr in den Sammelbehälter zurück.

Zur Beobachtung der Erscheinungen im Kanal konnte oben genau bündig mit der Kanalinnenwand ein Messingdeckel mit eingepaßter Spiegelglasscheibe aufgesetzt werden. Zum Einbau irgendwelcher Meßapparate war es möglich, die Glasscheibe gegen eine Metallscheibe auszuwechseln.

Die Veränderung der Geschwindigkeit im Meßkanal geschah durch Regulieren des Drosselschiebers 2 am Einlauf der Rohrleitung, die Veränderung des statischen Drucks durch Drosseln mit dem Schieber 3 hinter dem Krümmer.

Die Messung der Kräfte an dem Profil geschah mit einer Dreikomponentenwaage mit Drahtaufhängung. Von besonderer Schwierigkeit war dabei die Forderung, die in dem geschlossenen, teilweise unter größerem Ueber- oder Unterdruck stehenden Kanal an dem Profil angreifenden Kräfte möglichst ohne Reibung nach außen zu führen. Dies geschah durch eine Quecksilberdichtung nach Fig. 2.

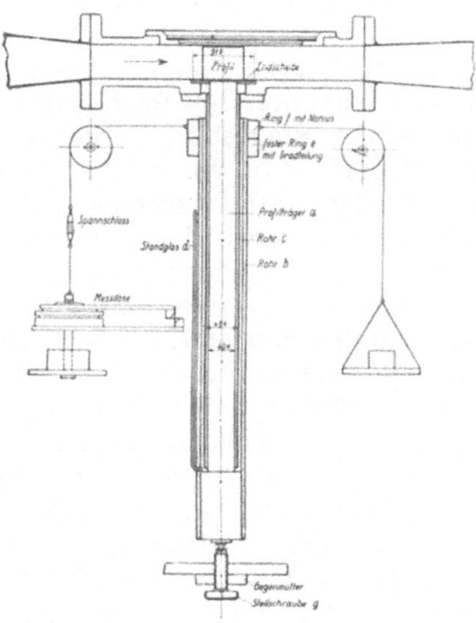

Fig. 2.
Quecksilberdichtung.

Das zu untersuchende Profil wurde unter Zwischenschaltung einer mit der Kanalwand bündigen Endscheibe in einen runden Profilträger a von 40 mm Durchm. geschraubt, der unten auf einer gehärteten Stahl-

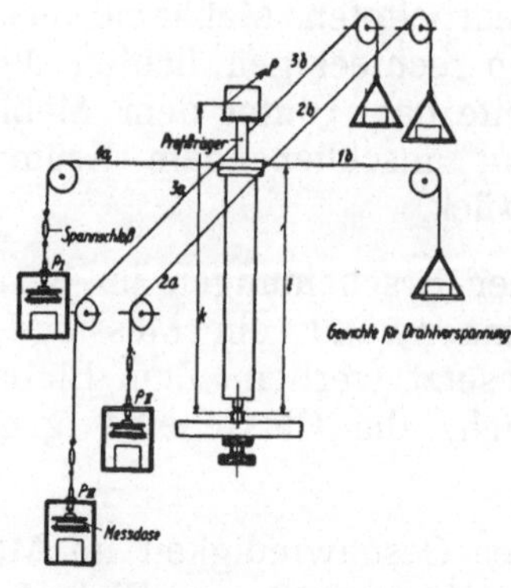

Schema der Dreikomponenten-Wage

Fig. 3.

spitze stand und durch eine Stellschraube g in seiner Höhenlage verstellt werden konnte. Die Endscheibe von 91 mm Durchm. und 3 mm Stärke saß konzentrisch in einem kreisrunden Ausschnitt von 94 mm Durchm. im Meßkanal. Auf den unten verstärkten Profilträger war ein Rohr b aufgeschrumpft und verschweißt so, daß zwischen dem Profilträger und diesem Rohr ein langer zylindrischer Ringraum entstand. In diesen Ringraum tauchte von oben bis kurz über den Bogen ein dünnes Rohr c von 1 mm Wandstärke, das durch einen Flansch fest und dicht mit dem Meßkanal verbunden war und den Profilträger in 2,5 mm Abstand umgab. In den zylindrischen Ringraum wurde zur Abdichtung Quecksilber gefüllt, dessen Spiegel man an einem Standglas d von außen erkennen konnte. Die auf das Profil ausgeübten Kräfte wurden durch dieses einarmige Hebelsystem durch die Quecksilberdichtung praktisch reibungslos auf das äußere Rohr b übertragen, auf das 2 Ringe e und f mit Klemmschrauben aufgesetzt waren. An zwei kleinen Ösen des oberen Rings f griffen die 0,5 mm starken Stahldrähte für die Kraftmessung der 3 Komponenten in der in Fig. 3 schematisch dargestellten Weise an. Die Drähte wurden über in Kugellager gelagerte Rollen von 120 mm Durchm., unter Zwischenschaltung eines Spannschlosses, auf der einen Seite zu den Meßdosen, auf der anderen Seite zu den Wagschalen mit den Vorbelastungsgewichten geführt. Die Veränderung des Anstellwinkels des eingebauten Profils war dadurch ermöglicht, daß der Profilträger mit dem aufgesetzten Profil nach Lösen der Klemmschrauben in dem am Drahtsystem aufgehängten oberen Ring f um seine Längsachse gedreht werden konnte. Der Anstellwinkel wurde dabei an einer Gradteilung an dem unteren festen Ring e abgelesen.

Die Hebelarme i und k des Profilträgers wurden genau ausgemessen. Auftrieb, Widerstand und Moment des Flügels konnte dann aus den an den Meßdosen gemessenen Kräften durch leichte Umrechnung ermittelt werden.

Zum Ausgleich der geringen Drahtdehnungen und Meßdosenwege unter dem Einfluß der Profilkräfte wurde folgende Einrichtung getroffen: Auf den oberen, am Drahtsystem aufgehängten Ring f wurde ein Zeiger von ungefähr 300 mm Länge gelötet, der über einer feststehenden Skala spielte. Durch Spannen der Spannschlösser wurde vor jeder Ablesung der Meßinstrumente dieser Zeiger in seine Nullage gebracht, und der Profilträger so eingestellt, daß die Endscheibe konzentrisch in ihrem kreisförmigen Ausschnitt im Meßkanal saß.

Um das Drahtsystem der Dreikomponentenwage so auszurichten, daß der Widerstandsdraht in Strömungsrichtung und die Auftriebsdrähte genau senkrecht dazu geführt waren, wurde ein Profil erst mit normalem Einbau und dann spiegelbildlich zu seiner Normallage gemessen und das gesamte Drahtsystem so lange verdreht, bis sich bei beiden Messungen die gleiche Polarkurve ergab.

Zur Messung der Geschwindigkeit im Meßkanal wurde bei Punkt A der Rohrleitung (vergl. Fig. 1) ein mit größtmöglicher Sorgfalt aus Rotguß hergestellter Staurand mit Ringkammerentnahme und einem Öffnungsverhältnis $\frac{F}{f} = 0{,}495$ nach den Regeln für die Durchflußmessung mit genormten Düsen und Blenden eingebaut.[1])

Der zu untersuchende Versuchskörper wurde in einer senkrechten Ebene in der Kanalmitte eingebaut. Die Geschwindigkeit, mit der der Körper angeströmt wird, ist also der bei der ungestörten Strömung an dieser Stelle herrschenden Geschwindigkeit v_∞ gleich, der für die Kraftverhältnisse an dem Profil maßgebende Staudruck ist der Wert $\gamma \cdot \frac{v_\infty^2}{2g}$ daselbst. Da jedoch die Geschwindigkeit infolge des Grenzschichteinflusses nicht vollkommen gleichförmig über die Kanalhöhe b verteilt ist, ist der wirksame Staudruck gegeben durch den Wert $\frac{\gamma}{2g} \int \frac{v^2 \cdot db}{b} = \frac{v_\infty^2}{2g} = q$, wenn v die mit dem Prandtlrohr gemessene örtliche Geschwindigkeit in der Mittelebene des Meßkanals bedeutet. Sämtliche Messungen wurden auf diesen mittleren Staudruck bezogen, dessen Abhängigkeit von der am Staurandmanometer abgelesene Druckhöhe durch mehrere Messungen der Geschwindigkeitsverteilung im Meßkanalquerschnitt ermittelt wurde.

Da der Versuchskörper die Druckverteilung im Meßkanal auch in größerer Entfernung noch erheblich beeinflußte, wurde die Druckmessung im Anlaufrohr vorgenommen. An den der Strömungsrichtung abgekehrten Ringraum des Staurandes wurde ein Quecksilbermanometer angeschlossen, dessen zweiter Schenkel mit der Außenluft in Verbindung stand. Der Zusammenhang zwischen der Anzeige dieses Mano-

---

[1]) Regeln für die Durchflußmessung mit genormten Düsen und Blenden. Berlin 1930. V.D.I.-Verlag.

meters und dem statischen Druck in der ungestörten Strömung des Meßkanals wurde nach Bernoulli umgerechnet und durch eine Eichung festgestellt, wobei nur die Endscheibe ohne Profil in den Kanal eingebaut war.

Die Meßdosen waren nach dem im Windkanal des Aerodynamischen Instituts der Technischen Hochschule Aachen seit Jahren bewährten System gebaut.[2]) Normalerweise wurden sie durch die am Profil angreifenden Kräfte entlastet. Dabei wurden zur Steigerung der Versuchsgenauigkeit an den Meßdosen nur kleine Kräfte abgelesen, dagegen die größeren Kräfte durch zusätzliche Belastung der Gewichtsschalen ausgeglichen. Sämtliche Meßdosen wurden zu Beginn einer Meßreihe neu geeicht und am Schluß durch eine zweite Eichung kontrolliert.

Der Versuchskörper war bei den Messungen so eingestellt, daß zwischen der Glasabdeckplatte des Meßkanaldeckels und der oberen Stirnfläche ein Spalt von 0,3 mm verblieb.

Die Endscheibe erfuhr durch die Schleppkraft des darüber strömenden Wassers und durch Druckdifferenzen im Spalt zwischen Endscheibe und Meßkanal einen zusätzlichen Widerstand, der von den gemessenen Widerständen in Abzug gebracht werden mußte. Zu dem Zweck wurden für alle Versuchskörper, und bei den Flügelprofilen für jeden untersuchten Anstellwinkel, der Endscheibenwiderstand gesondert gemessen, indem der Versuchskörper von oben mit einem Spalt von 0,3 mm über der Endscheibe fest an dem Kanaldeckel, also als Blende wirkend, eingebaut wurde. Die geringfügige Aenderung des Endscheibenwiderstandes bei verschiedenen Kavitationszuständen konnte, wie einige Kontrollversuche ergaben, vernachlässigt werden.

Für ein Profil von gegebener Form sind die Auftriebs-, Widerstands- und Momentenbeiwerte ζ_a, ζ_w und ζ_m in der Strömung einer homogenen Flüssigkeit ziemlich eindeutig als Funktion des Anstellwinkels bestimmt. Wenn die Flüssigkeit ihre Homogenität verliert, wie z. B. bei der Kavitation, ist zur Angabe des vollständigen Strömungszustandes noch eine Druckbedingung notwendig. Im Anschluß an eine Überlegung von Ackeret[3]) wurde durch die durchgeführten Versuche bestätigt, daß der Kavitationszustand an einem Körper von bestimmter Form und Stellung in einer Strömung lediglich eine Funktion des Druckverhältnisses $\lambda = \frac{p_\infty - p_d}{q}$ ist, worin p_∞ den statischen Druck in der ungestörten Strömung, p_d den Dampfdruck der Flüssigkeit bei der betreffenden Temperatur und $q = \frac{v_\infty^2}{2g}$ den Staudruck bezeichnet.

---

[2]) Abhandlungen aus dem Aerodynamischen Institut an der Technischen Hochschule Aachen. Heft 10, S. 7.

[3]) J. Ackeret: Experimentelle und theoretische Untersuchungen über Hohlraumbildung (Kavitation) im Wasser. Technische Mechanik und Thermodynamik 1930 Band I, Nr. 1, S. 1.

Die Widerstandsmessungen an Zylindern. Um einen besseren Einblick in die Vorgänge bei der Kavitation zu erhalten, wurden zuerst Widerstandsmessungen an Zylindern durchgeführt.

Die verwendeten Widerstandszylinder waren aus weichem Stahl gedreht und mit feinem Schmirgel sauber geglättet. Untersucht wurde zuerst ein Satz mit 23,7; 11,95; 7,92 und 4,98 mm Durchmesser.

Bei den Widerstandsmessungen an den beiden Zylindern mit 11,95 und 7,92 mm Durchmesser war schon vor Eintritt der Kavitation eine starke Veränderlichkeit der Widerstandsziffer bemerkbar. Diese Messungen fielen nämlich in das Gebiet von Reynolds'schen Zahlen $2 \cdot 10^5 > \frac{v \cdot d}{\nu} > 10^5$, wo durch das Turbulentwerden der Grenzschicht bei normaler Strömung ein außerordentlich starker Widerstandsabfall einsetzt.[4]) Innerhalb dieses Gebietes ist der Widerstand des Zylinders sehr labil und stark von Nebeneinflüssen, wie z. B. der Rauhigkeit der Zylinderoberfläche und der Turbulenz der Strömung im Meßkanal abhängig. Dazu war zu bemerken, daß auch der statische Druck im Meßkanal einen Einfluß auf die Strömungsform um den Zylinder und damit auf den Widerstand ausübte, und zwar derart, daß eine Erhöhung des statischen Druckes im Meßkanal sich in gleicher Weise auswirkte wie eine Verminderung der Reynolds'schen Zahl, eine Erscheinung, die auf ganz geringe Luftausscheidung in der Grenzschicht im Unterdruckgebiet des Zylinders zurückzuführen sein dürfte. Diese Einflüsse überlagerten die durch die Kavitationsbildung am Zylinder bedingten Veränderungen der Widerstandsziffer. Deshalb seien hier nur die Messungen an dem größten und kleinsten Zylinder herausgegriffen, die schon ziemlich ins Gebiet konstanter Beiwerte fielen. Außerdem sind gerade diese Messungen für die Kavitationsbildung am Zylinder besonders charakteristisch.

Die Messungen an dem großen Zylinder wurden bei Reynolds'schen Zahlen $\frac{v \cdot d}{\nu} > 2 . 10^5$ ($v = 7{,}3$ bis 14 m/s) vorgenommen, fielen also für die Strömung ohne Kavitation schon in das Gebiet der kleinen Widerstandszahl. Die Messungen an dem kleinen Zylinder fanden bei Reynolds'schen Zahlen $\frac{v \cdot d}{\nu} < 6 . 10^4$ statt, in denen noch die hohe Widerstandsziffer gilt.

Die photographischen Aufnahmen Fig. 4 bis 7 zeigen die bei zunehmender Kavitation, entsprechend einem abnehmenden λ auftretenden Erscheinungen am Zylinder von 23,7 mm Durchmesser. Bei hohem λ war die Strömung vollkommen klar und die auf den Zylinder ausgeübte Kraft ziemlich konstant. Verminderte man den Druck bis auf $\lambda = 2{,}8$,

---

[4]) Vergl. F. Eisner: Widerstandsmessungen an umströmten Zylindern von Kreis- und Brückenpfeilerquerschnitt. Mitteilungen der Preußischen Versuchsanstalt für Wasserbau und Schiffbau, Berlin, Heft 4, 1929, S. 17 und 18.

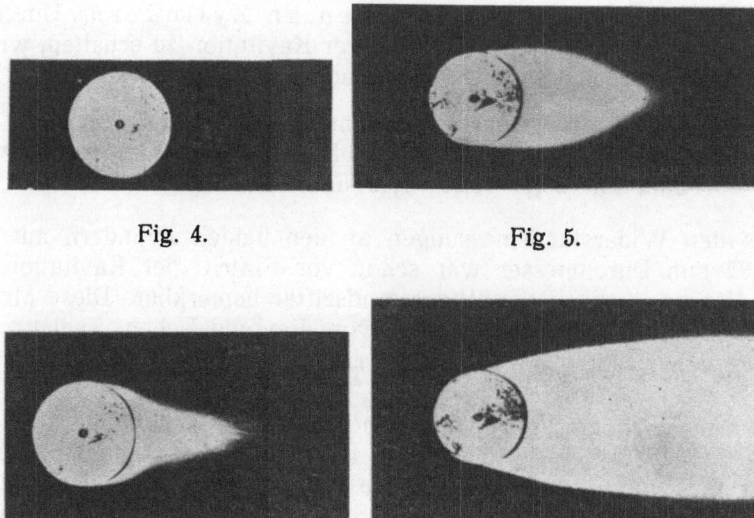

Fig. 4. Fig. 5.

Fig. 6. Fig. 7.

Kavitation am Zylinder von 23,7 mm Durchmesser

so bemerkte man in den abgehenden Wirbeln mit Schaum erfüllte Hohlräume, die mit weiter sinkendem Druck immer klarer hervortraten (Fig. 4). Bald bildete sich auch ungefähr an den äußersten Mantellinien des Zylinders ein leichter Kavitationsstreifen, der sich mit stärker werdendem Unterdruck immer weiter um den Zylinder herumzog. Zwischen $\lambda = 2{,}4$ und $\lambda = 2{,}2$ vereinigten sich die von den Mantellinien des Zylinders ausgehenden Kavitationsgebiete hinter dem Zylinder. Die Strömung war dann vom Zylinder losgelöst und bildete hinter ihm einen mit Wasserdampf erfüllten Hohlraum (Fig. 5), der bei weiterer Druckabsenkung immer mehr an Ausdehnung gewann (Fig. 6), und sich zum Schluß bis weit in den Diffusor hineinzog (Fig. 7).

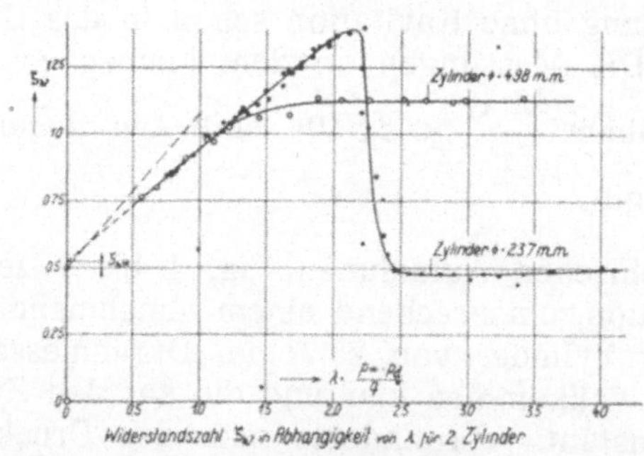

Fig. 8.
Widerstandszahl ζ_w in Abhängigkeit von λ für 2 Zylinder.

In Fig. 8 ist die Widerstandsziffer ζ_w für beide Zylinder in Abhängigkeit vom Druckverhältnis $\lambda = \frac{p_\infty - p_d}{q}$ aufgetragen. Der große Zylinder zeigt bei der Strömung ohne Kavitation noch den niedrigen Widerstandsbeiwert von 0,47. Gleichzeitig mit dem Zusammenschluß der Kavitationsgebiete hinter dem Zylinder stieg der Widerstand plötzlich durch die verstärkte Saugwirkung auf ungefähr den dreifachen Wert. In dem Gebiet des Widerstandssprunges war der Strömungszustand sehr labil und der Widerstand stark schwankend. Bei weiterer Druckabsenkung wurde er wieder erheblich ruhiger und sank proportional der Verkleinerung von λ ab. Das Zusammenstürzen des Kavitationshohlraumes war mit starkem Knattern verbunden.

Bei dem Zylinder von 4,98 mm Durchmesser war die in den abgehenden Wirbeln sichtbare Kavitation ungefähr bei einem $\lambda = 2{,}5$, also etwas später als bei dem großen Zylinder zu bemerken. Der labile Zustand mit dem Widerstandssprung fiel hierbei fort, der Widerstandsbeiwert ging von seinem hohen Wert 1,12 gleichmäßig in den bei Kavitationszustand über. Im Gebiet vollkommener Ablösung zeigen beide Zylinder gleiche Widerstandsbeiwerte.

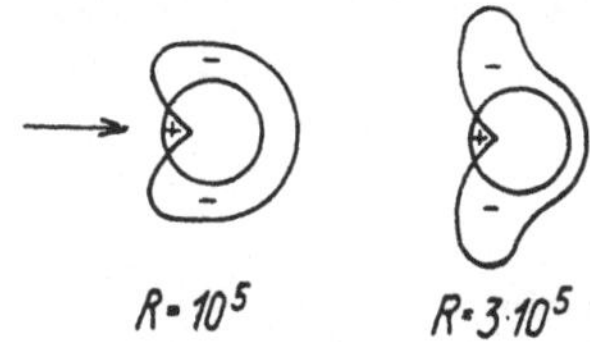

Fig. 9.
Druckverteilung an Zylindern bei verschiedenen Reynolds'schen Zahlen.

Das frühere Einsetzen der Kavitation an dem großen Zylinder ist leicht einzusehen, wenn man sich die von Eisner gemessene und in Fig. 9 dargestellte Druckverteilung an Zylindern bei verschiedenen Reynoldsschen Zahlen vergegenwärtigt. Die für den Strömungszustand bei großen Reynolds'schen Zahlen ($R \sim 3 . 10^5$), also für die kleine Widerstandsziffer, charakteristischen, großen, seitlichen Unterdrucklappen bewirken ein früheres Auftreten der Kavitation als bei dem kleinen Zylinder, bei dem kein ausgesprochenes Unterdruckmaximum vorhanden ist. Dazu wird auch durch die beim großen Zylinder im Verhältnis zum Durchmesser schon recht nahen Kanalwände die Geschwindigkeit an der äußersten Mantellinie noch etwas erhöht, der Druck also noch stärker erniedrigt.

Der Versuch, den Einfluß der Reynolds'schen Zahl auszuschalten und eine Reihe Zylinder mit solch abgestuften Durchmessern herzustellen und bei Geschwindigkeiten zu messen, daß der Wert $\frac{v \cdot d}{\nu}$ konstant blieb, war leider ohne Erfolg, da durch den vorher schon erwähnten Einfluß des statischen Drucks bei der Strömung ohne Kavitation die Widerstandskurven der verschiedenen Zylinder abhängig von λ bei gleichen Reynolds'schen Zahlen sich nicht aneinanderschlossen. Nach der Ablösung der Strömung, also bei ausgebildeter Kavitation, war natürlich ein Einfluß der Reynolds'schen Zahl nicht mehr festzustellen.

Die Theorie der unstetigen Strömung gestattet, den Widerstand des Zylinders bei ausgebildeter Kavitation rechnerisch angenähert zu erfassen. Allerdings ist ein Unterschied zwischen den Voraussetzungen der Rechnung und der Wirklichkeit insofern vorhanden, als in dem hinter dem Körper entstehenden Hohlraum der Sättigungsdruck des Wasserdampfes herrscht, während in der Rechnung der Druck der gleiche wie in der ungestörten Strömung angenommen wird. Man kann also die rechnerischen Ergebnisse nur dann mit dem Versuch vergleichen, wenn der Staudruck so groß ist, daß ihm gegenüber der statische Druck vernachlässigt werden kann, wenn also der Wert $\lambda = \frac{p_\infty - p_d}{q} = 0$ wird. Ist der Wert $\lambda > 0$, so ist der Druck im Totwasser kleiner als in der ungestörten Strömung, es entsteht ein Sog hinter dem Körper, der eine zusätzliche Kraft liefert.

Nach Brodetsky[5]) wird der Widerstand eines unendlich langen Kreiszylinders bei der unstetigen Strömung für $\lambda = 0$

$$\zeta_{w_1} = 0{,}568 \cdot \frac{2\pi}{4+\pi} = 0{,}5$$

und der Ablösungswinkel 55^0.

Es ist anzunehmen, daß durch die veränderte Druckbedingung im Totraum die Druckverteilung vor dem Zylinder etwas geändert und vor allem der Ablösungspunkt der Unstetigkeitsfläche etwas verschoben wird. Setzt man jedoch diese Änderung in erster Annäherung als vernachlässigbar klein voraus, so wird der zusätzliche Widerstand durch den Sog im Kavitationshohlraum hinter dem Zylinder für einen Ablösungswinkel von 55^0

$$\zeta_{w_2} = \lambda \cdot \cos 55^0 = 0{,}57 \cdot \lambda\,.$$

Unter Berücksichtigung der Oberflächenreibung ζ_{w_R} wird dann der Gesamtwiderstand des Zylinders

$$\zeta_{wzyl} = \zeta_{w_1} + \zeta_{w_2} + \zeta_{w_R}\,.$$

Die Kurve dieser gerechneten Widerstandsbeiwerte (ohne Berücksichtigung von ζ_{wR}) ist in Fig. 8 gestrichelt eingezeichnet. Für $\lambda = 0$ ergab sich eine ausgezeichnete Übereinstimmung zwischen der Rechnung und den extrapolierten Werten des Versuchs, während für $\lambda > 0$ die

---

5) S. Brodetzky: Discontinuous Fluid Motion Past Circular and Elliptic Cylinders. Proceedings of the Royal Society of London Ser. A Nr. 718 February 1923.

beim Versuch gefundenen Widerstandsbeiwerte kleiner als die sich aus der Rechnung ergebenden sind.

Die Messungen an den Flügelprofilen. Die Messungen an den Flügelprofilen sollten Aufschluß geben über den Einfluß der Profilform auf die Kraftverhältnisse bei beginnender und ausgebildeter Kavitation.

Zur Herstellung der Versuchsflügel wurde die Profilform mit einer Tiefe von 120 mm aufgezeichnet, bzw. dem Profilatlas[6]) entnommen und photographisch auf die gewünschte Größe verkleinert. Nach einer danach angefertigten Negativschablone aus dünnem Blech wurden dann die Flügel aus Messing mit größtmöglicher Sorgfalt von Hand herausgearbeitet und mit feinstem Schmirgel sauber geglättet. Sämtliche Flügel hatten eine Höhe von 50,7 mm, die Normalflügel eine Tiefe von ∾ 60 mm. Die untersuchten Profilformen sind in Fig. 10 dargestellt und in nachstehender Tabelle aufgeführt.

Profil Nr. 1. Göttingen Nr. 398.
t = 59,6 mm

Profil Nr. 1. Profil Nr. 2.

Profil Nr. 2. Göttingen Nr. 389.
t = 60,0 mm

Profil Nr. 3. Göttingen Nr. 429.
t = 60,0 mm. Joukowsky-Profil.

Profil Nr. 3. Profil Nr. 4.

Profil Nr. 4. Göttingen Nr. 444.
t = 59,3

Profil Nr. 5. Kreisabschnittprofil, Unterseite eben, Wölbung 7,64 mm.
t = 60,2

Profil Nr. 5. Profil Nr. 6.

Profil Nr. 6. Kreisabschnittprofil, Unterseite eben, Wölbung 3,05 mm.
t = 59,9

Fig. 10.
Die untersuchten Profilformen.

---

[6]) Ergebnisse der Aerodynamischen Versuchsanstalt Göttingen. Verlag R. Oldenbourg, München.

Durch den sehr kleinen Spalt zwischen der oberen Stirnfläche des Flügelprofils und der Glasabdeckplatte des Meßkanals kann immerhin noch ein Umströmen des Flügelendes von der Druck- zur Saugseite eintreten. Der Vorgang ist dann der gleiche, wie er von Betz[7]) für die Schaufelenden von Kaplanturbinen näher behandelt ist. Für kleine Spaltweiten wird die Umströmgeschwindigkeit am Flügel eine starke Drosselung erfahren, während für größere Spaltweiten dem Wirbel Gelegenheit gegeben ist, sich kräftig zu entwickeln. Die in einem solchen Wirbel entstehende starke Druckerniedrigung im Wirbelkern ist geeignet, besonders früh Kavitation zu erzeugen und die Wirbel sichtbar zu machen. Die Fig. 11 bis 13 zeigen einige photographische Aufnahmen dieser Erscheinung bei der verhältnismäßig großen Spaltweite von 5,3 mm.

Fig. 11—13.

Kavitation im Spaltwirbel. Spaltweite s = 5,3 mm.
11) $\alpha = 4{,}7^0$; $v_\infty = 8{,}85$ m/s; $\lambda = 1{,}75$
12) $\alpha = 4{,}7^0$; $v_\infty = 10{,}5$ m/s; $\lambda = 1{,}28$
13) $\alpha = 9^0$; $v_\infty = 9{,}0$ m/s; $\lambda = 1{,}74$

Der Wirbelkern war zuerst als scharfe weiße Linie von ungefähr 1 bis 2 mm Breite bemerkbar. Bei stärkerer Druckabsenkung verbreiterte sich der Kavitationshohlraum im Wirbelkern und ließ sehr schön die schraubenförmige Drehung des Wirbels erkennen.

Um die Größe des durch den Spaltwirbel induzierten Widerstandes festzustellen, wurde eine Versuchsreihe durchgeführt, bei der der Spalt schrittweise durch Verkleinern der Profilhöhe vergrößert wurde. Die Spaltweite 0 wurde erreicht durch eine zweite, auf das Profil aufgelötete Endscheibe, die bündig mit der Kanalwand in einer Aussparung des Meßkanaldeckels saß. Ihr zusätzlicher Reibungswiderstand wurde herausgeeicht.

Die Ergebnisse dieser Messungen mit verschiedenen Spaltweiten sind für das Profil Nr. 1 in Fig. 14 wiedergegeben. Gleichzeitig wurden in diese Abbildung die im Göttinger Windkanal für das gleiche Profil gemessenen und auf ein Seitenverhältnis $t : b = 1 : \infty$ umgerechneten Werte eingetragen. Das Profil im Wasserstrom zeigt im Gegensatz zum Profil im Windkanal beim Auftrieb Null einen etwas größeren Formwiderstand, der durch etwas vergrößerte Oberflächenreibung der kleinen Profile hervorgerufen sein wird. Bei größeren Auftrieben ergaben sich

[7]) A. Betz, Göttingen: Ueber die Vorgänge an den Schaufelenden von Kaplanturbinen. Hydraulische Probleme. Berlin 1926 S. 161.

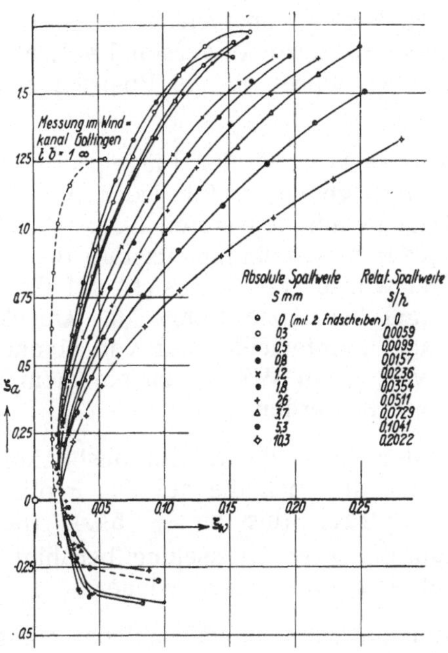

Fig. 14.
Polarkurven für Profil Nr. 1 bei verschiedenen Spaltweiten.

auch für den Spalt 0 erheblich höhere Werte für den Widerstand als für das gleiche Profil im Windkanal. Die Differenz schien quadratisch mit dem Auftrieb zu wachsen, also den Charakter eines induzierten Widerstandes zu haben. Dieser induzierte Widerstand dürfte zum kleinen Teil auf die entsprechend der Geschwindigkeitsverteilung im Meßkanal nicht ganz konstante Verteilung des Auftriebs über den Flügel, zum größeren Teil auf den Einfluß der benachbarten Kanalwand zurückzuführen sein. Seine Größe wurde nach folgender Überlegung bestimmt:

Der Formwiderstand für einige der untersuchten Profile war bekannt aus den Profiluntersuchungen der Aerodynamischen Versuchsanstalt zu Göttingen. Da die vorliegenden Messungen im Wasser bei ungefähr der gleichen Reynolds'schen Kennziffer $\left(R = \frac{v \cdot t}{\nu} = 400\,000\right)$ wie die Göttinger Messungen mit Luft $\left(R = \frac{v \cdot t}{\nu} = 420\,000\right)$ vorgenommen wurden, konnte angenommen werden, daß der Formwiderstand in seiner Abhängigkeit vom Anstellwinkel α für beide Fälle gleichen Verlauf zeige. Da der induzierte Widerstand, als Differenz von Gesamtwiderstand und Formwiderstand, sich für die drei Profile Nr. 1, Nr. 2 und Nr. 3 als gleiche Funktion von ζ_a^2 ergab, konnte geschlossen werden, daß für sämtliche untersuchten Profile von gleichem Seitenverhältnis bei gleicher Spannweite der gleiche induzierte Widerstand auftrat. Die Parabel dieses induzierten Widerstandes wurde in die Polardiagramme der einzelnen Profile eingetragen.

Bei den Kavitationsversuchen der Flügelprofile wurde der Anstellwinkel stufenweise um 3° geändert. Für jeden Anstellwinkel wurde eine Meßreihe mit drei Geschwindigkeitsstufen (v $\sim$ 9,5; 12,5; 14 m/s) durchgeführt, bei der in jeder Geschwindigkeitsstufe der Druck im Meßkanal schrittweise verändert wurde. Mit Rücksicht auf die Saugrohrlänge und die wegen Platzmangel begrenzte Länge der Quecksilberdichtung der Dreikomponentenwaage konnte leider nur von einem maximalen Unterdruck im Meßkanal von 5,5 m WS bis zu einem maximalen Überdruck von 1,2 m WS gemessen werden.

In dem etwas labilen Gebiet des Kavitationsbeginns pendelten sowohl der Druck im Meßkanal als auch die auf das Profil ausgeübten Kräfte um ziemlich große Beträge (bis zu $\pm$ 5%). Die Manometersäulen konnten dann nur durch starke Drosselung beruhigt werden; ihre Anzeigen geben deshalb nur Mittelwerte wieder.

Sehr unangenehm machte sich während der Messungen bemerkbar, daß bei dem offenen Wasserkreislauf unvermeidbare kleinste Verunreinigungen in Form von Fäserchen sich an der Flügelvorderkante festsetzten. Der Beginn der Kavitation trat fast immer an solch kleinen, mit dem Auge kaum erkennbaren Körperchen am Profil auf, und konnte deshalb nicht genau festgelegt werden. Besonders unangenehm trat diese Erscheinung bei dem spitzen und sehr dünnen Profil Nr. 6 auf, dessen Verhalten bei der Kavitation dadurch etwas beeinflußt sein kann.

Die Ergebnisse der einzelnen Profilmessungen seien im folgenden besprochen:

Profil Nr. 1 (Fig. 15 bis 21). Die photographischen Aufnahmen Fig. 15 bis 17 zeigen für das Profil Nr. 1 verschieden stark ausgebildete Kavitationszustände bei einem Anstellwinkel 0°. Die Kavitation beginnt bei diesem ziemlich dicken Profil ungefähr in der Mitte auf dem Profilrücken und rückt mit abnehmendem Druckverhältnis etwas weiter nach vorn. In Fig. 18 bis 20 sind die Kurven für die Auftriebs-, Widerstands- und Momentenbeiwerte in Abhängigkeit vom Druckverhältnis λ aufgetragen. Die Lage der Meßpunkte läßt erkennen, daß innerhalb einer Meßreihe mit konstantem Anstellwinkel die Messungen mit verschiedenen Wassergeschwindigkeiten sich lückenlos aneinanderschließen bzw sich überdecken, ein Einfluß der Reynolds'schen Zahl also nicht festzustellen ist. Die zu den Fig. 15 bis 17 gehörigen Kurven für $\alpha = 0°$ zeigen, daß mit dem Einsatz der Kavitation zuerst der Widerstand des Profils bei einem $\lambda = 1{,}0$ zu steigen beginnt, aber erst später, bei $\lambda = 0{,}8$, also bei stärker ausgebildeter Kavitation, macht sich ein Auftriebsabfall bemerkbar. Dieser Auftriebsabfall ist dann aber sehr stark und plötzlich. Bei $\lambda = 0{,}5$ war sowohl auf der Saugseite als auch auf

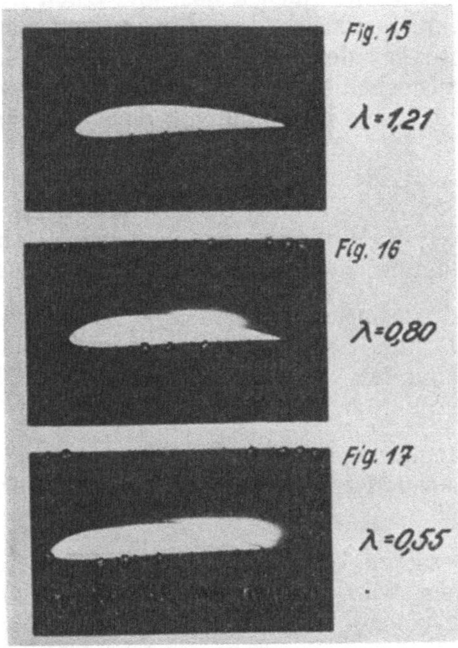

Fig. 15—17.
Kavitation an Profil Nr. 1; $\alpha = 0^0$.

der Druckseite des Flügels Kavitation zu beobachten. Man kann sich dann die Strömung um das Profil so vorstellen, als ob vorne am Profilkopf ein Zylinder mit dem Profilkopfradius wäre, von dem sich die

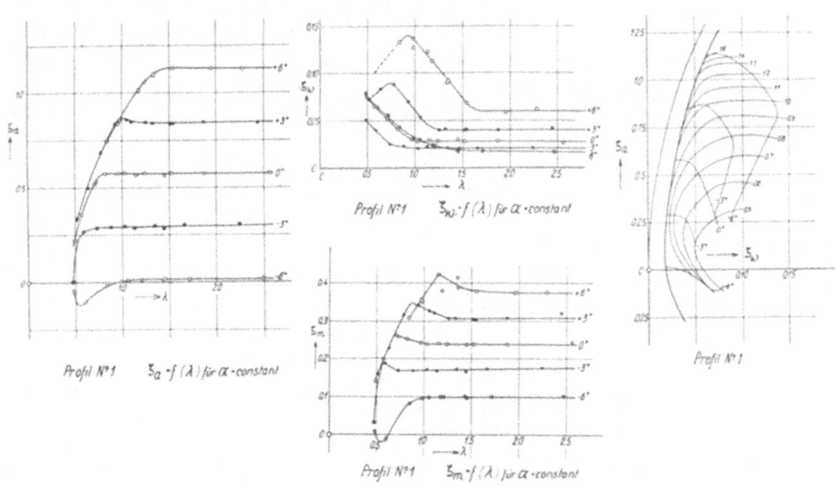

Fig. 18—21.
Profil Nr. 1.

Strömung an zwei Mantellinien loslöst und einen Dampfraum bildet, der durch zwei Trennungsflächen von der übrigen Strömung getrennt ist. Der ganze hintere Teil des Profils befindet sich dann in diesem Dampfraum und kann deshalb keinen Auftrieb mehr erfahren. Die Eigenschaften des Profils sind dann nur von der Ausbildung des Profilkopfes, d. h. von seiner Krümmung abhängig, während die Ausbildung des Hinterendes absolut gleichgültig ist. Da die gleiche Erscheinung auch bei anderen Anstellwinkeln auftritt, ist der Auftrieb des Profils für sehr stark ausgebildete Kavitation vom Anstellwinkel fast unabhängig, solange das Profilhinterende sich in dem Dampfhohlraum befindet.

Die Widerstandskurven beginnen beim Eintreten der Kavitation durch den verstärkten Sog hinter dem Profil bis zu einem Maximum zu steigen, um dann den von den Messungen an den Zylindern bekannten fast gradlinigen Abfall zu zeigen.

Die Momentenkurven steigen vor dem Beginn des Auftriebsabfalls meistens etwas an und zeigen den starken Abfall erst bei einem kleineren λ.

Um einen besseren Vergleich der Eigenschaften verschiedener Profile zu ermöglichen, wurde aus den Kurven $\zeta_a = f(\lambda)$ und $\zeta_w = f(\lambda)$ das bekannte Polardiagramm Fig. 21 entwickelt, das aus einer Kurvenschar für die verschiedenen Druckverhältnisse λ besteht, und in das die Kurven konstanter Anstellwinkel eingetragen sind.

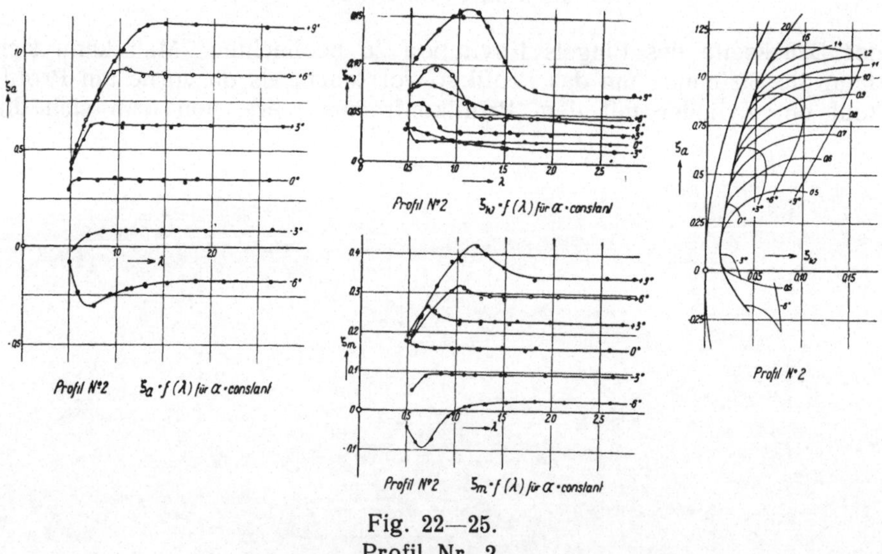

Fig. 22—25.
Profil Nr. 2.

Das Profil Nr. 2 (Fig. 22 bis 25) ähnelt in seinem Verhalten dem Profil Nr. 1. Infolge der verminderten Profildicke und der kleineren Abrundung am Profilkopf tritt der starke Auftriebsabfall aber erst bei einem beträchtlich kleineren λ ein. Die Auftriebsverhältnisse werden also erheblich günstiger.

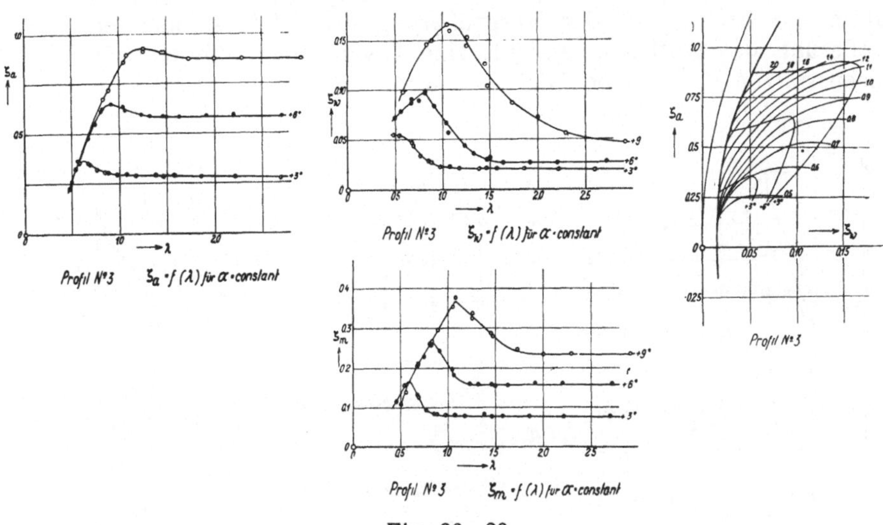

Fig. 26—29.
Profil Nr. 3.

Das symmetrische Joukowsky-Profil Nr. 3 (Fig. 26 bis 29) hat ebenfalls einen runden Profilkopf, der für sein Verhalten bei stark ausgebildeter Kavitation maßgebend ist. Jedoch ist es bedeutend ungünstiger als die Profile Nr. 1 und 2, da die zu gleichem Auftrieb gehörenden Widerstände viel größer sind.

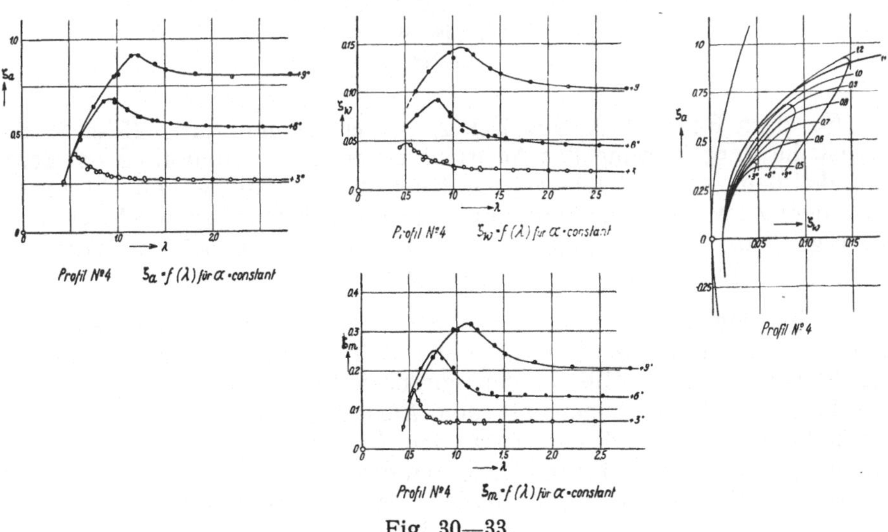

Fig. 30—33.
Profil Nr. 4.

Profil Nr. 4 (Fig. 30 bis 33) ist ein symmetrisches sehr schlankes Profil mit verhältnismäßig spitzem Kopf, wie es bei Schiffspropellern häufig Verwendung findet. Auffällig ist hierbei, daß bei Beginn der Kavitation gleichzeitig mit der Vergrößerung des Widerstandes eine Vergrößerung des Auftriebs eintritt, eine Erscheinung, die bei sämtlichen vorne spitzen Profilen beobachtet wurde.

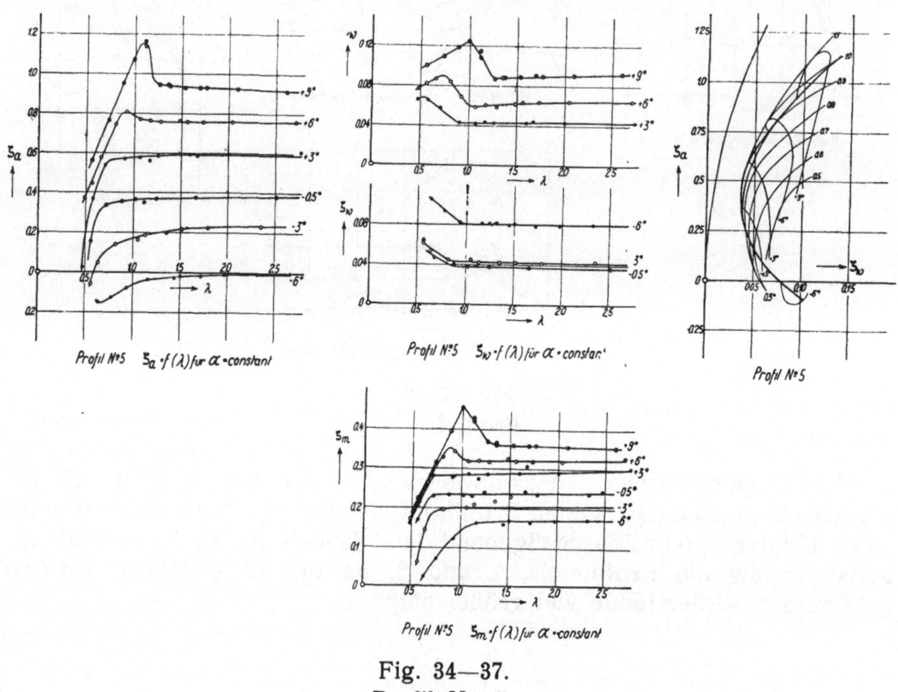

Fig. 34—37.
Profil Nr. 5.

Bei den Profilen Nr. 5 (Fig. 34 bis 37) und Nr. 6 (Fig. 38 bis 44) ist die Vergrößerung des Auftriebs durch die Kavitation so beträchtlich, daß dadurch die Eigenschaften des Profils, d. h. seine Gleitzahl gegenüber dem Zustand ohne Kavitation, wesentlich verbessert wird, wie z. B. die Fig. 41 daran erkennen läßt, daß die Polarkurven bei Kavitation die Polarkurve ohne Kavitation überschneiden.

Es hat den Anschein, als ob die Auftriebserhöhung dadurch zustande kommt, daß durch die Kavitation die Krümmung der Stromlinien auf der Saugseite des Profils in der vorderen Profilhälfte verstärkt wird. Die Figuren 42—44 zeigen für den Anstellwinkel 3^0 die Kavitationszustände vor, während und nach der Auftriebssteigerung. Die Kavitation beginnt an der spitzen Vorderkante des Profils. Bei einem $\lambda = 0{,}84$ herrscht noch der geringe Auftrieb. Das Kavitationsgebiet ist sehr schwach ausgebildet und reicht nur ungefähr bis zu einem Fünftel der Flügeltiefe. Bei einem $\lambda = 0{,}62$ ist der hohe Auftrieb erreicht. Das

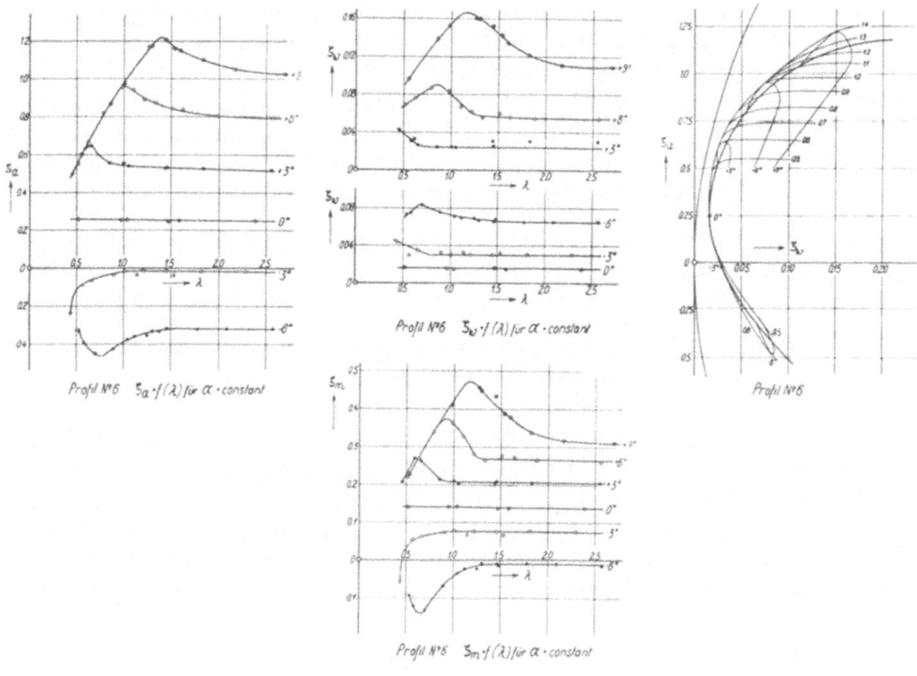

Fig. 38—41.
Profil Nr. 6.

Kavitationsgebiet erstreckt sich über die Profilmitte hinaus und hat sich zwischen die Strömung und das Profil geschoben. Dadurch erfahren einerseits die Stromlinien eine stärkere Krümmung und vergrößern das

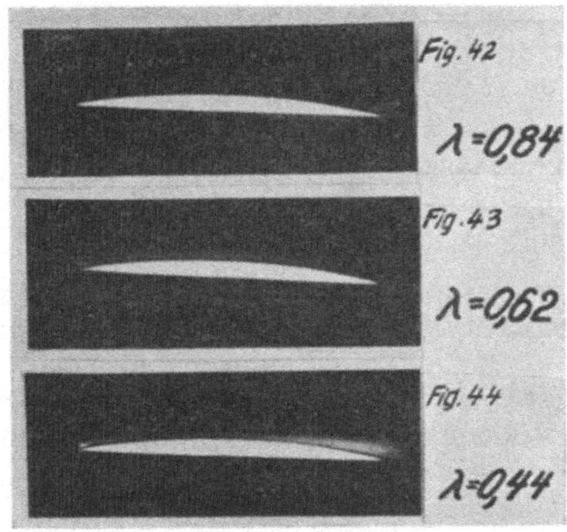

Fig. 42—44.
Kavitation an Profil Nr. 6; $\alpha = 3^0$.

Unterdruckgebiet auf der Flügelsaugseite, also damit auch den Auftrieb, andererseits ist die Oberflächenreibung durch das dazwischen geschobene Kavitationsgebiet verkleinert. Bei $\lambda = 0{,}44$ erstreckt sich das Kavitationsgebiet über die ganze Flügelsaugseite. Die Strömung hat sich vom Profil losgelöst; das Profil wirkt nicht mehr als solches. Der Auftrieb hat dadurch einen beträchtlichen Abfall erlitten, während der Widerstand besonders durch die Sogwirkung des mehr zum Hinterende verlegten Unterdruckgebiets eine Steigerung erfahren hat.

Die von Thoma[8]) bei beginnender Kavitation beobachtete Wirkungsgraderhöhung an Propellerturbinen dürfte auf diese durch die Auftriebssteigerung bewirkte Verbesserung der Gleitzahl zurückzuführen sein.

Vergleich der Profilmessungen. Die symmetrischen Profile Nr. 3 und 4 zeigen außerordentlich schlechte Eigenschaften. Die erreichbaren Höchstauftriebe sind verhältnismäßig klein und die Widerstände wachsen mit zunehmender Kavitation und steigendem Auftrieb sehr stark an. Besonders schlecht ist das Profil Nr. 3 mit dem runden Profilkopf und der größten Profildicke ziemlich weit vorn. Die Kurven λ = const biegen schon bei kleinen Auftrieben und gleich nach Beginn der Kavitation stark nach rechts, d. h. der Widerstand steigt sehr schnell an. Das Profil zeigt also im Kavitationsgebiet sehr schlechte Gleitverhältnisse.

Das Profil Nr. 1 zeigt zwar durch seine stärkere Wölbung bessere Auftriebswerte, aber auch hierbei bewirkt die große Kopfdicke bei stärkerer Kavitation einen starken Auftriebsabfall. Hinzu kommt noch, daß durch die große Profildicke die Widerstände für kleine Druckverhältnisse stark verschlechtert werden. Allerdings ist auch schon zu bemerken, daß die Polarkurven für mäßige Druckverhältnisse ($\lambda \sim 1$) verhältnismäßig recht lange in der Nähe der Polarkurven ohne Kavitation bleiben, und erst bei guten Auftriebswerten einen starken Knick nach der Richtung des größeren Widerstandes erfahren, also für dieses Profil im Bereich nicht zu kleiner Druckverhältnisse schon mit ganz guten Gleitzahlen zu rechnen ist.

Die besten Eigenschaften zeigen die Profile Nr. 2 und 6. Während das Profil Nr. 6 für mäßige Auftriebe und kleine Druckverhältnisse, $\lambda < 1{,}1$, besser geeignet ist, zeigt das Profil Nr. 2 für größere Auftriebe und Druckverhältnisse $\lambda > 1{,}1$ etwas bessere Eigenschaften.

Allgemein kann gesagt werden, daß die Kopfform wesentlich bestimmend ist für den erreichbaren Auftrieb. Gut gerundete Profilköpfe zögern zwar den Eintritt der Kavitation etwas hinaus, lassen aber den Auftrieb bei stärkerer Kavitation schnell absinken. Dicke Profile sind ungünstig für den Widerstand, besonders wenn die größte Dicke ziemlich weit vorn liegt. Eine leichte Wölbung ist für die Auftriebsverhältnisse günstig.

---

[8]) D. Thoma, München: Die Kavitation bei Wasserturbinen. Wasserkraftjahrbuch 1924, S. 409.

Kavitationsversuche mit systematisch veränderten Propellermodellen.

Von H. Lerbs,
Hamburgische Schiffbau - Versuchsanstalt.

Die im folgenden beschriebenen Kavitationsversuche mit systematisch veränderten Schraubenmodellen bezwecken in erster Linie, die Grenzen zu finden, bis zu denen die früher von Dr. Schaffran für diese Schrauben mitgeteilten Versuchsergebnisse bei einer Übertragung ins Große durch das Auftreten von Kavitation unbeeinflußt bleiben, und weiter sollen dem Konstrukteur Unterlagen gegeben werden über das Verhalten der Schrauben nach Überschreiten dieser Grenze. Zur Durchführung solcher

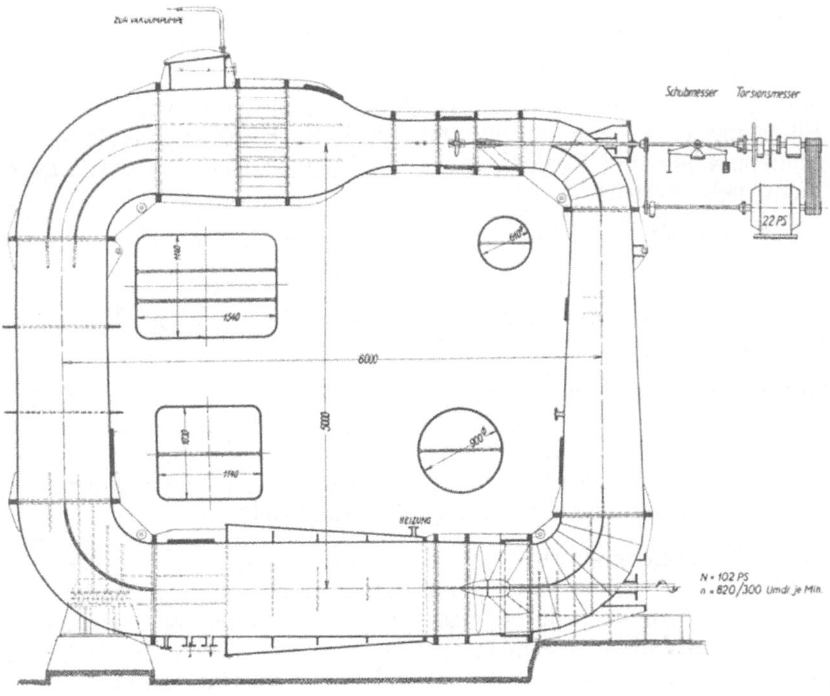

Fig. 1
Kavitations-Anlage der Hamburgischen Schiffbau-Versuchsanstalt G. m. b. H.

Versuche steht der HSVA. seit etwa 2 Jahren ein geschlossener Ringkanal zur Verfügung, in dem im Gegensatz zu der bislang üblichen Untersuchungsmethode von Modellschrauben der statische Druck entsprechend dem Maßstab und der Fahrgeschwindigkeit der Großausführung abgesenkt wird; der Kanal selbst ist bereits in der Literatur beschrieben,[1]) so daß ich mich darüber kurz fassen kann. Die Hauptabmessungen sind: Höhe 5 m, die Breite 6 m, der Durchmesser an der Meßstelle kann durch Austauschen zweier Einsatzdüsen verändert werden und betrug bei den hier beschriebenen Versuchen 0,40 m. Untersucht wurden vorläufig Modellschrauben mit der Schaffran'schen Bezeichnung $B_{\mathfrak{z}}$, also dreiflügelige Schrauben, deren abgewickelte Fläche eine Ellipse ist und deren Profile gerade Druck- und kreisförmige Saugseite haben. Das vorläufige Programm beschränkte sich dabei auf 9 Schrauben, die auf die Steigungsverhältnisse $\frac{H}{D}$: 1,2; 1,0; 0,8 und auf die Flächenverhältnisse $\frac{Aa}{A}$: 0,70; 0,56; 0,42 verteilt wurden. Der Durchmesser der Schrauben betrug 0,20 m; jede Schraube wurde bei konstanter Fahrgeschwindigkeit von 5,5 m/sec durch Veränderung der Tourenzahl, ausgehend vom Schub 0, bis zum Fortschrittsgrad von ca. 0,6 zunächst bei Atmosphärendruck und anschließend bei mehreren Kavitationszahlen untersucht. Gemessen wurden:

1. Die Fahrgeschwindigkeit der Schraube mittels eines Staudoppelrohres, das in der Propellerkreisebene in einigem Abstand von der Flügelspitze so angebracht ist, daß nach Sonderversuchen im Schleppkanal eine Beeinflussung des Meßgeräts durch die Schraube nicht mehr eintritt.

2. Die Tourenzahl der Schraube mittels eines Umdrehungs-Zeitzählers als Mittelwert über eine Minute.

3. Die Temperatur des Tankwassers zur Bestimmung der Dampfspannung.

4. Der abgegebene Schub, der von einer im Verhältnis 1/4 untersetzten Waage aufgenommen wird; die Waage selbst liegt außerhalb des Tanks, also in der freien Athmosphäre, so daß von dem gemessenen Schub die Kraft abzuziehen ist, mit der der äußere Luftdruck die Meßwelle in den evakuierten Kanal hineindrückt.

5 Das aufgenommene Drehmoment mittels eines Bamag-Torsionsdynamometers. Das abgelesene Moment ist um das Moment der Leerreibung zu korrigieren, das sich nach Ausbildung der Lagerung der Meßwelle als rotierendes Stoffbuchsenlager, wodurch die Relativgeschwindigkeit zwischen Lager und Welle zu Null gemacht ist, als genügend klein und konstant über beliebige Zeit erwies.

---

[1]) Lerbs, Der Kavitationstank der H.S.V.A.; W.R.H. 1931, Heft 11.

6. Der statische Druck in der Mitte der Meßebene über ein kurz hinter dem Gleichrichter angeschlossenes Manometer, dessen Angabe empirisch auf den Druck in der Meßebene berichtigt wurde.

Das Ergebnis einer Messung zeigt Fig. 2, wo die korrigierten Werte von Schub und Drehmoment für die Schraube H/D = 1,0; Aa/A = 0,56 über den Fortschrittsgrad $\lambda = \frac{v_0}{n \cdot d}$ aufgetragen sind. Zur Kontrolle der Messungen bei Atmosphärendruck wurde diese Schraube nach der üblichen Methode im Schleppkanal durchgemessen und die dort gefundenen Werte auf die Fahrgeschwindigkeit von 5,5 m/sec umgerechnet;

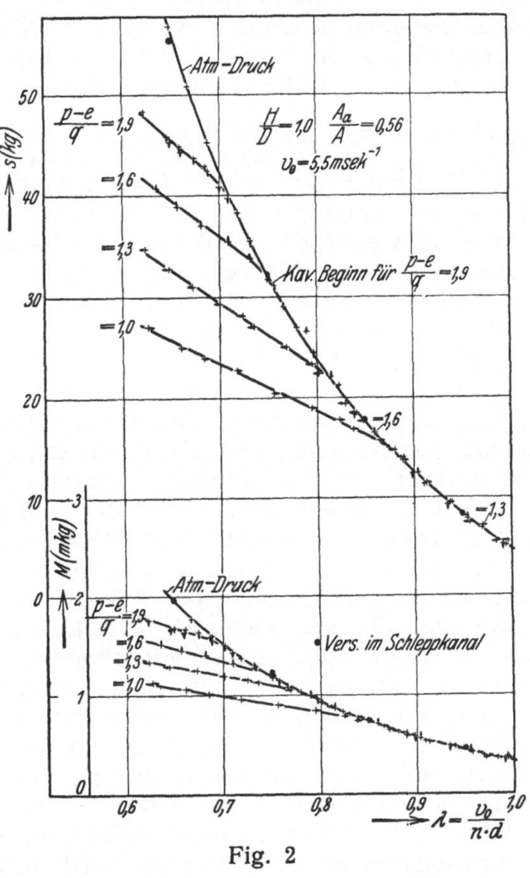

Fig. 2

es zeigt sich, daß die Übereinstimmung der nach zwei wesentlich verschiedenen Versuchsanordnungen gemessenen Kräfte und Momente ausreichend ist und systematische Abweichungen der Messungen im Kavitationstank, die infolge restlicher Strahldrehung in der Düse oder ungenügender Ausbildung des Propellerstrahles befürchtet werden könnten, nicht vorkommen. — Die übrigen auf dem Bilde dargestellten

Kurven beziehen sich auf Messungen bei verschiedenen Kavitationszahlen $\frac{p-e}{q}$, wo p den statischen Druck der ungestörten Strömung in Nabenmitte, e die von der Temperatur abhängige Dampfspannung und q den Staudruck der Fahrgeschwindigkeit der Schraube bedeuten $\left(q = \frac{\varrho}{2} \cdot v_0^2\right)$. Jeder Schiffsgeschwindigkeit und jeder Tiefenlage des Propellers ist ein bestimmter Wert $\frac{p-e}{q}$ zugeordnet, zu dem nun wieder ein bestimmtes Kurvenpaar von Schub und Drehmoment gehört, das sich von den bei Atmosphärendruck gemessenen und aus den Schaffran'schen Arbeiten bekannten Werten erheblich unterscheiden kann. Den Zusammenhang der oben definierten Kavitationszahl mit der Schiffsgeschwindigkeit und der Tiefenlage der Schraube zeigt am besten ein Beispiel; so gehört die Kavitationszahl $\frac{p-e}{q} = 1{,}6$ bei einer Tiefe der Nabe von 5 m unter Wasseroberfläche und bei einem mittleren Nachstrom von 15% zu einer Schiffsgeschwindigkeit von ca. 31 Kn. — Auf den Kurven ist weiter der Punkt des Kavitationseintrittes bei den verschiedenen Kavitationszahlen vermerkt; man sieht hier, worauf schon von den Herren Ackeret und Walchner hingewiesen wurde, daß mit dem Kavitationseintritt noch nicht eine Beeinflussung der Kräfte verbunden ist, sondern daß dieser Punkt erst bei weiterer Steigerung der Tourenzahl erreicht wird, wo die Dampfschicht sich dann so weit ausgebildet hat, daß sie ca. $^3/_4$ der Saugseite bedeckt. Der Verdichtungsstoß, der die Ursache für die auftretende Korrosion ist, geht, in der seitlichen Projektion gesehen, als fast gerade, etwas nach hinten geneigte Linie über die Saugseite, schiebt sich mit weiter abnehmendem Fortschrittsgrad unter Zunahme der Neigung und unter langsam zunehmender Krümmung über die austretende Kante und liegt schließlich stärker gekrümmt als die austretende Kante in der Flüssigkeit. In Fig. 3 sind für eine Schraube und für verschiedene Kavitationszahlen die Fortschrittsgrade angegeben, die zu dem Kavitationsbeginn, zum Beginn der Leistungsbeeinflussung und zu der Tourenzahl gehören, bei der der Verdichtungsstoß das Flügelblatt verlassen hat. Es ist also zwischen der oberen und mittleren Kurve mit Korrosion zu rechnen, ohne daß die Kavitation sich auf die Leistungsumsetzung bemerkbar macht, zwischen der mittleren und unteren Kurve mit Korrosion und Leistungsbeeinflussung, während die Schraube nach Unterschreiten der unteren Kurve wieder korrosionsfrei arbeitet, in ihrem Wirkungsgrad aber verschlechtert ist.

Man kann für einen vorliegenden Fall, in dem bei einer Optimumschraube mit erheblicher Kavitationskorrosion zu rechnen ist, daran denken, den Optimumentwurf aufzugeben und die Schraube so zu konstruieren, daß ihr Betriebspunkt auf der unteren Kurve der Fig. 3 liegt; es fragt sich dann, mit welcher Verschlechterung im Wirkungsgrad

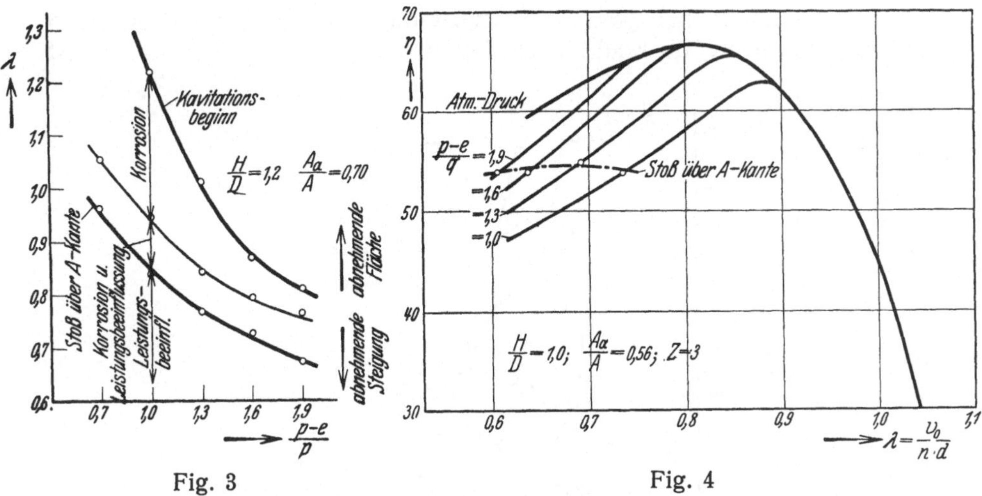

Fig. 3 Fig. 4

zu rechnen ist. In Fig. 4 sind die gemittelten Wirkungsgrade für die Schraube H/D = 1,0; $A_a/A = 0{,}56$ und weiter die Punkte angegeben, bei denen der Verdichtungsstoß das Flügelblatt gerade verlassen hat. Man sieht, daß der Wirkungsgrad für diese Betriebspunkte bereits erheblich reduziert ist, für $\frac{p-e}{q} = 1{,}6$ z. B. um ca. 10%, so daß eine Umgehung der Korrosion auf diesem Wege wohl nur selten zur Anwendung kommen kann.

Die bei Turbinen gelegentlich auftretende Wirkungsgradverbesserung bei Kavitationseintritt konnte nach den vorliegenden Messungen in keinem Fall beobachtet werden; es zeigt sich immer (Fig. 2), daß bei weiterer Steigerung der Tourenzahl vom Kavitationseintritt ab zunächst noch die bei Atmosphärendruck gemessenen Kurven befolgt werden (bis auf die erwähnte, von der Druckdifferenz zwischen Atmosphäre und Tank herrührende Schubkorrektur), und daß zuerst der Schub, bei etwas kleinerem Fortschrittsgrad dann auch das Drehmoment beeinflußt werden.

Zu erwähnen ist noch, daß bei größeren Fortschrittsgraden als dem Kavitationseintritt auf der Saugseite entspricht, bereits eine um den Ort des Spitzenwirbels konzentrierte Dampfbildung in der Flüssigkeit auftritt, die den Propellerstrahl umgibt.

Bei großem Vakuum und großem Fortschrittsgrad tritt Druckseitenkavitation auf, die sich bei den bislang durchgeführten Versuchen stets nur auf einen schmalen Bereich der Druckseite erstreckte und mit abnehmendem Fortschrittsgrad bald verschwand.

Die für die Praxis wichtige Frage nach dem Beginn des Kavitationseinflusses auf die Leistungsaufnahme der Schraube und damit nach der Gültigkeitsgrenze der früher durchgeführten systematischen Versuche läßt sich nunmehr bei passender Zusammentragung der betreffenden Versuchspunkte in übersichtlicher Form beantworten. In Fig. 5 ist

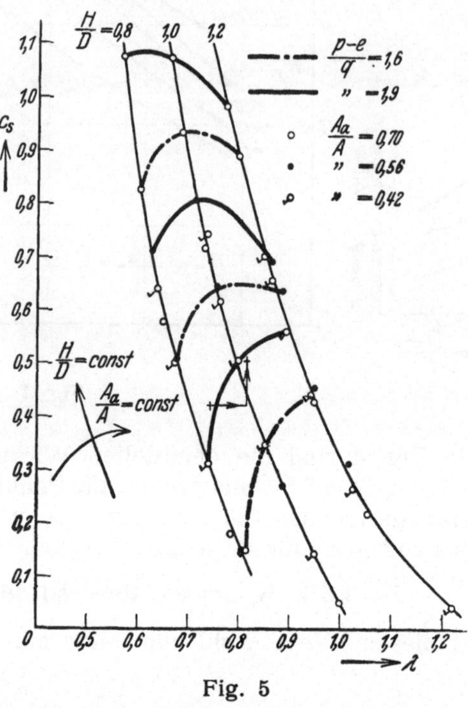

Fig. 5

für jede Schraube und für jede Kavitationszahl der Belastungsgrad $\left(c_s = \frac{S}{\frac{\pi D^2}{4} \cdot q}\right)$ aufgetragen, der dem Punkte abweichender Leistungsaufnahme entspricht, in Abhängigkeit von dem dazugehörigen Fortschrittsgrad.[2]) Zunächst zeigt sich bei Wahl dieser dimensionslosen Koordinaten für das Kavitationskriterium, daß sich die Punkte beginnender Leistungsbeeinflussung für alle Flächenverhältnisse und alle Kavitationszahlen in 3 Kurven entsprechend den 3 untersuchten Steigungsverhältnissen einordnen. Weiter sind die Punkte, die zu Propellern gleicher Fläche gehören, für jede Kavitationszahl durch Querkurven verbunden (auf der Fig. 5 sind der Übersicht wegen nur die Querkurven für $\frac{p-e}{q} = 1{,}6$ und 1,9 eingezeichnet), die sich untereinander in der Strichart nach den Kavitationszahlen unterscheiden. Mit Hilfe dieses Diagrammes erkennt man beim Fortschritt auf einer Kurve H/D = konstant die wesentliche

---

[2]) Bei einer Auftragung der Versuchspunkte über dem Slip $s_n = 1 - \frac{\lambda}{H/D}$ rücken die drei Kurven der Fig. 5 sehr nahe aneinander; eine solche Auftragung ist daher zum Zwecke genauerer Interpolation empfehlenswert.

Bedeutung des Flächenverhältnisses für eine unbeeinflußte Schuberzeugung. Eigenartig und noch nicht geklärt ist der Einfluß der Steigungsänderung bei konstanter Fläche auf den noch unbeeinflußten Schub. Für die Kavitationszahl 1,9 z. B. nimmt der noch ohne Leistungsbeeinflussung erzeugte Schub bei der kleinsten Fläche mit zunehmender Steigung zu, für die mittlere Fläche erreicht er bei der mittleren Steigung ein Maximum, während er für die größte Fläche mit zunehmender Steigung abfällt. Es ist noch nicht gelungen, diesen Kurvencharakter durch Integration aus den Profileigenschaften, wie sie vorhin vorgetragen wurden, zu erklären, was in erster Linie an der Schwierigkeit liegt, den Anstellwinkel des Profils bei diesen Schrauben konstanter Steigung einigermaßen zuverlässig zu berechnen.

Dieses Diagramm klärt die noch umstrittene Frage, ob es möglich ist, eine Schraube, die ihre Aufgabe im Gebiete der beeinflußten Leistung erfüllt, unter Beibehaltung der Tourenzahl durch Durchmesserverkleinerung und entsprechender Steigungserhöhung in das unbeeinflußte Gebiet zu bringen. Der Betriebspunkt der Schraube sei der in Fig. 5 eingezeichnete Punkt, ihre Kavitationszahl sei 1,6, das Flächenverhältnis 0,52. Der Betriebspunkt ist der Voraussetzung entsprechend eingezeichnet, der Belastungsgrad ist größer als die zu dem Propeller und seiner Kavitationszahl gehörende Grenzkurve angibt, sein Fortschrittsgrad ist kleiner, die Schraube arbeitet also unter Kavitationsbeeinflussung. Der Durchmesserverkleinerung bei gleichbleibender Drehzahl entspricht infolge Zunahme von λ eine horizontale Bewegung des Punktes nach rechts, dazu kommt durch Zunahme von c_s eine prozentual doppelt so große Bewegung nach oben und man erkennt, daß durch die angegebene Maßnahme unter geeigneten Bedingungen eine Überführung des Betriebspunktes in das unbeeinflußte Gebiet möglich ist. Dies wird aber nur gelingen, solange der ursprüngliche Betriebspunkt bei einem kleineren Fortschrittsgrad liegt als dem Maximum der zugehörigen Grenzkurve entspricht und auch dann nur bei passender Lage dieses Punktes. Für Betriebspunkte, die rechts vom Maximum der Grenzkurve liegen, läßt sich eine Zurückführung nur durch die umgekehrte Maßnahme wie eben geschildert, also Durchmesservergrößerung und gleichzeitige Steigerungsverkleinerung, erreichen.

Die Ausdehnung des Kavitationsgebietes.

Von F. Weinig, Berlin.
Institut für technische Strömungsforschung, Technische Hochschule Berlin.

Bei einer Strömung mit Kavitation hat man im wesentlichen zwischen vier Gebieten zu unterscheiden: (Fig. 1)

I. Das Gebiet des festen Körpers, der umströmt wird,

II. das Gebiet der strömenden Flüssigkeit, in welchem nahezu konstante Dichte vorhanden ist und in welchem sich der Druck stetig ändert,

III. das eigentliche Kavitationsgebiet, das durch ein Dampf-Flüssigkeitsgemisch, das u. U. auch Luft- und Gasreste enthält, erfüllt ist von wesentlich geringerer Dichte als die Flüssigkeit und in welchem der Druck konstant ist,

IV. das Gebiet der Rückbildung der Kavitation, in welchem der Anteil des Dampfes am Gemisch abnimmt unter einer der Druckzunahme entsprechenden Dichteänderung.

Das Gebiet I des festen Körpers liegt von vornherein fest. Das Strömungsgebiet II dehnt sich vor dem festen Körper und seitlich von ihm aus und erfüllt auch das Gebiet hinter dem Gebiet der Kavitation und deren Rückbildung. Daran ändert auch der Umstand nichts, daß feine Gasbläschen, die noch nicht wieder absorbiert worden sind, aus diesem letzteren Gebiet in das Strömungsgebiet hineingelangen. Das Gebiet III der Kavitation ist vorn durch den festen Körper und seitlich gegen das Strömungsgebiet durch sogenannte freie Stromlinien begrenzt.

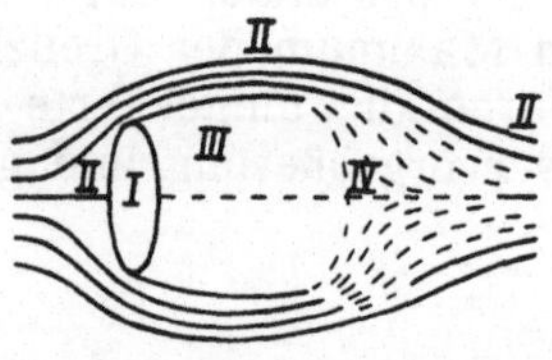

Fig. 1

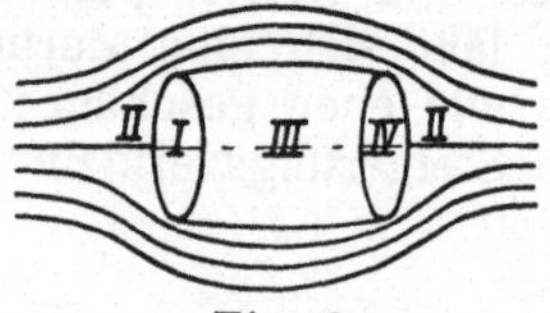

Fig. 2

Im Anschluß an das Kavitationsgebiet befindet sich das Gebiet IV ihrer Rückbildung. In Strömungsrichtung nimmt hierin der Druck und die Dichte zu. Der Dichteänderung entspricht ein seitliches Zuströmen von Flüssigkeit. Könnte man Druckänderung und seitliches Zuströmen von Flüssigkeit als getrennt von einander bestehend auffassen, so entspräche dem Gebiet der Kavitationsrückbildung entsprechend dem Druckanstieg ein fester Körper mit dahinter seitlichem Zusammenfließen der Flüssigkeit (Fig. 2). Die Analogie zwischen einem festen Körper und dem Gebiete der Kavitationsrückbildung ist also sehr weitgehend.

Ersetzt man in Gedanken dieses Gebiet durch einen passenden festen Körper, so ist zum mindesten anzunehmen, daß dadurch an der Strömung in der Nähe des gegebenen festen Körpers und insbesondere auch an der Gestalt der freien Stromlinien in dessen Nähe nur wenig geändert wird. Aber auch die Größe des Kavitationsgebietes III dürfte sich hierbei nicht wesentlich ändern. Durch diesen Ersatz ist es also möglich, die Strömung mit Kavitation der Rechnung in ziemlich einfacher Weise zugänglich zu machen.

Zunächst war es natürlich notwendig, die Zulässigkeit dieses Ersatzes durch einen Versuch nachzuweisen. Die hintere Grenze des Kavitationsgebietes ist z. B. bei der Strömung senkrecht zu einer Kreisscheibe im Kavitationskanal bei indirektem Lichte durch besondere Helligkeit und darauf folgende stark verminderte Helligkeit zu erkennen. Bringt man nun in Nähe dieser Stelle eine zweite ungefähr gleich große Kreisscheibe an, so wird an der ganzen Strömung im Prinzip tatsächlich nur wenig geändert. Nur die vorher vorhandenen starken Schwankungen werden verhindert und die Strömung sozusagen stabilisiert und dadurch das Gebiet III der Kavitation ausgeprägter.

Auf diese Weise ist die Ausdehnung des eigentlichen Kavitationsgebietes viel leichter zu erkennen als bei der ursprünglichen Versuchsanordnung.

Der Nachrechnung eines solchen Kavitationsvorganges muß man Potentialströmung zugrunde legen. Ebene Probleme können damit besonders leicht behandelt werden.

Bei einem allein in der Strömung befindlichen Widerstandskörper und allseits ausgedehnter Flüssigkeit geht bekanntlich bei Potentialströmung die freie Begrenzung der Gebiete II und III ins unendliche, wenn die zulässige Übergeschwindigkeit $w_ü/w_\infty = 0$ ist. Nur für diesen Fall (A) (Fig. 3) wurden im wesentlichen bisher Lösungen gesucht.

Fig. 3 Fig. 4

Für $w_ü/w_\infty > 0$ gibt es für das Problem im allgemeinen keine Lösung, es sei denn, daß die freie Begrenzung wieder am Körper zum Anliegen kommen kann. Ist die bei kontinuierlicher Strömung vorhandene Übergeschwindigkeit $w_{ü\,max}/w_\infty < w_{ü\,zul}/w_\infty$, so findet keine Kavitationsablösung statt. Zwischen dieser und einer unteren Grenze ($w_{ü\,max}/w_\infty > w_{ü\,zul}/w_\infty > w_{ü\,gr}/w_\infty$) ist dann in gewissen Fällen wieder Anliegen der freien Stromlinien möglich (Fall B) (Fig. 4).

Im allgemeinen ist also keine Lösung vorhanden und um eine solche doch zu erzwingen, ist die vorhin beschriebene Änderung des

Problems zweckmäßig. Man führt damit die Aufgabe auf eine solche vom Fall B zurück. (So entstehende Strömungen hat auch Riabouchinski untersucht. Der physikalische Ausgangspunkt ist bei mir jedoch von dem Riabouchinskis wesentlich verschieden, ebenso weicht der hier im Anhang skizzierte Lösungsweg von dem von Riabouchinski benutzten ab.)

Die Durchführung der Aufgabe soll an einem Beispiel angedeutet werden.

Gesucht sei die Strömung senkrecht zu einer ebenen Platte. Die entsprechend dem Dampfdruck nach der Bernoullischen Gleichung zulässige Höchstgeschwindigkeit sei w_{max} Als Ersatz des Rückbildungsgebietes der Kavitation diene eine zweite gleiche Platte (Fig. 5). Es ist recht leicht, für die Verzweigungsstromlinie A B C D E F den Hodograph zu zeichnen (Fig. 6).

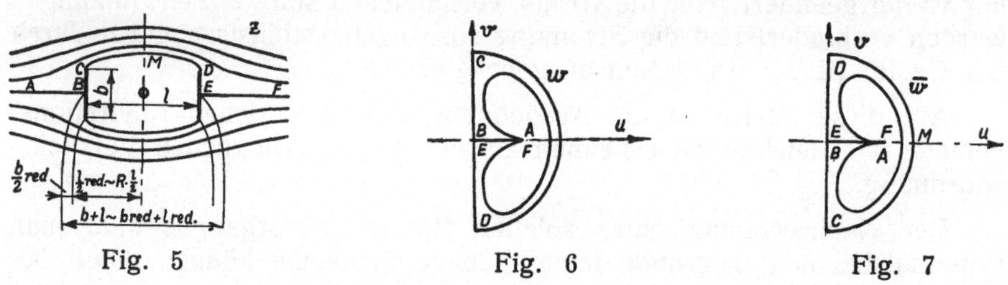

Fig. 5 Fig. 6 Fig. 7

In A ist die Geschwindigkeit w_∞. Längs A B behält sie ihre Richtung bei und wird verzögert, bis sie in B zu Null wird. In B ändert sich die Richtung der Geschwindigkeit um 90°. Zwischen B und C nimmt die Geschwindigkeit ohne Richtungsänderung auf w_{max} zu. Zwischen C und D bleibt die Geschwindigkeit konstant und ändert stetig ihre Richtung um —180°. Zwischen D und E nimmt die Geschwindigkeit wieder ohne Richtungsänderung auf Null ab. In E tritt wieder eine Richtungsänderung um 90° ein. Von E bis F nimmt dann die Geschwindigkeit ohne Richtungsänderung wieder auf w_∞ zu. Alle anderen Stromlinien beginnen in A und enden in F. Da sie in der oberen Halbebene zuerst nach oben, dann nach unten abgelenkt werden, ist die Strömung im gespiegelten Hodograph (Fig. 7) in der Umgebung von A vom Typus

$$\underset{(\overline{w} \to \overline{w}_\infty)}{\chi} = \varphi + i\,\psi = (\overline{w} - \overline{w}_\infty)^{-1/2}$$

Man findet (vgl. Anhang), wenn man $w_{max} = 1; \frac{w_{max}}{w_\infty} = R^{1/2}$ setzt,

$$\chi(\overline{w}) = \left(\frac{1 - R\,\overline{w}^2}{R - \overline{w}} + \frac{R - \overline{w}^2}{1 - R\,\overline{w}^2} + 2\right)^{1/2}$$

Hieraus ließe sich durch

$$z = -\int \frac{d\chi}{\overline{w}}$$

die gesuchte Strömung χ (z) finden.

Uns interessiert aber besonders das Verhältnis $\lambda = l/b$ der Länge des Kavitationsgebietes l zur Breite der Platte b. Einen Anhaltspunkt für diese Größe λ bietet das Verhältnis λ_{red} der Abstände, die die Potentiallinien, welche von B, C und M ausgehen, im ∞ voneinander haben. Man kann diese Abstände als die Hälften der reduzierten Breite und der reduzierten Länge auffassen. (Den Begriff der reduzierten Länge übernahm ich von Herrn Prof. Föttinger, welcher in seinen Vorlesungen über Strömungslehre und Turbinentheorie von ihm sehr erfolgreich Anwendung macht. Es ist $\varphi_b - \varphi_a = -\int_a^b w\, ds$. Unter Benutzung eines geeigneten w_∞ ergibt sich dann $s_{red} = \frac{\varphi_a - \varphi_b}{w_\infty}$ als reduzierte Länge einer Stromlinie zwischen zwei Punkten a und b.) Es ist

$$\frac{b_{red}}{2} = \frac{\varphi(B) - \varphi(C)}{w_\infty}, \quad \frac{l_{red}}{2} = \frac{\varphi(C) - \varphi(M)}{w_\infty}$$

Aus $\chi(\overline{w})$ findet man dann (vgl. Anhang) die Größen φ (B), φ (C), φ (M) und hieraus

$$\lambda_{red} = \frac{l_{red}}{b_{red}} = \frac{2\, R^{1/2}}{(R^{1/2} - 1)^2}.$$

Z. B. wird für

$$\frac{w_{max}}{w_\infty} = R^{1/2} \to 1 \qquad \lambda_{red} \to \infty$$

(entsprechend der Kirchhoff'schen Lösung.)

$$\frac{w_{max}}{w_\infty} = R^{1/2} \to \infty \qquad \lambda_{red} \to 0$$

(entsprechend der trivialen Potentialströmung um eine Platte ohne Diskontinuitätsflächen.)

Aus der Gleichung für λ_{red} ersieht man, daß das Kavitationsgebiet um so länger wird, je kleiner die zulässige Übergangsgeschwindigkeit ist.

In erster Näherung ist

I. $b + l \sim b_{red} + l_{red}$, da bei der Potentialströmung um eine Platte ohne Diskontinuitätsflächen die reduzierte Breite gleich der wirklichen ist, was dadurch in Erscheinung tritt, daß die Asymptoten der Verzweigungspotentiallinien Parallele zur Platte im Abstande b/2 von ihr sind, und da sich die Verzweigungspotentiallinie verhältnismäßig nur wenig ändern kann.

II. $l \sim \frac{l_{red}}{R^{1/2}}$, da Bogenlänge der freien Stromlinie und Projektion fast gleich sind.

Damit wird

$$\frac{b}{l} \sim \frac{1}{\lambda_{red}} \cdot R^{1/2} + R^{1/2} - 1$$

$$\frac{b}{l} \sim \frac{R-1}{2}$$

oder $$\lambda = \frac{l}{b} \sim \frac{2}{R-1} \qquad \left(\text{für } R^{1/2} = 1 + \frac{1}{n} = \frac{n+1}{n} \quad \lambda = \frac{2n^2}{2n+1} \right)$$

Damit z. B. $\lambda = 1{,}2$ wird,

muß $R = \frac{2}{1{,}2} + 1 = 3{,}667$ sein oder $\frac{w_{ü}}{w_\infty} = 0{,}67$

Dies gilt beim ebenen Problem. Bei diesem Schlankheitsverhältnis λ ist, wie ich in einer früheren Arbeit (Schiffbau 1930, S. **15**) gezeigt habe, die Übergeschwindigkeit beim entsprechenden achsensymmetrischen Problem etwa das 0,45fache, also $w_{ü}/w_\infty \sim 0{,}30$. Im Kavitationskanal ergab tatsächlich die Übergeschwindigkeit von 0,30 Kavitation und ein $\lambda \sim 1{,}2$. Es ist damit zu erwarten, daß die Rechnung auf Grund der Potentialtheorie und unter Ersatz des Gebietes der Kavitationsrückbildung durch einen festen Körper auch sonst brauchbare Resultate zu liefern imstande ist.

Da offenbar das Verhältnis der Länge des Kavitationsgebietes zur Breite des umströmten Körpers nur wenig von der Körperform und der des Ersatzkörpers für das Rückbildungsgebiet abhängt, dürfte das gefundene Resultat $\lambda = \frac{2}{R-1}$ in erster Näherung allgemein für ebene Strömung brauchbar sein.

Anhang. Die Strömung senkrecht gegen eine Platte bei endlicher Übergeschwindigkeit und Begrenzung des Kavitationsgebietes durch eine zweite Platte.

I. $\chi_1(z) = i \ln \frac{z}{R}$ gibt die Strömung eines Wirbels wieder (Fig. 8).

$\chi_1(\overline{w}) = i \ln \frac{\overline{w} + 1/R}{\overline{w} + R}$ gibt die Strömung eines Wirbelpaares in $-\frac{1}{R}$

und $-R$, das den Kreis mit dem Radius 1 als Stromlinie enthält (Fig. 9). Die Abbildung der z-Ebene auf die $\bar{w}$-Ebene geschieht durch

$$z = \frac{R\bar{w} + 1}{\bar{w} + R}$$

Der Absolutwert $|z|$ von z berechnet sich aus

$$z \cdot \bar{z} = |z|^2 = \frac{R\bar{w} + 1}{\bar{w} + R} \cdot \frac{Rw + 1}{w + R} = \frac{R^2 w\bar{w} + R(w + \bar{w}) + 1}{w\bar{w} + R(w + \bar{w}) + R^2}$$

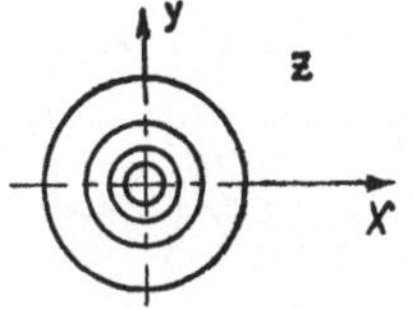

Fig. 8

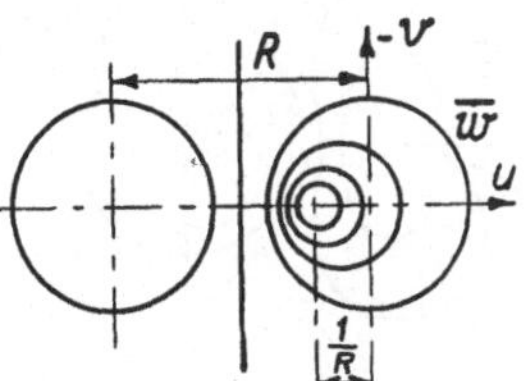

Fig. 9

z. B. für

$$\bar{w} = e^{i\alpha}; \quad (w\bar{w} = 1) \qquad |\bar{w}| = 1$$

$$|z|^2 = \frac{R^2 + 2R\cos\alpha + 1}{1 + 2R\cos\alpha + R^2} = 1$$

$$|z| = 1$$

Der Einheitskreis der $\bar{w}$-Ebene geht also in den Einheitskreis der z-Ebene über.

II. $\chi = \zeta + \frac{1}{\zeta}$ stellt die Strömung um den Einheitskreis der ζ-Ebene dar, die im unendlichen parallel ist und die Geschwindigkeit 1 besitzt (Fig. 10).

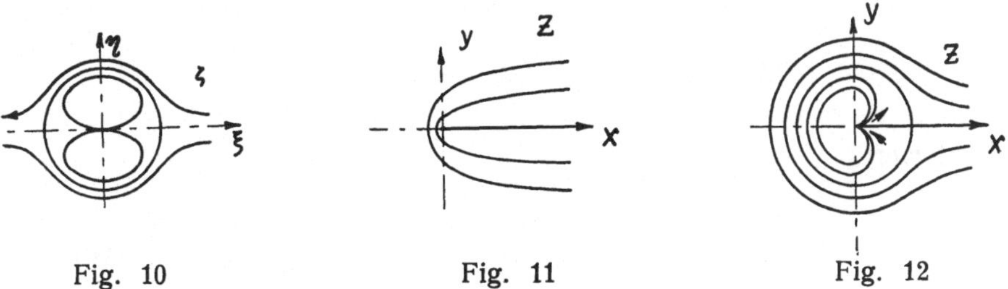

Fig. 10 Fig. 11 Fig. 12

$\chi = z^{1/2}$ stellt die Strömung in konfokalen Parabeln dar (Fig. 11).

$\chi_2 = (z + \frac{1}{z} + 2)^{1/2}$ gibt die Strömung der Fig. 12 wieder. Durch Abbildung dieser Strömung in die $\overline{w}$-Ebene wird

$$\chi_2 = \left(\frac{R\overline{w}+1}{\overline{w}+R} + \frac{\overline{w}+R}{R\overline{w}+1} + 2\right)^{1/2} \qquad \text{(Fig. 13).}$$

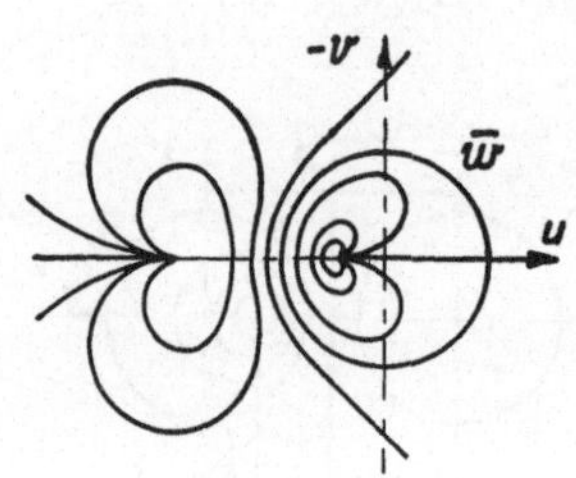

Fig. 13

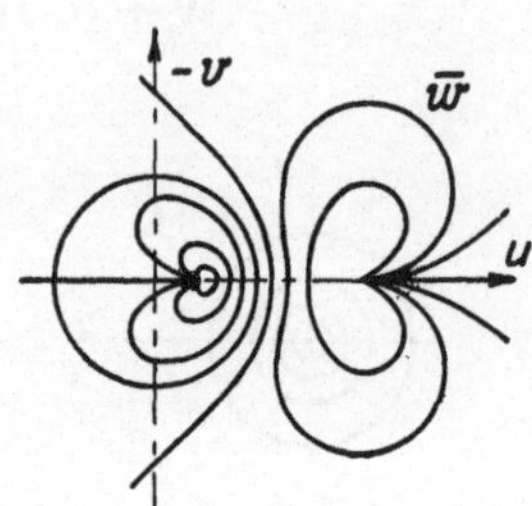

Fig. 14

Ähnlich ergibt sich

$$\chi_3(\overline{w}) = \left(\frac{1 - R\overline{w}}{R - \overline{w}} + \frac{R - \overline{w}}{1 - R\overline{w}} + 2\right)^{1/2} \qquad \text{(Fig. 14).}$$

III. Aus χ_3 $(\overline{w})$ ergibt sich (Fig. 7) χ $(\overline{w})$, indem man $\overline{w}$ durch $\overline{w}^2$ ersetzt. $\overline{w} \to R^{-1/2}$ entspricht dann $\chi \to \infty$.

$$\chi(\overline{w}) = \left(\frac{1 - R\overline{w}^2}{R - \overline{w}} + \frac{R - \overline{w}^2}{1 - R\overline{w}^2} + 2\right)^{1/2}$$

Im Punkt B ist $\overline{w} = 0$, $\quad \chi(B) = \frac{1+R}{R^{1/2}} = \varphi(B)$ (Fig. 7)

„ „ C „ $\overline{w} = -i$, $\quad \chi(C) = 2 \quad = \varphi(C)$

„ „ M „ $\overline{w} = +1$, $\quad \chi(M) = 0 \quad = \varphi(M)$

und hiermit

$$\lambda_{red} = \frac{l/2 \text{ red}}{b/2 \text{ red}} = \frac{\varphi(C) - \varphi(M)}{\varphi(B) - \varphi(C)} = \frac{2\,R^{1/2}}{(R^{1/2} - 1)^2} \qquad \text{(Fig. 5).}$$

Praktische Erfahrungen mit Propellern, die bei Kavitation arbeiten.

Von W. Schmidt, Berlin.

Bei den Meilenfahrten, die mit dem englischen Torpedoboot „Daring“ zu Ende des vorigen Jahrhunderts ausgeführt worden sind, ist man zum ersten Male auf die Kavitationserscheinung bei Schiffspropellern aufmerksam geworden und es haben schon die bei diesem Schiff erprobten Propeller klar ergeben, daß man möglichst breite Schraubenflügel zu wählen hat, damit die Propeller nach Kavitationseintritt noch eine genügende Schubkraft bei erträglichem Wirkungsgrad erzeugen.

Später hat man die physikalische Seite der Kavitationserscheinung weitgehend geklärt, wobei sich ergeben hat, daß die Kavitation schon früher eintritt, ehe sie den Schub und das Drehmoment der Schrauben beeinflußt. Schließlich hat man auch Erfahrungsmaterial gesammelt, das eine gewisse Handhabe bietet, wenn man Propeller für schnelle Schiffe zu entwerfen hat. Es bleiben aber immer noch einige Fragen bestehen, deren Beantwortung für den Entwurf solcher Propeller von Nutzen ist, nämlich

1. übt die Schiffsform auf die Kavitationserscheinung nachweisbar einen Einfluß aus?
2. Wie weit kann man in der Verbreiterung der Flügel gehen?
3. Ist es, um eine möglichst günstige Verteilung des spezifischen Flächendruckes zu erhalten, besser, bei festliegender Drehzahl einen etwas größeren Propellerdurchmesser bei etwas kleinerer Schraubensteigung zu wählen, oder kann man das Steigungsverhältnis unbedenklich etwas vergrößern, wodurch man einen etwas kleineren Schraubendurchmesser erhält?
4. Ist die Lage der Propeller zu einander und zum Schiff von wesentlicher Bedeutung für die Ausbildung der Kavitationserscheinung?
5. Wie groß ist der Wirkungsgradabfall nach Eintritt der Kavitation?
6. Wie begegnet man den Begleiterscheinungen der Kavitation am besten? Solche Begleiterscheinungen sind Erschütterungen des Hecks, Geräusche, Erosionen an den Propellerflügeln und Beschädigungen der Außenhaut.
7. Lassen sich auf Grund praktischer Erfahrungen verhältnismäßig einfache Anweisungen geben, wie man Propeller zu gestalten hat,

damit sie bei Kavitation mit den vorgeschriebenen Drehzahlen einwandfrei arbeiten oder sind solche Anweisungen unsicher?

Um auf derartige Fragen eine Antwort zu erhalten, habe ich mit Genehmigung und entgegenkommender Unterstützung der deutschen Marineleitung und Unterstützung des Vereines deutscher Ingenieure zusammen mit Herrn Regierungsrat Schönemann und Herrn Schiffbauingenieur W. Harms eine größere Anzahl von Meilenfahrtergebnissen der deutschen Marine mit Hilfe eines zeichnerischen Verfahrens ausgewertet, das ich zunächst kurz erläutern möchte.

Um ein Bezugssystem für die Auswertung zu gewinnen, habe ich die bekannten planmäßigen Versuche mit freifahrenden Modellschrauben verschiedener Steigung und Flügelbreite sowie Dicke von Dr. Schaffran in Tafeln zusammengestellt, die bereits vor verschiedenen Jahren veröffentlicht worden sind. Diese Tafeln enthalten die Schaffran'schen Versuchsergebnisse, aufgetragen in der Form $\log \frac{v_e}{n \cdot D}$ über $\log \frac{WPS}{\varrho \cdot D^5 \cdot n^3}$, ferner die jeweiligen Propellerwirkungsgrade bei $n = 15$ U/s und verschiedene Kenngrößen in Form von schiefen Koordinatenachsen.

Die logarithmische Auftragung, die früher Eiffel bereits für die Darstellung von Versuchsergebnissen mit Luftpropellern verwendet hat, wurde gewählt, weil sich dadurch eine so gedrängte und übersichtliche Darstellung erreichen läßt, wie es auf andere Weise wohl kaum möglich ist. In diese Tafeln habe ich nun die Meilenfahrtwerte in entsprechender Weise eingetragen und damit ein Material gewonnen, das sich im Sinne der Großzahlforschung für die Beantwortung einiger der oben genannten Fragen verwenden läßt. An einigen Beispielen will ich die Verwendungsmöglichkeit kurz erläutern:

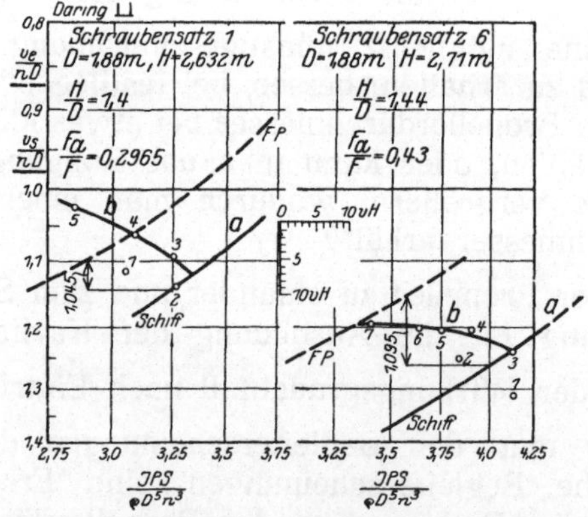

Fig. 1 und 2

Meilenfahrtergebnisse des englischen Torpedobootes „Daring" mit dem ersten (ungünstigen) und dem sechsten (brauchbaren) Propellersatz.

Fig. 1 und 2 zeigen die Meilenfahrten von „Daring“ mit dem ersten ungünstigen und dem letzten Propellersatz, der sich als brauchbar erwiesen hat. Man erkennt an dem Ausbiegen der Kurven b gegenüber den gestrichelten Bezugskurven, die den Tafeln entnommen sind, daß sich die Kavitation in beiden Fällen in nahezu gleicher Weise ausgewirkt hat. Diese Propeller hatten aber auch bescheidene Flächenverhältnisse $\frac{Fa}{F} = \frac{\text{abgewickelte Flügelfläche}}{\text{Propellerkreisfläche}} = 0{,}3$ beim ersten und 0,43 beim letzten Propellerpaar. Das starke Ausbiegen der Kurven b entsteht durch das Auftreten von n^3 im Nenner des Abszissenwertes. Vergleicht man hiermit die Ergebnisse, die über „Saratoga“ veröffentlicht worden sind,

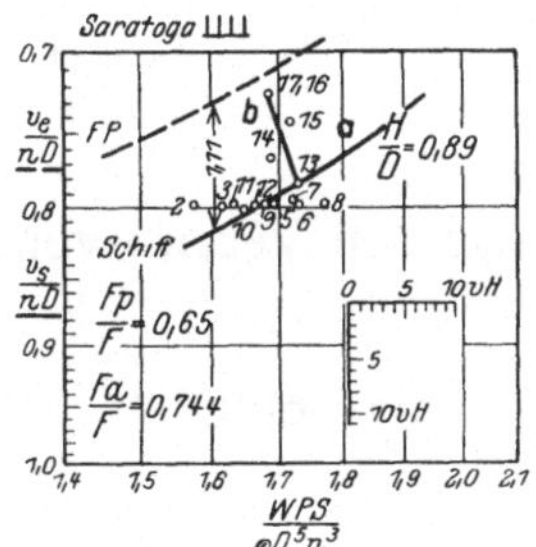

Fig. 3
Meilenfahrtergebnisse des amerikanischen Flugzeugmutterschiffes „Saratoga“.

so erkennt man ein weit geringeres Umbiegen, Fig. 3. Dabei betrug $\frac{Fa}{F}$ aber auch $\sim$ 75 v. H. Man erkennt, wie die Flügelbreite im Laufe der Zeit gesteigert worden ist, und anscheinend ist auch bei $\frac{Fa}{F} = 0{,}75$ der Höchstwert noch nicht erreicht worden.

Fig. 1 und 3 zeigen beim Vergleich mit dem Bezugsnetz, das für die Schaffran'schen Versuche gilt, ziemlich genau, an welcher Stelle der Einfluß der Kavitation auf das Drehmoment begonnen hat und wie er fortgeschritten ist. Nimmt man nun an, daß sich der Nachstrom bei Schiffen im mittleren Geschwindigkeitsbereich, etwa von 15 bis 24 Kn., nicht wesentlich ändert, — die Meilenfahrtergebnisse streuen mit einigen Prozenten schon genügend, um diese Annahme zulässig erscheinen zu lassen, — (Fig. 4), und nimmt man weiter an, daß der gleiche Nachstrom wie im mittleren Geschwindigkeitsbereich auch noch im Kavitationsgebiet vorhanden ist, so hat man im horizontalen Abstand der Kurven a und b in Fig. 1 und 3 ein gewisses Maß für den mittleren Dichteeinfall nach Kavitationseintritt. Rein rechnerisch ist hiernach dieser Abstand $= \log \frac{\varrho_k}{\varrho}$, wo ϱ_k die mittlere Dichte nach und ϱ die vor Kavitations-

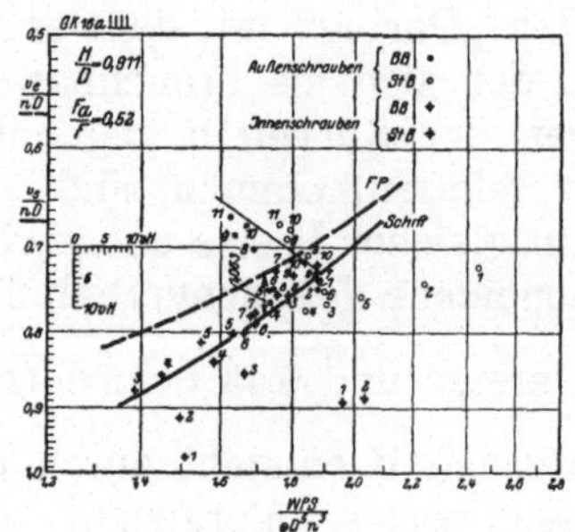

Fig. 4
Meilenfahrtergebnisse eines großen Kreuzers.

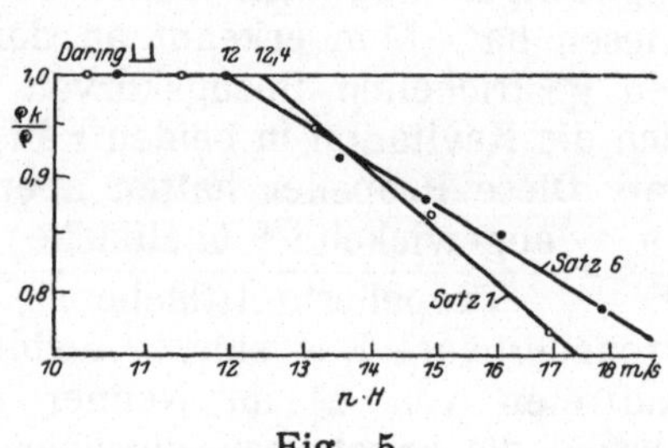

Fig. 5
$\frac{\varrho_k}{\varrho}$ nach Fig. 1 für „Daring".

$\ln \frac{\varrho_k}{\varrho}$ aufgetragen über ln nH

eintritt bedeutet. Fig. 5 zeigt den Verlauf von $\log \frac{\varrho_k}{\varrho}$, aufgetragen über log n H.

Zahlentafel 1.

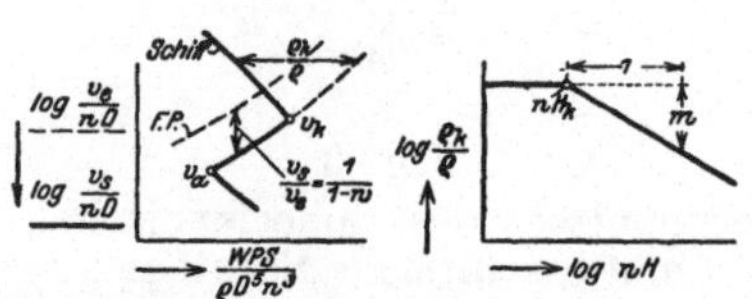

Nachstrom w %

	Wellen 2	3 Mitte	3 außen	4 innen	4 außen	Va kn	Vk kn
LS	K 11,8	K 15,7 T 16,3	K 4 T 12			12,9	21
GK	—	K 10,6	K 5,4	T 7,1	T 10,6	15,7	24,7
KK	K 10 T 10,8	T 6,8	T 2,4	T 9,4	T 6,9	16,05	25,7
TB	9,8					17,05	25,1

K = Kolbenmaschinen T = Turbinen

	H/D	m	vk	n Hk	D π n
TB	0,887	1,585	24,3 kn	14,7 m/s	52 m/s
	0,917	1,425	24,7 „	15,4 „	52,8 „

LS = Linienschiffe. GK = Große Kreuzer.
KK = Kleine Kreuzer. TB = Torpedoboote.

Der Tangens der ausgleichenden Geraden ist mit m bezeichnet worden. In Zahlentafel 1 sind m-Werte für Torpedoboote angegeben worden. Natürlich lassen sich gegen diese Auswertung Einwände erheben, aber da ein Fehler bei der ganzen Untersuchung immer in der gleichen Weise eingeführt wird, so kann man erwarten, daß er immer angenähert von der gleichen Größe ist und dadurch die Betrachtung, die auf den Nachweis von Unterschieden abzielt, nicht behindert. Jetzt komme ich zur Beantwortung der oben aufgeführten Fragen:

Zu 1. Um nachzuprüfen, ob die Schiffsform auf den Eintritt der Kavitation von Einfluß ist, kann man Schiffe nach Typen geordnet auf den Eintritt der Kavitation hin untersuchen. Findet man beim Schiffstyp A einen früheren und beim Schiffstyp B einen späteren Leistungsabfall, so kann man bei angenähert gleichen Schraubenabmessungen und angenähert gleicher Schraubenanordnung schließen, daß die Schiffsform einen Einfluß auf den Eintritt und die Ausbildung der Kavitation ausübt. Der Gegenbeweis ist gegeben, wenn ein Schiff ausnahmsweise mit sehr verschiedenen Schrauben oder stark verstellten Flügeln gefahren ist. In diesem Falle sollte man annehmen, daß die Kurve b in Fig. 1 bei gleicher Geschwindigkeit abzweigt, wenn die Schiffsform einen die Propellerform überwiegenden Einfluß hat und umgekehrt. Aus derartigen Betrachtungen scheint sich zu ergeben, daß tatsächlich die Schiffsform von Einfluß auf die Ausbildung der Kavitation ist. So fand ich die in Zahlentafel 1 angegebenen Mittelwerte v_k, die angeben, bei welcher Geschwindigkeit die Kurve b im Mittel ausbiegt.

Zu 2. Wie weit man mit der Verbreiterung der Flügel gehen kann, konnte ich bisher noch nicht feststellen, aber ich glaube, daß man bei hohen Geschwindigkeiten besonders nach außen zu sehr breite Flügel wählen darf, jedenfalls bis $\frac{Fa}{F} = 0{,}7$, ohne Nachteile befürchten zu müssen.

Zu 3. Die Wahl des Schraubendurchmessers und der Schraubensteigung ist die wichtigste Frage bei der Bestimmung der Abmessungen eines Propellers, der bei Kavitation arbeitet, die Flügelquerschnittform wird bei so breiten Flügeln keine so wesentliche Rolle spielen wie bei schmalen Flügeln. Man achtet gewöhnlich darauf, daß die Kanten der Flügel gut zugeschärft sind. Ein Hochziehen der eintretenden Kante, wie es die Marinepropeller in der Nähe der Nabe zeigen, ist vorteilhaft und Erfahrungen mit den Schrauben des Schnelldampfers „Bremen“ haben nach Bauer zu dem gleichen Ergebnis geführt.

Glaubt man, es sei wichtig, den spezifischen Flächendruck, der durch einen Überdruck auf der Druckseite und einen Unterdruck auf der Sogseite entsteht, zu verkleinern, so wird man den Durchmesser vergrößern und damit das Steigungsverhältnis bei festliegender Drehzahl verkleinern, sagt man sich: nicht nur die Druckverteilung an dem Propellerflügel ist maßgebend für die Überlegenheit einer Propellerform nach Kavitationseintritt, sondern auch andere Umstände, nämlich guter

Wasserzufluß und möglichst große Entfernungen der Flügelspitzen von der Außenhaut und dem Wasserspiegel, dann wird man den Schraubendurchmesser nicht größer wählen, als für die Einhaltung der vorgeschriebenen Drehzahl nötig ist und lieber mit der Steigung etwas höher gehen. Ob die eine oder die andere Ansicht richtig ist, läßt sich mit Hilfe der Großzahlforschung klären. Soweit meine Erfahrungen reichen, glaube ich andeuten zu können, daß die zweite Ansicht, die früher nicht immer vertreten wurde, vollberechtigt ist. Zahlentafel 1 enthält hierfür einen Beleg. Übrigens scheint man auch in Italien und Frankreich bei Kriegsschiffen ähnliche Erfahrungen gemacht zu haben.

Zu 4. Eine eigenartige Bestätigung dafür, daß der Wasserzufluß eine große Rolle bei der Kavitationserscheinung spielt, geht aus der folgenden Beobachtung hervor: Bei einer Reihe von Torpedobooten ließ der Propeller jeweils der gleichen Schiffsseite eine geringere Ausbildung der

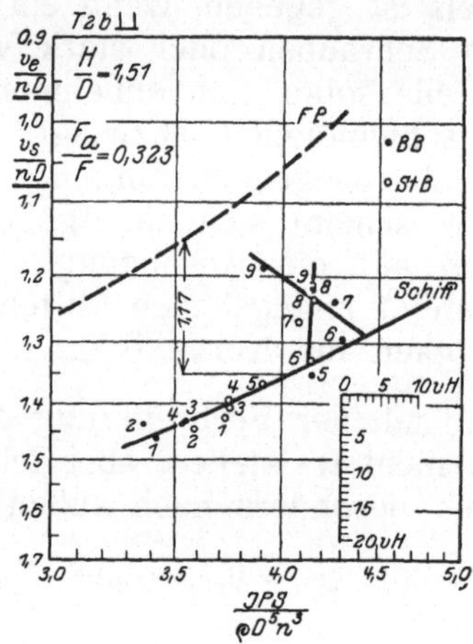

Fig. 6
Kavitation bei sich überdeckenden Schraubenkreisen.

Kavitation erkennen, als der der anderen Schiffsseite, Fig. 6. An geringe Verschiedenheiten der Auftragungen für Backbord- und Steuerbordpropeller ist man bei derartigen Auswertungen natürlich gewöhnt, aber daß sie im vorliegenden Falle solch eine Regel befolgten, war doch auffallend. Daraufhin sah ich mir die Schraubenanordnung dieser Schiffe an und fand, daß die Propeller aus Raumgründen etwas gegeneinander in der Längsrichtung verschoben waren und daß der hinsichtlich der Ausbildung der Kavitation günstiger arbeitende Propeller jeweils der hintere von beiden war, deren Schraubenkreise sich etwas überdeckten. Ich sehe dies als einen klaren Beweis dafür an, daß die Wasserzufuhr bei der Ausbildung der Kavitation auch eine Rolle spielt, möchte aber im Hinblick auf dieses Beispiel trotzdem nicht dazu raten, durch gegenseitige Überdeckung der Schraubenkreise für Wasserzufuhr bei einem

Propeller zu sorgen, denn man hat bei solchen Maßnahmen auch an den Propellerwirkungsgrad zu denken, dem verworrene Einströmverhältnisse nicht dienlich sein können.

Zu 5. Wie groß der Wirkungsgradabfall nach Eintritt der Kavitation ist und wie weit er bei um sich greifender Kavitation zunimmt, davon kann man sich durch Vergleich der Meilenfahrtergebnisse mit Modellversuchen ein ungefähres Bild machen. Fig. 7 bis 9 geben z. B. einen

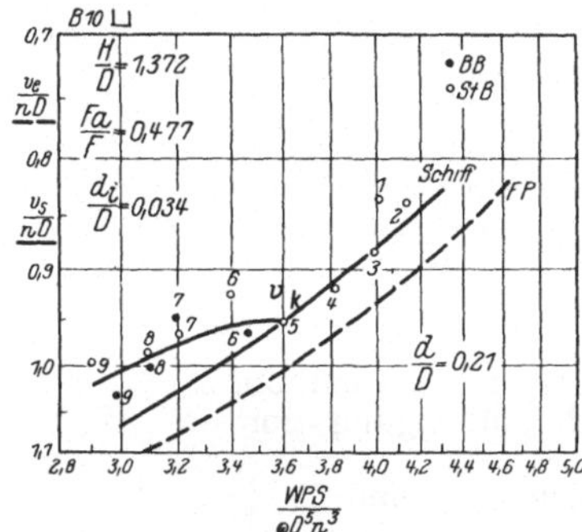

Fig. 7

Meilenfahrtergebnisse eines Gleitbootes. Diese Auftragung entspricht der für Fig. 1 bis 4 gewählten. Das Steigungsverhältnis $\frac{H}{D} = 1{,}372$ scheint, nach der Lage der F.P.-Kurve zu urteilen, beim Boot nicht eingehalten worden zu sein.

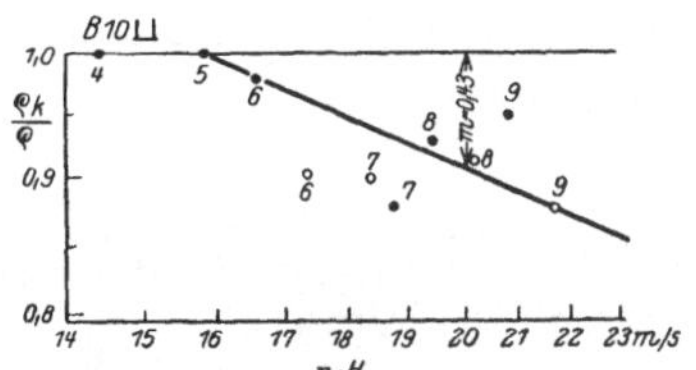

Fig. 8

Entspricht Fig. 5.

Anhalt, wie bei Gleitbooten die Sachlage ungefähr ist. Der in Fig. 9 gekennzeichnete Kavitationseintritt ist mit Hilfe der Fig. 7 ermittelt worden. Man erkennt hieraus, daß die Kavitation in diesem Falle in einem größeren Bereich keinen Wirkungsgradabfall hervorruft. Ein stärkerer Abfall tritt erst auf, nachdem die Geschwindigkeit um etwa 40% gewachsen ist, dann schweigen aber hier wie gewöhnlich die Meilenfahrtberichte, und die Höchstgeschwindigkeit ist erreicht. Der Dichteabfall ist in diesem Falle auffallend klein, das ist auf den Belastungsgrad zurückzuführen, der bei Gleitbooten mit zunehmender Geschwindigkeit zuletzt stark abnimmt (Fig. 8).

Zu 6. Als Begleiterscheinungen einer stark ausgebildeten Kavitation treten Erschütterungen am Heck, Geräusche sowie Beschädigungen der Flügel und der Außenhaut auf. Eine möglichst große Entfernung der Flügelspitzen von der Außenhaut ist daher erwünscht. Sie läßt sich mit Propellern von etwas kleinerem Durchmesser natürlich besser erreichen als mit größerem.

Erosionserscheinungen von größeren Ausmaßen an Propellerflügeln sind bei der Marine seit langer Zeit nicht gemeldet worden. Dies hängt damit zusammen, daß Höchstgeschwindigkeiten von Kriegsschiffen nur

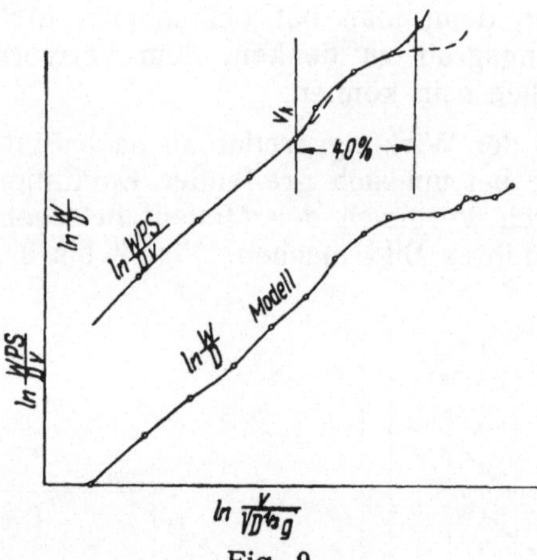

Fig. 9

Vergleich der Meilenfahrtergebnisse eines Gleitbootes mit den Modellversuchen durch Auftragung von $\ln \frac{WPS}{Dv}$ nach dem Meilenfahrtergebnis und $\ln \frac{W}{D}$ nach dem Modellversuch über $\frac{v}{\sqrt{D^{1/3} \cdot g}}$

Hier bedeutet WPS die Wellenleistung, D die Verdrängung, v die Schiffsgeschwindigkeit, W den Modellwiderstand, g die Fallbeschleunigung.

im Ausnahmefall einmal gefahren werden, während sie z. B. bei Schnelldampfern die Regel sind. Wie eine Auftragung in der oben beschriebenen Weise aussieht, wenn die Kavitation so stark ausgebildet ist, daß in kurzer Zeit Erosionen auftreten, das zeigt Fig. 10.

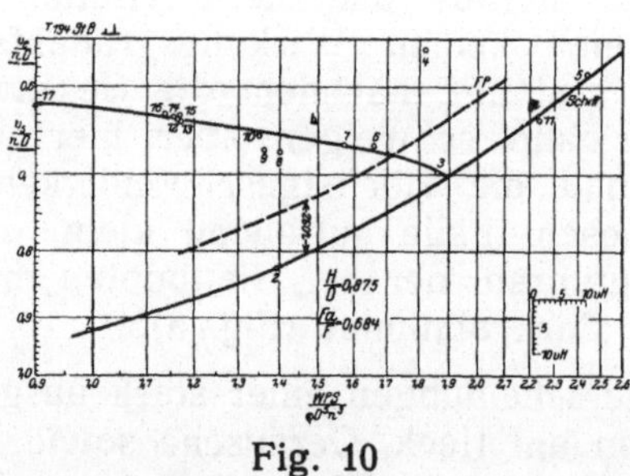

Fig. 10

Zu 7. Fig. 10 läßt außerdem erkennen, wie auffallend genau, von einigen Versuchspunkten abgesehen, die einzelnen Meßwerte eine Kurve festlegen. Dies ist nicht nur bei dieser Abbildung der Fall, sondern ich könnte Ihnen eine sehr große Anzahl von Belegen dafür anführen, daß die Messung der Wellenleistung bei hohen Geschwindigkeiten anscheinend gut arbeitet. Dies hat zur Folge, daß man auch die Erfahrungswerte, die man benötigt, um auf Grund solcher Auftragungen Propellerabmessungen neu zu bestimmen, ziemlich genau ermitteln kann. Ich fand z. B. aus einer größeren Anzahl von Meilenfahrten verschiedener Schiffe, worunter sich auch solche mit Kolbenmaschinen befanden, die in Zahlentafel 1 angegebenen mittleren Nachstromwerte w für mittlere Geschwindigkeiten von 15 bis 25 Kn aus meinen Auftragungen. Man erkennt hieraus, daß der Nachstrom weitgehend mit der Schraubenanordnung im Zusammenhang steht. Das sieht man zunächst an den Zweischraubenschiffen, die praktisch die gleichen Nachstromwerte liefern, ferner an den Außenschrauben der Dreischraubenschiffe, hier treten allerdings die Linienschiffe mit Turbinenantrieb als Störenfried auf. Eine Begründung für dieses Verhalten erkennt man in den Werten der Mittelpropeller der Dreischraubenschiffe. Bei diesen ist w um so größer, je größer der Wert $\frac{\sqrt[3]{D}}{L}$ ist. Anscheinend arbeiten die Seitenpropeller von Dreiwellen-Linienschiffen mit Turbinenantrieb schon etwas in diesem Gebiet. Die bei Vierwellenschiffen gefundenen Werte würden sich noch besser ausnehmen, wenn die Werte der Großen Kreuzer vertauscht werden könnten. Das ist aber leider nicht der Fall. Außerdem ist zu bemerken, daß sich die Angaben für Kleine Kreuzer mit vier Wellen auf eine sehr geringe Zahl von Schiffen stützt, also im Sinne der Großzahlforschung unsicher ist. Ich sehe in dem Widerspruch, der in den Werten der Vierwellenschiffe zum Ausdruck kommt, die Folge einer gegenseitigen Beeinflussung der Schrauben.

Kennt man außer den betrachteten w-Werten auch noch mittlere $\frac{\varrho_k}{\varrho}$ Werte, deren Größe in Fig. 5 und 8 sowie Zahlentafel 1 angedeutet wurde, dann ist es nicht schwer, auf Grund solcher Erfahrungen Propeller zu entwerfen, deren Leistung dann beim Meilenfahrtversuch den Erwartungen im allgemeinen ganz leidlich entspricht.

Daß ich meinen Bericht über diese Untersuchungen, abgesehen von einer Veröffentlichung,[1]) noch nicht veröffentlicht habe, liegt an den Geschwindigkeiten unterhalb 12,9 Kn im Mittel bei Linienschiffen, 15,7 Kn bei Großen Kreuzern, 16,05 Kn bei Kleinen Kreuzern und 17,05 Kn bei Torpedobooten. In diesem Bereich zeigen nämlich meine Auftragungen oft, jedoch nicht immer, einen häßlichen Schwanz, der die Nachstromermittlungen unter Umständen unmöglich macht. (Zahlentafel 1 und Fig. 11.) Ich habe mich anfangs damit zu trösten versucht, daß die Meßgenauigkeit, die Kursbeständigkeit bei den für höhere Geschwindigkeiten berechneten Rudern der Kriegsschiffe, der Seegang, vielleicht auch der Ungleichförmigkeitsgrad der Drehmomente bestimmter Maschinen oder mangelhafte Einströmverhältnisse an den Flügeln u. a. m. unterhalb der genannten Geschwindigkeit solch eine Rolle spielen, daß dadurch Ge-

[1]) Z. VDI. 1928, S. 1713.

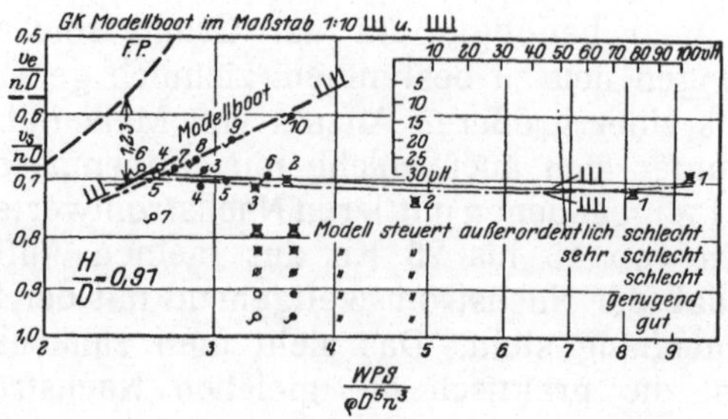

Fig. 11

setzmäßigkeiten bei der zeichnerischen Auswertung verdeckt werden. Da kam Herr Dr. W e i t b r e c h t mit seinem bekannten Mitstrom-Vortrag heraus, wo sich der Schwanz bei Modellversuchen, allerdings bei sehr niedrigen Geschwindigkeiten, auch nachweisen ließ. Diese Versuche schienen klar darauf hinzuweisen, daß mit der Einführung des Nachstroms in die Propellerrechnung bei niedrigen Geschwindigkeiten etwas nicht in Ordnung ist. Jetzt hielt ich es für angebracht, Fachkreise hierauf aufmerksam zu machen, denn es ist doch eine mißliche Sachlage, daß in dem Bereich, wo die meisten Schiffe fahren, und wo sich wohl das beste Anwendungsgebiet für Propeller mit besonderen Flügelquerschnittsformen befindet, unsere Kenntnisse der wahren Sachlage, von der man beim Entwurf auszugehen hat, anscheinend noch etwas im Argen liegen. Ich erwarte bestimmt, daß auch auf diesem Gebiet die Großzahlforschung Richtlinien erkennen lassen wird. Herr Professor H o r n hat es übrigens auf meine Bitte hin in dankenswerter Weise unternommen, die einschlägigen Fragen vom rein theoretischen Standpunkt aus anzugreifen und wird hierüber berichten. Verzeihen Sie bitte, meine Herren, wenn ich meine Betrachtungen durch den Hinblick auf niedrige Schiffsgeschwindigkeiten mit einem Mißklang schließen muß. Aber ich glaube, hier an der rechten Stelle zu sein mit meinen Bemerkungen, denn wir sind nicht nur hierhergekommen, um uns gegenseitig von Erfolgen zu berichten, sondern im kleinen Kreise offen zu gestehen, wo uns der Schuh drückt.

Vorbereitete Erörterungsbeiträge zu Gruppe IV „Kavitation“.

Kinematographische Aufnahme der Kavitation an einem Tragflügel.

Von H. Mueller, Heidenheim.
(Mitteilung aus dem Kaiser Wilhelm-Institut für Strömungsforschung, Göttingen).

Bereits vor einigen Jahren gelang es dem Verfasser durch Verwendung des R. Thun'schen Zeitdehners, die Hohlraumbildung an einem Tragflügelausschnitt objektiv sichtbar zu machen [1]). Da der Aufnahmeapparat nur provisorisch für die damals erreichte hohe Bildwechselzahl umgebaut worden war, wiesen die damit hergestellten Filmstreifen noch mannigfache Mängel auf. Zwar konnte man schon ganz gut die Dampfblasen von ihrer Entstehung bis zum Zusammenstürzen verfolgen, doch gestattete die noch recht erhebliche Unschärfe und das Fehlen von Details infolge ungünstiger Beleuchtungsverhältnisse keinen Einblick in die Vorgänge in der Verdichtungszone. Da ferner der Film als Schleife auf eine Trommel aufgespannt worden war, war seine Bildteilung eine willkürliche, sodaß er nicht mit einem normalen Kino-Projektor vorgeführt werden konnte.

Mit den bei diesen Vorversuchen gewonnenen Erfahrungen wurde ein neuer Zeitdehner gebaut [2]). Durch den Filmtransport mittels Zahn-Trommel wurde hierbei wieder vollständige Uebereinstimmung der Bildteilung mit der Perforation erreicht. Bei einer noch zulässigen Transportgeschwindigkeit von 12 m/sec können mit diesem Gerät pro Sekunde ca. 600 Normalbilder aufgenommen werden oder 2400 Schmalbilder, deren Höhe $^1/_4$ der Höhe des Normalbildes beträgt. Mittels eines besonderen Umkopierapparates von R. Thun lassen sich diese Schmalbilder auf Normalbildteilung umkopieren, sodaß man auf diese Weise einen vorführungsfähigen Film erhält.

Die beiden Versuchsflügel bestanden aus geschliffenem Glas und waren zur Verhinderung der Wirkung als Zylinderlinse auf der Druck-

[1]) H. Mueller: Über den gegenwärtigen Stand der Kavitationsforschung, (Die Naturwissenschaften 1928, S. 423).

[2]) Der Thun'sche Zeitdehner. „Kinotechnik“ 1928, Heft 6, S. 145.

seite mit Mattschliff versehen. Von den gewählten Profilformen stellt das Göttinger Normalprofil Nr. 389 ein normales, bezüglich Kavitation ungünstiges Profil dar, im Gegensatz zu dem für Schiffsschrauben besonders vorteilhaften Kreisabschnitt-Profil Nr. 708. Zur Auffindung der günstigsten Beleuchtungsverhältnisse wurden zunächst einige Momentaufnahmen im durchfallenden elektrischen Funkenlicht hergestellt. Die Fig. 1 zeigt auf solche Weise erhaltene Aufnahmen. Die Bilder

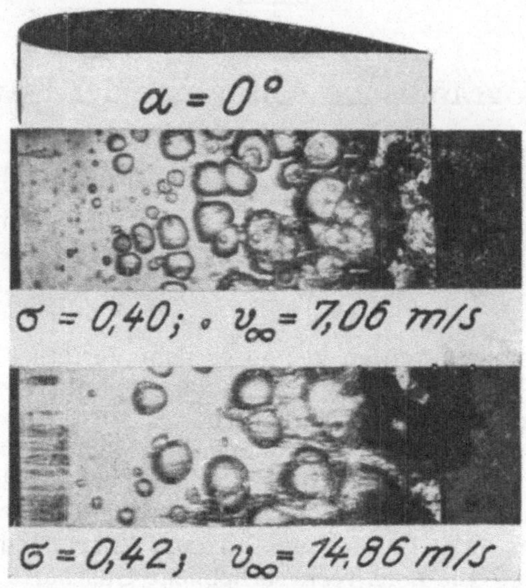

Fig. 1
Profil Nr. 389.

lassen erkennen, daß innerhalb des erreichten Geschwindigkeitsbereiches neben dem durch den Parameter σ dargestellten Einfluß der Druckgrößen ein Einfluß der Geschwindigkeit etwa auf die Zahl und Größe der Dampfblasen nicht festgestellt werden kann. In dieser Hinsicht ist es zu bedauern, daß mit der Göttinger Kavitationsanlage keine erheblich größeren Geschwindigkeiten unter Beibehaltung der Flügelabmessungen erreicht werden können. Für die Filmaufnahmen wurde das Profil 389 bevorzugt, weil die Kavitation schon ziemlich nahe der Vorderkante beginnt, die Entwicklung der Dampfblasen somit auf einem längeren Weg verfolgt werden kann.

Fig. 2 zeigt einen Ausschnitt aus einem solchen Film mit folgenden Daten:

Flügeltiefe	t	$= 70$ mm
Bildzahl		$= 2000$/sec.
Anströmgeschwindigkeit	v_∞	$= 6{,}5$ m/sec.
Anströmwinkel		$= 2^0$
Kavitationsbeiwert	σ	$= 0{,}65$.

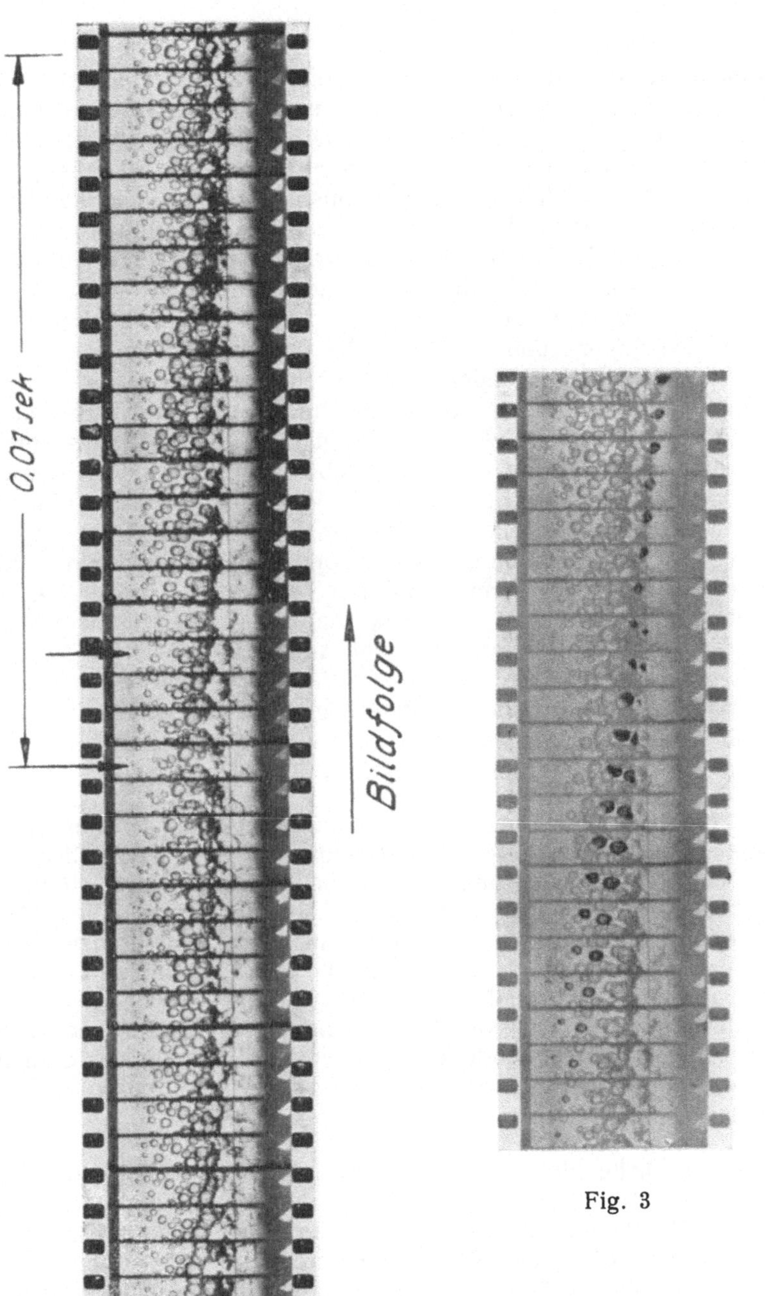

Fig. 2

Fig. 3

Man sieht deutlich, wie die Dampfblasen in der Nähe der Hinterkante in der Zone des Druckanstiegs zusammenstürzen und man kann auch an den mit verminderter Geschwindigkeit hinter der Verdichtungsstelle fortgeführten unregelmäßigen Restblasen erkennen, daß die Rückbildung der Hohlräume keine vollständige ist. Die kleinen Verdichtungszeiten reichen eben nicht aus, um den frei gewordenen Gasen bei der abnehmenden Oberfläche eine vollständige Wiederauflösung zu ermöglichen. An Hand dieses Filmes läßt sich auch die von Ackeret[3]) und von dem Verfasser früher schon beobachtete Erscheinung bestätigen, daß die Stoßstelle örtlich nicht feststeht, sondern periodisch hin- und herpendelt. Hierdurch werden Druckmessungen in der Umgebung des Stoßes verwischt und man kann aus denselben, wie Ackeret zeigte, eine plausible Form des Drucksprunges nur dann rekonstruieren, wenn man Annahmen über Amplitude und Geschwindigkeit dieser Pendelbewegung macht. Verfolgt man auf dem Filmstreifen das Schicksal der mit Pfeilen markierten Dampfblasen — in Fig. 3 sind dieselben aus ihrer Umgebung noch besonders hervorgehoben worden —, so kann man deutlich erkennen, daß die Verdichtung immer nur an der Stirnseite stattfindet, ohne merkliche Änderung des jeweils übrig bleibenden Teiles. Diese Feststellung gibt Anlaß, die bisherige Vorstellung von einem konzentrischen Zusammenstürzen zu revidieren. Man sieht ferner, daß mit zunehmender Verdichtung die Stoßstelle etwa um 6 mm verschoben wird, der Drucksprung also tatsächlich eine räumliche Ausdehnung von dieser Größenordnung besitzt.

Die Analyse des Filmes liefert somit eine gute Bestätigung der von Ackeret auf dem Wege über Druckmessungen hypothetisch gefundenen Form des Drucksprunges. Für die Dauer der Verdichtung wird also neben der Blasengeschwindigkeit nicht nur die räumliche Ausdehnung der Verdichtungszone, sondern auch die Größe der Blase in ihrer Bewegungsrichtung mitbestimmend und zwar näherungsweise additiv. Aus dem Filmstreifen kann man die mittlere Längsausdehnung einer Blase unmittelbar vor dem Beginn des Zusammenstürzens zu etwa 9 mm, die Geschwindigkeit derselben zu 4,5 m/sec entnehmen. Daraus errechnet sich eine Stoßzeit von etwa 0,0033 sec. in recht guter Übereinstimmung mit dem wirklichen Wert.

Aus der Dicke der Dampfzone und der Ausdehnung der Dampfblasen in der Projektion auf die Flügeloberfläche kann man sich die Blasen als Halbkugeln vorstellen. Hierdurch wird die Fortleitung der bei der Kompression der Blasen auftretenden Druckstöße nach den begrenzenden Oberflächen verständlicher als nach der bisherigen Vorstellung von einem konzentrischen Zusammenstürzen, welches eine allseitige Kraftkonzentration auf ein räumlich nur wenig ausgedehntes Gebiet im Innern der Flüssigkeit zur Folge haben würde.

---

[3]) J. Ackeret: Experimentelle und theoretische Untersuchungen über Hohlraumbildungen (Kavitation) im Wasser; Technische Mechanik und Thermodynamik, Band I, (1930, S. 12).

Ergebnisse von Messungen an Propellerprofilen.

Von G. Flügel,
Technische Hochschule Danzig.

Im Anschluß an die Ausführungen der Herren Gutsche, Walchner und Martyrer möchte ich einiges über die Untersuchungen an Propellerprofilen mitteilen, die im Windkanal der Technischen Hochschule Danzig schon seit längerer Zeit im Gange sind[1]). Über die Eigenschaften solcher Profile, insbesondere hinsichtlich ihrer Kavitationsempfindlichkeit, standen bisher recht wenig Versuchsunterlagen zur Verfügung. Die ersten Ergebnisse dieser Untersuchungen sind soeben in einer Arbeit von Dr.-Ing. Holl in der Zeitschrift „Forschung auf dem Gebiet des Ingenieurwesens" veröffentlicht worden[2]). Ich möchte mir gestatten, über einige Ergebnisse dieser Arbeit im Zusammenhang mit weiteren Messungen im Danziger Strömungsinstitut (ausgeführt von den Herren Sponder, Dipl.-Ing. Quick und Dipl.-Ing Winter) hier kurz zu berichten. Die Messungen im Windkanal befaßten sich zunächst hauptsächlich mit den bei Wasserpropellern üblichen spitzköpfigen Profilen und bestanden in der Ermittlung der Kraftwirkungen und der Druckverteilung. Wegen der Messungen im

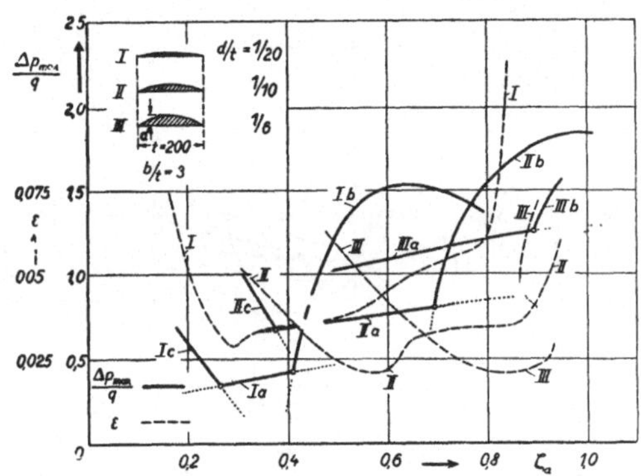

Fig. 1
Maximaler Unterdruck Δ p max und Gleitzahl ε bei 3 Kreissegmentprofilen von verschiedenem Dickenverhältnis (Kurvenäste a, b und c für den maximalen Unterdruck: a auf Mitte Bauchseite, b hinter Vorderkante auf Saugseite, c hinter Vorderkante auf Druckseite).

1) Siehe Jahrbuch der Schiffbautechn. Ges. 1930, S. 87.

2) Forschung 1932, S. 109.

Luftstrom herrschte natürlich kavitationsfreier Strömungszustand; aus der Druckverteilung können in bekannter Weise Schlüsse über das Verhalten im Wasserstrom gezogen werden.

In Fig. 1 ist für solche Spitzkopfprofile mit ebener Druckseite und einfach kreisbogenförmiger Saugseite von verschiedenem Dickenverhältnis d/t = 1/20, 1/10 und 1/6 das Verhältnis vom maximalen Unterdruck Δp_{max} zwischen Saug- und Druckseite zum Staudruck q sowie die Gleitzahl $\varepsilon = \zeta_w / \zeta_a$ in Abhängigkeit vom Auftriebsbeiwert ζ_a dargestellt[3]) [4]) (unter ζ_w ist hier nur der Profilwiderstand verstanden). Der maximale Unterdruck kann entweder ungefähr auf Mitte Bauchseite (bei mäßigen Anstellwinkeln) oder dicht hinter der Vorderkante auf Saugseite (bei größeren Anstellwinkeln) bzw. auf Druckseite (bei sehr kleinen und negativen Anstellwinkeln) auftreten, weshalb beim Druckverhältnis $\Delta p_{max}/q$ drei sich im allgemeinen schneidende Äste a, b und c zu unterscheiden sind, von denen natürlich jeweils immer nur derjenige mit den höheren Werten maßgebend ist. Man kann aus dem Diagramm erkennen, daß der verhältnismäßig kleinste Unterdruck und der zugehörige ζ_a - Wert umso höher ist, je größer das Dickenverhältnis wird; daß ferner der kleinste Unterdruck immer nahezu gleichzeitig mit dem Mindestwert von ε auftritt, also die Profile i. a. auch bei Kavitation am besten mit dem zum Mindestwert von ε gehörigen Anstellwinkel arbeiten sollten — ein praktisch wichtiges Ergebnis, das auch Herr Dr. Walchner gefunden hat. Bei etwas größeren Anstellwinkeln wächst der Unterdruck hinter der Vorderkante jäh an.

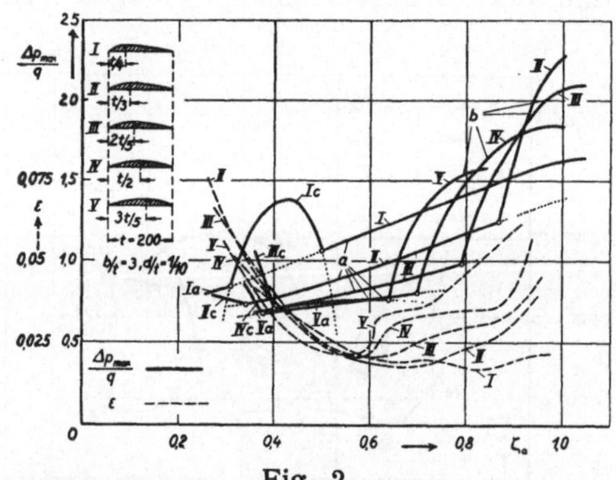

Fig. 2

Maximaler Unterdruck Δ p max und Gleitzahl ε bei 5 spitzköpfigen Profilen von gleichem Dickenverhältnis.

---

[3]) Nach Messungen von Herrn Holl.

[4]) In den beim mündlichen Vortrag vorgeführten Lichtbildern war statt $\Delta p_{max}/q$ der Verhältniswert $\Delta p_{max}/\Delta p_m$ (wo $\Delta p_m = \zeta_a \cdot q$ der mittlere Druckunterschied zwischen Saug- und Druckseite) abhängig von ζ_a dargestellt; um mit anderen ähnlichen Berichten in Einklang zu bleiben, wurde hier die andere Darstellungsart gewählt, obwohl die erste Art ihre besonderen Vorzüge hat.

In Fig. 2 sind die gleichen Kurven für spitzköpfige Profile von gleichem Dickenverhältnis d/t = 1/10 mit kreisbogenförmig begrenzter Saugseite enthalten, bei welchen die Stelle maximaler Dicke in verschiedenem Abstand hinter der Vorderkante liegt.[5]) Je weiter die dickste Stelle nach vorne rückt, desto größer wird das Unterdruckminimum und der zugehörige ζ_a - Wert. Am günstigsten liegen die Verhältnisse, wenn die dickste Stelle ungefähr in Profilmitte liegt, da dann gleichzeitig das Unterdruckminimum und die Gleitzahl die kleinsten Werte haben.

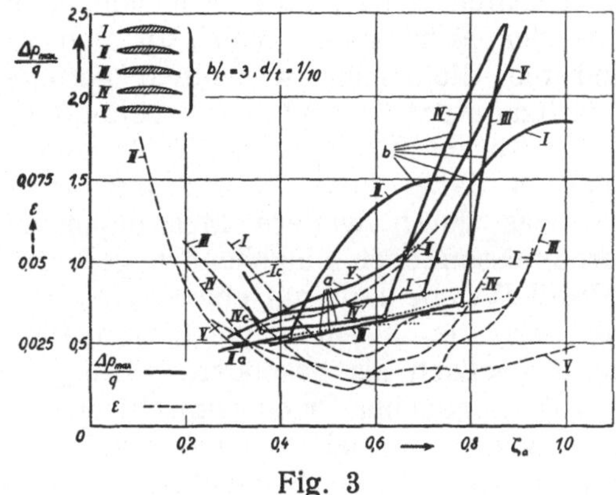

Fig. 3

Maximaler Unterdruck Δ p max und Gleitzahl ε bei verschiedenen spitzköpfigen und rundköpfigen Profilen von gleichem Dickenverhältnis.

In Fig. 3 sind wiederum die gleichen Kurven vergleichsweise für verschiedene spitzköpfige und rundköpfige Profile von gleichem Dickenverhältnis d/t = 1/10 zusammengestellt, welche alle als Propellerprofile in Frage kommen können.[6]) Das Profil I bezeichnet das auch in Fig. 1 und 2 enthaltene Spitzkopfprofil mit einfach kreisbogenförmiger Rückseite, das sich im Vergleich zu den anderen bisher besprochenen Profilen mit gleichem Dickenverhältnis als recht günstig erwiesen hat. Profil II ist ebenfalls ein Spitzkopfprofil mit einfach kreisbogenförmiger Rückseite und ebener Druckseite, die nur gegen die Vorderkante hin schwach aufgebogen ist; solche Profilformen werden bekanntlich bei Kavitationsgefahr, d. h. bei sehr kleinen Anstellwinkeln, praktisch häufig verwendet. Wie ersichtlich, hat jedoch dieses Profil keine besonders günstigen Eigenschaften, da sowohl die Linie der maximalen Unterdrücke als auch der Gleitzahlen reichlich hoch liegt. Es sind zur Zeit noch Messungen an einer Serie von Modellen dieses Profiltyps mit größeren Dickenverhältnissen im Gange, wie sie für die Propellerflügel

[5]) Nach Messungen von Herrn Holl, ergänzt durch solche von Herrn Sponder.

[6]) Nach Messungen von Herrn Holl, hauptsächlich aber von Herrn Sponder.

in Nabennähe in Frage kommen. — Nun wurde schon vor längerer Zeit von mir und anderen die Erwartung ausgesprochen, daß es gelingen müsse, rundköpfige Profile zu finden, welche sich sowohl hinsichtlich Kavitationsempfindlichkeit als auch im Widerstand günstiger verhalten als spitzköpfige Profile. Das rundköpfige Profil III mit ebener Druckseite ist ein solches, bei welchem dies erstrebt wurde und bei dem die Kontur von Kopf und dem größten Teil der Rückenlinie unter Verwendung eines von Betz angegebenen Rechnungsverfahrens nach den von Holl aufgestellten Gesichtspunkten bestimmt wurde. Die in der Arbeit von Holl ausgesprochene Vermutung, daß sich ein solches Profil besonders günstig verhalten werde, hat sich in vollem Umfang bestätigt. Wie ersichtlich, ist der Mindestwert von $\Delta p_{max}/q$ nicht unerheblich niedriger und sind die Gleitzahlen wesentlich geringer als bei dem relativ günstigen Spitzkopfprofil I; überdies verlaufen im Bereich der mäßigen ζ_a-Werte die Kurven für den Unterdruck sowie für die Gleitzahl recht flach. Es scheint daher hier ein praktisch wertvoller Profiltyp gefunden zu sein, was durch weitere Messungen an Modellen mit anderen Dickenverhältnissen noch eingehender geprüft werden soll. — Das rundköpfige Profil IV, ebenfalls mit ebener Druckseite, ist mit einer Kopfform versehen, wie sie in einer Arbeit von Pötter (Dissertation Aachen 1927) sich theoretisch als besonders günstig erwiesen hat. In der Tat zeigt das Profil gegenüber Profil I entschieden günstigere Eigenschaften, ist aber in seinem Verhalten gegen Kavitation nicht ganz so vorteilhaft wie das Profil III. — Schließlich ist zum Vergleich als Profil V noch das Göttinger Profil 595 hinzugefügt, welches ebenfalls als Propellerprofil häufig Verwendung findet. Es ist das kavitationsempfindlichste aller Vergleichsprofile und hat auch ungünstigere Gleitzahlen als die Profile III und IV. Schließlich sei noch darauf hingewiesen, daß ebenso wie bei den Figuren 1 und 2 auch hier der nie-

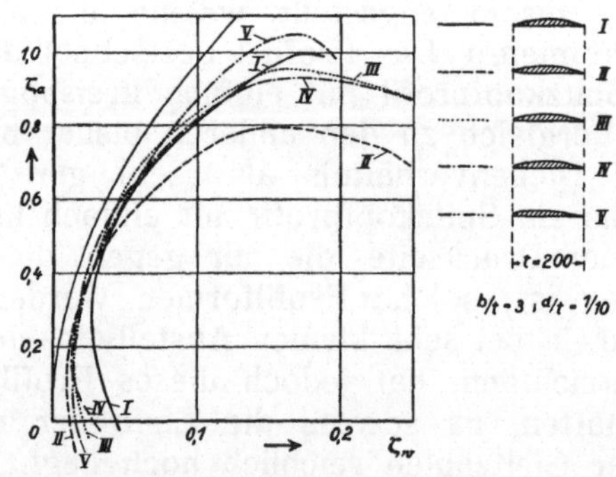

Fig. 4
Polaren der 5 Vergleichsprofile von Fig. 3.

drigste Wert von $\Delta p_{max}/q$ ungefähr gleichzeitig mit dem Mindestwert von ε auftritt. Dies hat natürlich seinen bestimmten Grund, über den ich mich aber wegen der knappen Zeit hier nicht weiter auslassen kann.

In Fig. 4 sind der Vollständigkeit halber noch die Polaren für die letzten 5 Vergleichsprofile zusammengestellt. Auch hieraus ist das günstige Verhalten der Profile III und IV ersichtlich. Es muß noch erwähnt werden, daß alle Profile bei der gleichen Reynolds'schen Zahl $R = \sim 320\,000$ gemessen wurden; ob die relativen Unterschiede zwischen den einzelnen Formen auch bei anderen Reynolds'schen Zahlen die gleichen sind, kann natürlich nicht behauptet werden, erscheint aber wahrscheinlich. Welche Verschiebungen bei einem gegebenen Profil in der Druckverteilung bei kleinen („unterkritischen") Reynolds'schen Zahlen zu erwarten sind, läßt sich nach den recht willkommenen Messungen von Herrn Gutsche erfreulicherweise wenigstens bei spitzköpfigen Profilen mit einiger Sicherheit vorhersehen.

An einem besonderen Modell von halbelliptischem Umriß, ebener Druckseite und überall geometrisch ähnlichen spitzköpfigen Profilschnitten mit einfach kreisbogenförmiger Rückseite (Dickenverhältnis $d/t = 1/10$) sollte der Einfluß der Umrißform auf Kraftwirkungen und Druckverteilung dadurch festgestellt werden, daß das Modell einmal mit der gekrümmten Kante nach vorn (Anströmrichtung 1), das andere Mal mit der geraden Kante nach vorn (Anströmrichtung 2) angeblasen wurde.[7]) Nach der einfachen Tragflügeltheorie müßte jeweils die Auftriebsverteilung elliptisch, der mittlere Druckunterschied Δp_m sowie der maximale Unterdruck Δp_{max} über die Spannweite konstant und die Kraftwirkungen bei gleichem Anstellwinkel für beide Anströmrichtungen von gleicher Größe sein. In Wirklichkeit zeigen sich hier bedeutende Abweichungen von diesen Folgerungen aus der einfachen Theorie. In

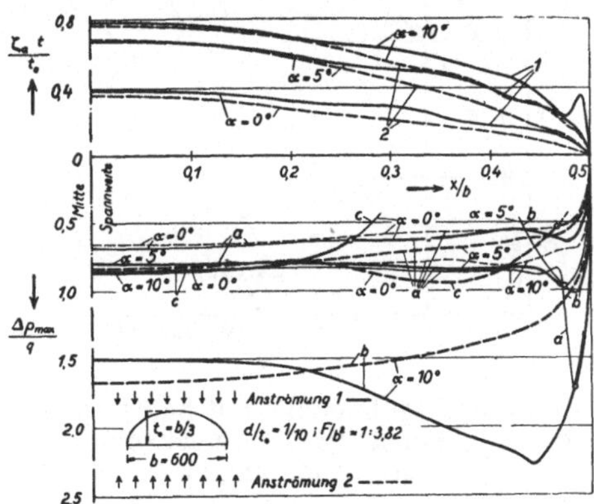

Fig. 5
Auftriebsverteilung und Verlauf des maximalen Unterdruckes über die Spannweite eines Tragflügelmodells mit halbelliptischem Umriß und kreissegmentartigen Profilschnitten bei 3 verschiedenen Anstellwinkeln und für 2 Anströmrichtungen.

---

[7]) Vorläufige Messungen von Holl, eingehende Messungen von Quick ausgeführt.

Fig. 5 ist zunächst für 3 verschiedene Anstellwinkel $\alpha = 0^0$, 5^0 und 10^0 die Auftriebsverteilung für beide Anströmrichtungen (die Werte $\zeta_a \cdot t/t_0$, wo t_0 die Profiltiefe auf Mitte Spannweite) eingetragen; sie weicht in allen Fällen erheblich vom elliptischen Verlauf ab; außerdem ist im praktisch wichtigen Bereich bei Anströmung 1 der Gesamtauftrieb durchschnittlich um 10% größer als bei Anströmung 2. Die Druckminima treten wieder teils auf Mitte Bauchseite (Äste a), teils hinter der Vorderkante auf Saugseite (Äste b) bzw. Druckseite (Äste c) auf und sind über die Spannweite teilweise sehr stark veränderlich, insbesondere gegen die Enden hin; vor allem zeigen sich bei der Anströmung 1 z. T. starke Druckabsenkungen in unmittelbarer Nähe der Enden, wodurch der Eintritt der Kavitation natürlich früher herbeigeführt wird als bei der Anströmung 2. Die hier festgestellten starken Abweichungen gegenüber der einfachen Tragflügeltheorie wurden in noch stärkerem Grad an einem anderen Modell (dreieckige Platte mit $b^2/F = 4$) ermittelt.[8]) Diese Beobachtungen zeigen, daß auch die Vorausberechnung von Propellern nach der Tragflügeltheorie wegen dieses bisher unbeachteten Einflusses der Umrißform noch ziemlich unsicher sein muß. Über die theoretische Deutung verschiedener Erscheinungen und insbesondere über die rechnerische Berücksichtigung des Einflusses der Umrißform (bei gleicher Verteilung der Profilschnitte über die Spannweite) wird an anderer Stelle berichtet werden.

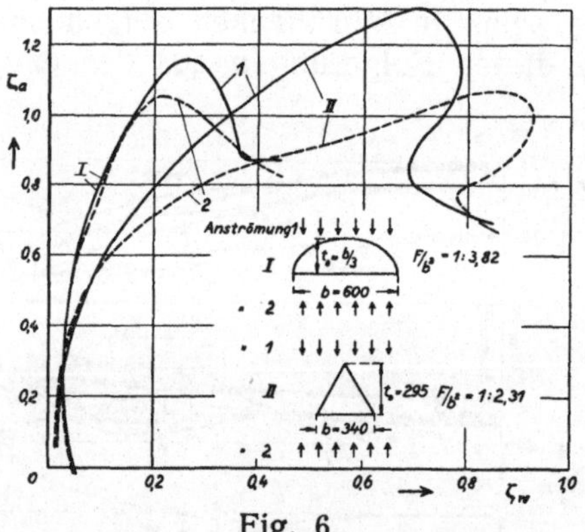

Fig. 6

Polaren des Tragflügelmodells mit halbelliptischem Umriß und einer gleichseitigen Dreiecksplatte für 2 Anströmrichtungen.

In Fig. 6 sind noch die Polaren des Modells mit halbelliptischem Umriß für beide Anströmrichtungen wiedergegeben. Trotz der Verschiedenheit der Kraftwirkungen in beiden Fällen bei gleichem Anstellwinkel decken sich die beiden Kurven im praktisch wichtigen Bereich fast völlig. Es setzt aber bei Anströmung 2 das Abreißen früher ein,

[8]) Nach Messungen von Quick.

weshalb auch nur ein kleinerer Maximalauftrieb erreicht wird als bei Anströmung 1. Zum Vergleich sind noch die analogen Meßergebnisse für eine gleichseitige Dreiecksplatte eingetragen, bei welcher die genannten Unterschiede in noch stärkerem Grad auftreten. In diesem Zusammenhang sei nebenbei noch erwähnt, daß bei einer Serie von Messungen an Modellen mit kleinem Seitenverhältnis (um 1 herum), aus welcher diese Dreiecksplatte herausgegriffen ist, bei verschiedenartigen Umrißformen sich mehrfach überraschende Ergebnisse gezeigt haben, über welche in einiger Zeit berichtet werden soll.[9])

Beim Kavitationsproblem gilt es meines Erachtens hinsichtlich der Änderung des Strömungszustandes vor allem zwei praktisch besonders wichtige Fragen zu lösen. Die erste Frage lautet: Sind die schmalen Stellen starken Unterdruckes, wie sie an den Profilköpfen leicht auftreten, für den Eintritt der Kavitation ebenso maßgebend wie längere Strecken gleich starken Unterdruckes? Ich vermute, daß die Länge der Unterdruckstrecke in dieser Hinsicht nur eine recht geringe Rolle spielt und habe daher in den gezeigten Bildern die Druckäste a, b und c stillschweigend als gleichwertig aneinander gereiht. Als zweite Frage ist zu beantworten: Bis zu welchem Grad kann Kavitation zugelassen werden, also wann setzt eine wesentliche Verschlechterung des Strömungszustandes ein? Die Erfahrung zeigt ja häufig, daß diese Verschlechterung erst bei ziemlich weit fortgeschrittener Kavitation beginnt. Nach den heute gehörten Ausführungen scheint glücklicherweise die letzte Frage bereits in weitgehendem Maß geklärt zu sein.

[9]) Nach Messungen von Herrn Winter.

Korrosion bei Kavitation in einem Diffusor[1].

Von H. Schröter,
Kaiser Wilhelm-Institut für Strömungsforschung, Göttingen.

Zur Frage der überaus schnellen Korrosion, die bei starker Kavitation fast immer aufzutreten pflegt, sind im Kaiser-Wilhelm-Institut für Strömungsforschung in Göttingen Versuche in Angriff genommen worden. Die Korrosionen wurden bei diesen an Werkstoffen beobachtet, die

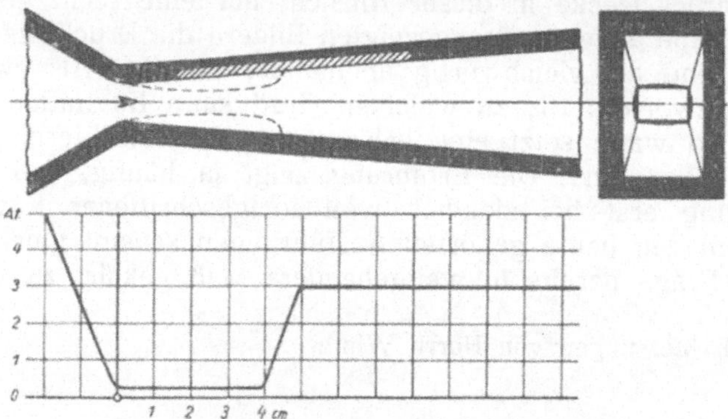

Fig. 1
Schema der Versuchsdüse und des Druckverlaufes längs einer Wand (bei der eingezeichneten Länge der Kavitationsschicht).

die Wände einer Düse mit anschließendem Diffusor auskleideten. Fig. 1 zeigt schematisch die Form der benutzten Düse. Die wagerechten Düsenwandungen sind eben und parallel zu einander. Das Wasser strömte in einem Kreislauf, der von einer Druckpumpe aufrechterhalten wurde, durch diese Versuchsdüse. Die Wassergeschwindigkeit im engsten Querschnitt von 1,5 cm² betrug 44 m/s. In dem Diffusor konnte ein beliebiger Kavitationszustand durch Regulieren mittels eines Drosselschiebers, der sich hinter der Düse befand, hergestellt werden. Die Kavitation beginnt im engsten Querschnitt und zieht sich an den Flanken des Diffusors entlang, wie es in Fig. 1 angedeutet ist. Für die Korrosionsversuche ist

[1]) Diese Versuchsergebnisse sind zum größten Teil am 19. Mai 1932 in der Hamburger Konferenz über hydromechanische Probleme des Schiffsantriebes vorgetragen und am 20. Mai in der Arbeit „Korrosion durch Kavitation in einem Diffusor", Zeitschrift des VDI., Bd. 76, Nr. 21, S. 511, veröffentlicht.

es notwendig, einen Kavitationszustand herzustellen, bei dem der Verdichtungsstoß noch auf das zu korrodierende Material trifft. Ein solcher Kavitationszustand wurde bei jedem Versuch einreguliert und während der Dauer eines Versuches konstant gehalten. Die Beobachtung dieses Kavitationszustandes geschah indirekt durch die Messung der statischen Druckverteilung längs einer wagerechten Diffusorwand, indem eine Meßanbohrung relativ zur Düse verschoben wurde. In der schematischen Fig. 1 ist ein solcher Druckverlauf angedeutet. Ferner gibt Fig. 2 Meßergebnisse wieder. In dem Kavitationsbereich findet die bekannte starke Druckabsenkung statt. Der Druckanstieg hinter der Kavitationsschicht sollte nach der Theorie sprunghaft und steil verlaufen. Durch die unruhigen Erscheinungen der Kavitation bedingt, schwankt er jedoch nach den Beobachtungen in einem gewissen Bereich hin und her. Da das Manometer nur die zeitlichen Mittelwerte dieser Schwankungen anzeigt, wird ein gleichmäßiger und flacherer Übergang vorgetäuscht.

Es sind Anfressungen an verschiedenen Baustoffen: Rotguß, Grauguß, Zink und Bakelite C beobachtet worden. Das Bakelite C wurde deshalb bevorzugt, weil es ein Kunstharz von praktisch chemischer Unlöslichkeit und ein Körper von guten Isolationseigenschaften ist. Versuche mit diesem Stoff gestatten den mechanischen Angriff der Kavitation möglichst rein ohne Verwicklung durch chemische und elektro-

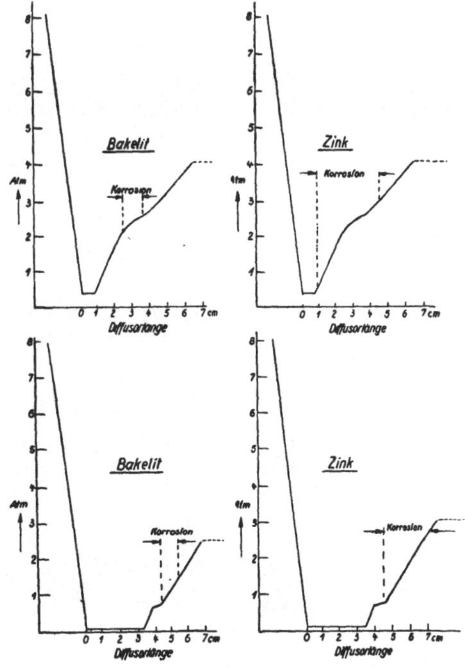

Fig. 2
Kurven des Druckverlaufes mit eingezeichneten Korrosionsstellen.

lytische Einflüsse zu untersuchen. Weiterhin ist Bakelite sehr geeignet, weil es innerhalb einer kurzen Versuchszeit, nach einigen Stunden, gut korrodiert. Gegenüber Glas hat es den Vorteil der besseren Widerstandsfähigkeit gegen Druck und Stoß. Die Struktur des Bakelites ist homogen und chemisch einheitlich.

Fig. 2 zeigt, wie die ersten Korrosionen im mittleren Gebiet des Druckanstieges auftreten. Es sind Anfressungen an Bakelite C und Zink bei zwei Versuchen mit verschiedener Hohlraumausbreitung. Die Zeit bis zum Korrosionsanfang erwies sich als ungefähr dieselbe bei jedem Stoff. Die Unterschiede lagen innerhalb einer Stundendauer.

Um in die Korrosionsvorgänge tiefer einzudringen, sind die Stoffe unter dem Mikroskop bei den verschiedensten Vergrößerungen beobachtet worden. Die folgenden Aufnahmen sind Mikroaufnahmen, bei

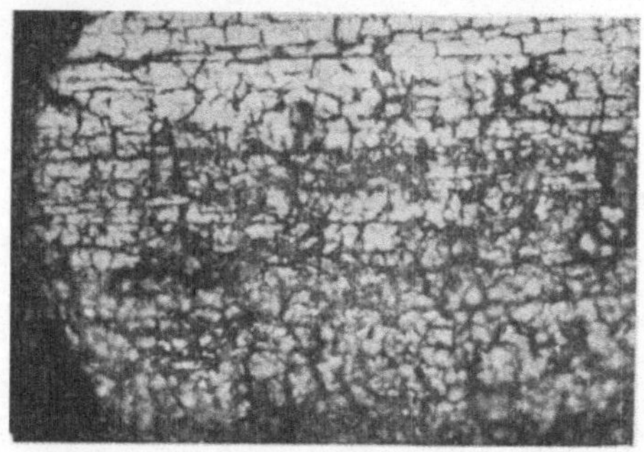

Fig. 3
Bakelite C: Zerstörungen an Bakelite C, in Aufsicht.

Fig. 4
Bakelite C: Zerstörungen an Bakelite C, in Aufsicht.

Fig. 5
Bakelite C: Zerstörungen an Bakelite C, Schnitt senkrecht zur Oberfläche.

Fig. 6
Zink: Zerstörungen an Zink, in Aufsicht.

denen sich die angewendete 40- bis 50fache Vergrößerung[2]) als günstigste erwies. Fig. 3 und 4 zeigen Zerstörungen an Bakelite C in Aufsicht, Fig. 5 stellt einen Schnitt senkrecht zur Oberfläche dar. Fig. 3 und 5 sind bei Beleuchtung mit durchfallendem Licht, Fig. 4 und die folgenden bei schräg auffallendem Licht gemacht. Außerhalb der angegebenen Zerstörungsgebiete wurden bei Bakelite selbst unter dem Mikroskop keine weiteren Korrosionen, selbst in den Hohlräumen nicht, beobachtet. Die Aufnahmen zeigen eine lebhafte mechanische Zerstörung. In Fig. 5 ist das dunkle Gebiet unter der Oberfläche eine Art Mulde, die unter dem Mikroskop nicht scharf einzustellen ist, aber von ihr gehen feine Kanäle und Trichter senkrecht in die Tiefe des Stoffes ab, die in Fig. 5 deutlich hervortreten. Es sieht aus, als ob Bohrvorgänge unabhängig von einander, doch dicht nebeneinander stattgefunden haben. An dem muschligen Bruch kann man deutlich die einzelnen Stufen der Entwicklung verfolgen. Diese tiefen, Granattrichter ähnlichen Löcher sind charakteristisch für die Kavitationskorrosion. Fig. 6 zeigt Anfressungen an Zink innerhalb einer Versuchsdauer von 28 Stunden. Fig. 7 solche an Gußeisen innerhalb derselben Zeit. Bei der letzten Abbildung ersieht man

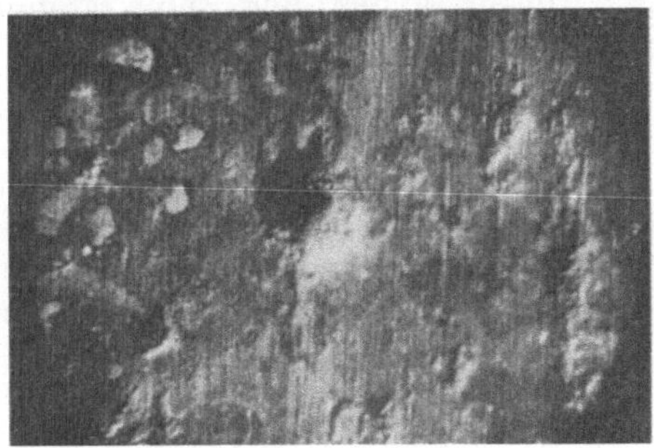

Fig. 7
Zerstörungen an Gußeisen, in Aufsicht.

gut, wie um das Korrosionsloch herum noch überall sich unzerstörtes Material befindet. Zur Korrosion von Rotguß ist eine erheblich längere Versuchsdauer nötig, Fig. 8 und 9 zeigen ein Korrosionsloch, wie es an den Wänden eines konvergent-divergenten Kanales bei einem mehrmonatlichen Dauerbetrieb mit mäßigen Strömungsgeschwindigkeiten von 5 bis 7 m/s an diesem Material entstanden ist.

Zusammenfassend kann man sagen, daß bei der mikroskopischen Untersuchung der ersten Korrosionsanfänge von verschiedenen Baustoffen mechanische Zerstörungswirkungen deutlich sichtbar sind. Weitere

---

[2]) Die Photographien sind hier aus drucktechnischen Gründen in $^3/_4$ der Originalgröße wiedergegeben. (Die Red.)

Fig. 8
Zerstörungen an Rotguß, in Aufsicht (Ansicht der Oberfläche eines Korrosionsloches).

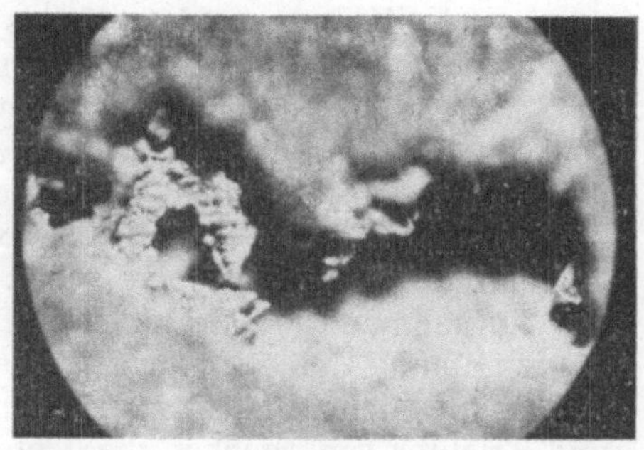

Fig. 9
Zerstörungen an Rotguß, in Aufsicht (Ansicht der mittleren Tiefe des Korrosionsloches in Fig. 8).

Untersuchungen über den mechanischen Angriff sollen sich diesen Vorversuchen anschließen.

Zum Schluß möchte ich an dieser Stelle Herrn Professor Prandtl für die Ermöglichung dieser Arbeit und seine ständige Unterstützung meinen Dank aussprechen.

A. Kavitationseintritt bei „Tragflügel- und Kreissegmentschnitten“ und

B. Beeinflussung von Kavitationsversuchen durch die Kennzahl $\mathfrak{R}$.

Von F. Gutsche,
Preußische Versuchsanstalt für Wasserbau und Schiffbau, Berlin.

A) Kavitation entsteht an einem von Wasser umströmten Körper an den Stellen, an denen der Druck den Sättigungsdruck des Wasserdampfes erreicht. Fragt man also nach dem Beginn der Kavitation an Blattschnitten einer Schiffsschraube, so ist zur Beantwortung dieser Frage die Kenntnis der Druckverteilung um das betreffende „Profil“ im Propellerverband erforderlich.

Bezeichnen p_r den statischen Druck in einer Wassertiefe, die der höchsten Stellung des betr. Schnittes entspricht (Luft + Wassersäule), $\Delta p' = \rho \int \frac{c_u^2}{r} dr$ die Druckabsenkung im Schraubenstrahl durch die Fliehkraft, p_s den Sättigungsdruck des Wasserdampfes und p den Druck am Flügel, so besteht für die Vermeidung von Kavitation die Bedingung, daß der Druck am Flügel $p - p_s > 0$ bleibt. Der Druck an der Flügeloberfläche ist mit Δp = Druckdifferenz am Flügel gegenüber ungestörter Strömung

$$p = p_r + \Delta p - \Delta p',$$

so daß die Bedingung zur Vermeidung von Kavitation übergeht in $p_r + \Delta p - \Delta p' - p_s > 0$ oder mit $q = \rho/2 w^2$, dem Staudruck der für das Blattelement geltenden Relativanströmung w

$$\frac{p_r - \Delta p' - p_s}{q} > - \frac{\Delta p}{q} .$$

Aus Druckverteilungsmessungen an Profilen können die Druckminima direkt entnommen werden und sind für die gebräuchlichsten Profilgruppen „Tragflügelschnitte“ und „Kreissegmentschnitte“ in Abhängigkeit vom Auftriebsbeiwert für konstante Dickenverhältnisse der Schnitte $\delta = \frac{s}{l}$ als Parameter in den Fig. 1 und 2 auf-

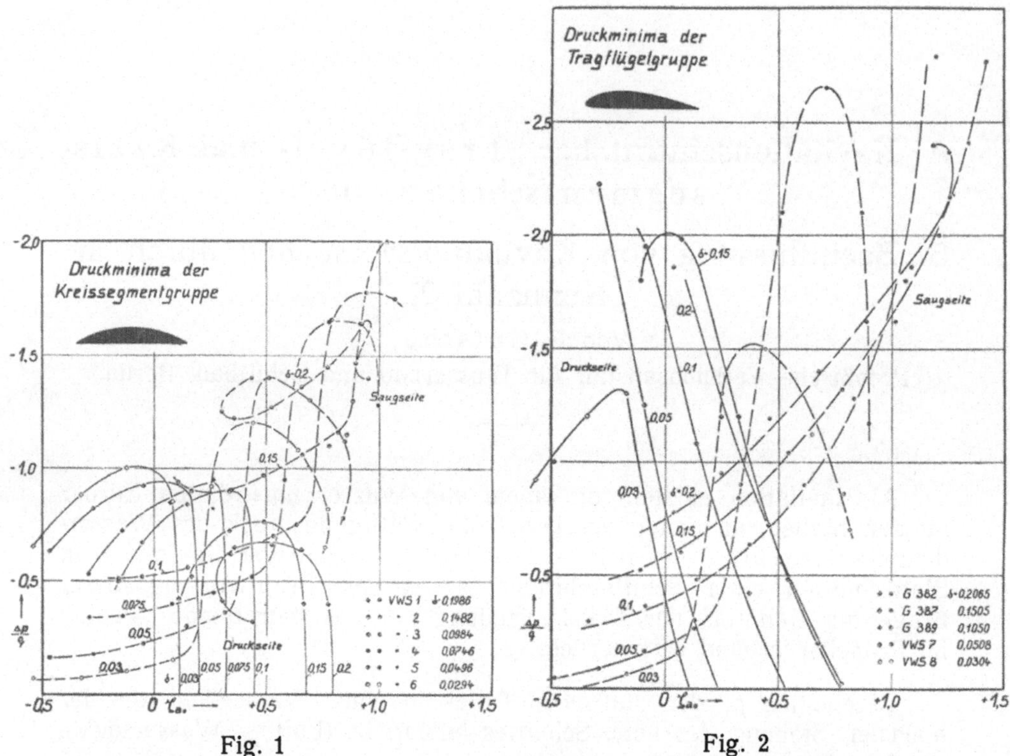

Fig. 1 Fig. 2

getragen. Zur Benutzung dieser Diagramme ist nur erforderlich, den Auftriebsbeiwert des zu untersuchenden Schnittes nach der Treibschraubenlehre in Abhängigkeit vom gegebenen Fortschrittsgrad ebenso wie die Strahldruckabsenkung $\Delta p'$ zu ermitteln. An Hand der Kurven kann nun nachgeprüft werden, ob der untersuchte Schnitt kavitationsgefährdet ist, bzw. kann beim Entwurf einer Schraube der Wert $\frac{\Delta p}{q}_{min}$ möglicherweise durch entsprechende Wahl von ζ_a und δ so herabgedrückt werden, daß die Bedingungsgleichung erfüllt bleibt.

Die beiden Figuren zeigen bei einer Gegenüberstellung der beiden Schnittarten für kleinere Dickenverhältnisse nur geringe Unterschiede, die vor allem in einer Verlagerung des brauchbaren Arbeitsbereiches der Kreissegmentschnitte nach höheren Auftriebsbeiwerten gegenüber den Tragflügelschnitten bestehen. Bei größeren Dickenverhältnissen ist das Tragflügelprofil für gewisse Auftriebsbereiche im Vorteil.

Der Vergleich dieser Diagrammwerte mit den von Herrn Lerbs in seiner Fig. 3 gezeigten Versuchen für den Propeller mit einem Flächenverhältnis Aa/A = 0,56 in betreff des Kavitationsbeginns führte zu recht guter Übereinstimmung. Formt man nämlich die von Herrn Lerbs benutzten Kavitationszahlen $\frac{p-e}{q}$, mit q = Staudruck der Fortschrittsgeschwindigkeit, um in die von mir benutzten $\frac{p_r - p_s}{q} \sim \frac{p-e}{q} \cdot \frac{R^2}{r^2\left(1+\frac{\pi^2}{\Lambda^2}\right)}$ unter Fortlassung der Strahldruckabsenkung $\Delta p'$, die für die äußeren Schnitte keinen nennenswerten Beitrag liefert, sowie der Propellerzusatzgeschwindigkeiten, so setzt die Kavitation für einen Schnitt z. B. $\frac{r}{R} = 0{,}8$ für alle in Fig. 3 angegebenen 3 Kavitationszahlen $\frac{p-e}{q} = 1{,}3$; 1,6 und 1,9 bei einem Quotienten $\frac{p_r - p_s}{q} = 0{,}175$ ein.

Wie man andererseits aus Fig. 1 erkennen kann, sind die Druckminima der Kreissegmentgruppe auf der Saugseite in erster Linie abhängig von dem Dickenverhältnis $\delta = \frac{s}{l}$ des betr. Schnittes und erst in zweiter Linie vom Auftriebsbeiwert ζ_a, so daß der Wert $\frac{\Delta p}{q}\Big/\delta$ etwa für den Schnittpunkt der Druck- mit den Saugseitenminima ein brauchbares Kriterium für überschlägliche Kavitationsrechnungen darstellt. Bildet man diesen Quotienten für den von Herrn Lerbs untersuchten Propeller mit $\delta \sim 0{,}0323$ auf $\frac{r}{R} = 0{,}8$, so wird $\frac{\Delta p}{q}\Big/\delta = 5{,}42$, während die in Fig. 1 dargestellten Ergebnisse für $\delta = 0{,}03$ einen Wert von $\frac{\Delta p}{q}\Big/\delta = 5{,}5$ ergeben, der bei Anwachsen der Flügeldicke auf $\delta = 0{,}1$ bis auf 6,55 ansteigt.

Das von Herrn Prof. Flügel gelegentlich der Erörterung über Flügelantrieb vorgebrachte Bedenken hinsichtlich der Zahl der Druckmeßöffnungen hinter der Profilvorkante scheint mir nicht so schwerwiegender Natur zu sein, daß es die Brauchbarkeit der von mir gezeigten Diagramme beeinträchtigen könnte. Ich verweise in diesem Zusammenhang auf meine Fig. 1*) des Hauptbeitrages, aus der für die Schnitte 6 bis 8 angegebenen Lage der Druckmeßöffnungen in Verbindung mit den hier nicht veröffentlichten Druckmessungen für diese Schnitte hervorgeht, daß die hinter dem Profilkopf auftretenden Druckminima tatsächlich erfaßt worden sind. Für die Anwendbarkeit der Diagramme ist außer Angabe der Größe der Druckminima auf der Saugseitenmitte (unterer Ast der gestrichelten Kurven) vor allem die Kenntnis derjenigen Auftriebsbeiwerte wichtig, bei deren Über- oder Unterschreitung auf der Saug- bzw. Druckseite hinter dem Kopf sehr große Unter-

*) s. Seite 187.

drücke auftreten. Weniger wichtig ist dagegen, den absoluten Wert dieser Minimalspitzen zu wissen, da man sich normalerweise hüten wird, überhaupt in ihren Bereich zu kommen.

Diese beiden Diagramme, die lediglich für die Beurteilung des Kavitationseintrittes zu benutzen sind, sagen naturgemäß nichts aus über das Verhalten der Profilschnitte bei vorhandener Kavitation. Weiterhin wäre durch Versuche im Kavitationstank nachzuprüfen, ob die in den Druckverteilungskurven ($\frac{\Delta p}{q}$ über der Profillänge l aufgetragen) erkennbaren schmalen Unterdruckspitzen schon zu wirklicher Kavitation führen, oder bis zu einem gewissen Grade infolge „Siedeverzuges" des nur kurzzeitig unter der Wirkung des Druckminimums stehenden Wassers für die Kavitationsbildung ungefährlich sind.

B) In Anlehnung an die von mir veröffentlichten Versuchsergebnisse über den Einfluß der Reynolds'schen Zahl auf die Profileigenschaften bei sehr kleinen $\mathfrak{R}$ will ich hier andeuten, inwieweit Versuche an Modellpropellern im Kavitationstank durch die Änderung der Profileigenschaften in ihrer Anwendbarkeit auf die Großausführung gestört werden. Wird der Kennwert für einen inneren Blattschnitt so gering, daß er in den unterkritischen oder in den Übergangsbereich fällt, so sind die Druckverteilungen der Großausführung und der Modellschraube an entsprechenden Blattschnitten nicht mehr ähnlich. Da die Differenz zwischen beiden sehr erheblich ist, und zwar bei „unterkritischen" Kennwerten viel kleinere Druckminima auftreten als bei „überkritischen" (siehe Fig. 3 m. Hauptbeitrages) kann der Fall eintreten, daß der Modellpropeller in seinem inneren Bereich nicht kavitiert, wogegen die Großausführung auch bis zur Nabe hin stark in Mitleidenschaft gezogen wird.

Wenn sich diese Differenz zwischen Großausführung und zu kleinen Modellen auch weniger in einer Änderung der Kraftbeiwerte des Propellers und mithin im Wirkungsgrad zeigen wird (wegen verhältnismäßig geringen Anteils der inneren Zonen an der Gesamtschuberzeugung), so kann diese Erscheinung doch für die Beurteilung von Flügelfestigkeitsfragen (Anfressungen an der Flügelwurzel) aus Modellversuchen an Bedeutung gewinnen.

Weiterhin würde auch eine Verringerung des Schubbeiwertes durch den Kennwerteinfluß die Drehzahl zur Erzeugung des modellähnlichen Schubes steigern und somit den für Kavitationserscheinungen wichtigen Staudruck der Anströmgeschwindigkeit erhöhen. Durch Berücksichtigung der entstehenden Drehzahldifferenz läßt sich jedoch diese Fehlerquelle ohne weiteres beheben.

Kavitation bzw. Korrosion.

Von K. Springorum, Berlin.

Es ist beabsichtigt, die Vorträge durch einige Erfahrungen aus der Praxis an Hand von Lichtbildern zu ergänzen.

Das Versagen der ersten Bremen-Propeller dürfte auf die außergewöhnliche, schnelle Abnutzung durch den Wasserschlag an den hauptsächlich beanspruchten Stellen hervorgerufen sein, der mit luftleeren Intervallen abwechselte, also das typische Beispiel der Kavitation. Bekanntlich wurde durch eine Konstruktionsänderung diesem Uebelstand gesteuert.

Mitunter aber liegt die Fehlerquelle nicht im Büro des Konstrukteurs, sondern in der Wahl wenig geeigneter Werkstoffe. Ein typisches Beispiel dafür war das vollständige Versagen der mit Propellern einer englischen Firma ausgerüsteten Zerstörer und Hochseetorpedoboote der K. u. K. Kriegsmarine bei Ausbruch des Weltkrieges. Ein Bericht des K. u. K. Marine-Oberkommandos in Pola aus dem Mai des Jahres 1918 sprach sich darüber folgendermaßen aus:

> „Die von der englischen Firma (natürlich vor Kriegsausbruch) gelieferten Propeller zeigten schon nach 24 Stunden forcierter Fahrt Korrosionserscheinungen, die sich im Laufe von 8 Tagen bis zu faustgroßen Löchern ausbildeten und das Auswechseln der Propeller absolut notwendig machten.
>
> Bei forcierter Fahrt betrug die Umdrehungszahl der Propeller bis zu 1040 in der Minute. Sämtliche Zerstörer und Hochseetorpedoboote wurden daraufhin Anfang 1915 mit neuen Propellern deutscher Herkunft versehen. Trotz größter Beanspruchung laufen sämtliche Propeller bis heute, also Mai 1918, ohne jede Beanstandung. Die Qualitätsziffern dieser deutschen Legierung betrugen: 52—55 kg/qmm Festigkeit, 28—32% Dehnung und 180 Grad Biegewinkel."

Schon vor dem Kriege stellte die Kaiserlich-deutsche Kriegsmarine fest, daß es bei Propellern, besonders solchen mit hohen Umdrehungszahlen, weniger auf eine große Festigkeit und Härte ankommt, wie auf eine sehr zähe, verschleißfeste Legierung. — Von entscheidender Bedeutung ist dabei die Gefügeausbildung. Eine grobkristalline Legierung z. B. wird, mag sie auch noch so hart sein, in kurzer Zeit korrodieren und erodieren, weil die großen Kristalle zu große Angriffsflächen bieten, während ein möglichst feines, samtartiges Gefüge sowohl den chemischen, wie physikalischen Angriffen des Meerwassers ungleich besser widersteht. — Um ein solches Gefüge zu erzielen, bedarf es einiger Zusätze in die Grund-Elemente Kupfer und Zink der normalen sogenannten Bronzepropeller (bekanntlich sind diese Propeller nicht aus echter Bronze, sondern aus Speziallegierungen hergestellt). Ein Nickelzusatz ist am ehesten geeignet, das Gefüge in dieser Weise günstig zu beeinflussen, eine Tatsache, die ja auch bei Verwendung von Gußeisen und Stahlguß für Propellerzwecke bekannt ist.

Fig. 1
Korrosionserscheinung bei Cu — Zn Legierung. Außenansicht.

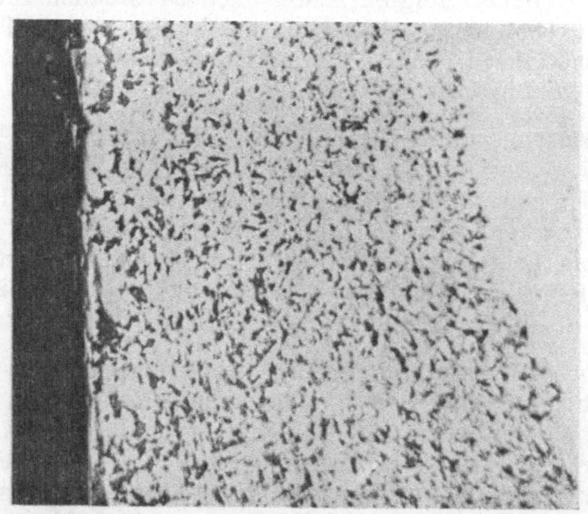

Fig. 2
Korrosion am ungeätzten Schliff. Schnitt A—B.

Es werden einige Lichtbilder gezeigt, und zwar zunächst in dreifacher Vergrößerung ein Beispiel beginnender Korrosion, Fig. 1. In der Linie A—B ist in 100facher Vergrößerung ein polierter, ungeätzter Schliff dargestellt. Die schwarzen Stellen im hellen Grund lassen die Korrosion deutlich erkennen, Fig. 2. — Die dunklen Stellen in der Randzone sind Löcher aus ehemaligen Beta-Kristallen. Nach der Mitte hin sind die Beta-Kristalle zwar noch vorhanden, aber bereits angegriffen. Die Cu-reichen Alfa-Kristalle — weiße Teile — haben den Angriffen besser Stand gehalten. — Der geätzte Schliff einer anderen Legierung, die unter gleichen Bedingungen erprobt wurde, zeigt dagegen keinerlei Angriffe auf die ursprüngliche Struktur, Fig. 3. Die

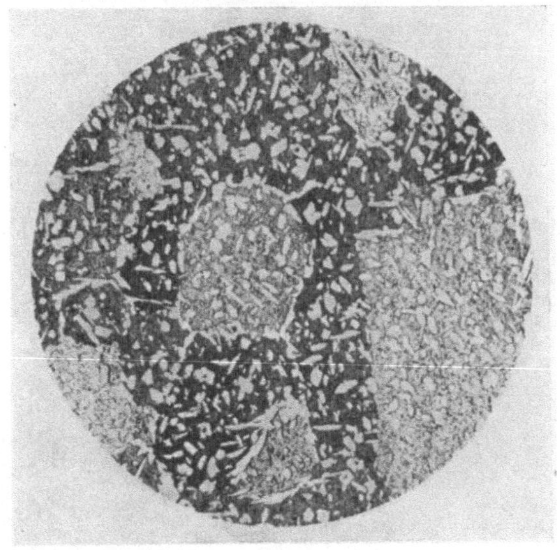

Fig. 3
Rübelbronze geätzter Schliff, keine Korrosion.

großen Schatten sind durch Strahlenspiegelung hervorgerufene Lichteffekte. — Es werden dann zwei Lichtbilder gezeigt, und zwar nicht direkt aus dem Schiffbaugebiet, aber aus verwandten Gebieten, wo ganz ähnliche Verhältnisse obwalten, und zwar Fig. 4: die Nadelspitze und Mundstück für eine Pelton-Turbine. Hier hat das mit einer Geschwindigkeit von 40 m in der Sekunde strömende, stark moorhaltige Wasser einen ausgesprochenen Strahlverschleiß hervorgerufen, aber keine chemischen Angriffe. Der mechanische Angriff ist durch ziemlich gleichmäßige Zerstörung des Gefüges in der Randzone erkennbar. Sonst ist das Gefüge in Ordnung geblieben (Gußstruktur) Fig. 5. Auf Fig. 6 ist ebenfalls ein Strahlverschleiß bei einem Dampfventil dargestellt. Auch hier die gleiche Erscheinung des nur die Randzone zer-

Fig. 4
Nadelspitze und Mundstück für Peltonturbine. Moorhaltiges Wasser. Strömungsgeschwindigkeit gleich 40 m pro Sek. Ausgesprochener Strahlverschleiß, kein chemischer Angriff. Patentierte Spezial-Nickel-Legierung Admiro V. Ca. $^1/_6$ natürlicher Größe.

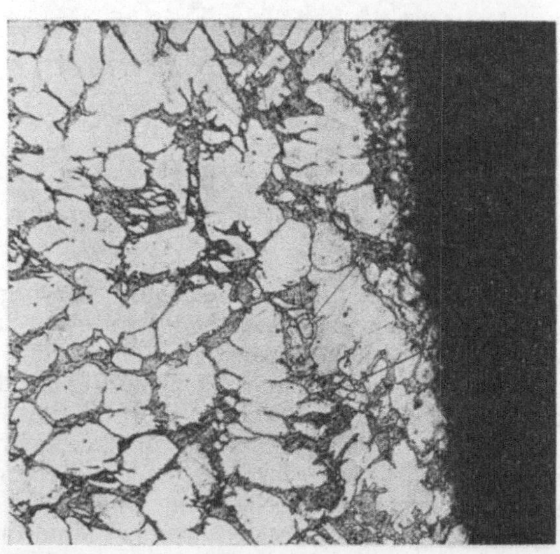

Fig. 5
Randzone der Nadelspitze.

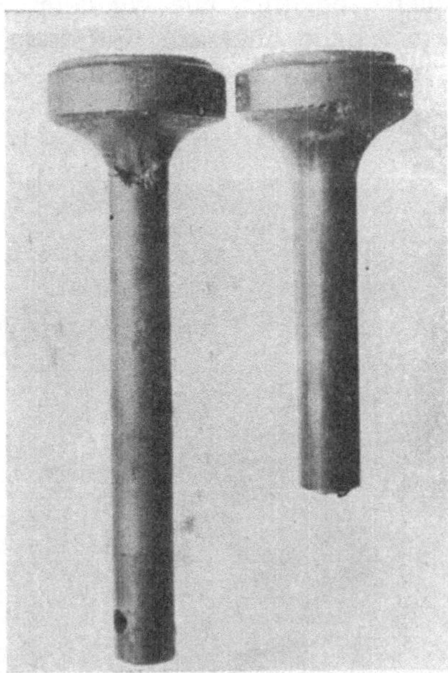

Fig. 6
Dampfventile. Strahlverschleiß ohne chemischen Angriff. Spezial-Bronze Topal hart.

Fig. 7
Randzone des Ventilkegels.

störenden mechanischen Angriffes, wie bei dem letzten Schliffbild. Die Legierung ist in diesem Falle aber eine zinkfreie, warmgepreßte, wie aus dem sehr feinen Korn hervorgeht, Fig. 7. — Zum Schluß noch ein

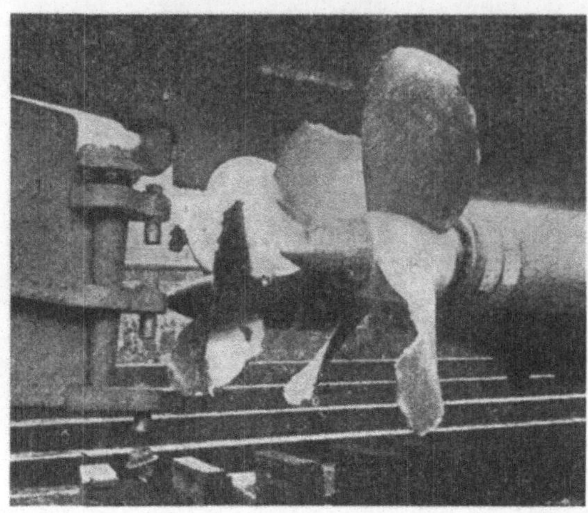

Fig. 8

Bild (Fig. 8), das die Widerstandsfähigkeit bekundet von Propellern bei mechanischen Beschädigungen, nämlich die Propeller des Trajektdampfers „Deutschland" des Fährdienstes Saßnitz-Trelleborg. Das Schiff strandete im Januar 1929 an der schwedischen Küste, wurde nach einigen Tagen von Bergungsdampfern flottgemacht und fuhr mit den so beschädigten Propellern noch mit einer Durchschnittsgeschwindigkeit von 11 Knoten in der Stunde nach Kiel. Bemerkenswerterweise waren die Propeller durch einfaches Ausrichten in der Wärme in kurzer Zeit wieder voll benutzungsfähig, während die erlittenen Bodenbeschädigungen eine viele Wochen dauernde Reparatur erforderten.

Freie Erörterungsbeiträge

zu Gruppe IV. Kavitation.

L. Prandtl: Herr Professor Flügel hat in seinem Vortrage den Ausdruck gebraucht, daß sein Modell mit dem halbelliptischen Umriß sich nicht nach der Tragflügeltheorie, sondern anders verhalte. Ich möchte dazu nur ganz kurz feststellen, daß meine Tragflügeltheorie nur Aussagen über das Verhalten solcher tragender Systeme liefert, bei denen die Druckmittelpunkte der zu einem Flügel vereinigten tragenden Elemente innerhalb einer zur Flugrichtung senkrechten Ebene liegen. Die Tragflügeltheorie sagt daher über das Verhalten solcher Tragflügel, bei denen die „tragende Linie" nach vorn oder hinten ausgebogen ist, nichts aus.

Ein Versuch zur Erweiterung der Tragflügeltheorie in dieser Richtung ist von Dr. H. Blenk in seiner Dissertation gemacht worden, vgl. den in der Zeitschrift für angewandte Mathematik und Mechanik 1925, S. 36 unter dem Titel „Der Eindecker als tragende Wirbelfläche" erschienenen Auszug.

G. Flügel: Auf die Bemerkung von Herrn Prof. Prandtl hin möchte ich ausdrücklich darauf hinweisen, daß die Untersuchungen an dem Modell mit halbelliptischem Umriß keineswegs den Sinn hatten, die Richtigkeit der einfachen Tragflügeltheorie zu prüfen. Es sollte vielmehr für einen bestimmten Fall (und dann anschließend hieran auch noch für andere Fälle) festgestellt werden, wie stark sich Abweichungen von der symmetrischen Form der Umgrenzung nach verschiedenen Seiten hin auswirken. Bekanntlich kommen solche Abweichungen von der Quersymmetrie sowohl bei Tragflügeln als auch bei Propellern (bei den letzteren ist natürlich die Axialprojektion der Flügelblätter gemeint) sehr häufig vor; ihr Einfluß auf Kraftwirkungen und Druckverteilung ist aber bisher völlig unbeachtet geblieben. Wie sich gezeigt hat, ist dieser Einfluß teilweise recht stark (bei Propellern dürfte er noch wesentlich größer sein, da die äußeren Flügelteile an der Schuberzeugung besonders stark beteiligt sind); es erscheint daher geboten, die einfache Tragflügeltheorie nach dieser Richtung zu ergänzen. Schließlich möchte ich noch bemerken, daß auch bei einer Umgrenzung mit gerader Mittellinie die Folgerungen aus der einfachen Tragflügeltheorie nur mehr oder weniger angenähert erfüllt sein werden, da ja die einfachen Voraussetzungen, auf welche sie aufgebaut ist, auch nur mehr oder weniger angenähert zutreffen.

J. M. Burgers bemerkt zum Vortrag von Herrn Dr.-Ing. Weinig, daß das Problem der Strömung mit freien Strahlgrenzen zwischen zwei senkrecht zur Hauptströmungsrichtung stehenden Platten schon von Herrn Riabouchinski gelöst worden ist (vergl.: D. P. Riabouchinski, Bulletin de l'Institut Aérodynamique de Koutchino, fasc. VI, Paris 1920, p. 9; Comptes-rendus du Congrès International des Mathématiciens, Straßbourg 1920, p. 582; Thèses présentées à la faculté des sciences de Paris, 1922, p. 14—26). Herr Riabouchinski hat sich überhaupt sehr viel mit den mathematischen Problemen beschäftigt, zu welchen das Auftreten der Kavitation Veranlassung gibt, und hat auch im Institut de Mécanique des Fluides der Pariser Universität Versuche darüber angestellt (man vergleiche Verhandl. III. Internation. Kongr. f. techn. Mechanik, Stockholm 1930, I, p. 148, und andere Veröffentlichungen).

H. B. Helmbold: Unter den Kavitationszuständen an Kreisabschnittprofilen lassen sich folgende vier Fälle unterscheiden:

1. Saugseitenkavitation von der Vorderkante ausgehend,
2. Saugseitenkavitation ungefähr von Mitte Saugseite ausgehend,
3. Druckseitenkavitation von der Vorderkante ausgehend,
4. gleichzeitiges Auftreten von 2) und 3).

Wir fragen nun nach dem Einfluß der Dicke von Kreisabschnittprofilen auf den Kavitationszustand.

Für den Fall 1) ist ein solcher Einfluß insofern kaum zu erwarten, als sich das Kreisabschnittprofil im wesentlichen wie eine ebene Platte verhält. Aehnlich liegt der Fall 3), wo die Dicke ebenfalls von untergeordneter Bedeutung bleibt. Bei mathematisch scharfer Vorderkante müßte übrigens immer von der Vorderkante ausgehende Kavitation zustande kommen, wenn nicht gerade exakt stoßfreier Eintritt stattfindet. In Wirklichkeit hat man aber infolge endlicher Krümmung an der Vorderkante und wegen der Zähigkeit des Wassers, die dort Ablösung herbeiführt, einen Kavitationsverzug, über den sich theoretisch nicht viel aussagen läßt, dessen Auftreten wir aber als experimentell gesichert voraussetzen.

Ein starker Dickeneinfluß besteht dagegen unmittelbar für den Fall 2) und mittelbar für den Fall 4), den Herr Walchner bereits eingehend erörtert hat. Diese Kavitationszustände 2) und 4) sind es nun, über die wir gewisse theoretische Aussagen machen können, wenn die Voraussetzung erfüllt ist, daß das Dickenverhältnis $\delta = \frac{d}{t}$, der Anstellwinkel α und Kavitationszahl $\sigma = \frac{p_0 - p_D}{q}$ sehr klein sind, sodaß wir die Größenordnung δ^2 vernachlässigen dürfen. Dann gilt nämlich folgende Regel:

„Zwei Kreisabschnittprofile verschiedener Dicke δ ergeben den gleichen Kavitationszustand, wenn sich die Anstellwinkel α und die Kavitationszahlen σ wie die Dickenverhältnisse δ verhalten."

Auf die von Herrn Walchner gezeigten Kavitationsdiagramme angewandt heißt das, daß diese im Bereich kleiner α und σ einfach durch maßstäbliche Vergrößerung proportional δ auseinander hervorgehen, was man tatsächlich ganz gut bestätigt findet, solange δ klein genug bleibt.

Die Erklärung kann etwa folgendermaßen gegeben werden: Das Profil läßt sich ersetzen durch eine Wirbel- und Quellsenkenbelegung auf seiner Mittellinie, wobei man dünne Kavitationsschichten als zum Profil gehörig behandeln darf. Sind δ und α sehr klein, dann sind die Störungsgeschwindigkeiten w außer in der Umgebung singulärer Punkte (Vorderkante und Staupunkt) klein gegen die Anblasgeschwindigkeit v. Die kleinen Größen δ und α sind im Bereich der Theorie erster Ordnung proportional $\frac{w}{v}$. Multipliziert man also die Intensitäten der Wirbel- und Quellsenkenbelegung mit einem Faktor n, so ändern sich die Störungsgeschwindigkeiten im selben Maße und man erhält ein Profil mit n-fachem Anstellwinkel und n-fachem Dickenverhältnis. Der Unterdruck an entsprechenden Stellen ist $p_0 - p = \rho\, v\, w_x$, wenn w_x die v-Komponente der Störungsgeschwindigkeit bezeichnet, oder nach Division durch den Staudruck $\frac{p_0 - p}{q} \sim \frac{w_x}{v}$. Dies ist aber auch proportional n, sodaß man Affinität der Druckfelder bekommt, wenn man σ im Verhältnis n verändert.

Für den Gültigkeitsbereich unserer Regel läßt sich weiter folgender Schluß ziehen:

„Ergeben zwei Kreisabschnittprofile verschiedener Dicke δ den gleichen Kavitationszustand, so verhalten sich die Auftriebszahlen c_a wie δ und die Formanteile der Profilwiderstandszahlen c_{wf} wie δ^2."

Es ist nämlich $c_a \sim \frac{w_x}{v}$ und $c_{wf} \sim \sigma\delta$. Weiter folgt daraus $c_{wf} \sim c_a^2$. Die Aussage $c_a/\delta = f\,(\alpha/\delta,\ \sigma/\delta)$ wird durch die Versuche gut bestätigt.

Der praktische Wert unserer Betrachtung beruht darauf, daß für kleine δ und σ die Anstellwinkel der kleinsten Gleitzahl nahezu gleichen Kavitationszuständen zugehören und dabei sogar noch im korrosionsfreien Gebiet liegen.

Das hier über Kreisabschnittprofile Gesagte gilt natürlich ohne weiteres auch für andere, untereinander affine Profilformen mit scharfer Vorderkante, sofern es sich um die Kavitationsfälle 2) und 4) handelt.

G. S. Baker: The authors of these various papers have been studying this problem from the theoretical point of view, being fortunate enough to have propeller or flow tunnels which enable this to be done. In England we have necessarily had to confine our study to the examination of ship propellers and comparison of the defects and results obtained, and my remarks will deal with this phase of the problem.

In practice we get erosion taking place on the driving face near the leading edge, at the blade root towards the trailing edge, and on the back of the blade over its outer part. This erosion on the back is quite severe and it is difficult to explain it entirely or even partially from the straight forward application of such results as have been shown today, and we are beginning to think that the reason for this is somewhat as follows. Over the back of the blade at about one third to two thirds radius there is an area of intense high negative pressure. Again near the blade tip at the leading edge, the face of the edge tends to "guide" the flow out to the tip. Hence there is a suction drawing water into the centre of the propeller, and this outward push at the tips, the result being a tendency to rob the back of the blade of its proper flowing water and hence a break down of flow here. This shows by a well distributed erosion of the surface instead of a concentrated line erosion in other cases.

One other matter which has a bearing on the results obtained by Ackeret. He showed erosion after it had been taking place for some time, with deep pits. But we have been endeavouring to obtain details of erosion at its commencement, as this is really what one should study. Our observations have brought out two things. First the backs of the blades will show little bits of roughness. These are metal edges, which have the appearance of a tiny bubble unter the metal surface having burst and pushed up the surface in a jagged edge. Generally these are associated with tiny pin holes in the casting, but occasionally are produced in solid metal — apparently by some form of scaling. Also where erosion begins there is usually pin holes in the metal and although these results agree with Ackeret's suggestion of a hard metal, one may add that it is essential that a casting should be free from such holes and not suffer from scaling in any shape or form.

A. Busemann: In dem Vortrag des Herrn Prof. Föttinger ist der Stoß am Ende der Kavitationsblasen verglichen worden mit dem Verdichtungsstoß in Dampfströmungen mit Überschallgeschwindigkeit, die in Lavaldüsen auftreten kann. An zwei Beispielen möchte ich die näheren Umstände erläutern, die die dort erwähnte größere Unruhe bei den Stößen der Kavitation erklären.

Untersucht man die Stabilität des Ortes, an dem der Stoß auftritt, bei einer konischen Erweiterung, so findet man in beiden Fällen (vgl. J. Ackeret Forschung Bd. I Heft 1 und 2), daß dieser Ort dadurch bestimmt ist, daß die im Stoß vernichtete Energie um so größer ist, je größer der Querschnitt ist, an dem der Stoß eintritt. Der Gegendruck hinter der Düse regelt daher in beiden Fällen den Ort des Stoßes. Die größere Unruhe bei der Kavitation in Düsen dürfte daher wohl in erster Linie darin zu suchen sein, daß der Wasserstrahl den Querschnitt vor dem Stoß nur teilweise ausfüllt, während der Querschnitt hinter dem Stoß vollkommen ausgefüllt wird. Es muß daher mindestens dieselbe Unruhe auftreten, die bei plötzlichen Querschnitterweiterungen in Rohren zu finden ist. Bei den Dampfstrahlen ist der Querschnitt sowohl vor wie hinter dem Stoß homogen durchströmt. Die Unruhe bei der Vernichtung der nutzbaren Energie kann sich daher in Abmessungen abspielen, die mit der freien Weglänge der Moleküle zu vergleichen sind.

Eine Verschiedenheit der Stabilität von Stößen bei Dampfstrahlen und Wasserstrahlen findet man dagegen bei geraden zylindrischen Rohren. Auch in diesem Falle ist der Dampfstrahl stabil, weil die Reibungsverluste im Rohr vor dem Stoß größer sind als nach dem Stoß. Da es vorkommen kann, daß die Wasserstrahlen den Querschnitt vor dem Stoß ohne Berührung der Wand durcheilen, so ist hier die Möglichkeit vorhanden, daß der Stoß unstabil ist, weil die Reibung vor dem Stoß geringer sein kann als die Rohrreibung hinter dem Stoß. Es ist bemerkenswert, daß bei Wasserstrahlpumpen hierauf Rücksicht genommen wird. Man findet daher teilweise, daß dem Strahl ein Drall mitgeteilt wird, der dafür sorgt, daß der Strahl sich wegen der Zentrifugalkräfte auch schon vor dem Stoß an die Wand anlegen muß. Ein anderer Weg, die Stabilität des Stoßes zu erreichen, ist der Einbau von Krümmern in die Rohrleitung, in denen der den Querschnitt nicht voll ausfüllende Strahl erheblich größere Verluste hat, als die den Querschnitt voll ausfüllende Strömung hinter einem Stoß.

F. Horn: Ich wäre für eine Auskunft über folgenden Punkt dankbar: Wenn die Schraube, wie das ja hinter dem Schiff stets der Fall ist, in einer ungleichförmigen Strömung arbeitet, so werden vielfach Fälle eintreten, in denen die Bedingungen für Kavitationsbildung nur im Bereich eines Teils, vielleicht nur eines kleinen Teils, des Kreisumfanges gegeben sind. Der Flügel schlägt dann also jedesmal während einer Umdrehung durch eine seitlich mehr oder weniger ausgedehnte Zone hindurch, in welcher bei ausreichender Zeitdauer Kavitation entstehen würde. Ob sie bei der kurzen Zeitdauer des Hindurchschlagens auch entsteht bzw. welche Zeitgrenze besteht, damit sie sich ausbilden kann, ist eine Frage, deren Beantwortung mir wichtig erscheint, weil sie sowohl bei der Untersuchung und Beurteilung von Kavitationserscheinungen als auch beim Entwurf von Schrauben eine Rolle spielt.

Sollten Untersuchungen nach dieser Richtung bisher noch nicht vorliegen, so möchte ich solche anregen.

F. Weinig: Wie aus den Darlegungen der Herren Walchner, Martyrer Gutsche und Flügel hervorgeht, spielt bei der Kavitationsempfindlichkeit die Ausbildung des Vorderteils der Flügelprofile, des Eintrittsendes, eine wichtige Rolle. Ich habe nun vor einiger Zeit ein auf den Eigenschaften der Isotachen beruhendes Verfahren ausgebildet, das die Eigenschaften von Eintrittsenden sehr leicht theoretisch zu untersuchen und auch viel eher als das sonst verwandte Rankinesche Quellenverfahren günstige Formen zu ermitteln gestattet.

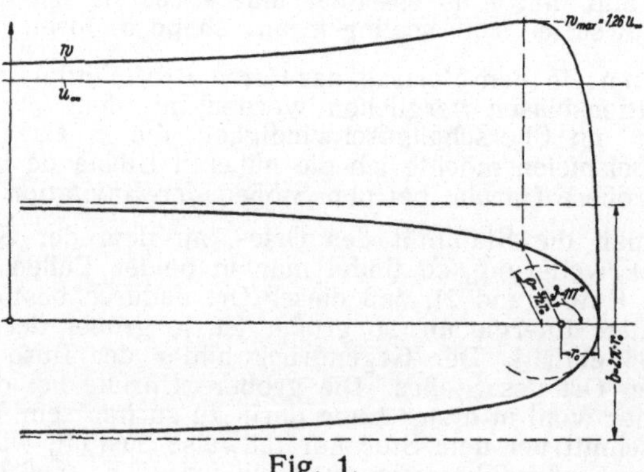

Fig. 1.

Fig. 1 zeigt die bekannte durch Überlagerung einer Quelle und Parallelströmung entstehende Vorderkantenabrundung und die Geschwindigkeitsverteilung bei symmetrischer Anströmung zum Vergleich mit den anderen dargestellten Formen.

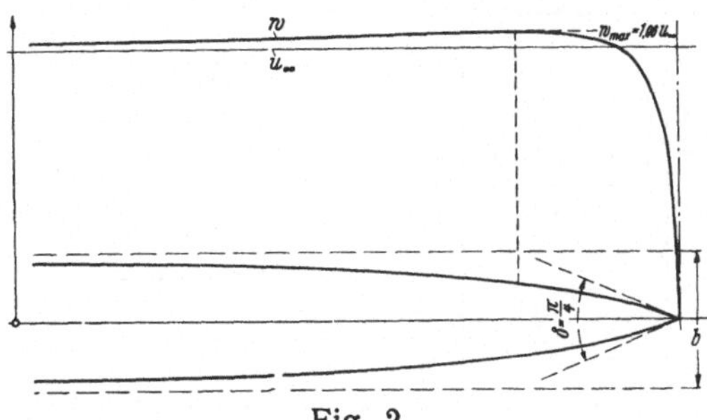

Fig. 2.

Fig. 2 zeigt eine Zuschärfung der Vorderkante mit einem Kantenwinkel $\delta = 45^0$, die aus der Form der Fig. 1 entwickelt wurde, und wie diese erst im Unendlichen die parallelen Asymptoten erreicht.

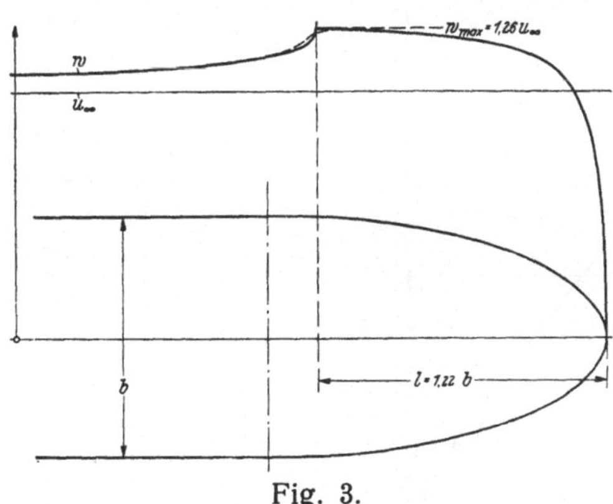

Fig. 3.

Fig. 3 zeigt eine neue Abrundung, bei der die maximale Übergeschwindigkeit ebenso groß ist wie bei der Form der Fig. 1, bei der jedoch schon im Endlichen die Parallelen erreicht werden. Andere Formen, die zu ihr affin sind, haben als maximale Übergeschwindigkeit $w_{\ddot{u}\,max}/w_\infty = \frac{1}{\pi}\frac{b}{l}$. Die Abrundungen stimmen in ihrem vorderen Teil mit Ellipsen überein, deren Halbachsen $l' \sim 1{,}17\,l$ der Vergleichsform ist. Die maximale Übergeschwindigkeit bei halb elliptischen Abrundungen ist somit $w_{\ddot{u}\,max}/w_\infty \sim \frac{1{,}17}{\pi}\frac{b}{l}$, z. B. Fig. 4 bei einem Halbkreis $w_{\ddot{u}\,max}/w_\infty \sim 0{,}74$.

Fig. 5 zeigt eine Zuschärfung, die aus der Form der Fig. 3 ermittelt wurde, in ähnlicher Weise wie die Form der Fig. 2 aus der der Fig. 1. Obwohl schon nach einer Länge vom nur 4,35fachen der Breite der Parallelteil erreicht ist, ist die maximale Übergeschwindigkeit nur 6% der Anströmgeschwindigkeit.

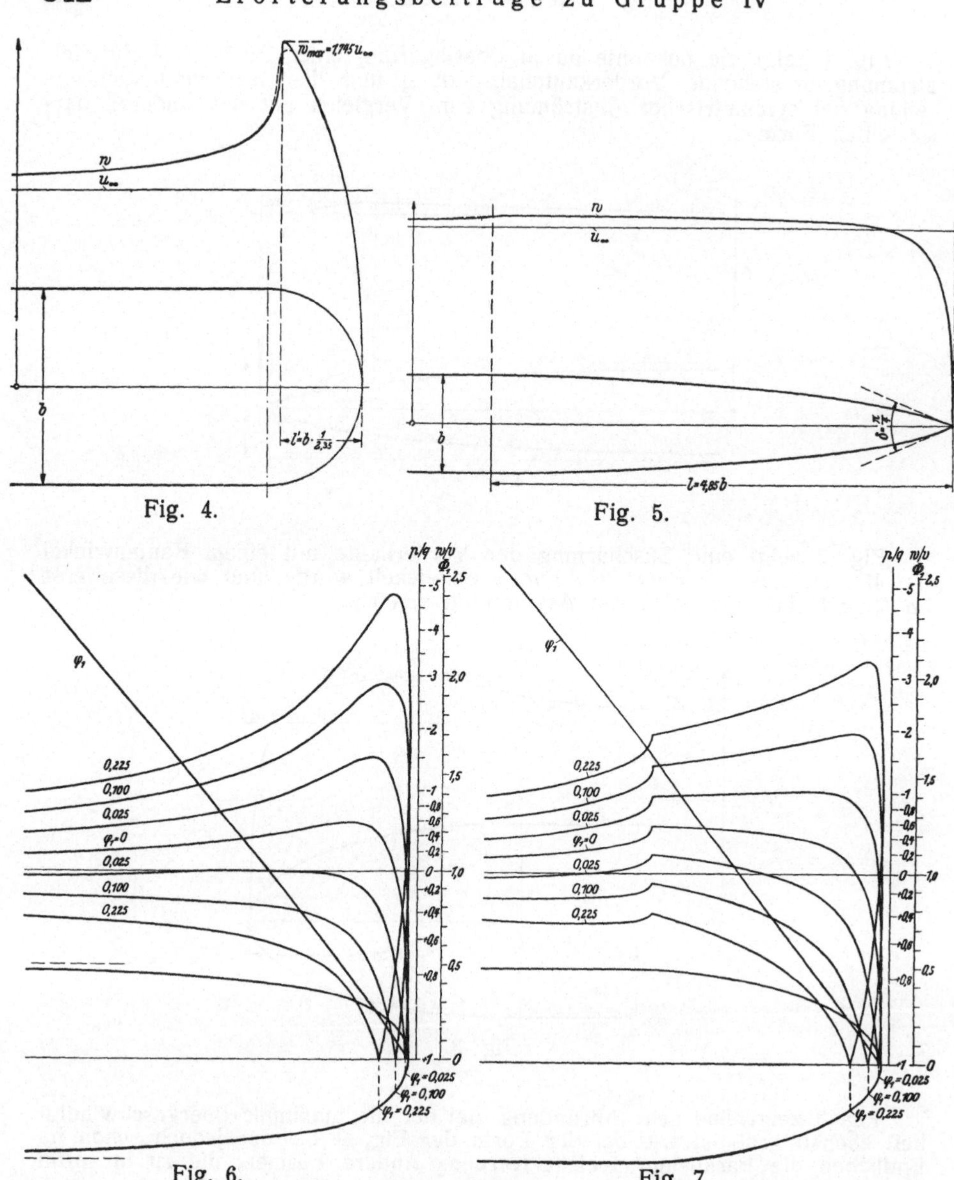

Fig. 4. Fig. 5.

Fig. 6. Fig. 7.

Fig. 6 und 7 zeigen, wie sich die Geschwindigkeitsverteilungen an den Formen der Fig. 1 und 3 ändern, wenn die Anströmung unsymmetrisch wird, entsprechend dem Wandern des Staupunktes. Die Form der Fig. 3 ist hierbei immer mehr der Form der Fig. 1 überlegen, da sowohl maximaler Unterdruck wie Druckanstieg besser sind als bei der Form der Fig. 1 unter gleichen Bedingungen.

Diese Abbildungen lehren, daß man mit entsprechenden Methoden tatsächlich Formen finden kann, die bisher gebräuchlichen Formen bezüglich der Kavitationsunempfindlichkeit überlegen sind. Über die Methoden, wie die hier gezeigten neuen Abrundungen und Zuschärfungen ermittelt wurden, wird demnächst in der Zeitschrift für angewandte Mathematik und Mechanik berichtet.

GRUPPE V.

Ungleichförmigkeitseinflüsse bei Schiffsschrauben.

Ungleichförmigkeitseinflüsse bei Schiffsschrauben.

Von F. Horn,
Technische Hochschule, Berlin.

I. Unter Ungleichförmigkeitseinflüssen seien sämtliche Einflüsse verstanden, die bei einer am Schiff arbeitenden Schraube infolge der durch die Nachbarschaft des Schiffskörpers gestörten Strömung gegenüber einer freifahrenden, d. i. in ungestörtem Wasser arbeitenden Schraube hinzutreten. Wir wollen in folgendem unter Grundströmung die bei Nichtvorhandensein der Schraube, also im Schleppzustande, herrschende Relativströmung verstehen. Diese Grundströmung geht im Fall der freifahrenden Schraube als eine in Achsrichtung verlaufende gleichförmige Parallelströmung vor sich. Die demgegenüber bei einer am Schiff arbeitenden Schraube möglichen Abweichungen des Strömungsverlaufs sind sehr mannigfacher Art. Die wesentlichen[1]), die dann auch im Referat nacheinander behandelt werden, sind die folgenden, die übrigens meist nicht getrennt von einander, sondern gleichzeitig auftreten und dann infolge der Übereinanderlagerung und gegenseitigen Beeinflussung ein überaus verwickeltes Gesamtbild ergeben — wie wir es hier denn ja überhaupt mit einem der bisher undurchsichtigsten und insbesondere für eine systematische Ausbildung der günstigsten Schraube allersprödesten Probleme zu tun haben. Jedenfalls seien der besseren Übersicht halber die einzelnen Einflüsse hier zunächst getrennt nacheinander behandelt.

1) Ungleichförmigkeit der Grundströmung lediglich in achsialer Richtung (gedachter Grenzfall einer eindimensionalen Grundströmung);

2) Zusätzliche radiale Ungleichförmigkeit der Grundströmung, unter Wahrung der Achsensymmetrie;

3) Einfluß peripherialer Ungleichförmigkeit;

4) Einfluß des vom Schiff erzeugten Wellensystems.

Unter 3) wird, wenn auch nur ganz andeutungsweise, der Fall des

[1]) Es seien, um das Problem nicht übermäßig zu verwickeln, von vornherein diejenigen Einflüsse ausgeschaltet, die bei einer etwaigen nicht gleichförmigen Fahrt des Schiffes entstehen, d. h. wir setzen gleichförmige Fahrt des Schiffes in glattem Wasser in der Richtung seiner Längsachse, d. h. bei nicht gelegtem Ruder, voraus.

schrägen Verlaufs der Grundströmung, die Wirkung von Leitflächen und der Fall der nur teilweise getauchten Schraube gestreift werden.

Eigentlich müßte auch der Fall zeitlicher Ungleichförmigkeit berücksichtigt werden, der beispielsweise bei der periodischen Ablösung größerer Einzelwirbel vom Schiffskörper, also bei etwaiger Ausbildung einer Kármánschen Wirbelstraße eintreten würde.[2]) Da sich diese Erscheinung jedoch nur bei verhältnismäßig so kleinen Reynoldsschen Zahlen $\frac{vB}{\nu}$ einstellt, daß diese bereits bei den meisten Modellversuchen mit größeren Modellen überschritten werden und für naturgroße Schiffe, einigermaßen vernünftige, zu der jeweiligen Geschwindigkeit passende Hinterschiffsformen vorausgesetzt, gar nicht mehr in Frage kommen, so hat dieser Fall praktisch keine nennenswerte Bedeutung und soll daher nicht weiter behandelt werden.

Mit dem Auftreten von Ungleichförmigkeitseinflüssen auf das Arbeiten der Propeller untrennbar verbunden ist das Auftreten von Wechselwirkungen zwischen Schiffskörper und Propeller. Im Vordergrunde aller Untersuchungen über das Arbeiten von Propellern steht ja naturgemäß immer die Frage, wie unter den jeweiligen Verhältnissen der Propeller am günstigsten, d. h. mit bestem Wirkungsgrade, auszubilden sei. Und wenn wir diese Frage für den am Schiffskörper arbeitenden Propeller stellen, so werden wir ebenso naturgemäß den hierfür maßgebenden Wirkungsgrad in der Form des Verhältnisses $\frac{\text{Schleppleistung des Schiffes } (W_0 \cdot v)}{\text{Antriebsleistung des Propellers } (N_w)}$ ansetzen. Wir werden dieses auch hier beibehalten, trotzdem man im Laufe der Zeit erkannt hat, daß man es bei diesem Verhältnis nicht mit einem regelrechten Wirkungsgrad zu tun hat[3]), denn es kann in gewissen, wenn auch nur gedachten Fällen über den Wert 1 hinaus steigen. Wir wollen dieser Tatsache dadurch Rechnung tragen, daß wir von einem Gütegrad, nicht von einem Wirkungsgrad der Propulsion sprechen, und die Bezeichnung ξ statt η wählen.

Wenn wir nun auch, wie wir sehen werden, die bekannte bisher übliche Aufspaltung des Vortriebsgütegrades

$$\xi_0 = \frac{W_0 \cdot v}{N_w} = \eta_p \times \frac{1-\vartheta}{1-\psi} \qquad (1)$$

in einen reinen Propellerwirkungsgrad η_p und einen sog. Einflußgrad des Schiffskörpers $\xi_s = \frac{1-\vartheta}{1-\psi}$, worin $\vartheta = \frac{S-W_0}{S}$ die Sogziffer und

[2]) Vgl. A. Pröll, STG. 1923, S. 331.

[3]) Siehe u. a. Fresenius, Schiffbau 1921/22, S. 257 ff. und A. Betz „Der Wirkungsgradbegriff beim Propeller", ZFM. 1928, S. 171.

$\psi = \frac{v - v_p}{v}$ (mit v_p = Fortschrittsgeschwindigkeit des Propellers relativ zu der Strömung am Ort des Propellers) die Mitstromziffer bedeutet, erheblich werden modifizieren müssen, so bleibt doch bestehen, daß wir uns auf die Betrachtung des reinen Propellerwirkungsgrades η_p nicht beschränken dürfen, sondern den Einfluß der Wechselwirkung, in Gleichung 1) ausgedrückt durch Sog- und Mitstromziffer, mit in den Kreis der Betrachtungen hineinziehen müssen.

II. Wir gehen aus von der Strömung um einen in Richtung seiner Achse angeströmten Rotationskörper, den wir überdies tief getaucht annehmen wollen, so daß keine Oberflächenstörungen entstehen. An der bisherigen Praxis der Formgebung der Schiffe gemessen, stellt dieser Fall zwar bisher nur einen ideellen Grenzfall dar, der nur bei besonderen Arten von Schwimmkörpern, wie Torpedos und gewissen Typen von U-Booten auch praktisch eine Rolle spielt. Er ist aber einerseits gerade als ideeller Grenzfall für eine systematische Untersuchung besonders wichtig, weil er systematische Lösungsmöglichkeiten enthält, die sonst nicht vorhanden wären, und weil diese Lösungen immerhin als fundamentaler Unterbau einen erheblichen Grad von Allgemeingültigkeit auch für die wirklichen Vorgänge am Schiff besitzen. Andererseits wird man mit Recht auch in der Praxis auf diesen Grenzfall aufmerksam, indem man dessen Vorzüge für eine Propulsionsverbesserung erkennt und auszunutzen strebt.

Auf diesem Gebiet ist nun die wissenschaftliche Durchdringung glücklicherweise bereits erfreulich weit vorgeschritten. Den grundlegenden Fortschritt verdanken wir, wie wohl allseitig anerkannt, Fresenius[4]), dessen Gedankengänge jedenfalls unter den deutschen Fachwissenschaftlern inzwischen Gemeingut geworden sind und daher auch von mir im wesentlichen als bekannt vorausgesetzt werden können. Sie bilden auch für die nachfolgenden Erörterungen den Ausgangspunkt.

Fresenius vereinfacht nun die Aufgabe weiterhin in der Weise, daß er die gesamte im Propellerstrahl enthaltene Strömung als in einer einzigen Stromröhre vor sich gehend denkt, derart, daß in deren Querschnitten die Strömungsgeschwindigkeit gleichförmig ist und somit nur noch eine Ungleichförmigkeit in achsialer Richtung übrig bleibt, indem die Querschnitte der Stromröhre verschieden groß sind. Trotzdem dieser Fall der eindimensionalen Strömung sich noch weiter von der Wirklichkeit entfernt und für Geschwindigkeiten und Drucke nur Mittelwerte liefert, hat er sich doch, vor allem für die Klärung grundsätzlicher Fragen, besonders hinsichtlich der Wechselwirkung, als sehr fruchtbar erwiesen und muß auch hier vorangestellt werden, zumal er zu wichtigen bisher wenig oder garnicht bekannten Konsequenzen führt. Auch für den allgemeineren, dann anzuschließenden Fall der zusätzlichen radialen Veränderlichkeit liefert er wichtige Unterlagen.

[4]) Fresenius, Schiffbau 1921/22, S. 257 ff.

III. Ungleichförmigkeit der Grundströmung lediglich in achsialer Richtung; eindimensionale Strömung.

Fresenius behandelt zwei sehr charakteristische Grenzfälle: Erstens den des Arbeitens des Propellers hinter einem tief untergetauchten Rotationskörper in idealer Flüssigkeit (Verdrängungsströmung), zweitens hinter einem nur Reibung erzeugenden, nicht formbehafteten Körper (Reibungsgitter) in zäher Flüssigkeit. Die wichtigsten Ergebnisse seiner Arbeit lassen sich wohl dahin zusammenfassen:

1. Unter Einführung des Begriffs des Ersatzpropellers, d. i. eines gedachten Propellers, der in sehr weiter Entfernung hinter dem Fahrzeug, wo die von der Verdrängungsströmung hervorgerufene Störung bereits abgeklungen ist, in der gleichen Stromröhre wie der Fahrzeugpropeller arbeitend den gleichen Schraubenstrahl wie dieser erzeugt, weist Fresenius nach, daß mit dem Arbeiten des Propellers in erweiterten bzw. verengten Stromröhren ein — je nachdem positiver oder negativer — Sog verbunden ist, dessen Größe bei reiner Verdrängungsströmung durch die einfache Beziehung: Sogziffer = Mitstromziffer gegeben ist. Der Vortriebsgütegrad ξ_0 ist hierbei gleich dem reinen Propellerwirkungsgrad, der seinerseits für Fahrzeugpropeller und Ersatzpropeller gleich groß ausfällt. All dies hängt wesentlich mit der Tatsache zusammen, daß der Drucksprung Δp für beide Propeller gleich groß ist, also

$$\Delta p = \frac{S}{\frac{D^2 \pi}{4}} = \frac{W_0}{\frac{D'^2 \pi}{4}} \tag{2}$$

worin D den Durchmesser des Fahrzeug-, D' den des Ersatzpropellers bedeutet. S ist der vom ersteren, W_0 der vom letzteren erzeugte Schub, wobei W_0 identisch ist mit dem reinen Fahrzeugwiderstand.[5])

Da bei der Verdrängungsströmung von dem Fahrzeug keinerlei Energie auf das Wasser übertragen, sondern nur eine lokale Störung erzeugt wird, die mit dem Fahrzeug mitwandert und weiter hinten alles ungestört läßt, so ist das, was man als Verdrängungsmitstrom bezeichnet, im Grunde gar kein regelrechter Mitstrom und es steckt in ihm keine durch den Propeller ausnutzbare Energie.

2. Im Gegensatz dazu ist die Energie des Reibungsmitstroms durch den Propeller ausnutzbar, indem ein Teil des Schubes nicht dadurch erzeugt wird, daß ruhendes Wasser nach hinten in Bewegung gesetzt, sondern daß dem nach vorwärts sich bewegenden Wasser des Reibungsmitstroms seine Bewegung durch den Propeller teilweise ent-

[5]) In dem ideellen Grenzfall der reinen Verdrängungsströmung, bei welcher kein Fahrzeugwiderstand existiert, muß man sich diesen etwa durch einen Trossenzug künstlich erzeugt denken.

zogen wird und indem daher der Gesamtaustrittsverlust des Systems Fahrzeug plus Propeller geringer ausfällt, als wenn Reibungsmitstrom und Propellerstrahl sich nicht teilweise überdeckten.[6]) Aus diesem Grunde ist es vorteilhaft, den Propeller in einer Zone möglichst konzentrierten Reibungsmitstroms anzuordnen.

Zu dem gleichen Thema hat auch Thoma[7]) einen wertvollen Beitrag, allerdings unter Ausschluß der nichtidealen Flüssigkeit, geliefert und dabei ebenfalls von dem Begriff des Ersatzpropellers Gebrauch gemacht. Mir scheint es aber auf Bedenken zu stoßen, daß der Mitstrom, der doch seiner ganzen Definition nach eine lediglich von den Schiffsabmessungen bzw. der Schiffsform abhängige Größe ist, bei Thoma auch eine Abhängigkeit von der vom Propeller erzeugten Zusatzgeschwindigkeit aufweist.

Wichtige Fortschritte auf dem von Fresenius und Thoma eingeschlagenen Wege sind insbesondere durch Helmbold[8]) erzielt worden. Er hat die grundlegenden, von Fresenius geschaffenen Zusammenhänge nach verschiedenen Richtungen ausgebaut; u. a. hat er auf die bemerkenswerte Tatsache hingewiesen, daß bei der reinen Verdrängungsströmung in dem für die Errechnung des Propellerwirkungsgrades maßgebenden Schubbelastungsgrad $\zeta_s = \frac{S}{q \cdot F}$ der Staudruck q nicht auf die am Ort des Propellers herrschende Relativgeschwindigkeit der Strömung v_p, sondern auf die Fortschrittsgeschwindigkeit v des Fahrzeugs zu beziehen sei.[9]) Er hat ferner praktische Methoden angegeben, wie man durch Modellversuche Verdrängungs- und Reibungsmitstrom voneinander trennen kann. Die neuerdings von ihm angegebene Methode, bei welcher er im Propellerkreis punktweise die Abnahme des Gesamtdrucks und die Änderung des statischen Drucks in Fahrt gegen Ruhe mißt, ist insofern besonders bemerkenswert, als man dadurch zu einer für die Anwendung sehr fruchtbaren Definition einer durch die Messungen feststellbaren virtuellen Verdrängungsströmung gelangt[10]), die von der reinen Verdrängungsströmung, d. h. der Potentialströmung, wesentlich abweicht, mit welcher man aber doch wie mit einer reinen Verdrängungsströmung rechnen kann. Ferner definiert er eine weit hinter der Schraube, wo bei der

[6]) Vgl. F. Horn, Theorie des Schiffes Fig. 308.

[7]) D. Thoma, ZFM. 1925, S. 206.

[8]) H. B. Helmbold: 1. Verhandlungen des intern. Luftfahrkongresses im Haag, 1930, S. 575. — 2. Ingenieur-Archiv 1931, S. 275.

[9]) Ich selbst habe diesen Zusammenhang ebenfalls bereits seit mehreren Jahren in meinen Vorlesungen in dieser Weise behandelt.

[10]) Als Verdrängungsmitstrom bzw. Gegenstrom wird hiernach diejenige nach vorwärts bzw. rückwärts gerichtete Absolutgeschwindigkeit c_v definiert, die bei verlustloser Strömung, also nach der Bernoullischen Gleichung, der tatsächlich gemessenen Änderung des statischen Druckes in der Bewegung gegenüber dem der Ruhe entspricht.

reinen Verdrängungsströmung bereits wieder die ungestörte Geschwindigkeit v herrschen würde, vorhandene Ersatzströmung in der Weise, daß der am Ort der Schraube vorhandene Reibungsmitstrom in der betreffenden Stromlinie bzw. Stromröhre auch hinter der Schraube erhalten gedacht wird und sich nicht, wie es in Wirklichkeit der Fall ist, infolge der Zähigkeit der Flüssigkeit über die benachbarten Schichten ausbreitet. — Auf diese Weise gelingt es, recht brauchbare Unterlagen für eine rationellere Konstruktion von Propellern möglichst günstigen Wirkungsgrades zu schaffen. Von der Art und Weise, wie Helmbold dabei der radialen Veränderlichkeit des Mitstroms Rechnung trägt, wird später noch zu sprechen sein. —

Ich möchte nachstehend zu diesem Thema noch einige weitere Bemerkungen, teils theoretischer, teils praktischer Natur, machen:

a) Die Theorie von Fresenius hat für das Auswertungsverfahren von Versuchen Schiffsmodell mit Propeller an Hand von Freifahrversuchen, ein Verfahren, welches bekanntlich zur genaueren Analyse der Propulsionsverhältnisse, insbesondere der Ermittlung des Mitstroms und des reinen Propellerwirkungsgrades dient, gewisse Konsequenzen, die man sich bisher noch nicht klar gemacht hat, ebenso für das Auswahlverfahren günstigster Schiffsschrauben auf Grund systematischer Propellerversuche. Die wesentliche Tatsache, die eine Änderung gegenüber dem bekannten bisherigen Auswertungsverfahren erfordert, ist darin begründet, daß das Stromlinienbild der Verdrängungsströmung dem der Freifahrströmung, d. i. einer gleichförmigen Parallelströmung, unähnlich ist und daß, wie bereits erwähnt, bei der Verdrängungsströmung für die Ermittlung des Propellerwirkungsgrades nicht der auf die Propellerfortschrittsgeschwindigkeit v_p relativ zu der am Ort des Propellers herrschenden Strömung, sondern der auf die Schiffsgeschwindigkeit v bezogene Schubbelastungsgrad und entsprechende Fortschrittsgrad maßgebend ist. Man kann sich die hieraus für die Auswertung an Hand des Freifahrdiagramms entspringenden Konsequenzen am besten an dem gedachten Grenzfall der reinen Verdrängungsströmung klarmachen. Wäre das Freifahrdiagramm, wie es an und für sich möglich, aber aus praktischen Gründen nicht üblich ist, so aufgemacht, daß Schub- bzw. Momentenkennziffer in einer dem Schubbelastungsgrad $\zeta_s = \dfrac{S}{\dfrac{\varrho v^2}{2} F}$ entsprechenden Form, also bezogen auf die Propellerfortschrittsgeschwindigkeit, aufgetragen wären, so wäre es nach Vorstehendem ohne weiteres klar, daß für das v im Nenner die Fahrzeuggeschwindigkeit einzusetzen wäre und daß der zu einem solchen ζ_s nach dem Freifahrdiagramm gehörige Fortschrittsgrad λ und Wirkungsgrad η_p zuträfe. Setzt man in diesem Fortschrittsgrad bzw. in der Fortschrittsziffer $\Lambda = \dfrac{v_f}{D \cdot n_f}$ (wobei der Index f den Freifahrzustand bezeichnet) das v_f folgerichtigerweise ebenfalls = v, so kommt für $n_f = \frac{v}{D \cdot \Lambda}$ eine von der am Fahrzeug gemessenen Drehzahl n abweichende Größe heraus. Und zwar ergäbe sich $n_f > n$ bei einem in erweiterten, $n_f < n$ bei einem in verengten Stromlinien arbeitenden Propeller. Umgekehrt, würde man nach dem üblichen Verfahren auf Grund der am Fahrzeug vorgenommenen Messung von Schub S und Drehzahl n die auf die Drehzahl bezogene Schubkennziffer $K_S = \frac{S}{\varrho n^2 D^4}$ bilden und mit dieser in das Freifahrdiagramm gehen, so würden die dazu gehörigen Größen der Fortschrittsziffer Λ und des Wirkungsgrades η_p verkehrt ausfallen und zwar in dem meist vorliegenden Fall des am Heck, also in erweiterten Stromlinien arbeitenden Propellers zu klein.

Die für die Benutzung des Freifahrdiagramms in dem bisherigen Falle der reinen Verdrängungsströmung maßgebende Drehzahl n_f stellt sich übrigens sehr einfach folgendermaßen heraus:

$$n_f = \frac{n}{1-\vartheta} \tag{3}$$

Man könnte hiernach an und für sich den Vortriebsgütegrad in folgender Form schreiben:

$$\xi_0 = \eta_p\,(1-\vartheta) \cdot \frac{n_f}{n} \tag{4}$$

Wenn diese Form hier auch insofern deplaciert erscheinen könnte, als bei der reinen Verdrängungsströmung der Faktor $(1-\vartheta) \cdot \frac{n_f}{n}$ grundsätzlich gleich 1 ausfällt, so ist sie doch für die nachfolgende Anwendung auf den Fall der gemischten Strömung bedeutsam, vor allem aus dem Grunde, weil bei dieser Form die Verdrängungsmitstromziffer herausfällt. Dies ist aus zweierlei Gründen zu begrüßen: erstens aus physikalischen Gründen, weil der Verdrängungsmitstrom ja im Grunde gar kein richtiger Mitstrom ist, zweitens weil ein im allgemeinen Falle der gemischten Strömung sich ergebender Mitstrom alsdann reiner Reibungsmitstrom ist.

Die vorstehenden Gedankengänge berühren sich weitgehend mit denen von Dr.-Ing. W. Schmidt, der auf Grund empirischer Erfahrungen an Hand sehr zahlreicher Auswertungen von Probefahrts- und Modellmessungen zu der Überzeugung gekommen war, daß in dem bisher üblichen Auswertungsverfahren etwas nicht in Ordnung sei, und eine Formel nach Art von 4) vorgeschlagen hatte. Die von Dr. Schmidt mir hierüber im Herbst 1931 gemachten Mitteilungen haben bei mir den Anstoß zur Untersuchung des grundsätzlichen Charakters der Zusammenhänge gegeben. Nach meiner Überzeugung würde also das von

Dr. Schmidt vorgeschlagene Verfahren für den Fall der reinen Verdrängungsströmung im wesentlichen zutreffen.

b) Die vorstehenden Gedankengänge lassen nun näherungsweise eine verallgemeinerte Anwendung auf den Fall der gemischten Strömung zu. Im Rahmen dieses Referats muß ich mich hier aber auf einige kurze Andeutungen beschränken und muß im übrigen auf eine demnächst an anderer Stelle erscheinende Veröffentlichung verweisen. Die wesentlichen Punkte sind die folgenden:

Bei der gemischten Strömung, bei welcher die Verdrängungsströmung nunmehr in der vorerwähnten Helmboldschen Definition zu verstehen ist, ist die Bezugsgeschwindigkeit v', welche in den für den Propellerwirkungsgrad maßgebenden Schubbelastungsgrad

$$\zeta_s = \frac{S}{\frac{\varrho v'^2}{2} \frac{D^2 \pi}{4}}$$

einzusetzen ist, nicht, wie bei der reinen Verdrängungsströmung, gleich der Fahrgeschwindigkeit v, sondern gleich der um die Geschwindigkeit c_r des Reibungsmitstroms verminderten Geschwindigkeit $v' = v - c_r$. Und zwar ist offenbar die Geschwindigkeit c_r nicht diejenige, welche am Ort des Propellers selbst herrscht, sondern die der von Helmbold eingeführten Ersatzströmung.

Der von der in dieser Ersatzströmung arbeitenden Ersatzschraube zu leistende Schub ist gleich dem reinen Fahrzeugwiderstand W_0 vermehrt um den Reibungssog ΔW_r, d. i. um denjenigen Soganteil, der durch Erhöhung der Fahrzeugreibung infolge der erhöhten Zuströmungsgeschwindigkeit des Wassers zur Fahrzeugschraube entsteht.

Analog Gl. 4) ergibt sich hier nun eine Aufspaltung des Vortriebsgütegrades an Stelle von 1) in folgender Weise:

$$\xi_0 = \eta_p \frac{1 - \vartheta}{1 - \psi_r} \frac{n_f}{n} \tag{5}$$

$$\text{mit } \frac{n}{n_f} = 1 - \vartheta_v \tag{6}$$

Hierin bedeutet $\psi_r = \frac{c_r}{v}$ die Reibungsmitstromziffer, ϑ_v die Sogziffer der virtuellen Verdrängungsströmung. Grundsätzlich läßt sich die Auswertung in dem durch vorstehende Formeln bezeichneten Sinne ohne Schwierigkeit durchführen und liefert somit zugleich die Größe des Reibungsmitstroms und die Aufteilung des Sogs in Verdrängungssog (ϑ_v) und Reibungssog ($\vartheta_r = \vartheta - \vartheta_v$), in weiterem Verfolg auch die

Größe des Verdrängungsmitstroms ψ_v.[11]) Hiernach eröffnet sich grundsätzlich der Weg zu einer Analyse des Schraubenversuchs am Schiffsmodell, die nicht nur richtiger ist als die bisherige, indem λ und η_p in zutreffender Größe erhalten werden, sondern auch wesentlich umfassender, indem eine Trennung der Mittelwerte von Verdrängungs- und Reibungsmitstrom in gleicher Weise gelingt, wie nach dem angedeuteten neuen Helmbold'schen Verfahren punktweise durch Messung von Gesamtdruck und statischem Druck.

Die praktische Durchführung dieser Auswertung, die naturgemäß empfindlicher ist als die bisherige, wird nun allerdings dadurch erschwert, daß infolge der zusätzlichen Ungleichförmigkeitseinflüsse die rechte Seite der Gl. 5) noch durch den den sog. Einflußgrad der Anordnung darstellenden Faktor ξ_a ergänzt werden muß. Aus diesem Grunde wird es notwendig, die normale Versuchsreihe (reiner Modellschleppversuch, Versuch Modell mit Schraube, Freifahrversuch der Schraube) durch eine Mitstrommessung, am einfachsten mittels der bekannten Mitstromrädchen, zu ergänzen, woraus sich in bekannter Weise die mittlere Durchtrittsgeschwindigkeit v_p der Grundströmung durch den Schraubenkreis herleiten läßt. Im Anhang ist eine auf dieser Basis vorgenommene Durchführung des Verfahrens an Hand eines konkreten Beispiels kurz skizziert, wobei auch eine Gegenüberstellung der so erhaltenen Ergebnisse mit denen der bisher üblichen Auswertung angefügt ist. Es ergibt sich für dieses Beispiel $\Lambda = 0{,}714$ und $\eta_p = 0{,}686$ gegenüber $\Lambda = 0{,}686$ und $\eta_p = 0{,}656$ nach dem bisherigen Verfahren. Die Ausdehnung der Auswertung auf die Ermittlung der Mitstrom- und Soganteile erfordert (wegen des Einflusses der Größe ξ_{a_s}, siehe unter V,1), S. 368) praktisch noch eine, im Anhang ebenfalls angedeutete zusätzliche Maßnahme bei der Messung.

Das Auswahlverfahren für die Ermittlung günstigster Schrauben auf Grund systematischer Propellerversuche ist ebenfalls sinngemäß zu ändern, wobei von geschätzten Werten von ψ_r, ϑ_v und ϑ_r, an Stelle der bisher geschätzten Gesamtziffern ψ und ϑ, auszugehen ist.

c) Ein großer Verdrängungssog bedeutet im Grunde nur, daß zur Erfassung eines bestimmten Wasserquantums pro Zeiteinheit ein größerer Schraubendurchmesser und somit auch ein größeres Drehmoment gehört, als es bei einer Parallelströmung der Fall wäre, jedoch bei entsprechend niedrigerer Drehzahl, so daß die hineingesteckte Leistung in beiden Fällen die gleiche bleibt. Ein Nachteil ist, abgesehen von dem der niedrigeren Drehzahl entsprechenden größeren Gewicht der Antriebsmaschine, mit dem Sog nur indirekt dadurch verbunden, daß der verfügbare Platz eine Beschränkung des Durchmessers vorschreibt und daher das erfaßbare Wasserquantum und demgemäß der Wirkungsgrad kleiner ausfällt, als es bei Parallelströmung, also Verdrängungssog = 0,

---

[11]) Herr Helmbold machte mich dankenswerterweise darauf aufmerksam, daß die für reine Verdrängungsströmung geltende Beziehung: Sogziffer = Mitstromziffer, für die virtuelle Verdrängungsströmung nicht zutrifft.

der Fall wäre. Falls es umgekehrt gelingt, eine Schraube von einer die räumlichen Verhältnisse voll ausnutzenden Größe in einem Gebiet verengter Stromlinien anzuordnen, so erfaßt man ein größeres Wasserquantum pro Zeiteinheit als bei Parallelströmung und ein noch größeres als bei Anordnung der gleich großen Schraube in erweiterten Stromlinien, wie in der normalen Hecklage, und hat einen entsprechenden Wirkungsgradgewinn, der insbesondere gegenüber der letzteren normalen Anordnung erheblich ins Gewicht fallen muß. Dieses wichtige Prinzip ist in jüngster Zeit wohl erstmalig bewußt verwirklicht worden bei dem Düsenschlepper von Dipl.-Ing. Kort. Bei diesem arbeitet die Schraube, die die volle mit dem Tiefgang des Fahrzeugs verträgliche Größe besitzt, an der im Grundriß engsten Stelle eines ringsherum geschlossenen Tunnels, dem das Wasser vorne von zwei schrägen Seitenkanälen zufließt, Fig 1. Es leuchtet ein, daß die Anwendung des

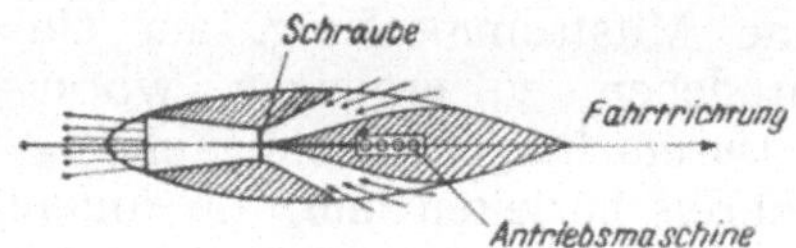

Fig. 1.
Prinzipskizze für Düsenschlepper System Kort

genannten Prinzips im Schleppbetriebe, bei welchem bekanntlich die Aufgabe, mit den Propellern eine möglichst große Wassermasse zu erfassen, an allererster Stelle steht, besonders wichtig und wirksam sein muß. Bei den Probefahrten des ersten nach diesem Prinzip gebauten Schleppers hat sich der beabsichtigte Effekt durchaus bestätigt. Dies kommt vor allem darin zum Ausdruck, daß es gleich bei der allerersten Ausführung, die naturgemäß noch erheblich verbesserungsfähig ist, gelungen ist, mit einem nach dem System Kort gebauten 120 PS-Dieselschlepper mindestens die gleiche Schleppleistung zu erreichen wie mit einem der modernsten, mit Haßleitapparat ausgerüsteten Dieselschlepper von 160 PS. Näheres über diese interessante Neuerung wird von der dazu berufenen Stelle aus zu gegebener Zeit veröffentlicht werden. Bei vorher durchgeführten Modellversuchen hat sich übrigens auch das der Theorie entsprechende Phänomen des negativen Sogs, also eines Propellerschubes, der kleiner ist als die durch den reinen Schiffswiderstand plus Trossensog dargestellte Nutzlast, vollauf bestätigt.

IV. Zusätzliche Ungleichförmigkeit der Grundströmung in radialer Richtung.

Es soll jetzt, unter Wahrung der Achsensymmetrie, einer Veränderlichkeit der Strömung in radialer Richtung Rechnung getragen werden.

Es ist dies ein Problem, dessen praktische Wichtigkeit für die Ausbildung von Mittelschrauben seit längerer Zeit erkannt worden ist. Bei Seitenschrauben spielt es eine geringere Rolle, weil hier der

Einfluß der Veränderlichkeit in radialer Richtung zurücktritt gegenüber dem der peripherialen Veränderlichkeit, auf die später (unter V) noch etwas näher eingegangen wird.

Bei Mittelschrauben liegt der Fall insofern günstiger, als wenigstens eine Symmetrie, nämlich zu der vertikalen Längsschiffsebene, vorhanden ist. Ganz folgerichtig gehen aber die Bestrebungen dahin, die Schiffsform so auszubilden, daß man einmal der Achsensymmetrie näher kommt, sodann aber die radiale Veränderlichkeit innerhalb des Schraubenkreises überhaupt möglichst mildert. Daß in diesem Sinne eine U-förmige Ausbildung der Hinterschiffsspanten für die Propulsionsverhältnisse günstiger ist als eine V-förmige, ist durch Versuche von Kempf nachgewiesen. Daß allerdings dieser für die U-Spantform günstigen Tendenz eine ungünstige hinsichtlich des reinen Schiffswiderstandes gegenübersteht, sei hier nur nebenbei erwähnt, kann aber im vorliegenden Rahmen nicht näher behandelt werden.[12]) Wie weit die vom grundsätzlichen Standpunkte zu begrüßenden Bestrebungen nach einer Ausbildung der Schiffsform im Sinne einer möglichst regelrecht achsensymmetrischen Zuströmung zum Propeller praktisch verwirklichbar sein werden, läßt sich zur Zeit wohl noch nicht genauer übersehen.

Als einfaches Mittel, auch bei nicht achsensymmetrischen Schiffsformen die mittlere radiale Veränderlichkeit der Druchtrittsgeschwindigkeit der Strömung durch die Propellerebene zu messen, sind die sog. Mitstromrädchen bekannt.

Gegenüber dem eindimensionalen Fall treten hier nun eine Reihe neuer Aufgaben auf, die sich natürlich letzten Endes alle darauf konzentrieren, die Schraube der jeweils herrschenden radialen Mitstromverteilung mit möglichst großem Wirkungsgrade anzupassen. Eine erste Annäherung an die Lösung dieser Aufgabe hat bekanntlich Kempf[13]) mit seiner Nachstromschraube versucht, indem er möglichste Gleichheit der bei normalen, mit konstanter Steigung versehenen Schrauben sehr stark voneinander abweichenden geometrischen Anstellwinkel der Strömung gegen die einzelnen Blattelemente anstrebte und auf diese Weise zu einer von innen nach außen stark anwachsenden Steigung gelangte. Bei den nach diesem Prinzip entworfenen Schrauben, die im Gesamtergebnis jedenfalls nicht ungünstig abschnitten, stellte sich u. a. unter sonst gleichen Bedingungen teilweise eine fühlbare Änderung des Sogs gegenüber normalen Vergleichsschrauben heraus. Da dieser Erscheinung der Sogänderung bei gleich großen, an der gleichen Stelle arbeitenden und den gleichen Nutzschub erzeugenden Schrauben verschiedener Konstruktion eine allgemeinere Bedeutung zukommt — hiermit steht übrigens eine entsprechende Änderung des mittleren Mitstroms in Zusammenhang —, so sei an dieser Stelle zunächst auf diese Erscheinung etwas eingegangen.

[12]) Vgl. u. a. Kempf WRH, 30, S. 437 ff; ferner Weitbrecht und Kempf STG. 1931.

[13]) Kempf, WRH. 1924, S. 93 und 1927, S. 442.

Im Lichte der neueren, unter III geschilderten Theorien beantwortet sich jetzt diese Frage in ziemlich einfacher Weise. Man geht am besten von der Ersatzschraube aus, die man sich ja in einer, jetzt freilich nicht mehr gleichförmigen, Parallelströmung zu denken hat. Bei der Ersatzschraube kann man mit ganz verschiedenen Arten von Schubverteilungen den verlangten Nutzschub S_0, der gemäß IIIb $= W_0 + \Delta W_r$ [14]) zu setzen ist, erzielen. Behält man näherungsweise[15]) auch für die virtuelle Verdrängungsströmung die für den Grenzfall der reinen Verdrängungsströmung geltende Grundformel $\psi_v = \vartheta_v$, oder $\frac{c_v}{v} = \frac{S - S_0}{S}$, bei und wendet diese, was offenbar zulässig ist, auf das einzelne Kreisringelement an, so kann man auf Grund eines jetzt veränderlichen Verdrängungsmitstroms c_v, der numerisch nach dem Helmboldschen Verfahren zu ermitteln wäre, schreiben

$$\psi_v = \frac{c_v}{v} = \frac{d(S - S_0)}{dS}$$

worin dS = Schubelement auf dem entsprechenden Kreisring der Fahrzeugschraube. Hieraus folgt

$$dS = \frac{dS_0}{1 - \psi_v} \tag{7}$$

Während nun bei verschiedener Schubverteilung an der Ersatzschraube deren Gesamtschub $S_0 = \int dS_0$ der Voraussetzung gemäß in allen Fällen gleich groß ausfällt, ist dies für den Schub der Fahrzeugschraube $S = \int dS$ im Hinblick auf Gl. 7) wegen des mit dem Radius veränderlichen ψ_v nicht mehr der Fall und dementsprechend muß auch die mittlere Sogziffer

$$\vartheta_{v_m} = \frac{S - S_0}{S}$$

bei verschiedener Schubverteilung grundsätzlich verschieden groß ausfallen. Bei zwei Vergleichsschrauben müßte nun z. B. die Schraube mit dem größeren mittleren Sog gemäß III c einen größeren Durchmesser aufweisen, um auf den gleichen Durchmesser der Ersatzschraube wie die andere Schraube zu kommen. Da man aber bei Ver-

[14]) Hierbei ist der Reibungssog als unabhängig von der Schubverteilung angenommen. In Wirklichkeit wird dies nicht genau zutreffen.

[15]) Vgl. Fußnote [11]) S. 351. Der Fehler, der mit dieser Näherung gemacht wird, fällt bei der Behandlung der vorliegenden Frage nicht sehr ins Gewicht.

gleichen naturgemäß von gleichen Durchmessern der Fahrzeugschraube ausgehen muß, so muß die Schraube mit dem größeren Sog unabhängig von ihren sonstigen Eigenschaften eine Einbuße an Vortriebsgütegrad erleiden.

Diese sonstigen Eigenschaften würden sich nunmehr an der Ersatzschraube für sich allein untersuchen lassen, sind aber, wegen der ungleichförmigen Verteilung des Reibungsmitstroms c_r, nicht etwa mit derem reinen Propellerwirkungsgrad erschöpft. Vielmehr ist, wenn von den Zähigkeitsverlusten im Propeller selbst abgesehen wird, das maßgebende Kriterium die Größe des Gesamtaustrittsverlustes im Bereich des Propellerstrahls unter Einschluß des Reibungsmitstroms der Ersatzströmung. Es wird also, in genereller Form ausgedrückt, diejenige Verteilung der achsialen Strahlzusatzgeschwindigkeiten c_a die günstigste Schubverteilung ergeben, für welche die Doppelgleichung gilt

$$\left.\begin{aligned} \int \varrho/2\, dQ\, [(c_a - c_r)^2 + c_u^2] &= \text{Min} \\ \int \varrho\, dQ\, c_a &= S_0 \end{aligned}\right\} \qquad (8)$$

Hierin ist dQ die pro Zeiteinheit durch das einzelne Kreisringelement der Ersatzschraube fließende Wassermenge:

$$dQ = 2\pi\, r\,.\, dr\, (v - c_r + c_a/2)$$

und c_u die tangentiale Zusatzgeschwindigkeit, die in bekannter Weise nach den Lehren der Propellertheorie mit den Größen $v' = v - c_r$, r und c_a zusammenhängt.

Wegen des vorher angedeuteten Einflusses des Verdrängungssogs genügt nun aber auch die Gl. 8) noch nicht als Kriterium für das Optimum der Gesamtpropulsion, sondern es muß eine solche Schubverteilung bestimmt werden, für welche unter Einschluß auch dieses Sogeinflusses der Gesamtgütegrad ξ_0 ein Maximum wird. Ein solches Verfahren hat Helmbold[16]) in systematischer Weise entwickelt und zwar unter Verwendung des bekannten Prinzips, daß für den Optimumzustand der sog. Änderungsgütegrad ξ_δ, d. h. das Verhältnis der Änderung der Nutzleistung zu der der Antriebsleistung, bei Änderung einer variablen Größe (für die Helmbold c_u wählt) von r unabhängig sein muß. Daraus folgt das Verteilungsgesetz der Variablen über r, in Abhängigkeit von der Konstanten ξ_δ, deren Größe ihrerseits aus der vorgegebenen Größe des Nutzschubes S_0 zu ermitteln ist.

Auf Grund der so festgestellten günstigsten c_u-Verteilung läßt sich dann in bekannter Weise der Verlauf des hydrodynamischen Steigungswinkels βi, weiterhin der Verlauf des Produkts $\zeta_a l$ (mit l = Flügel-

[16]) Vgl. Fußnote 2), S. 344.

tiefe auf Radius r) oder, da der Auftriebsbeiwert ζa in normalem Anstellwinkelbereich sehr annähernd proportional dem Anstellwinkel α_0 gegen die Nullauftriebsrichtung verläuft, der Verlauf des Produkts $\alpha_0 l$ in Abhängigkeit von r ableiten. Die Einzelgrößen von α_0 und l können, unter Einhaltung der Vorschrift für die Größe des Produkts, dann noch so gewählt werden, daß noch eine zusätzliche Bedingung erfüllt wird, etwa die eines Minimums der Profilgleitzahl oder die der Vermeidung von Kavitation. — Der (auf die Nullauftriebsrichtung bezogene) geometrische Steigungswinkel des Blattelements ist alsdann $\varphi = \beta i + \alpha_0$.

Ergebnisse von Versuchen mit Schrauben, die nach einem solchen systematisch durchgeführten Verfahren entworfen sind, stehen meines Wissens bisher noch aus. Ich kann aber die Ergebnisse einiger schon vor gewisser Zeit unter hauptsächlicher Unterstützung durch die Notgemeinschaft der Deutschen Wissenschaft in der Versuchsanstalt für Wasserbau und Schiffbau Berlin von meinem Mitarbeiter, Herrn Dipl.-Ing. Voigt, gemachten Versuche bekanntgeben, bei denen die Schubverteilung halb empirisch zwischen extremen Grenzen variiert wurde. Hinter dem Modell eines mittelschnellen Einschrauben-Frachtschiffes wurde zunächst die radiale Verteilung des Mitstroms mittels Mitstromrädchen gemessen, und zwar nach dem früheren Helmboldschen Verfahren (Vorwärts- und Rückwärtsfahrt) getrennt nach Verdrängungs- und Reibungsmitstrom. Es wurden dann, außer einer auf Grund des mittleren Gesamtmitstroms nach Maßgabe der Schaffranschen systematischen Propellerversuche ermittelten normalen Schraube mit Kreissegmentprofilen und konstanter Steigung und einer auf gleicher Basis nach Maßgabe konstanten induzierten Wirkungsgrades konstruierten Tragflügelschraube, folgende Arten von Mitstromschrauben für die Strömung $v' = v - c_r$ entworfen:

1) Eine Schraube nach der hier empirisch angewandten Vorschrift eines konstanten η_i;
2) eine Schraube, bei welcher durch probeweise Variation der Schubverteilungen die Optimumbedingung nach Gl. 8) erfüllt war;
3) eine Schraube mit extrem nach innen zu angehäufter Schubverteilung.

Sämtliche Schrauben besaßen 230 mm Durchmesser, entsprechend 5,75 m Naturgröße, und waren für eine Drehzahl von 6,7/sec, entsprechend 80/min der großen Schraube, entworfen, die dann allerdings beim Versuch für die verschiedenen Schrauben nicht ganz gleichartig ausfiel.

Die Ergebnisse der Mitstrommessung mit den Mitstromrädchen sind in Fig. 2, unterer Teil, unter Unterteilung in Verdrängungs- und Reibungsmitstrom wiedergegeben. Der obere Teil der Abbildung enthält das Teilergebnis einer zusätzlichen punktweisen Messung des Gesamtmitstroms mittels Pitotrohr und zwar auf einem zu rund 0,7 R gehörigen Kreisumfange. Es geht daraus die ungleichförmige Verteilung des Mitstroms über diesen Kreisumfang hervor.

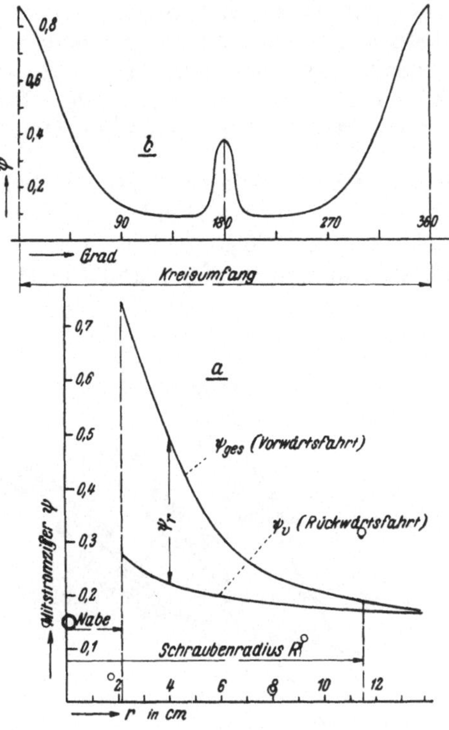

Fig. 2.

Mitstromverteilung im Schraubenkreis hinter Frachtschiffmodell.

a) nach Messung mit Mitstromrädchen (bei Vor- und Rückwärtsfahrt),

b) nach Messung mit Pitotrohr auf Kreisumfang von 8 cm $\sim$ 0,7 R.

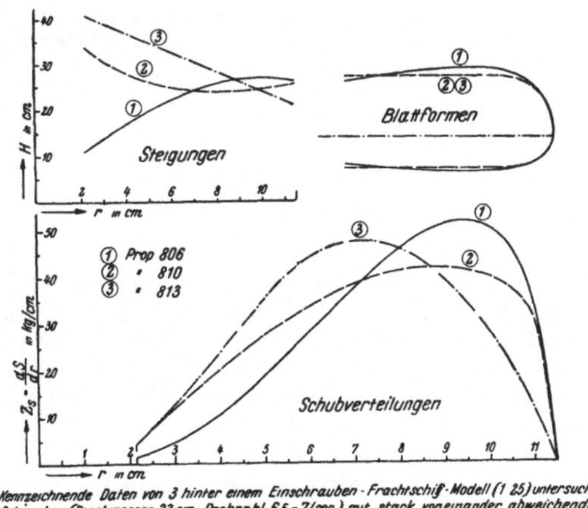

Kennzeichnende Daten von 3 hinter einem Einschrauben-Frachtschiff-Modell (1 25) untersuchten Schrauben (Durchmesser 23 cm, Drehzahl 6,5 - 7/sec.) mit stark voneinander abweichender Schubverteilung

Fig. 3.

Die Schubverteilungen dieser drei Schrauben mit den zugehörigen aus der Tragflügeltheorie abgeleiteten Steigungsverläufen sind in Fig. 3 wiedergegeben. Danach hat Schraube 1) eine stark nach außen, Schraube 3) stark nach innen anwachsende Steigung, während Schraube 2) einen etwa dazwischen liegenden Steigungsverlauf hat.

Die wesentlichen Ergebnisse dieser Versuche, bei welchen übrigens außer der normalen, dem Fahrtwiderstand des Schiffes entsprechenden Belastung auch noch eine um 20% größere und geringere Belastung durchgeprüft wurde, sind in Zahlentafel I und Fig. 4 wiedergegeben.

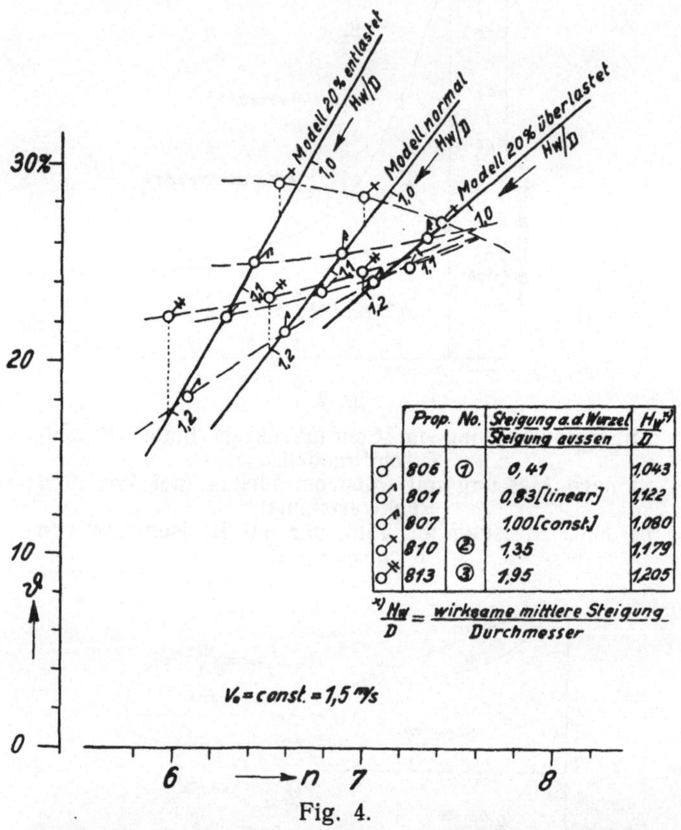

Fig. 4.
Veränderlichkeit des Soges bei gleicher Modellgeschwindigkeit: a) mit der Belastung des Propellers (gestrichelte Linie), b) mit dem mittleren Steigungsverhältnis H/D (ausgezogene Linien), c) mit dem Steigungsverlauf (punktierte Abstände).

Bezüglich der Veränderlichkeit des Soges geht aus Fig. 4, in welcher der Sog in Abhängigkeit von der Drehzahl aufgetragen ist, folgendes hervor:

Zahlentafel I

Ergebnisse von Versuchen mit 5 verschiedenen Schrauben hinter dem Modell (1:25) eines mittelvölligen Einschrauben-Frachtschiffs

Abmessungen des Schiffes: Länge = 140,2 m; Breite = 18,6 m; Tiefgang = 7,8 m; Verdräng. a. Spt. ca. 14950 m^3
Geschwindigkeit = 14,5 Kn
Durchmesser der Modellschrauben = 230 mm

Belastungszustand	Modell 20 % entlastet					Modell normal					Modell 20 % überlastet				
Propeller Nr.	806	801	807	810	813	806	801	807	810	813	806	801	807	810	813
Steigung a. d. Wurzel / Spitzensteigung	—					0,41	0,83	1,00	1,35	1,95	—				
Mittl. wirksame Steigg. / Durchmesser	—					1,043	1,122	1,080	1,179	1,205	—				
Modellwiderstand ± Trossenzug	1,655 Kg					2,070 Kg					2,485 Kg				
Drehzahl n u/sec.	6,27	6,08	6,415	6,55	5,97	6,77	6,58	6,885	6,995	6,50	7,24	7,05	7,33	7,40	6,99
Sogziffer ϑ %	22,3	18,2	25,0	29,1	22,4	23,5	21,5	25,5	28,3	23,3	24,9	24,0	26,3	27,1	24,6
Vortriebsgütegrad ξ_0 %	73,4	70,5	67,9	66,6	66,0	70,5	69,6	66,8	64,1	63,5	66,3	67,4	64,5	62,1	60,6
$\xi_0/1-\vartheta$	0,945	0,862	0,905	0,939	0,850	0,922	0,887	0,897	0,894	0,828	0,883	0,887	0,875	0,853	0,803

1) Bei ein und derselben Belastung fällt der Sog für die verschiedenen Schrauben um so größer aus, je größer die Drehzahl ist, bei welcher der Gleichgewichtszustand der Fahrt sich einstellt [17]), oder auch je kleiner das Verhältnis der mittleren wirksamen Steigung zum Durchmesser ist. Diese Tatsache dürfte im wesentlichen auf folgenden Grund zurückzuführen sein:

Je geringer unter sonst gleichen Umständen die Drehzahl, um so größer fällt das Drehmoment und somit nach dem Impulssatz die mittlere tangentiale Zusatzgeschwindigkeit c_u aus. Damit steigt aber, und zwar mit dem Quadrat von c_u, der Unterdruck im Schraubenstrahl. Dies hat bekanntlich zur Folge, daß mehr Wasser durch die Schraube hindurchgesaugt, mit anderen Worten, daß die von der Schraube erfaßte Wassermenge vergrößert wird. Da diese Wirkung somit die gleiche ist, wie sie bei Verengerung der Stromlinien zustande käme, so ist sie im Sinne der früheren Gedankengänge mit einer Verringerung des Sogs verbunden [18]).

2) Daß die Schrauben 810 und 813, besonders die letztere, in Fig. 4 so stark aus dem durch die dick ausgezogenen Linien gekennzeichneten normalen Verlauf in ungünstigem Sinne herausfallen, liegt offenbar an der durch die Art der Schubverteilung bedingten besonders starken Wurzelbelastung, vergl. Fig. 3. Hierdurch wird der auf S. 354 theoretisch begründete Einfluß der Schubverteilung auf den Sog klar bestätigt.

3) Die Schrauben weisen untereinander einen auffallend abweichenden Sogverlauf mit Änderung der Modellbelastung auf. Und zwar scheint die Tendenz dahin zu gehen, daß sich die Sondereinflüsse der verschiedenen Schraubenausbildung auf den Sog mit steigender Belastung mehr und mehr verwischen.

Durch die besonders ungünstige Sogziffer, die nach Vorstehendem vorwiegend in der unbeabsichtigt hohen Drehzahl begründet sein dürfte, ist der nach der partiellen Optimumbedingung Gl. 8) entworfene Propeller 810 natürlich auch im Gesamt-Vortriebsgütegrade stark beeinträchtigt. Aber auch wenn die durch diese Gleichung zu erfassende Wirkung näherungsweise durch Bildung des Quotienten $\frac{\xi_0}{1-\vartheta}$ (Zahlentafel I, letzte Zeile) herausgeschält wird, so zeigt sich trotzdem kein

[17]) Diese Erscheinung kam unbeabsichtigt dadurch zustande, daß die dem Entwurf der Schraube zugrunde gelegte gleiche Drehzahl beim Versuch verschieden groß ausfiel.

[18]) Daneben dürfte der sog. Maßstabeinfluß noch einen gewissen Beitrag in gleichem Sinne liefern. Je größer nämlich unter sonst gleichen Umständen die Drehzahl, um so mehr werden die inneren Bereiche der Flügel, bei denen eine Steigerung der relativ sehr kleinen Reynolds'schen Zahl sich in einer verhältnismäßig starken Erhöhung des Auftriebsbeiwerts auswirkt, zum Tragen herangezogen. Dadurch verlagert sich also der Schub nach innen, und hiermit ist gemäß den Ausführungen auf S. 354 eine Erhöhung des Sogs verbunden.

Vorteil gegenüber den offenbar ebenfalls guten Schrauben 801 und 807. Möglicherweise erklärt sich dies dadurch, daß der zusätzliche Effekt der Abweichung der Strömung von der Achsensymmetrie, also der aus Fig. 2 b (oberer Teil) ersichtlichen peripherialen Ungleichförmigkeit, das Ergebnis verwischt. Daß gegenüber dem Standard dieser drei Schrauben die Schraube 813, die von vornherein nur als Studienobjekt, nicht als praktisch in Frage kommende Konstruktion gedacht war, stark zurückbleibt, ist erklärlich, da, abgesehen von dem an und für sich ungünstigen Einfluß der beträchtlichen Abweichung der Schubverteilung von der nach Gl. 8), die Erhöhung der Wurzelsteigung gegenüber Schraube 810 sich gar nicht mehr in einer Erhöhung der c_a-Werte, also des Schubes, sondern nur noch in einer um so stärkeren Erhöhung der c_u-Werte, also des Drallverlusts, auswirkt. Dazu kommt, daß bei der geringen Belastung der äußeren Zone die Gleitzahl in deren Bereich besonders ungünstig ausfällt. Wahrscheinlich ist die Tatsache, daß die Zähigkeitsverhältnisse bei dem entgegengesetzten Extrem, der Schraube 806, gerade umgekehrt liegen, der Grund, weshalb diese Schraube besonders günstig abschneidet. Ob und inwieweit übrigens das mit dieser letzteren Schraube erzielte gute Ergebnis sich verallgemeinern läßt, hatte ich noch keine Gelegenheit näher zu prüfen.

Ein für die Auswertung von Versuchen: Schiffsmodell mit Schraube an Hand eines Freifahrversuchs mit der gleichen Schraube grundsätzlich wichtiger Punkt verdient hier noch Erwähnung:

Auch wenn wir durch die Einführung der Ersatzschraube die Verdrängungsströmung ausgeschaltet haben und wir uns somit die Ersatzschraube in einer Parallelströmung arbeitend denken können, so ist doch diese Parallelströmung wegen der radialen Veränderlichkeit des Mitstroms nicht mehr gleichförmig und somit der bei einer Freifahrt der Schraube herrschenden gleichförmigen Parallelströmung sicher nicht ähnlich. Da nun das ganze Verfahren der Auswertung mittels des Freifahrdiagramms auf der Voraussetzung der Ähnlichkeit der Strömungen beruht, so haftet dem üblichen Auswertungsverfahren, abgesehen von dem unter III b) besprochenen Fehler, noch ein weiterer Fehler an, dessen man sich allerdings schon lange bewußt geworden ist. Zunächst muß man natürlich, um überhaupt auch nur ein Näherungsverfahren mit Hilfe des Freifahrdiagramms zu erzielen, von einer mittleren Geschwindigkeit v_m der Ersatzströmung ausgehen, mit einem zugehörigen Fortschrittsgrad $\Lambda = \frac{v_m}{D \cdot n}$[19]). Die verbleibende Unähnlichkeit der beiden Strömungen wird sich dann grundsätzlich in der Weise auswirken, daß bei ein und demselben Fortschrittsgrad die in der Ersatzströmung arbeitende Schraube Werte von $\frac{S}{\varrho n^2 D^4}$ bzw. $\frac{M}{\varrho n^2 D^5}$ aufweist, die nicht mit den entsprechenden Werten K_s und K_m der

---

[19]) Bei der wirklichen Durchführung des Verfahrens müßten Durchmesser und Drehzahl der Ersatzschraube erst noch besonders ermittelt werden.

Freifahrschraube bzw. des Freifahrdiagramms übereinstimmen und zum Unterschied von diesen mit K_s' bzw. K_m' bezeichnet werden mögen. Die Kurven der K_s' und K_m' werden also grundsätzlich etwa in der Weise, wie schematisch in Fig. 5 angedeutet, gegen K_s und K_m irgendwie verlagert sein; man erkennt aus der schematischen Andeutung in der Skizze, daß man bei Nichtkenntnis der Kurven K_s' und K_m' Mitstrom und Wirkungsgrad prinzipiell verkehrt ermittelt. Bezeichnet man das Verhältnis $\frac{K_s'}{K_s}$ mit ξ_{as} und $\frac{K_m'}{K_m}$ mit ξ_{am}, so gilt für den durch die Ungleichförmigkeit der Strömung geänderten Schraubenwirkungsgrad die Beziehung

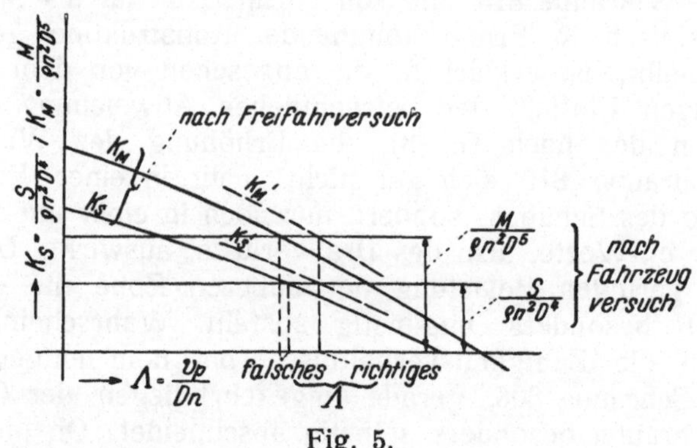

Fig. 5.
Verlagerung der Kurven von Schubkennziffer K_s und Drehmomentkennziffer K_m bei dem am Schiff arbeitenden Propeller gegenüber dem Freifahrt-Propeller.

$$\eta_p' = \frac{\xi_{as}}{\xi_{am}} \cdot \eta_p = \xi_a \cdot \eta_p \tag{9}$$

worin man $\xi_a = \frac{\xi_{as}}{\xi_{am}}$ als Einflußgrad der Anordnung zu bezeichnen pflegt. Zu dem hier besprochenen Einfluß der radialen Ungleichförmigkeit tritt in Wirklichkeit ein zusätzlicher Einfluß der peripherialen Ungleichförmigkeit und der Wellenströmung hinzu, worüber unter V und VI noch zu sprechen sein wird. Bei etwaiger Verschiedenheit der Drehzahl der Schraube im Freifahrzustande und hinter dem Schiffsmodell kommt außerdem infolge verschiedener Größe der Reynoldsschen Zahlen ein Maßstabeinfluß hinzu. Alle diese Einflüsse ergeben zusammen die jeweils resultierende Größe von ξ_a bzw. von ξ_{as} und ξ_{am}.

Bei Gelegenheit der Behandlung der peripherialen Ungleichförmigkeit und der Wellenströmung wird im übrigen noch einiges Grundsätzliches über Wesen und Bedeutung dieser ξ_a-Größen zu sagen sein.

V. Peripheriale Ungleichförmigkeit.

Eine solche wird in der Regel durch die Struktur der Grundströmung bedingt sein. Jedoch entsteht, worauf Föttinger[20]) hingewiesen hat, auch bei homogener Grundströmung eine peripheriale Ungleichförmigkeit des Schraubenstrahls dadurch, daß die in ihm vorhandene Wirbelströmnug, vor allem die Strömung, die sich um die Spitzenwirbel herum ausbildet, durch Schiffswände, an denen sich der Strahl entlang bewegt, gegenüber dem Zustand der freifahrenden Schraube eine Umwandlung erfährt. Seinem Wesen nach stellt Föttinger diesen Einfluß in der Weise dar, daß er zu dem Wirbelsystem, welches er sich idealisiert in Spitzen- und Nabenwirbel konzentriert denkt, wobei er überdies große Steigung, also möglichst gestreckten Verlauf der Spitzenwirbelstränge voraussetzt, ein an der Schiffswand gespiegeltes Wirbelsystem hinzufügt. Dadurch werden der Wirklichkeit entsprechend normal zu der Schiffswand verlaufende Strömungskomponenten aus-

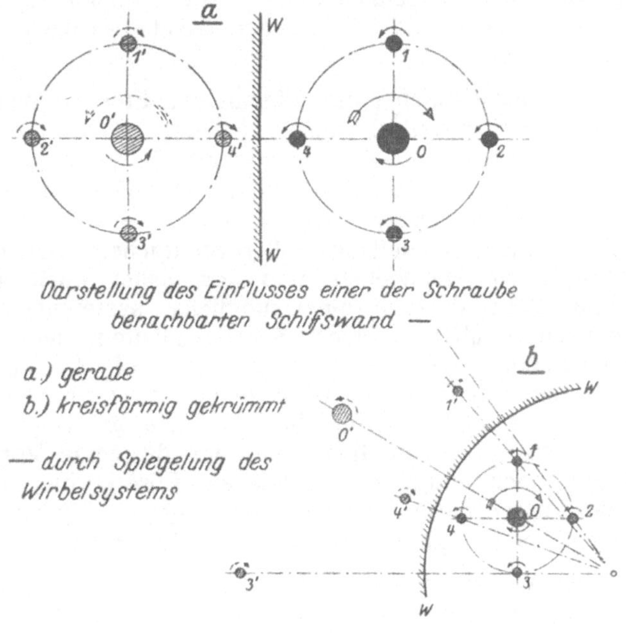

Fig. 6.

geschaltet. In Fig. 6 ist dies Spiegelungsprinzip an einer geraden und an einer kreisbogenförmig gekrümmten Wand schematisch dargestellt. Quantitativ ist dieser Einfluß, der bei naher Nachbarschaft der Wand bzw. des betr. Schiffsteils von erheblicher Größenordnung und besonders auch für die Kavitationsverhältnisse von Bedeutung sein dürfte,

---

[20]) Föttinger, Jahrbuch SBG. 1918, S. 444 ff.

bisher wohl noch nicht genauer untersucht. In der Auswertung von Schraubenversuchen wird er sich in einem Beitrag zu dem Einflußgrad der Anordnung ξ_a auswirken (vgl. S. 362). —

Wir gehen nunmehr zu den Fällen über, in denen die peripheriale Ungleichförmigkeit durch die Struktur der Grundströmung bedingt ist. Es sei unter peripherialer Ungleichförmigkeit alles einbegriffen, was gegenüber dem Fall der Achsensymmetrie der Grundströmung hinzutreten könnte. Man könnte also hierunter auch u. a. den Fall der schrägen Anströmung[21]) rechnen, denn in der Tat kommt hierbei ja im wesentlichen die peripheriale Ungleichförmigkeit in den beiden durch die Symmetrieebene voneinander getrennten Hälften zur Geltung. Ferner sei auch der in mancher Hinsicht charakteristische Grenzfall der mit einer auf ein und demselben Kreisumfang gleichförmigen Tangentialgeschwindigkeit oder gleichförmigem Drall behafteten Grundströmung hier eingeschlossen; denn wenn auch in diesem Grenzfall eine peripheriale Ungleichförmigkeit nicht besteht, so doch eine Abweichung von der Achsensymmetrie. Wir können in diesem Zusammenhang dann auch das Thema der Leitflächenwirkung wenigstens ganz kurz streifen.

Nun aber zunächst einen ganz allgemeinen Fall vorausgesetzt, wie ein solcher übrigens praktisch meist vorliegt, so werden durch das Hinzutreten peripherialer Ungleichförmigkeit die Bedingungen sowohl für die Ausbildung einer Schraube möglichst hohen Gesamtwirkungsgrades wie für eine möglichst einwandfreie Auswertung eines Versuchs Schraube hinter Schiffsmodell in außerordentlichem Grade über das bisherige Maß hinaus verwickelt, und der bisher noch mit einigem Erfolg durchgehaltene Versuch einer möglichst systematischen Lösung stößt auf nahezu unüberwindliche Schwierigkeiten. Ich möchte, um diese Schwierigkeiten zu kennzeichnen, nur auf die schönen von Kempf[22]) mit einer fünfteiligen Düse gemachten Strömungsmessungen im Bereich der Schraube, sowohl bei Ein- wie bei Doppelschraubenmodellen, erinnern. Es möge hier immerhin dasjenige Verfahren, das meiner Ansicht nach einer systematischen Lösung der Aufgabe des Entwurfs einer unter diesen Verhältnissen wirtschaftlichsten Schraube möglichst nahe kommt, zunächst vorangestellt werden.

Auch dieses Verfahren ist von Helmbold in seinem mehrfach zitierten Aufsatz angegeben worden. Es beruht auf folgender Überlegung: Bei der nur radialen Veränderlichkeit des Mitstroms war, wie auf S. 356 ausgeführt, hinsichtlich der zu einem bestimmten Radius r

---

[21]) Vgl. O. Flachsbart und G. Kröber „Experimentelle Untersuchungen an schräg angeblasenen Schraubenpropellern", ZFM. 1929, S. 605. Da nach dem Ergebnis dieser Untersuchungen der Einfluß der Schräganblasung auf das Verhalten des Propellers bei Anblaswinkeln bis zu 15° — und ein größerer Winkel kommt auch bei der in der ansteigenden Heckströmung arbeitenden Schiffsschraube nicht in Frage — verschwindend gering ist, so soll auf diesen Fall hier im Einzelnen nicht näher eingegangen werden.

[22]) Kempf, SBG. 1931, S. 134.

gehörigen Größe des Anstellwinkels α_0 und der Flügeltiefe l insofern noch eine Wahlfreiheit übrig geblieben, als nur das Produkt $\alpha_0 \cdot l$ festgelegt war. Jetzt gelten die dem günstigsten Zustand entsprechenden Werte der als Veränderliche eingeführten Größe (c_u) nicht mehr für den ganzen Kreisumfang, sondern sind grundsätzlich von Punkt zu Punkt ein und desselben Kreisumfanges verschieden; da sich andererseits der starre Schraubenflügel dieser Veränderlichkeit nicht anpassen kann, entsteht durch die Forderung einer möglichst günstigen Verteilung der c_u über den Kreisumfang eine zusätzliche Bedingung, durch welche die Größen α_0 und l eindeutig festgelegt werden. Da allerdings die systematische Durchführung eines hiernach orientierten Verfahrens sehr umständlich wird, schlägt Helmbold für die praktische Durchführung ein Mittelungsverfahren vor, durch welches die gestellte Aufgabe näherungsweise möglichst gut erfüllt wird.

Allerdings wird sich dies Verfahren praktisch wohl nur bei einer nicht zu großen peripherialen Ungleichförmigkeit der Strömung durchführen lassen; auch ist dabei vorauszusetzen, daß der Anstellwinkel α_0 nicht die Grenze überschreitet, die einer linearen Abhängigkeit des Auftriebsbeiwerts ξ_a von α_0 gesetzt ist. Aus zahlreichen Meßergebnissen, von denen als Beispiel auf Fig. 3, oberer Teil, verwiesen und außerdem ein von Kempf[23]) für ein Modell mit U- und eins mit V-förmigen

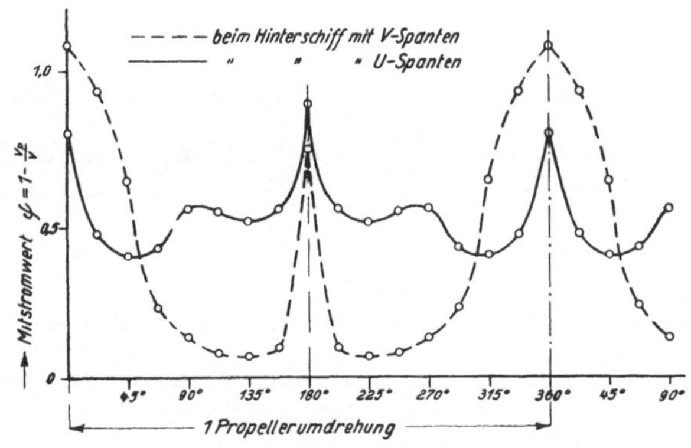

Fig. 7.
Mitstromverteilung in einem Kreisring von $^2/_3$ Propellerradius nach einem Versuch von Kempf.

Hinterschiffsspanten erzieltes Ergebnis in Fig. 7 wiedergegeben sei, geht nun aber offensichtlich hervor, daß vielfach, hier also vor allem bei dem V-Spantschiff, die genannten Voraussetzungen bei weitem nicht erfüllt sind. Bei relativ günstig liegenden Fällen (U-Spantform) bleibt es abzuwarten, ob aus dem angedeuteten Verfahren praktisch noch ein ausreichender Effekt herauszuholen ist. Andernfalls müßte

[23]) Kempf, SBG. 1931, S. 134.

man sich eben mit der Berücksichtigung der radialen Veränderlichkeit, unter Einführung eines, bei Messung durch Mitstromrädchen ja unmittelbar festzustellenden Mittelwerts der Geschwindigkeiten für konstante r, begnügen. —

Zu dem Thema der peripherialen Ungleichförmigkeit möchte ich nun noch folgende Punkte etwas berühren:

1) Die peripheriale Ungleichförmigkeit liefert bei der Analyse der für den Vortrieb maßgebenden Größen auf Grund eines Freifahrversuchs einen zusätzlichen Beitrag zu dem bereits unter IV, S. 362, genannten Einflußgrad der Anordnung ξ_a, ein Beitrag, auf welchen speziell die englische Bezeichnung relative rotative efficiency zugeschnitten ist. Man pflegt diesen definitionsmäßig in der Weise darzustellen, daß man die Aufspaltung des Vortriebsgütegrades in folgender Weise [24]) vornimmt:

$$\xi_o = \frac{W_o \cdot v}{M \cdot 2\pi n} = \frac{W_o \cdot v}{S \cdot v_p} \cdot \frac{S \cdot v_p}{M_f \times 2\pi n} \times \frac{M_f}{M} = \eta_p \times \frac{1-\vartheta}{1-\psi} \times \xi_a \quad (9)$$

Dieser Art der Aufspaltung liegt offenbar die Anschauung zu Grunde, daß der Schub durch diesen Ungleichförmigkeitseinfluß nicht berührt wird, sondern nur das Moment, daß man also in üblicher Weise auf Grund der durch die Modellmessung bestimmten Schubkennziffer $K_s = \frac{S}{\varrho n^2 D^4}$ den einschlägigen Fortschrittsgrad Λ und Wirkungsgrad η_p bestimmen darf, und alsdann aus dem Verhältnis des zu diesem Λ gehörigen Drehmoments $M_f = K_m \cdot \rho\, n^2 D^5$ zu dem am Modell gemessenen Drehmoment M das $\xi_a = \frac{M_f}{M}$ ermittelt. Dies Verfahren kommt darauf hinaus, den auf S. 362 eingeführten Verhältniswert $\xi_{as} = \frac{K_s'}{K_s}$ grundsätzlich $= 1$ zu setzen. Dies ist aber keineswegs immer zulässig. Man sieht dies besonders klar an dem einfachen Falle, daß die sonst gleichförmige Strömung einen Eintrittsdrall besitzen möge, wie ein solcher, abgesehen von der bewußten Herbeiführung durch einen vor dem Propeller gelegenen Leitapparat, auch z. B. hinter einer Wellenhose leicht entstehen kann. In dem in Fig. 8 schematisch dargestellten Vergleichsfall ist beispielsweise vorausgesetzt, daß von ein und derselben Schraube und unter auch sonst gleichen Bedingungen, nur im Falle 1 ohne, im Falle 2 mit Eintrittsdrall, ein und derselbe Schub S erzeugt wird. Dann fällt bei dem in dem Beispiel gewählten Fall eines dem Schraubendrehsinn entgegen gerichteten Eintrittsdralls

---

[24]) Der Einfluß der Verdrängungsströmung, der an sich eine Behandlung nach Gl. 5) verlangen würde, sei hierbei als nicht zur Sache gehörig ausgeschaltet gedacht.

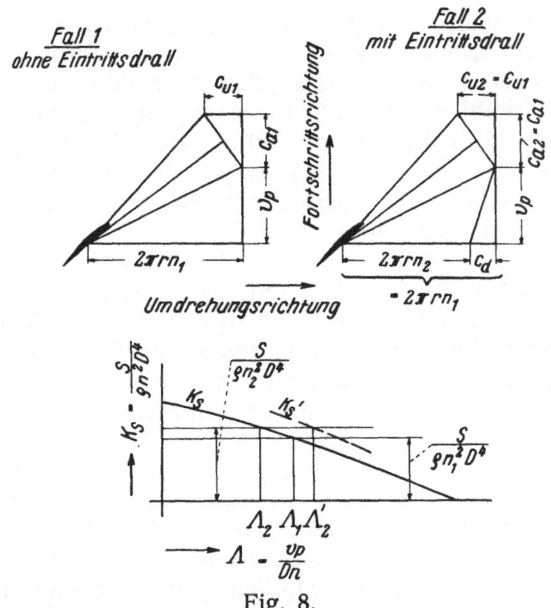

Fig. 8.
Schematische Darstellung der Wirkung eines Eintrittsdralles (Drallgeschwindigkeit c_d, hier entgegen dem Schraubendrehsinn angenommen) auf die Auswertung mittels Freifahrtversuchs.

die Drehzahl n_2 offenbar kleiner aus als n_1. Während unter den genannten Voraussetzungen für den Fall 1 das Freifahrdiagramm ohne weiteres gilt, ergäbe dessen Verwendung in dem Falle 2 ein $K_{s_2} > K_{s_1}$, somit ein $\Lambda_2 < \Lambda_1$ und, da voraussetzungsgemäß v_p in beiden Fällen gleich sein soll, $n_2 > n_1$ im Widerspruch mit den Tatsachen. Umgekehrt kommt, wenn man in der üblichen Weise in dem Λ_2 das $n_f = n_2$ setzt, das sich alsdann ergebende v_p verkehrt heraus[25]). Die Verhältnisse werden erst richtig, wenn man wiederum, wie schon in Fig. 5 angedeutet, eine Verlagerung der K_s-Kurve nach K_s' einführt.

Man stößt im Grunde immer auf den gleichen Fehler, daß nämlich das Freifahrdiagramm fälschlicherweise zur Analyse von Strömungen verwandt wird, die derjenigen des Freifahrzustandes unähnlich sind.

Der versuchstechnischen Ermittlung der ξ_a-Größen, die zur Bestimmung des Maßes dieser Verlagerung und dadurch zur Ermittlung der zutreffenden Größen von Λ, ψ und η_p erforderlich wäre, hat man

[25]) In ähnlicher Weise wie ein Eintrittsdrall wirkt eine Störung des natürlichen Austrittsdralls, sofern diese Störung, wie bei den meist dicht hinter den Mittelschrauben gelegenen Steuerrudern der Fall, so nahe der Schraube sich befindet, daß sie die Strömung durch den Propeller beeinflußt. Auch in diesem Falle wird also die übliche Auswertung nach dem Freifahrdiagramm verkehrte Werte ergeben.

bisher verhältnismäßig wenig Beachtung geschenkt; meist hat man sich darauf beschränkt, unter der willkürlichen Annahme von $\xi_{as} = 1$ ein ξ_a zu ermitteln. Unter den geschilderten Umständen muß man aber doch wohl sagen, daß hiernach, auch abgesehen von dem unter III a) und b) behandelten Einfluß der Verdrängungsströmung, die nach dem bisherigen Auswertungsverfahren ermittelten obigen Größen, insbesondere also auch die Größe des Mitstroms, vielfach ziemlich in der Luft schweben.

Bei dem unter III b) angedeuteten neuen Auswertungsverfahren ist man wegen dessen Empfindlichkeit in besonderem Maße auf eine möglichst genaue Ermittlung des Einflußgrades der Anordnung angewiesen. Für die Ermittlung der einschlägigen Fortschrittsziffer Λ und des Wirkungsgrades η_p genügt die Feststellung der Größe ξ_a, die sich durch Messung der mittleren Durchtrittsgeschwindigkeit v_p der Grundströmung durch den Schraubenkreis mit Hilfe der Mitstromrädchen leicht durchführen läßt. Will man jedoch die Auswertung auf die Ermittlung der Mitstrom- und Soganteile ausdehnen, so ist auch die Kenntnis von ξ_{as} bzw. ξ_{am} erforderlich. So weit sich bisher übersehen läßt, ist hierfür noch eine weitere Messung erforderlich und zwar näherungsweise die der Niveauänderung über dem Ort der Schraube im Schleppzustand gegenüber dem ruhenden Wasserspiegel. Hinsichtlich der hierfür in Frage kommenden näheren Zusammenhänge muß auf die bereits erwähnte anderweitige ausführliche Veröffentlichung verwiesen werden. In dem im Anhang gegebenen Beispiel ist das Ergebnis einer solchen zusätzlichen Maßnahme ebenfalls mitgeteilt.

2) Was das Wesen der Größe ξ_a anbetrifft, so drückt sich darin ein durch die am Schiff herrschende Grundströmung verursachter veränderter Austritts- und Zähigkeitsverlust im Strahl der Fahrzeugschraube gegenüber dem der Freifahrschraube aus, soweit diese Änderung nicht durch den dem mittleren Reibungsmitstrom entsprechendenFaktor $\frac{1}{1-\psi_r}$ in Gl. 5) bereits gesondert erfaßt ist. Der Austrittsverlust wird durch die Ungleichförmigkeiten der Grundströmung, so wie sie praktisch meist auftreten, in der Regel[26]) vergrößert ($\xi_a < 1$), dagegen führen, wie ja vom Beispiel der Leitapparate bekannt, in richtigem Sinne herbeigeführte Dralländerungen zu Verringerung des Austrittsverlustes gegenüber dem Freifahrzustand und damit zu einem $\xi_a > 1$. Im Falle der Fig. 8 beispielsweise ist für das betr. Kreisringelement der Austrittsverlust N_a im Falle 1):

$$N_{a1} = \varrho/2 \cdot dQ \; (c_a^2 + c_u^2)$$

[26]) E. Petersohn hat jedoch in WRH. 1928, S. 193, festgestellt, daß eine in einer Parallelströmung mit der Tiefe nach veränderlicher Geschwindigkeit arbeitende Schraube einen größeren Wirkungsgrad aufweist als beim Arbeiten in sonst gleicher Strömung von mittlerer Geschwindigkeit.

im Falle 2):

$$N_{a2} = \varrho/2 \cdot dQ \; [c_a^2 + (c_u - c_d)^2]$$

Der dementsprechende Unterschied kommt im Wirkungsgrade in einer virtuellen Vergrößerung im Falle 2) auf $\eta_{p_1} \cdot \xi_a$, mit $\xi_a > 1$, zum Ausdruck.

3) Um die aus der peripherialen Ungleichförmigkeit nach Art der etwa in Fig. 7 gekennzeichneten Fälle entspringenden Nachteile praktisch möglichst zu verringern, ist von Prof. Brix, Leningrad[27]) vorgeschlagen worden, den Schraubendurchmesser kleiner zu machen als man ihn beim Nichtvorhandensein dieser peripherialen Schwankungen machen würde, mit folgender einleuchtender Begründung: Je kleiner der Durchmesser, um so größer unter sonst gleichen Umständen die Belastung der Schraube, um so größer also auch die mittleren Anstellwinkel der einzelnen Flügelprofile, um so kleiner aber die Schwankungen der Anstellwinkel beim Weg des Profils über den ganzen Kreisumfang. Bei großem Durchmesser und entsprechend schwacher Belastung, bei welcher schon die mittleren Anstellwinkel relativ klein und deren Schwankungen relativ groß sind, kann es leicht örtlich zu übermäßig kleinen, ja negativen Anstellwinkeln kommen, die natürlich für den Wirkungsgrad ungünstig sind, und es werden daher große Schrauben unter sonst gleichen Verhältnissen mehr unter der peripherialen Ungleichförmigkeit der Strömung zu leiden haben als kleinere. Die Richtigkeit dieser Schlußfolgerung scheint sich auch nach praktischen Erfahrungen bestätigt zu haben. Falls es sich um Mittelschrauben handelt, spricht hierbei allerdings auch noch die bekannte Tatsache mit, daß wegen der starken Abnahme des Reibungsmitstroms nach außen hin die kleinere Schraube gegenüber der größeren in einem Gebiet größeren mittleren Reibungsmitstroms arbeitet und sich daher in dieser Hinsicht relativ im Vorteil befindet.

Für die Beurteilung der Frage, wo nach der Richtung einer Verkleinerung des Durchmessers die Grenze im Vergleich zu einer unter sonst gleichen Bedingungen in homogener Strömung arbeitenden Schraube zu ziehen ist, liegen u. a. Versuche von D. W. Taylor[28]) vor, die, indem sie die vorstehenden Gesichtspunkte im wesentlichen bestätigen, zugleich einen Anhalt für die Beurteilung nach der quantitativen Richtung ermöglichen.

4. Der Einfluß peripherialer Ungleichförmigkeit auf die Kavitationsverhältnisse ist zwar meines Wissens bisher noch nicht näher untersucht worden, es erscheint aber doch wohl ziemlich wahrscheinlich, daß sie grundsätzlich die Entstehung der Kavitation fördern wird. Denn

---

[27]) F. A. Brix, Schiffbau 1928, S. 6.

[28]) D. W. Taylor, Trans. North-East Coast Inst. of Eng. a. Shipb., Bd. XLVII (1930/31), S. 317.

wenn bei peripherialer Gleichförmigkeit das Profil beispielsweise gerade noch kavitationsfrei arbeitet, so wird insbesondere eine gegenüber diesem mittleren Zustand infolge der Schwankungen eintretende Erhöhung des Anstellwinkels auf der Saugseite zu lokaler Unterschreitung des Haltedrucks und damit grundsätzlich zu Kavitation führen. Ob und wie weit freilich eine solche unter diesen Umständen bereits schädliche Folgen, sei es Wirkungsgradverschlechterung oder Korrosion, mit sich zu bringen vermag, ist mir nicht bekannt. Denkbar erscheint übrigens auch der Fall, daß auch eine übermäßige lokale Verminderung des Anstellwinkels, wenn sie nämlich ins negative Gebiet hinein führt, zu Kavitation, und zwar in diesem Falle zu Druckseiten-Kavitation, Anlaß gibt. — Es erscheint hiernach jedenfalls geboten, beim Entwurf einer Mitstromschraube auf Grund der durch Mitstromrädchen gemessenen radialen Veränderlichkeit des Mitstroms von der hierfür zutreffenden Kavitationsgrenze mit Rücksicht auf die zusätzliche peripheriale Veränderlichkeit ausreichenden Abstand zu wahren.

Auf den in der Praxis wichtigen Fall des Durchschlagens der Schraubenflügel durch die Wasseroberfläche, ein Fall, bei dem also eine ganz extrem starke peripheriale Veränderlichkeit, verbunden mit einer zusätzlichen Oberflächenstörung, vorliegt, sei hier nicht näher eingegangen, sondern nur auf das einschlägige Material verwiesen.[29]) Zusätzlich sei nur erwähnt, daß es nach meinen Erfahrungen hierbei stark auf eine sehr sachgemäße Ausführung der Profilnase ankommt und daß, wenn dies genügend beachtet wird, Tragflügelprofile beim Durchschlagen der Wasseroberfläche bei weitem nicht den großen Schub- und Wirkungsgradabfall aufweisen, wie er andernfalls im Vergleich zu Kreissegmentprofilen beobachtet worden ist.

VI. Einfluß der Wellenströmung.

Über diesen Einfluß ist man sich bisher sehr wenig klar geworden. Es besteht kein Zweifel, daß ein solcher, vorausgesetzt daß der Wellenwiderstand überhaupt eine Rolle spielt und daß die Schraube in einer noch durch die Wellenbildung gestörten Tiefenschicht arbeitet, auf alle Fälle vorhanden sein muß. Und zwar liegt von vornherein die Annahme nahe, daß er sich ebenso wie der Einfluß der Reibungsströmung nach zwei Richtungen auswirken wird, in einem Sogeinfluß und einem Mitstromeinfluß.

Der Sogeinfluß liegt im Prinzip klar zutage: Durch das Arbeiten der Schraube wird, unter den gemachten Voraussetzungen, zweifellos eine Veränderung der Wellenkontur am Schiff, besonders am Hinterschiff, hervorgerufen und dadurch eine Veränderung des Wellenwiderstandes, also ein Soganteil, den wir als Wellensog bezeichnen können. Irgendwelche Untersuchungen über dessen Größenordnung

---

[29]) Vgl. u. a. Kempf, WRH. 1928, S. 309; D. W. Taylor, The Shipbuilder 1930, S. 376; Mrs. Smith-Keary, Trans. North-East Coast. Inst. of Eng. a. Shipb. 1931/32, S. 26.

liegen bisher nicht vor. Während aber der Reibungssog naturgemäß stets positiv ist, also eine Widerstandsvermehrung bedeutet, braucht dies, wie man zunächst annehmen möchte, bei dem Wellensog nicht der Fall zu sein. Denn es erscheint der Fall immerhin denkbar, daß das Arbeiten der Schraube eine Verlagerung der Welle am Schiff in günstigem Sinne herbeiführt.

Was das Vorhandensein eines Mitstromeinflusses anbetrifft, so liegt, da die Wellenströmung ebenso wie die Reibungsströmung, aber im Gegensatz zu der Verdrängungsströmung, kinetische Energie enthält, die hinter dem Schiff im Wasser zurückbleibt, die Annahme nahe, daß die Energie der Wellenströmung ebenso wie die des Reibungsmitstroms durch den Propeller ausnutzbar ist. Über die Art und Weise, wie man sich dies vorstellen kann, möchte ich Bezug nehmen auf eine Bemerkung, die ich bereits vor zwei Jahren einmal in der Erörterung eines Vortrags von Dr. Kempf[30]) gemacht habe. Danach hätte man sich den Zusammenhang in großen Umrissen etwa folgendermaßen zu denken:

Die Schraube arbeitet in einer Wasserschicht, die noch unter dem meßbaren Einfluß der durch die Wellenströmung erzeugten Oberflächenstörung steht. Es muß daher umgekehrt das Arbeiten der Schraube auch eine Rückwirkung auf diese Oberflächenstörung haben, d. h. das Schiffswellenbild muß durch das Arbeiten der Schraube etwas verändert werden oder, anders ausgedrückt, die Schraube erzeugt von sich aus eine eigene Oberflächenstörung, ein eigenes Wellenbild, in welchem ein Teil, allerdings normalerweise wohl nur ein verhältnismäßig kleiner Teil, der Austrittsverlustenergie der Schraube ausstrahlt, während der andere weitaus größere Teil in dem eigentlichen Schraubenstrahl enthalten ist.

Wir könnten, um uns den Vorgang möglichst anschaulich zu machen, beispielsweise den vom Propeller erzeugten Drucksprung, der ja mit dem Propeller mitwandert, mit dem bekannten wandernden Druckpunkt Lord Kelvins vergleichen. Das Bild der durch den Propeller erzeugten Oberflächenstörung wird dann generell ähnlich aussehen wie das eines wandernden Druckpunktes, sich also darstellen in der bekannten Form eines Systems von Diagonal- und Querwellen, und dieses unter Ausbreitung und entsprechender Abflachung unendlich weit nach hinten sich erstreckende Bild wird sich dem vorhandenen Schiffswellenbild überlagern. Je nachdem nun, ob diese Überlagerung zu einer günstigen oder ungünstigen Interferenz führt, wird der Austrittsverlust des Gesamtsystems kleiner oder größer werden, sich der Vortriebsgütegrad also verbessern oder verschlechtern.

Sogeinfluß und Mitstromeinfluß der Wellenströmung werden nun zusammen einen gewissen Einfluß auf den Gesamtvortriebsgütegrad ξ_0 ausüben, und ein solcher ist bei Modellversuchen in der Tat einwandfrei

[30]) WRH. 1930, S. 441.

und in nicht unerheblicher Größe festgestellt worden. Auf meine Anregung sind vor einiger Zeit nach dieser Richtung folgende Versuche zur generellen Nachprüfung des Welleneinflusses in der Preuß. Versuchsanstalt für Wasserbau und Schiffbau Berlin gemacht worden:

Die Versuchsreihe wurde mit dem 4 m langen Modell eines Doppelschrauben-Frachtschiffs, bei dem jedoch die Wellenhosen fehlten, in der früher üblichen Weise mit nachgeführten Schrauben gefahren und es wurden die normalen Messungen bei 4 (in der oberen Tauchlage der Schraube nur 3) verschiedenen Entfernungen der Schraube von H. P., außerdem bei zwei verschiedenen Tauchtiefen der Schraube vorgenommen, wobei der Abstand des Spitzenkreises von der Bordwand immer möglichst beibehalten wurde. In jeder Lage der Schraube wurde mit drei verschiedenen Geschwindigkeiten (entsprechend rund 14,5, 16 und 17,75 Knoten des naturgroßen Schiffes)[31]) gefahren. Auf diese Weise war es möglich, dem Welleneinfluß auf zwei verschiedenen Wegen Geltung zu verschaffen: einmal bei ein und derselben Geschwindigkeit durch Veränderung der Lage der Schraube der Länge nach, dadurch also auch gegenüber der Welle, sodann bei ein und derselben Lage der Schraube durch Änderung der Geschwindigkeit, wobei sich die Lage der Schraube zur Welle ja ebenfalls änderte. Ferner wurde in der Hauptwirkungszone der Schraube der Mitstrom mittels Mitstromrädchen gemessen und der Verlauf der Wellenkontur am Hinterschiff im Schleppzustand des Modells durch Lichtbildaufnahmen festgelegt. Fig. 9 zeigt die Anordnung der Schraubenlagen und den Verlauf der Wellenkontur.

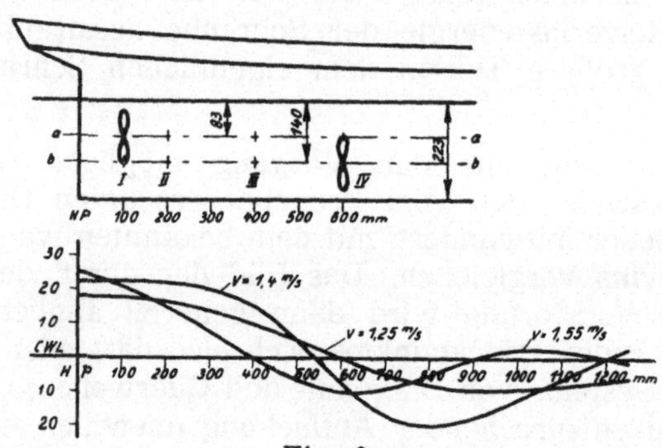

Fig. 9.
Anordnung der Schraubenlagen und Verlauf der Welle am Hinterschiff.

Die Hauptergebnisse der Versuche sind in Zahlentafel II zusammengestellt. Die Meßergebnisse sind, abgesehen von dem Modell-

[31]) Die niedrigste (14,5) entspricht etwa der Betriebsgeschwindigkeit des Schiffes; die oberste ist für die Form und die Abmessungen des Schiffes viel zu hoch. Sie wurde lediglich gewählt, weil dabei der Welleneinfluß besonders stark zutage tritt.

Zahlentafel II

Lage der Schrauben[1] Tauch-Tiefe	Lage der Schrauben[1] Längs-Lage	v m/sec	Meßergebnisse: W_0 kg	Meßergebnisse: n sec^{-1}	Meßergebnisse: ψ auf 0,75 R	Meßergebnisse: $\vartheta = \frac{S-W_0}{S}$	Meßergebnisse: $\xi_0 = \frac{W_0 \cdot v}{M \cdot 2\pi n}$	Auswertungsergebnisse: ψ_r ang.	Auswertungsergebnisse: η_p[2]		Auswertungsergebnisse: ξ_a	Auswertungsergebnisse: ϑ_r
a	I	1,25	1,055	12,08	0,280	0,188	0,637	0,09	0,631	(0,595)	1,034	0,098
a	I	1,40	1,575	14,0	0,308	0,184	0,637	0,09	0,620	(0,565)	1,037	0,086
a	I	1,55	2,45	17,1	0,277	0,207	0,557	0,09	0,593	(0,538)	0,995	0,129
a	II	1,25	1,055	12,18	0,254	0,207	0,588	0,09	0,629	(0,593)	0,982	0,119
a	II	1,40	1,575	14,52	0,283	0,241	0,575	0,09	0,613	(0,566)	1,033	0,158
a	II	1,55	2,45	17,6	0,266	0,242	0,521	0,09	0,588	(0,544)	0,995	0,175
a	III	1,25	1,055	12,74	0,118	0,113	0,564	0,09	0,638	(0,633)	0,902	0,094
a	III	1,40	1,575	14,9	0,139	0,142	0,577	0,09	0,623	(0,613)	0,953	0,114
a	III	1,55	2,45	17,98	0,088	0,125	0,558	0,09	0,604	(0,603)	0,957	0,122
b	I	1,25	1,055	12,85	0,128	0,121	0,567	0,06	0,641	(0,635)	0,921	0,092
b	I	1,40	1,575	14,78	0,139	0,139	0,561	0,06	0,629	(0,610)	0,930	0,089
b	I	1,55	2,45	17,65	0,132	0,131	0,547	0,06	0,611	(0,591)	0,939	0,098
b	II	1,25	1,055	12,63	0,144	0,113	0,627	0,06	0,641	(0,631)	0,995	0,070
b	II	1,40	1,575	14,93	0,164	0,174	0,577	0,06	0,626	(0,605)	0,999	0,118
b	II	1,55	2,45	17,75	0,151	0,161	0,557	0,06	0,606	(0,576)	0,991	0,120
b	III	1,25	1,055	12,95	0,108	0,132	0,558	0,06	0,640	(0,635)	0,922	0,108
b	III	1,40	1,575	15,32	0,129	0,173	0,522	0,06	0,626	(0,616)	0,928	0,148
b	III	1,55	2,45	18,23	0,109	0,168	0,512	0,06	0,605	(0,597)	0,942	0,141
b	IV	1,25	1,055	13,05	0,065	0,058	0,518	0,06	0,643	(0,644)	0,808	0,060
b	IV	1,40	1,575	15,48	0,054	0,074	0,527	0,06	0,634	(0,637)	0,858	0,087
b	IV	1,55	2,45	18,0	0,074	0,079	0,551	0,06	0,615	(0,615)	0,914	0,078

[1]) Vergl. Fig. 9. [2]) Die Klammerwerte ergeben sich nach bisher üblicher Auswertung.

widerstand W_0 und der Drehzahl n, gleich in der für die Anschauungsbildung charakteristischen Form von ψ, ϑ und ξ_0 gegeben. Man erkennt daraus bereits, daß sowohl durch Veränderung der Geschwindigkeit bei ein und derselben Lage der Schraube als auch durch Verlegung der Schraube in der Längsrichtung bei ein und derselben Geschwindigkeit sehr erhebliche Unterschiede in den Propulsionsverhältnissen wachgerufen werden, und zwar nicht nur in den Zwischengrößen ψ und ϑ, sondern auch in den Endgrößen ξ_0. Hierdurch wird bestätigt, daß der Einfluß der Welle auf die Propulsion erheblich sein kann und es sich auch vom praktischen Standpunkte aus lohnt, in Zukunft diesen Einfluß näher zu untersuchen.

Bezüglich der genaueren Analyse der Ergebnisse zum Zwecke einer Aufspaltung von ξ_0 in seine einzelnen Faktoren müssen wir uns zunächst die grundsätzliche Rolle der Wellenströmung im Rahmen des unter IIIb angedeuteten neuen Auswertungsverfahrens klarmachen. Man erkennt unschwer, daß der Wellensog im Rahmen dieses Verfahrens die gleiche Rolle spielt wie der Reibungssog, daß somit, wenn dieses Verfahren in der bisherigen Form, d. h. ohne Welleneinfluß, eine Reibungssogziffer ϑ_r ergab, bei Hinzutreten des Welleneinflusses in der Größe, die sich bei unverändertem Auswertungsschema als ϑ_r ergibt, der Wellensog mit enthalten ist. Dagegen wäre es offenbar gänzlich unzulässig, das, was vorstehend als Wellenmitstrom bezeichnet worden ist, dem Wesen nach dem Reibungsmitstrom gleichzusetzen. Vielmehr muß der Mitstromeinfluß der Wellenströmung an der Stelle zutage treten, wo allgemein, nach Aussonderung der Reibungsströmung, der Einfluß der Änderung des Austrittsverlustes des gemeinsamen Systems Schiff-Propeller gegenüber der Summe der Austrittsverluste der getrennt gedachten Systeme zum Ausdruck kommt. Diese Stelle ist nach den Ausführungen unter V2) (S. 368) die Größe ξ_a, die somit, neben all den anderen Einflüssen, die nach früherem bereits in ihr enthalten sind, nunmehr auch noch den Mitstromeinfluß der Wellenströmung in sich aufnimmt. Eine Absonderung dieser in ξ_a enthaltenen Einzeleinflüsse von einander ist natürlich, wenn überhaupt je erreichbar, jedenfalls nur durch wesentlich verfeinerte Versuche zu ermöglichen.

Die in Zahlentafel II unter der Spalte „Auswertungsergebnisse" enthaltenen Zahlen stellen Ergebnisse dar, bei denen zwar schon das neue Auswertungsverfahren verwandt ist, aber in einer noch ziemlich rohen Form, da für eine genauere Auswertung die vorgenommenen Messungen nicht ausreichten. Bei der hier angewandten näherungsweisen Auswertung wurde von der Annahme einer für ein und dieselbe Tauchtiefe konstanten Größe des Reibungsmitstroms ausgegangen, und zwar von einem solchen Betrag dieser Größe, wie er schätzungsweise etwa für eine Seitenschraube zutreffen könnte. Wenn auch dieses Verfahren in der Tat offensichtlich nur einen ersten rohen Anhalt für die gesuchten Auswertungsgrößen (η_p, ξ_a, ϑ_r) liefern konnte und deren absolute Größen zweifellos nicht zuverlässig sind, so konnte doch im Rahmen der vorgenannten Gedankengänge auch bereits eine qualitative Beantwortung der Frage nach der grundsätzlichen Richtung der Veränderung der Größen ξ_a und ϑ_r nützlich erscheinen.

Aus den Ergebnissen kann man im wesentlichen folgende Schlüsse ziehen:

1. Der reine Propellerwirkungsgrad η_p zeigt bei ein und denselben Schraubenlagen eine von den letzteren ziemlich unabhängige stetige Abnahme mit wachsender Geschwindigkeit, die ganz sinngemäß darauf zurückzuführen ist, daß sich bei der für die Schiffsabmessungen bereits unnatürlichen Steigerung der Geschwindigkeit ein erheblicher Wellenwiderstand einstellt und die Propellerbelastung entsprechend stark wächst. Soweit also der Verlauf der ξ_0 eine entgegengesetzte Tendenz aufweist, wie z. B. bei Längslage 600 mm vor HP., ist dies nicht auf den Propellerwirkungsgrad, sondern auf den Welleneinfluß zurückzuführen. Von der Verschiebung in der Längsrichtung bleibt η_p praktisch ziemlich unbeeinflußt, was ebenfalls sinngemäß erscheint. Nach dieser Richtung zeigt sich übrigens ein ziemlich erheblicher Unterschied der neuen gegenüber der bisher üblichen (eingeklammerten) Auswertung. Gute Übereinstimmung herrscht nur bei kleinen Werten des gemessenen Mitstroms.

2. In der Größe ϑ_r ist nach der vorangesetzten Erläuterung neben dem Reibungssog auch der Wellensog mit enthalten. Da man den Reibungssog im vorliegenden Falle wohl im großen und ganzen als konstant wird voraussetzen können, werden somit die ziemlich erheblichen Schwankungen, denen ϑ_r unterworfen ist, überwiegend auf das Konto des Wellensogs zu setzen sein. Ein ausgesprochen ungünstiger Wellensog ergibt sich hiernach beispielsweise in der oberen Schraubenlage 200 mm vor HP. An Hand der Wellenkonturskizze kann man sich in der Tat sehr gut vorstellen, daß gerade bei dieser Lage der Schraube zu der Wellenkontur, die ohne Schraube vorhanden ist und hierbei das Hinterschiff stark entlastet, die Sogwirkung der Schraube die Wellenkontur besonders ungünstig beeinflußt.

3. Die Größe ξ_a, die, wie ausgeführt, neben anderen hier nicht interessierenden Einflüssen den der verschiedenartigen Interferenz zwischen Schiffswellen- und Schraubenwellensystem enthält, weist sowohl bei ein und derselben Lage der Schraube und Veränderung der Geschwindigkeit, als auch ganz besonders bei gleichbleibender Geschwindigkeit und Lagenveränderung, teilweise außerordentliche Schwankungen auf, die meines Erachtens vorwiegend auf Rechnung des Welleneinflusses zu setzen sind. Hierbei zeigt sich, wie aus der Wellenkonturskizze hervorgeht, im großen und ganzen eine Lage der Schraube im Wellenberg als günstig, im Wellental als ungünstig. Freilich wird durch dieses Schema die Wirkung nur ganz grob erfaßt, was offenbar mit der Verzerrung zusammenhängt, welche das Wellenbild durch die unmittelbare Nachbarschaft des Schiffskörpers erleidet und welche die maßgebenden, sich

erst weiter hinten einstellenden Interferenzverhältnisse nicht ohne weiteres erkennen läßt.

4. Mit Bezug auf das Endergebnis haben die beiden Einflüsse zu 2) und 3) augenscheinlich eine gewisse entgegengesetzte, d. h. also sich ausgleichende Tendenz, so daß die Schwankungen von ξ_0 nicht so groß sind wie die von ξ_a. Wie weit hier grundsätzliche Zusammenhänge vorliegen, müßte erst noch geklärt werden. Jedenfalls aber bleiben die Schwankungen auch des das Endergebnis verkörpernden Vortriebsgütegrades immer noch so erheblich — beispielsweise in der unteren Schraubenlage zwischen 200 und 600 mm bei 1,4 m/sec über 17% —, daß die eingehendere Erforschung dieser Verhältnisse auch schon vom rein praktischen Standpunkt als höchst lohnend bezeichnet werden muß.

VII. Schlußbemerkung.

Es herrscht wohl Übereinstimmung darüber, daß es bisher nicht oder doch jedenfalls nicht in ausreichendem Maße gelungen ist, in die in fast erdrückender Fülle vorliegenden Einzelergebnisse von Versuchen mit am Schiff bzw. Modell arbeitenden Schrauben ein befriedigendes System hineinzubringen. Das liegt wohl zum großen Teile daran, daß die Rolle, welche Sog und Mitstrom, insbesondere der letztere, bei der Auswertung von Schraubenversuchen spielen, bisher nicht genügend klar herausgearbeitet worden war. Darüber hinaus muß auch dem sog. Einflußgrad der Anordnung, vor allem im Hinblick auf die Beeinflussung der Propulsionsverhältnisse durch die Wellenströmung, anscheinend eine sehr viel größere Rolle als bisher und zwar in grundsätzlichem Sinne zuerkannt werden. Es fehlen also bisher meiner Ansicht nach in erheblichem Grade noch die Grundlagen, um das vorhandene große Versuchsmaterial richtig nutzbar und für eine wissenschaftliche Durchdringung reifer zu machen. Aus diesem Grunde habe ich mich in diesem Referat im wesentlichen darauf beschränkt, diese Grundlagen möglichst herauszuarbeiten, und zwar nicht nur nach der grundsätzlichen Seite, sondern auch nach der Richtung möglichster Förderung einer rationellen Ausnutzbarkeit des vorhandenen Versuchsmaterials. Dessen Auswertung wird, so wie ich mir die zukünftige Entwicklung vorstelle, erheblich verfeinert werden müssen und dementsprechend mehr Mühe machen. Aber das liegt sowieso im Zuge der Entwicklung — wie denn ja in anderen Disziplinen, z. B. in der Luftfahrforschung, schon jetzt gegenüber der normalen Schiffbauforschung vielfach wesentlich verfeinerte Verfahren üblich sind — und es wird auch die vermehrte Mühe lohnen, indem die Versuchsergebnisse in erheblich größerem Maße über den Einzelversuch hinaus werden fruchtbar gemacht werden können und es so hoffentlich bald gelingen wird, das Dunkel, was noch immer ziemlich stark über den Propulsionsverhältnissen des Schiffes liegt, mehr und mehr aufzuhellen.

ANHANG.

Skizzierung eines neuen Auswertungsverfahrens von Schraubenversuchen an Hand eines Beispiels.

Versuchsdaten:

Modell: Siehe Zahlentafel I

Modellgeschwindigkeit v = 1,5 m/sec (rund 14,5 Knoten)

Schraube: No. 810 (vgl. Fig. 3), D = 230 mm

Gemessener Modellwiderstand $W_0 = 2{,}070$ kg

Drehzahl n = 7/sec

Gemessener Schub S = 2,885 kg,

Gemessenes Drehmoment M = 0,1104 mkg,

Sogziffer $\vartheta = \frac{S - W_0}{S} = 0{,}283$

Vortriebsgütegrad $\xi_0 = \frac{W_0 \cdot v}{M \cdot 2\pi n} = 0{,}640$

Freifahrkurve laut Fig. I.

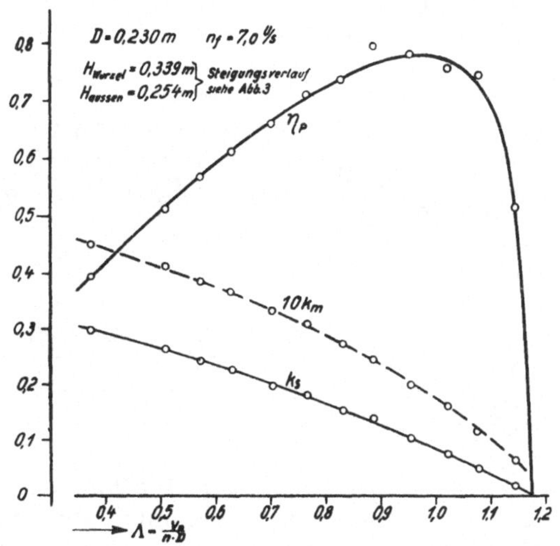

Fig. I.
Freifahrdiagramm Propeller 810.

a) Nach bisher üblicher Auswertung ergibt sich mit $\xi_{as} = 1$, somit $K_s = K_s' = \frac{S}{\varrho n^2 D^4} = 0{,}206$:

$\Lambda = 0{,}686, \ \eta_p = 0{,}656$

$v_p = \Lambda n D = 1{,}103$ m/sec

$$\psi = \frac{v - v_p}{v} = 0{,}264$$

$$\xi_a = \frac{\xi_0}{\eta_p} \times \frac{1 - \psi}{1 - \vartheta} = 1{,}001$$

b) Neue Auswertung.

Die Auswertung gestaltet sich am einfachsten und sichersten bei Zuhilfenahme einer Mitstrommessung im Schraubenkreis mittels Mitstromrädchen. Dies ist im vorliegenden Falle geschehen; die Auswertung dieser Messung ergab eine mittlere relative Propellerfortschrittsgeschwindigkeit $v_{p_{gem}} = 1{,}15$ m/sec, entsprechend $\psi = \frac{v - v_p}{v} = 0{,}234$.

Hieraus ergibt sich:

$$\Lambda = \frac{v_p}{D \cdot n} = \frac{1{,}15}{0{,}23 \cdot 7} = 0{,}714$$

η_p nach Freifahrdiagramm $= 0{,}686$

$$\xi_a = \frac{\xi_0}{\eta_p} \times \frac{\Lambda}{v/Dn} \times \frac{1}{1 - \vartheta} = 0{,}995$$

Begnügt man sich mit der Annahme $\xi_{as} = 1$, also $K_s' = K_s$, d. i. gemäß Freifahrdiagramm $= 0{,}1976$, so ergäbe sich weiter

$$n_f^2 = \frac{S}{K_s \varrho D^4} = \frac{2{,}885}{0{,}1976 \cdot 102 \cdot 0{,}23^4} = 51{,}12; \; n_f = 7{,}15 \text{ und hieraus}$$

$$v' = \Lambda . D . n_f = 1{,}174; \; \psi_r = 0{,}217$$

$$1 - \vartheta_v = \frac{n}{n_f} = \frac{7}{7{,}15} = 0{,}979; \; \vartheta_v = 0{,}021$$

$$\vartheta_r = \vartheta - \vartheta_v = 0{,}262$$

Dieses Ergebnis, nach welchem der Einfluß der Verdrängungsströmung hier nur sehr geringfügig wäre, muß aber für den Ort, an welchem die Mittelschraube eines mittelvölligen Frachtschiffes ($\delta = 0{,}734$) arbeitet, als durchaus unwahrscheinlich erscheinen. Die Annahme $\xi_{as} = 1$ kann also nicht zutreffen.

Man kann nun in erster Näherung als Maß für die Änderung Δp_v des mittleren statischen Drucks im Bereich des Schraubenkreises in Fahrt gegen Ruhe die Niveauänderung über dem Ort der Schraube zu Grunde legen. Diese ist hier durch Lichtbildaufnahme zu $\Delta h \sim 20$ mm Niveauerhebung ermittelt worden. Dem entspricht eine Druckänderung Δp_v der virtuellen Verdrängungsströmung $= \gamma \cdot \Delta h = 1000 . 0{,}02 = 20$ kg/m².

Nun ist

$$\Delta p_v = \varrho/2\,(v'^2 - v_p^2) \quad ^{32)};$$

hieraus ergibt sich mit $v_p = 1{,}15$ m/sec:

$$v' = 1{,}31 \text{ m/sec}, \ \psi_r = 0{,}127$$

$$n_f = \frac{v'}{D \cdot \Lambda} = \frac{1{,}31}{0{,}23 \cdot 0{,}714} = 7{,}98$$

$$1 - \vartheta_v = \frac{n}{n_f} = \frac{7}{7{,}98} = 0{,}877; \ \vartheta_v = 0{,}123$$

$$\vartheta_r = \vartheta - \vartheta_v = 0{,}160^{33)}$$

$$\xi_{as} = \frac{S}{K_s \varrho n_f^2 D^4} = 0{,}803,$$ also stark von 1 verschieden.

Auf Grund der näheren Zusammenhänge zwischen den Drucken und Geschwindigkeiten bei gemischter Strömung[32]) ergibt sich ferner

$$\psi_v = 0{,}092, \ \psi_{rp} = \psi - \psi_v = 0{,}234 - 0{,}092 = 0{,}142.$$

(Die Reibungsmitstromziffer ψ_{rp} am Ort des Propellers ist also von derjenigen ψ_r der Ersatzströmung etwas verschieden).

Im vorliegenden Falle ist auch eine vollständige punktweise Druck- und Geschwindigkeitsmessung im Bereich des Schraubenkreises nach dem neuen Helmboldschen Verfahren (vgl. S. 347) vorgenommen worden. Diese ergab praktisch völlige Übereinstimmung mit den betr. obigen Werten.

---

32) Hinsichtlich der näheren Einzelheiten der Rechnung muß auf die schon erwähnte bevorstehende anderweitige ausführliche Veröffentlichung verwiesen werden.

33) Auf Grund der Ausführungen unter VI ist hierin wahrscheinlich ein nennenswerter Beitrag des Wellensogs mit enthalten.

Bemerkungen zum Problem der Wechselwirkung zwischen Schiffsschraube und Schiffskörper.

Von H. B. Helmbold, Göttingen.
Kaiser Wilhelm-Institut für Strömungsforschung.

1.) Für die Definition eines echten physikalischen Vortriebswirkungsgrades liegen zwei Vorschläge vor: Der eine wurde von Herrn Horn im „Schiffbau" 1931 anläßlich der Polemik Akimoffs gegen Fresenius gemacht, den anderen habe ich 1928 vor der Wissenschaftlichen Gesellschaft für Luftfahrt im Rahmen einer Aussprachebemerkung vorgetragen. (WGL-Jahrbuch 1928, S. 76.) Dieser ältere Vorschlag ist inzwischen von Herrn Betz noch etwas modifiziert worden und die jetzige Fassung der Definition möchte ich hier kurz erläutern.

Die Definition lautet

$$\eta_{ges} \equiv \frac{N - E}{N} = \frac{W_0 v_0 - E_r}{N} \tag{1}$$

Hier bezeichnet N die Antriebsleistung, W_0 v_0 die Schleppleistung, $E = \int^{\infty} \frac{(w_a - v_r)^2}{2} d\dot{m}$ (bei Vernachlässigung unwesentlicher Druckglieder) den Austrittsverlust der Gesamtanordnung Schiff mit Schraube und $E_r = \int^{\infty} \frac{v_r^2}{2} d\dot{m} = \int^{b} \frac{v_r^2}{2} d\dot{m}$ den Austrittsverlust der Oberflächenreibung allein. $\dot{m}$ ist die Flüssigkeitsmasse, die in der Zeiteinheit durch eine zur Fahrtrichtung senkrechte und mit dem Schiff mitbewegte Kontrollebene strömt, w_a ist die ihr von der Schiffsschraube erteilte axiale Zusatzgeschwindigkeit im Schraubenstrahl, v_r die Nachlaufgeschwindigkeit in der Ersatzströmung und b die Quererstreckung des Reibungsnachlaufs.

Die Definition vergleicht also den nach Abzug des gesamten Austrittsverlustes verbleibenden Rest des Leistungsaufwandes mit dem Leistungsaufwand selbst. Wie die rechts stehende zweite Form in Gl. (1) besagt, gilt als Nutzleistung die Summe

$$W_0 v_0 - E_r = W_{we} v_0 + W_r v_0 - E_r$$

oder, da die Oberflächenreibung $W_r = \int^b v_r \, d\dot{m}$ ist (wiederum bei Vernachlässigung unwesentlicher Druckglieder),

$$W_0 v_0 - E_r = W_{we} v_0 + \int^b \left(v_0 - \frac{v_r}{2}\right) dW_r \tag{2}$$

Die Nutzleistung besteht demnach aus der Leistung des Wellenwiderstandes W_{we} (oder eines entsprechenden Trossenzugs) und aus demjenigen Anteil der Reibungsleistung, der bereits in der Grenzschicht in Wärme- und Wirbelenergie übergeführt wird und damit unwiederbringlich verloren geht.

Der gesamte Austrittsverlust E kann nur dann zum Verschwinden gebracht werden, wenn der Wellenwiderstand verschwindet. In diesem Grenzfalle ist

$$N = \int^b \left(v_0 - \frac{v_r}{2}\right) dW_r \text{ und } \eta_{ges} = 1.$$

Ursprünglich hatte ich das Integral $E_r = \int \frac{v_r^2}{2} d\dot{m}$ nur über den Strahlquerschnitt und nicht über die ganze Nachlaufbreite b erstreckt; dagegen wurde aber von Herrn Betz der Einwand erhoben, daß dann die in der Zeiteinheit durch den Schraubenkreis durchfließende Masse $\dot{m}$ und folglich auch das Integral selbst von der Schubverteilung abhängt, sodaß die Optimumaufgabe verschiedene Lösungen haben würde, je nachdem, ob man die Gesamtanordnung anhand des physikalischen Vortriebswirkungsgrades oder anhand des gewöhnlichen technischen Vortriebsgütegrades bewertet, was natürlich nicht sein darf. Der Einwand trifft auch die Hornsche Definition $\left(\frac{W_0 v_0}{N + E_r}\right)$.

Es könnte vielleicht als willkürlich erscheinen, welcher von beiden Definitionen man den Vorzug geben will. Da gibt es aber noch einen Gesichtspunkt, der mehr für die ältere (modifizierte) Definition zu sprechen scheint. Die schiffbauliche Hydrodynamik bedarf einer Wertungszahl für die Gesamtbeurteilung, die einerseits sowohl den Schiffswiderstand als die Vortriebswirkung umfaßt und andererseits eine saubere Abtrennung der Anteile ergibt, die die zusammenwirkenden Bestandteile Schiff und Schraube am Zustandekommen der Gesamtwirkung nehmen. Eine solche Wertungszahl ist beispielsweise der Verkehrsgütegrad $\frac{G v_0}{N}$, in dem G das Verdrängungsgewicht bezeichnet, wenn wir ihn auf Grund unserer Wirkungsgraddefinition folgendermaßen in zwei Faktoren aufspalten:

$$\frac{G v_0}{N} = \frac{G}{W_0 - \frac{E_r}{v_0}} \cdot \frac{W_0 v_0 - E_r}{N} = \frac{\eta_{ges}}{\varepsilon - \frac{E_r}{G v_0}} \qquad (3)$$

Der zweite Faktor ist der Vortriebswirkungsgrad η_{ges}, der zur Bewertung der Formgebung der Schraube dient, der erste Faktor ist der Reziprokwert einer Art Gleitzahl und enthält in Vollständigkeit die Einflüsse, die der Schiffskörper auf den Verkehrsgütegrad ausübt. Dieser erste Faktor ist deshalb diejenige unbenannte Zahl, nach der die Güte einer Schiffsform beurteilt werden muß. Zu ihrer Ermittlung gehört natürlich eine sorgfältige Nachstromanalyse. An die Stelle der Ermittlung von Schiffsformen geringsten Widerstandes bei gegebener Verdrängung und Schiffsgeschwindigkeit tritt jetzt die Aufgabe der Bestimmung von Schiffsformen geringster Antriebsleistung. Die beiden Aufgaben sind nicht nur grundsätzlich, sondern immer dann auch praktisch verschieden, wenn die Möglichkeit besteht, die Schrauben im Reibungsnachstrom anzuordnen. Von zwei Schiffen gleichen Widerstandes verlangt dasjenige (für gleiche Verdrängung und gleiche Schiffsgeschwindigkeit) eine geringere Antriebsleistung, das den größeren Reibungswiderstandsanteil und folglich auch den stärkeren Reibungsnachstrom aufweist. Erst dann, wenn die Schiffsform auf Grund dieser neuen Wertungszahl („Schiffskörpergütezahl") entwickelt wird, ist die bisherige Übung gerechtfertigt, den Entwurf der Schiffsform und den der Schiffsschraube in verschiedene Hände zu legen, deren Zusammenarbeit nach einer Verständigung über die Schraubenanordnung sich nunmehr gewissermaßen von selbst regelt. An Stelle des Verkehrsgütegrades nach Gl. (3) kann mit gleichem Nutzen auch folgende Wertungszahl verwendet werden:

$$\frac{N}{\varrho/2 \cdot v_0^3 \cdot V^{2/3}} = \frac{W_0 - \frac{E_r}{v_0}}{\varrho/2 \cdot v_0^2 \cdot V^{2/3}} \cdot \frac{1}{\eta_{ges}} = \frac{c_W - \frac{E_r}{\varrho/2 \cdot v_0^2 \cdot V^{2/3}}}{\eta_{ges}},$$

wobei V das Verdrängungsvolumen und ϱ die Dichte des Wassers bedeutet. Der erste Faktor auf der rechten Seite ist hier eine Art Widerstandszahl.

2.) Die vorherige Betrachtung ergibt die Gelegenheit, auf ein Mißverständnis aufmerksam zu machen, das in der einschlägigen Literatur häufig wiederkehrt. Man findet da immer wieder Formulierungen der

Art, als sei es die Austrittsleistung der Oberflächenreibung E_r, die der Schraube zur „Ausnützung“ oder „Rückgewinnung“ zur Verfügung stünde. Aber schon aus der grundlegenden Arbeit von Fresenius geht klar hervor, daß diese Formulierung falsch sein muß, und daß man nur von einer Leistungsersparnis verglichen mit dem Leistungsaufwand einer außerhalb des Reibungsnachstroms arbeitenden Schraube sprechen darf. Diese Ersparnis $\int^b v_r\, w_a\, d\dot{m}$ ist nämlich, wenn die Schraube den ganzen Nachlauf erfaßt, mindestens doppelt so groß als $E_r = \int^b \frac{v_r^2}{2} d\dot{m}$ und zwar dann gerade doppelt so groß, wenn überall $w_a - v_r$ und folglich W_{we} verschwindet, und größer noch, sobald W_{we} positiv ist. In diesem Falle ist der Faktor $2\frac{W_0}{W_r}$ statt 2.

Einige Versuche, achsensymmetrische Zuströmung zur Schiffsschraube zu erzielen.

Von E. Hogner, Uppsala.

Eine Schraube arbeitet hinter einem Schiffe bekanntlich in einem sehr ungleichförmigen Strömungsfeld. Da im allgemeinen die Außenhaut des Schiffes in einen in der Mittschiffsebene gelegenen Hintersteven ausläuft und bei Mehrschraubern die Wellenhosen gewöhnlich flossenartig geformt sind, so bilden sich hinter dem Hintersteven und hinter den Wellenhosenflossen Streifen besonders starken Mitstromes aus.

Für einen Einschrauber, der V-Spanten im Hinterschiffe hat, kann z. B. nach Messungen der Hamburgischen Schiffbauversuchsanstalt der Mitstrom für einen Schnitt auf $^2/_3$ des Schraubenhalbmessers mit mehr als 90 Prozent der Schiffsgeschwindigkeit schwanken. Für einen mit U-Spanten im Hinterschiff versehenen Einschrauber ist die Schwankung zwar kleiner, beträgt jedoch für denselben Schnitt rund 50 Prozent der Schiffsgeschwindigkeit. Für Zweischrauber sind die entsprechenden Schwankungen rund 65 bzw. 55 Prozent. (Alle Angaben gelten für bestimmte Modelle.)

Wenn die Schraubenflügel in jedem Umlauf diesen verschiedenen Zuströmungsverhältnissen begegnen, so wirkt dieses natürlich in verschiedenen Hinsichten sehr ungünstig, da ja der Anstellwinkel in jedem Schnitt der Flügel höchstens einer mittleren Zuströmung angepaßt sein kann. Die Nachteile der Schwankungen sind hauptsächlich Leistungsverlust, vergrößerte Beanspruchung der Flügel, Erregung von Vibrationen im ganzen Schiff durch Stöße, wenn die Flügel durch Gebiete extremen Mitstromes schlagen, und schließlich vergrößerte Gefahr von Kavitation und damit auch von Korrosion und Erosion des Flügelmaterials. Daß solche Nachteile bei gewöhnlichen Schiffen tatsächlich vorhanden sind, zeigen Untersuchungen über die Frequenzen der Vibrationen im Schiffskörper, von denen einige auf den genannten Grund zurückgeführt werden können. Ferner ist es durch mehrere Erfahrungstatsachen auch bekannt, daß bei propellergetriebenen Schiffen U-Spanten im Hinterschiff einen beträchtlich günstigeren Vortriebsgütegrad als V-Spanten ergeben. Dieses ist auf die größere Gleichförmigkeit des Mitstromes, ferner auf die Tatsache, daß der Reibungsmitstrom mehr in den Schraubenkreis zusammengedrängt wird, und schließlich auch auf einen verminderten Sog zurückzuführen. Durch Versuche in der Hamburgischen Schiffbau-Versuchsanstalt mit verschiedenen Umdrehungskörpern hat Kempf die Vorteile der Achsensymmetrie des Hinterschiffes vor der Schraube als Arbeitshypothese zur Beurteilung von Hinterschiffsformen bei Einschraubern erkannt.

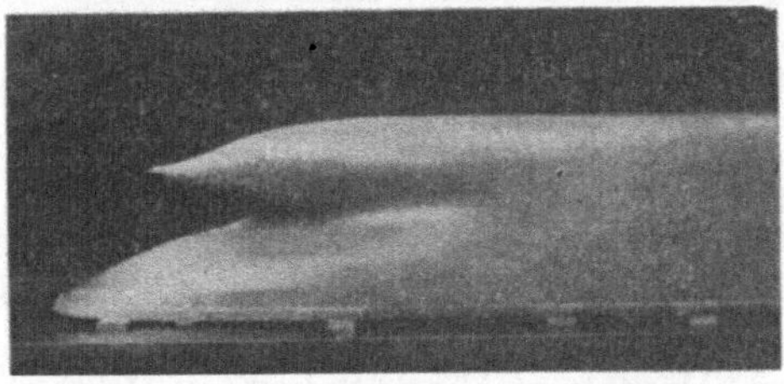

Fig. 1
Einschraubenmodell Nr. 586 mit Wulstwellenhose.
Maßstab 1 : 20.

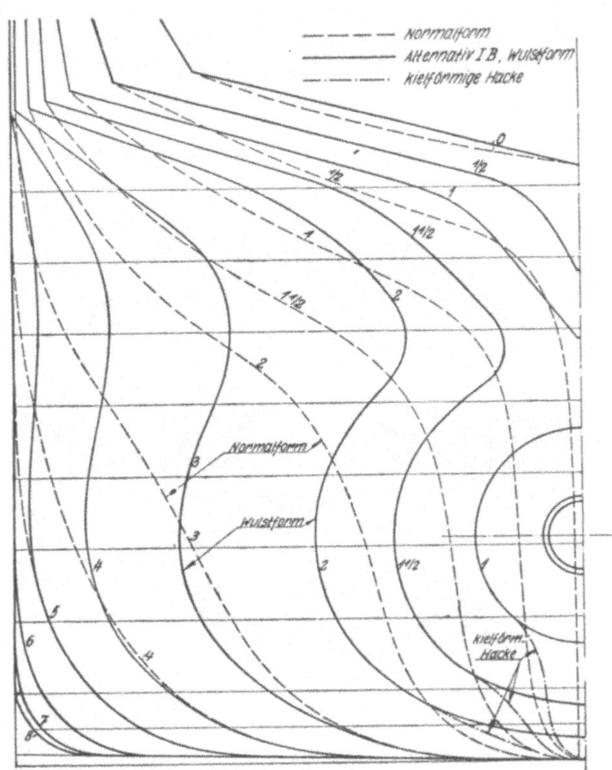

Fig. 2
Einschraubenmodelle Nr. 356 und 586. Maßstab : 1.20.
Spantenrisse.

Um diese Vorteile auch für wirkliche Schiffe noch besser als durch U-förmige Ausbildung der Hinterschiffsspanten auszunützen, schlug ich vor, wirkliche Hinterschiffe mit Wulst so auszubilden zu versuchen, daß möglichst achsensymmetrische Zuströmung zum Propeller erzielt wurde. Durch das Entgegenkommen der Hamburgischen Schiffbau-Versuchsanstalt und ihren Direktor, Herrn Dr.-Ing. Kempf, und mit Mitteln, die die Gesellschaft der Freunde und Förderer derselben Versuchsanstalt zur Verfügung stellte, ist eine Zusammenarbeit zustande gekommen, woraus mehrere Projekte und Versuche resultierten. Für dieses Entgegenkommen und für diese Unterstützung bitte ich hier meinerseits dem Vorstand und dem Leiter der Hamburgischen Schiffbau-Versuchsanstalt und den Repräsentanten der Gesellschaft der Freunde und Förderer der Hamburgischen Schiffbau-Versuchsanstalt meinen verbindlichsten Dank aussprechen zu dürfen.

Der erste Versuch wurde mit dem Modell eines Einschrauben-Frachtschiffes von 106.678 m Länge und 8310.4 Tonnen Verdrängung vorgenommen. Die Fig. 1 und 2 zeigen das Modell mit Wulst und den Spantenriß des ursprünglichen Hinterschiffes und den des besten Projektes (I B) mit Wulstform, ohne und mit einer kielförmigen Hacke unterhalb des Wulstes. Das wichtigste Merkmal außer der Wulstform ist hier die Aussparung, die den Wulst vom

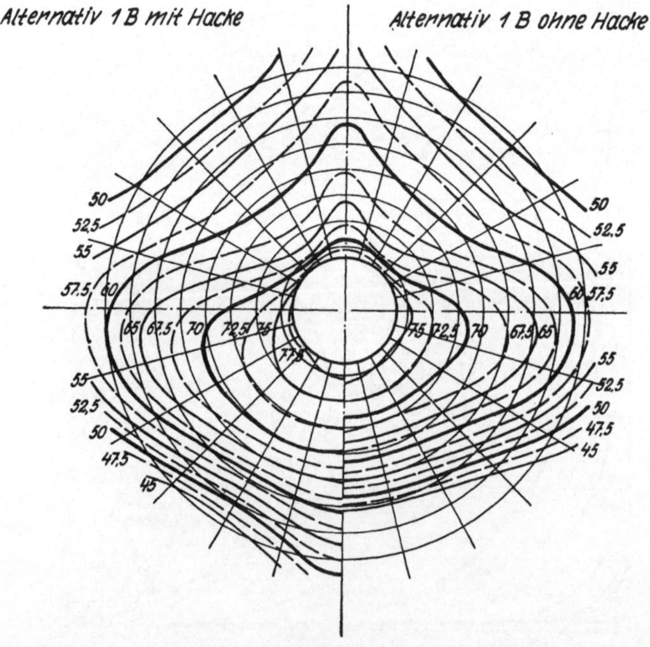

Fig. 3
Einschraubenmodell Nr. 586. Kurven gleichen Mitstroms im Propellerkreis.

übrigen Hinterschiffe trennt und ein Herabsetzen des sonst zu starken Mitstromes oberhalb des Wulstes bewirken soll. Die Ausbildung des Wulstes ist hier ganz extrem, und zwar resultiert sie in einer Vergrößerung des Schleppwiderstandes um etwa 5.5 Prozent bei 11 bis 12 Knoten gegenüber dem des normalen Schiffes.

Die Mitstromverteilung, die hier erreicht worden ist, wird von Fig. 3 veranschaulicht. Diese Figur zeigt die Kurven gleichen Mitstromes in der Propellerebene in Prozenten der Schiffsgeschwindigkeit, und zwar rechts für das Alternativ IB ohne und links für dasselbe Alternativ mit Hacke. Die beste Verteilung ist mit Hacke erreicht worden, und es ist offenbar, daß die günstigste Form des Schiffskörpers vor dem Propeller nicht die achsensymmetrische ist, sondern eine unsymmetrische, die die Störungen des übrigen Schiffskörpers und die der Wasseroberfläche kompensiert. Die Hacke kompensiert hier den starken Mitstrom oberhalb des Wulstes und ersetzt das Totholz als Organ zur Sicherung der Kursbeständigkeit des Schiffes. In der Tat ist man hier der achsensymmetrischen Verteilung des Mitstromes recht nahe gekommen. Die Mitstromschwankung für einen Flügelquerschnitt am $^2/_3$-Schraubenhalbmesser beträgt hier nur rund 13 Prozent der Schiffsgeschwindigkeit, was, mit den 50 Prozent des oben betrachteten U-Spantenschiffes verglichen, eine beträchtliche Verbesserung darstellt. Auch sind die Mitstromwerte im Schraubenkreis verhältnismäßig hoch, was darauf hindeutet, daß der Reibungsmitstrom hier mehr durch den Schraubenkreis strömt und nicht oberhalb desselben unausgenutzt wegströmt. Diese beiden Tatsachen müssen den Vortriebsgütegrad sehr verbessern. Mit Rücksicht darauf, daß man mit etwas weniger wulstigen, birnenartigen Formen teils den Schleppwiderstand verringert, teils auch wahrscheinlich die Mitstromverteilung noch mehr verbessert, so besteht die Aussicht, daß ein erhöhter Vortriebsgütegrad gegenüber normalen Hinterschiffsformen erreicht werden kann. Leider platzte

Fig. 4
Doppelschraubenmodell Nr. 968 mit Wulstwellenhosen.
Maßstab 1 : 36.

das Modell, bevor diese Änderungen vorgenommen werden konnten, und es ist deshalb nicht mit Propeller gefahren.

Anstatt einen neuen Einschrauber mit Wulsthinterschiff herzustellen, wurde das Modell eines Doppelschraubers gemäß den betreffenden Gesichtspunkten umgeändert; die gewöhnlichen Wellenhosen wurden also mit wulstförmigen Wellenhosen ohne flossenartige Verbindung mit dem Schiffskörper ersetzt. Das Modell war von einem transatlantischen Passagierdampfer von 182,9 m Länge und 30 382 Tonnen Verdrängung. Eine Photographie des Modells zeigt die Fig. 4. Die Form der Wellenhosen und die Verteilung des Mitstromes bei normalen und bei Wulstwellenhosen sind in den Fig. 5 und 6 veranschaulicht. Eine ideale Mitstromverteilung ist hier mit den Wulstwellenhosen zwar nicht erreicht worden, doch ist sie bedeutend besser als beim normalen Schiff, indem die Mitstromschwankung auf $^2/_3$ des Schraubenhalbmessers rund 40 Prozent gegenüber rund 57 Prozent ist, und außerdem die Schwan-

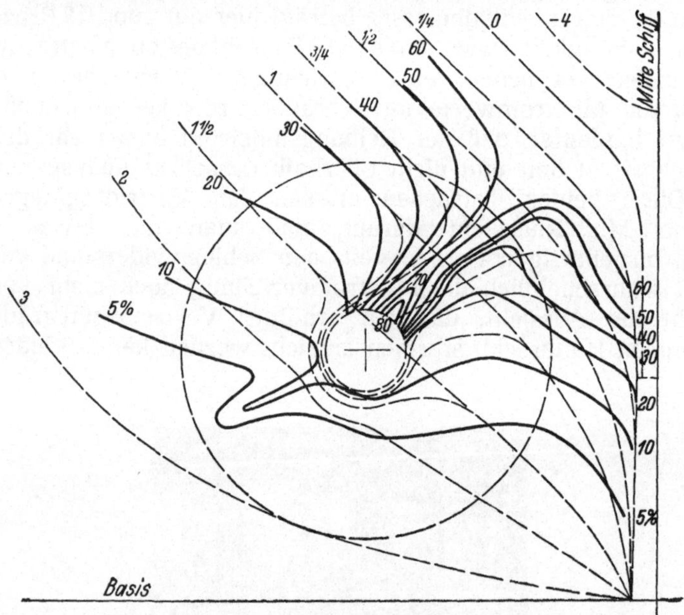

Fig. 5
Doppelschraubenmodell Nr. 968 mit normalen Wellenhosen. Kurven gleichen Mitstroms im Propellerkreis.

kungen mehr weich und allmählich stattfinden. Es ergab sich eine Vergrößerung des Schleppwiderstandes bei 16 bis 17 Knoten von nur rund 1 Prozent, während bei denselben Geschwindigkeiten ein Leistungsgewinn zwischen 4 und 5 Prozent festgestellt wurde (Fig. 7). Dieses gilt für die beiden Wellenhosenformen ohne Leitapparate.

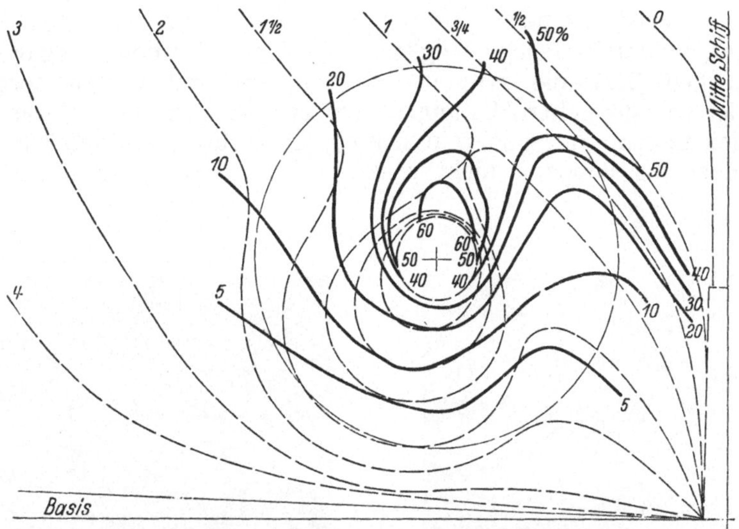

Fig. 6
Doppelschraubenmodell Nr. 968 mit Wulstwellenhosen. Kurven gleichen Mitstroms im Propellerkreis.

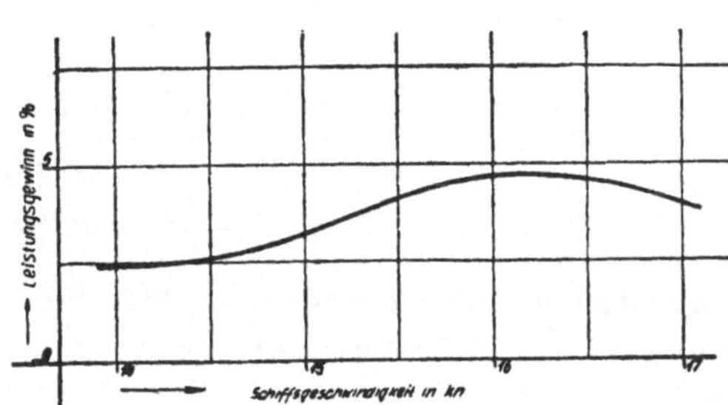

Fig. 7.
Doppelschraubenmodell Nr. 968. Leistungsgewinn durch wulstförmige Ausbildung der Wellenhosen.

Diese Schraubenversuche wurden mit den für das ursprüngliche Schiff konstruierten Schrauben ausgeführt. Der Leistungsgewinn, der hier erreicht worden ist, scheint also hauptsächlich darauf zurückzuführen zu sein, daß die Schraubenflügel hinter den Wulstwellenhosen nicht so großen und nicht so plötzlichen Mitstromschwankungen begegnen. Die Möglichkeit, die Schrauben bei mehr achsialsymmetrischem Mitstrom besser als Mitstromschrauben bauen zu können, ist hier noch nicht ausgenutzt worden, und diese Möglichkeit wird mit größter Wahrscheinlichkeit noch mehr Gewinn bringen können.

Bei einem späteren Versuch wurden die Wulstwellenhosen jede mit einer als Leitapparat ausgebildeten unteren Flosse versehen (Fig. 8). Es bot sich nicht Gelegenheit, diese Flossen auszuprobieren, doch ergab der erste Versuch einen weiteren Leistungsgewinn zwischen 3 und 4 Prozent, wodurch Gleichwertigkeit, bei 16 bis 17 Knoten sogar etwas Überlegenheit über die normalen Wellenhosen mit besten sorgfältig ausprobierten, doppelten Leitapparaten erreicht wurde. (Diese letzterwähnten Leitapparate gaben in sich einen Gewinn von 6 bis 7 Prozent, waren aber als doppelte nicht praktisch anwendbar.) Es war auch

Fig. 8.
Doppelschraubenmodell Nr. 968 mit Wulstwellenhosen und Leitflossen.

Fig. 9.
Doppelschraubenmodell Nr. 968 mit Wulstwellenhosen, Leitflossen und Stützböcken.

ganz interessant festzustellen, daß ein schmaler, tragflügelförmiger Stützbock, der mit Neigung für Leitwirkung vor die Schraube an das Ende der Wellenhose angebracht wurde (Fig. 9), den Leistungsbedarf wieder beträchtlich vergrößerte (2 bis 2,5 Prozent). Diese Versuchsergebnisse bestätigen die Überlegung, daß mitstromvermehrende Konstruktionsteile oberhalb und innerhalb der Wellenhosen ungünstig, solche unterhalb und außerhalb der Wellenhosen im Gegenteil günstig wirken, und daß außerdem der Leistungsbedarf ziemlich empfindlich dafür ist.

Obgleich diese Versuche noch nicht vollständig darüber Aufschluß geben können, wieviel hier wirklich zu gewinnen ist, so machen sie es doch plausibel, daß die folgenden Vorteile auf dem angedeuteten Wege zu erreichen sind:

1. Leistungsgewinn durch günstigere Anstellung der Flügel,

2. Leistungsgewinn durch bessere Ausnutzung des Reibungsmitstromes,

3. geringerer Sog,

4. geringere Beanspruchung der Flügel, wodurch diese dünner gebaut werden können, was wieder Leistungsgewinn bedeutet,

5. Ausschaltung einer wichtigen Ursache zu Vibrationen im Schiffskörper,

6. verringerte Kavitationsgefahr und damit

7. verringerte Gefahr für Erosion und Korrosion.

Es wäre noch wünschenswert, Schraubenversuche mit für den Mitstrom besonders konstruierten Schrauben sowohl bei einem Einschrauber wie bei einem Doppelschrauber vorzunehmen. Im letzten Fall sollte auch die Mitstromverteilung verbessert werden durch Wegschneiden des Totholzes und Ersetzen desselben durch Flossen unterhalb der Wulstwellenhosen. Für Stützzwecke beim Docken sollte eine flossenartige Stütze vor dem Ruder vorgesehen werden. Ich schlage zwar in erster Linie diese Veränderungen der Schiffsform nur vor, um zu untersuchen, welcher Leistungsgewinn möglicherweise zu erreichen ist. Ich habe jedoch die Hoffnung, daß, wenn der schließliche Gewinn beträchtlich wird, die dafür notwendige Schiffsform sich auch praktisch bewähren wird.

Einfluß der Reynolds'schen Zahl auf Schrauben hinter dem Schiff.

Von F. Gutsche,
Preußische Versuchsanstalt für Wasserbau und Schiffbau, Berlin.

Unter Bezugnahme auf meinen Beitrag über den Einfluß des Kennwertes auf freifahrende Schiffsschrauben soll im nachstehenden untersucht werden, in welcher Weise er sich auf Schrauben hinter dem Schiff darüber hinaus bemerkbar macht.

Nicht berücksichtigt wird der Einfluß der Zähigkeit auf die vorhandene Grundströmung, deren Charakter beim Übergang vom Modell auf die Großausführung schon für sich mit Bezug auf die absolute Größe der auftretenden Mitstromziffern als auch ihrer Struktur nach im Bereich des Propellerstrahles gewissen Änderungen unterliegt. Genauere Aufschlüsse hierüber werden erst möglich sein, wenn es gelungen sein wird, einmal die vor allem durch die Grundströmung bedingte Wechselwirkung zwischen Schiff und Propeller in ihren Einzelheiten zu erkennen, so wie es Herr Professor Horn in dem vorhergehenden Hauptreferat ausgeführt hat und andererseits die in dieser Strömung arbeitenden Propeller treffsicher zu berechnen, wie es auf Veranlassung von Herrn Oberbaurat Dr. Weitbrecht schon vor zwei Jahren in der Preußischen Versuchsanstalt für Wasserbau und Schiffbau gelegentlich seines Vortrages über Mitstrom und Mitstromschrauben versucht wurde. Die mangelnde Kenntnis der jetzt bekannten Kenntwerteinflüsse sowie weiterer Versuchsergebnisse eines der hier untersuchten Flügelschnitte im Gitterverband machten die Durchführung jener Rechnungen unmöglich.

Die Drehzahl der Schraube ist bei dem Modellversuch durch die Bedingung $S = \frac{W_0}{1 - \vartheta} - R_a$[1]) festgelegt und ändert sich etwa proportional der Schiffsgeschwindigkeit. Da nun andererseits der Kennwerteinfluß von dem Quotienten $\frac{w \cdot l}{\nu}$, d. h. bei gleichbleibender Zähigkeit ν und Propellerschnittlänge l nur von w und wegen der angenäherten Proportionalität zwischen w und n mittelbar nur von der Drehzahl abhängig ist, ergibt sich das höchst unerfreuliche Bild eines veränderlichen Kennwerteinflusses bei der gleichen Versuchsreihe.

[1]) Hierin bedeuten: S = den Propellerschub, W_0 = den Modellwiderstand ohne Schraube, ϑ = die Gesamtsogziffer und R_a = den sogenannten Reibungsabzug.

Nimmt man jetzt für die hinter dem Schiffsmodell arbeitende Schraube eine Mitstromverteilung an, wie sie des öfteren als Mitstromradmeßergebnisse veröffentlicht worden sind, also für eine gedachte achsensymmetrische Grundströmung mit radial veränderlichen Mitstromziffern, so folgt hieraus ein weiterer indirekter Kennwerteinfluß.

Da die normalen Mitstromverteilungen insbesondere für Einschraubenschiffe einen erheblichen Anstieg der Mitstromwerte nach der Nabe hin aufweisen, ergibt sich für den ganzen Propeller eine Schubverteilung über dem Radius, deren Schwerpunkt gegenüber dem Freifahrversuch mehr nach der Nabe zu verschoben ist. Andererseits stellen aber gerade die inneren Propellerzonen den Flügelbereich dar, der infolge der nach der Nabe zu kleiner werdenden Anströmgeschwindigkeit w und überdies wachsender Dickenverhältnisse der einzelnen Blattelemente besonders stark von dem Kennwerteinfluß erfaßt wird. Man erhält somit einen Propellerstrahl, dessen Struktur in ungünstigsten Fällen einen wesentlich anderen Charakter aufweist, als er bei der Großausführung bei sonst gleicher Grundströmung vorhanden wäre. Das bedeutet aber für die Wechselwirkung: Schiff und Propeller Änderung der Sogziffer beim Übergang von Modell auf Großausführung.[2]) Außer dieser wird natürlich die Schraubendrehzahl der Großausführung für die modellähnliche Geschwindigkeit anders ausfallen als im Modellversuch.

Die schon in meinem Beitrag erwähnte Verschlechterung der Profilgleitzahlen in den äußeren Flügelzonen wird bei stark nach außen zu abnehmender Mitstromverteilung bei der Übertragung von Modellversuchen mit Schraube auf die Großausführung besonders fühlbar werden, weil in diesem Fall die Schubverlagerung nach der Nabe zu besonders stark wird und daher auch die Schubentlastung der äußeren Zonen der naturgroßen Schraube eine merkbare Verschlechterung der Profilgleitzahlen mit sich bringt.

Als Beispiel für den Fall einer hinter dem Schiff arbeitenden Schraube habe ich eine dreiflügelige systematische Modellschraube mit Kreissegmentschnitten von 0,17 m Durchmesser hinter einem Modell mit mäßig veränderlicher Mitstromziffer gerechnet und die vor allem interessierende Schubverteilung $\frac{d k_{s}}{dr}$ dieser Schraube bei mehreren Versuchsbedingungen in Fig. 1 dargestellt. Die Propellerabmessungen waren: $D = 3{,}40$ m; $z = 3$; $A_0/A = 0{,}42$; $H/D = 1$; $\delta_{l/D} = 0{,}05$; $\alpha = 20$. Der Verlauf der Gesamtmitstromziffer ψ (mittels Mitstromrädchen gemessen) ist in Fig. 1 mit angegeben, $\psi_m = \frac{\int r\,\psi\,(1-\psi)\,dr}{\int r\,(1-\psi)\,dr} = 0{,}534$. Die gerechneten Werte beziehen sich auf $V_s = 9{,}65$ Kn. entsprechend einer Modellgeschwindigkeit

[2]) s. Referat Horn.

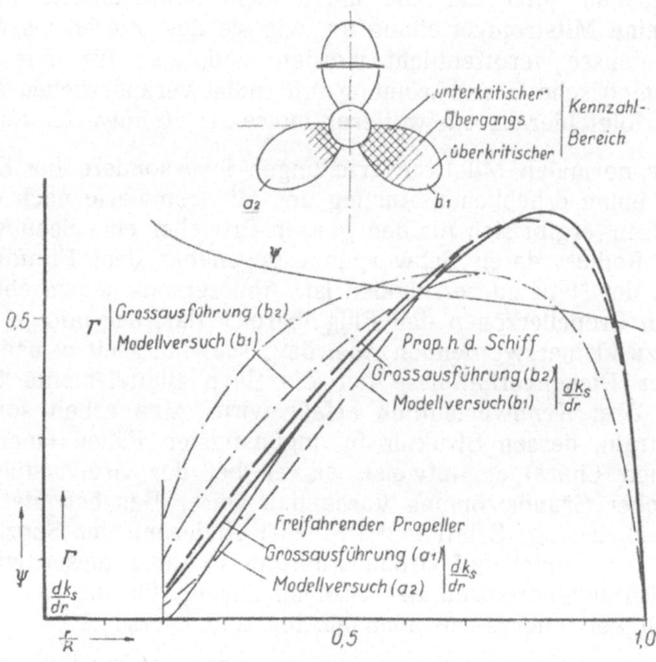

Fig. 1
Schub- und Zirkulationsverteilung einer freifahrenden und einer hinter dem Schiff arbeitenden Schraube.

von $v_m = 1{,}111$ m/sec und eine hierbei gemessene Modellpropellerdrehzahl $n = 7{,}55$/sec. Der Propeller wurde nachgerechnet in folgenden Zuständen:

a 1) freifahrend, Großausführung (D = 3,40 m) n = 1,69/sec,
a 2) freifahrend, Modellschraube (D = 0,17 m) n = 15/sec,
a 3) freifahrend, Modellschraube (D = 0,17 m) n = 7,55/sec,
b 1) hinter dem Schiffsmodell, Modellschraube n = 7,55/sec,
b 2) hinter dem Schiff, Großausführung n = 1,69/sec.

unter Annahme gleicher Mitstromkurven für Modell und Großausführung bei b 1) und b 2). Die freifahrenden Schrauben, sowie die angegebenen Wirkungsgrade wurden alle bezogen auf die Fortschrittsziffer

$$\Lambda = \frac{v\,(1-\psi_m)}{n \cdot D} = 0{,}404.$$

Vergleicht man in dem gerechneten Fall die Wirkungsgradänderung der freifahrenden Propeller von der Versuchsdrehzahl bis zur Großausführung $\frac{\eta_{a1}}{\eta_{a3}} = 1{,}043$ mit den entsprechenden Werten hinter dem Schiff $\frac{\eta_{b2}}{\eta_{b1}} = 1{,}034$, so findet hierin das Verfahren, die hinter dem Modell gemessenen Wirkungsgrade entsprechend den durch einen Freifahrversuch mit mehreren Drehzahlen festgestellten Änderungen auf die Großausführung zu extrapolieren eine Bestätigung.

Zahlentafel.

	k_s		Δ	k_m		Δ	η		Δ
	Rechnung	Versuch	v. H.	Rechnung	Versuch	v. H.	Rechnung	Versuch	v. H.
a 1	0.282	—	—	0,0409	—	—	0,444	—	—
a 2	0,277	0,285	— 2,8	0,0401	0,0403	— 0,5	0,444	0,454	— 2,2
a 3	0.260	—		0,0394	—	—	0,425	—	—
b 1	0,266	0,2808	— 5,26	0,0406	0,0424	— 4,25	0,422	0,426	— 1,0
b 2	0,287	—	—	0,0423	—	—	0,437	—	—

Die Differenz in der Übereinstimmung der gerechneten Werte mit den gemessenen zwischen a 2) und b 1) deutet darauf hin, daß die Durchtrittsgeschwindigkeit des Wassers durch die Propellerebene auf den einzelnen Radien nicht übereinstimmt mit der für den Fall eines in der gleichen Grundströmung untersuchten Propellers ohne davorliegende reibungsbehaftete Flächen, d. h. die vom Propeller vor ihm erzeugten Zusatzgeschwindigkeiten werden wegen der Reibung an der vor ihm liegenden Modelloberfläche kleiner ausfallen als bei dem auf die Grundströmung bezogenen gleichen Fortschrittsgrad des freifahrenden Propellers.

Unter Annahme gleicher Mitstromwerte hinter dem Schiff und Modell würde die Schraubendrehzahl der Großausführung bei modellähnlichem Schube $n_{b_2} = \frac{n_{b_1}}{\sqrt{\alpha}} \cdot \sqrt{\frac{k_{s\,b_1}}{k_{s\,b_2}}} = \frac{n_{b_1}}{\sqrt{\alpha}} \cdot 0{,}962$, d. h. um 4 v. H. niedriger sein als nach dem Modellversuch. Da sie erfahrungsgemäß aber höher ist als im Modellversuch, würde hieraus eine stärkere Verringerung von ψ beim Schiff gegenüber dem Modell folgen.

Die geringe Differenz der für b 1) gemessenen und gerechneten Wirkungsgrade würde für den vorliegenden Fall den Anordnungsgütegrad ξ_a abzüglich seines vom Kennwert herrührenden Anteiles nahezu $\xi_a = 1$ erscheinen lassen. Es soll hier nur darauf hingewiesen werden, daß dies Sonderergebnis keinen Anlaß zur Verallgemeinerung gibt; zur Beurteilung der tatsächlichen Größe der verschiedenartigen Ungleichförmigkeitseinflüsse sind erst weitere Rechnungen ähnlicher Art abzuwarten.

Einfluß auf Modellversuche mit Leitapparaten. Außer der Schubverteilung ist in Fig. 1 für die hinter dem Modell bzw. Schiff arbeitende Schraube auch der Zirkulationsverlauf Γ angegeben. Da die

Größe von T unmittelbar mit der im Schraubenstrahl steckenden Drallverlustleistung $N_{D_r} = \varrho \int \frac{\Gamma^2}{4 r \pi} (v + c_a/2)\, dr$ zusammenhängt, deren Rückgewinn durch vor oder hinter der Schraube angeordnete Leitapparate besonders im Strahlinnern wichtig ist, kann man aus der Abweichung der beiden Kurven für Modellversuch und Großausführung ersehen, wie weit ein Modellversuch bei k l e i n e n Kennwerten, d. h. kleinen Modellen diese Verhältnisse richtig wiedergeben kann. Man wird daher bestrebt sein müssen, gerade bei derartigen Versuchen die Steigerung der Modellabmessungen so weit zu treiben, daß der Kenntwerteinfluß auf ein erträgliches Maß zurückgeführt wird. Andererseits wird die rechnerische Untersuchung derartiger Fälle mit Berücksichtigung der jetzt bekannten Kennwerteinflüsse und der noch zu bestimmenden Wechselwirkung zwischen Propeller und Gegenpropeller einen Weg weisen, die Verhältnisse bei der Übertragung vom Modellversuch auf die Großausführung zu analysieren.

Zwei Versuche zur Feststellung des Einflusses der Gleichförmigkeit des Nachstromes auf die Propulsion.

Von H. Schmierschalski,
Hamburgische Schiffbau-Versuchsanstalt, Hamburg.

I. Zweck der Versuche. Der Zweck der Versuche war, festzustellen, wieviel weniger Leistungsbedarf zum Antrieb eines reinen Rotationskörpers nötig sei, als bei einem Körper idealisierter Hinterschiffsform unter der Voraussetzung, daß beide Körper bei gleicher Verdrängung gleichen Widerstand hatten. Es sollte also der Einfluß der Gleichförmigkeit des Nachstromes auf die Propellerwirkung festgestellt werden. Die beiden untersuchten Körper sind in Fig. 1 abgebildet. Der Rotationskörper I hat angenähert eine

Fig. 1

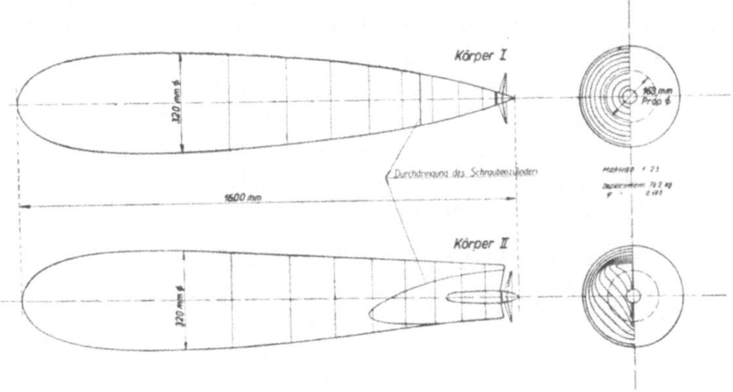

Fig. 2
Untersuchte Körperformen.

Torpedoform, während der Körper II im hinteren Teil einem V-Spantenschiff ähnelt (siehe Fig. 2). Die Vorschiffe sind in beiden Fällen völlig gleich. Form I und II sind als ganz eingetauchte Körper gleicher Hauptabmessungen entworfen und untersucht worden. Beim Körper I dürfte ein Schraubenpropellerflügel peripherial mit gleichem Anstellwinkel arbeiten, während bei Körper II der Propellerflügel stärkeren Schwankungen der Anstellwinkel unterworfen sein wird.

II. Ausführung und Umfang der Versuche. Die Versuche wurden am großen Schraubendynamometerrahmen des kleinen Wagens der HSVA ausgeführt. Die Versuchsanordnung ist aus Fig. 3 zu ersehen, woraus zu entnehmen ist, daß der Rahmen des Propellerdynamometers in die Paraffinkörper eingelassen und damit vergossen worden ist. Die Körper hingen am Pendelrahmen, und sie

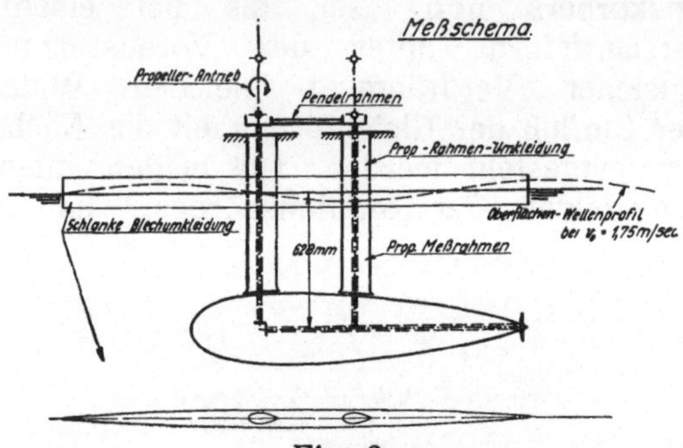

Fig. 3
Meßschema.

waren so am Propellerrahmen befestigt, daß das horizontale Propellerwellentragrohr durch die Achsenmitte der Körper ging. Die Versuchsanordnung zeigt, daß man den nachgeführten Apparat gewissermaßen als Innenantrieb in die Körper eingebaut hatte. Die vertikalen Rohre des Propellergestänges waren von Profilblechen umkleidet, die bis fast an die Oberkante der Körper reichten und starr am Wagen fixiert waren. Hierdurch wurde der Gestängeeinfluß praktisch ausgeschaltet. Mitte Propellerwelle war bei den Versuchen 630 mm unter dem Wasserspiegel. Um den Oberflächeneinfluß noch weitgehender auszuschalten, war in der Wasserlinie ein schiffsförmiges Blechgebilde angebracht von größerer Länge, wodurch die Oberflächenwelle gut schlank und bei beiden Körpern gleichmäßig ausgebildet wurde. Auf jeden Fall lag bei den interessierenden Geschwindigkeiten kein Wellental über dem Propeller.

Die Abmessungen der Körper waren folgende:

Länge zwischen den Loten 1600 mm; Durchmesser 320 mm; Verdrängung 76,2 cdm; der φ-Wert betrug etwa 0,6.

$$\varphi = \frac{\text{Verdrängung}}{D^2 \frac{\pi}{4} \cdot l}$$

Folgende Versuche wurden mit den Körpern I und II durchgeführt:

a) Widerstandsversuche von 0,4 bis 2,3 m/s Geschwindigkeit
b) Nachstrommessungen in der Propellerebene bei 1,75 m/s.
c) Schraubenversuche mit demselben Propeller (No. 711) bei 3 Drehzahlen von n = 9,5; 12,5 und 15 Umdrehungen/Sek.

Die Schraubenversuche wurden ausgeführt von der Standfahrt bis zur Freifahrt (d. h. Restwiderstand = 0). Gemessen wurden die Drehzahlen, die Geschwindigkeiten, die Drehmomente und der Restwiderstand. Leider gestattete diese einfache Meßmethode keine direkte Propellerschubmessung, so daß der wahrscheinliche Sog-Einfluß nur indirekt über die Propellerfreifahrt ermittelt wurde. Der Propeller war ein empirischer Nachstrompropeller, also mit abnehmender Steigung nach der Nabe hergestellt. Er hatte folgende Abmessungen:

Propellerduchmesser 163 mm, mittlere Steigung 163 mm. Der Schubbelastungsgrad betrug im Mittel 0,75 (*und nicht 0,2, wie auf der Konferenz verlesen wurde*). Der Propeller war für die Versuche nicht besonders entworfen, sondern aus dem Propellerbestand der HSVA herausgegriffen.

III. Ergebnisse. Die Widerstände der Körper waren gleich groß, so daß der Vergleich der Schraubenversuche ohne weiteres berechtigt ist. Die Ergebnisse der Nachstrommessungen sind in Fig. 4 wiedergegeben, und man

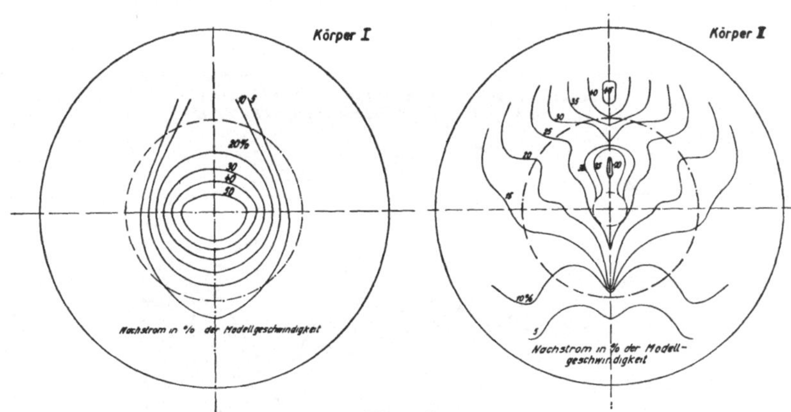

Fig. 4
Gesamtnachstromverlauf in der Propellerebene, aufgemessen am Körper I und Körper II.

ersieht hieraus, daß der Nachstrom des Körpers I über die einzelnen Radien nahezu konstant ist, während der Nachstrom des Körpers II Ähnlichkeit mit den Strömungsverhältnissen hinter einem V-Spantenschiff hat. Gemessen wurde der Nachstrom mit Drucksonden in der Propellerebene, und zwar der Verdrängungsnachstrom und der Gesamtnachstrom getrennt voneinander, so daß man als Differenz der beiden den Reibungsnachstrom erhält.

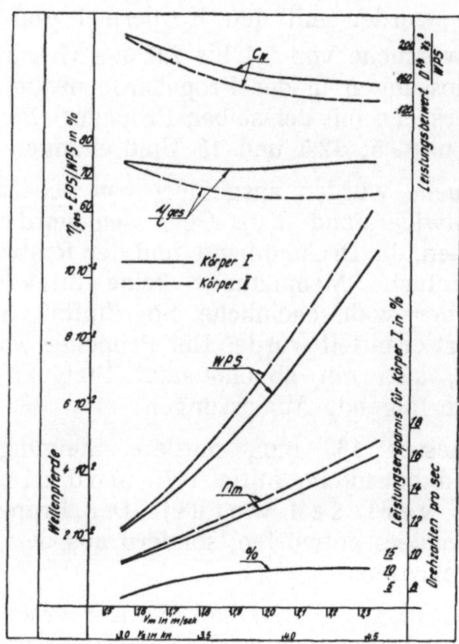

Fig. 5
Leistung, Drehzahlen usw. für den Freifahrzustand.

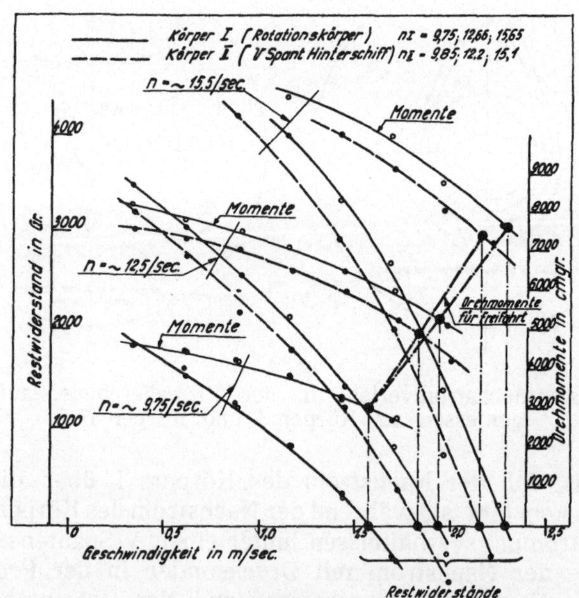

Fig. 6
Meßergebnisse mit Körper I und II und Propeller
(Trossenzug-Meßfahrten).

Auf der Fig. 5 sind die Schraubenversuchs-Ergebnisse mit Körper I und II zu sehen, während die reinen Meßergebnisse der Trossenzugfahrten in Fig. 6 wiedergegeben sind. Man ersieht aus den Auftragungen, daß der Rotationskörper bei den mittleren und höheren Geschwindigkeiten ca. 10 bis 11% weniger Leistung braucht, als der Vergleichskörper, woraus einwandfrei zu ersehen ist, wie stark von Vorteil sich die Gleichförmigkeit des Nachstroms auf die Propulsion auswirken kann. Auf dem Bilde sind ferner die Gesamtwirkungsgrade der Propulsion und die Leistungsbeiwerte eingezeichnet, deren Größenordnung ganz plausibel erscheinen.

Zusammenfassend kann gesagt werden, daß diese Versuche gezeigt haben, wie sehr erstrebenswert es ist, daß der Schiffbauer immer wieder sein Augenmerk auf die Gestaltung der Hinterschiffsform zwecks gleichmäßiger Zuströmung zum Propeller richtet, da hier bestimmt noch etwas herauszuholen ist. Es ist dies eine Aufgabe, die nicht leicht, aber lohnend ist, um so mehr da die Vorteile der Propellerkonstruktion nach der Tragflügeltheorie überhaupt erst dann voll zur Geltung kommen können.

Erörterungsbeiträge

zu Gruppe V. Ungleichförmigkeitseinflüsse bei Schiffsschrauben.

D. Thoma: Herr Prof. Horn war so freundlich, meine Mitwirkung bei der Klärung des grundsätzlichen Zusammenhanges zwischen Sog und Nachstrom zu erwähnen. Da es vielen der hier anwesenden Fachleute auch schon früher aufgefallen sein wird, daß ich in meiner diesbezüglichen Veröffentlichung (1925) die frühere Veröffentlichung von Fresenius (1921) nicht erwähnt habe, möchte ich hier eine Erklärung dafür geben: die Veröffentlichung von Fresenius war mir bei Abfassung meiner Arbeit nicht bekannt. Ich hatte die Zusammenhänge allerdings schon vor dem Erscheinen der Arbeit von Fresenius erkannt; bei einem Besuch in Göttingen im Jahre 1917 habe ich sie den Göttinger Herren, von denen verschiedene hier anwesend sind, dargelegt. Aber darauf kommt es natürlich nicht an. Wenn mir die Fresenius'sche Arbeit bekannt gewesen wäre, hätte ich meinen Beitrag selbstverständlich auf das Wenige beschränkt, was ich über die schon von Fresenius gewonnenen wichtigen Erkenntnisse hinaus noch zu sagen hatte.

H. Kreitner: Bei der ersten Annahme eines reibungsfreien Schiffskörpers in allseits ausgedehnter idealer Flüssigkeit wurde die selbstverständliche Tatsache nicht besonders betont, daß der Körper selbst keinen Widerstand verursacht und das W_0 daher in Form eines Trossenzuges von außen aufgebracht werden muß, also etwa durch einen über eine Rolle laufenden Draht mit Gewichtsbelastung. Dieses Gewicht W_0 ist dann mit vollkommener Unveränderlichkeit vorgegeben und kann daher gut als Grundlage einer Sogziffer und eines Gesamtgütegrades ζ_0 dienen.

Beim Übergang von der idealen zur wirklichen Flüssigkeit wird nun der Sitz des Kraftangriffes in die Schiffsoberfläche selbst verlegt und man identifiziert den beim Schleppen gemessenen Widerstand W mit dem vorher angenommenen Trossenzug W_0. Dabei liegt es nahe, dem Begriffe W stillschweigend die gleiche grundsätzliche Unveränderlichkeit zuzuschreiben wie vorher dem Trossenzug W_0 und somit den im Schraubenschub gemessenen Zuwachs zur Gänze auf Verdrängungssog und Reibungssog aufzuteilen; (immer noch tiefgetauchten Körper vorausgesetzt).

Diese Voraussetzung wird bei sehr schlanken Körperformen genügend genau zutreffen, nicht aber bei stumpfen Formen, deren Widerstand W zu einem merklichen Teil von Strömungsablösungen herrührt. Im letzteren Falle wird unter Wirkung der arbeitenden Propeller die Ablösungsstelle sich ähnlich wie bei Grenzschichtabsaugung verlagern und die Strömung, aus deren Kräftespiel der Bezugswiderstand W_0 hervorging, ist einer grundsätzlich anderen, meist günstigeren, gewichen.

Für den tatsächlichen Schiffsmodellversuch steht aber kein anderer Bezugswert zur Verfügung als das W_0 der Schleppmessung ohne Propeller. Nur wird es dann in manchen Fällen erforderlich sein, die Aufspaltung des so definierten Gesamtsogs nicht auf Verdrängungssog, Reibungssog und allenfalls Oberflächeneinflüsse zu beschränken, sondern den angedeuteten „Ablösungssog“ mit zu berücksichtigen; er ist meist negativ zu erwarten. Daß sein Einfluß sehr merklich vermutet werden darf, findet eine gewisse Stütze in der Tatsache, daß im großen Durchschnitt die Schärfe der Linien und der

Gesamtgütegrad ζ_0 in einem reziproken Verhältnis stehen, trotzdem die scharfen Schiffe durchschnittlich einen kleineren Schubbelastungsgrad c_s und daher einen besseren Schraubenwirkungsgrad aufweisen.

Bezüglich des Kort'schen Düsenschleppers wäre es wesentlich zu wissen, ob die mitgeteilten Ergebnisse bei der Pfahlprobe oder bei höheren Geschwindigkeiten gewonnen wurden; dies vor allem deshalb, weil bei größerer Geschwindigkeit eine fühlbare Beeinträchtigung durch die Wasserreibungen des inneren Systems zu erwarten ist. Die innere Wasserführung bedingt einen relativ bedeutenden Zuwachs an Oberfläche, muß daher Reibungsverluste verursachen, die mit wachsender Durchflußmenge, also mit zunehmender Fahrgeschwindigkeit, sehr rasch ansteigen und von einer gewissen Geschwindigkeit aufwärts den durch die größere Austrittsfläche erzielbaren Gewinn überwiegen. Es wäre wichtig festzustellen, wo diese Geschwindigkeitsgrenze liegt.

G. Weinblum: Herr Professor Horn erwähnte, daß U-Spanten im Hinblick auf den Widerstand ungünstiger sind als V-Spanten. Dieses gilt fürs Hinterschiff unter Berücksichtigung des Propellers; dagegen sind im Vorschiff bei üblichen Schiffsformen vernünftig ausgebildete U-Spanten wegen der geringeren Wellenbildung vorzuziehen.

F. Horn: Zu den von Herrn Dr. Kreitner angeschnittenen Punkten möchte ich mich folgendermaßen äußern:

Ich habe in meinem mündlichen Vortrage wegen der Kürze der Zeit nicht erwähnen können, daß man sich im Fall der reinen Verdrängungsströmung (Potentialströmung) den dann als solchen nicht vorhandenen Wasserwiderstand künstlich, beispielsweise durch einen nach hinten wirkenden Trossenzug, erzeugt denken muß. In dem Manuskript des Vortrags habe ich dies von vornherein so zum Ausdruck gebracht.

Das Fahrzeug, auf welchem die Düsenschraube von Kort zum ersten Male verwendet worden ist, ist ein Kanalschlepper, dessen normaler Betriebszustand durch einen schweren Schleppanhang und eine geringe Schleppgeschwindigkeit von 4,5—5 Km/St. gekennzeichnet ist. Unter diesen Umständen, die auch allgemein für den normalen Betriebszustand von Schleppern gelten, spielt gegenüber dem großen Vorteil, daß die Düsenschraube eine sehr große Wassermasse erfaßt, der Nachteil der zusätzlichen Wasserreibung im Tunnel keine wesentliche Rolle. Dieser Nachteil würde aber offenbar bei schwächer belasteten Schrauben sofort stärker in Erscheinung treten und daher bin ich mir von vornherein darüber klar gewesen, daß das Anwendungsgebiet der Kortschen Tunnelschraube im wesentlichen wohl auf hochbelastete Fahrzeuge mäßiger Geschwindigkeit beschränkt sein wird.

G. Madelung fragt, ob Mitstrombilder ohne Schraube als grundsätzlich anzusehen sind oder ob sie durch das Arbeiten der Schrauben stark verändert werden.

H. M. Weitbrecht: Daß das Mitstrombild durch das Arbeiten der Schraube verändert wird, ist durch die Versuche von Kempf (vergl. Jahrb. der Schiffb.Techn.Ges. 1931 „Mitstrom und Mitstromschrauben") nachgewiesen.

Beim Entwurf einer Schraube liegt zunächst aber nichts anderes vor als das Mitstrombild des Modells ohne Schraube. Ich halte es für möglich, daß auf Grund sorgfältiger Auswertung zahlreicher Beobachtungen die Änderung des Mitstrombildes durch das Arbeiten der Schraube annäherungsweise angegeben werden kann; wahrscheinlich sind diese Änderungen verschieden, je nach der Form des Modells und dem Steigungsbild der Schraube.

Es muß also für den Entwurf der Schraube immer vom Mitstrombild des Modells ohne Schraube ausgegangen werden.

H. Kreitner: Insoweit das Mitstrombild Aufschluß über die Arbeitsbedingungen geben soll, die der Schraubenflügel auf seiner Bahn vorfindet, ist wohl die ohne Schraube gemessene Strömungsstruktur maßgebend. Sie dient ja als Vergleich mit den Verhältnissen, die die freifahrende Schraube vorfindet, nämlich mit der bei ihrer Abwesenheit vorhandenen Absolutgeschwindigkeit Null an allen Punkten. Ein solcher Vergleich ist allerdings nur dann möglich, wenn die arbeitende Schraube nicht eine grundlegende Veränderung der Umströmung des Hinterschiffes auch relativ weit vor der Propellerebene verursacht, wie dies unter gewissen Verhältnissen durch Verlagerung der Ablösungsstellen eintreten kann.

L. Prandtl: Die grundsätzliche Frage bezüglich der Beeinflussung des Nachstroms durch die Schraube möchte ich so präzisieren: Kann man annehmen, daß die Schraube von denjenigen Teilen des Mitstroms getroffen wird, die ohne Anwesenheit der Schraube durch den Schraubenkreis strömen würden, oder finden durch das Arbeiten der Schraube solche Verlagerungen der Strömung statt, daß jetzt teilweise ganz andere Wasserpartien in den Schraubenkreis hineinkommen? (Zusatz bei der Niederschrift:) Eine Entscheidung ließe sich durch Kenntlichmachung irgendwelcher Nachstrombezirke mit Hilfe eines in das Wasser eingeführten Farbstoffes erreichen, dessen Lauf man mit und ohne Propeller verfolgt.

G. Madelung glaubt, daß die Strömungsverhältnisse ohne Schrauben ungünstiger erscheinen können als mit laufenden Schrauben.

F. Horn: Auch ich halte es nicht für ganz richtig, für den Entwurf einer Schraube die Druck- und Strömungsverhältnisse der Grundströmung im Bereich des Schraubenkreises zu Grunde zu legen, ebensowenig für die Beurteilung und Auswertung des Arbeitens von Schrauben hinter dem Schiff bzw. Modell. Denn die Schraube verarbeitet ja auch Wasserschichten, die in der Grundströmung innerhalb des Schraubenkreises nicht enthalten sind, und die in diesen zusätzlichen Wasserschichten herrschenden Mitstromverhältnisse sind natürlich auf das Endergebnis auch von Einfluß. Während man diese Verhältnisse aber bei einer Aufmessung der Strömung mittels Pitotrohren nicht ohne weiteres erfaßt, werden sie bei dem von mir vorgeschlagenen neuen Auswertungsverfahren von Versuchen Schiffsmodell mit Schraube automatisch berücksichtigt. Beispielsweise gehört der dabei herausspringende mittlere Reibungsmitstrom zu der Wassermenge, welche bei arbeitender Schraube durch diese hindurchgeht.

D. Thoma: Durch die Wirkung der Schraube wird der Nachstrom fraglos vergleichmäßigt. Schon dann, wenn der Schub über die ganze Schraubenkreisfläche gleichmäßig verteilt ist, tritt eine Vergleichmäßigung des Zustromes ein, denn dann werden die Quadrate der relativen Zuströmgeschwindigkeit bei allen Stromfäden um denselben Betrag erhöht, so daß die Geschwindigkeit selbst bei den langsamen Stromfäden stärker erhöht wird als bei den schnellen. In Wirklichkeit ist die Vergleichmäßigung noch größer, denn in den Bereichen großen Nachstromes (geringerer Zuströmgeschwindigkeit) wird der Schub und damit auch die Zunahme des Geschwindigkeitsquadrates größer als an den anderen Stellen. Daß eine Vergleichmäßigung eintritt, kann schließlich auch daraus gefolgert werden, daß die Schrauben der Beanspruchung standhalten. Wenn die Zuströmung beim Arbeiten der Schraube so ungleichmäßig wäre, wie die Nachstrombilder es zeigen, würden durch das Aufschlagen der Flügel auf das fest ruhende Wasser übermäßige Kräfte entstehen, und man kann gar nicht glauben, daß die Schrauben dem standhalten könnten. Mitstrombilder, die ohne Schrauben aufgenommen sind, behalten aber ihren Wert als Vergleichsmaßstab.

L. Prandtl: Bei den Abschätzungen über die Änderung des Propellerschubs beim Durchschlagen durch den Nachstrom muß beachtet werden, daß die Zirkulation zur Ausbildung Zeit braucht, weil eine Zirkulationsänderung immer nur unter Abspaltung von Wirbeln erfolgen kann. Beim Durchschlagen des Propellers durch eng begrenzte Gebiete, die z. B. nur von der Ausdehnung gleich der Breite des Propellerblattes sind, würde also die Schubänderung nicht in ihrem vollen Betrage wirksam werden.

F. Gutsche: Eine Möglichkeit, die Mitstromänderung bei arbeitender Schraube gegenüber dem Mitstrombild ohne Schraube abzuschätzen, liegt in der Nachrechnung eines hinter dem Modell arbeitenden Propellers unter Zugrundelegung des am Modell ohne Schraube gemessenen Mitstrombildes. Aus der Änderung der Übereinstimmung dieser Nachrechnung mit den tatsächlich an der Modellschraube gemessenen Kräften gegenüber der Übereinstimmung zwischen Nachrechnung und Versuch einer freifahrenden Schraube läßt sich ein Rückschluß ziehen auf eine etwa vorhandene Änderung des Mitstrombildes.

H. B. Helmbold: Läßt man den von Herrn Madelung erwähnten Fall außer Acht, daß der Einfluß der arbeitenden Schraube eine zunächst abgerissene Strömung am Hinterschiff wieder zum Anliegen bringt, so kommt man, soviel ich sehe, zu dem Ergebnis, daß sich der Potentialnachstrom unterm Einfluß der Schraube nicht ändert. Die Verschiebung des Nachstroms, von der Herr Prandtl soeben sprach, betrifft demnach nur den Reibungsnachstrom. Sie besteht im wesentlichen darin, daß die arbeitende Schraube von der leerlaufenden Schraube nicht erfaßte Gebiete des Reibungsnachstroms von außen heranholt, und so den Reibungsnachstrom im Schraubenkreis stärker konzentriert, was für die Leistungsbilanz natürlich nur günstig sein kann.

G. Madelung macht die Mitteilung, daß sich plumpe Luftschiff-Gondeln ohne Propeller am Hinterende als schlecht, mit Propeller als ganz gut erwiesen haben.

H. Kreitner: Wenn bei völligen Körperformen die Schraubenwirkung ein Umschlagen der Strömung mit Verlagerung der Ablösungsstellen verursacht, sind natürlich Mitstrommessungen ohne Schrauben als Vergleich unbrauchbar. In einem solchen Falle könnte man höchstens versuchen, durch andere Mittel, etwa durch Grenzschichtabsaugung, eine ähnliche Strömungsverlagerung zu erzeugen und dann die Mitstromstruktur ohne Schraube aufzunehmen. Das von Herrn Prof. Dr. Madelung erwähnte sehr verschiedene Verhalten plumper Gondeln ohne und mit Schraube betrifft weniger den Einfluß des Körpers auf die Schraube als vielmehr jenen der Schraube auf den Körper und bestätigt die Tatsache, daß dessen Widerstand — wie bereits früher erörtert — durch Verlagerung der Ablösungsstellen infolge der Schraubenwirkung sehr wesentlich verringert werden kann.

E. Hogner: Die Frage, ob Mitstrombilder ohne Schraube als einwandfreie Grundlage für den Entwurf der Schraube anzusehen sind, ist tiefgreifend. Ich will hier nur einige Tatsachen erwähnen, die — so scheint es mir — dafür sprechen, daß man mit roher Annäherung das erwünschte Ziel erreicht, wenn man die Mitstromverteilung ohne Schraube achsensymmetrisch gestaltet. Dabei wird auch die Verteilung sowohl des Verdrängungs- wie des Reibungsmitstromes einer achsensymmetrischen näher kommen, und dasselbe gilt auch für das Mitstrombild bei laufender Schraube, wenigstens wenn von weiteren Wechselwirkungen mit dem Schiffskörper abgesehen wird. Diese Überlegungen setzen natürlich voraus, daß Ablösungserscheinungen keine qualitativen Unterschiede in der Verteilung der achsialen mittleren Mitstromgeschwindigkeit in den beiden Fällen ohne und mit laufender Schraube verursachen. Nun zeigen die Messungen von Kempf (Jahrb. d. Schiffbautechn. Ges., 1931) einen beinahe erstaunlichen Parallellismus der Mitstromkurven dieser beiden Fälle, wobei sie natürlich gegen einander verschoben sind. Die Schwankungen des Mitstromes sind auch bei laufender Schraube beträchtlich (bei Ein- und Zweischrauber rund 50% gegenüber rund 60% ohne Schraube). Zwar zeigen die Messungen ohne Schraube etwas unregelmäßigere Strömung, in den großen Zügen aber sind keine qualitativen Unterschiede dem vorliegenden Material zu entnehmen. Die neuen Versuche der Hamburgischen Schiffbau-Versuchsanstalt, worüber Herr Ingenieur Schmierschalski eben berichtete, und die Aufmessung von Schiffserschütterungen mit der Schwingungszahl = Umdrehungszahl der Schraube Flügelzahl (W.R.H. 1931, S. 324 bis 326, Bohuszewicz und Späth) verstärken meiner Meinung nach die Erwartung, daß hier etwas für die Praxis zu gewinnen ist.

H. Kreitner: In dem Vortrag von Schmierschalski wurde der Schubbelastungsgrad des Propellers mit dem ungewöhnlich niederen Wert von 0,2 angegeben; die Schraube arbeitet daher in der Gegend ihres Wirkungsgradscheitels oder sogar schon auf dem abfallenden Ast der η-Kurve. Es wäre zu prüfen, ob der auffallend große Leistungsmehrbedarf bei unsymmetrischem Mitstrom nicht zum Teil mit der Lage des Betriebspunktes der Schraube zusammenhängt. Wenn dies zutrifft, müßte eine Wiederholung des Versuches mit einem kleineren Propeller einen geringeren Unterschied ergeben.

H. Schmierschalski: Der Einwand des Herrn Dr. Kreitner, daß bei einer so geringen Schubbelastung von 0,2 das Gesamtergebnis getäuscht wird, mag berechtigt sein. Wie aus vorstehendem Text zu ersehen, ist aber der Schubbelastungsgrad im Mittel 0,75 gewesen, und nicht 0,2, wie verlesen. Nach dieser Richtigstellung wird der Einwand von Herrn Dr. Kreitner hinfällig.

Nachtrag zu „Reibungswiderstand".

Aus den Ausführungen im Referat von Eisner S. 1 bis 49 und der Diskussionsbemerkung von Prandtl S. 87 bis 91 geht vielleicht nicht zur Genüge hervor, daß die Priorität in der formelmäßigen Lösung für den Widerstand der glatten Platte unbestritten Herrn v. Kármán gebührt, der darüber auf dem Stockholmer Mechanik-Kongreß im August 1930 vorgetragen hat. Die Verhandlungen dieses Kongresses sind allerdings erst im März 1931 zugänglich geworden. Die im Referat Eisner in Formel 16 c nach v. Kármán an der in Fußnote 50 genannten Stelle (Stockholm) gegebene Lösung für die glatte Platte würde nach Mitteilung von Herrn v. Kármán in der Fig. 6 mit der Kurve 4 vollständig zusammenfallen; dies ist trotz des im Einzelnen etwas verschiedenen Gedankengangs in der Kármánschen und der Prandtlschen Herleitung dadurch verständlich, daß für die Ermittlung der Formelbeiwerte beide Male dieselben Rohrversuche von Nikuradse verwandt worden sind.

L. Prandtl. F. Eisner.

ENGLISH ABSTRACTS FROM THE PAPERS AND DISCUSSIONS.

GROUP I.

FRICTIONAL RESISTANCE.

FRICTIONAL RESISTANCE.[1])

By F. Eisner, Berlin.

This paper presents a full review of recent development of the subject of frictional resistance. The classical segregation of a ship's constituent resistances is critically examined, the mutual influence of these constituents is emphasised and the generalised definition of frictional resistance as the resultant of all longitudinal shear stresses is used as the basis throughout.

The theory of the calculation of frictional resistance by the momentum in the frictional belt and the determination of this belt thickness and velocity distribution is outlined for the general case of two-dimensional flow and for the special case of the plane surface for laminar flow and turbulent flow. Also the case of axial symmetry is treated. The treatment of two-dimensional laminar flow is due to Blasius. Fig. 1 shows in a dimensionless manner the velocity distribution determined by Blasius and curve 1 in fig 6 shows the corresponding specific resistance. The theory of the transference of results obtained from turbulent flow in pipes (see fig 2) to determine plank resistance is shown to depend upon the acceptance of a dimensionless frictional belt velocity distribution, common to pipe and plank, governed solely by the shear stress at the wall. The results given in figs 3 & 4 confirm this universal velocity distribution. From the Blasius pipe turbulent resistance expression, Prandtl and v. Kármán in 1921 deduced a velocity distribution varying as the one-seventh power of the distance from the wall. But this relation varies with the Reynolds number; the different „power-rules“ of velocity distribution are characteristic only for an „interregnum“ (1921—1930). More recently v. Kármán has deduced an expression for velocity distribution accurately endorsed by fig 4. From this relation a more general expression for frictional resistance is deduced which is accurately endorsed by pipe tests for the highest Reynolds numbers.

For the plank the local resistance is equal to that of the pipe having the same central velocity and radius equal to the plank frictional belt width (see fig. 5). The flow along a plank is thus similar to that through a pipe of radius increasing with length and constant central velocity. The plank resistance has been deduced recently from this relation by Prandtl and v. Kármán and the agreement with Kempf's tests for the highest Reynolds numbers is evident from fig 6.

Whilst the frictional resistance of a smooth plank can be now accepted as known for all Reynolds numbers, the use of this resistance as the ship frictional resistance is unjustified, since due to form influence the velocity outside the frictional belt is not constant and differs locally from the ship speed. This is confirmed f. i. by tests on wind tunnel shape (see fig 8 for a curved wall or a straight wall with a forced raise or fall of pressure along the wall) and by tests on cylinders. There are also many other causes for a

---

[1]) Refers to the paper on page 1—49 of German text.

difference between a plank's and a ship's frictional resistance, which are treated systematically. The influence of form on the frictional belt width has been theoretically examined and fig 9 shows the values obtained in laminar and turbulent flow for the plate, a dirigible form and a cylinder. Fig 7 shows corresponding results for an aerofoil. The resistance of various forms (measurements of the Berlin tank) in relation to the plank resistance is shown in fig 10.

The influence of roughness of surface is of the greatest importance particularly in the forebody of a vessel. A theory of roughness effect has recently been developed by v. Kármán and on empirical interpretation by Prandtl.

The experimental determination of a ship's frictional resistance can be made using a twin submerged model and subtracting from the total resistance the pressure drag found by integrating the pressures measured round the form. The use of the flat Pitot tube adopted by Fage & Falkner, shown in fig 11 will enable the velocity gradients in the surface boundary layer to be determined and hence admits of the direct calculation of local resistance.

THE THEORY OF FRICTIONAL RESISTANCE.[1)]

By Th. v. Kármán, Aachen.

After a detailed survey of the development of the subject of frictional resistance (discussed in the first six sections of the present paper) the author proceeds to establish a rational theory of turbulence, since only from such a basis can an expression be produced for turbulent frictional resistance having any claim to general validity.

Considering first the velocity distribution in a pipe, it is experimentally established that expression 28 (see p. 63) holds good for both rough and smooth surfaces; and that for given shear stress the velocity distribution is independent of the Reynolds number. From this can be concluded that the flow pattern and the mechanism of impulse exchange at any point are independent of the precise pulsatory flows or vortex motions causing the particular impulse exchange. The local pulsatory velocities in the pipe frictional belt perpendicular to and in the direction of flow, whose momentum product produces the turbulent friction, increase directly as the square root of the shear stress under conditions of geometrical similarity. This encourages enquiry as to the transverse velocity distribution in the frictional belt of a plate towed through a fluid, assuming that the impulse transport conveys from layer to layer the shear stress corresponding to the wall friction. In laminar flow this approach leads to a linear velocity distribution. In turbulent flow the distribution is logarithmic, the rate of change of velocity being inversely proportional to the distance from the wall as is mathematically expressed in (31). The factor K therein contained is a physical constant of turbulence. The logarithmic distribution in the belt only holds good up to the boundary layer and is defined by (39). The results of experiments conducted by Nikuradse show that in the turbulent region the linear relation between the variables is well confirmed. K is found to be about 0.39 to 0.40. Towards the outer edge of the belt the shear stress changes. This requires a modification to (39) and leads to (42). Expressed in the limiting form of (43) we obtain a relation for the width of the frictional belt which supplies a fundamental basis for the theory of the turbulent belt. This relation is shown to be the general case of earlier expressions proposed; and explains the reducing

1) Refers to the paper on page 50—73 of German text.

index found necessary in interpolating data derived from tests covering progressively greater ranges of Reynolds numbers.

With the more fundamental relations established for belt width and velocity distribution, application of the momentum theory enables the more rational expression (55) to be deduced for the local turbulent frictional resistance of a smooth plane surface towed through a fluid. This expression contains only two physical constants, one of which K is universal for turbulent flow and can be derived from pipe experiments. The other constant R_0 depends upon the velocity distribution in the belt and particularly upon the transition from the laminar boundary layer and at the outer edge of the belt. Since these transitions are not yet fully explored, R_0 cannot be determined theoretically and hence must be used empirically to make (55) satisfy the results of experiment. This constant is, however, the only unknown and when evaluated from low Reynolds numbers turbulent resistance data, satisfies the Kempf data up to the highest Reynolds numbers. For total frictional resistance the corresponding expressions are (57) and (58).

The rational theory of turbulence deduced for smooth surfaces allows of certain conclusions being drawn as to the friction of rough surfaces. For example, it is known that the influence of roughness only becomes marked above a certain Reynolds number, which is less the greater the roughness. Above this limit the specific resistance rises through a transition stage into a constant value subsequently independent of Reynolds number. The first observation is explainable by the roughness only commencing to increase resistance when it projects outside the laminar boundary layer. The second implies that the impulse exchange ultimately becomes independent of Reynolds number and depends solely upon the roughness. The belt Reynolds number term in (41) is thus replaced by the ratio of the belt thickness to the roughness projection in (59), the two expressions being therefore perfectly analogous. The corresponding expression for local resistance is given by (60) and is found to be confirmed by pipe experiments. Comparative tests on roughened planks, with a more rigorous definition of roughness and its satisfactory measurement, are obviously desirable, since accurate knowledge of the frictional resistance of rough surface is of greater practical importance than that of smooth surfaces.

FURTHER MEASUREMENTS OF THE FRICTIONAL RESISTANCE OF PLANE SMOOTH & ROUGH SURFACES.[1])

By G. Kempf, Hamburg.

Previous frictional resistance measurements of the Hamburg Tank 77 metre pontoon have received full confirmation from the latest theoretical development of the subject. The purpose of the present tests was not therefore to repeat the old resistance measurements but to investigate more closely the conditions in the frictional belt for rough and smooth surfaces and to establish the movable test plate principle of measurement.

To ensure absence of pressure difference between the fore and after edges of the test plates the pressures were measured and the plates regulated to avoid pressure difference. To determine a possible influence of transverse flow, two test plates were fitted abreast, one in the centre and the other to one side of the bottom of the aftermost section of the pontoon. No measurable difference in the resistance could be distinguished.

---

[1]) Refers to the paper on page 74—82 of German text.

Measurements of velocity distribution in the frictional belt were made using the multi-Pitot tube device shown in fig 1. The pressure heads were photographically recorded as shown in fig 2. These measurements were made at various downstream positions and over a range of speeds. The results obtained are plotted in fig 3 for various Reynolds numbers in terms of the ratio to the maximum velocity and distance out from the pontoon surface. For the smooth surface the velocity distribution is constant for constant Reynolds number for varying downstream lengths and pontoon velocities. For rough surfaces the velocity distribution is not independent of the length-speed combination at given Reynolds number (see fig 4). For smooth surfaces the distribution exponent is $^1/_9$ whilst for the rough surfaces it is $^1/_7$. The width of the rough belt is greater than that of the smooth (see fig 5); and with a sand roughness of 1,25 mm projection and 60 grains per cm^2 the total rough pontoon resistance is about 40-percent greater than that of the smooth pontoon. The test-plate measurements confirmed this 40-percent increase in resistance. Test-plates results for the „Hamburg" and „Bremen" show 30-percent excess over the resistance of the smooth surface. The results of all frictional resistance tests carried out by the Hamburg tank are combined in fig 6. The specific resistances therein given refer to the local resistance corresponding to the Reynolds number and not to the mean total resistance. The curve corresponding to the latest von Kármán formula is included in the diagram. The agreement is striking.

The above tests justify the application of the results derived to determine the frictional resistance of a ship's surface but without any allowance for form influence. To obtain some guide as to possible form influence, tests were made upon a ship model of length large in relation to its displacement. The wax model was first tested with a smooth surface and then progressively scored with transverse grooves 0.5 mm deep starting from forward. The increment in resistance due to successive grooving was determined and also finally the resistance of the totally roughened model. The results are shown in fig 7. The roughness increment is seen to vary with the position. It is most severe at the forward end for the first 15-percent of the wetted surface. From this limit to about 38-percent no additional resistance is induced. From 38-percent to 75-percent the increment is again severe, but reduces somewhat in severity towards the extreme after end. This variation differs fundamentally from the effect of roughness on a plane surface. Here, the effect of constant roughness is greatest forward and gradually reduces aft.

THE INFLUENCE OF TEMPERATURE ON THE FRICTIONAL RESISTANCE EXPERIENCED BY PLANE SURFACES MOVING IN A FLUID.

By K. E. Schoenherr.

Original paper in English see page 83—86.

DISCUSSION OF FRICTIONAL RESISTANCE.[1])

L. PRANDTL: After commenting upon the progressive parallelism of von Kármán's work and his own, Dr. Prandtl communicates the results of recent Göttingen investigations on the resistance of rough surfaces. Fig 1 shows Nikuradse's tests on rough pipes, separate curves appearing for each relative roughness. The neutral effect of roughness at low Reynolds number,

[1]) Refers to the discussion on page 87—98 of German text.

the subsequent transition stage and final constant specific resistance, increasing in value with the roughness, will be noticed. This constant specific resistance follows the relation given by von Kármán and independently developed at Göttingen. The behaviour of the empirical coefficient in this relation expressed as a function of the roughness Reynolds number is shown in fig 2. It will be seen that the results for all roughnesses and throughout all stages lie on a common curve. From this relation the corresponding behaviour of a roughened plate can be deduced. The results are shown in fig 3 to a base of the logarithm of local downstream length Reynolds number and ordinates of the logarithm of local specific resistance. The lowest curve is the smooth local specific resistance. Two sets of curves are shown, one for constant ratios of roughness projection to downstream length $\frac{k}{x}$ and the other for constant roughness Reynolds numbers $\frac{v\,k}{\nu}$. The first set gives the change in resistance at given position and roughness with changing speed; and the second the resistance change at constant speed for changing position. Total resistance can be got by integrating the local resistances over the plate length. To check the accuracy of fig 3, tests have been made in the wind tunnel on plates of three lengths with three different degrees of roughness. The difference in resistance of two equally rough surfaces of different length gives the mean local resistance of the additional part of the longer plate. The results are plotted as circular spots in fig 3 and are corrected to the calculated diagram values indicated by crosses. In view of the inevitable error exaggeration of difference methods the agreement is relatively good. The results of Kempf's roughness tests at higher Reynolds numbers are also shown. Here the spots are clearly out of place. The agreement would be satisfactory were the roughness projection of 1.25 mm as given by Kempf only half this amount.

H. M. WEITBRECHT. To illustrate the relation of the Froude frictional coefficients as used in ship resistance work, Dr. Weitbrecht shows in the diagram accompanying his remarks the Froude values logarithmically plotted to a base of Reynolds number as separate contours of constant length of surface, and constant Froude number $\frac{v}{\sqrt{g \cdot l}}$ for the model and ship ranges respectively. Using the Froude coefficients for model frictional resistance for a Froude number of .75 for all models and speeds at the correct Reynolds number, good agreement with the ship results is found by increasing by 15-percent the values derived from the new Schlichting formula for frictional resistance at ship Reynolds numbers (deduced from the Prandtl research).

F. HORN. The views of Dr. Eisner and Dr. Kempf differ on the influence of ship form effect on frictional resistance. It is rational to use the new results for smooth plane surfaces to estimate the basis frictional resistance and to increase this by an allowance for form and roughness. The use of an equivalent solid of revolution to determine the increase in velocity round the form leads to too small an increment. By testing an actual model at speeds below those causing heavy dynamic effects, the sinkage is fairly indicative of the form velocity change. For a model of 0.735 block coefficient at 14 knots the form velocity increment was found to increase the frictional resistance by 7.7 percent. This increase was independently endorsed by local velocity measurements round the form. It would appear therefore that the Kempf allowance of 30-percent above the smooth frictional to account jointly for form and roughness is excessive although derived from actual ship test-plate measurements. This is particularly so, in view of the allowance for an iron surface being 4-percent and for butts and laps 5-percent. The influence of rivet heads cannot make up the difference to 30-percent and thus the greater influence of form must be appreciated.

A. BETZ. The low form effect shown by airship forms can only be due to the mutual neutralisation of the constituent three dimensional flows. For example, forward, the flow in approaching the greater diameters produces an attenuation of the ring frictional belt, thus reducing the width of the belt. The reverse is the case aft. These changes in belt thickness should certainly be felt in the frictional resistance but as their influence is absent from the total resistance it appears that they balance each other. The local behaviour of the frictional belt is of importance and directs attention to the study of laterally opposed frictional belts.

L. SCHILLER. Tests carried out at Leipzig on pipes fitted with internal rings representing an accurately geometrically similar roughness confirm the law of resistance similarity. Further tests have shown that for both systematic and promiscuous roughening the relation between resistances and velocity distribution is confirmed. Dr. Prandtl's suggestion that roughness first increases resistance when it projects outside of the laminar boundary layer, is not necessarily the truest explanation. The resistance first increases when the roughness Reynolds number is sufficient to produce eddying.

D. THOMA.

The use of hot water to increase Reynolds number was first adopted in turbine work. Tests on a small Francis turbine have shown that increasing the temperature from 4^0 C to 63^0 C, thus reducing the kinematic viscosity practically in the ratio of 4 to 1, produced an improvement in the turbine efficiency of practically 3-percent.

Dr. Kempf's tests on a roughened model, which suggest that the further forward the roughness the greater the resistance increment, do not prove necessarily this. Had the roughness commenced from aft it would be found that the finally added elements, in this case forward, would have contributed relatively little to the total resistance. This final element has admittedly a high resistance, but through its wake the resistance of the subsequent roughnesses will be reduced. To obtain valid data on the influence of roughness at various positions only isolated roughnesses should be tested.

GROUP II.

WAVE RESISTANCE AND SHIP FORM.

SHIP FORM & WAVE RESISTANCE.[1])

By E. Hogner, Uppsala.

This paper gives a full review of existing work on the mathematical theory of wave resistance and related experiment data. The P theory is discussed and Wigley's recent investigation of the wave system of a prismatic model particularly designed to test the P theory is examined. Fig. 1 (page 102) was previously published by Wigley and compares the measured and calculated wave profiles for the prismatic model.

Barrillon's experiments on a train of models are mentioned to show the important interference effects due to the diverging wave systems as well as that due to the transverse wave system. The agreement between mathematical theory and experiment is next considered. The more emphasised resonance effects obtained by theory compared with experiment particularly with small length-beam ratios is evident from fig. 2, again taken from Wigley's work. The poorer absolute agreement found with fuller models is seen from fig. 3, also due to Wigley, and follows from the violation of the assumptions inherent to the Michell theory.

Weinblum's work on the form of least wave resistance is next discussed. Fig. 4 (page 106) shows the area curves obtained by Weinblum, the figure opposite each is $\frac{1}{2f^2}$ where f is the Froude number. For high speeds, (curve 1) full ends are most economical, for smaller speeds the displacement must be more concentrated amidships. Investigating the best midship section area coefficients Weinblum found the best coefficient to be low at high speeds and high at lower speeds. (See fig. 5, page 106.) Finally, Havelock's recent work on the resistance of a deeply submerged ellipsoid using the method of doublets is considered. Fig. 6 shows the various proportions investigated and their corresponding resistance curves. It is seen that the long forms have lower resistance at low speeds, but higher resistance at high speeds than the shorter forms.

The mathematical theory now includes three distinct methods, the Michell, which applies to fine surface craft of narrow beam, the Hogner, which applies to shallow draught craft such as skimmers and the Havelock for deeply submerged forms. The author has been able to combine these three into a common interpolation formula for ship wave resistance. The mathematical work involved is reviewed in the appendix to the present paper. Applying the new theory to obtain the first correction term in the Michell theory for Wigley's models 755, 829 and 825, between P values of 0.95 to 1.15 (fig. 2), the result is to reduce the severity of the resonance effects. This is not the case for the finest model where the calculated and experimental resonance effects are in good agreement, the absolute resistance

---

[1]) Refers to the paper on page 99—114 of German text.

discrepancy being due to other causes. Applying the new theory to Wigley's 1008 model (fig. 3), which shows poor agreement with the Michell theory, the result of the first term correction at P = 0.4 and P = 0.7 is insignificant. The influence of the further correction terms must thus be investigated. This involves heavy calculation work and is left over by the author.

HOLLOW VERSUS STRAIGHT WATER LINES.[1])

By G. Weinblum, Berlin.

This paper continues a more general programme devoted to practical applications of the mathematical theory of ship wave resistance. The theory has been used by Havelock to determine the speed range over which hollow water lines show less resistance than do straight lines. For fine, slim forms, the author's investigations show the hollow superiority to extend to a Froude number of about 0.24. With these forms the best end-tangent is zero. For fuller forms and midship sections an end-tangent of zero still gives the lowest resistance but greater fullness results in an earlier speed limit to the hollow superiority.

Experiment work on the subject has been carried out by Froude and Taylor. Fig. 1 shows the area curves of the Froude models and Fig. 2 the power curves. The forms tested are very fine; and over the speed range tested, 0.21 to 0.33, the hollow form is clearly superior. Froude's B and C models show that the gain is principally derived from hollowness forward. The after lines can be straight, a fact which is not endorsed by the theory. At higher speeds the theoretical penalty of the straight lines becomes distinguishable and begins to show in curve C at a Froude number of 0.28. Taylor's experiments endorse the zero end-tangent up to a Froude number of 0.24. Above this speed the best end-tangent increases.

Experiments have been carried out by the author in the Berlin Tank on mathematical forms. The area curves are shown in Fig. 3. Model 1099, which is unsymmetrical, has been tested as a double model entirely submerged to obtain the frictional and eddying resistance towed ahead and astern. Model 1097 is a symmetrical model of the same mean form. The test results given in Fig. 4 show that 1099 towed with hollow forward lines has a wave resistance lower than that of the symmetrical model or that of 1099 towed with the straight lines forward. Fig. 5 (page 122) shows the lines of two further models 1137 and 1156 having identical afterbodies but different forebodies. The measured resistance curves are shown in Fig. 6. The basis functions for both models are shown in Fig. 7 (page 124) and the calculated resistances are shown in Fig. 8. The agreement is poor and is influenced by the stem of 1156 being cut away in order to produce the hollow waterlines. This is a departure from the assumptions of the mathematical theory. Experiments on full models have shown that with too sharp a transition at the bilge forward shoulder, eddying can occur which produces a greater resistance difference than can be accounted for by the difference in the area curve. This advantage of the long forefoot does not appear to persist with finer forms and thus cannot sufficiently account for the difference between theory and experiment in the present case. The influence of the different unsymmetries, of the fore- and afterbodies is also insufficient to account for the resistance difference. Tests on variations of model 1136, the results of which are shown in Fig. 9 (page 125) similarly confirm the breakdown of the theory, but not so definitely. Fig. 10 shows

---

[1]) Refers to the paper on page 115—131 of German text.

the specific resistances of the three models 1110, 1111, 1114 and the combination 1111 and 1114. Models 1110 and 1114 have almost identical area curves with practically straight waterlines but having a slight hollow tendency. Model 1110 has V sections, model 1114 U sections, whilst 1111 has V sections with pronounced hollow waterlines. The basis resistance functional curves for each model and also the comparative resistances are shown in Fig. 11 (page 127). Model 1111 is seen to have the least resistance, 1110 has the highest and 1114 an intermediate. The difference between these two is to be expected from the known superiority of U sections. The actual experiments confirm 1111 to be better than 1110 but do not confirm 1111 to be better than 1114.

These tests show that in comparing different area curves the same frame sections must be used, since a change in the vertical distribution of displacement can falsify the entire issue. Theory is more closely confirmed for vertical changes in displacement distribution than for longitudinal changes. Existing resistance discrepancies require to be more closely studied, particularly in relation to the comparison of predicted and measured wave profiles. On the main issue of hollow versus straight lines the principal discrepancy is confined to forms of moderate fullness, the hollow superiority actually extending beyond the third resistance hump thus being the reverse of the theoretical result. In all cases also the importance of the forebody lines preponderates over that of the after lines. This fact of experiment is again opposed to the theory, which gives equal wave resistance for ahead or astern motion.

A NOTE ON SHIP WAVE RESISTANCE.

By C. Wigley, Teddington.

Original paper in English see page 132—136.

THE PRESENT POSITION OF THE THEORY OF SKIMMING PLANES.[1])

By E. G. Barrillon, Paris.

The author shows that a simple theory produces results similar to that obtained from the more complete two-dimensional theory developed by Pawlenko. This simpler theory presumes that the resulting wave leaves the skimming plane tangential to the plane after-edge and as a sine curve profile with the same speed as the plane. The Pawlenko formula is identical in limiting value with that developed by the author for high Froude numbers, as is seen from the figure on page 144. The discontinuities given by the Pawlenko formula have not been experimentally detected. Curve II in this figure indicates a finite resistance at zero speed thus suggesting that the wave height-length ratio is limited physically and departs from the assumptions of the theory. Using a trochoidal wave profile, the lower curve in the figure on page 148 is obtained when the various formulas are applied to a particular case. For high speeds all three curves again tend to coincide and give a resistance increasing as the fourth power of the speed. This variation is not endorsed by experiment which is more nearly as the square of the speed. This fact together with direct observation suggests that the head pressure at the leading edge cannot be neglected as is at present the case in the theory.

---

[1]) Refers to the paper on page 139—154 of French text.

Comparison of actual wave profiles with the calculated showed good agreement immediately abaft the skimmer, but owing to other surface disturbances the agreement abaft the skimmer could not be checked. Summing the general situation the author concludes that the agreement between theory and experiment is not nearly so good as that found with ship forms and three-dimensional flow. As a further example of the discrepancies between theory and experiment in two-dimensional flow, the results of tests on a cylinder towed at various speeds and depths of submergence are discussed (page 139—141). The surface disturbances for various depths and speeds are shown to group into discontinuous phases thus establishing the insufficiencies of the theoretical assumptions.

DISCUSSION OF WAVE RESISTANCE AND SHIP FORM.[1])

G. WEINBLUM.

Havelock's work on the calculation of wave profiles mentioned by Dr. Hogner results in a two-term expression, the first term of which accounts for the effects of the form shoulders and the second for the effects of the continuous form. In the Wigley prismatic model it is correct to speak of wave systems starting from the shoulders, but for a continuous form each point contributes to wave formation.

Wigley's present paper shows how important is the accurate assessment of frictional resistance in the determination of wave resistance. Research on the form influence on frictional resistance is very necessary.

J. F. ALLAN. Original discussion in English see page 158.

G. S. BAKER. Original discussion in English see page 158/59.

E. HOGNER. Original discussion in English see page 159.

---

[1]) Refers to the discussion on page 157—159 of German text.

GROUP III.

BLADE PROPULSION.

THE FUNDAMENTALS OF THE VOITH-SCHNEIDER PROPELLER.[1])

By A. Betz, Göttingen.

It is not generally appreciated that the intrinsic difference between the action of the screw propeller and the paddle wheel is that the former develops thrust by the forward component of the lift on the blade element, whilst the latter develops thrust as the reaction of the blade resistance. Resistance reaction devices are much heavier and larger than devices using lift. Their speed is limited practically to the ship speed whilst the screw blade element speed is a multiple of the ship speed.

The Voith-Schneider propeller is also a lift-utilisation device. As is seen from fig 1 the blades move on a circular path about the centre O. During the revolution each blade performs an oscillating rotation constrained however by the links L radiating from the common adjustable centre P. At the points A and B the blades are in the direction of motion and thus develop no thrust. At all other points the blades have an incidence angle and develop a thrust perpendicular to AB. The blades are of course substantially symmetrical in construction. Fig 2 shows the mechanism of the Kirsten-Boeing propeller which in certain points resembles the Voith-Schneider. The difference lies however in the continuous rotation of the blades and thus on one side the incidence angle is zero and on the other 90^0. They thus work essentially by resistance reaction and have the inherent disadvantages of this principle.

The principal advantage of the Voith-Schneider lies in its manoeuverability. By moving the point P (fig 1, page 162) from the left side to the right the thrust is reversed. By moving P forward or aft transverse forces are developed thus eliminating the usual rudder arrangement. When the ratio of the eccentricity to the radius equals that of the advance velocity to the tangential the blades develop no thrust when at right angles to the links. The eccentricity of P therefore corresponds to the pitch of an ordinary propeller. When the eccentricity ratio s/r exceeds the velocity ratio v/u, thrust is developed (see fig 3, page 164). To accomodate a particular wake distribution the pitch cannot be altered, but by arranging the blades as an open cone the tangential velocity can be varied and hence the velocity ratio can be kept practically constant over the usual wake distribution. The greater thickness and width of the blades at the root also amount to a wake adjustment since the thicker section develops its best lift drag ratio at a higher incidence angle than that of the thinner section out towards the tip. The Voith-Schneider propeller is actually better in wake adjustability than is the normal propeller. The latter can be adjusted radially but not circumferentially. The Voith-Schneider can, since it works in practically a transversely uniform wake. The transverse distribution of thrust is elliptical (fig 4, page 166). In this respect it is substantially equivalent to a normal propeller for whereas the tip losses in the screw occur at the zone of maximum thrust, the corresponding losses are

[1]) Refers to the paper on page 161—170 of German text.

not so important in the Voith-Schneider where the thrust per unit length of blade is more uniform (fig 5, page 166).

The mean lift-drag ratio of the Voith-Schneider propeller is practically the same as that of the screw propeller. The maximum instantaneous lift coefficient however can be chosen appreciably higher than that of the screw propeller. It has been experimentally established that the periodic lift change enables much higher lift coefficients to be reached than would be the case with a constant incidence angle. A further peculiarity of the Voith-Schneider propeller is that the water passes twice through the same blade series. The forward blades have the opposite direction of motion from the after and hence the transverse motion given to the water forward is anulled aft. This corresponds to a double contrary-turning propeller arrangement and is particularly advantageous for high slips.

For shallow draft ships the Voith-Schneider propeller can act on a much greater mass of water than can the screw propeller as is evident from fig 6 (page 169). For tugs and for high thrust loading generally the efficiency is practically double that of the screw arrangement.

FLOW THROUGH AN AEROFOIL CASCADE; APPLICATION TO PROPELLERS.[1])

By F. Weinig, Berlin.

The circumferential expansion of a cylindrical section through a propeller presents the blade sections in the form of an aerofoil cascade as shown in fig 1. The flow through the cascade differs from that through the propeller in that the axial velocity through the cascade remains unchanged whilst through the propeller it is increased.

An aerofoil cascade can be replaced by a series of thin sections having the same effective pitch as that of the actual aerofoils. Fig 2 shows the substitution for a single aerofoil. Fig 3 shows the velocity diagram for a cascade. The lift coefficient change with incidence angle in a cascade differs, however, from that of the isolated section, the interference ratio k depending upon the value of t/l (see fig 1) and the effective pitch angle β. The value of k can be deduced from the cascade conformal transformation shown in fig 4, the plot of the related parameters being given in figs 5 and 6, and the final values of k are given in fig 7. The same data are more conveniently presented in polar coordinates of l and β in fig 8, with contours of k and for a constant value of t. From the diagram it will be seen how sensitive k is to changes of β at small values of β and with t/l values about unity. The importance of k in propeller work will thus be appreciated.

The relation of the cascade velocity diagram to that of the usual propeller diagram will be followed from fig 9. From the Kutta-Joukowski theorem an expression can be deduced for the t/l ratio satisfying a given velocity diagram and lift coefficient. To obtain the effective pitch angle, k can be first assumed as unity and the effective incidence angle δ calculated from the lift coefficient. This angle added to the apparent advance angle σ gives the effective pitch angle to a first approximation β_1. Using this β_1 in association with the gap ratio t/l, a new value of k can be determined from fig 11 and hence also a new value of incidence angle δ_2. By such successful approximation the final pitch angle and k value can be determined. Fig 10 illustrates a numerical example evaluated in the paper.

For a given section of a propeller the change in the velocity diagram with variation in λ, the ratio of advance to rotational velocities, can be simply

---

[1]) Refers to the paper on page 171—184 of German text.

deduced from the theory developed. In fig 12, v' the effective pitch speed and u the circumferential velocity are constant. It is shown that the dotted line joining the apex of the pitch triangle to a point distant $c_u/2$ from the advance velocity vertical is the locus of the endpoint of the resultant flow velocity vector on the blade for all values of v/u. The value of $c_u/2$ depends only upon the circumferential velocity u, the effective pitch angle, the gap ratio t/l and the cascade lift interference factor k. The locus of the endpoint of the resultant discharge velocity vector is a hyperbola. This hyperbola possesses several interesting features which are discussed by the author and illustrated in figs 13 to 19. The important influence of gap ratio t/l and k value upon the performance of a given blade element is evident from the construction of the discharge hyperbola. As the gap ratio approaches zero the value of $c_u/2$ in figs 12 et seq approaches u/2. Fig 15 shows for a constant effective pitch angle β the various discharge hyperbolas for various gap ratios. Similar diagrams but for variable pitches and gap ratios are given in figs 16 to 19. The determination of the properties of each section must be followed up by the usual integration over the propeller radius.

THE INFLUENCE OF REYNOLDS NUMBER UPON THE OPEN PERFORMANCE OF MARINE PROPELLERS.[1)]

By F. Gutsche, Berlin.

The known scale-effect of model propellers is, in general, one of increase in efficiency, torque and thrust with increase in Reynolds number. The efficiency increase follows directly from the improvement in lift-drag ratio, but the thrust and torque increase can only be a consequence of a marked change in the lift on the blade section.

To study this effect, wind tunnel tests over a wide Reynolds number range were made on the six segmental blades and two aerofoil blades shown in fig 1. Lift, drag and local pressures were measured for incidence angles from -9^0 to $+15^0$. The results converted to infinite aspect ratios for two geometrically similar sections of 20-percent camber ratio are shown in fig 2, to a base of Reynolds number. The marked discontinuity in lift and drag at constant incidence angle over a Reynolds number range from about 8×10^4 to 2.8×10^5 will be observed. This zone corresponds to that over which cylinders show a resistance discontinuity and is numerically identical (0.2 to 0.42×10^6) when the double radius of curvature of the blade back is used as the length dimension in the Reynolds number. The lift coefficients in the supra-critical range are greater than those in the subcritical, the same lift coefficient occurring in the supra-critical at about $11^1/_2{}^0$ lower incidence angle in the subcritical range. The minimum resistance is about 0.12 in the subcritical and 0.03 in the supra-critical range. Above the plot of resistance results in fig 2 will be noticed a further curve which gives for zero angle of incidence the pressure measured at the midwidth of the rounded back of the section. The same discontinuity is evident. This pressure was measured by tank tests and agrees completely with the full pressure distribution tests measured in the wind tunnel and shown in the upper right-hand corner of fig 2. The corresponding pressure plot for this 20-percent camber ratio section for an incidence angle range from -3^0 to $+15^0$ is shown in fig 3 for various Reynolds numbers. The existence of the subcritical and supra-critical ranges is again clearly evident. Fig 4 gives the pressure plot for various incidence angles from tests in air and in water at the same Reynolds number. The agreement is striking.

At low wind speeds, the accuracy of the resistance measurements was somewhat doubtful. The infinite-aspect-ratio drag can, however, be alter-

---

1) Refers to the paper on page 185—204 of German text.

natively assessed by calculating the fore-and-aft components of the pressure and frictional drag round the central section of the blade. Such a calculation shows that the basis requirement of elliptic distribution of lift in the Prandtl correction for induced drag is incidently not applicable to the present tests. The change in effective incidence angle at the central section from the apparent angle can be deduced from the actual circulation distribution along the blade. The lift obtained from integration of the central section pressure distribution plotted against its correct effective incidence angle, agrees very well with that got by the usual infinite-aspect-ratio correction method, as is evident from fig 5. These lift curves are seen to consist of two intersecting straight lines, the calculation of which, for both subcritical and supra-critical ranges is facilitated by the coefficients plotted in fig 6 to a base of camber ratio. Fig 7 gives the corresponding lift curves for the various camber ratios for the subcritical range. This confirmation of the central-section lift determination from the pressure distribution justifies the corresponding determination of the pressure and frictional drags. The latter is greater than that of the thin plate by the mean ratio of the squares of local velocities to the translational velocity squared. This ratio is determined from the central section pressure distribution as is also the pressure drag. The values of this latter for the supra-critical range, are plotted in fig 8 on the left hand side to a base of lift, and on the right hand side to a base of camber ratio. The form increment ratio for frictional drag q'/q is also plotted on this side of the diagram. The corresponding data for the subcritical range, but without the q'/q ratios are given in fig 11.

The total infinite-aspect-ratio drag for any supra-critical Reynolds number is got by adding the pressure drag to the friction drag of a thin plate at this Reynolds number increased by the form increment. The pressure-drag is taken as independent of Reynolds number. Confirmation of this is supplied by fig 10. A check of the two methods of drag calculation was also made for blades of aerofoil section. The results are shown in fig 9, the full lines giving the drags calculated from the central section pressure distribution and the dotted lines, these calculated by subtracting the Prandtl induced drag. The latter for the same lift are generally the smaller.

The application of the blade section data to the calculation of a model screw performance at various Reynolds numbers shows very satisfactory agreement between theory and experiment. The particular model tested is of the Berlin Tank research craft "Hans Detlef Krey". The model was one-fifth full size. Unfortunately the model was not geometrically similar to the full size. A separate calculation for the full size shows good agreement. The results are given in fig 12.

The importance of the present work in the interpretation of single screw self-propeller model experiments requires emphasis. This is particularly the case with pitch variation and a decreasing radial pitch is treated unfairly by the model compared with a decreasing radial pitch or a constant pitch.

THE EVALUATION OF EXPERIMENT DATA ON AIR AND WATER PROPELLERS WITH ADJUSTABLE BLADES.[1])

By Miss M. Schiller, Berlin.

Propellers with blades capable of mechanical pitch adjustment have useful applications in air and marine work. The purpose of such adjustment is generally to secure, under changing conditions of speed, the greatest development of thrust for the available engine torque. The presentation herein

[1]) Refers to the paper on page 205—217 of German text.

proposed consists of the three coefficients given at the head of section 2, a thrust coefficient σ, a speed coefficient φ and a revolutions coefficient ν. It will be observed that thrust, speed and revolutions appear simply in the numerator of their respective coefficients and torque appears in a functional form in the denominator.

The test data for a given blade form, over a range of settings can be conveniently plotted to a base of speed coefficient in the form of contours of thrust (full lines) and revolutions (dotted lines) coefficients. It is convenient to calibrate the thrust coefficient contours for efficiency. Figs 1 to 6 show the presentation of various airscrew experiments. The thickened portions of the thrust coefficient contours represent the range covered by the efficiency within 5-percent of the maximum. It will be generally observed that at high speed coefficients the efficiency of the low pitch ratios rapidly falls away whilst it is satisfactorily held at the higher pitch ratios. For low speeds the holding of thrust is of importance. Thrust is held better by the low pitch ratios.

Fig 7 gives McEntee's experiments on three-bladed marine propellers. The curves are of similar character to those for airscrews except that due to the greater blade width the revolution coefficients are lower and the curves are more regular. The tests bring out the subordinate influence of pitch distribution. It is better, however, to design for low constant pitch and increase by bodily rotation than the reverse. The results of similar tests carried out at the Berlin Tank on three-bladed screws are shown in figs 8 and 9. Fig 11 illustrates a numerical example for an airscrew at different flight speeds. Another example deals with a trawler propeller, which when towing at low speed develops 20-percent more thrust at 20-percent less torque with a low pitch setting than at the higher constant pitch setting of the screw set for the running free condition.

DISCUSSION ON BLADE PROPULSION.[1])

E. FOERSTER.

The papers of Dr. Betz and Miss Schiller are closely related. The high propulsive efficiency and excellent manoeuvring qualities of the Voith-Schneider system of propulsion are worthy of serious practical consideration, despite the at present mechanical complication of the system. With turbo- or diesel-electric drive some of this complication disappears and the elimination of steering machinery is also a valuable compensation. The general construction lends itself to standardisation, which should eventually result in reduced manufacturing costs. The system is very attractive for canal work where at present the average speed is limited by the necessity of avoidance of damage to the canal by the propellers. The V. S. propulsion should create much less disturbance and admit of higher speeds.

The importance of Miss Schiller's paper will be appreciated when it is realised that fishing vessels spend half their life travelling under conditions of propulsion which result in fuel wastes of not less than 30 to 40 percent. Tugs present the same problem, as they have propellers designed for towing and thus when running free have poor propeller efficiency. Practical difficulties, however, are undoubtedly at present associated with propellers of controllable pitch in service. It is of extreme commercial importance that these difficulties be overcome.

H. KREITNER.

The simple expression for the average efficiency of the V. S. propeller given by Dr. Betz is in very good agreement with, but slightly less, than

[1]) Refers to the discussion on page 219—225 of German text.

that found from more detailed investigation. Owing to the fluctuation the losses are likely to be less than these of the ordinary propeller.

G. MADELUNG.

A propeller with adjustable pitch has only the correct pitch variation for one setting. The V. S. propeller is correct for all pitch changes including the astern condition. Can Miss Schiller state how much worse an adjustable pitch propeller is than one given the correct pitch distribution?

MISS M. SCHILLER.

Tests show that the loss in efficiency with adjustable blades for all practical settings is only some 2 to 3-percent below the best efficiency.

H. KREITNER.

The thrust distribution of the V. S. propeller falls away at the tips and at the two sides but not at the root. On an ordinary propeller, due to its much smaller blade number there is a reduced thrust over the whole blade length. The lateral drop in thrust at the edge of the race does not appear to be very appreciable, since the race is sharply defined and does not contract in the horizontal plane.

A. BETZ.

After a closer study of the vortex distribution in the slipstream, a clearer statement of the position can be made. With an infinite number of blades the vortex field is identical with an elliptical lateral reduction of velocity. With a finite number of blades the vortices are concentrated on bands of epicycloidal paths. These bands are surfaces of discontinuity. They correspond to the spiral discontinuity surfaces behind a screw propeller. Due to this high loading of the V. S. blades a high lift-drag ratio is obtained, and hence also a high efficiency. This is higher than that of the screw propeller.

W. COULMANN.

Dr. Betz suggests that the V. S. blades can be given a pitch variation which admits of adaptation to the wake. This, however, does not appear possible with efficiency.

A. BETZ.

The wake adaptation is not accomplished by a change in the blade angle as Mr. Coulmann presumes, but by a change in the tangential velocity obtaining by spreading out the blades thus obtaining a greater velocity at the tip than at the root.

No additional eddying is caused by the fluctuating circulation round the blades with infinite number of blades. The loss with finite blade number, as is also the case in screw propellers, is likely to be small.

C. v. d. STEINEN.

It is probable that this type of loss takes place with a single screw ship due to wake variation.

J. ACKERET.

Fluctuations in circulation due to variation in incidence angle involve some loss. Tests on a turbo-blower have shown that the efficiency increases with the number of guide blades.

L. PRANDTL.

The loss in the V. S. system due to the circulation increasing from zero to a maximum is analogous to the tip and boss losses on an ordinary propeller.

The V. S. blades do not have a root circulation loss; and taking everything into consideration the losses due to circulation cause the lateral velocity reduction which is not continuous but takes place in small stages. The resulting energy loss is quite small.

G. FLÜGEL.

Similar tests to these now published by Mr. Gutsche have been made at Danzig. In our tests of pressure distribution, however, it has been found absolutely essential to have the pressure points, particularly near the leading edge, much closer together than appear to have been the case with Mr. Gutsche's tests in order to determine the peak suctions with certainty.

F. GUTSCHE.

Mr. Allan's work[1]) on scale effect and on cascade flow endorses our own. In the calculation of propeller scale effect, the drag was taken as that of an isolated section uninfluenced by the other members of the cascade, since it was found that over the practical range of lift the resistance was only but slightly changed.

---

[1]) See Mr. Allan's discussion page 218.

GROUP IV.

CAVITATION.

CAVITATION AND EROSION.[1])

By J. Ackeret, Zürich.

In practice the occurence of cavitation introduces the twofold problem of avoiding power and efficiency losses together with the avoidance of material erosion. These phases, whilst related are often independent. The avoidance of power loss in a Kaplan turbine, for example, does not ensure freedom from erosion. The variation of the performance of this turbine with change of pressure ratio is shown in Fig. 1. It will be noticed that after acute cavitation has set in, the power and efficiency fall rapidly, but the discharge at first increases. Stroboscopic investigation showed that at the point of discontinuity the cavitation completely covered the blades, whilst prior to this point the cavitation only partially covered the blades. This partial condition gives rise to erosion, the complete condition is free from erosion. Partial and complete cavitation is illustrated for an aerofoil section in Figs. 2 and 3 and for a sphere in Figs. 4 and 5.

It does not appear possible entirely to avoid the bubble formation which causes cavitation and erosion. Further, as it is not acceptable to avoid erosion at the expense of efficiency, attention must be principally directed to the closer study of the mechanism of erosion which occurs in localities of pressure recovery. For aerofoil sections this locality can easily be determined from the measured pressure distribution in relation to the external pressure and flow velocity. Fig. 6 shows the pressures measured at the leading and following edges of a thick section and in the complete cavitation zone.

The appearance of cavitational erosion is now well known and cannot be confused with mechanical abrasion. Fig. 7 shows an eroded centrifugal pump wheel and Fig. 8 a Kaplan turbine propeller. Figs 9 and 10 show typical cast iron erosion. To produce such erosion the bubble collapse must result in very high impact pressures, since the finest tool steel can be attacked in 100 hours. Fig. 11 shows a simple apparatus for producing cavitational erosion. It consists of a rectangular channel, abaft the throat of which is placed a round stud projecting above a test plate let into the channel wall. The cavitation behind the stud can be controlled to terminate on the test plate by operating the tongue-piece exit throttle. Figs. 12 to 15 show the erosion obtained using testplates respectively of steel, cast iron, aluminium-alloy and glass. Pressure measurements, however, at the point of impact only showed some 15 atmospheres excess above the pressure in the system of 54 atmospheres. It is therefore difficult to understand how such a small increase in pressure can produce erosion, since presumably such mechanical attack requires pressures productive of stresses of the order of the yield point of the material for its satisfactory explanation. Some pressure multiplication mechanism is thus required to explain the observed facts. The scheme shown in Fig. 16 supplies such a

---

[1]) Refers to the paper on page 227—240 of German text.

mechanism since with concentric bubble collapse an internal pressure of several thousand atmospheres is produced. Unfortunately however, Mueller's slow motion film work shows that this concentric collapse is highly improbable, since the bubbles are collapsed by the upstream face being forced against the downstream face. Such collapse can easily be shown only to result in a pressure intensity of a few hundred atmospheres. Tests by Honegger and others on the destruction of turbine blades by water drops show that forces of 2000 atmospheres are required. It is peculiar that erosion quite similar to that produced by cavitation is also found with Pelton wheels where there can be no possibility of reduced pressures. Fig. 17 shows such erosion and was produced in a few days. Systematic laboratory research on this case led to the important discovery that very small relative velocities could produce erosion when the drops were of the order of centimetres. The apparatus used to demonstrate this fact is shown in Fig. 18. The test piece was subjected to the impact of a water jet falling in drop form. Fig. 19 shows mild steel test pieces after attack and Fig. 20 bronze test pieces. Confirmatory tests were made by exposing plates to a water jet action. So long as the jet is compact no surface effect is evident. The turning of the jet releases drops which produce erosion as shown in Fig. 21. If the jet is broken into drops before striking the plate the material is attacked as is seen from Fig. 22. With all materials used the attack is at first slow and then increases very rapidly. This is due to the formation of surface cracks as shown in Fig. 23. The very different behaviour of various materials under this water-hammer type of test may be appreciated from Fig. 24. The predominating importance of tensile strength and surface treatment is evident.

To obtain a closer insight into the actual pressures causing the erosion the piezo-electric apparatus shown in Fig. 25, has been devised. The pressure records obtained with the apparatus are shown in Fig. 26. These show a pressure multiplication of some 10 to 15-fold with a test pressure of 4 atmospheres.

EXPERIMENTS ON A FEW TYPICAL PHENOMENA OF CAVITATION.[1])

By H. Föttinger, Berlin.

The visual demonstration by actual experiment of cavitation phenomena clearly assists their better understanding. The photographs here given are reproductions of the experiments conducted by Dr. Föttinger in the course of his lecture. Figs 1 to 3 show cavitation in a venturi tube. The important influence of turbulence upon the particular form taken by cavitation has as yet not been sufficiently investigated. It has been found, however, that heavy cavitation only takes place at the centre of large vortices or in the wake of projections into the flow. In the free flow a „pulverising“ takes place due to turbulence. The stability of cavitation is important. In turbulent flow, free surfaces are formed whose curvature and extent are determined by the interaction of the capillary forces with the known normal pressures and shear stresses of the turbulent régime. The laws of viscosity and capillarity similarity govern the phenomena.

The highly fluctuating spray bombardment found with cavitation induces very low pressures and high impact forces upon the wall. Tangential impacts are also induced by bubble collision due to neighbouring particles of vastly different velocities collapsing together and causing very high shear stresses. This effect is particularly pronounced when heavy cavitation is

---

[1]) Refers to the paper on page 241—255 of German text.

released from one part of a wall and impinges again on to the wall. The transverse velocity gradient, and hence the shear stress which is proportional to it, can in such cases extend to infinity. The influence of such forces can be seen from Ackeret's tests on the erosion of various materials. Reverting to the venturi tube tests, it will be seen that the bubble formation and eddying takes place at a distance behind the throat sufficient to obtain the requisite expansion to admit of the bubble extension. Figs 1 to 3 not only refer to a venturi tube test but also to the case of two aerofoils placed back to back. As soon as the bubbles are formed the characteristic noise can be heard.

Figs 4 to 7 show the type of cavitation which occurs as a result of a sudden change in cross-section. These show the tearing of the flow characteristic of surfaces of discontinuity. The upper half of fig 4 shows a quiet laminar state of cavitation whilst the lower shows a highly turbulent surface of discontinuity due to the powerful action of single vortices. The instability of the central non-cavitating jet is remarkable. The jet can take any of the positions shown in these figures and once the régime is established, appears to possess a certain degree of stability. The flow apparently cannot whip rapidly from one side to the other. This behaviour resembles the corresponding problem of the buckling of a strut.

Figs. 8 to 17 illustrate the flow past a valve. Figs. 8 to 11 illustrate the sequence of events as the valve is opened. The jet is here directed towards the upper surface and wake cavitation occurs abaft the valve and valve slot. When the valve is almost fully open the upper cavitation gradually disappears, whilst the lower is greatly reduced. In fig. 13 the valve is fully open and there is now no contraction in front of the upper wall. Fig. 14 and 15 show the valve raised above the wall and cavitation again takes place on the upper surface due to the now projecting valve chamber. Figs. 16 and 17 which are of longer exposure again show the conditions of figs. 12 to 15.

To illustrate cavitation waterhammer, a sealed glass tube 60 cm long containing 15 cm of water is taken. When this tube contains air and is suddenly reversed no shock takes place. A second tube, however, from which all air is evacuated, when jerked shows the separation of the water column as illustrated in figs. 18 and 19, the column returning and striking the bottom of the tube with a sharp metallic ring. The same sound is heard when the tube is reversed. The water column in vacuum therefore falls through its own vapour practically as hard as does a steel rod. The compression modulus of water is of the same order as that of steel.

An interesting problem in cavitational erosion has arisen in connection with submarine sound signalling. Here the metal transmitter membrane which oscillates at several thousand vibrations per second has been found to erode very rapidly. It was felt that a glass, agate or quartz protection of the membrane centre might avoid erosion. Fig. 20 shows the results obtained. With a frequency of 2700 Hertz and a power of only 100 watts, not only the glass but also the agate and quartz insets showed the typical crater erosion of cavitation in the course of a few minutes.

BLADE TESTS IN CAVITATION.[1])

By O. Walchner, Göttingen.

The apparatus used for these tests is a cavitation tank of the enclosed ring type using water as the medium. The lay-out is shown in fig. 1.

---

[1]) Refers to the paper on page 256—267 of German text.

The three main types of cavitation found are shown in fig 2. The first occurs when the flow bifurcation point lies on the pressure face, the second when this point is coincident with the leading edge or on the suction face; and the third when the bifurcation point is definitely on the suction face. With increasing cavitation the bifurcation point changes for a given angle of incidence and case 1 above passes over the case 2 and even to case 3. The lift-drag polars for three sections of different thickness ratios are shown in figs 3, 4 and 5. The cavitation diagrams accompanying these polars have a base of pressure ratio and ordinates of incidence angle. The contours give the relation of pressure ratio and incidence angle for which the indicated percentage extent of foaming is observed over the section. (case 1). The full lines give the percentage of back cavitation (case 1) measured from the leading edge. The dotted curves refer to back cavitation starting from the mid-depth and extending x percent of the depth. The dot-dash curves give the beginning of back cavitation of case 2. The dash curves give the extent of pressure face cavitation of case 3 starting from the leading edge. These cavitation diagrams show the transition of cavitation at constant incidence angle over the range of pressure ratios tested.

The termination of foaming is the region of erosion. The diagonally hatched portions of the cavitation diagrams therefore are the areas where erosion can be expected. The horizontally hatched portions refer to cavitation beyond the trailing edge of a particularly unstable form. In this region the forces on the blade are periodic and can induce blade vibration.

Returning to the lift-drag polars the thick lines give the cavitation-free polar. The thin lines give the polars for constant cavitation ratio. A study of these shows that it is principally the marked loss in lift in cavitation which produces the poor polar. The dash curves are contours of constant incidence angle with changing cavitation ratio. Following these through from the inception of cavitation an initial improvement of lift-drag ratio due partly to lift increase and to resistance decrease can be detected corresponding to case 1 cavitation. This persists so long as the cavitation sheet is thin and gives virtually an increased curvature to the section and reduces the frictional resistance. When it thickens at higher incidence angles an increase in head resistance outweighs the reduction in frictional resistance. The lift-drag ratio for case 1 only becomes worse when the cavitation extends beyond the half depth of the section. For this case therefore a relatively large extent of cavitation can exist before reduction in lift-drag ratio occurs. Where the cavitation is of case 2, the inception of cavitation and the drop in lift-drag ratio are coincident. Cavitation as case 3 resembles that of case 1 in the delay of lift-drag ratio drop.

For complete back cavitation Prof. Betz has deduced the following expression for the lift coefficient in terms of the incidence angle α and the pressure ratio $c_a = {}^1/_2\,\pi\,\alpha + (p - p_a)/q$. The corresponding expression for the drag is given by $c_w = c_a \cdot \alpha + 0.004$. The results shown in fig 6 confirm the Betz theory. Where the assumptions of this theory are not fulfilled, the properties of the section in cavitation are always worse than those given by the theory.

The cavitation diagrams of figs 3, 4 and 5 are re-presented in fig 7. The hatched area covers the range of erosion and vibration. The thick line gives the location of the best lift-drag ratio. It will be noted that at low pressure ratios, the best lift-drag ratios are outside of the erosion zone. This point is of importance in the design of fast running screws. The full lines in fig 8 indicate the commencement of cavitation as a function of the lift and the pressure ratio. Each line consists of three parts, the lowest is case 3 cavitation, the centre is case 2 and the upper is case 1. In the vicinity of shockless entry $\alpha_\infty = 0$, the sections are least sensitive to cavitation since on either side of this angle cavitation begins at much higher pressure ratios. The dash curve gives the relation between the cavitation commencement and lift coefficient for shockless entry calculated from the potential theory. The actual results are very close to this curve the given expression for which, $(p - p_a)/q = 1.041\ c_{ao} + 0.213\ c_{ao}^2$ is thus very useful for design work.

CAVITATION TESTS ON BLADE SECTIONS AND CYLINDERS IN WATER.[1])

By E. Martyrer, Aachen.

The apparatus used in these tests is of the open circulation type and not as is the case with other installations, of the enclosed type. Fig. 1 illustrates the general lay-out, fig 2 shows the mercury pressure control and fig. 3 the three-component balance used for measurement of the forces on the blade section in the test chamber.

Resistance tests on cylinders of various diameters are first discussed. These tests were carried out over a range of pressure ratio $\lambda = \frac{p_\infty - p_d}{q}$, where p_∞ is the static pressure on the undisturbed flow, p_d the vapour pressure corresponding to the temperature and q the dynamic pressure corresponding to the flow velocity. The influence of Reynolds number in affecting a pressure distribution change (see fig 9) is shown to have a related influence upon cavitation behind the cylinder. The extent of foaming wake is illustrated in figs 4, 5, 6 and 7 the extent being greater the lower the pressure ratio. Fig 8 shows the variation in resistance with pressure ratio for two cylinders respectively 4.98 mm and 23.7 mm in diameter. For the latter, as the pressure ratio decreases the sudden increase in resistance coincident with the inception of cavitation will be observed. At this point the resistance is very unstable. For lower pressure ratios the resistance decreases with the pressure ratio. The smaller cylinder shows no evidence of a resistance increase at the inception of cavitation. The resistance decreases to the same value as that for the larger diameter at zero pressure ratio. The smaller cylinder was tested at a Reynolds number of about 6×10^5 (a high resistance régime) whilst the larger was tested at the lower number of 2×10^5. Owing to the disturbing influence of static pressure it was not possible to test all cylinders successfully at the same Reynolds number. The resistance at zero pressure ratio is in practically complete agreement with theory. The linear increase in resistance with λ is also in good agreement with theory.

The tests on blade sections were made upon the six forms shown in fig 10. The effect of a clearance between the end of the section and the walls of the observation chamber in admitting of the generation of a tip vortex is shown by the photographs figs 11, 12 and 13. This effect was eliminated by fitting end-caps to the sections. The effect of various clearances upon the lift and drag is shown in fig 14. The cavitation tests on No. 1 section are shown in figures 15 to 21. Figs. 15 to 17 show various cavitation stages for zero angle of incidence. Figs 18 to 20 give the variation of lift, drag and moment with the pressure ratio λ. No influence of Reynolds number could be distinguished in these tests. For the zero incidence angle tests illustrated in figs 15 to 17 the resistance begins rapidly to increase from a λ of unity, the drop in lift takes place after more pronounced cavitation at $\lambda = 0.8$. At $\lambda = 0.5$ cavitation was observed on both faces and the flow round the section can be regarded as induced from that of a cylinder of the section nose radius having a foam wake enshrouding the entire section, thus preventing the section developing any lift by pressure difference between the upper and lower surface. The same

---

[1]) Refers to the paper on page 268—286 of German text.

phenomenon is observable at the other incidence angles. The lift of the section for pronounced cavitation is therefore practically independent of the incidence angle so long as the section trailing edge is enshrouded by the nose foam wake. The analogous behaviour of the resistance with pressure reduction to that shown by the cylinder will be noticed. The moment curves generally show an increase prior to the drop in lift and thereafter drop rapidly with lower pressure ratios. Fig 21 shows the lift drag polar with contours of pressure ratio λ.

The thinner and sharper nose section 2, whose properties are illustrated by figs 22 to 25, suffers less loss in lift than section 1, a lower pressure ratio can be carried before the loss becomes excessive. The symmetrical Joukowsky section No. 3 (figs 26 to 29) is much worse than sections No. 1 and 2 particularly in the heavy increase in resistance. Section No. 4 (figs 30 to 33) is a thin symmetrical section with a relatively sharp nose frequently used in propeller work. It will be observed that at the inception of cavitation not only does the resistance increase but the lift also initially increases. This feature is a characteristic of all sharp-nosed sections. With the thin sections No. 5 (see figs. 34 to 37) and No. 6 (see figs. 38 to 44) this increase in lift in initial cavitation is so marked that the lift-drag ratio is actually better than that out of cavitation. This may be due to cavitation increasing the curvature of the streamlines on the forward half of the back of the blade. Figs. 42 to 44 illustrate this point. At a λ of 0.84 cavitation has commenced and extends over about one fifth of the section. No increase in lift has yet taken place. At a λ of 0.62 the cavitation extends over the half width of section and is interposed between the section and the outer flow. The curvature of this flow is increased and the lift is increased. This would appear to explain the efficiency increase observed with water turbines during the initial cavitation stage.

A comparison of the various sections shows the symmetrical profiles 3 & 4 to be the worst. The maximum lifts are low and the resistances increase rapidly with increasing cavitation and lift. Section No. 1 due to its stronger cavitation gives better lift values, but the thick nose results in a heavy drop of lift in pronounced cavitation and the thickness results in a heavy increase in resistance. For moderate pressure ratios $\lambda \sim 1$ the polars remain close to the cavitation-free polar and only at the highest lifts does the resistance break sharply away. The section can thus be considered good when clear of the low pressure ratios. The best sections are 2 and 6. The latter is better for moderate lifts and low pressure ratios whilst the former is better for higher lifts and higher pressure ratios. In general, the form of nose governs the attainable lift. A well rounded nose somewhat delays the entry of cavitation but results in a heavy lift loss in pronounced cavitation. Thick sections have a heavy resistance in cavitation particularly when the maximum thickness is rather far forward. A slight curving of the section is good for lift.

CAVITATION TESTS ON A SYSTEMATIC SERIES OF MODEL PROPELLERS.[1])

By H. Lerbs, Hamburg.

The tests herein described were made upon a series of three-bladed propellers of the Schaffran B 2 type embracing three face pitch ratios 1.2, 1.0 and 0.8 each for developed area ratios of 0.70, 0.56 and 0.42. The experiments were made in the recently constructed Cavitation Tank of the H.S.V.A. (see

[1]) Refers to the paper on page 287—293 of German text.

fig. 1). The propeller diameter adopted throughout was 200 mm, the flow velocity was held constant at 5.5 m/sec. and the revolutions were varied to embrace a range from the zero thrust point up to a relative advance $\lambda = \frac{v_0}{n\,D}$ of about 0.6.

Tests were carried out at atmospheric pressure and at several cavitation ratios defined by $\frac{p-e}{q}$ where p is the static pressure of the originally undisturbed flow at the shaft centre, e the vapour pressure corresponding to the water temperature and q the flow velocity v_0 dynamic pressure $= \frac{\rho}{2}\, v_0^2$. A particular value of the cavitation ratio corresponds to a given ship speed and depth of immersion to shaft centre. For example, a value of 1.6 corresponds to an immersion of 5 metres and a ship speed of 31 knots, with a wake of 15%.

The results of thrust and torque measurements for the 0.56 area ratio and unity pitch ratio are shown in fig. 2. These tests for the atmospheric condition were checked by experiments on the ordinary tank open dynamometer. The corresponding black spots shown on the diagram indicated very satisfactory agreement. The cavitation tests show that visual cavitation is observed before thrust and torque are influenced. This influence only commences when some three quarters of the back of the propeller blade is covered by foam. The downstream termination of this foaming is a location of bubble collapse which is the cause of erosion. Viewed laterally, the locus of the foaming extent on the blade is linear and inclined aft. This inclination increases and becomes curvelinear the lower the relative advance λ until finally it passes beyond the trailing edge. Fig. 3, which refers to the 0.70 area ratio 1.2 pitch ratio screw, shows for a range of cavitation ratios the value of relative advance at which the various phases of cavitation begin. The upper curve refers to the commencement of foaming; the centre to the commencement of torque reduction; and the lower to foaming extending beyond the trailing edge. Erosion can be expected between the upper and central curve conditions but no loss in efficiency; erosion with loss in efficiency between the central and lower curves; and loss in efficiency but without erosion below the lower curve. Fig. 4 illustrates the loss in efficiency accompanying the various phases. This diagram refers to the 0.56 area ratio unity pitch ratio screw.

The practical appreciation of the test results is facilitated by fig. 5. In this diagram ordinates of thrust coefficient $c_s = \frac{S}{\frac{\pi D^2}{4} \cdot q}$ are plotted to a base of relative advance λ at which the power loss commences. It will be seen that the results, which embrace a range of area and cavitation ratios, lie on distinct curves for each pitch ratio. Cross-curves of constant area for constant cavitation ratio are also shown. This diagram shows the importance of area in avoiding power loss. The peculiar influence of pitch-ratio at constant area will also be observed. For example, at a cavitation ratio of 1.9 the thrust which can be carried without loss of power increases with pitch ratio for the smallest areas, reaches a maximum pitch ratio for moderate areas, and decreases with pitch ratio increase for the largest areas. No explanation of this behaviour can yet be offered.

The diagram, however, clearly confirms that it is possible within definite limits to bring a screw out of cavitation by reducing the diameter and increasing the pitch ratio to maintain the same revolutions. This is illustrated on the diagram for the case of a 1.6 cavitation ratio and 0.52 area ratio.

THE EXTENT OF FLOW IN CAVITATION.[1])

By F. Weinig, Berlin.

In cavitating flow, the four regions shown in fig. 1 should be distinguished. Here, I is the solid, II the region in the fluid where the density is practically constant and the pressure changes follow the usual law; III, the actual cavitation region of low density fluid-vapour mixture and almost constant pressure; and IV, the region of recovery from cavitation and hence an increasing pressure region. This fourth region can be regarded as the inverse of the second behind an additional solid placed downstream from the first without any essential change of the cavitation zone III as shown in fig. 2. This substitution has been tested and confirmed experimentally, the cavitation zone being even more clearly defined than with the single solid. This justification directs attention to the use of the potential theory to the calculation of the linear extent of the cavitation zone. Fig. 3 and 4 illustrate different types of potential flow, the latter admitting of central cavitation and the former being considered as a detailed example illustrated in fig. 5. Here the second solid is introduced and the maximum induced velocity is that corresponding to the vapour pressure. The hodograph of the various regional velocities is shown in figs. 6 and 7. The stream velocity is AB and the maximum velocity is BC. Calling the ratio of BC to AB, R, the ratio of the length of the cavitation zone to the width of the solid is shown to be approximately given by $\lambda = 2/R^2 - 1$. The value of λ does not vary much with the shape of the solid and thus the foregoing approximation is of general application. When R equals unity the Kirchhoff solution of λ infinite is obtained and when R approaches infinity, through the stream velocity being very small, λ is zero and the flow is completely streamline.

The appendix to the paper details other stream functions, the flows being illustrated in figs 8 to 14.

PRACTICAL EXPERIENCE WITH PROPELLERS WORKING IN CAVITATION.[2])

By W. Schmidt, Berlin.

To determine the incidence of cavitation from ship trial data values of log V_e/nD are plotted to a base of log SHP $/\rho D^5 n^3$. The corresponding values of log V_e/nD obtained from the Schaffran model propeller data are plotted in the same diagram. Figs. 1 and 2 show the type of diagram used and give the results of the „Daring“ trials for the first unsuccessful screws and for the sixth, successful screws. The full lines show the ship results whilst the dotted show the model results. The location and extension of the model curve is determined by the wake found at low powers. The ship curve shows a sharp bifurcation when cavitation sets in.

The ratio of the ship power constant to the model power constant is taken as the effective density of the water in which the ship screw is working. This density ratio is shown to be a function of the pitch speed of the ship propeller. Fig. 5 shows the variation for the „Daring“. It will be seen that whilst both screws commenced to cavitate at about the same pitch speed, there is a slower reduction in density with the successful propellers. Fig. 3 illustrates a similar analysis for the „Saratoga“ where, due to a much higher surface ratio, the cavitation is not nearly so marked. The

[1]) Refers to the paper on page 294—300 of German text.

[2]) Refers to the paper on page 301—310 of German text.

drop in density is expressed as proportional to some fractional power of the pitch speed. The value of the exponent for torpedo boat destroyers is given in the table 1.

Fig. 4 shows the similar analysis for a big cruiser and the table gives the mean wake values derived. The figure in table 1 shows two bifurcation points, an upper and a lower, the upper being the cavitation point, and the lower what appears to be a wake discontinuity speed. These two speeds are summarised for the various types in the table. The existence of a lower critical speed suggestion of a wake discontinuity is brought out by fig. 11, which gives the results of a model test. The behaviour of the model was very bad so far as steering was concerned below this lower critical speed and Dr. Weitbrecht has recently established the existence of a wake discontinuity about this speed.

The possibility of hull form having an influence on cavitation can be established by analysis of identical propellers associated with different hulls. Whether any upper limit exists for area increase to avoid cavitation is yet difficult to determine from full scale analysis. However, it is certain that disc area ratios as high as 0.70 can be safely used. The choice of propeller diameter and pitch is the most important problem in design and for working in cavitation. Whilst it is desirable to increase diameter to reduce back suctions, tip clearance is also an opposing factor of definite importance. In some cases therefore it is better, retaining the same revolutions, to reduce diameter and increase pitch. The influence of tip clearance and water supply to the propeller is illustrated by an analysis of a series of torpedo boats in which the propeller on one side always showed less cavitation than on the other. Examination of the vessels showed that the more successful propellers were always further aft than those on the other side. The analysis of this series is illustrated in fig. 6.

The drop in efficiency due to cavitation can be determined by a comparison of self-propelled model experiments and the ship trials. Figs. 7 to 9 illustrate a comparison of model and ship tests on a speed boat. The cavitation speed shown in fig. 9 is obtained from the bifurcation point shown in fig. 7. Above this speed, for a considerable increase no drop in efficiency can be detected, and only after 40% higher speed does a drop occur. The reduction in density variation shown in fig. 8 is very small. This is a feature of speed boats and is due to the rapid reduction in propeller loading following the reduction in hull specific resistance with increase in speed.

The general reliability of this type of analysis is illustrated by fig. 10. This confirms the accuracy of power measurements; and by the agreement of the wake values obtained in vessels of similar screw arrangement further confirmation of the general accuracy is obtained.

The methods put forward admit of the use of actual trials to produce propellers of reasonable efficiency.

SLOW MOTION FILM OF A CAVITATING AEROFOIL.[1])

By H. Mueller, Heidenheim.

Using a slow motion film camera capable of 2400 exposures per second the history of cavitation over a glass aerofoil of section 389 Göttingen has been studied by the author. This section being particularly sensitive to cavitation is very suitable for the present purpose. The tests were made in the Göttingen cavitation tank with a water velocity of 6.5 metres per second, an incidence angle of 2^0 and a pressure ratio of 0.65. Preliminary tests at various speeds were carried out and showed that for constant pressure ratio

[1]) Refers to the paper on page 311—314 of German text.

no influence of speed upon the number and size of released bubbles could be distinguished. This is evident from Fig 1.

The film shown in Fig 2 was taken at 2000 exposures per second. The bubble growth over the section and their final collision near to the trailing edge can be clearly distinguished. Residual bubbles abaft this zone show that the recovery from cavitation is incomplete. The collision zone is not fixed in position but is subject to a periodic fluctuation. The amplitude and velocity of this fluctuation must be known before the form of pressure recovery curve can be reconstructed. If the history of a marked bubble be followed in Fig 3 it will be clearly seen that distortion only takes place on its downstream side, the upstream form being practically unchanged. The conception hitherto held that the bubble collapse is concentric must thus be revised. It will also be noticed that with increasing compression the collapse zone is displaced about 6 mm. The pressure recovery range must therefore have an extent of about this amount thus confirming the findings of Ackeret on the form of the pressure recovery curve. Further, from the length of a bubble prior to collapse, which is about 9 mm and its speed 4,5 metres per second as measured from the film, the impact time of 0.0033 second is obtained. This is in good agreement with the actual value. The bubbles can be regarded as hemispherical; and thus impact transference to the blade surface as a result of the bubble collision becomes more understandable than with the earlier conception of concentric collapse which requires an all round force concentration to occur in a very small extent of the fluid.

TESTS ON PROPELLER SECTIONS.[1])

By G. Flügel, Danzig.

The results here discussed were obtained from wind tunnel tests carried out at Danzig.

Fig. 1 gives to a base of lift coefficient, ordinates of the value of maximum suction on the suction or pressure faces divided by the dynamic pressure, for three segmental sections of different thickness ratios. This maximum suction can occur at the middle of the suction face for moderate incidence angles, or just abaft the leading edge for high incidence angles, or on the pressure face forward for small or negative incidence angles. These suction curves show three distinct phases, only the highest of which is of importance. The minimum suction is seen to increase with increase in thickness ratio. Curves of lift-drag ratio (for infinite aspect-ratio) are also given on this diagram. It will be seen that generally the least suction occurs simultaneously with the best lift-drag ratio.

Fig. 2 shows similar results for a series of sharp-edged sections of constant thickness but with the position of maximum thickness varied. The further forward the maximum section the greater is the minimum suction and the corresponding lift coefficient. The best results are obtained with the maximum section central. Fig. 3 shows for a constant thickness section the influence of nose formation. No. 1 is the simple segmental section shown previously in fig. 2 to be good. No. 2 is a similar section but with slight forward tilt. This section has no particularly good qualities (Further tests on this section but for greater thicknesses are to be carried out). No. 3 is a round nose section deduced by the Betz method. This is a good section both from the standpoint of low suction and good lift-drag ratio. No. 4 is another round nose section which shows good properties but is not so good as 3. No. 5 is a Göttingen aerofoil (595). This is the worst of all in cavitation and has not so good lift-drag ratios as Nos 3 and 4. This

[1]) Refers to the paper on page 315—321 of German text.

series again endorse the approximate coincidence of minimum suction and best lift-drag ratio. Fig. 4 gives the lift-drag polar for the sections shown in fig. 3.

The influence of blade outline on lift distribution and maximum suction on a segmental section is shown in fig. 5. Separate results are given with the straight edge leading and with the elliptical edge leading. The concentration of heavy suctions at the end of the blade with the elliptical edge leading will be observed. The uniform drop in suction with the straight edge leading is in marked contrast. The influence of blade outline must therefore play a greater part than hitherto suspected in propeller design. Fig. 6 gives the lift-drag polars for the outlines having the straight and elliptical leading edges. Despite the very different lift distribution the coincidence of the polars over the practical range is almost complete. Similar polars are given for a triangular outline.

CORROSION CAUSED BY CAVITATION IN A DIFFUSER.[1])

By H. Schröter, Göttingen.

To explain the rapid material corrosion which accompanies cavitating flow, tests have been made at Göttingen using the rectangular diffuser shown in fig 1. Metal test pieces are inserted in the hatched portion of the wall and the bubble impact is controlled to attack the test piece steadily. This control is by pressure observation. The pressure variation through the converging nozzle and diffuser is also shown in fig 1. Similar pressure distributions are shown in fig 2. Tests were made upon bronze, cast iron, zinc and bakelite C samples. The bakelite C was adopted because of its being an artificial resin almost chemically insoluble and having good insulation properties. Tests on this material admitted of rapid pure mechanical attack without chemical or electrolytic complication. It withstands compression and impact better than glass and is of uniform physical and chemical structure.

Fig 2 shows how the corrosion begins about midway in the pressure recovery range. The diagrams refer to bakelite C and zinc for two different extents of cavitation. The time to the commencement of corrosion was less than an hour and was the same for both materials and extents of cavitation.

Figs 3 & 4 show a surface micro-photograph of bakelite C and fig 5 a cross section. Fig 6 shows the surface of zinc after 28 hours attack and fig 7 cast iron after the same period. A much longer time was necessary to corrode bronze. Figs 8 & 9 show a corrosion hole which was made in the walls of the apparatus after several months service.

A. CAVITATION ENTRY WITH AEROFOIL & SEGMENTAL SECTIONS.

B. THE INFLUENCE OF REYNOLDS' NUMBER ON CAVITATION TESTS.[2])

By F. Gutsche, Berlin.

Cavitation occurs on a blade when the total hydraulic head reduced by the vapour pressure and rotational suction is less than the maximum suction

[1]) Refers to the paper on page 322—326 of German text.

[2]) A refers to the paper on page 327—330 and B on page 330 of German text.

induced on the blade. The value of the maximum suction $\Delta p/q$ for blades of aerofoil and segmental sections is shown to a base of lift coefficient and contours of thickness ratio in figs 1 & 2 respectively. This diagram facilitates the choice of blade and lift coefficient to avoid cavitation. For small thicknesses there is little to choose between the two sections except that the segmental sections can be used to higher lift coefficients. For the greater thicknesses the aerofoil section show to advantage for a certain range of lift coefficient.

A comparison of the results in figs 1 & 2 with those for a three bladed propeller given in fig 3 of Lerbs' paper show that the occurrence of cavitation determined by Lerbs is accurately predicted by the diagrams of the present paper.

Fig 1 shows that the minimum pressures on the segmental blade back primarily depend on thickness and secondarily upon the lift coefficient. Where the pressure minima are equal their common value divided by the thickness ratio gives a useful criterion for cavitation work. This value is 5.5 at 0.03 thickness ratio and rises to 6.55 at 0.1 thickness ratio. These values are again endorsed by reference to Lerbs' experiments.

B. When the Reynolds number at the inner radii of a model propeller being tested for cavitation is so small that it falls into the subcritical range or in the transition range, the pressures between the model and full scale are no longer similar. As the pressures in the subcritical range are much smaller than in the supracritical range, the case may easily occur that the model at its inner radii shows no cavitation whilst the full scale will be certain to cavitate. The low model thrust will also require an increase in revolutions to produce the designed thrust for the ship. This will exaggerate the value of the blade velocity for the full scale and affect the prediction of cavitation at the outer radii. This effect can be conveniently allowed for.

CAVITATION AND CORROSION.[1])

By K. Springorum, Berlin.

The view is herein advanced that the choice of suitable material is as important as correct design in the avoidance of propeller erosion and corrosion. The case is instanced of pre-war propellers of British manufacture for some Austrian destroyers which corroded after 24 hours full power trials and were eaten through after 8 days service necessitating complete renewal. In 1915 German propellers were supplied; and despite heavy service during the War showed no sign of wear. The German alloy had an ultimate strength of 52-55 kg/sq.mm, 28-32 percent elongation and 180 degrees cold bend.

German Admiralty experience has shown that the best alloy is not one of greatest strength and hardness but one having the greatest tenacity and surface texture compactness. The grain formation is of chief importance. A coarse-grain alloy of whatever hardness will rapidly corrode and erode because of the greater surface offered to physical and chemical attack. To obtain the closest grain structure the addition of nickel to the basis copper and zinc is advisable. Figs 1, 2 and 3 are micrographs of bronze corrosion. Fig 3 refers to a special alloy which under the same test conditions showed no corrosion. Figs 4 & 5 refer to erosion of a Pelton turbine needle valve and mouth piece. Figs 6 & 7 refer to a steam valve spindle. Fig 8 shows a particularly heavy case of bronze propeller damage.

---

1) Refers to the paper on page 331—336 of German text.

DISCUSSION ON CAVITATION.[1])

L. PRANDTL.

Professor Flügel states that his semi-elliptical model does not behave as is predicted by the aerofoil theory. It should be mentioned, however, that my aerofoil theory only presumes a system of blade elements whose centres of pressure lie on straight line perpendicular to the direction of motion. It is therefore not concerned with any other distribution, although an attempt at such a generalisation has been made by Dr. Blenk.

G. FLÜGEL.

The purpose of the tests discussed by Dr. Prandtl was not intended to be a check on the simple aerofoil theory but merely to discover the influence of non-symmetrical blade outline. This influence is now seen to be important and will be still greater with propellers where the thrust is more concentrated towards the tips.

J. M. BURGERS.

Similar work to that of Dr. Weinig has been published by Riabouchinski, who has devoted considerable attention to the mathematical problems of cavitation and has also dealt experimentally with the subject.

H. B. HELMBOLD.

Four cases of cavitation can be distinguished with segmental sections. These are, back cavitation starting from the leading edge, back cavitation starting from about the midsection, face cavitation starting from the leading edge and the combination of the second and third. The influence of blade thickness upon these classes of cavitation is of interest. For the first and third classes, the blade essentially behaves as a thin plate and thus the influence of thickness will be relatively unimportant. For the second and fourth classes, Walchner's experiments show the influence of thickness to be important. Theoretical considerations show that when the thickness ratios, incidence angles and pressure ratios are small, two segmental sections of different thicknesses will produce the same conditions of cavitation when the incidence angles and pressure ratios are in direct proportion to the two thicknesses. This relation is endorsed by Walchner's tests. Theory also suggests that when two sections of different thickness show the same cavitation condition, the lift coefficients are in proportion to the thicknesses and the form profile drags in proportion to the square of the thicknesses.

G. S. BAKER. Original discussion in English see page 339.

A. BUSEMANN.

Dr. Föttinger compares the bubble collapse impact with that in steam pipes with velocities greater than that of sound, such as occur in Laval nozzles. The impact location in a nozzle is governed by the back pressure and owing to the variation in the jet contraction caused by the cavitation extent, the same fluctuations in the impact position will occur as in a pipe with sudden changes in cross section. With steam the flow is homogeneous through all sections in front of and behind the impact location. The location fluctuation is of the dimensions of the molecular free path. For straight cylindrical pipes the impact stability of steam is different from that of water. The steam runs full, but this is not necessarily the case with water and thus the frictional resistance behind the impact will be greater than that in front and will result in impact instability. The reverse is the case with steam. This instability with water is respected in the design of ejector pumps where the jet is made to rotate, thus ensuring by centri-

[1]) Refers to the discussion on page 337—342 of German text.

fugal force that the flow adheres to the walls and produces the necessary upstream friction. Another way to ensure stability is to insert bends in the pipes which produce a greater loss of head than that which takes place after the point of impact.

F. HORN.

The non-uniformity of a flow behind a ship suggests that propeller cavitation is likely to occur over at least part of the disc. Whether a certain time is necessary for cavitation to be developed under conditions otherwise certain is an important subject for further research.

F. WEINIG.

The work of Walchner, Martyrer, Gutsche and Flügel shows the importance of the shape of blade leading edge. By a recently developed method, which has the advantage of greater simplicity compared with the Rankine method of sources and sinks, satisfactory forms of leading edge can be deduced. Fig 1 shows the form obtained by combining a source with a parallel flow. Fig 2 shows a form having an edge angle of 45^0 developed from the form shown in fig 1. Fig 3 shows a new form which attains the same maximum velocity as in fig 1 but at a finite extent from the leading edge. Fig 4 refers to a circular nose. Fig 5 shows a form deduced from Fig 3. In this case the maximum velocity increase is only 6-percent. Figs 6 and 7 show the influence of incidence angle on the forms of fig 1 and fig 3.

GROUP V.

NON-UNIFORMITY OF FLOW.

THE INFLUENCE OF NON-UNIFORMITY OF FLOW INTO SHIP PROPELLERS.[1])

By F. Horn, Berlin.

The flow conditions behind a ship's hull may be regarded as departing from the uniform flow in the open, by axial, radial and peripheral velocity changes; and also by changes induced by wave motion. The effect of these is reflected in the propulsive coefficient and is indirectly assessed by the wake and thrust deduction factors. The consideration of these factors was largely empirical until Fresenius introduced the concept of the equivalent propeller, which working in the same stream tube as the actual propeller but clear of the form wake influence, developed a thrust equal to the ship resistance; and for any intermediate position produces a thrust deduction factor equal to the form wake factor. The thrust deduction is positive when the equivalent diameter is less than the actual, but negative when the equivalent diameter is greater than the actual. The physical possibility of negative thrust deduction has been demonstrated by the Kort Tug shown in fig. 1. Thoma and Helmbold have developed the work of Fresenius. In particular, Helmbold has shown that the behind thrust constant $\frac{S}{q \cdot F}$ should not be referred to the velocity at the propeller but to the ship speed corrected only for frictional and not for the form wake. The relative advance corresponding to such a behind thrust constant, will, if used to evaluate the revolutions produce a value differing from the actual. This value will exceed the actual when the propeller is in converging flow and the reverse will be the case when the propeller is in diverging flow. When the flow is parallel the thrust deduction is zero. The ratio of these revolutions is directly related to the thrust deduction and propulsive coefficient as defined in expressions 3 and 4 as has been previously suggested by Schmidt as a result of model and ship trial analysis.

To allow for the effect of frictional wake in the concept of the equivalent propeller its thrust should equal the hull resistance increased by the additional frictional resistance on the hull caused by the increased velocity into the actual propeller. This additional resistance may be regarded as the frictional component of the thrust deduction. Its use leads to alternative definition for propulsive coefficient given by expression 5. For more accurate analysis the pressure plot method over the propeller disc proposed by Helmbold should be used. By consideration of each annular element of a propeller the concept of an equivalent element can be developed. This shows that the overall thrust deduction depends upon the thrust distribution over the disc. To investigate this, tests were made at the Berlin Tank on a single-screw model. Measurements were first made, by blade wheels, of the form and frictional wakes. „Wake" propellers were then designed, first

[1]) Refers to the paper on page 343—379 of German text.

to the condition of constant induced efficiency, next, optimum thrust grading as defined by 8, and finally with an extreme central thrust grading. Fig. 2 shows the annular wake distribution and the peripheral variation at 0.7 propeller radius. Fig. 3 gives the thrust distributions, the pitch variation and the blade outlines. The results of self-propelled tests for normal, 20-percent underload and overload are collected in table 1 and shown in fig. 4. This diagram gives the variation in thrust deduction with revolutions. It is seen that the thrust deduction for constant load increases with the revolutions, or in other words, with decrease in the effective pitch. The slower the revolutions for given power the greater are the tangential velocities and the lower the pressure in the slip stream. More water is drawn through the propeller thus simulating the case of diverging flow with its related reduction in thrust deduction. It will be noticed that screws 810 and 813, for the same loading show higher thrust deduction than the normal due to the high root loading. The various models differ considerably in the variation of thrust deduction with load although at the higher loads all tend to coincide. Viscosity influence undoubtedly affects this comparison.

Fig. 5 gives the open characteristics of a model propeller. The self-propelled torque and thrust constants do not interpolate at a common relative advance. This shows that the open characteristics require modification for the behind to produce coincidence of relative advance. The modification confirms the use of the Froude factor of relative rotative efficiency, where this is now seen to be the ratio of the modification of the thrust constant curve to that of the torque constant. The necessity for this factor is partly due to non-uniformity of flow and also to a viscosity effect due to the revolutions difference between open and behind. The present method differs from that proposed by Froude since both thrust and torque are now affected whilst Froude only presumed the torque to be affected. Peripheral changes in velocity most clearly affect the rotative efficiency. Föttinger's work on the changes induced by the presence of the propeller, illustrated by fig. 6 offers a possible field for further development. So long as the changes only result in blade incidence angles within the linear variation of lift and incidence angle, the blade element theory as developed by Helmbold can be applied. It is evident, however, from fig. 7 taken from Kempf's work that for V after sections, the theory is not likely to hold good.

The necessity for the development of a new behind thrust constant curve clearly arises with contra-guide blades in front of the propeller. With both screws giving the same thrust the increased tangential inflow will reduce the revolutions as is seen from fig. 8. The thrust constant curve will thus be higher than that of the open results. Non-uniformity of flow will generally increase the energy loss in the propeller slipstream, unless as in the case of forward guide blades the departure from uniformity is opposite in direction to that communicated by the propeller to the slipstream. In this case the relative rotative efficiency can exceed unity. In order to reduce the losses due to peripheral non-uniformity, Brix has shown that the propeller diameter should be reduced so as to increase the slip angles and hence reduce the relative importance of feed velocity changes. Taylor's work appears to confirm this.

The influence of wave motion above the propeller exerts a wake and suction effect. This can, however, be both positive and negative. To investigate the problem, tests were carried out at the Berlin Tank on a twin screw model without bossing. Runs were made at three speeds with the behind propeller in four different fore and aft positions at one level and three positions at a higher level. Fig. 9 illustrates this and also gives the wave contours for the various speeds. The wave influence can be modified by changing speed as well as by changing propeller position. The results obtained are given in table 2. The differences found in wake, thrust deduction and propulsive efficiency are appreciable. The wave influence on the rotative efficiency is most marked. As a first approximation it appears that a favourable position for the propeller is below a wave crest and unfavourable below a trough. The extreme variation in propulsive efficiency is some 17-percent thus showing the importance of correct propeller position.

In an appendix the evaluation of propeller model 810 by the new method is given in detail. The open performance of this propeller is given in fig. 9. Fig. 10 illustrates the interpolation for the correct behind advance.

THE INTERRELATION OF SHIP AND PROPELLER.[1])

By H. B. Helmbold, Göttingen.

The classical definition of propulsive coefficient is not physically rigourous and expression (1) is offered in its stead. Propulsive efficiency is here defined as the ratio to the shaft horse-power of the difference between the shaft horse-power and the power loss in hull and propeller combined. Alternatively this propulsive efficiency is also equal to the hull effective horsepower less the power loss in the frictional wake divided by the shaft horsepower. The useful power as given by this alternative definition can also be written as in expression (2). In this form it appears as the sum of the power absorbed in wavemaking and that irrecoverably lost in heat and vortex energy in the frictional belt. The limiting value of this propulsive coefficient is unity and is only attained when the wave resistance is zero.

For ship work a coefficient is required which admits of the separate consideration of resistance and propulsion. A suitable expression is given by (3), which combines the propulsive efficiency previously defined, the resistance per ton displacement and a corresponding term representing the frictional loss. This coefficient shows that the form of least resistance will always differ from that of the least propulsive power because of the propeller working in the frictional wake. Two forms having the same resistance per ton will differ in the power required for propulsion at equal displacement and speed depending upon the wake, the form having the greater wake requiring the less power. The use of this new coefficient of course requires a careful measurement of the wake distribution, but it clearly shows that the usual concept of wake gain is erroneous. The gain only appears as such in reference to the power required by a propeller working outside of the frictional wake.

EXPERIMENTS TO OBTAIN SYMMETRICAL AXIAL FLOW INTO A SHIP PROPELLER.[2])

By E. Hogner, Uppsala.

With normal hull forms having either central or wing screws the wake velocity variation over a blade element throughout each revolution is particularly excessive. For example, with a single-screw form having V shaped after sections, a velocity fluctuation of 90 percent of the ship speed has been measured at the two-third radius of the propeller. Even with U after

[1]) Refers to the paper on page 380—383 of German text.

[2]) Refers to the paper on page 384—391 of German text.

sections the corresponding fluctuation amounted to some 50 percent; and for twin-screw forms the values ranged between 55 and 65 percent.

The greater flow uniformity with U after sections is known to result in improved propulsive efficiency; and to progress further in this direction tests were made upon a model of the form shown in fig. 1 having the body sections shown in fig. 2. The sections of the basis normal form are also shown in this figure. Resistance tests showed that the new form had some $5^1/_2$ percent greater resistance than the normal over a speed range of 11 to 12 knots. The wake distribution for the new form with and without a deadwood extension below the spindle form to act as a rudder support, is shown in fig. 3. The latter and more practical alternative gives the more uniform wake distribution, the velocity fluctuation at the two-thirds radius of the propeller only amounting to 13 percent. Unfortunately, no self-propelled tests were made on this model. The knowledge gained, however, was applied to the design of spindle bossings for a twin-screw model shown in fig. 4. The wake distributions found for the normal type of bossing and for the spindle type are shown in figs. 5 and 6. The velocity fluctuation with the latter is 40 percent at the two-thirds radius as against 57 percent for the normal form. The fluctuation is, moreover, less violent. The resistance of the spindle form was one percent higher than the normal form, but in this case self-propelled tests showed the spindle form to require 4 to 5 percent less power for propulsion. Fig. 7 shows the variation in improvement over the range of speeds tested. These experiments were made without guide blades on the bossing. Tests were subsequently made with the guide blades shown in fig. 8. These brought about a further 3 to 4 percent improvement and produced equivalent efficiency to the normal bossings fitted with double guide blades. These latter improved the normal bossings by 6 to 7 percent. By fitting an aerofoil-section strut to the spindle bossing as shown in fig. 9 an increase in power of 2 to $2^1/_2$ percent was found necessary for self-propulsion. This experiment shows that fittings above the bossing which increase the wake are wasteful whilst the reverse is the case below.

THE INFLUENCE OF REYNOLDS NUMBER ON PROPELLERS IN THE BEHIND CONDITION.[1])

By F. Gutsche, Berlin.

The present investigation deals with the influence of Reynolds number upon a central propeller working behind a hull having a fixed wake distribution. The wake and its distribution scale-effect is not considered.

In a model self-propelled over a range of speeds the Reynolds number of the propeller blade sections changes practically directly as the revolutions. Such a change is highly undesirable. With the usual wake distribution the thrust is located nearer to the boss than in the open but as the inner and thicker sections have the lowest Reynolds numbers they are most severely influenced by scale-effect. The model screw performance is thus likely to differ radically from that of the ship in power, thrust and revolutions. In the ship, due to the better thrusting qualities at the inner radii of the larger blade, the thrust at the outer radii will be reduced. The lift-drag ratio of the outer sections will also be reduced and hence therefore the propeller efficiency.

To illustrate quantitatively the effect of the various changes the case of a three bladed model is considered. The distribution of the wake over the radius is shown in fig 1. Calculations were made of the propeller thrust, torque

---

[1]) Refers to the paper on page 392—396 of German text.

and efficiency for the model in the open at two Reynolds numbers and also for the full size screw. Actual experiments were made on the models. Further calculations were made from the model self-propelling and for the full-size ship presuming the same wake distribution. The results are tabulated and the distributions of thrust and circulation for each case are given in fig 1. The efficiency growth in the open from the model to the full-size is practically the same as that calculated for the behind condition. The revolutions of the ship propeller become 4-percent less than those of the model. Since, however, it is known that the ship revolutions are generally greater than those of the model the importance of wake scale effect is evident.

The performance of streamlining forward or abaft the propeller is also affected by change in Reynolds number. The gain from streamlining is principally governed by the circulation at the inner radii, the marked change in which with scale is seen from fig 1. The necessity for the largest possible models for this reaction work to minimise scale effect is therefore obvious. Calculation can, however, assist in the determination of the degree of scale effect which can be expected between the model and the full size.

TWO EXPERIMENTS TO DETERMINE THE INFLUENCE OF WAKE UNIFORMITY UPON PROPULSIVE EFFICIENCY.[1])

By H. Schmierschalski, Hamburg.

The purpose of the present tests was to determine how much less power was required to propel a solid of revolution compared with a more normal afterbody form having the same resistance and displacement. The forms tested are shown in figs 1 und 2. The solid of revolution is practically a torpedo form whilst the alternative form resembles a vessel with V sections aft. The forebodies and principal dimensions are identical. Both models were tested entirely submerged.

The test apparatus used is shown in fig. 3. Resistance tests were made over a speed range of 0.4 to 2.3 m/sec. Wake plots of the propeller disc were made at a speed of 1.75 m/sec. The propeller, which was one of increasing radial pitch, was tested self-propelling over the complete slip range at 9.5, 12.5 and 15 revolutions per second. With this apparatus the propeller thrust could not be directly measured but had to be obtained from the augmented resistance. The wake plots are shown in figs. 4A and 4B. The resistance of both vessels was found to be the same. Fig. 5 shows the results of the propelled tests for both models. Fig. 6 gives the actual augmented resistance and torque results for the overloaded or towing condition. It will be seen that the symmetrical form requires some 10 to 11-percent less power than the normal form, thus establishing the importance of wake uniformity.

DISCUSSION OF NON-UNIFORMITY OF FLOW.[2])

D. THOMA.

My work on the relation between thrust deduction and wake was first evolved in 1917 and then submitted to Göttingen. It was only published, however, in 1925; and had I seen the intervening work of Fresenius which

---

[1]) Refers to the paper on page 397—401 of German text.

[2]) Refers to the discussion on page 402—406 of German text.

appeared in 1921, I should have confined my work to such parts which constituted a development of that of Fresenius.

H. KREITNER.

With the assumption of a frictionless fluid, a deeply submerged form can have no resistance. The actual hull resistance for the interaction theory must then be regarded as a force towed by the vessel. This assumption is acceptable so long as the propeller suction does not annul eddying which took place on the naked model. In this case the total thrust deduction will be reduced.

With regard to the Kort Tug, it is essential to know whether the results obtained refer to the running free or to the towing condition, since in the former an appreciable increase in frictional resistance must be expected.

G. WEINBLUM.

Dr. Horn mentions that U sections have higher resistance than V sections. This refers to the afterbody, but in the forebody U sections are better due to lower wave resistance.

F. HORN.

The principle of the resistance considered as a towed force as mentioned by Dr. Kreitner is developed in my paper. The tests on the Kort Tug refer to the towing condition where the tug resistance is small compared with the total force towed. The design is only suitable for towing work and not for the running free condition.

G. MADELUNG.

Are wake distributions determined in the absence of the propeller acceptable, since they are likely to be appreciably modified by the propeller action?

H. M. WEITBRECHT.

The change in wake distribution by propeller action has been established by Kempf. For propeller design, only the „open“ wake distribution is available although it appears possible to determine the wake change induced by the propeller with sufficient accuracy. This may be expected to vary with the hull form and the propeller pitch distribution.

H. KREITNER.

The „open“ wake distribution can be used for propeller design so long as the propeller action does not influence flow breakdown upstream and thus virtually change the whole „open“ wake distribution.

L. PRANDTL.

It should be possible by introducing coloured flow in the wake to determine whether the distribution is fundamentally changed by the propeller action.

G. MADELUNG.

The open wake distribution appears to be less uniform than that with the propeller working.

F. HORN.

It is not quite accurate to use the open wake pressure and velocity distribution, but by the methods of my paper the effect of the difference will be automatically taken into account.

D. THOMA.

The wake will undoubtedly be made more uniform by the propeller. If the thrust is made uniform over the disc, the square of all relative approach velocities into the propeller will be raised by the same total amount. It thus follows that the velocity increment is greater for the slower approach velocities than for the faster. This evening of the velocities reduces blade stresses and one can hardly believe that, were the actual velocities into the propeller as diverse as is suggested by the open wake distribution, the blades could withstand in service the inordinately high resulting stresses.

L. PRANDTL.

In estimating the changing thrust through a variable wake it must be remembered that circulation requires a certain time to be established. In striking through a limited zone of wake change the thrust will not therefore be modified to the full extent possible under steady conditions.

F. GUTSCHE.

The effect of the wake change which may take place with the propeller working can be estimated by comparing the actual performance of a behind propeller with that calculated from the open wake distribution and investigating the difference in agreement between this comparison and that of the open propeller performance and its detailed calculation.

G. MADELUNG.

It has been found with airship gondolas of full afterbody that they have high resistance in the absence of propellers, but in combination with the propeller their performance is quite good.

H. B. HELMBOLD.

Neglecting the case of flow restoration mentioned by Prof. Madelung, it appears that the propeller does not modify the form wake but only the frictional wake. The thrusting screw draws in the wake from outside to a greater extent than does the non-thrusting screw.

H. KREITNER.

With full forms when the propeller action induces a flow restoration, the open wake distribution bears no relation to the actual conditions. In such cases the correct wake distribution should be experimentally simulated by boundary layer withdrawal.

E. HOGNER.

When the open wake is axially symmetrical this symmetry may be also expected for the behind wake. Kempf's 1931 experiments show a remarkable parallelism to exist between the two wakes although very appreciable velocity fluctuations are present. These amount to 50 percent for the behind wake and 60 percent for the open wake.

H. KREITNER.

In Schmierschalski's paper the propeller thrust coefficient has the unusually low value of 0.2. The propeller is thus working on the low load side of its efficiency maximum. It should therefore be investigated whether the additional power required by the normal afterbody is not a consequence of this low load. If this is the case, tests with a smaller propeller should result in less difference between the two forms.

H. SCHMIERSCHALSKI.

The thrust coefficient for the present tests has the average value of 0.75 and not 0.2 as stated when the paper was read.